软件开发人才培养系列丛书

Java Web 开发实战

视频讲解版

李兴华 马云涛 / 编著

人民邮电出版社
北京

图书在版编目（CIP）数据

Java Web开发实战 : 视频讲解版 / 李兴华，马云涛编著. -- 北京 : 人民邮电出版社，2022.8（2023.10重印）
（软件开发人才培养系列丛书）
ISBN 978-7-115-58865-4

Ⅰ. ①J… Ⅱ. ①李… ②马… Ⅲ. ①JAVA语言－程序设计 Ⅳ. ①TP312.8

中国版本图书馆CIP数据核字(2022)第043663号

内 容 提 要

Java Web 是 Java 企业级开发平台中的重要组成技术。开发者只有拥有了扎实的 Web 技术功底和良好的 Web 程序设计能力，才能具备项目架构的设计能力。通过本书的学习，读者可以充分地理解 Web 开发的技术特点、性能调优以及项目设计模式。

本书主要通过大量的代码实例为读者详细讲解 JSP、Servlet、MVC 等 Java Web 中的核心开发技术，同时又通过实际的案例结合反射机制讲解如何实现 MVC 开发框架，这样不仅可以帮助读者更好地理解 MVC 的设计思想，也为读者后续学习 Spring MVC 开发技术做了良好的铺垫。

Java Web 是 Java 技术与后续知识之间的重要桥梁，而要学会综合应用 JSP、Servlet、MVC、Ajax、JSON、开发框架等技术，就需要依据完整的项目。本书基于 Bootstrap 前端框架介绍实战项目，包括各类基本功能的实现。同时考虑到实际的应用，本书也基于 Maven 工具进行开发讲解，帮助读者获得完整的项目经验，并对所学知识进行有效的整合。

本书附有配套视频、源代码、习题、教学课件等资源。为了帮助读者更好地学习本书，作者还提供了在线答疑服务。本书适合作为高等教育本科、专科院校计算机相关专业的教材，也可供广大计算机编程爱好者自学使用。

◆ 编　　著　李兴华　马云涛
责任编辑　刘　博
责任印制　王　郁　陈　犇

◆ 人民邮电出版社出版发行　　北京市丰台区成寿寺路 11 号
邮编　100164　　电子邮件　315@ptpress.com.cn
网址　https://www.ptpress.com.cn
涿州市京南印刷厂印刷

◆ 开本：787×1092　1/16
印张：22.5　　2022 年 8 月第 1 版
字数：623 千字　　2023 年 10 月河北第 3 次印刷

定价：89.80 元

读者服务热线：(010)81055256　印装质量热线：(010)81055316
反盗版热线：(010)81055315
广告经营许可证：京东市监广登字 20170147 号

自　　序

从最早接触计算机编程到现在，已经过去24年了，其中有17年的时间，我在一线讲解编程开发。我一直在思考一个问题：如何让学生在有限的时间里学到更多、更全面的知识？最初我并不知道答案，于是只能大量挤占每天的非教学时间，甚至连节假日都给学生补课。因为当时的我想法很简单：通过多花时间去追赶技术发展的脚步，争取教给学生更多的技术，让学生在找工作时游刃有余。但是这对于我和学生来讲都实在过于痛苦了，毕竟我们都只是普通人，当我讲到精疲力尽，当学生学到头昏脑涨，我知道自己需要改变了。

技术正在发生不可逆转的变革，在软件行业中，最先改变的一定是就业环境。很多优秀的软件公司或互联网企业已经由简单的需求招聘变为能力招聘，要求从业者不再是培训班"量产"的学生。此时的从业者如果想顺利地进入软件行业，获取自己心中的理想职位，就需要有良好的技术学习方法。换言之，学生不能只是被动地学习，而是要主动地努力钻研技术，这样才可以具有更扎实的技术功底，才能够应对各种可能出现的技术挑战。

于是，怎样让学生以尽可能短的时间学到最有用的知识，就成了我思考的核心问题。对于我来说，"教育"两个字是神圣的，既然是神圣的，就要与商业的运作有所区分。教育提倡的是付出与奉献，而商业运作讲究的是盈利，盈利和教育本身是有矛盾的。所以我拿出几年的时间，安心写作，把我近20年的教学经验融入这套编程学习丛书，也将多年积累的学生学习问题如实地反映在这套丛书之中，丛书架构如图0-1所示。希望这样一套方向明确的编程学习丛书，能让读者学习Java不再迷茫。

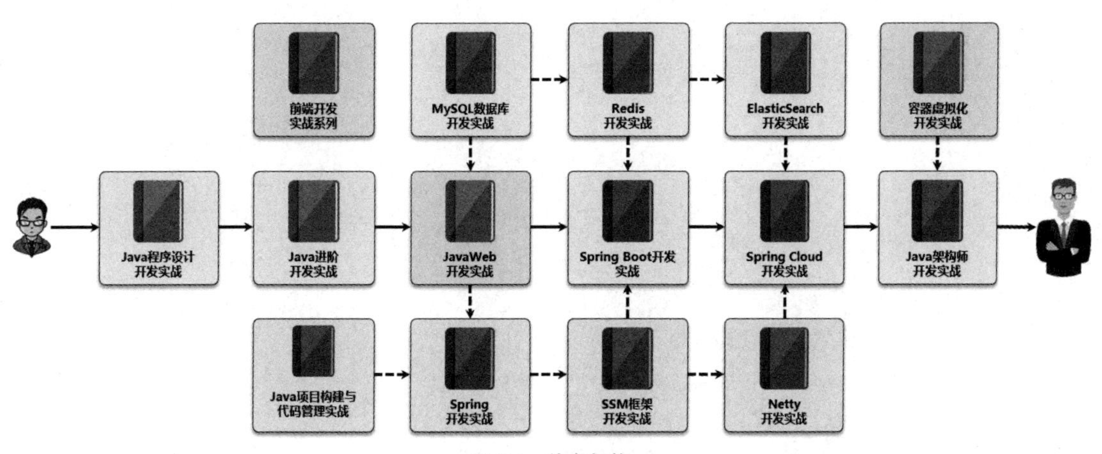

图0-1　丛书架构

我的体会是，编写一本讲解透彻的图书真的很不容易。在写作过程中我翻阅了大量图书，发现了有些书的部分内容和其他图书重复的情况，网上的资料也有大量的重复，这让我认识到"原创"的重要性。但是原创的路途上满是荆棘，这也是我编写一本书需要很长时间的原因。

仅仅做到原创就可以让学生学会吗？很难。计算机编程图书之中有大量晦涩难懂的专业性词汇，不能默认所有的初学者都清楚地掌握了这些词汇的概念，如果那样，可以说就已经学会了编程。为了帮助读者扫除学习障碍，我在书中绘制了大量图形来进行概念的解释，此外还提供了与章节内容相符的视频资料，所有的视频讲解中出现的代码全部为现场编写。我希望用这一次又一次的重复劳动，帮助大家理解代码，学会编程。本套丛书所提供的配套资料非常丰富，可以说抵得上花几万元学费参加的培训班的课程。本套丛书的配套视频累计上万分钟，对比培训班的实际讲课时间，相信读者能体会到我们所付出的心血。我们希望通过这样的努力给大家带来一套有助于学懂、学会的图书，帮助大家解决学习和就业难题。

沐言科技——李兴华

2022 年 8 月

前　言

2010年，我个人的第三本图书《名师讲坛——Java Web开发实战经典》出版了，而到了2021年，我决定更新这本书的全部内容，于是用心总结了我多年的教学经验，而后才有了这样一本全新的图书。希望通过我的图书，同学们可以掌握正确的Java技术学习路线。虽然我也想过“弯道超车”的教学模式，但是这对于大部分的同学来讲实在是过于困难，毕竟，只有稳扎稳打地巩固技术才能够在软件行业中发展得更好。

考虑到Java技术学习的层次性问题，本书内容安排在学习Java基础之后。每一位读者在学习本书之前应具备良好的Java基本功，再结合本书所讲解的Java Web相关内容，并结合具体的案例实践，进一步巩固整个知识体系。但是软件技术的发展之快以及企业就业要求的不断提高让我清楚地认识到，把Java Web开发的全部内容在一本书中讲完是根本不可能的，所以这本书将作为Java技术学习主线的一个节点而存在，在这本书之后，我们可以继续学习Java相关的框架技术。

Java Web开发中会涉及大量的开发技术，所以我在编写本书时将全书分为6个部分，包括11章及附录内容。

- 第一部分（第1章、第2章）：讲解Java Web开发的发展历史以及Java EE的系统架构，同时讲解Tomcat服务的搭建、配置与性能参数调优。
- 第二部分（第3章、第4章）：讲解JSP的核心语法，并通过具体的项目实战案例讲解JSP技术应用。
- 第三部分（第5～7章）：讲解Servlet、Filter、Listener程序开发知识，同时讲解数据库连接池、HTTPS证书生成与配置、HttpClient工具类以及FTP服务开发的相关内容。
- 第四部分（第8～10章）：讲解异步数据通信处理，以及XML/JSON创建与解析操作。
- 第五部分（第11章）：系统地讲解Java项目的分层设计结构。
- 第六部分（附录）：为便于读者理解HTTP提供了相应的附录信息供读者查阅。

全书所给出的6个组成部分中，第二部分到第四部分讲解的是与Java Web开发有关的核心知识，包括JSP、Servlet、Ajax、XML、JSON等相关概念；而后的第五部分讲解MVC开发框架的结构设计，可以有效地帮助读者更深入地理解实际项目设计所需要考虑到的各类问题。

内容特色

由于技术类的图书所涉及的内容很多，同时考虑到读者对于一些知识的理解盲点与认知偏差，作者在编写本书时设计了一些特色栏目和表示方式，现说明如下。

（1）提示：对于一些知识核心内容的强调以及与之相关知识点的说明。这样做的目的是帮助读者扩大知识面。

（2）注意：点明对相关知识进行运用时有可能出现的种种“深坑”，这样做的目的是帮助读者节约理解技术的时间。

（3）问答：对核心概念理解的补充，以及可能存在的一些理解偏差的解读。

（4）分步讲解：技术的开发需要严格的实现步骤，我们不仅要教读者知识，更要给大家提供完整的学习指导。由于在实际项目中会利用Gradle或Maven这样的工具来进行模块拆分，因此我们在每一个开发步骤前会使用“【项目或子模块名称】”这样的标注方式，这样读者在实际开发演练时就会更加清楚当前代码的编写位置，提高代码的编写效率。

本书主要特色如下。

- 完善的 MVC 开发框架设计，为后续 MVC 开发框架的学习打下良好的基础。
- 全书配备 300 余张原创结构图，帮助读者跨过晦涩难懂的枯燥文字。
- 全书配套 280 个样例代码，帮助读者轻松理解每一个技术知识点。
- 全书配套 5 个项目实战（包括分布在各章节的实战和一个整体实战项目沐言商城）。

Java Web 开发实战简介

为方便读者学习 Java Web 技术，对整个 Web 技术体系及后续学习有一个大致的了解，作者制作了一个视频，对 Java Web 开发进行了简要介绍，读者可扫描右侧二维码观看。

配套资源

本书提供以下配套资源。

- 全书配套 100 多节讲解视频，时间总数超过 4000 分钟。
- 配套完整 PPT、源代码、教学大纲、工具软件等，轻松满足高校教师的教学需要。

读者如果需要获取配套资源，可以登录人邮教育社区（www.ryjiaoyu.com）下载，也可以直接登录沐言优拓的官网，在资源链接处获取网盘下载地址，如图 0-2 所示。

图 0-2　获取图书资源

答疑交流

本书中难免存在不妥之处，欢迎广大读者来信指教（邮箱地址：784420216@qq.com）。我们也会在新版本的图书中不断修正问题，力争让所有的读者都可以阅读到优秀的技术图书。

同时也欢迎各位读者加入图书交流群（QQ 群号码为 646088467，群满时请根据提示加入新的交流群）进行沟通互动。

为了更好地帮助读者学习，以及为读者进行技术答疑，我们会提供一系列的公益技术直播课，有兴趣的读者可以访问我们的抖音（ID：muyan_lixinghua）或“B 站”（ID：YOOTK 沐言优拓）直播间。对于每次直播的课程内容以及技术话题，我也会在我个人的微博（ID：yootk 李兴华）中进行发布。同时，我们欢迎广大读者将我们的视频上传到各个平台上，把我们的教学理念传播给更多有需要的人。

最后我想说的是，因为写书与各类公益技术直播，我错过了许多与家人欢聚的时光，内心感到非常愧疚。我希望在不久的将来能为我的孩子编写一套属于他自己的编程类图书，这也将帮助所有有需要的孩子进步。我喜欢研究编程技术，也勇于自我突破，如果你也是这样的一位软件工程师，也希望你加入我们这个公益技术直播的行列。让我们抛开所有商业模式的束缚，一起将自己学到的技术传播给更多的爱好者，以我们的微薄之力推动整个行业的发展。就如同我说过的，教育的本质是分享，而不是赚钱的工具。

沐言科技——李兴华

2022 年 8 月

目　　录

第 1 章　Java Web 开发概述……1

1.1　Web 相关概念……1

1.1.1　HTTP……2

1.1.2　HTML……4

1.2　Java EE 开发架构……6

1.2.1　企业平台开发架构……7

1.2.2　Java EE 标准架构……8

1.2.3　MVC 设计模式……11

1.3　本章概览……12

第 2 章　搭建 Web 开发环境……13

2.1　Tomcat 基本配置……13

2.1.1　Tomcat 安装……15

2.1.2　配置 Tomcat 监听端口……17

2.1.3　配置虚拟目录……18

2.2　JSP 编程起步……19

2.3　Tomcat 执行流程……20

2.4　Tomcat 内存调整策略……20

2.5　Web 交互性……22

2.6　IDEA 开发 Java Web 程序……23

2.6.1　IDEA 整合 Tomcat……26

2.6.2　Web 代码调试……29

2.7　本章概览……30

第 3 章　JSP 基础语法……31

3.1　JSP 程序注释……31

3.2　Scriptlet……32

3.2.1　代码编写 Scriptlet……33

3.2.2　结构定义 Scriptlet……33

3.2.3　表达式输出 Scriptlet……34

3.2.4　Scriptlet 标签指令……35

3.3　page 指令……35

3.3.1　页面响应编码……36

3.3.2　MIME 配置……37

3.3.3　错误页……38

3.3.4　import 语句……40

3.3.5　整合 MySQL 数据库……41

3.3.6　JavaBean 定义与使用……42

3.4　include 导入指令……44

3.4.1　静态导入……45

3.4.2　动态导入……46

3.4.3　静态导入与动态导入的区别……48

3.5　forward 跳转指令……50

3.6　用户登录项目实战……51

3.6.1　用户登录表单……52

3.6.2　用户登录检测……53

3.6.3　SQL 注入漏洞……54

3.6.4　登录信息显示……56

3.7　本章概览……57

第 4 章　JSP 内置对象……58

4.1　内置对象简介……58

4.2　属性范围……60

4.2.1　page 属性范围……61

4.2.2　request 属性范围……62

4.2.3　session 属性范围……64

4.2.4　application 属性范围……65

4.2.5　pageContext 属性操作深入……66

4.3　request 内置对象……67

4.3.1　接收请求参数……68

4.3.2　请求乱码处理……70

4.3.3　接收数组请求参数……71

4.3.4　动态接收参数……72

4.3.5　获取上下文路径……72

4.3.6　base 资源定位……73

4.3.7　获取客户端请求信息……74

4.4　response 内置对象……75

4.4.1　设置响应头信息……76

4.4.2　HTTP 状态码……78

4.4.3　请求重定向……79

4.4.4　Cookie 操作……80

4.5　session 内置对象……82

4.5.1 session 工作原理 ······83
4.5.2 session 与线程池 ······85
4.5.3 session 与登录认证 ······86
4.5.4 登录验证码 ······89
4.6 application 内置对象 ······91
4.6.1 获取真实路径 ······92
4.6.2 获取初始化配置参数 ······93
4.6.3 Web 文件操作 ······94
4.6.4 网站计数器 ······96
4.7 Web 安全访问 ······97
4.8 config 内置对象 ······98
4.9 pageContext 内置对象 ······99
4.10 FileUpload 组件 ······101
4.10.1 Java Web 上传支持 ······102
4.10.2 FileUpload 组成分析 ······103
4.10.3 FileUpload 接收请求参数 ······106
4.10.4 上传工具类 ······108
4.11 大幅广告框项目实战 ······114
4.11.1 广告框展示 ······116
4.11.2 增加广告项 ······117
4.11.3 广告项列表 ······118
4.11.4 编辑广告项 ······119
4.11.5 删除广告项 ······122
4.12 本章概览 ······122
第 5 章 Servlet 服务器端编程 ······124
5.1 Servlet 基础开发 ······125
5.1.1 Servlet 编程起步 ······126
5.1.2 Servlet 与表单 ······128
5.1.3 @WebServlet 注解 ······130
5.2 Servlet 生命周期 ······131
5.2.1 Servlet 基础生命周期 ······132
5.2.2 Servlet 扩展生命周期 ······133
5.3 Servlet 与内置对象 ······136
5.3.1 获取 application 内置对象 ······138
5.3.2 获取 session 内置对象 ······138
5.4 Servlet 跳转 ······139
5.4.1 客户端跳转 ······140
5.4.2 服务器端跳转 ······141
5.5 Servlet 异步响应 ······141
5.5.1 异步请求响应 ······142
5.5.2 异步响应监听 ······144
5.5.3 ReadListener ······146
5.5.4 WriteListener ······148
5.6 过滤器 ······150
5.6.1 过滤器编程起步 ······151
5.6.2 转发模式 ······153
5.6.3 @WebFilter 注解 ······154
5.6.4 过滤器执行顺序 ······155
5.6.5 编码过滤 ······156
5.6.6 登录检测过滤 ······158
5.7 ServletRequest 监听器 ······160
5.7.1 ServletRequestListener ······160
5.7.2 ServletRequestAttributeListener ······162
5.7.3 @WebListener 注解 ······163
5.8 HttpSession 监听器 ······163
5.8.1 HttpSessionListener ······164
5.8.2 HttpSessionIdListener ······165
5.8.3 HttpSessionAttributeListener ······167
5.8.4 HttpSessionBindingListener ······168
5.8.5 HttpSessionActivationListener ······169
5.9 ServletContext 监听器 ······171
5.9.1 ServletContextListener ······171
5.9.2 ServletContextAttributeListener ······172
5.10 组件动态注册 ······173
5.10.1 动态注册 Servlet 组件 ······174
5.10.2 动态注册 Filter 组件 ······175
5.10.3 动态注册 Listener 组件 ······176
5.10.4 ServletContainerInitializer ······177
5.11 在线用户管理项目实战 ······179
5.11.1 保存登录信息 ······181
5.11.2 在线用户列表 ······182
5.11.3 用户强制注销 ······183
5.12 本章概览 ······185
第 6 章 表达式语言与 JSTL ······186
6.1 表达式语言 ······186
6.1.1 EL 基础语法 ······187
6.1.2 EL 与 4 种属性范围 ······189
6.1.3 EL 与简单 Java 类 ······190
6.1.4 EL 与 List 集合 ······192

6.1.5 EL与Map集合……193
6.1.6 EL运算符……195
6.2 JSTL……197
6.2.1 if判断标签……198
6.2.2 forEach迭代标签……199
6.2.3 函数标签……200
6.2.4 格式化标签……202
6.3 本章概览……204
第7章 Web开发扩展……205
7.1 数据库连接池……205
7.1.1 数据库连接池简介……206
7.1.2 配置Tomcat数据库连接池……207
7.1.3 数据源访问……208
7.2 HTTPS安全访问……209
7.2.1 SSL与TLS……210
7.2.2 OpenSSL……212
7.2.3 证书签发……213
7.2.4 Tomcat配置HTTPS证书……216
7.3 HttpClient工具包……218
7.3.1 HttpClient基本使用……219
7.3.2 HttpClient上传文件……222
7.3.3 HTTPS访问……223
7.4 FTP通信……225
7.4.1 连接FTP服务器……226
7.4.2 FTP文件上传……227
7.4.3 FTP文件下载……228
7.4.4 FTP文件移动……229
7.5 JMeter压力测试工具……230
7.5.1 数据库压力测试……231
7.5.2 Web服务压力测试……233
7.6 本章概览……233
第8章 XML编程……234
8.1 XML语法简介……234
8.1.1 XML基础语法……236
8.1.2 XML数据页面显示……238
8.2 DOM解析……240
8.2.1 DOM节点……241
8.2.2 DOM解析……243
8.2.3 创建XML文件……245
8.2.4 修改XML文件……248
8.2.5 删除XML元素……249
8.3 SAX解析……250
8.3.1 使用SAX解析XML文件……251
8.3.2 SAX解析模型……252
8.4 DOM4J解析工具……254
8.4.1 使用DOM4J生成XML文件……257
8.4.2 使用DOM4 J解析XML文件……258
8.5 JavaScript中的DOM操作……259
8.5.1 生成下拉列表……261
8.5.2 动态修改下拉列表项……262
8.5.3 表格动态操作……264
8.5.4 HTML5对DOM操作的支持……266
8.6 数据转移项目实战……267
8.6.1 数据导出为XML文件……268
8.6.2 上传XML数据文件……271
8.7 本章概览……274
第9章 Ajax异步数据交互……275
9.1 Ajax异步通信……275
9.1.1 XMLHttpRequest……276
9.1.2 Ajax基础开发……277
9.1.3 HTML5对Ajax的新支持……279
9.2 异步数据验证……280
9.3 验证码检测……282
9.4 XML异步数据加载……284
9.5 本章概览……287
第10章 JSON编程……288
10.1 JSON创建与解析……288
10.1.1 JSON组成结构……290
10.1.2 JSONObject……291
10.1.3 JSONArray……293
10.1.4 对象与JSON转换……295
10.1.5 List集合与JSON转换……296
10.1.6 Map集合与JSON转换……297
10.2 使用JavaScript操作JSON……299
10.2.1 eval()函数……300
10.2.2 JSON工具包……302
10.3 级联菜单项目实战……303
10.3.1 省份信息列表……304
10.3.2 加载城市列表……306

10.4 本章概览 ············308
第 11 章 Java 业务设计分析 ············309
11.1 项目分层设计 ············309
11.2 分层设计实例 ············310
11.3 程序类与数据表映射 ············311
11.4 数据层设计与开发 ············313
11.4.1 数据层接口标准 ············314
11.4.2 数据层实现类 ············317
11.4.3 数据层工厂类 ············321
11.5 业务层设计与开发 ············322
11.5.1 业务层接口标准 ············324
11.5.2 业务层实现类 ············325
11.5.3 切面事务控制 ············326
11.5.4 业务层工厂类 ············328
11.5.5 业务测试 ············329
11.6 Web 开发模式 ············331
11.6.1 Web 开发模式一 ············331
11.6.2 Web 开发模式二 ············332
11.6.3 MVC 开发案例 ············333
11.7 本章概览 ············336
附录 A HTTP 常见状态码 ············337
附录 B HTTP 常见请求头信息 ············339
附录 C HTTP 常见响应头信息 ············341

视 频 目 录

第 1 章　Java Web 开发概述
0101_【理解】认识 Web……1
0102_【理解】HTTP……2
0103_【理解】HTML……4
0104_【理解】动态 Web 开发技术……6
0105_【理解】企业平台开发架构……7
0106_【理解】Java EE 标准架构……8
0107_【理解】MVC 设计模式……11
第 2 章　搭建 Web 开发环境……13
0201_【理解】Tomcat 简介……13
0202_【掌握】Tomcat 安装……15
0203_【掌握】配置 Tomcat 监听端口……17
0204_【掌握】配置虚拟目录……18
0205_【掌握】JSP 编程起步……19
0206_【掌握】Tomcat 执行流程……20
0207_【掌握】Tomcat 内存调整策略……20
0208_【掌握】Web 交互性……22
0209_【理解】IDEA 开发 Web 项目……23
0210_【掌握】IDEA 整合 Tomcat……26
0211_【理解】Web 代码调试……29
第 3 章　JSP 基础语法……31
0301_【掌握】JSP 程序注释……31
0302_【掌握】Scriptlet 简介……32
0303_【掌握】代码编写 Scriptlet……33
0304_【掌握】结构定义 Scriptlet……33
0305_【掌握】表达式输出 Scriptlet……34
0306_【掌握】Scriptlet 标签指令……35
0307_【掌握】page 指令简介……35
0308_【掌握】页面响应编码……36
0309_【掌握】MIME 配置……37
0310_【掌握】错误页……38
0311_【掌握】import 语句……40
0312_【掌握】整合 MySQL 数据库……41
0313_【掌握】JavaBean 定义与使用……42
0314_【掌握】include 简介……44
0315_【掌握】静态导入……45
0316_【掌握】动态导入……46
0317_【掌握】静态导入与动态导入的区别……48
0318_【掌握】forward 跳转指令……50
0319_【掌握】用户登录项目简介……51
0320_【掌握】用户登录表单……52
0321_【掌握】用户登录检测……53
0322_【掌握】SQL 注入漏洞……54
0323_【掌握】登录信息显示……56
第 4 章　JSP 内置对象……58
0401_【掌握】内置对象概览……58
0402_【掌握】属性范围简介……60
0403_【掌握】page 属性范围……61
0404_【掌握】request 属性范围……62
0405_【掌握】session 属性范围……64
0406_【掌握】application 属性范围……65
0407_【理解】pageContext 属性操作深入……66
0408_【掌握】request 对象简介……67

0409_【掌握】接收单个请求参数…………68
0410_【掌握】请求乱码处理…………70
0411_【掌握】接收数组请求参数…………71
0412_【掌握】动态接收参数…………72
0413_【掌握】获取上下文路径…………72
0414_【掌握】base 资源定位…………73
0415_【理解】获取客户端请求信息…………74
0416_【掌握】response 对象简介…………75
0417_【掌握】设置响应头信息…………76
0418_【掌握】HTTP 状态码…………78
0419_【掌握】请求重定向…………79
0420_【掌握】Cookie 操作…………80
0421_【掌握】session 对象简介…………82
0422_【掌握】session 工作原理…………83
0423_【掌握】session 与线程池…………85
0424_【掌握】session 与登录认证…………86
0425_【掌握】登录验证码…………89
0426_【掌握】application 对象简介…………91
0427_【掌握】获取真实路径…………92
0428_【掌握】初始化配置参数…………93
0429_【掌握】Web 文件操作…………94
0430_【掌握】网站计数器…………96
0431_【掌握】Web 安全访问…………97
0432_【掌握】config 内置对象…………98
0433_【掌握】pageContext 内置对象…………99
0434_【理解】文件上传简介…………101
0435_【理解】Java Web 文件上传支持…………102
0436_【掌握】FileUpload 组成分析…………103
0437_【掌握】FileUpload 接收请求参数…………106
0438_【掌握】上传工具类…………108
0439_【理解】大幅广告框案例说明…………114
0440_【掌握】广告框展示…………116
0441_【掌握】增加广告项…………117
0442_【掌握】广告项列表…………118
0443_【掌握】编辑广告项…………119
0444_【掌握】删除广告项…………122

第 5 章 Servlet 服务端编程…………124

0501_【理解】Servlet 简介…………125
0502_【掌握】Servlet 编程起步…………126
0503_【掌握】Servlet 与表单…………128
0504_【掌握】@WebServlet 注解…………130
0505_【掌握】Servlet 生命周期简介…………131
0506_【掌握】Servlet 基础生命周期…………132
0507_【掌握】Servlet 扩展生命周期…………133
0508_【掌握】Servlet 与内置对象关系简介…………136
0509_【掌握】获取 application 内置对象…………138
0510_【掌握】获取 session 内置对象…………138
0511_【掌握】Servlet 跳转简介…………139
0512_【掌握】客户端跳转…………140
0513_【掌握】服务器端跳转…………141
0514_【掌握】Servlet 异步处理…………141
0515_【掌握】异步请求响应…………142
0516_【掌握】异步响应监听…………144
0517_【理解】ReadListener…………146
0518_【理解】WriteListener…………148
0519_【掌握】过滤器简介…………150
0520_【掌握】过滤器编程起步…………151
0521_【理解】Dispatcher 转发模式…………153
0522_【掌握】@WebFilter 注解…………154
0523_【掌握】过滤器执行顺序…………155

0524_【掌握】编码过滤……156
0525_【掌握】登录检测过滤……158
0526_【掌握】ServletRequest 监听器简介……160
0527_【掌握】ServletRequestListener……160
0528_【掌握】ServletRequestAttributeListener……162
0529_【掌握】@WebListener 注解……163
0530_【掌握】HttpSession 监听器简介……163
0531_【掌握】HttpSessionListener……164
0532_【掌握】HttpSessionIdListener……165
0533_【掌握】HttpSessionAttributeListener……167
0534_【掌握】HttpSessionBindingListener……168
0535_【理解】HttpSessionActivationListener……169
0536_【掌握】ServleContext 监听器简介……171
0537_【掌握】ServletContextListener……171
0538_【掌握】ServletContextAttributeListener……172
0539_【掌握】组件动态注册……173
0540_【掌握】动态注册 Servlet 组件……174
0541_【掌握】动态注册 Filter 组件……175
0542_【掌握】动态注册 Listener 组件……176
0543_【掌握】ServletContainerInitializer……177
0544_【掌握】在线用户管理项目实战……179
0545_【掌握】保存登录信息……181
0546_【掌握】在线用户列表……182
0547_【掌握】用户强制注销……183

第 6 章　表达式语言与 JSTL……186
0601_【掌握】表达式语言简介……186
0602_【掌握】表达式语言基础语法……187
0603_【掌握】EL 与 4 种属性范围……189
0604_【掌握】EL 与简单 Java 类……190
0605_【掌握】EL 与 List 集合……192
0606_【掌握】EL 与 Map 集合……193
0607_【掌握】EL 运算符……195
0608_【掌握】JSTL 简介……197
0609_【掌握】if 判断标签……198
0610_【掌握】forEach 迭代标签……199
0611_【掌握】函数标签……200
0612_【掌握】格式化标签……202

第 7 章　Web 开发扩展……205
0701_【理解】传统 JDBC 问题分析……205
0702_【掌握】数据库连接池简介……206
0703_【掌握】配置 Tomcat 数据库连接池……207
0704_【掌握】数据源访问……208
0705_【掌握】HTTPS 简介……209
0706_【掌握】SSL 与 TLS……210
0707_【掌握】OpenSSL……212
0708_【掌握】证书签发……213
0709_【掌握】Tomcat 配置 HTTPS 证书……216
0710_【掌握】使用 Java 原生支持访问 Web 程序……218
0711_【掌握】HttpClient 基本使用……219
0712_【掌握】使用 HttpClient 上传文件……222
0713_【掌握】HTTPS 协议访问……223
0714_【理解】FTP 简介……225
0715_【掌握】连接 FTP 服务器……226
0716_【掌握】FTP 文件上传……227

0717_【掌握】FTP 文件下载 ……228
0718_【掌握】FTP 文件移动 ……229
0719_【掌握】压力测试简介 ……230
0720_【掌握】数据库压力测试……231
0721_【掌握】Web 服务压力测试……233
第 8 章 XML 编程 ……234
0801_【掌握】XML 简介 ……234
0802_【掌握】XML 基础语法……236
0803_【理解】XML 数据页面显示……238
0804_【掌握】DOM 树……240
0805_【掌握】DOM 节点……241
0806_【掌握】DOM 解析……243
0807_【掌握】创建 XML 文件……245
0808_【掌握】修改 XML 文件……248
0809_【掌握】删除 XML 元素……249
0810_【掌握】SAX 解析简介 ……250
0811_【掌握】使用 SAX 解析 XML 文件 ……251
0812_【掌握】SAX 解析模型 ……252
0813_【掌握】DOM4J 工具简介……254
0814_【掌握】使用 DOM4J 生成 XML 文件 ……257
0815_【掌握】使用 DOM4J 解析 XML 文件 ……258
0816_【掌握】HTML 中的 DOM 树 ……259
0817_【掌握】生成下拉列表 ……261
0818_【掌握】动态修改下拉列表项……262
0819_【掌握】表格动态操作 ……264
0820_【掌握】HTML5 对 DOM 操作的支持 ……266
0821_【理解】数据转移项目说明……267
0822_【掌握】数据导出为 XML 文件 ……268
0823_【掌握】上传 XML 数据文件……271
第 9 章 Ajax 异步数据交互 ……275
0901_【掌握】Ajax 简介……275
0902_【掌握】XMLHttpRequest……276
0903_【掌握】Ajax 基础开发 ……277
0904_【理解】Ajax 新支持……279
0905_【掌握】异步数据验证……280
0906_【掌握】验证码检测……282
0907_【掌握】XML 异步数据加载 ……284
第 10 章 JSON 编程 ……288
1001_【理解】JSON 简介……288
1002_【掌握】JSON 组成结构 ……290
1003_【掌握】JSONObject ……291
1004_【掌握】JSONArray……293
1005_【掌握】对象与 JSON 转换……295
1006_【掌握】List 集合与 JSON 转换…296
1007_【掌握】Map 集合与 JSON 转换…297
1008_【掌握】使用 JavaScript 操作 JSON ……299
1009_【掌握】eval()函数 ……300
1010_【掌握】JSON 工具包 ……302
1011_【掌握】级联菜单简介……303
1012_【掌握】省份信息列表……304
1013_【掌握】加载城市列表……306
第 11 章 Java 业务设计分析……309
1101_【理解】项目分层设计……309
1102_【理解】分层设计实例……310
1103_【掌握】程序类与数据表映射……311
1104_【掌握】数据层简介……313
1105_【掌握】数据层接口标准 ……314
1106_【掌握】数据层实现类 ……317
1107_【掌握】数据层工厂类 ……321
1108_【掌握】业务层简介……322

1109_【掌握】业务层接口标准……324
1110_【掌握】业务层实现类……325
1111_【掌握】切面事务控制……326
1112_【掌握】业务层工厂类……328
1113_【掌握】业务测试……329
1114_【理解】Web 开发模式一……331
1115_【掌握】Web 开发模式二……332
1116_【掌握】MVC 开发案例……333

第1章 Java Web 开发概述

本章学习目标

1. 了解 Web 核心结构；
2. 理解 HTTP 与 TCP 之间的关联；
3. 理解静态 Web 与动态 Web 的处理机制；
4. 理解企业级开发框架的设计结构；
5. 了解传统 Java EE 技术架构。

Web 是一种非常基础的信息展示技术。伴随着互联网技术的不断发展以及硬件的不断升级，Web 相关概念已经涉及我们生活的方方面面，同时 Web 的开发技术也在不断丰富。在本章中将为读者介绍 Web 相关概念与 Java Web 开发技术实现。

1.1 Web 相关概念

认识 Web

视频名称 0101_【理解】认识 Web

视频简介 Web 是当今互联网最常见的技术形式之一，几乎所有的互联网产品都与 Web 开发有关。本视频为读者详细地讲解 Web 开发的起源，并且通过大量的分析为读者解释移动互联网时代下的 Web 开发模式。

Web（World Wide Web，万维网）是一种基于 HTTP 的技术应用，是建立在 Internet 上的一种网络服务，使用超文本语言实现跨平台的分布式信息展示，使用者可以直接通过浏览器进行访问，并且实现与服务器的数据交互处理。

提示：Web 起源介绍。

Web 最初的目的是满足科研机构展示文档的需要。1989 年，由 CERN（欧洲粒子物理研究所）的 Tim Berners-Lee（蒂姆·伯纳斯-李）领导的小组提交了针对 Internet 的新协议，同时也提出了一个使用该协议的文档系统，并且将该系统命名为“World Wide Web”。在 1991 年时该系统移植到了其他计算机平台，使得互联网上的广大用户可以方便地进行文档搜索与获取。

在 Web 服务中，开发者需要对服务器端的程序代码进行开发与维护，而客户端访问者不需要关注代码的实现，只需要通过浏览器输入资源路径（网站页面地址），就会由浏览器自动向服务器端发出 HTTP 请求（Request）。服务器端会根据用户所请求的资源路径加载对应的页面进行 HTTP 响应（Response），操作流程如图 1-1 所示。

随着移动互联网的兴起，Web 开发技术又有了更多的展现形式。不少 App 的开发者为了进一步提升 App 的可维护性，都会直接借助于各个移动操作系统中的 Web 组件嵌套 Web 程序进行内容展示。同时为了可以方便地获取一些移动设备的信息（例如：GPS 定位、设备编号、数据存储等），往往会针对操作系统开发出一套专属的衔接程序，这样既能满足一些底层信息的获取需求，又便于程序升级改造，如图 1-2 所示。

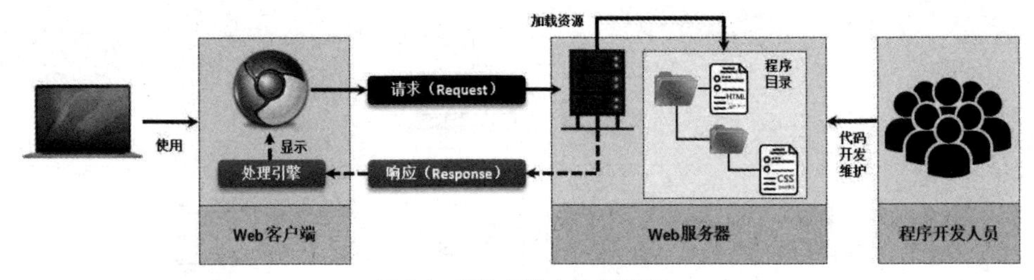

图 1-1　Web 开发与访问流程

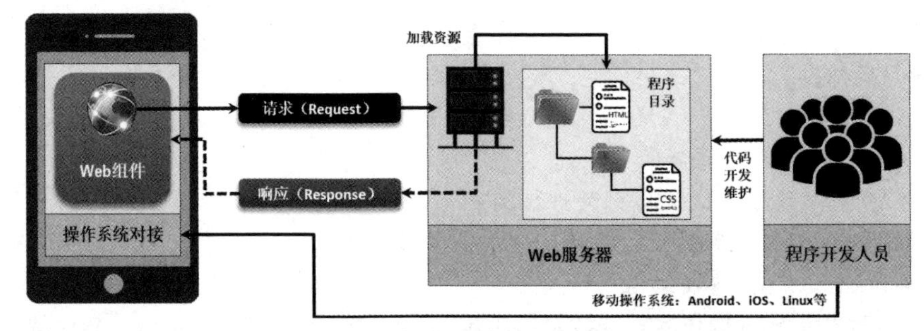

图 1-2　移动设备中的 Web 应用

1.1.1　HTTP

HTTP

视频名称　0102_【理解】HTTP

视频简介　HTTP 是 Web 中的核心协议，是基于 TCP 所开发出来的新的应用层协议。本视频为读者详细地分析 TCP/IP 四层模型中的各个应用协议，同时通过请求和响应的结构对 HTTP 数据结构组成进行分析。

HTTP（Hyper Text Transfer Protocol，超文本传送协议）是 W3C（World Wide Web Consortium，万维网联盟）与 IETF（Internet Engineering Task Force，互联网工程任务组）合作的结果，主要的目的是解决 Web 服务器传输超文本到本地浏览器的传送协议标准化问题。利用 HTTP 可以使浏览器处理性能更加高效，同时利用数据压缩技术可以减少网络传输的数据量与服务带宽占用。

在网络通信技术发展的早期，ISO（International Organization for Standardization，国际标准化组织）和 CCITT（国际电报电话咨询委员会）共同推出了 OSI（Open System Interconnection，开放系统互连）七层模型，这样就明确规定了计算机操作系统的网络通信过程（包括从应用请求到网络媒介的数据处理流程），又推出了一个 TCP/IP 四层模型，这两个网络模型的对比如图 1-3 所示。

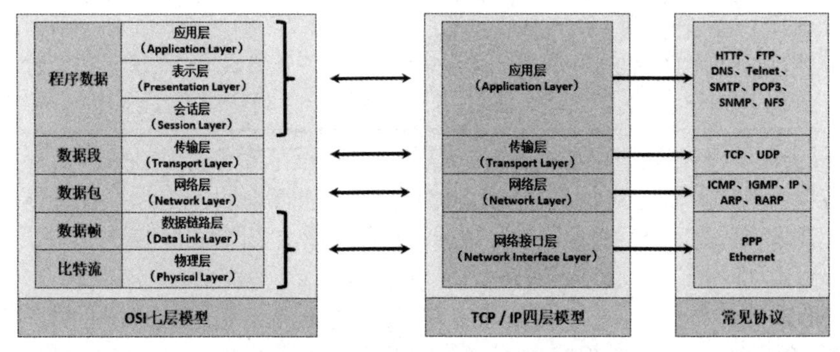

图 1-3　OSI 七层模型与 TCP/IP 四层模型对比

提示：TCP 与 UDP。

在 TCP 中为了保证传输的可靠性采用了“三次握手”与“四次挥手”的处理机制，虽然可以实现稳定的传输，但是会有性能上的隐患。当前的 HTTP 都是基于 TCP 实现的，但是在未来的技术发展中，为了提升 HTTP 的处理性能，也有可能会基于 UDP 进行实现。

通过图 1-3 可以清楚地发现，HTTP 属于应用层协议，是在 TCP 的基础之上进行构建的，所以 HTTP 采用可靠的传输模式。在 HTTP 中有请求和响应两个部分，同时为了保证 HTTP 的性能，其属于无状态（Stateless）协议。

提问：什么叫无状态协议？

什么叫无状态？其有什么操作特点？

回答：有状态和无状态的区别。

为了保证数据传输的性能，在 HTTP 中使用了无状态协议，这样不管客户端发送多少次请求，服务器端总认为其是一个新的连接，如图 1-4 所示。

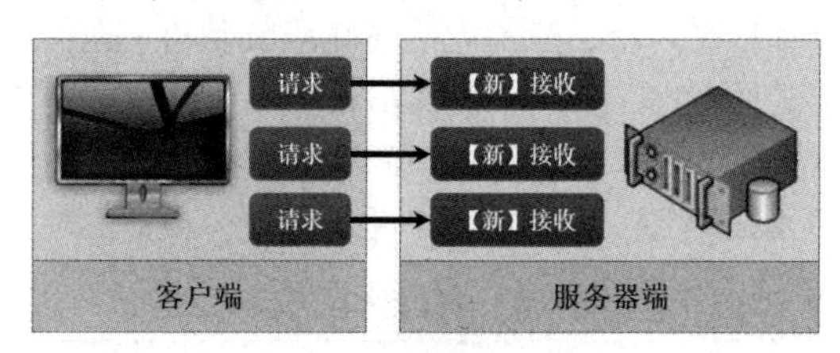

图 1-4　HTTP 无状态

与无状态对应的是有状态（Stateful），即在服务器端保留用户状态，这样用户如果重复发出请求，服务器端会自动区分。在 HTTP 中采用会话（Session）的概念实现了有状态处理机制。

HTTP 采用了标准的 C-S（客户-服务器）架构模型，用户通过浏览器发送 HTTP 请求，服务器端处理完请求后会进行 HTTP 响应，在请求和响应过程中除了主体数据之外还会包含“请求行”“响应行”“头信息”等内容。一个标准的 HTTP 请求和响应结构如图 1-5 所示。

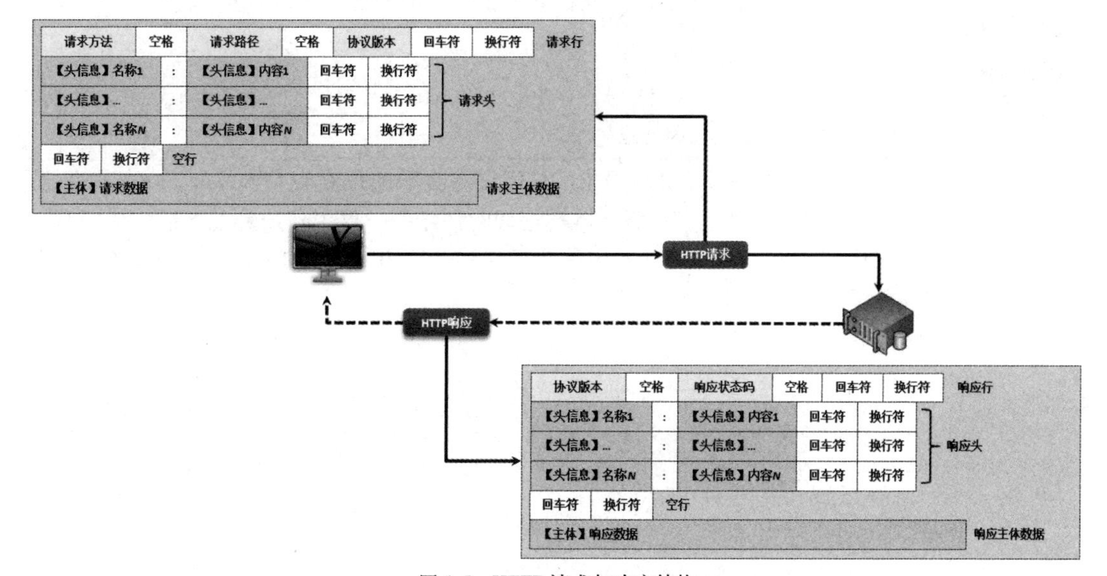

图 1-5　HTTP 请求与响应结构

通过图 1-5 可以发现，在每次 HTTP 发送请求时都会有一个“请求方法”，表 1-1 列出了 HTTP 中的 8 种请求方法，其中 HTTP 1.0 中定义了 3 种请求方法：“GET”“HEAD”“POST”。而在 HTTP 1.1 中新增了 5 种请求方法：“PUT”“DELETE”“CONNECT”“OPTIONS”“TRACE”。

表 1-1　HTTP 请求方法

序号	请求方法	描述
1	GET	请求指定的页面信息，并返回实体主体
2	HEAD	类似于 GET 请求，只不过返回的响应中没有具体的内容，用于获取头信息
3	POST	向指定资源提交数据进行处理请求（例如提交表单或者上传文件）。数据被包含在请求体中。POST 请求可能会导致新的资源的建立和/或已有资源的修改
4	PUT	从客户端向服务器端传送的数据取代指定的文档的内容
5	DELETE	请求服务器端删除指定的页面
6	CONNECT	HTTP 1.1 中预留给能够将连接改为管道方式的代理服务器
7	OPTIONS	允许客户端查看服务器端的性能
8	TRACE	回显服务器端收到的请求，主要用于测试或诊断

当服务器端对请求进行响应时，为了清楚地描述响应的状态，提供了“HTTP 状态码”的概念。HTTP 状态码由 3 个十进制数字组成，第一个十进制数字定义了状态码的类型，后两个数字有分类的作用，不同的状态码代表不同的含义。常见的 HTTP 状态码如表 1-2 所示，客户端通过 HTTP 状态码可以直接判断请求是否正常响应。

表 1-2　HTTP 状态码

序号	状态码	描述
1	1××	信息，服务器端收到请求，需要请求者继续执行操作
2	2××	成功，请求被成功接收并处理
3	3××	重定向，需要进一步的操作以完成请求
4	4××	客户端错误，请求包含语法错误或无法完成请求
5	5××	服务器端错误，服务器端在处理请求的过程中发生了错误

1.1.2　HTML

HTML

视频名称　0103_【理解】HTML

视频简介　Web 开发是基于文本系统处理操作的，为了可以描述更多且更丰富的文本内容，可使用超文本。本视频为读者详细介绍 HTML 的作用，并且通过具体的 HTML 代码分析 HTML 请求和响应的处理流程。

在 Web 程序结构中，当服务器端进行请求响应时最重要的就是响应主体部分，此部分可以被浏览器直接解析并生成响应的界面信息。服务器端返回的数据并非仅由普通的文本所组成，还可能包含程序、样式、图形图像等，这样的文本被称为超文本，使用的是 HTML（HyperText Markup Language，超文本标记语言）程序代码。

范例：定义 HTML 程序文件

```
<html><!-- HTML根元素 -->
<head>                                                              <!-- 页面头部信息 -->
  <title>沐言科技：www.yootk.com</title>                            <!-- 页面显示标题 -->
  <link rel="stylesheet" type="text/css" href="css/yootk.css">      <!-- 引入CSS -->
  <script type="text/javascript" src="js/yootk.js"></script>        <!-- 引入JavaScript脚本 -->
  <meta charset="UTF-8">                                            <!-- 页面编码配置 -->
</head>                                                             <!-- 头部信息完结 -->
<body>                                                              <!-- HTML主体显示结构 -->
```

```
  <div class="text-left">
    <span>沐言科技：www.yootk.com</span></div>                <!-- HTML元素 -->
  <div><img src="images/yootk.png"/></div>                    <!-- 引入图片链接 -->
</body>                                                       <!-- 主体信息完结 -->
</html>                                                       <!-- HTML元素完结 -->
```

css/yootk.css 样式文件：

```
.text-left {
  text-align: left;
  font-weight: bolder;
  font-size: 50px;
}
```

js/yootk.js 脚本文件：

```
console.log('www.yootk.com')
```

程序执行结果：

本程序实现了一个基础的 HTML 页面展示，在该页面之中引入了外部的样式文件“css/yootk.css”、脚本文件“js/yootk.js”、图片资源“images/yootk.png”，最终经过浏览器的处理转换为用户可以访问的页面。

提示：HTTP 数据处理顺序。

在使用 HTTP 传输 HTML 代码时一般都会首先传递文本数据内容，再根据超文本中定义的代码继续向服务器端重新发出请求以获得相应的图形资源。

通过本程序代码的执行可以发现，HTML 有完整的语法，可以将不同的资源整合在一起进行显示。这些信息可能放置在同一台服务器中，也有可能放置在不同的服务器中，最终依靠当前 HTML 中定义的超级链接进行相关资源加载，如图 1-6 所示。

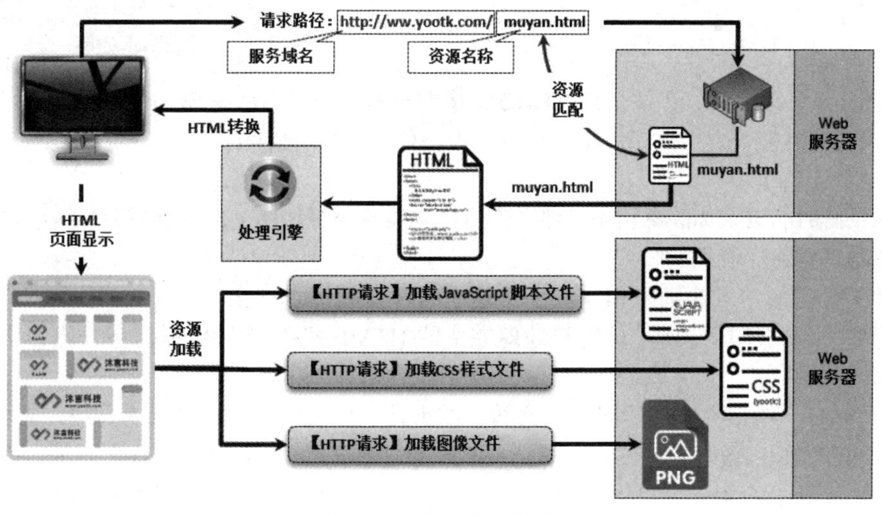

图 1-6 HTML 数据获取

提示：关于前后端分离。

由于现代开发技术的不断发展，前端也得到了良好的开发支持，出现了许多重要的前端开发框架，例如 React、AngularJS、Vue.js 等，但是这些开发技术最终也都会以 HTML 编码方式将界面展示给开发者。在现在的开发中，HTML 仍然有很重要的地位，改变的仅仅是其开发模式。

1.2　Java EE 开发架构

动态 Web 开发技术

视频名称　0104_【理解】动态 Web 开发技术

视频简介　为了提高程序的交互性，在 Web 设计中可使用动态 Web 开发技术。本视频通过静态 Web 与动态 Web 程序的执行流程对比，详细地解释两者的区别，同时也给出“JSP / Servlet”技术的主要作用。

在 Web 发展的最初阶段，由于只需要满足文档数据的展示需要，因此直接应用 HTML、CSS、JavaScript 等技术即可完成，这样的 Web 程序称为静态 Web 应用。用户访问时只需要设置要访问的资源名称即可实现资源加载，其基本操作流程如图 1-7 所示。同时静态 Web 有如下几个特点：

- 静态 Web 里面的所有程序可以直接在本地客户端上运行，而不需要做服务器端的定义；
- 静态 Web 使得所有人看见的内容都是相同的；
- 静态 Web 不具有资源的访问能力，例如服务器端的文件、数据库等，它全都不允许访问；
- 静态 Web 最大的优点在于处理的速度快，因为将一些复杂的 JavaScript 逻辑全部交由客户端实现，这样可以减少关于服务器端性能方面的考虑。

静态 Web 的处理流程较为简单，但是客户端与服务器端之间缺少交互性，即服务器端无法动态地根据用户的需要展现不同的页面，所以在之后的技术发展中逐步形成了动态 Web 技术。图 1-8 给出了动态 Web 的处理流程。

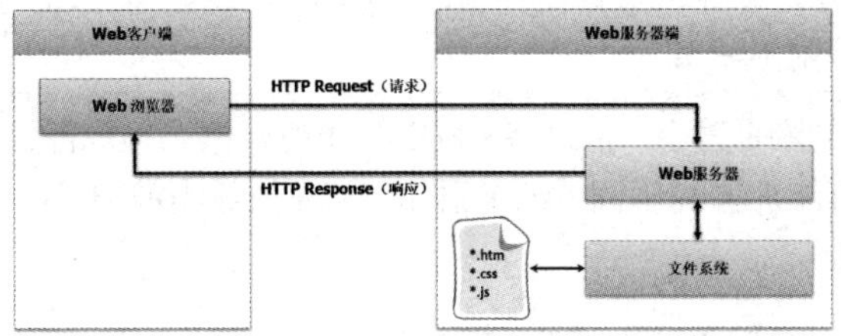

图 1-7　静态 Web 处理

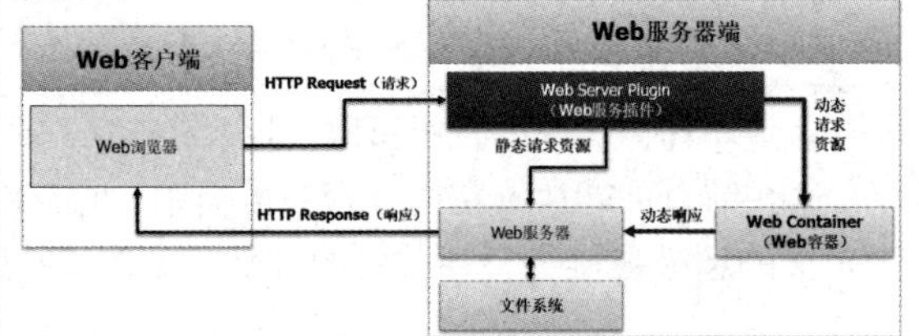

图 1-8　动态 Web 处理

通过图 1-8 可以发现，在整个动态 Web 之中并没有完全抛弃静态 Web 的程序执行流程。为了提高自身的处理性能，它引入了一个“Web 服务插件”。这个插件的意义在于区分当前的请求是动态请求还是静态请求：

- 如果此时的请求为静态请求，那么将通过文件系统将程序文件加载进来，随后利用 Web 服务器进行程序数据的响应；
- 如果此时的请求为动态请求，那么这个时候会将请求交由“Web Container”，进行所有程序代码的逻辑处理，最终将处理完成的 HTML 代码交由 Web 服务器进行客户端的请求响应。

不管是静态 Web 还是动态 Web，最终执行的都是一套 HTML 代码，而客户端、浏览器只关心 HTML 代码的解析。唯一不同的地方在于，静态 Web 中的 HTML 代码是固定好的，而动态 Web 中的 HTML 代码是在 Web 容器里面动态地拼凑而成的。那么很明显，静态 Web 的处理一定会比动态 Web 的处理快。

动态 Web 之中的容器除了可以进行程序代码的执行之外，还可以进行所有资源的访问，例如：数据库、文件等资源都是通过 Web 容器（Web Container）完成访问的。容器是动态 Web 实现的核心机制所在，所以 Web 程序所谓的“优化”指的就是可以快速地执行 Web 容器之中的程序代码，而在 Java 中可以通过“JSP / Servlet”等 Java EE 技术实现容器代码的开发。

1.2.1 企业平台开发架构

企业平台开发架构

视频名称 0105_【理解】企业平台开发架构

视频简介 Java 是企业平台搭建的首选语言之一。本视频详细地分析企业技术开发平台的 4 个核心组成部分，并且依据当前的 Java 应用环境对这 4 个核心组成部分进行大量的概念扩展。

Java 在企业平台中有大量应用，现在常见的 Java 企业平台开发架构如图 1-9 所示。而 Java Web 开发技术仅是企业平台技术中的一小部分，企业平台一般由 4 个核心部分所组成。

- **操作系统**：提供稳定的系统平台支持，可以基于操作系统方便地实现集群服务，在 Java 项目生产环境中最为常见的操作系统为 Linux（CentOS）。
- **数据库**：这里指的是传统关系数据库，提供结构化的数据存储，是整个项目的核心命脉。
- **中间件**：提供基本的程序运行容器（例如 Web 容器、EJB 容器等），同时有良好的性能支持，可以承受大规模并发访问，在中间件中又有各种服务组件来帮助用户实现自动化服务管理。
- **编程语言**：基于中间件实现程序的开发操作，在大型的企业平台中较为常见的就是 Java，因为用 Java 编写的程序具有良好的可维护性，同时也可以得到较好的实现性能。

随着技术的不断发展，传统的企业架构已经不能够满足实际项目的开发需求。例如：在互联网项目中往往伴随着高并发的用户访问，同时为了保证项目的稳定还要提供良好的高可用机制。所以围绕着传统的企业开发平台也有了大量的架构型扩充，图 1-9 为读者列出了部分的扩充组成。

- **NoSQL**：NoSQL 数据库提供了比传统 SQL 数据库更好的执行性能，例如 Redis 分布式缓存以及 Elasticsearch 高性能检索都是较为常见的 NoSQL 数据库的实现。但是 NoSQL 数据库并不能替代传统的关系数据库，所有的核心数据还是应该在 SQL 数据库中存储。
- **开源容器**：虽然中间件提供了良好的服务支持，但是性能卓越的中间件必然会带来维护成本的增加。而随着国内互联网技术的发展，很多的互联网公司也开始使用各种开源容器，例如使用 Tomcat 实现 Web 发布、使用 Jetty 实现项目测试。
- **服务监控**：企业项目最重要的是稳定，当发生问题后可以及时地进行问题定位以及服务报警。为方便运维人员管理，往往会在项目之外提供一系列的服务监控。
- **大数据**：大数据技术是在传统业务流程基础之上的一种数据采集与分析处理机制，利用大数据架构收集核心日志数据，随后就可以依据各种分析工具进行数据分析并形成商业报告。

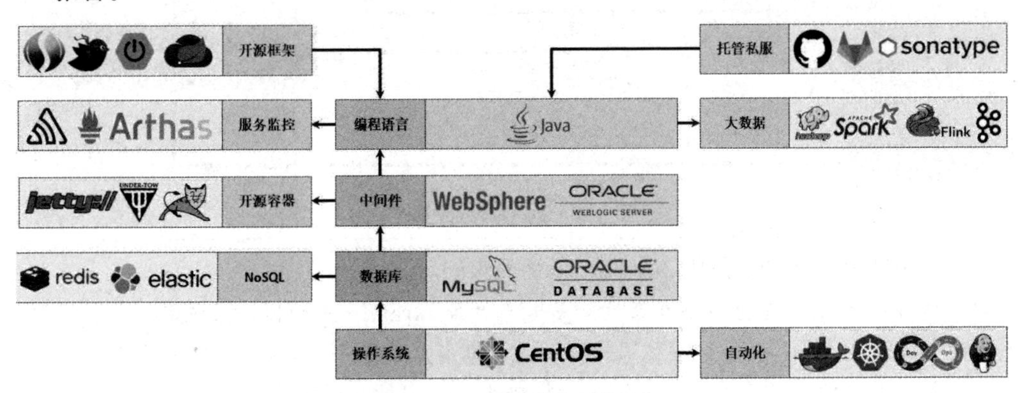

图 1-9 Java 企业平台开发架构

- **托管私服**：代码的开发维护是一个周期较长的过程，所以就需要对团队中的代码进行有效的维护，在实际中管理严格的开发团队一般会构建自己的 GitLab 实现代码托管，并依据 Git 实现私服操作。

- **开源框架**：为了提高项目的开发效率，在实际项目中会使用大量成熟且稳定的开发框架，例如 Spring、MyBatis 等。这些开发框架都是基于 Java 技术构建的，并且可免费更新，使得企业项目的开发成本得到极大的降低。

 **提示：企业架构技术繁多。**

图 1-9 为读者简单地列举了当前企业架构开发中所涉及的各种技术，有经验的读者可以发现这些技术列举得并不完全。考虑到篇幅与知识层次的问题，读者可以通过本系列丛书学习各个技术应用组件。

1.2.2　Java EE 标准架构

Java EE 标准架构

视频名称　0106_【理解】Java EE 标准架构

视频简介　为便于系统开发，Java EE 技术架构在提出时提供了大量的服务组件。本视频通过官方标准的 Java EE 架构组件为读者分析 Java 的传统应用，同时给出当前互联网下 Java 技术应用的架构组成。

Java EE（Java Platform,Enterprise Edition，Java 平台企业版）是在 Java SE（Java Platform,Standard Edition，Java 平台标准版）基础之上建立起来的一种标准开发架构，最早提出的目的是解决烦琐的企业级应用程序的开发需求。Java EE 的开发以 B-S（浏览器-服务器）作为主要的开发模式。在 Java EE 标准架构中提供了多种组件及服务，如图 1-10 所示。

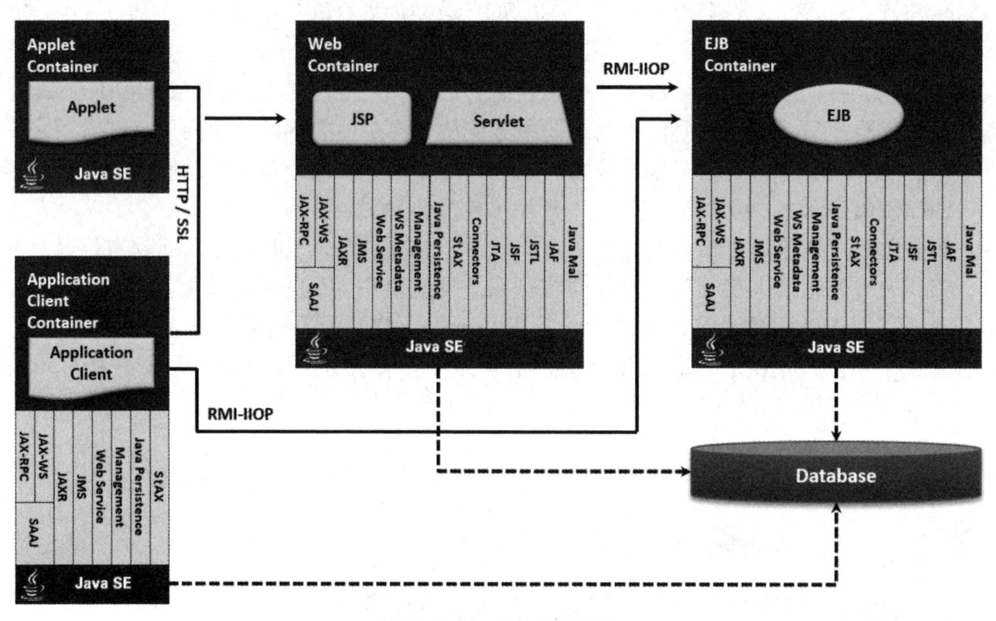

图 1-10　Java EE 标准架构

 **提示：.NET 开发架构也是由 Java EE 衍生而来的。**

曾经盛极一时的.NET 企业平台架构大量地参考了 Java EE 中的各个组成部分，并提出了与之类似的企业开发架构。而后这两种架构在一段时期内产生了互相学习、互相进步的竞争，而这种竞争所带来的好处是，将为程序开发人员提供更多、更好的程序开发支持。

从图 1-10 中可以发现，整个 Java EE 标准架构都是基于 Java SE 构建的，主要由容器、组件和服务三大核心部分构成，下面分别进行介绍。

1. Java EE 容器

容器负责一种组件的运行，在 Java EE 中一共提供了 4 种容器，即 Applet Container、Application Client Container、Web Container 和 EJB Container。各个容器负责处理各自的程序，且互相没有任何影响。如果需要运行 Web 程序，则一定要有 Web 容器的支持。

2. Java EE 组件

每一种 Java EE 组件实际上都表示一种程序的开发，例如，Application 程序就是使用主方法（main()）运行的一种组件。在 Java EE 中提供了 4 种容器，每一种容器中都运行各自的组件，读者可以发现在 Web 容器中运行的是 JSP（Java Server Pages，Java 服务器页面）和 Servlet 组件。EJB 组件本身提供的是一个业务中心，由于 EJB 属于分布式开发的范畴，因此本书暂不对此做深入讲解。

3. Java EE 服务

Java EE 之所以应用广泛，主要是由于 Java EE 提供了各种服务，通过这些服务可以方便用户进行开发。例如，如果要进行数据库操作，则应使用 JDBC 服务。在 Java EE 中的主要服务有如下几种。

（1）HTTP：在 Java EE 中主要采用 HTTP 作为通信标准，包括 Web 开发中的主要协议也是 HTTP。

（2）RMI-IIOP（Remote Method Invocation over the Internet Inter-ORB Protocol）：远程方法调用，融合了 Java RMI 和 CORBA（Common Object Request Broker Architecture，通用对象请求代理体系结构）两项技术的优点而形成的新的通信协议，在使用 Application 或 Web 端访问 EJB 端组件时使用。

（3）Java IDL（Java Interface Definition Language）：Java 接口定义语言，主要用于访问外部的 CORBA 服务。

（4）JTA（Java Transaction API）：用于进行事务处理操作的 API，在 Java EE 中所有的事务应该交由容器处理。

（5）JDBC（Java Database Connectivity）：为数据库操作提供的一组 API。

（6）JMS（Java Message Service）：用于发送点对点消息的服务，需要额外的消息服务中间件支持。

（7）JavaMail：用于发送邮件，需要额外的邮件服务器支持。

（8）JAF（JavaBeans Activation Framework）：用于封装传递的邮件数据。

（9）JNDI（Java Naming and Directory Interface）：在 Java EE 中提供的一种核心思想就是“key-value”。为了体现这种思想，可以通过 JNDI 进行名称的绑定，并且依靠绑定的名字取得具体的对象。

（10）JAXP（Java API for XML Processing）：专门用于 XML 解析操作的 API，可以使用 DOM（Document Object Model，文档对象模型）或 SAX（Simple API for XML，XML 简单应用程序接口）解析，在最新的 Java EE 中提供了一种新的解析组件——StAX（Streaming API for XML）。

（11）JCA（Java EE Connector Architecture）：Java 连接器架构，通过此服务可以连接不同开发架构的应用程序。

（12）JAAS（Java Authentication and Authorization Service）：用于认证用户操作，可以让当前运行的代码更加可靠。

（13）JSF（JavaServer Faces）：Java EE 官方提供的一套 MVC 实现组件。

（14）JSTL（JSP Standard Tag Library）：JSP 页面的标签支持库。

（15）Web 服务组件：主要用于异构的分布式程序开发，主要服务有 SAAJ（SOAP with Attachments API for Java）、JAXR（Java API for XML Registries）等。

提示：Java Applet 不支持任何服务。

从 Java EE 架构图中可以非常清晰地发现，Java Applet 程序不支持任何服务。而现在的开发大多是基于数据库开发的，所以 Java Applet 随着发展已经被逐步废除。

Java EE 体系中提供了众多的服务组件，这些服务组件设计的目的是进一步整合企业已有的系统资源，为使用者提供统一的服务，客户端直接通过 Java 即可实现整体的系统管理操作。Java EE 在实际的企业环境中的地位如图 1-11 所示，而整个的企业系统架构分为 3 个层次。

- **客户层**：考虑到系统及数据的安全，需要明确地描述出内网办公用户以及外网办公用户，所有工作的客户端可以使用 Web 浏览器，也可以是 Java 编写的应用程序，包括移动应用程序。
- **中间层**：为客户访问提供服务，使用 Java EE 中的各种组件技术进行搭建，且各个容器之间允许互相调用。
- **企业信息系统（Enterprise Information System，EIS）层**：提供了一个统一的业务管理信息平台，将企业内部以及企业外部供需链上所有的资源与信息进行统一的管理。

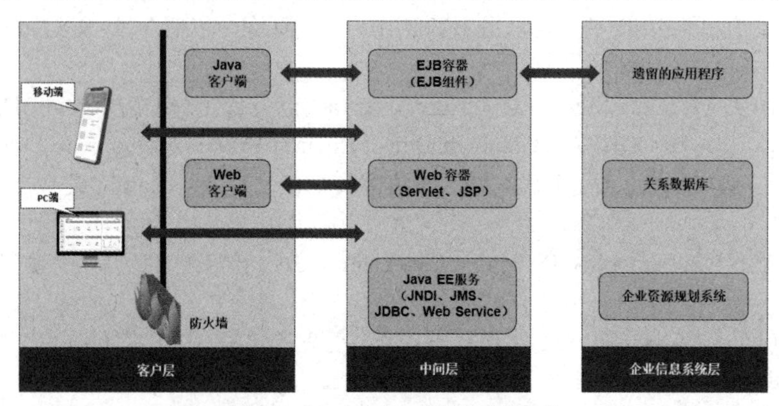

图 1-11　Java EE 在企业环境中的地位

在实际项目的运行中客户端一般不会直接去操作企业信息系统层，而是会通过中间层提供的服务进行访问，开发人员所需要完成的就是为所有的客户端提供更方便的操作。

提示：互联网中的 Java 架构。

在本节中为读者详细地分析了 Java EE 的传统历史架构以及相关的技术概念，但是这些开发架构所涉及的技术大多都已经有了更多的开源实现，所以对于传统的 Java EE 架构，读者有基本的了解即可，这些是重要的 Java 基础。本系列丛书致力于为读者分析当前流行的互联网 Java 参考架构，如图 1-12 所示，这些已经超出了原始 Java EE 架构的定义范畴。

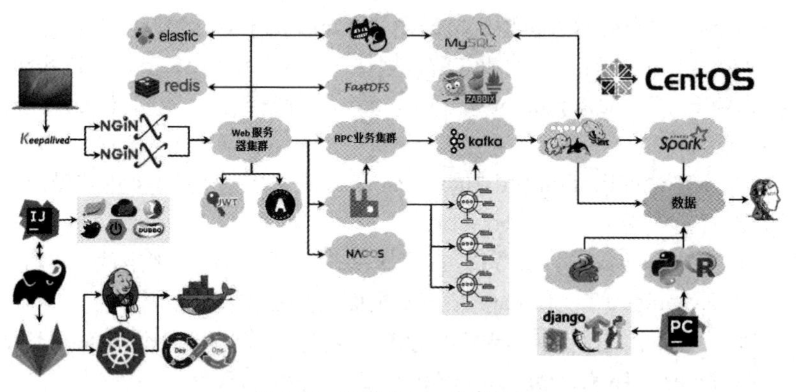

图 1-12　互联网 Java 参考架构

1.2.3　MVC 设计模式

MVC 设计模式

视频名称　0107_【理解】MVC 设计模式

视频简介　项目的开发是一个长期的技术过程，为了保证程序代码的可维护性以及程序分工，在 Java 中主要使用 MVC 设计模式。本视频通过 Java EE 传统架构分析 MVC 设计模式的处理流程。

Java EE 的架构随着技术的不断发展始终都在改变，但是在整个 Java 项目的开发中有一个核心的设计模式始终没有改变，那就是 MVC（Model-View-Controller，模型-视图-控制器）设计模式。该模式可以将程序的结构进行有效的层次划分，使得每一层都有专门的开发者进行维护，达到良好的分工合作。Java EE 标准架构中的 MVC 设计模式如图 1-13 所示。

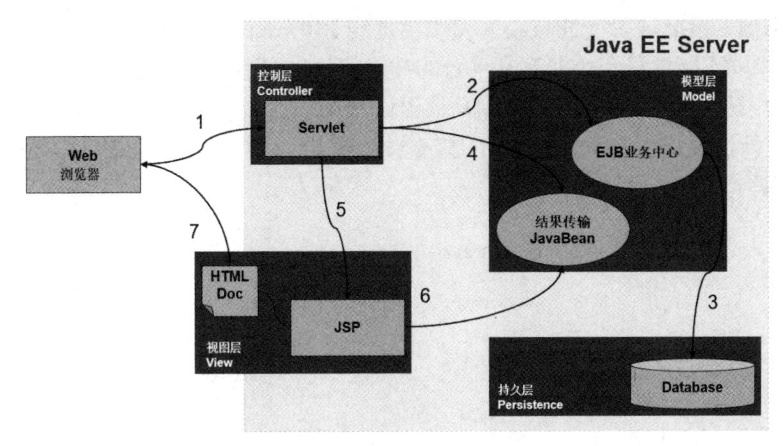

图 1-13　Java EE 标准架构中的 MVC 设计模式

提示：MVC 设计模式为学习重点。

在现在的 Web 项目开发中，MVC 设计模式是 Java Web 开发最重要的技术理论支撑之一。如果开发者不能够深刻地理解 MVC 设计模式，会出现较大的技术学习偏差。本书在讲解时主要围绕着 MVC 设计模式展开，并依据此设计模式的思想介绍如何编写开发框架。只有掌握了这些才能够更好地理解并使用 MVC 开发框架。

在标准的 MVC 设计模式中，客户端通过 Web 浏览器向服务器端发出请求，随后该请求会被控制层的 Servlet 程序接收并且进行有效性检测。当检测通过后会依据请求的信息调用相关的 EJB 业务层开发组件，其中所牵涉的数据库操作也将由 EJB 端完成。由于 Web 和 EJB 运行在不同的容器之中，这样就需要通过一个传输对象（实现了“java.io.Serializable”的简单 Java 类）实现所有相关数据的返回，当 Servlet 接收到这些数据后会将其交由 JSP 动态创建 HTML 代码并返回给客户端浏览器进行显示。

提示：EJB 属于传统的 RPC 技术。

EJB（Enterprise JavaBean）是 Java 技术早期发展的重量级的“拳头”产品，其主要实现了完整的 RPC（Remote Procedure Call，远程过程调用）业务中心架构，其有 3 个组成部分：SessionBean、EntityBean、MessageDriverBean。由于其实现机制存在严重的问题且必须运行在 EJB 容器中，因此在现在的开发中已经很少使用了。但是 EJB 的设计理论较为先进，包括 Spring 开发框架也是基于 EJB 的轻量级技术实现的。

1.3　本 章 概 览

1．Web 技术分为静态 Web 技术与动态 Web 技术，静态 Web 可以依靠 HTML 代码实现，而动态 Web 可以依靠 JSP / Servlet 技术处理。

2．动态 Web 最大的特点在于可以动态地生成 HTML 代码，这样就必须依赖于 Web 容器，同时利用 Web 容器还可以方便地连接各种资源，例如数据库、RPC 业务端。

3．HTTP 是基于 TCP 的应用，其分为请求、响应两个部分，并且除了数据主体之外还包含头信息。

4．Java EE 标准架构涉及多种技术，而实际的代码开发主要为 JSP / Servlet / EJB。由于 EJB 的技术实现较为麻烦，因此现阶段的核心开发主要围绕 JSP / Servlet 展开。

5．随着技术的不断发展，企业开发平台的技术架构也在不断发生着改变，但是最为核心的 4 项依然是：操作系统、数据库、中间件以及编程语言。

6．MVC 设计模式是 Java EE 开发中的核心设计模式，理解并掌握 MVC 设计模式后才可以设计良好的系统架构。

第2章 搭建 Web 开发环境

本章学习目标

1. 掌握 Tomcat 的主要作用以及下载方法；
2. 掌握 Tomcat 的安装与配置方法；
3. 掌握 JSP 程序的执行流程与操作原理；
4. 掌握 Tomcat 内存调整策略；
5. 掌握 Web 交互式开发原理，并可以使用 request 实现请求参数的接收；
6. 掌握 IntelliJ IDEA（简称 IDEA）开发工具的使用，并可以使用 IDEA 开发 Web 项目；
7. 掌握 IDEA 中的 Tomcat 整合与项目部署；
8. 理解 IDEA 中 JSP 代码的调试操作。

要想进行动态 Web 项目开发，需要有 Web 容器，利用容器可以实现程序代码的执行，而 Tomcat 就是使用最多且免费的、符合 Java EE 标准的最小 Web 容器。在本章中将为读者讲解 Tomcat 的配置以及调优方案，同时通过一个具体的 JSP 程序讲解 JSP 程序的定义以及 Tomcat 执行 JSP 程序的处理流程。

2.1 Tomcat 基本配置

Tomcat 简介

视频名称 0201_【理解】Tomcat 简介

视频简介 Tomcat 是最为常见的一款免费 Web 容器，由 Apache 开发并且维护。本视频为读者详细地介绍 Tomcat 的相关概念，并且分析 NIO 与 I/O 多路复用模型在 Tomcat 中的作用，最后通过具体的操作演示如何下载 Tomcat 组件。

Tomcat 是由 Apache 软件基金会维护的一款开源的符合 Java EE 运行标准的 Web 服务器，基于 NIO 实现服务端开发。Tomcat 不仅可以满足 Java Web 程序的运行，同时也提供良好的网络 I/O 处理性能，被各个互联网公司广泛使用。

提示：Tomcat 与 NIO。

Tomcat 直接使用 JDK 1.4 开始提供的 NIO 模型（没有使用 Netty 开发框架包装）实现所有的 Web 请求处理，这样就表示在 Tomcat 中引入当今流行的 I/O 多路复用模型，在进行 I/O 处理时，有主线程与工作线程（子线程）的概念，这样可以极大地发挥出 Tomcat 的处理性能。

I/O 多路复用模型的本质在于提供一个主线程负责所有请求的接收，而后按照接收的顺序将所有的请求线程保存在一个队列中，再由事件处理器为其分配相应的子线程进行请求处理，操作结构如图 2-1 所示。

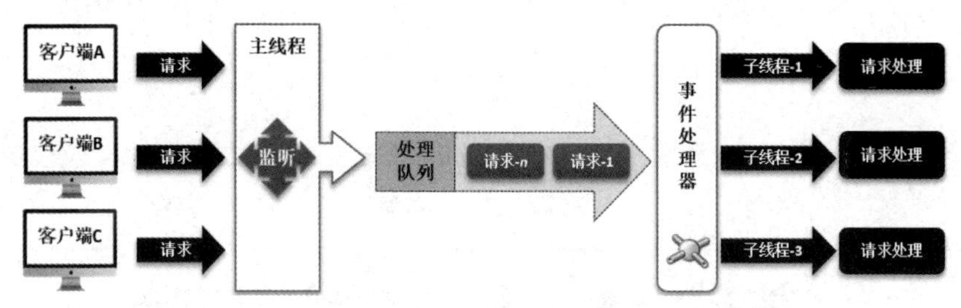

图 2-1　I/O 多路复用模型

Tomcat 内部提供了最为核心的 Web 容器实现，开发者将自己所编写的“*.java”“*.jsp”程序直接放到 Web 容器后就会自动由 Web 容器加载并执行，同时利用 Web 容器可以非常方便地使用 Java EE 中的各种服务（例如：JDBC 服务连接 SQL 数据库），如图 2-2 所示。但是需要注意的是，在一个服务器中，容器只是一个组成部分，而除了容器之外也包含其他相关技术，例如 JTA 事务处理、线程池、数据库连接池、Web 管理工具、HTTPS 证书配置等相关内容。

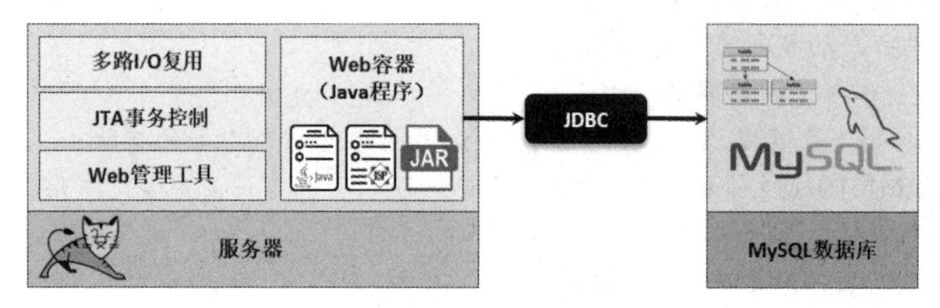

图 2-2　Tomcat 与 Web 容器

要想获取 Tomcat 软件工具，开发者可以直接登录 Apache 官网上的 Tomcat 项目首页，如图 2-3 所示，随后找到所需要下载的 Tomcat 版本即可。

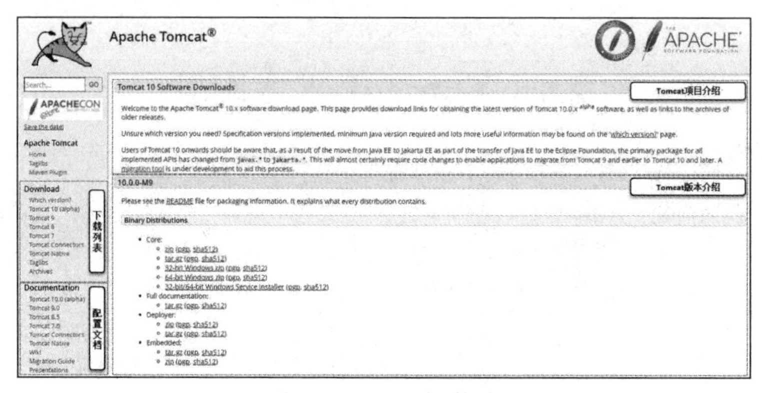

图 2-3　Tomcat 项目首页

为了便于学习，本次将使用 Tomcat 10 进行讲解，直接通过首页给出的“Download”地址，找到 Tomcat 10 的下载地址列表，如图 2-4 所示。本次选择的是“zip”压缩版，下载文件为“apache-tomcat-10.0.0-M9.zip”。

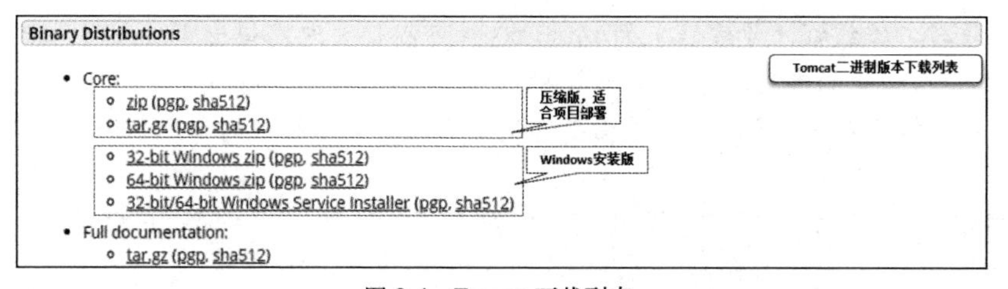

图 2-4　Tomcat 下载列表

提问：如何选择 Tomcat 版本？

在进行 Tomcat 下载时有很多的版本供选择，在实际开发中应该使用哪个版本的 Tomcat？它们有哪些区别呢？

回答：建议使用 Tomcat 9.x。

首先需要清楚的是，Tomcat 版本在不断更新，但是读者也可以发现当前的几个主流的版本分别是 Tomcat 8.x、Tomcat 9.x、Tomcat 10.x。这些版本的对应关系如表 2-1 所示。

表 2-1　Tomcat 版本信息

序号	Tomcat 版本	Servlet 版本	JDK 版本
1	Tomcat 8.x	3.1	JDK 7 及以后
2	Tomcat 9.x	4.0	JDK 8 及以后
3	Tomcat 10.x	5.0	JDK 8 及以后

从当前来讲，Tomcat 9.x 是主流版本，而 Tomcat 10.x 由于其对应 Java EE 9，因此出现了包名称的变更问题以及一系列第三方扩展程序的兼容问题（对这一点一定要有深刻且清醒的认识），这些在本书的讲解中会为读者逐步分析。另外需要提醒读者的是，本书之所以选用最新的技术版本，也是考虑到了未来技术的发展，在技术领域唯一不变的就是永远都在改变。

2.1.1　Tomcat 安装

Tomcat 安装

视频名称　0202_【掌握】Tomcat 安装

视频简介　Tomcat 是一个绿色软件，开发者获得 Tomcat 压缩包后直接解压缩即可使用。本视频为读者演示 Tomcat 服务运行以及服务访问的操作，同时分析 Tomcat 中几个核心目录的作用。

Tomcat 是通过 Java 编写的服务器组件，本身具有良好的跨平台性。如果开发者要使用 Tomcat 进行项目开发，直接将其压缩包进行解压缩处理即可。本次为了方便将 Tomcat 解压缩到了 H 盘根目录下，为方便管理将其更名为“tomcat”，完整路径为“H:\tomcat”，如图 2-5 所示。

提示：“${TOMCAT_HOME}”标记。

由于在本章中需要对 Tomcat 进行大量的配置，为了便于 Tomcat 主目录的说明，将统一采用“${TOMCAT_HOME}”形式进行标记，在本书中该标记对应的路径为“H:\tomcat”。

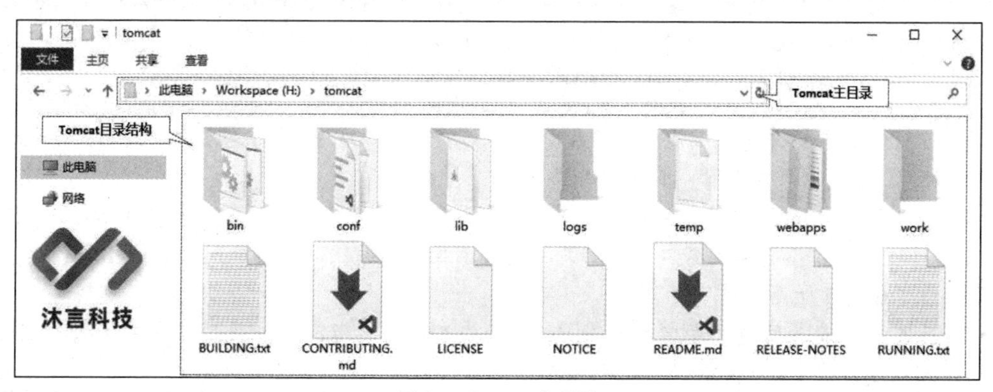

图 2-5　Tomcat 主目录

在 Tomcat 解压缩完成后会有若干个目录，这些目录的主要作用如表 2-2 所示。

表 2-2　Tomcat 子目录

序号	目录名称	作用描述
1	bin	保存所有的二进制可执行程序文件，例如："startup.bat" 用于启动 Tomcat
2	conf	保存所有的配置文件，有两个重要的配置文件 "server.xml" "web.xml"
3	lib	保存项目运行所需要的 "*.jar" 文件，可理解为一个 Tomcat 内部支持的 CLASSPATH
4	logs	保存所有的日志数据文件
5	webapps	进行项目热部署目录，可以直接配置发布项目
6	work	临时的工作目录，保存所有编译后的 "*.class" 文件

在 Windows 系统中直接通过 "${TOMCAT_HOME}/bin/startup.bat" 命令启动 Tomcat，Tomcat 成功启动后会出现一个命令行窗口，如图 2-6 所示。随后就可以直接通过 "http://localhost:8080/" 路径进行访问，如图 2-7 所示。

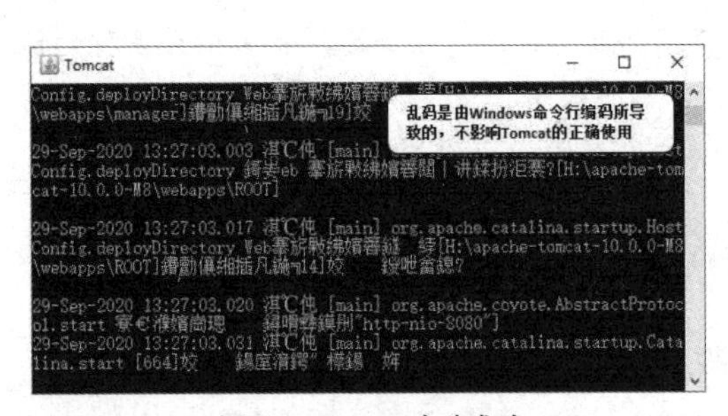

图 2-6　Tomcat 启动成功

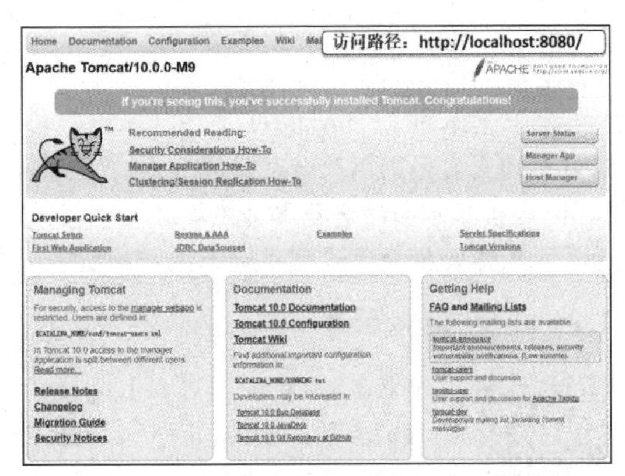

图 2-7　访问 Tomcat 首页

提问：为什么我的 Tomcat 一闪而过？

我在进行 Tomcat 启动时采用了和作者同样的步骤，为什么执行 "startup.bat" 命令后命令行窗口一闪而过，并且也无法进行 Tomcat 首页的访问？

回答：通过错误信息确定问题。

如果 Tomcat 启动后一闪而过，那么对新安装的 Tomcat 来讲一般会有两类原因：默认的监听端口（8080）已经被其他服务进程占用，在项目中没有配置 JAVA_HOME 环境属性。

如果是端口被占用，则可以关闭占用端口的进程，或者修改 Tomcat 监听端口号。而如果是 JAVA_HOME 没有配置，那么这个时候就会出现如下的错误信息：

```
Neither the JAVA_HOME nor the JRE_HOME environment variable is defined
At least one of these environment variable is needed to run this program
```

此时打开系统环境变量属性配置界面，追加一个 JAVA_HOME 环境变量属性配置，并让其指向 JDK 11 的安装目录即可，如图 2-8 所示。

当 JAVA_HOME 配置完成且端口未被占用的情况下一般就可以正常启动 Tomcat 了，但是 Tomcat 启动后千万不能关闭窗口，一旦关闭就表示服务器关闭，自然就无法访问 Tomcat 首页，也无法看到图 2-7 所示的首页了。

最后要提醒读者的是，考虑到未来 Java 的技术更新，所以在本系列丛书中（除了《Java 程序设计开发实战（视频讲解版）》一书之外）都以 JDK 11 版本为主进行讲解。

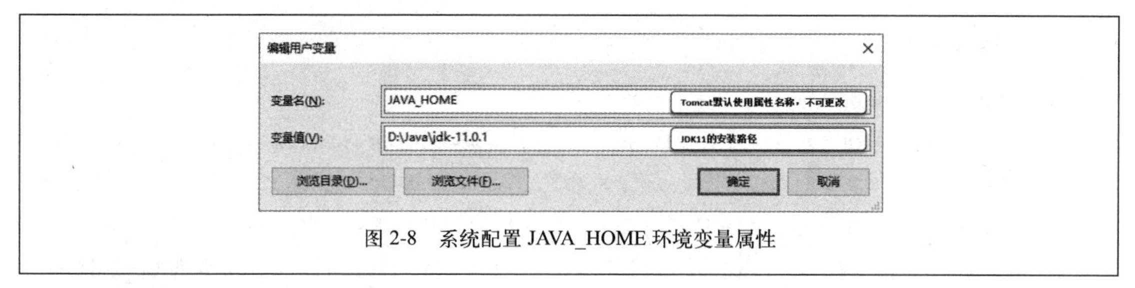

图 2-8　系统配置 JAVA_HOME 环境变量属性

2.1.2　配置 Tomcat 监听端口

配置 Tomcat 监听端口

视频名称　0203_【掌握】配置 Tomcat 监听端口

视频简介　Tomcat 是基于 HTTP 实现的 Web 服务器。如果想对外提供服务，则必须开放端口，Tomcat 默认端口为 8080，但是这样不便于用户访问。本视频演示如何通过 server.xml 文件修改将 Tomcat 端口变更为 80 端口监听。

Tomcat 启动后如果开发者需要进行本机 Web 服务访问，那么直接输入“http://localhost:8080”即可。而如果当前运行的 Tomcat 是一台分配了 IP 地址的公网服务器，则远程用户直接输入服务器的 IP 地址（http://IP 地址:8080）也可以访问当前的 Web 服务，如图 2-9 所示。

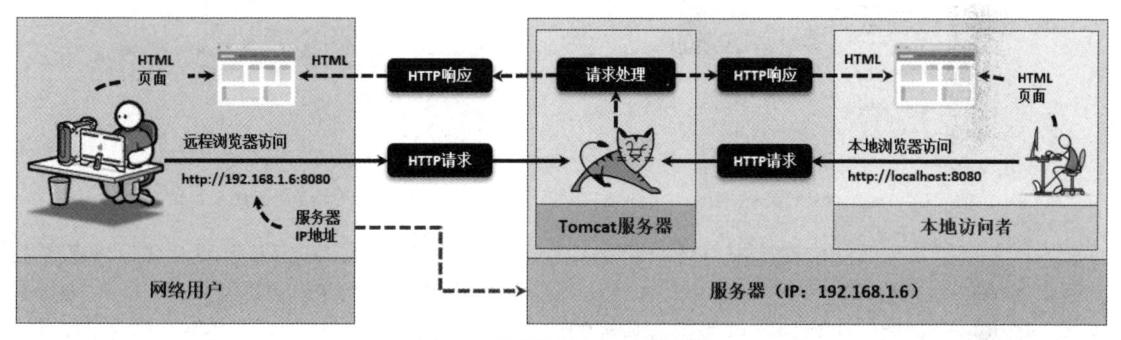

图 2-9　远程访问 Tomcat 服务器

提示：配置域名访问 Tomcat 服务。

如果此时有域名，则在配置了域名与服务器 IP 地址映射后，也可以直接通过域名的形式进行访问。由于此操作需要进行域名配置，为了方便读者理解，在本节视频讲解中直接修改 hosts 文件实现了一个单机映射，具体的操作可以参考视频。

但是现在有一个问题出现了，就是在每一次进行 Web 服务访问时都需要输入一个 8080 端口号，这样会导致用户访问困难。最佳的做法是将当前 Tomcat 端口配置为 80，而要想实现这样的配置可以修改“${TOMCAT_HOME}/conf/server.xml”配置文件。

范例：修改 Tomcat 运行端口号

```
<Connector                          <!-- Tomcat连接配置 -->
  port="80"                         <!-- Tomcat服务监听端口，默认为8080，本次修改为80 -->
  protocol="HTTP/1.1"               <!-- Tomcat支持的HTTP版本 -->
  connectionTimeout="20000"         <!-- 客户端连接超时配置（单位：毫秒） -->
  redirectPort="8443"/>             <!-- 如果配置了HTTPS访问，则强制跳转到指定端口，暂时未用 -->
```

修改完 server.xml 配置文件后如果想让其生效，则必须重新启动 Tomcat 服务（在每次启动时加载所有的配置项），重新启动后通过 80 端口进行服务访问（访问地址：http://localhost/），也可以看见图 2-7 所示的显示页面。

2.1.3　配置虚拟目录

配置虚拟目录

视频名称　0204_【掌握】配置虚拟目录

视频简介　要想编写 Java Web 程序，一定要有一个标准的 Web 目录结构。本视频为读者讲解标准项目目录的组成结构，同时通过热部署以及虚拟目录的配置，讲解如何将项目开发目录与 Tomcat 相结合。

Tomcat 启动之后用户就可以直接通过浏览器进行访问，所有的程序一定要整合到 Tomcat 之中才可以正常执行。为了便于这样的整合操作，Tomcat 提供了虚拟目录的配置，每一个虚拟目录都是一套独立且完整的 Web 项目。如果想在 Tomcat 中配置虚拟目录，一般有如下两种做法。

做法一：在“${TOMCAT_HOME}/webapps”目录中创建虚拟目录，此时该目录会自动被 Tomcat 识别，使用者在浏览器访问地址中直接输入目录名称即可访问，如图 2-10 所示。

做法二：在磁盘的任意路径下配置一个虚拟目录，而后修改“${TOMCAT_HOME}/conf/server.xml”配置项设置所需要的虚拟目录的名称以及映射路径，如图 2-11 所示。

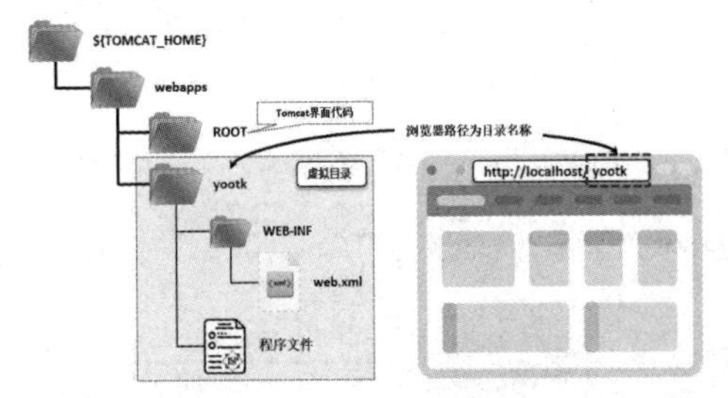

图 2-10　webapps 配置虚拟目录

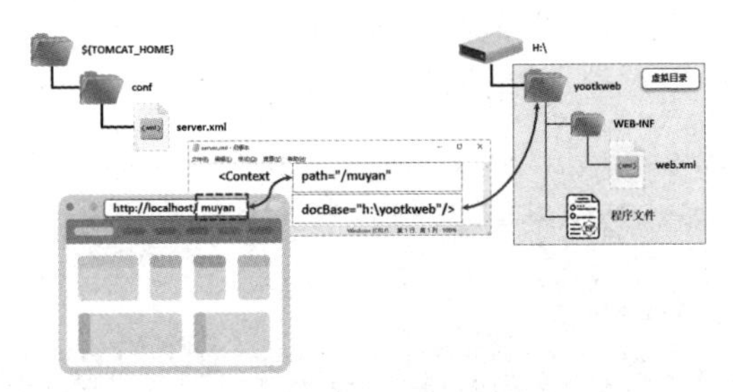

图 2-11　加载外部虚拟目录

本次采用第二种做法实现虚拟目录的配置。需要注意的是，按照 Java EE 开发标准，所有虚拟目录中必须在根路径下有一个“Web-INF/web.xml”配置文件，而后才可以将当前路径配置到 Tomcat 之中，读者可以按照以下所给出的步骤进行配置。

（1）【项目目录】现在在“H”盘下创建一个“yootkweb”的子目录，完整路径为“H:\yootkweb”。

（2）【Web-INF】通过“${TOMCAT_HOME}/webapps/ROOT”目录复制“Web-INF”目录到“H:\yootkweb”目录之中，这样“yootkweb”目录就是一个 Java EE 的标准化结构目录了。

（3）【server.xml】修改“${TOMCAT_HOME}/conf/server.xml”配置文件，在如图 2-12 所示的位置中追加如下代码：

```
<Context                          <!-- 配置一个新的上下文环境 -->
  path="/muyan"                   <!-- 浏览器访问路径，必须使用“/”开头，路径唯一且不能重复 -->
  docBase="H:\yootkweb"/>         <!-- 访问路径对应的磁盘目录 -->
```

```
164         <Valve className="org.apache.catalina.valves.AccessLogValve" directory="logs"
165                prefix="localhost_access_log" suffix=".txt"
166                pattern="%h %l %u %t &quot;%r&quot; %s %b" />
167
168         <Context path="/muyan" docBase="H:\yootkweb"/>     配置虚拟目录
169
170       </Host>     在“</Host>”元素之上配置
171     </Engine>
172   </Service>
173 </Server>
```

图 2-12　修改 server.xml 文件配置虚拟目录

（4）【web.xml】为了便于程序开发，可以修改“${TOMCAT_HOME}/conf/web.xml”配置文件打开文件的列表功能，这样就可以在浏览器中通过单击的方式选择要执行的程序文件。

```
<servlet>
  <servlet-name>default</servlet-name>
  <servlet-class>org.apache.catalina.servlets.DefaultServlet</servlet-class>
  <init-param>
    <param-name>debug</param-name>
    <param-value>0</param-value>
  </init-param>
  <init-param>
    <param-name>listings</param-name>          <!-- 目录列表配置选项 -->
    <param-value>true</param-value>            <!-- 设置为true表示允许列表显示 -->
  </init-param>
  <load-on-startup>1</load-on-startup>
</servlet>
```

（5）【Tomcat 重启】虚拟目录配置完成后如果想让其生效则必须重新启动 Tomcat，随后通过浏览器访问 Tomcat 并设置虚拟目录的访问路径“http://localhost/muyan”，即可看见如图 2-13 所示的界面。

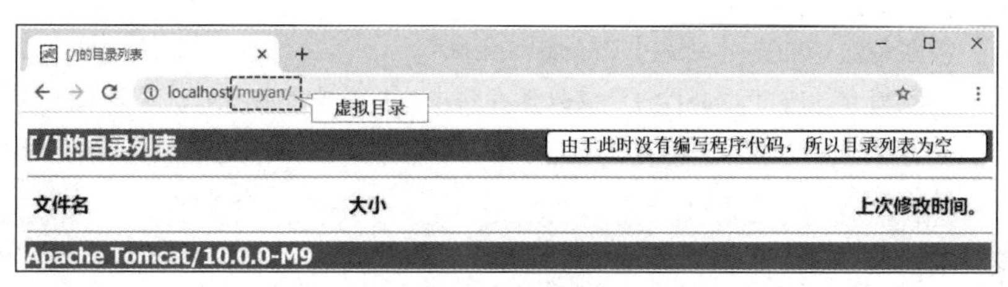

图 2-13　访问虚拟路径

2.2　JSP 编程起步

JSP 编程起步

视频名称　0205_【掌握】JSP 编程起步

视频简介　JSP 是 Java Web 开发中的页面实现技术。本视频结合配置完成的 Tomcat 虚拟目录实现第一个 JSP 程序的编写与运行，同时分析 JSP、JavaScript、HTML 彼此之间的操作关系。

现在已经成功地实现了 Tomcat 配置，随后就可以围绕着 Tomcat 编写 JSP 程序，所有 JSP 程序文件的扩展名为“.jsp”，本次将在虚拟目录中创建一个“hello.jsp”文件（完整路径：“H:\yootkweb\hello.jsp”），并且在浏览器中访问执行。

范例：编写第一个 JSP 程序

```
<html>
<head>
    <title>muyan</title>
</head>
<body>
<% // 此处用于编写Java程序代码
    out.println("<h1>www.yootk.com</h1>") ;                    // 输出HTML代码
    out.println("<script type='text/javascript'>") ;           // 输出JavaScript开始标记
    out.println("  console.log('www.yootk.com') ;") ;          // 控制台输出
    out.println("</script>");                                  // 输出JavaScript结束标记
%>
</body>
</html>
```

程序访问路径：

```
http://localhost/muyan/hello.jsp
```

本程序将 Java 的代码嵌入 HTML 程序文件之中，而后通过“<%%>”标记使其和原始的 HTML

代码区分开。所有的程序都是在 Web 容器中生成的，最终都会以 HTML 代码的形式进行显示，本程序的执行结果如图 2-14 所示。

图 2-14 第一个 JSP 程序执行结果

2.3 Tomcat 执行流程

Tomcat 执行流程

视频名称 0206_【掌握】Tomcat 执行流程

视频简介 所有的 JSP 程序直接保存到虚拟目录中即可执行，实际上这样的执行方式就属于解释型执行模式。本视频为读者详细分析 JSP 程序的执行流程，同时讲解 work 目录的作用。

当用户编写完成“hello.jsp”程序并且成功运行之后，会发现一个非常有意思的现象：第一次执行的速度较慢，之后执行的速度较快。之所以会出现这样的现象，是因为在 Tomcat 内部需要将 JSP 程序转为 Java 源代码，最后再自动编译为“*.class”文件，如图 2-15 所示，所以最终 Tomcat 执行的还是字节码文件。

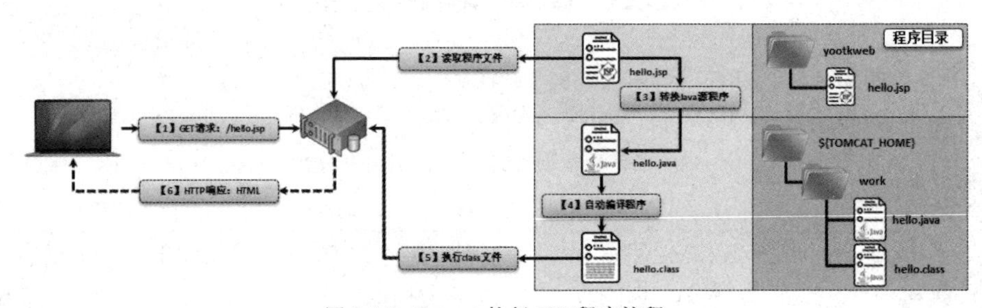

图 2-15 Tomcat 执行 JSP 程序流程

在每一次进行 JSP 源代码修改时，都需要重新将其编译为“*.class”文件后再使用，所以每当修改 JSP 文件后的第一次执行时的速度都会较慢。同时所有自动生成的“*.java”与“*.class”文件都保存在了“${TOMCAT_HOME}/work”目录中，如果清空此目录则 JSP 文件在执行时会重新生成相关文件。

2.4 Tomcat 内存调整策略

Tomcat 内存调整策略

视频名称 0207_【掌握】Tomcat 内存调整策略

视频简介 Tomcat 基于 JVM 的运行机制，为了使其可以发挥出最大的应用性能，就需要对 JVM 参数做出调整。本视频为读者讲解 Tomcat 在性能调整前与性能调整后的运行内存大小区别。

在 Tomcat 运行期间，所有的程序都是基于 JVM 进程运行的。而在默认情况下系统会为 JVM 进程最多分配物理内存的 1 / 4，初始化的内存大小为物理内存的 1 / 64，每个线程的内存大小为

“1MB”，这样就有可能引发程序执行的性能问题。那么在使用前就必须对 Tomcat 内存参数进行调整，调整的相关参数如图 2-16 所示。

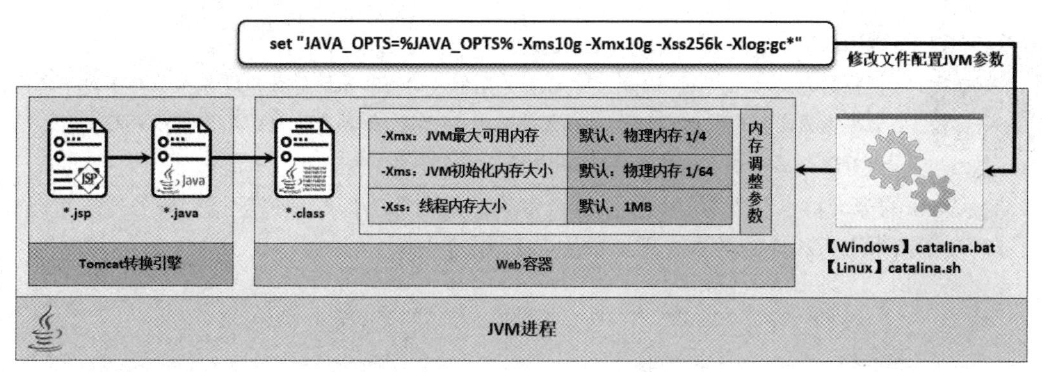

图 2-16　调整 Tomcat 所需的 JVM 参数

提示：Linux 下的 Tomcat 优化配置。

如果当前用户使用的是 Linux 操作系统，则配置文件为“${TOMCAT_HOME}/bin/catalina.sh”，追加上同样的配置参数即可。

（1）修改“${TOMCAT_HOME}/bin/catalina.bat”文件，追加上 JVM 配置参数。

```
set "JAVA_OPTS=%JAVA_OPTS% -Xmx10g -Xms10g -Xss256k -Xlog:gc*"
```

JVM 配置项说明。

- “-Xmx10g”：设置 Tomcat 的最大可用内存，本次设置的大小为 10GB。
- “-Xms10g”：设置 Tomcat 的初始化内存，初始化内存一般与最大内存相同，此处为 10GB。
- “-Xss256k”：配置每个线程的内存大小为 256KB。
- “-Xlog:gc*”：输出 GC 处理日志。

（2）在虚拟目录中编写“memory.jsp”文件以获取内存信息。

```
<html>
<head>
    <title>www.yootk.com</title>
    <meta charset="UTF-8"/>
</head>
<body>
<% // 此处用于编写Java程序代码
    out.println("<h1>MAX_MEMORY : " + Runtime.getRuntime().maxMemory() + "</h1>") ;
    out.println("<h1>TOTAL_MEMORY : " + Runtime.getRuntime().totalMemory() + "</h1>") ;
%>
</body>
</html>
```

程序执行结果：

```
MAX_MEMORY : 10737418240
TOTAL_MEMORY : 10737418240
```

本程序通过 Runtime 类提供的方法获取了当前 JVM 中的最大内存以及初始化内存信息，在结果中可以发现与“catalina.bat”配置文件中的 JVM 配置吻合，就表示当前的 JVM 参数配置生效。

2.5　Web 交互性

视频名称　0208_【掌握】Web 交互性

视频简介　动态 Web 的最大特点在于与客户端的交互性处理，服务器端与客户端之间依靠参数提交实现相应处理。本视频将通过 HTML 表单实现 HTTP 请求参数的发送，同时讲解服务器端如何通过 request 获取相关请求参数。

动态 Web 的最大特点在于数据的交互性，即客户端向服务器端发送数据，服务器端可以根据客户端的数据请求进行相应的数据处理，如图 2-17 所示。

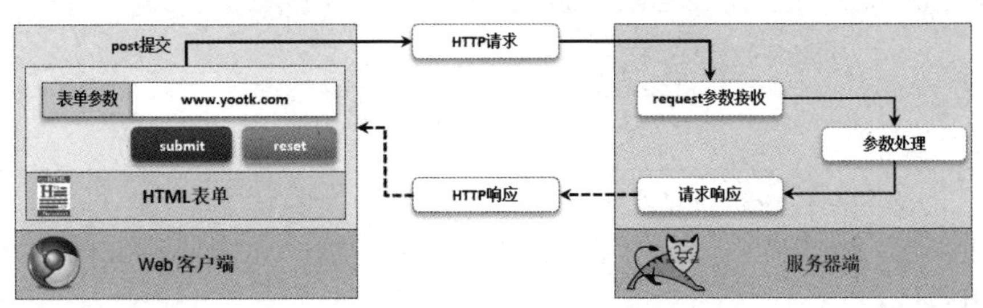

图 2-17　动态 Web 交互性

如果想在服务器端实现请求参数的接收，则可以直接使用 JSP 提供的 request 内置对象来完成。该对象中有一个“getParameter()”方法，该方法定义如下：

```
public String getParameter(String paramName)
```

可以根据参数名称接收指定的 HTTP 参数的内容，如果在请求中没有传递指定名称的参数，则此方法返回 null。

（1）【input.html】在虚拟目录中定义表单页面。

```
<html>
<head>
    <title>www.yootk.com</title>
    <meta charset="UTF-8"/>
</head>
<body>
<!-- 定义HTML表单，其中action为动态处理页路径，method为HTTP请求方式 -->
<form action="input_do.jsp" method="post">
    请输入信息：<input type="text" name="msg">      <!-- 定义文本参数，参数名称为msg -->
    <input type="submit" value="发送">            <!-- 定义表单提交按钮 -->
</form>
</body>
</html>
```

本程序实现了一个 HTML 文件的定义，在文件中定义了本次请求的表单，而后在表单提交时会根据“<form>”元素中的“action”属性将表单参数交由“input_do.jsp”页面进行处理。

（2）【input_do.jsp】在 JSP 程序接收请求参数并响应。

```
<html>
<head>
    <title>www.yootk.com</title>
    <meta charset="UTF-8"/>
</head>
<body>
<% // 此处用于编写Java程序代码
    String paramMsg = request.getParameter("msg") ;   // 接收msg请求参数
    out.println("<h1>"+paramMsg+"</h1>") ;            // 请求信息响应
%>
```

```
</body>
</html>
```

本程序的名称为“input_do.jsp”，这一名称与“input.html”页面中的表单提交路径相同。在本程序中通过 request 对象中的“getParameter("msg")”方法接收 msg 的请求参数，随后将接收到的参数内容进行输出，程序的最终执行结果如图 2-18 所示。

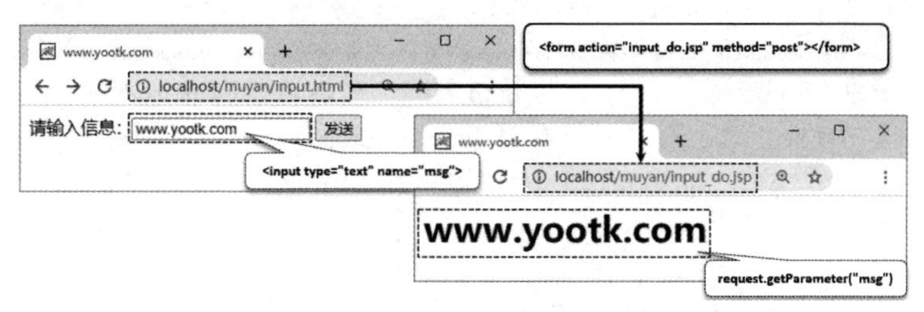

图 2-18　处理表单请求参数

提问：什么叫静态请求，什么叫动态请求？

观察完以上的交互式程序可发现所有的代码都通过浏览器进行执行，但是所有的代码都在服务器上，那么到底该如何区分什么是静态请求、什么是动态请求？

回答：静态请求直接响应 HTML 代码，动态请求通过容器处理后拼凑代码返回。

传统的 Web 开发会将程序保存在同一个服务器上，这样可以减少很多跨域访问问题的处理。为了进行不同请求类型的区分，需要通过“Web Server Plugin”（Web 服务插件）来区分不同的请求类型，并分别进行响应，如图 2-19 所示。最终的请求是静态还是动态主要是根据代码是否需要动态生成来决定的。例如，在本程序中的 input_do.jsp 需要首先接收参数，再拼凑 HTML 输出，那么该路径的请求一定就是动态的，而 input.html 没有任何的程序代码，所以其请求为静态的。

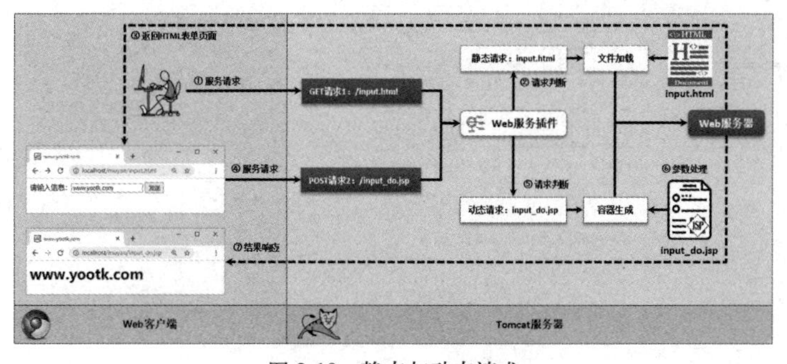

图 2-19　静态与动态请求

2.6　IDEA 开发 Java Web 程序

IDEA 开发 Web 项目

视频名称　0209_【理解】IDEA 开发 Web 项目

视频简介　IDEA 是一个功能强大的综合性的 IDE 工具，在当今的 Java 开发行业中十分流行。本视频将介绍通过 IDEA 工具创建 Web 项目，同时演示 JSP 程序文件的创建。

如果想进一步提升项目的开发速度，那么一定要选择合适的开发工具。现在业内最为常用的两个开发工具分别是 Eclipse、IDEA，如果按照流行程度来讲 IDEA 使用范围更广，而且开发速度更快。在本节中将为读者讲解如何在 IDEA 中实现 Java Web 程序的开发。

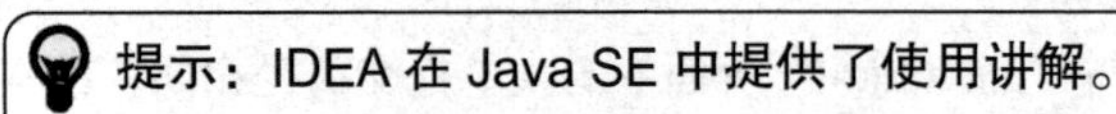

提示：IDEA 在 Java SE 中提供了使用讲解。

在本系列丛书中的《Java 程序设计开发实战（视频讲解版）》一书中已经为读者详细讲解了 IDEA 工具的基本使用方法，本次的讲解是在这之上的进一步应用，不会使用 IDEA 工具的同学请自行参考该书。

（1）【安装 JDK】本书是基于 JDK 11 进行讲解的，所以首先需要对当前系统中的 JDK 进行配置，将 JDK 11 加入 IDEA 工具，操作步骤为 Project Structure（项目结构）配置框→Platform Settings（平台设置），如图 2-20 所示。如果发现没有 JDK 11 的配置项，则可以手动添加相应目录。

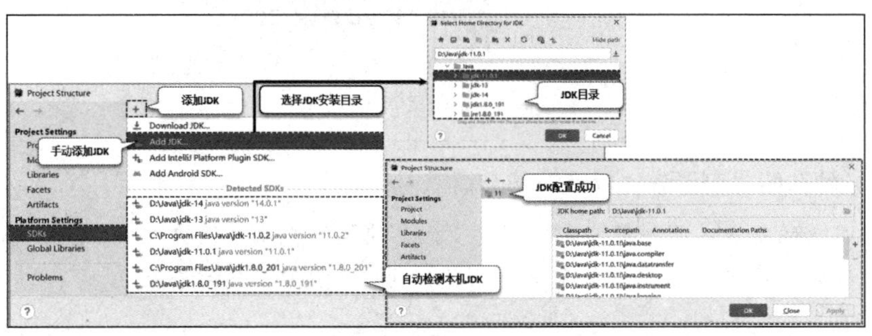

图 2-20　在 IDEA 中配置 JDK

（2）【全局配置】此时已经在 IDEA 中引入了 JDK 11，随后还需要在项目“Project”配置界面中配置默认的 JDK 版本以及语言版本，如图 2-21 所示。

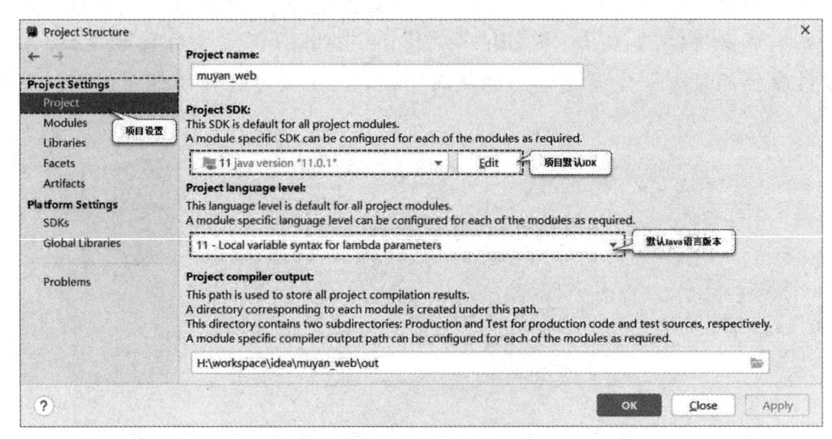

图 2-21　项目全局配置

（3）【Java 模块】通过项目结构管理工具创建一个新的 Java 模块，在进行模块创建时需要配置好所需要的 JDK 版本，暂时不添加任何的第三方模块库，如图 2-22 所示。

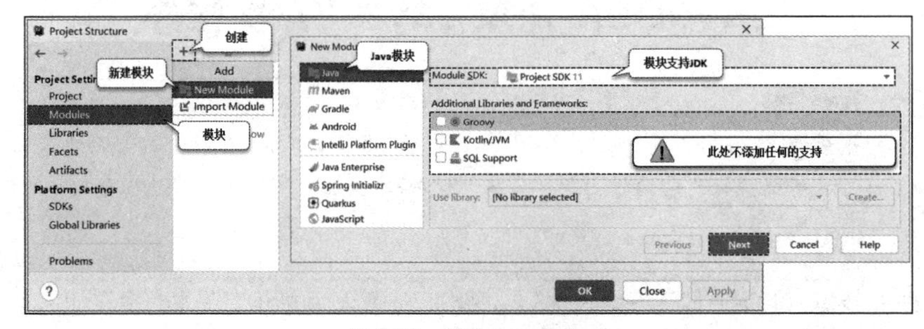

图 2-22　创建 Java 模块

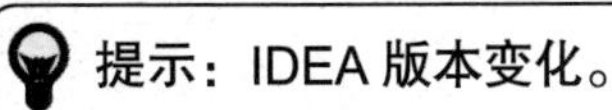

提示：IDEA 版本变化。

需要注意的是，本书采用的是当前最新版的 IDEA 开发工具。在一些老版本的 IDEA 之中，可以直接进行 Java Web 模块的创建，如图 2-23 所示。

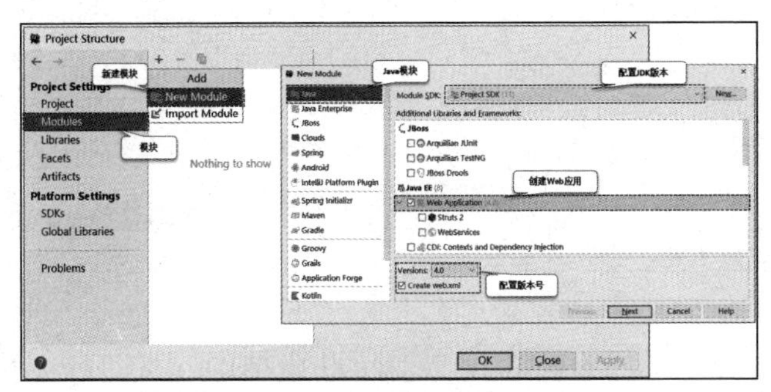

图 2-23　旧版本 IDEA 可以直接创建 Web 模块

（4）【Java 模块】输入新建的模块名称为“yootkweb”，并配置好其保存路径，如图 2-24 所示。

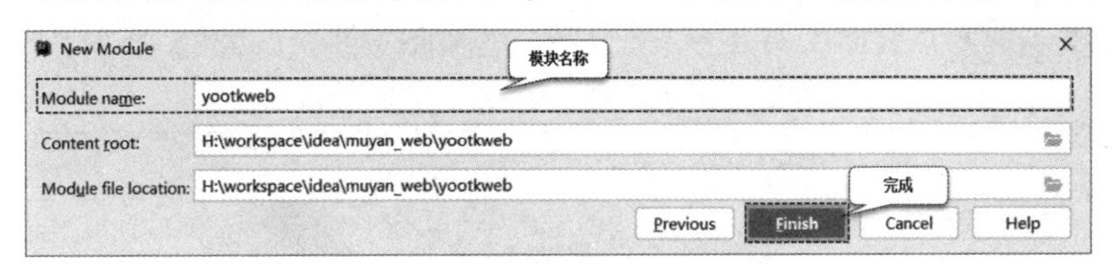

图 2-24　输入模块名称

（5）【yootkweb】模块创建完成后将回到项目结构窗口“Project Structure”，可以看见图 2-25 所示的完成界面，确认完成后单击“OK”关闭当前配置界面。

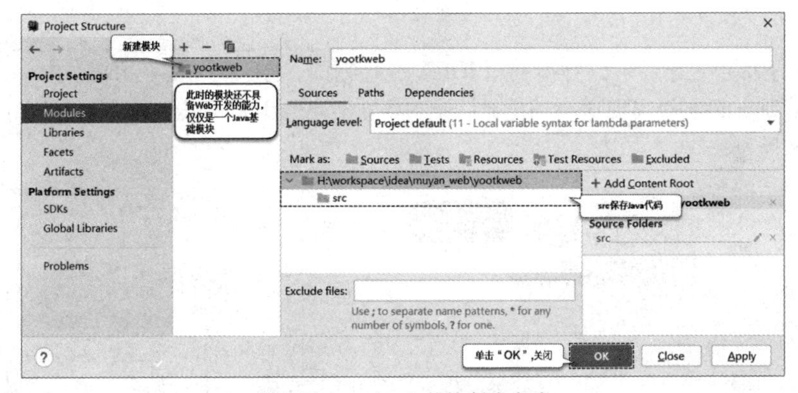

图 2-25　yootkweb 模块创建成功

（6）【yootkweb】此时创建完成了一个 Java 模块，但是这个时候该模块还不具备 Web 程序的开发支持环境，需要为项目添加相应的 Web 支持，如图 2-26 所示。

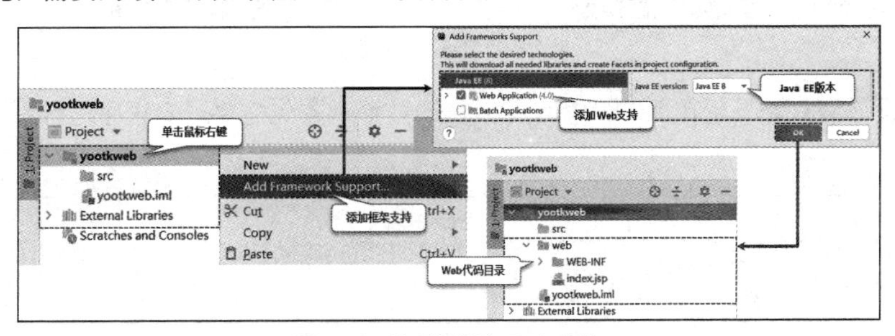

图 2-26　为项目添加 Web 支持

（7）【JSP 文件】模块创建完成后可以发现存在以下两个程序目录。

- “src”：保存与 Java 相关的程序文件（*.java 文件）。
- “web”：保存与 Web 相关的程序文件（*.html、*.jsp、图片等）。

本次将直接在 web 目录下创建一个新的“hello.jsp”文件，直接选择新建文件即可，如图 2-27 所示。

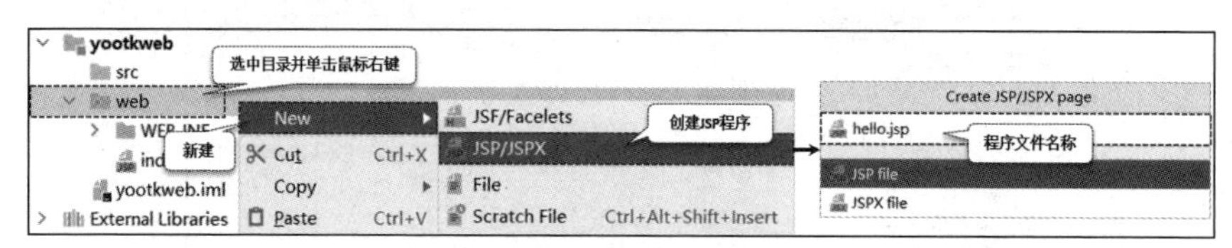

图 2-27　创建 JSP 文件

当 hello.jsp 文件创建完成之后就可以按照同样的方式在 IDEA 中进行 Web 项目代码的编写了，同时在 IDEA 中也会针对开发者出现的语法错误进行提示。

提示：JSPX 解释。

JSP 程序是直接基于 HTML 语法形式开发的动态 Web 程序，而 JSPX 是基于“JSP + XML”实现的动态页面开发的形式，本质上与 JSP 相同，但是实现的语法不同。

2.6.1　IDEA 整合 Tomcat

IDEA 整合 Tomcat

视频名称　0210_【掌握】IDEA 整合 Tomcat

视频简介　IDEA 是一个功能完善的开发工具，除了具备良好的代码开发提示功能之外，还可以直接在 IDEA 中集成并启动 Tomcat 实现程序的自动部署。本视频通过具体的案例实操讲解 IDEA 与 Tomcat 整合操作。

Web 项目开发完成之后可以直接利用 IDEA 进行测试，这样就需要在 IDEA 内部进行项目的部署与 Tomcat 启动。而要想实现这样的需求，就需要在 IDEA 中引用 Tomcat 主目录中的相关配置文件，如图 2-28 所示。

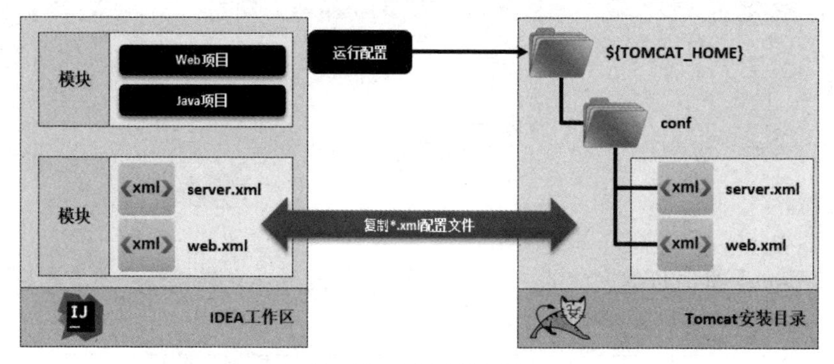

图 2-28　IDEA 运行配置

（1）【配置界面】如果想在 IDEA 中使用 Tomcat，那么首先需要进入程序运行界面，如图 2-29 所示。

图 2-29　增加 IDEA 运行配置

（2）【增加运行环境】在打开的界面中选择添加本地 Tomcat 配置，如图 2-30 所示。

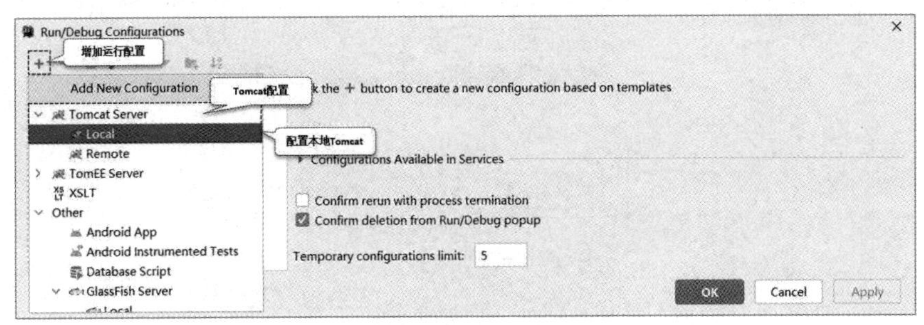

图 2-30　添加本地 Tomcat

（3）【Tomcat 运行配置】在随后的界面中会要求开发者输入运行项的名称，本次设置为“YootkServer”，选择运行的应用服务器，如果是第一次配置，则可以通过“Configure”找到 Tomcat 的主目录，这样就会自动读取 Tomcat 相关配置文件，例如端口号。本次配置的界面如图 2-31 所示。

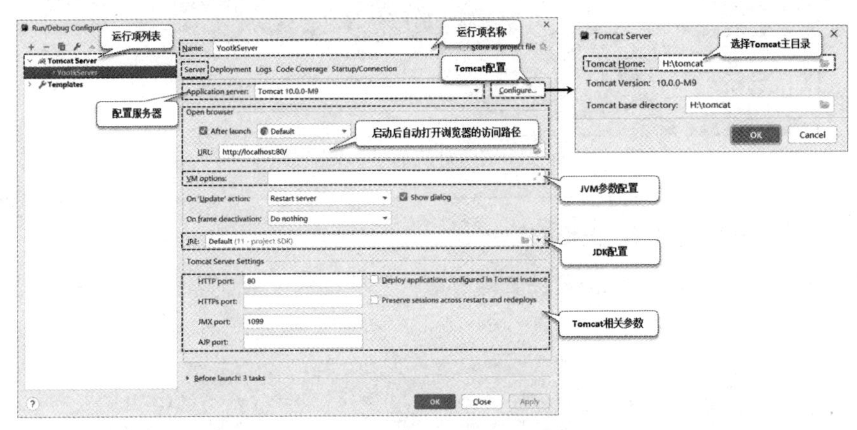

图 2-31　配置 Tomcat 运行环境

提示：Web 项目首页配置。

在每一个 Web 程序中，如果直接访问根路径“http://localhost/”，则会自动找到以“index”开头的程序文件。如果用户想修改此默认配置，则可以通过“Web-INF/web.xml”进行设置。

范例：设置项目首页

```
<welcome-file-list>
    <welcome-file>muyan.jsp</welcome-file>
    <welcome-file>yootk.jsp</welcome-file>
    <welcome-file>hello.jsp</welcome-file>
</welcome-file-list>
```

此时设置了 3 个项目首页，在运行时会按照定义的顺序进行匹配。但是在大部分情况下开发者是不需要修改默认配置的，因为比较符合开发者使用习惯的就是“index.jsp”或“index.html”。

（4）【项目部署】Tomcat 服务器配置完成后就需要进行项目部署处理，现在所部署的项目就是当前 IDEA 工作区中的项目模块“yootkweb”，此时需要打开 Tomcat 部署界面，如图 2-32 所示。

（5）【服务启动】配置完成后就会自动在运行项中出现 Tomcat 的形式，直接启动此运行模式即可实现 Tomcat 启动，如图 2-33 所示。由于已经配置了 Tomcat 启动后自动启动浏览器运行，所以启动完成后就可以看见正确的执行结果。

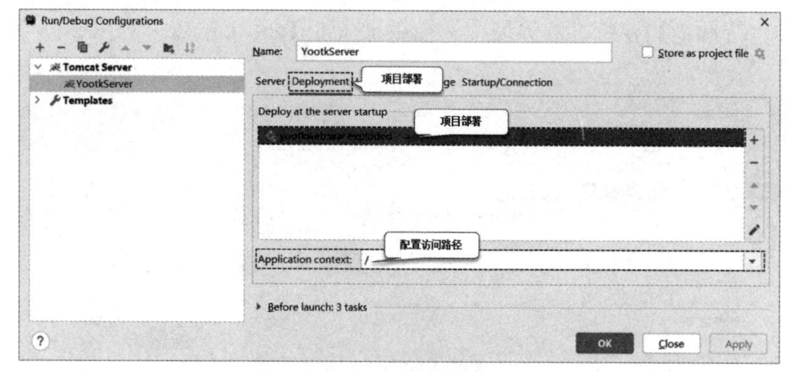

图 2-32　Tomcat 部署项目

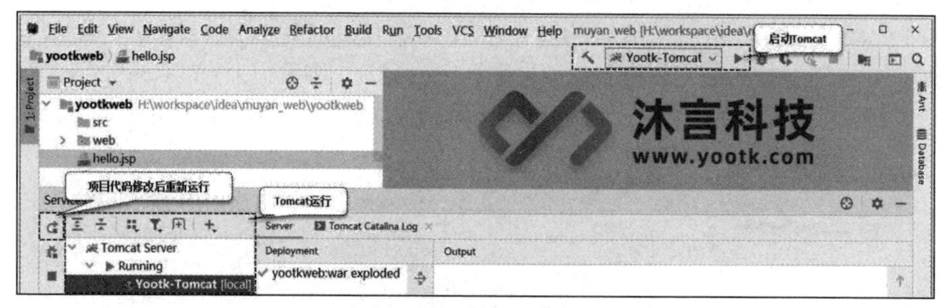

图 2-33　IDEA 内部启动 Tomcat

提问：Tomcat 启动乱码如何解决？

在使用 IDEA 工具整合 Tomcat 并且运行后，发现控制台窗口输出的信息全部是乱码，如图 2-34 所示，这个问题能否解决？

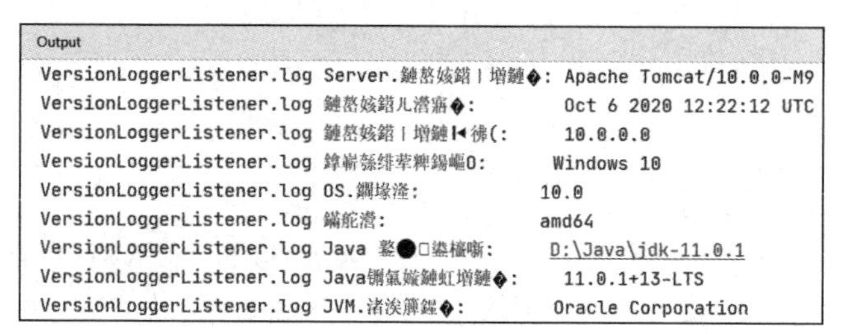

图 2-34　Tomcat 启动乱码

回答：设置 IDEA 编码。

IDEA 中 Tomcat 启动乱码的主要原因是 IDEA 工具的编码未设置，开发者可以直接找到工具条中的“Help”菜单，而后选择“Edit Custom VM Options”命令，在最底部添加“-Dfile.encoding=UTF-8”配置项，如图 2-35 所示。随后重新启动 IDEA 就可以实现正确的编码显示。

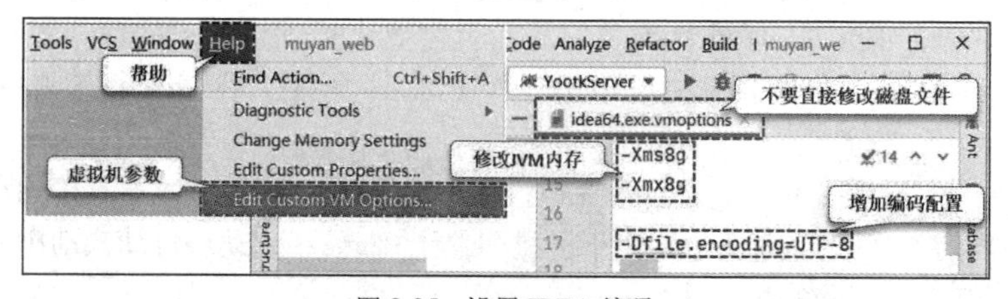

图 2-35　设置 IDEA 编码

需要注意的是，此时的配置文件一定要通过 IDEA 工具进行修改，不要直接去修改 IDEA 安装目录中的“idea64.exe.vmoptions”文件。如果修改以上配置后依然存在乱码，那么可以在 Tomcat 配置中追加同样的虚拟机参数，如图 2-36 所示。

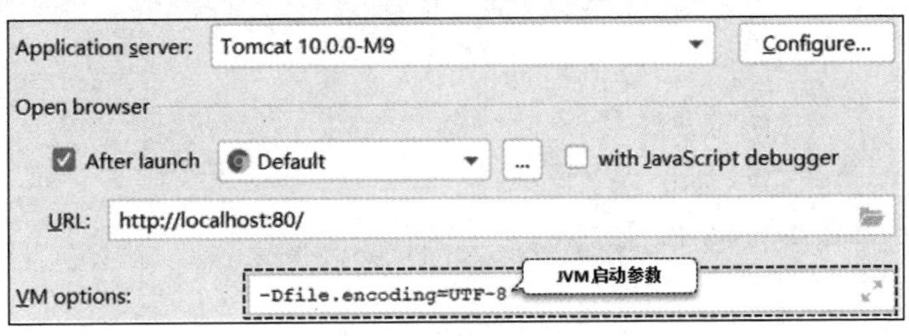

图 2-36　Tomcat 虚拟机参数配置

2.6.2　Web 代码调试

Web 代码调试

视频名称　0211_【理解】Web 代码调试

视频简介　IDEA 开发工具除了拥有强大的代码开发支持功能之外，也可以方便地实现代码的调试处理，可以直接在 JSP 页面中设置程序断点，随后进行代码的单点运行，以观察代码执行效果。本视频通过具体的步骤为读者演示 IDEA 中的代码调试操作。

程序代码开发是一个烦琐且逻辑性极强的处理过程，在代码编写中稍有不慎就有可能出现程序 bug。为了便于开发者进行代码的调试，IDEA 也支持 JSP 文件的调试处理，只需要在代码中设置断点，而后以调试方式在 IDEA 内部启动 Tomcat 即可完成。

（1）【设置断点】打开 hello.jsp 页面，在需要设置断点的行左边的空白处单击即可实现断点定义，如图 2-37 所示。

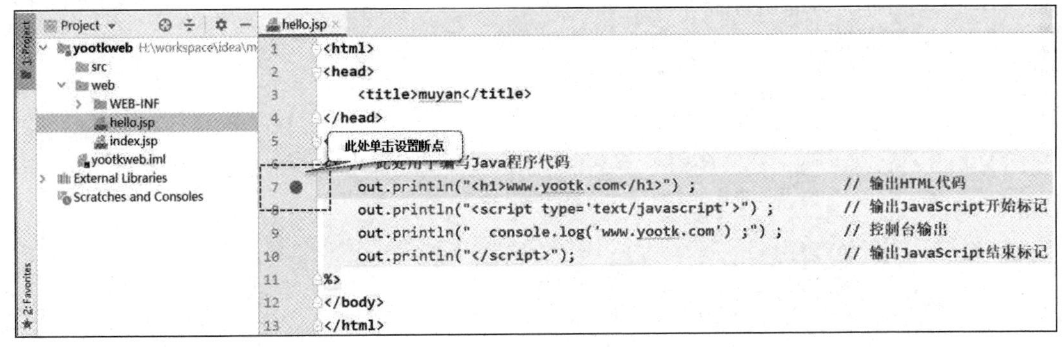

图 2-37　设置程序断点

（2）【调试模式】如果想使断点生效，则需要以调试模式启动 Tomcat，如图 2-38 所示。

图 2-38　调试模式启动 Tomcat

（3）【调试界面】以调试模式启动后，运行 hello.jsp 页面时将自动进入调试窗口，开发者可以根据所需要的形式进行代码调试处理，如图 2-39 所示。

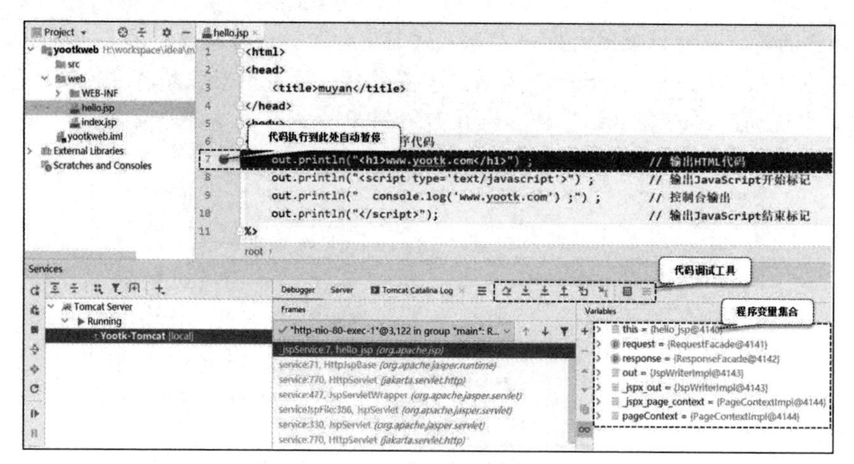

图 2-39　代码调试界面

2.7　本 章 概 览

1．动态 Web 程序的执行需要 Web 容器的支持，所有的 Java 程序运行在 Web 容器内，实现最终生成的 HTML 代码的动态返回。

2．JSP 程序的运行模式属于解释型，直接将代码保存在虚拟目录中即可执行，然而对 Tomcat 而言就需要自动地将“*.jsp”程序文件转为“*.java”，最终再编译为“*.class”文件。

3．Tomcat 是基于 JVM 的应用服务，可以直接通过修改 JVM 参数的模式实现内存调优。

4．动态 Web 的最大特点在于交互性，服务器端利用 request.getParameter()可以接收客户端发送来的请求参数，并针对请求参数处理后再进行响应。

5．IDEA 开发工具可以直接整合 Tomcat，并且提供了方便的开发支持与代码调试处理功能。

第3章
JSP基础语法

本章学习目标

1. 掌握 JSP 中的注释应用；
2. 掌握 3 种 Scriptlet 程序的使用；
3. 掌握 page 属性的作用，并可以通过 page 属性实现编码、类库导入等相关操作；
4. 掌握 JSP + JDBC 的应用开发结构，并可以实现代码功能；
5. 掌握 JavaBean 程序的定义与存储要求；
6. 掌握两种包含指令的使用、命令以及区别；
7. 掌握服务器端跳转标签指令的使用及其使用特点；
8. 掌握用户登录认证程序的实现，并理解 SQL 注入漏洞问题的产生原因与解决方案。

JSP 是嵌套在 HTML 代码中的 Java 程序代码，利用 JSP 程序可以结合 Java 中的分支、循环等结构，动态地生成最终的 HTML 代码，在本章中将为读者讲解 JSP 的相关操作语法。

3.1 JSP 程序注释

JSP 程序注释

视频名称 0301_【掌握】JSP 程序注释

视频简介 JSP 程序可以整合 HTML 代码，而为了阅读方便就需要在代码中添加注释。JSP 除了可以使用 Java 与 HTML 注释之外，也提供了自己的注释。本视频通过具体的操作讲解 JSP 中显式注释与隐式注释的使用。

项目开发中必须对代码的功能进行详细的说明，说明往往需要通过注释结构来进行。在 JSP 程序开发中，由于需要在 HTML 代码中嵌入 Java 代码，因此可以直接使用 Java 中的注释与 HTML 注释进行说明。其中 Java 的注释内容属于隐式注释，不会发送到客户端浏览器；而 HTML 注释属于显式注释，会发送到客户端浏览器。

除了以上的两种注释之外，在 JSP 中又提供了另外一种隐式注释，结构为“<%-- 注释内容 --%>”，此注释需要定义在 Scriptlet 代码之外。为便于读者理解这些注释结构，下面通过具体的代码进行说明。

范例：JSP 程序注释定义

```
<html>
<head><title>muyan</title></head>
<body>
<!-- HTML Comment -->
<%-- 此为JSP中才可以使用的注释，为隐式注释，不会发送到客户端浏览器之中 --%>
<%  // 【Java注释】此处用于编写Java程序代码，只能定义在Scriptlet代码之中
    out.println("<h1>www.yootk.com</h1>");                  // 输出HTML代码
%>
</body>
```

```
</html>
```

本程序在代码中使用了“<!-- -->”定义 HTML 注释信息，同时又使用了 Java 的单行注释（Java 注释代码必须在“<%%>”这样的 Scriptlet 代码中进行定义）。通过图 3-1 所示的结果可以发现，所有的 Java 注释信息是不会发送到客户端浏览器中的。

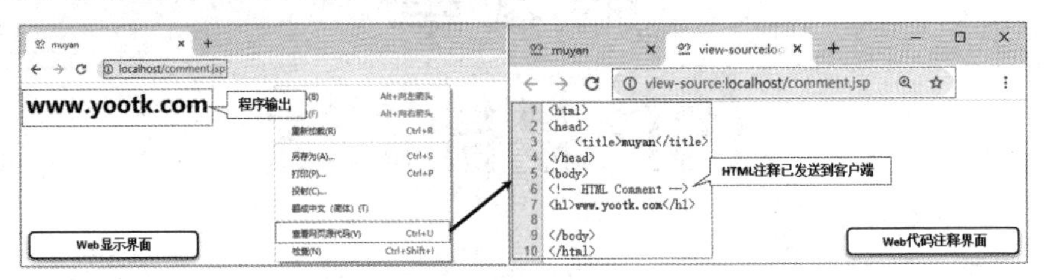

图 3-1　JSP 中的显式注释与隐式注释

3.2　Scriptlet

Scriptlet 简介

视频名称　0302_【掌握】Scriptlet 简介

视频简介　Scriptlet 是 JSP 的重要组成代码。JSP 依靠 Scriptlet 实现动态逻辑的定义，这样才可以实现动态响应。本视频为读者分析 JSP 代码与 Java 代码的联系，同时介绍 JSP 编程中 3 种 Scriplet 的作用。

JSP 程序核心组成结构为 HTML 与 Java 程序。为了可以在 JSP 程序中明确地标记出 Java 代码，就需要在 Scriptlet（脚本小程序）中进行定义。在 JSP 中 Scriptlet 结构分为 3 种形式：代码编写 Scriptlet、结构定义 Scriptlet、表达式输出 Scriptlet。需要注意的是，JSP 代码始终是与 Java 程序结构对应的，而每一个 JSP 文件都属于一个独立的 Java 程序类，该类会由 Tomcat 容器自动进行唯一对象的实例化处理，而所有通过 Scriptlet 定义的代码本质上都属于某个类中的结构定义，可以参考图 3-2 所示的内容。

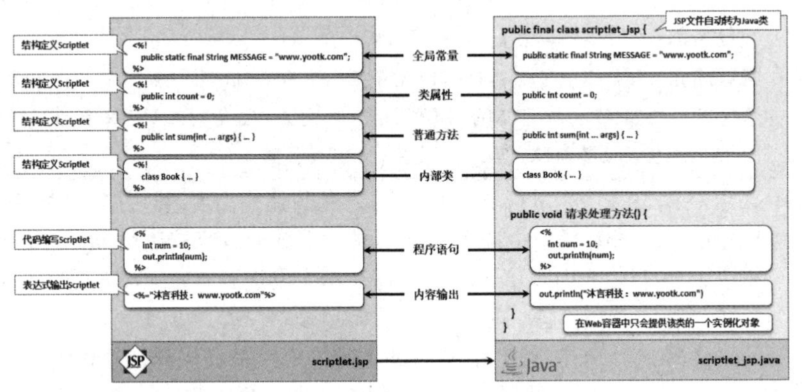

图 3-2　JSP 程序结构与 Java 类结构对比

> **提示：关于代码编写风格的说明。**
>
> 由于所有的 JSP 代码都需要完整的 HTML 元素的支持，考虑到本书篇幅问题，在后续课程讲解中，在非必要的情况下本书将不再重复列出“<html>”“<head>”“<title>”“<body>”之类的元素，但是在本书配套视频中会使用完整代码进行讲解。
>
> 另外，所有的 JSP 程序最终都是以网页的呈现效果出现的，除非有特殊的需要，本书不再进行重复的页面执行截图展示，而仅提供代码执行后的输出文字内容。

3.2.1 代码编写 Scriptlet

代码编写 Scriptlet

视频名称 0303_【掌握】代码编写 Scriptlet

视频简介 JSP 程序中的 Java 代码编写是需要放在特定语句之中的，而这样的语句就属于代码编写 Scriptlet。本视频讲解代码编写 Scriptlet 的定义与使用。

JSP 程序中为了实现动态生成页面的需求，会编写大量的 Java 程序语句以及相应的局部变量，这样就可以在代码编写 Scriptlet 中进行实现。

提示：代码编写 Scriptlet 等价于方法。

所有的 JSP 程序在执行时最终都会编译为“*.java”程序代码，实际上通过“代码编写 Scriptlet”编写的语句等价于类中方法的代码，即每次调用方法时，方法中的局部变量都要重新声明，同时在方法中可以编写程序语句。

范例：在 Scriptlet 中编写代码

```
<%  // 【Scriptlet】在此处编写Java程序代码
    StringBuffer buffer = new StringBuffer();      // 定义局部变量
    buffer.append("www.yootk.com");                // 修改局部变量内容
    out.println("<h1>" + buffer + "</h1>");        // 输出局部变量
%>
```

程序执行结果：

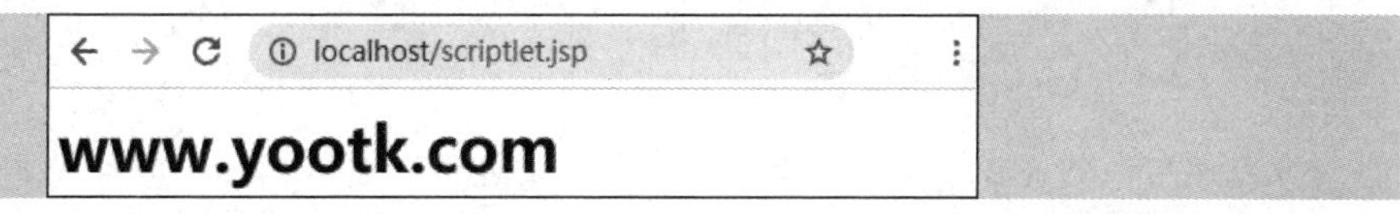

本程序在 Scriptlet 代码中定义了一个 buffer 对象，并且通过 append()方法实现了内容追加，随后通过 out.println()方法实现了 HTML 代码的输出。需要注意的是，此时定义的 buffer 为局部变量，所以在每次刷新时都会重新定义 buffer 对象的内容。

3.2.2 结构定义 Scriptlet

结构定义 Scriptlet

视频名称 0304_【掌握】结构定义 Scriptlet

视频简介 项目开发中为了达到代码的可重用设计，会引入类、方法等概念。本视频讲解通过结构定义 Scriptlet 实现相关的设计，同时分析全局变量与局部变量的定义。

JSP 程序中可以利用结构定义 Scriptlet 代码块实现全局变量、全局常量、类以及操作方法的定义，这样就可以在代码编写 Scriptlet 中进行调用。

范例：在 JSP 中定义类结构

```
<%! // 【结构定义Scriptlet】
    public static final String MESSAGE = "www.yootk.com";     // 全局常量
    public int count = 0;                                     // 全局变量（类属性）
%><%! // 【结构定义Scriptlet】定义类中的方法
    public int sum(int ... args) {                            // 求和计算
        int all = 0;                                          // 保存计算结果
        for (int num : args) {                                // for循环接收参数
            all += num;                                       // 数据累加
        }
```

```
        return all;                                  // 返回累加结果
    }
%><%! // 【结构定义Scriptlet】定义内部类结构
    class Book {                                     // 无参构造、setter、getter略
        private String title;
        private String author;
        private double price;
        public Book(String title, String author, double price) {
            this.title = title;                      // 属性赋值
            this.author = author;                    // 属性赋值
            this.price = price;                      // 属性赋值
        }
        @Override
        public String toString() {                   // 方法覆写获取对象信息
            return "title = " + this.title + ", author = " +
           this.author + ", price = " + this.price;
        }
    }
%>
<%  // 【代码编写Scriptlet】在此处编写Java程序代码
    out.println("<h1>" + MESSAGE + "</h1>");                 // 输出全局常量
    out.println("<h1>count = " + (count ++) + "</h1>");  // 每次刷新全局变量都会持续自增
    out.println("<h1>1 + 2 + 3 = " + sum(1, 2, 3) + "</h1>");              // 方法调用
    out.println("<h1>" + new Book("JavaWeb", "Yootk", 99.8) + "</h1>");    // 输出对象
%>
```

程序执行结果：

```
www.yootk.com
count = 0
1 + 2 + 3 = 6
title = JavaWeb, author = Yootk, price = 99.8
```

本程序在一个 JSP 文件中定义了全局常量“MESSAGE”，全局变量（类属性）“count”、数字求和方法“sum()”以及 Book 程序类。需要注意的是，这些内容全部要定义在“结构定义 Scriplet”声明处，而具体的输出或者结构调用，就需要放在代码编写 Scriptlet 中。

3.2.3　表达式输出 Scriptlet

表达式输出 Scriptlet

视频名称　0305_【掌握】表达式输出 Scriptlet

视频简介　程序需要将处理后的结果进行输出，为了简化输出的操作形式可使用表达式输出 Scriptlet。本视频通过实例讲解，分析 JSP 中两种输出操作的区别。

由于 JSP 程序需要进行大量程序计算结果的输出，为了便于数据输出显示，可使用表达式输出 Scriptlet 结构，利用该结构可以方便地实现变量与常量内容的输出。

范例：利用表达式输出信息

```
<%! // 【结构定义Scriptlet】定义全局常量
    public static final String MESSAGE = "www.yootk.com";
%>
<%-- 【注意】表达式输出语句为一个独立的Scriptlet结构，该结构不允许嵌套在其他Scriptlet之中 --%>
<h1><%=MESSAGE%></h1>                         <%-- 输出全局常量 --%>
<h1><%="edu.yootk.com"%></h1>                 <%-- 输出字符串常量 --%>
```

程序执行结果：

```
www.yootk.com
edu.yootk.com
```

本程序通过表达式输出的形式在 Scriptlet 之外实现了全局常量以及字符串常量的输出。通过具

体的代码也可以发现，利用此类 Scriptlet 输出时可以实现 HTML 代码和 Java 代码的结构分离。

提示：内容输出推荐使用“<%=%>”。

通过本程序的执行读者可以发现，表达式输出 Scriptlet 只关注具体的数据内容，而如果使用了“out.println()”形式实现输出，则需要将 HTML 代码写在 Java 程序之中，例如：

```
out.println("<h1>" + MESSAGE + "</h1>");
```

虽然两种机制都可以实现相同的效果，但后者的代码会将 Java 与 HTML 代码混在一起。考虑到代码的维护方便，本书不建议开发者使用“out.println()”方法的形式输出，而是提倡通过表达式输出 Scriptlet 结构进行代替。

3.2.4 Scriptlet 标签指令

Scriptlet 标签指令

视频名称 0306_【掌握】Scriptlet 标签指令

视频简介 Web 程序开发中 JSP 页面是主要的数据展现形式。为了可以更好地进行代码的维护与定义，在 JSP 中有一个专门的 Scriptlet 代码标签，可以通过此标签来实现代码编写 Scriptlet 结构代替。本视频为读者讲解了此标签的使用。

在 JSP 程序开发中，需要通过“代码编写 Scriptlet”编写大量的程序代码，有时候为了满足一个业务需求，往往在程序中也需要编写多个“<%%>”代码。为了美化 JSP 页面的代码编写结构，可以使用“<jsp:scriptlet>”标签的形式来代替。

范例：使用 Scriptlet 标签编写程序代码

```
<jsp:scriptlet>
   String message = "www.YOOTK.com".toLowerCase();     // 定义局部变量，并调用字符串对象方法
</jsp:scriptlet>
<h2><%=message%></h2>                                  <%-- 【注意】标签结尾必须完结 --%>
```

程序执行结果：

```
www.yootk.com
```

本程序使用了“<jsp:scriptlet>”标签的形式代替了以往的“<%%>”结构。通过代码的定义可以发现，所有的 JSP 标签都可以像普通的 HTML 标签一样被直接使用，这样可以使得 JSP 页面结构得到极大的改善。

3.3 page 指令

page 指令简介

视频名称 0307_【掌握】page 指令简介

视频简介 通过 page 指令可实现整个页面的属性定义与所需资源的环境配置。本视频为读者介绍 page 指令的主要作用，同时展示 page 指令中的相关配置项。

page 指令主要用于定义 JSP 页面中的相关属性内容，例如 import 导入系统包、MIME 配置、错误页、I/O 缓冲区配置等，其使用格式为：

```
<%@ page 属性名称1=属性内容1 属性名称2=属性内容2 …%>
```

在 page 指令中多个属性配置之间使用空格进行分隔，所有可以使用的属性定义如表 3-1 所示。

表 3-1　page 属性定义

序号	指令属性	描述
1	autoFlush	可以设置为 true 或 false，如果设置为 true，当缓冲区满时，客户端的输出会被刷新；如果设置为 false，当缓冲区满时，将出现异常，表示缓冲区溢出。默认为 true，如 autoFlush="true"
2	buffer	指定客户端输出流的缓冲模式。如果为 none，则表示不设置缓冲区；如果指定数值，那么输出时就必须使用不小于这个值的缓冲区进行缓冲。此属性要和 autoFlush 一起使用。默认不小于 8KB，根据不同的服务器可以进行不同设置
3	contentType	定义 JSP 字符的编码和页面响应的 MIME 类型，如果是中文 HTML 显示，则使用如下形式：contentType="text/html;charset=UTF-8"
4	errorPage	定义页面出错时要跳转的显示页，如 errorPage="error.jsp"，要与 isErrorPage 属性一起使用
5	extends	主要定义此 JSP 页面产生的 Servlet 从哪个父类扩展而来，如 extends="父类名称"
6	import	页面要导入的程序包名称，如 import="java.util.*"，可以多次使用
7	info	说明 JSP 页面的信息，如 info="www.yootk.com"
8	isErrorPage	可以设置为 true 或 false，表示此页面是否为出错的处理页。如果设置为 true，则 errorPage 指定的页面出错时才能跳转到此页面进行错误处理；如果设置为 false，则无法处理
9	isThreadSafe	可以设置为 true 或 false，表示此页面是否是线程安全的。如果设置为 true，表示一个 JSP 页面可以处理多个用户的请求；如果设置为 false，则此 JSP 页面一次只能处理一个用户请求
10	language	用来定义要使用的脚本语言，目前只能是 Java，如 language="java"
11	pageEncoding	JSP 页面的字符编码，需要显示中文则设置为 pageEncoding="UTF-8"
12	session	可以设置为 true 或 false，指定所在页面是否参与 HTTP 会话。默认为 true，如 session="true"

3.3.1　页面响应编码

页面响应编码

视频名称　0308_【掌握】页面响应编码

视频简介　JSP 页面的响应操作需要有合理的编码控制，在 page 指令里面也有相应处理指令。本视频为读者演示乱码的问题与解决方法。

JSP 页面最终执行后都会以 HTML 文件格式发送到客户端浏览器，如果在生成 HTML 代码时有中文，并且没有进行相应的编码配置，那么此时在浏览器上所显示的就会是乱码。如果想解决乱码问题，就可以通过“pageEncoding”属性配置，而常见的编码为“UTF-8”。

范例：在 JSP 页面中显示中文

```
<%@page pageEncoding="UTF-8" %>            <%-- 定义页面中文显示编码 --%>
<html>
<head>
    <title>沐言科技——新时代软件教育领导品牌</title>
</head>
<body>
<%! // 【结构定义Scriptlet】定义全局常量
    public static final String MESSAGE = "沐言科技：www.yootk.com";
%>
<h1><%=MESSAGE%></h1>                      <%-- 输出全局常量 --%>
</body>
</html>
```

程序执行结果：

本程序在 MESSAGE 全局常量中定义了中文信息，随后利用表达式输出 Scriptlet 进行常量输出。由于在 page 指令中提供了“pageEncoding”编码配置，因此可以得到正确的输出结果。

注意：不要多次设置编码。

在进行 JSP 页面编码设置时每个页面只能设置一次编码，如果设置了多次不同的编码，则程序在执行时会出现错误。

范例：设置多次编码

```
<%@page pageEncoding="UTF-8" %>  <%-- 定义页面中文显示编码 --%>
<%@page pageEncoding="GBK" %>    <%-- 定义页面中文显示编码 --%>
```

此时在一个 JSP 页面设置了两个不同的编码，这样在程序执行时就会出现如图 3-3 所示的页面。

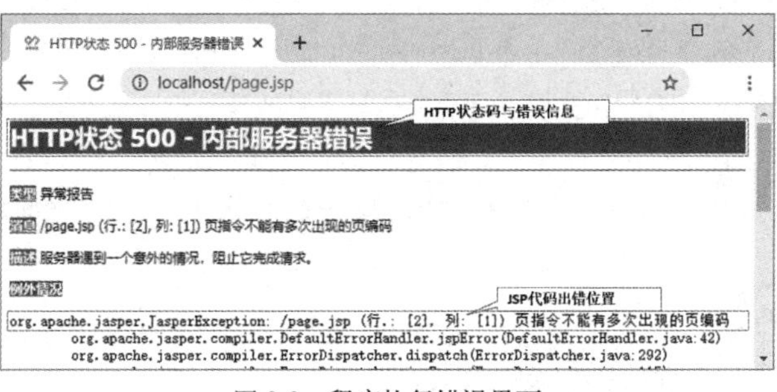

图 3-3　程序执行错误界面

此时程序返回了一个 500 的状态码，500 的状态码表示服务器端程序出错。

3.3.2 MIME 配置

MIME 配置

视频名称　0309_【掌握】MIME 配置

视频简介　如果希望页面可以呈现不同的显示效果，可以通过 MIME 实现控制。本视频为读者讲解 MIME 的作用，同时分析不同的 MIME 对程序执行的影响。

MIME（Multipurpose Internet Mail Extensions，多用途互联网邮件扩展）是一种根据文件扩展名匹配相关应用程序的标识。例如当用户获取一个 PDF 文件并打开时，会自动匹配本机的 PDF 阅读器，这依靠的就是 MIME 配置。在 page 指令中可以通过“contentType”属性来实现 MIME 类型的定义。

范例：设置 MIME 类型为 HTML

```
<%@page contentType="text/html; charset=UTF-8" %> <%-- 定义页面中文显示编码 --%>
```

在本程序中将当前的页面显示风格明确地设置为“text/html”，这也是默认的显示风格。同时在进行 MIME 配置时也可以通过 charset 选项来指定页面编码以实现中文内容的展示。

提示：.htm 与.html 文件的显示。

在进行网页制作时，可以发现文件的扩展名既可以是“.html”，也可以是“.htm”，最终在执行的时候都会启动浏览器进行 HTML 代码的解析，这实际上就是 MIME 类型匹配的效果。如下展示了两种文件类型对应的 MIME 定义：

```
<mime-mapping>
    <extension>htm</extension>

    <mime-type>text/html</mime-type>
</mime-mapping>
```

```
<mime-mapping>
    <extension>html</extension>
    <mime-type>text/html</mime-type>
</mime-mapping>
```

可以发现尽管文件的扩展名“extension”不同，但是文件的解析类型“mime-type”是相同的，所以两种文件都可以实现 HTML 的关联。在 Tomcat 中支持的所有 MIME 类型定义可以通过“${TOMCAT_HOME}/conf/web.xml”文件观察。

3.3.3 错误页

错误页

视频名称 0310_【掌握】错误页

视频简介 项目在运行过程中很难保证不出现任何的错误，在出现错误后一般的做法都是统一进行错误的回馈，在 JSP 编程中可以通过 page 指令实现错误页的定义。本视频将为读者讲解单页面错误页配置以及全局错误页配置两种解决方案。

在 JSP 程序运行中如果程序处理不当，则有可能产生异常。如果对某一个 JSP 页面没有进行异常处理，则该页面会直接将所有的异常信息输出。这样是非常不安全的，同时也不利于用户的使用，如图 3-4 所示。

图 3-4 默认错误处理

最佳的做法是不管有多少个页面出现错误，都统一跳转到一个页面中进行错误显示，如图 3-5 所示。这样就可以由开发者自己来决定错误信息的显示内容，便于用户使用。

图 3-5 自定义错误页

在 JSP 页面中错误页的配置主要通过 page 指令中的“errorPage”和“isErrorPage”两个属性来定义。其中错误显示页中的“isErrorPage”必须设置为“true”，而其他页面则需要通过“errorPage”指定错误页的路径。

范例：编写产生异常的页面

```
<%@page pageEncoding="UTF-8" errorPage="errors.jsp" %>
<%
    int result = 10 / 0;                    // 数学计算，产生异常
%>
```

本程序在代码中编写了一个“10 / 0”的计算操作，这样程序执行时一定会产生“ArithmeticException”。由于在 page 指令中使用了 errorPage 属性，这样就会自动跳转到“errors.jsp”页面之中，而 errors.jsp 页面的代码定义如下。

范例：错误显示页

```
<%@page pageEncoding="UTF-8" isErrorPage="true" %>
<h1>对不起，程序出现了错误！</h1>
<%=exception%>                          <%-- 获取错误信息 --%>
```

errors.jsp 页面作为错误显示页，必须在 page 指令中设置“isErrorPage="true"”选项，此页面的内容可以由开发者根据项目需要自行定义。如果想获取具体的异常信息，则可以通过“<%=exception%>”方式进行输出，其中 exception 为内置对象，保存产生的异常信息，程序的运行结果如图 3-6 所示。

图 3-6　自定义错误页

提问：错误页显示路径。

在本程序执行“create_error.jsp”时出现了错误后肯定要跳转到“errors.jsp”页面显示错误信息，为什么路径还是“create_error.jsp”呢？

回答：服务器跳转路径地址不改变。

在错误页的显示处理中，用户访问的路径中如果出现了错误，则会发生服务器端跳转。此类跳转最大的特点在于：用户当前的请求路径是不会发生改变的，但是请求的页面内容已经发生了修改。在 Java Web 开发中，服务器端跳转是一项重要的技术，在本书后文中会有更加详细的讲解。

虽然以上的操作实现了错误页的定义，但是如果在所有的页面上都重复定义“errorPage="errors.jsp"”属性，则对于代码的维护是不方便的。为了解决此类问题，可以修改“Web-INF/web.xml”配置文件，在该文件中利用“<error-page>”元素实现公共错误页的配置。

范例：修改 web.xml 配置文件

```
<error-page>
    <error-code>500</error-code>        <!-- 出现服务器内部错误时跳转到错误页 -->
    <location>/errors.jsp</location>
</error-page>
<error-page>
    <error-code>404</error-code>        <!-- 出现路径访问错误时跳转到错误页 -->
    <location>/errors.jsp</location>
</error-page>
```

此时在 web.xml 配置文件中实现了 HTTP 状态码的捕获，如果发现出现了 500 或者 404 的 HTTP 状态码，则认为程序出现错误，会统一跳转到“errors.jsp”页面进行处理，这种方式也是在实际项目中较为常见的。

提示：匹配异常类型。

在进行 web.xml 文件配置时，除了使用 HTTP 状态码之外，也可以进行异常类型的匹配。例如，下面的配置实现了算数异常的匹配。

范例：修改 web.xml 文件匹配指定异常

```
<error-page>
```

```
    <exception-type>java.lang.ArithmeticException</exception-type>
    <location>/errors.jsp</location>
</error-page>
```

此时只要项目中产生了“ArithmeticException”异常对象，就会统一跳转到错误页进行显示。如果想扩大匹配异常范围，也可以直接使用“java.lang.RuntimeException”或“java.lang.Exception”。同时所有的错误显示页中也可以不必使用“isErrorPage="true"”进行声明。

3.3.4 import 语句

import 语句

视频名称　0311_【掌握】import 语句

视频简介　JSP 页面通过 Java 程序编写开发，在编写 Java 程序时需要引入大量的系统类库，所以提供了 import 语句支持。本视频介绍通过 import 实现开发包的导入与使用。

项目开发中会经常性地使用其他包中的程序类，此时就可以利用 page 指令中的 import 属性实现开发包的导入操作。在使用 import 属性时可以单独导入一个包，也可以同时导入多个开发包，如下所示。

导入一个包：

```
<%@page import="开发包"%>
```

导入多个包：

```
<%@page import="开发包1,开发包2,开发包3"%>//多个开发包之间使用“,”分隔
```

范例：日期格式化转换

```
<%@ page pageEncoding="UTF-8" %>                              <%-- 定义页面中文显示编码 --%>
<%@ page import="java.time.*,java.util.*"%>                  <%-- 导入开发包 --%>
<%@ page import="java.time.format.*"%>                       <%-- 导入开发包 --%>
<%! // 【结构定义Scriptlet】定义公共的日期格式化格式
    public static final DateTimeFormatter FORMATTER =
                    DateTimeFormatter.ofPattern("yyyy-MM-dd HH:mm:ss") ;
%>
<%
    List<String> all = List.of("2006-10-10 21:21:21", "2008-08-08 20:08:08") ;
    for (String str : all) {                                       // 集合迭代
        try {
            LocalDateTime dateTime = LocalDateTime.parse(str,FORMATTER) ;
            ZoneId zoneId = ZoneId.systemDefault() ;                // 得到系统当前时区
            Instant instant = dateTime.atZone(zoneId).toInstant() ; // 获取日期实例
            Date date = Date.from(instant) ;                        // 格式转换
%>
            <h1>字符串转日期：<%=date%></h1>
<%
        } catch (Exception e) {}
    }
%>
```

程序执行结果：

```
字符串转日期：Tue Oct 10 21:21:21 CST 2006
字符串转日期：Fri Aug 08 20:08:08 CST 2008
```

本程序实现了一个字符串转为日期对象的转换操作。在转换中由于需要保存多个字符串，因此就需要导入 java.util.List 接口。同时转换过程中又需要“java.time”与“java.util”包中类的支持，所以在程序中就需要多次使用 page 指令中的 import 属性进行定义。

3.3.5 整合 MySQL 数据库

整合 MySQL 数据库

视频名称 0312_【掌握】整合 MySQL 数据库

视频简介 Web 容器可以实现数据库的访问。本视频为读者讲解如何在 Web 中进行 MySQL 驱动程序的配置，随后通过数据查询操作实现一个 JSP 页面列表显示。

动态 Web 程序运行在 Web 容器之中，利用 Web 容器就可以使用 JDBC 技术来实现数据库数据的 CRUD 操作，将数据表中的数据取出并结合 JSP 动态生成 HTML 页面进行显示，如图 3-7 所示。

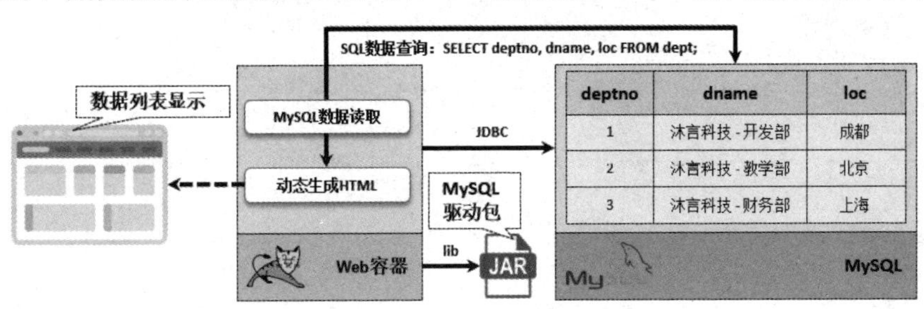

图 3-7 读取 MySQL 数据表信息

提示：MySQL 驱动程序配置。

Java 程序中要使用 MySQL 数据库，则一定要配置相应的驱动程序。可以将获取到的 MySQL 程序包保存在“${TOMCAT_HOME}/lib”目录下，这样当重新启动 Tomcat 后就可以自动进行加载。

范例：创建部门数据表

```
DROP DATABASE IF EXISTS yootk ;
CREATE DATABASE yootk CHARACTER SET UTF8 ;
USE yootk ;
CREATE TABLE dept (
   deptno     BIGINT     AUTO_INCREMENT ,
   dname      VARCHAR(50) ,
   loc        VARCHAR(50) ,
   CONSTRAINT pk_deptno PRIMARY KEY(deptno)
) ENGINE=InnoDB DEFAULT CHARSET=utf8;
INSERT INTO dept(dname,loc) VALUES ('沐言科技 - 开发部', '成都') ;
INSERT INTO dept(dname,loc) VALUES ('沐言科技 - 教学部', '北京') ;
INSERT INTO dept(dname,loc) VALUES ('沐言科技 - 财务部', '上海') ;
INSERT INTO dept(dname,loc) VALUES ('沐言科技 - 市场部', '深圳') ;
INSERT INTO dept(dname,loc) VALUES ('沐言科技 - 后勤部', '洛阳') ;
INSERT INTO dept(dname,loc) VALUES ('沐言科技 - 公关部', '广州') ;
COMMIT;
```

在本程序脚本中首先会对原始的 yootk 数据库进行清空，并且将创建一个新的 yootk 数据库，里面有一个 dept 数据表。由于此时已经提供了测试数据，因此下面将实现一个数据查询操作。

范例：查询数据表

```
<%@ page pageEncoding="UTF-8"%>                    <%-- 定义页面中文显示编码 --%>
<%@ page import="java.sql.*"%>                     <%-- 导入开发包 --%>
<%!
    public static final String DBDRIVER = "com.mysql.cj.jdbc.Driver" ;          // 驱动程序
    public static final String DBURL = "jdbc:mysql://localhost:3306/yootk" ;    // 连接地址
    public static final String USER = "root" ;                                  // 用户名
    public static final String PASSWORD = "mysqladmin" ;                        // 密码
%>
```

```
<%
    String sql = "SELECT deptno,dname,loc FROM dept" ;                          // SQL语句
    Class.forName(DBDRIVER) ;                                                   // 加载驱动程序
    Connection conn = DriverManager.getConnection(DBURL,USER,PASSWORD) ;        // 连接
    PreparedStatement pstmt = conn.prepareStatement(sql) ;                      // 操作对象
    ResultSet rs = pstmt.executeQuery() ;                                       // 执行查询
%>
<table border="1" width="100%">
    <thead><tr><td>部门编号</td><td>部门名称</td><td>部门位置</td></tr></thead>
    <tbody>
    <%
        while (rs.next()) {                                     // 循环获取结果集数据
            long deptno = rs.getLong(1) ;                       // 获取数据
            String dname = rs.getString(2) ;                    // 获取数据
            String loc = rs.getString(3) ;                      // 获取数据
    %>
    <tr>
        <td><%=deptno%></td>
        <td><%=dname%></td>
        <td><%=loc%></td>
    </tr>
    <% } %>
    </tbody>
</table>
<% // 如果不关闭连接就再也关闭不了，除非重新启动Tomcat
   conn.close() ;
%>
```

本程序在 JSP 页面中实现了 MySQL 数据库的连接，随后利用 PreparedStatement 语句实现了 dept 表的查询，所有查询的记录将利用循环拼凑为 HTML 表格元素进行展示。本程序的执行结果如图 3-8 所示。

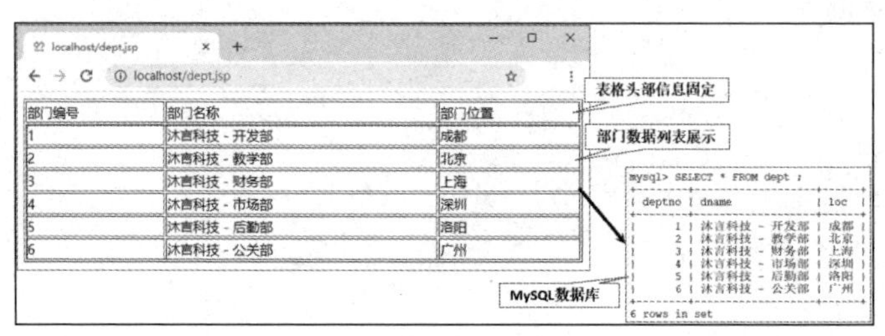

图 3-8　数据列表显示

3.3.6　JavaBean 定义与使用

JavaBean 定义与使用

视频名称　0313_【掌握】JavaBean 定义与使用

视频简介　JSP 本质上并未脱离 Java 程序。本视频将为读者分析程序类的保存结构，随后介绍通过 Java 程序实现功能类的定义与导入操作。

为了提高 Java 程序代码的可重用性，往往会将一些重复执行的代码封装在类结构之中，而这样的类也被称为 JavaBean。在 Web 开发中，必须按照图 3-9 所示的结果进行存储，否则该程序类将无法使用 JSP 进行导入。

通过图 3-9 所示的结构可以发现在所有的 Web 项目中*.class 文件都需要保存在 Web-INF/classes 目录之中，同时按照开发的标准所有的程序一定要保存在程序包中。在每一个 Web 项目中有两类 CLASSPATH：Tomcat 主目录下的 lib 以及每一个项目中的 Web-INF/lib 目录。如果使用的是 IDEA 开发，则会自动帮助用户将相应的文件存储到正确的目录。

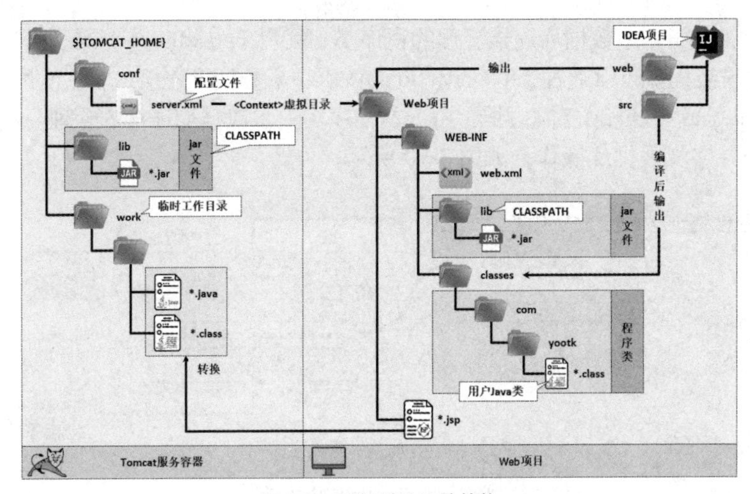

图 3-9 Web 项目目录结构

范例：开发数据库连接工具类

```
package com.yootk.dbc;
import java.sql.Connection;
import java.sql.DriverManager;
import java.sql.SQLException;
public class DatabaseConnection {
    public static final String DBDRIVER = "com.mysql.cj.jdbc.Driver" ;          // 驱动程序
    public static final String DBURL = "jdbc:mysql://localhost:3306/yootk" ;    // 连接地址
    public static final String USER = "root" ;                                  // 用户名
    public static final String PASSWORD = "mysqladmin" ;                        // 密码
    public static final ThreadLocal<Connection> THREAD_LOCAL = new ThreadLocal<>() ;
    private DatabaseConnection(){}                       // 构造方法私有化禁止外部实例化本类对象
    private static Connection rebuildConnection() {      // 获取新的数据库连接
        Connection conn = null ;                         // 声明连接接口对象
        try {
            Class.forName(DBDRIVER) ;                    // 加载驱动程序
            conn = DriverManager.getConnection(DBURL,USER,PASSWORD) ;           // 连接数据库
        } catch (Exception e) {
            e.printStackTrace();
        }
        return conn ;
    }
    public static Connection getConnection() {           // 获取数据库连接
        Connection conn = THREAD_LOCAL.get() ;           // 获取当前线程连接
        if (conn == null) {                              // 当前没有连接保存
            conn = rebuildConnection() ;                 // 创建新的连接
            THREAD_LOCAL.set(conn);                      // 保存数据库连接
        }
        return conn ;                                    // 返回数据库连接
    }
    public static void close() {                         // 关闭数据库连接
        Connection conn = THREAD_LOCAL.get() ;           // 获取当前线程连接
        if (conn != null) {                              // 如果存在连接对象
            try {
                conn.close();                            // 连接关闭
            } catch (SQLException e) {
                e.printStackTrace();
            }
            THREAD_LOCAL.remove();                       // 删除对象
        }
    }
}
```

在本程序中实现了一个数据库连接管理的程序类，利用 ThreadLocal 实现不同线程的数据库连接存储，这样当前线程就可以通过 getConnection()获取一个数据库连接，而在使用 close()关闭连接时就会将 ThreadLocal 中的相关对象删除。由于本程序实现了数据库连接的管理，这样就可以在 JSP 程序中调用此类并实现数据库操作，如图 3-10 所示。

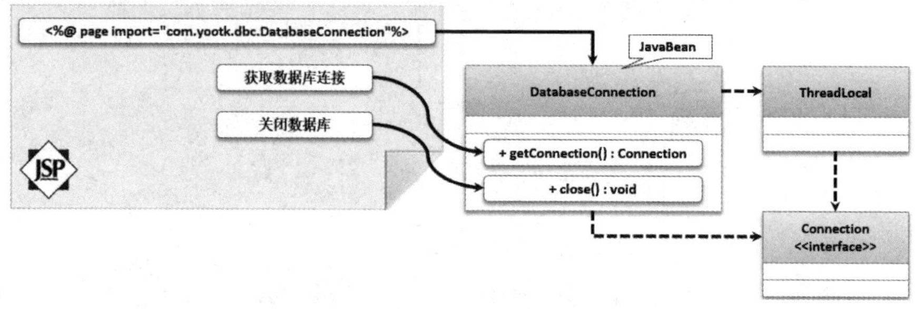

图 3-10　获取数据库连接

范例：通过 JSP 调用 JavaBean

```
<%@ page pageEncoding="UTF-8"%>                              <%-- 定义页面中文显示编码 --%>
<%@ page import="java.sql.*"%>                               <%-- 导入开发包 --%>
<%@ page import="com.yootk.dbc.DatabaseConnection"%>         <%-- 自定义JavaBean --%>
<%
    String sql = "SELECT deptno,dname,loc FROM dept" ;       // 查询SQL语句
    Connection conn = DatabaseConnection.getConnection();    // 获取数据库连接
    PreparedStatement pstmt = conn.prepareStatement(sql) ;   // 创建操作对象
    ResultSet rs = pstmt.executeQuery() ;                    // 执行数据库查询
%>
<%-- 表格循环输出部分与之前相同，不再重复列出，可以参考视频讲解中的代码 --%>
<% // 如果不关闭连接就再也关闭不了，除非重新启动Tomcat
    DatabaseConnection.close();                              // 关闭数据库
%>
```

程序执行结果：

部门编号	部门名称	部门位置
1	沐言科技 - 开发部	成都
2	沐言科技 - 教学部	北京

本程序直接通过用户开发的 DatabaseConnection 工具类获取了数据库的连接对象，这样就相当于将所有的数据库连接与关闭处理封装在了一个 JavaBean 中，以实现代码的可重用性，在调用时只需要通过 page 指令导入相关的程序类即可实现类中方法的调用。

注意：关于 JavaBean 的说明。

JavaBean 在早期的 Java Web 开发中可以直接实现请求参数接收的转换处理，同时为了便于对象实例化操作，也提供了专属的<jsp:useBean>等相关标签。但是随着技术的发展，此类标签已经很少使用了，本书本着实用的技术原则，故不再讲解此部分内容，有兴趣的读者可以参考笔者的《名师讲坛——Java Web 开发实战经典（基础篇）》进行学习。

3.4　include 导入指令

include 简介

视频名称　0314_【掌握】include 简介

视频简介　为了合理地实现页面结构的拆分，可以将一些公共的代码进行抽象管理。为了实现这一功能，Web 开发中提供了导入指令。本视频为读者分析导入指令的使用与常见的页面拆分形式。

为了便于程序的功能结构的统一，往往需要对一个页面的组成结构进行分隔，同时会在不同的页面中出现相同的程序代码，如图 3-11 所示。这样用户在使用时就会非常方便。

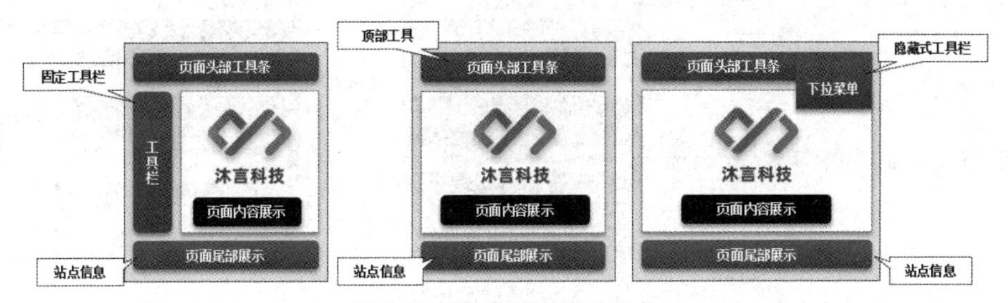

图 3-11　页面展现的几种形式

通过图 3-11 可以发现，在不同的页面中会存在相同功能的程序代码，如果说现在将“头部代码”“尾部代码”以及“工具栏”代码都重复定义在每一个页面之中，对于项目的维护是非常困难的。所以最佳的做法是将所有的重复代码定义在单独文件之中，这样在需要的位置进行导入，使若干个文件形成一个完整的页面，如图 3-12 所示。这样的方式会非常有利于程序的维护。

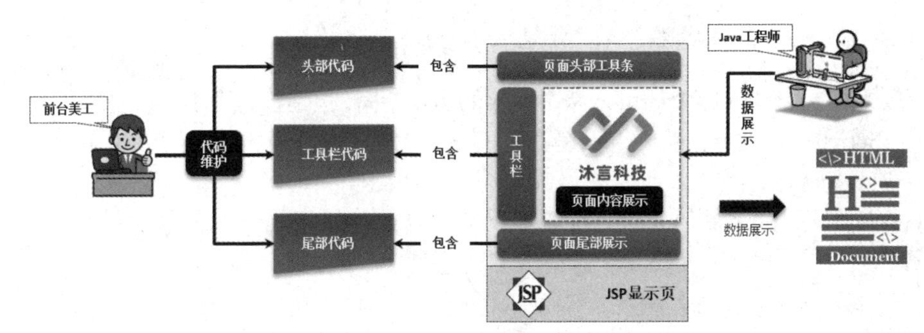

图 3-12　页面导入组合

注意：不要重复出现 HTML 元素。

在进行包含处理操作时，由于最终所有的页面会以完整的 HTML 代码的形式进行响应，因此各子页面不应该重复出现“<html>”“<head>”“<body>”之类的元素，这些元素应保证只出现一次。

3.4.1　静态导入

静态导入

视频名称　0315_【掌握】静态导入

视频简介　静态导入可以直接将不同类型的文件融合到一个页面进行显示。本视频通过实例讲解不同类型文件的静态导入操作。

静态导入操作是在程序代码导入处设置一个标记环境，而后在代码执行时将导入的代码直接进行替换，最终将之合并为一个文件进行处理，如图 3-13 所示。被包含的页面可以是任意类型的文件，例如 JSP 文件、HTML 文件、普通文本等。静态导入的语法如下所示：

```
<%@ include file="要包含的文件路径"%>
```

在使用静态导入操作时，是不区分文件类型的，所有的文件内容都会直接在指定的代码位置上进行替换。为了便于读者观察静态导入的使用，本次将创建 3 个被导入文件，分别为 part.html、part.inc、part.jsp，代码定义如下。

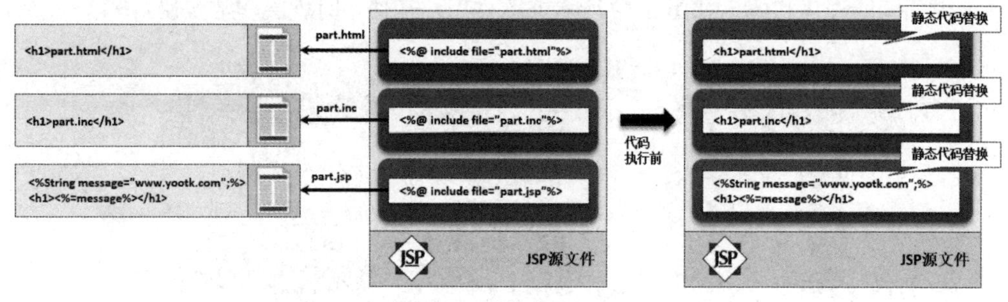

图 3-13　静态导入

范例：定义被导入文件

part.html：

```
<h1>part.html</h1>
```

part.inc：

```
<h1>part.inc</h1>
```

part.jsp：

```
<% String message="www.yootk.com"; %>
<h1><%=message%></h1>
```

以上所定义的 part.html 和 part.inc 两个文件的类型不同，但是都包含 HTML 代码。而在 part.jsp 文件中通过 Scriptlet 定义了相关的 Java 程序。这 3 个文件将被统一导入一个 JSP 源文件之中。

范例：文件静态导入

```
<%@page pageEncoding="UTF-8" %>              <%-- 定义页面中文显示编码 --%>
<%@include file="part.html" %>               <%-- 静态导入 --%>
<%@include file="part.inc" %>                <%-- 静态导入 --%>
<%@include file="part.jsp" %>                <%-- 静态导入 --%>
```

在本程序中使用了“<%@include%>”指令分别导入了 3 个文件片段，随后在执行时会自动将被包含代码的内容进行替换，最终形成一个完整页面。本程序的执行结果如图 3-14 所示。

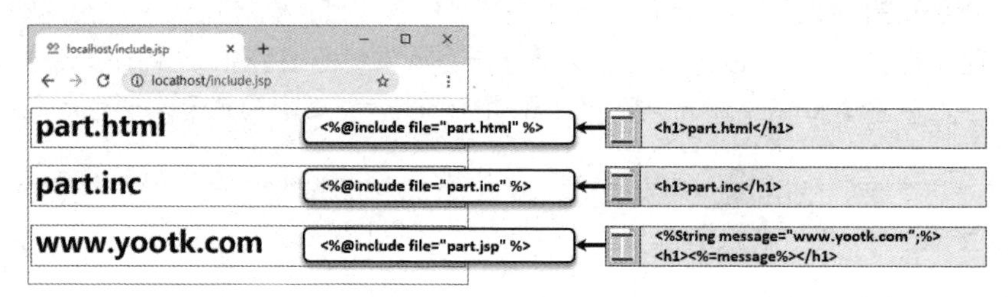

图 3-14　静态导入页面显示

3.4.2　动态导入

动态导入

视频名称　0316_【掌握】动态导入

视频简介　动态导入可以实现不同类型的文件区分。本视频通过代码演示动态导入的操作以及动态参数的传递和接收。

使用静态导入并不会关心具体的文件类型，只是将程序代码全部合并在一起后再进行处理。而除了此类导入之外，在 JSP 中又提供了一个动态导入操作，其最大的特点是可以区分被导入的页面是动态文件还是静态文件。如果是静态文件，则功能与静态导入相同；如果是动态文件，则先进行动态处理，再将结果导入。操作如图 3-15 所示。

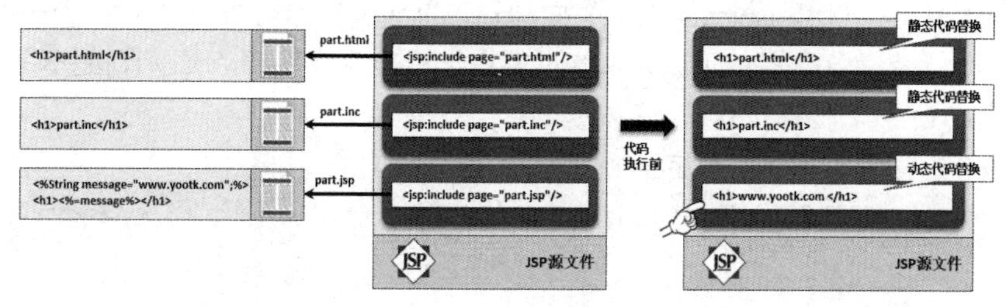

图 3-15　动态导入

动态导入在 JSP 源文件中是以标签指令的形式出现的，导入时需要明确设置被导入文件的路径，同时也可以根据需要向被导入文件中传递参数。而根据是否传入参数，动态导入语法分为如下两种形式。

形式一：导入页面时不传递任何参数。

```
<jsp:include page="导入文件路径"/>
```

形式二：导入页面同时传递参数。

```
<jsp:include page="导入文件路径">
    <jsp:param name="参数名称" value="参数内容"/>
    <jsp:param name="参数名称" value="参数内容"/>
    ...
</jsp:include>
```

在动态导入指令中往往会根据不同的业务需要传递若干个参数信息，而每一个参数都需要通过<jsp:param>标签进行定义。在此标签中有两个属性：name（参数名称）和 value（参数内容）。在接收时直接依据参数名称即可实现 value 数据的接收。

注意：标签指令必须完结。

在使用<jsp:include>时一定要设置标签的完结标记，例如不传递参数时直接在指令的最后加上“/”（<jsp:include .../>），如果传递参数则必须在最后使用“</jsp:include>”语句完结。

另外需要注意的是，如果此时没有传递任何的参数，则只能使用“语法形式一”进行定义；如果传递参数，才允许使用“语法形式二”进行定义。

为便于读者理解，下面将使用动态包含语法实现同样的文件导入操作，将继续使用之前定义的 3 个被导入文件：part.html、part.inc、part.jsp。

范例：动态导入基本使用

```
<%@page pageEncoding="UTF-8" %>              <%-- 定义页面中文显示编码 --%>
<%-- 此时导入的part.html、part.inc为静态文件，所以效果与静态导入相同 --%>
<jsp:include page="part.html"/>              <%-- 动态导入 --%>
<jsp:include page="part.inc"/>               <%-- 动态导入 --%>
<%-- 此时导入的是part.jsp文件，所以会先进行动态处理，再导入显示 --%>
<jsp:include page="part.jsp"/>               <%-- 动态导入 --%>
```

本程序直接将原始的静态导入语句更换为动态导入语句，由于所导入的文件内容相同，因此最终的执行结果和静态导入的一致，如图 3-16 所示。

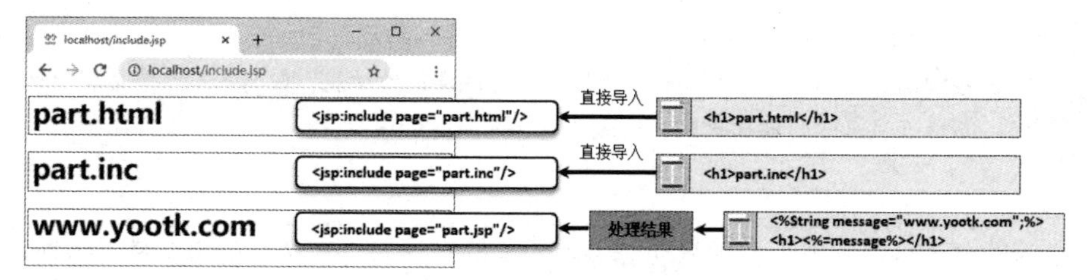

图 3-16　动态导入指令

在动态导入时可以利用<jsp:param>标签向被导入页面进行参数的传递，参数传递时需要明确设置参数的名称以及参数内容。而被导入的页面在进行参数接收时，可以直接使用“request.getParameter(参数名称)”的形式接收。

范例：定义传递参数被导入页（页面名称：param.jsp）

```
<%@page pageEncoding="UTF-8" %>                          <%-- 定义页面中文显示编码 --%>
<%
    String title = request.getParameter("title");        // 接收请求参数
    String url = request.getParameter("url");            // 接收请求参数
%>
<h1>【参数接收】<%=title%>：<%=url%></h1>
```

本程序实现了参数的接收，同时在进行参数接收时需要注意的是，如果没有传递指定的参数则接收的内容将为 null。

范例：导入页面并传递参数

```
<%@page pageEncoding="UTF-8" %>                          <%-- 定义页面中文显示编码 --%>
<%!
    public static final String URL = "www.yootk.com";    // 全局常量
%>
<%-- 标签指令的使用类似于HTML元素的定义，必须将其定义在Scritplet之外 --%>
<jsp:include page="param.jsp">
    <jsp:param name="title" value="沐言科技"/>
    <jsp:param name="url" value="<%=URL%>"/>
</jsp:include>
```

本程序使用了<jsp:include>指令包含 param.jsp 页面，同时向该包含页面中传递了“title”和“url”两个参数，在 param.jsp 页面中实现了参数的接收以及输出。本程序的执行结果如图 3-17 所示。

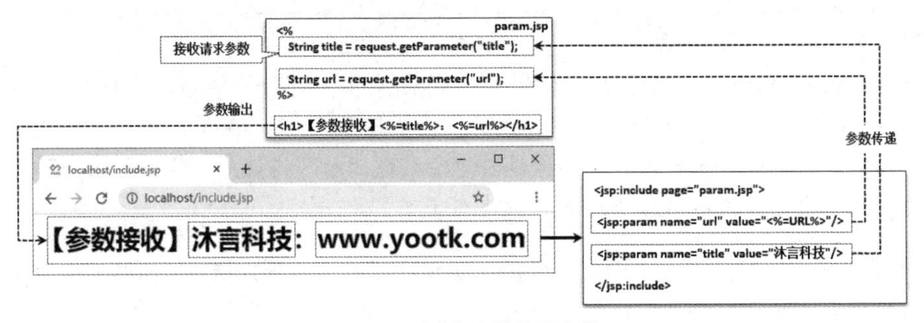

图 3-17　动态包含并传递参数

> **注意：标签指令与 Scriptlet 关系。**
>
> 标签指令和 Scriptlet 属于不同类型的程序代码，不能够在 Scriptlet 中直接出现标签指令。通过本程序读者可以发现，标签指令定义在 Scriptlet 之外，同时也可以直接在标签指令中利用表达式输出页面中的变量或常量的内容。

3.4.3　静态导入与动态导入的区别

静态导入与动态导入的区别

视频名称　0317_【掌握】静态导入与动态导入的区别

视频简介　JSP 中的两种导入操作可以实现类似的功能，但其本质上有着很大的区别。本视频通过具体的操作代码演示这两种导入操作的区别。

通过之前的分析可以发现，不管是动态导入还是静态导入，在实现静态文件导入时功能相同。而在实现动态文件导入时，两者的处理机制会有所不同。

- **静态导入**：采用先导入后处理的形式，即将所需要的代码先导入程序之中，而后一起解析。
- **动态导入**：采用先处理后导入的形式，即不导入程序的源代码，只是导入程序的执行结果。

范例：定义被导入页面（页面名称：info.jsp）

```
<%@ page pageEncoding="UTF-8"%>
<% int num = 30 ; %>
<h1>【info.jsp页面】num = <%=num%></h1>
```

在本页面中定义了一个 num 的变量，而后直接在本页面中实现 num 变量的输出。下面将使用静态导入和动态导入分别导入 info.jsp 页面。

范例：静态导入分析

```
<%@page pageEncoding="UTF-8" %>              <%-- 定义页面中文显示编码 --%>
<% int num = 100 ; %>
<h1>【include.jsp页面】num = <%=num%></h1>
<hr><%@include file="info.jsp"%>              <%-- 导入info.jsp --%>
```

在本页面中导入了 info.jsp 页面，由于静态导入需要先导入 info.jsp 中的代码，这样 info.jsp 页面中的 num 变量名称就会与当前页面中的 num 变量名称重复，在程序执行时就会出现如图 3-18 所示的错误。

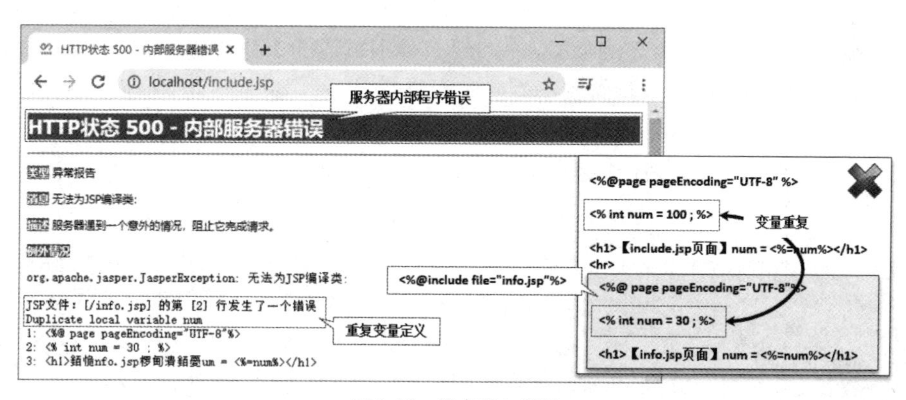

图 3-18　静态导入错误

在实际项目开发中，实际上是很难确认被导入页面是否与导入页面有重复的变量或重复的page属性定义，所以最佳的做法是采用动态导入。即如果导入的是动态页面，则先执行动态页面中的代码，再将结果导入到一起显示。

范例：动态导入分析

```
<%@page pageEncoding="UTF-8" %>              <%-- 定义页面中文显示编码 --%>
<% int num = 100 ; %>
<h1>【include.jsp页面】num = <%=num%></h1>
<hr><jsp:include page="info.jsp"/>           <%-- 导入info.jsp --%>
```

本程序页面使用了动态导入语句实现了导入处理，这样在导入前就会首先处理 info.jsp 页面中的代码，从而避免了可能造成的变量重复的问题，程序的执行结果如图 3-19 所示。

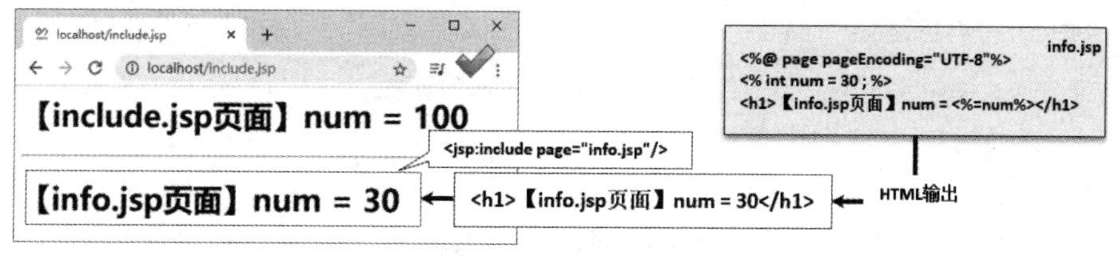

图 3-19　动态导入正确

提示：JSP 中两种导入的区别。

在 Web 开发中考虑到代码的可重用性，提供了导入语句，可以将其他文件中的内容统一导入为一个文件进行处理，该导入操作分为两类。

（1）静态导入：先将页面代码导入到一起，随后整体进行编译执行，如果此时的代码之中出现重名问题，则会互相影响。

（2）动态导入：会区分所导入的页面是静态页面还是动态页面，如果是静态页面，则直接将其进行导入；如果是动态页面，则采用先处理再导入的形式完成，同时还可以向被导入页面传递参数。

3.5　forward 跳转指令

forward 跳转指令

视频名称　0318_【掌握】forward 跳转指令

视频简介　不同的页面之间可以实现跳转操作，通过 JSP 中提供的 forward 跳转指令即可实现跳转操作。本视频将介绍跳转指令的使用语法与参数传递配置，同时分析 forward 实现的特点。

为了便于代码的管理，往往会按照不同的功能创建所需要的 JSP 页面，而后当某些程序逻辑处理完成后，希望其可以根据结果跳转到不同的页面进行显示，如图 3-20 所示。这样就需要使用 forward 跳转指令，该指令为标签指令形式，有如下两种操作形式。

形式一：导入页面时不传递任何参数。

```
<jsp:forward page="目标文件路径"/>
```

形式二：导入页面同时传递参数。

```
<jsp:forward page="目标文件路径">
    <jsp:param name="参数名称" value="参数内容"/>
    <jsp:param name="参数名称" value="参数内容"/>
    ...
</jsp:forward>
```

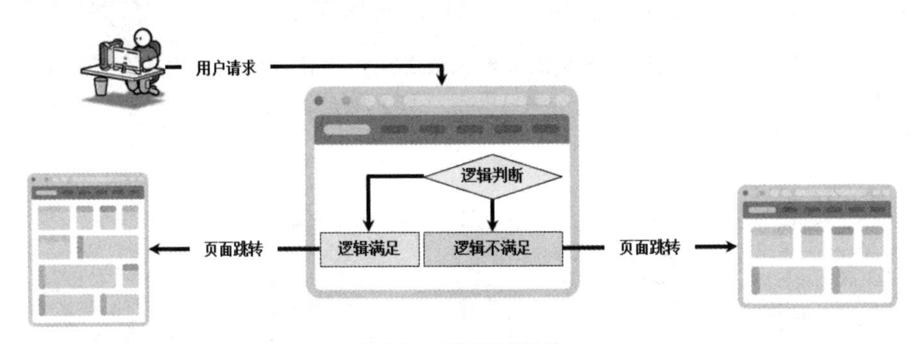

图 3-20　JSP 页面跳转

范例：定义跳转目标页面（页面名称：param.jsp）

```
<%@page pageEncoding="UTF-8" %>                    <%-- 定义页面中文显示编码 --%>
<%
    String title = request.getParameter("title");   // 接收请求参数
    String url = request.getParameter("url");       // 接收请求参数
%>
<h1>【参数接收】<%=title%>：<%=url%></h1>
```

本页面作为跳转最终的显示页面，需要同时接收两个传递的参数 title、url，并且会将这两个参数输出。

范例：使用跳转指令

```
<%@page pageEncoding="UTF-8" %>                    <%-- 定义页面中文显示编码 --%>
<% String url = "www.yootk.com"; %>                <%-- 定义局部 --%>
<jsp:forward page="param.jsp">
    <jsp:param name="title" value="沐言科技"/>
    <jsp:param name="url" value="<%=url%>"/>
</jsp:forward>
```

本程序页面使用<jsp:forward>命令实现了跳转到 param.jsp 页面的处理操作，并且传递了两个参数到 param.jsp 页面。程序的最终执行结果如图 3-21 所示。

图 3-21　forward 页面跳转

提示：forward 跳转指令属于服务器端跳转。

通过本程序的执行结果可以发现，用户访问的页面名称为“forward.jsp”，但是最终执行的却是跳转目标页面“param.jsp”中的内容，这种不改变访问路径的跳转在 Web 开发中称为服务器端跳转。与之对应的是跳转时将路径修改为目标路径，这样的跳转称为客户端跳转。

3.6　用户登录项目实战

用户登录项目简介

视频名称　0319_【掌握】用户登录项目简介

视频简介　登录功能是一种常见的功能，主要用于实现用户的认证处理。本视频为读者讲解用户登录的基本操作流程，同时分析登录数据表的组成结构。

JSP 开发中需要融合 HTML、CSS、JavaScript 等基础的前端开发技术。为了帮助读者快速地建立起 Web 开发的核心概念，本节将实现一个用户登录处理操作。基本的登录认证操作流程如图 3-22 所示，其中所涉及的程序代码作用如表 3-2 所示。

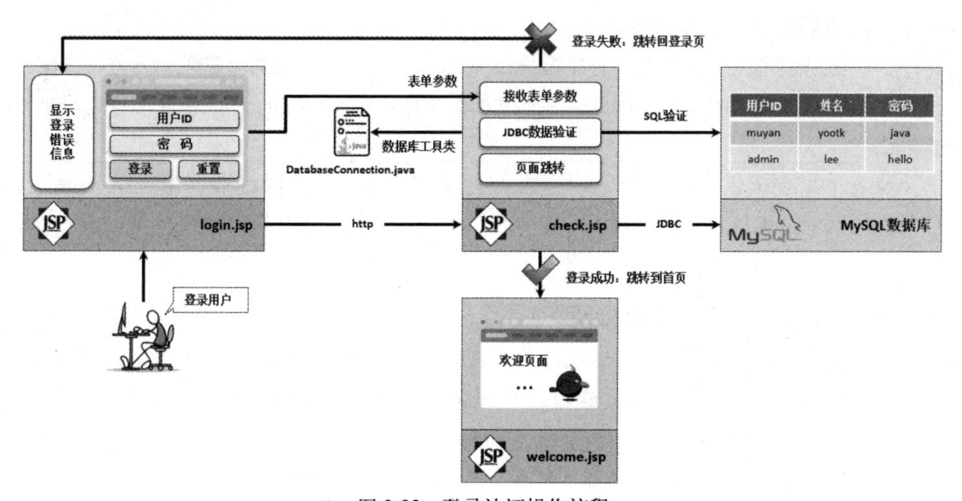

图 3-22　登录认证操作流程

表 3-2　登录认证操作代码清单

序号	文件名称	类型	描述
1	login.jsp	JSP	用户登录访问页面，在该页面中提供了登录表单（并配套与之相关的表单验证），在登录失败后需要跳回到此页面并显示错误信息
2	check.jsp	JSP	登录认证页面，实现了表单参数接收，利用 DatabaseConnection 工具类实现了 MySQL 数据库的连接，并且利用 SQL 查询实现了用户信息检查
3	welcome.jsp	JSP	登录成功页面，当 check.jsp 页面验证通过后会跳转到此页面进行显示
4	DatabaseConnection.java	Java	数据库连接工具类，check.jsp 页面通过此类获取数据库连接

范例：登录认证数据库脚本

```
DROP DATABASE IF EXISTS yootk ;
CREATE DATABASE yootk CHARACTER SET UTF8 ;
USE yootk ;
CREATE TABLE member(
        mid                 VARCHAR(50) ,
        name                VARCHAR(50) ,
        password            VARCHAR(50) ,
        CONSTRAINT pk_mid PRIMARY KEY(mid)
) engine=MyISAM;
INSERT INTO member(mid, name, password) VALUES ('muyan', 'yootk', 'java') ;
INSERT INTO member(mid, name, password) VALUES ('admin', 'lee', 'hello') ;
COMMIT;
```

程序执行结果：

```
mysql> SELECT * FROM member ;
+-------+-------+----------+
| mid   | name  | password |
+-------+-------+----------+
| muyan | yootk | java     |
| admin | lee   | hello    |
+-------+-------+----------+
2 rows in set
```

在本程序中创建了一张“member”表，由于当前系统开发中只使用了数据表的“SELECT”与“INSERT”功能，因此使用了“MyISAM”数据引擎，并且增加了两条测试数据。

3.6.1　用户登录表单

用户登录表单

视频名称　0320_【掌握】用户登录表单

视频简介　用户登录是一种基础的 Web 交互功能，这就需要提供完善的数据输入表单。本视频通过实际的代码讲解用户登录表单的定义与 JavaScript 表单验证功能的开发。

用户登录表单需要提供文本框与密码框以方便用户输入，为了保证数据输入的正确性，需要提供相应的 JavaScript 表单认证以及 CSS 样式变化。为了界面美观，本次将直接通过 Bootstrap 进行界面开发。

提示：Bootstrap 是著名的前端框架。

首先对前端页面的开发不是 Java 程序员必须掌握的技能，前端需要由专业的前端美工进行设计，而前端开发者一般也会使用大量的开发框架。其中 Bootstrap 就是一款使用较为广泛的前端框架，该框架由 Twitter 推出，基于 jQuery 框架进行开发。

考虑到本书的内容并非以前端为主，所以对一些前端设计的页面将会直接进行引用，并且为读者列出核心部分的代码。

范例：开发登录表单

```
<%! // 为便于路径管理，将表单提交路径定义为全局常量
    public static final String LOGIN_URL = "check.jsp" ;
%>
<form action="<%=LOGIN_URL%>" class="form-horizontal" id="memberform" method="post">
    <fieldset>
        <legend><img src="images/user-title.png" style="width:50px;">用户登录</legend>
    </fieldset>
    <div class="form-group" id="midDiv">
        <label class="col-md-2 control-label">用户名：</label>
        <div class="col-md-7">
            <input type="text" id="mid" name="mid" class="form-control"
                    placeholder="请输入用户的注册ID编号。">
        </div>
        <div class="col-md-3">
            <span id="midSpan"></span>
        </div>
    </div>
    <div class="form-group" id="passwordDiv">
        <label class="col-md-2 control-label">密码：</label>
        <div class="col-md-7">
            <input type="password" id="password" name="password" class="form-control"
                    placeholder="请输入登录密码。">
        </div>
        <div class="col-md-3">
            <span id="passwordSpan"></span>
        </div>
    </div>
    <div class="form-group" id="controlDiv">
        <div class="col-md-push-3 col-md-3">
            <button type="submit" class="btn btn-primary btn-sm">登录</button>
            <button type="reset" class="btn btn-warning btn-sm">重置</button>
        </div>
    </div>
</form>
```

在本页面中提供了两个表单：用户名（参数名称为“mid”）、密码（参数名称为“password”）。这样在进行表单提交后就可以依据这两个参数名称获取所需要的数据内容，同时该表单在数据输入时也可以提供表单验证功能，如果输入正确，则如图 3-23 所示；如果输入错误，则如图 3-24 所示。

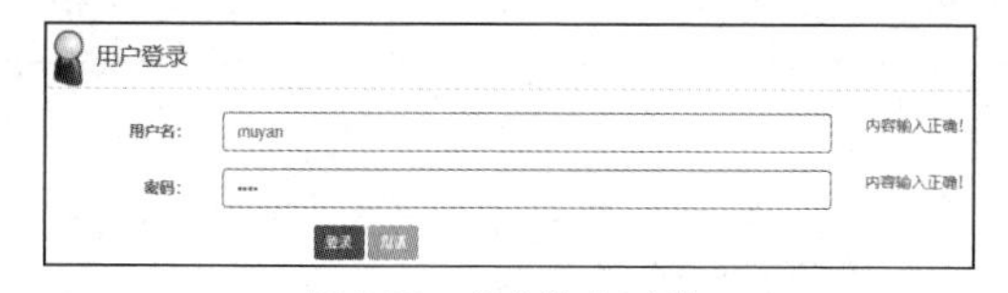

图 3-23　表单输入正确

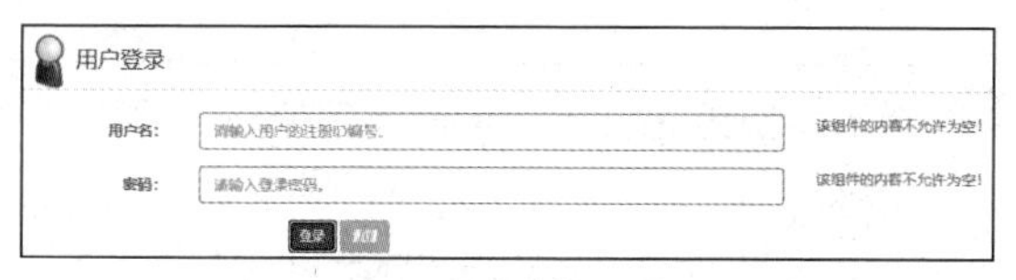

图 3-24　表单输入错误

3.6.2　用户登录检测

用户登录检测

视频名称　0321_【掌握】用户登录检测

视频简介　用户登录是基于数据库的形式完成的。本视频讲解如何实现登录认证判断页面，并且使用 Statement 实现数据库认证判断的操作逻辑。

用户填写完成的表单需要进行提交，而在每次提交后 JSP 页面都可以实现参数的接收，随后将获取到的参数内容整合到 SQL 查询语句之中，以实现数据库验证。为了便于理解，本次的操作暂

时不进行跳转。

范例：用户登录检测

```
<%@ page pageEncoding="UTF-8" %>                          <%-- 定义页面中文显示编码 --%>
<%@ page import="com.yootk.dbc.DatabaseConnection" %>     <%-- 导入数据库工具类 --%>
<%@ page import="java.sql.*" %>                           <%-- 导入sql工具包 --%>
<%  // 暂时不考虑服务器端数据的验证问题
    String mid = request.getParameter("mid") ;            // 接收mid参数
    String password = request.getParameter("password") ;  // 接收password参数
    Statement stmt = DatabaseConnection.getConnection()
                .createStatement();                       // 获取Statement实例
    String sql = "SELECT name FROM member WHERE mid='" + mid +
                "' AND password='" + password + "'";      // 拼接查询SQL语句
    ResultSet rs = stmt.executeQuery(sql) ;               // 数据查询
    String name = null ;                                  // 保存真实姓名信息
    if (rs.next()) {                                      // 如果可以查询出数据
        name = rs.getString(1) ;                          // 获取数据库中的查询列
    }
    DatabaseConnection.close();                           // 关闭数据库连接
    if (name == null) {                                   // 登录失败
%> <h1>用户登录失败，错误的用户名及密码！</h1>
<% } else { %>
      <h1>用户登录成功，欢迎登录沐言科技！</h1>
<% } %>
```

在 check.jsp 页面中使用之前所开发的 DatabaseConnection 类实现数据库的连接管理。为了便于读者观察，创建了 Statement 接口实例并且基于 SQL 拼接的形式实现了 member 数据表的限定查询。如果用户输入的 mid 和 password 两个参数有效，则直接将 name 字段的内容赋值给 name 变量；如果无效，则 name 依然为 null。这样就可以通过 name 的内容来判断用户是否登录成功。本程序的执行结果如图 3-25 所示。

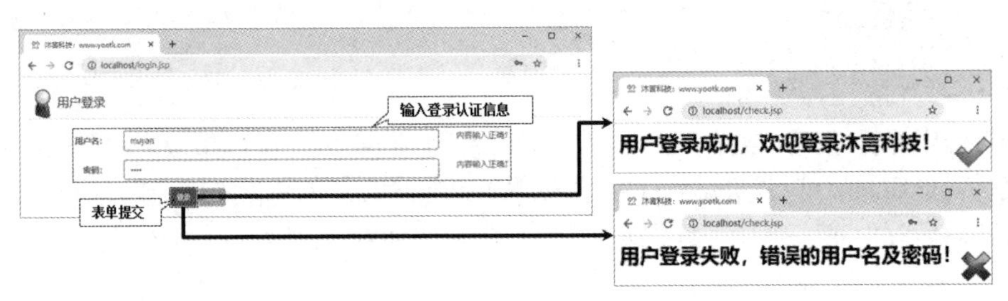

图 3-25　用户登录

提示：使用 Statement 是为了分析问题。

在本系列 Java 课程讲解时，一直强调对数据库的操作一定要使用 PreparedStatement 接口。之所以在此处使用 Statement 接口进行操作，其主要的目的是帮助读者更加深刻地理解 Statement 接口在操作中可能存在的安全漏洞，关于这一点在 3.6.3 小节中会有详细分析。

3.6.3　SQL 注入漏洞

SQL 注入漏洞

视频名称　0322_【掌握】SQL 注入漏洞

视频简介　Statement 实现了方便的数据库 SQL 操作，但是其本身存在 SQL 注入漏洞。本视频分析注入漏洞的产生原因，同时介绍基于 PreparedStatement 实现漏洞修复。

虽然使用 Statement 可以实现基于数据库的登录认证查询，但是在实际的开发中 Statement 执行时需要一条完整的 SQL 语句，所以必须进行如下的拼接处理：

```
String sql = "SELECT name FROM member WHERE mid='" + mid +
        "' AND password='" + password + "'";
```

这样的字符串拼接操作本身就容易引起 SQL 安全漏洞，而这一漏洞最大的问题在于，只需要知道用户名即可直接实现用户成功登录。假设本次输入的密码为“happy' or '1'='1”，执行结果如图 3-26 所示。

图 3-26　SQL 执行漏洞分析

提示：SQL 结果分析。

按照如图 3-26 所示的密码，在最终进行 SQL 拼接时，所得到的最终执行的 SQL 语句如下：

```
SELECT name FROM member
WHERE mid='muyan' AND password='happy' or '1'='1'
```

此时可以清楚地发现，由于“'1'='1'”的返回结果为 true，因此最终这条语句一定是有数据返回的，这样就造成了程序的漏洞。

要想解决以上的 SQL 漏洞问题，核心的问题就在于避免拼接 SQL 的操作，最核心的思路就是使用 PreparedStatement 预处理的形式来完成。

范例：使用 PreparedStatement 修复 SQL 漏洞

```
<%  // 暂时不考虑服务器端数据的验证问题
    String mid = request.getParameter("mid") ;                   // 接收mid参数
    String password = request.getParameter("password") ;         // 接收password参数
    String sql = "SELECT name FROM member WHERE mid=? AND password=?";
    PreparedStatement pstmt = DatabaseConnection.getConnection()
         .prepareStatement(sql);                                 // 获取接口实例
    pstmt.setString(1, mid);                                     // 设置占位符内容
    pstmt.setString(2, password);                                // 设置占位符内容
    ResultSet rs = pstmt.executeQuery() ;                        // 数据查询
    String name = null ;                                         // 保存真实姓名信息
    if (rs.next()) {                                             // 如果可以查询出数据
        name = rs.getString(1) ;                                 // 获取数据库查询列
    }
    DatabaseConnection.close();                                  // 关闭数据库连接
%>
```

此时利用了 PreparedStatement 占位符预处理的模式实现数据库查询操作，这样一来就可以避免拼接 SQL 所带来的安全漏洞问题。所以在实际的项目开发中，JDBC 都必须通过 PreparedStatement 进行开发。

3.6.4　登录信息显示

登录信息显示

视频名称　0323_【掌握】登录信息显示

视频简介　登录成功或失败需要有明确的信息提示，由于这两个页面是相互独立的，因此应该使用 forward 进行跳转处理。本视频通过代码介绍如何实现页面跳转的操作以及数据的传递。

项目的核心逻辑开发完成之后，下面就需要进一步完善信息的显示操作。在之前的 check.jsp 页面中仅仅进行了成功或失败的信息输出，这样并不能实现良好的页面功能分配。所以本次将创建一个 welcome.jsp 页面，用于进行登录成功的信息展示，同时在登录失败后也会由 check.jsp 跳转到 login.jsp 进行错误展示。

范例：定义登录成功页面

```
<% String name = request.getParameter("name") ;            // 接收跳转参数 %>
<div class="row">
    <div class="col-md-12">
        <img src="images/muyan.png" style="width:100px;">
        <span class="text-success h2">用户登录成功，欢迎<%=name%>的访问！</span>
    </div>
</div>
```

由于登录检查时会通过数据库获取指定用户名，这样就可以在跳转时，利用“<jsp:forward>”标签将此内容传递给 welcome.jsp 页面。

范例：修改登录验证页面

```
<% if (name == null) { %>
      <jsp:forward page="login.jsp">
         <jsp:param name="error" value="emsg"/>
      </jsp:forward>
<% } else { %>
      <jsp:forward page="welcome.jsp">
         <jsp:param name="name" value="<%=name%>"/>
      </jsp:forward>
<% } %>
```

在 check.jsp 页面中将之前的输出语句直接更换为页面跳转语句，在登录失败后会将 error 参数传递到 login.jsp 页面之中，而在登录成功后会将数据库查询到的 name 内容传递到 welcome.jsp 页面之中。

范例：登录页面显示错误信息

```
<%
    String error = request.getParameter("error") ;    // 该参数会由check.jsp传递过来
    if (!(error == null || "".equals(error))) {       // 判断是否存在数据
%>
<div class="row">
    <div class="col-md-12">
        <img src="images/error.png" style="width:50px;">
        <span class="text-danger h2">登录失败，错误的用户名或密码！</span>
    </div>
</div>
<% } %>
```

由于 error 参数是在 check.jsp 页面判断后才会返回的，为了防止错误的信息显示，在 login.jsp 页面中追加了一个 if 逻辑判断，如果发现存在 error 数据则进行错误显示，否则不显示任何内容。这些代码追加完成后登录成功时的页面显示效果如图 3-27 所示，登录失败时的页面显示效果如图 3-28 所示。

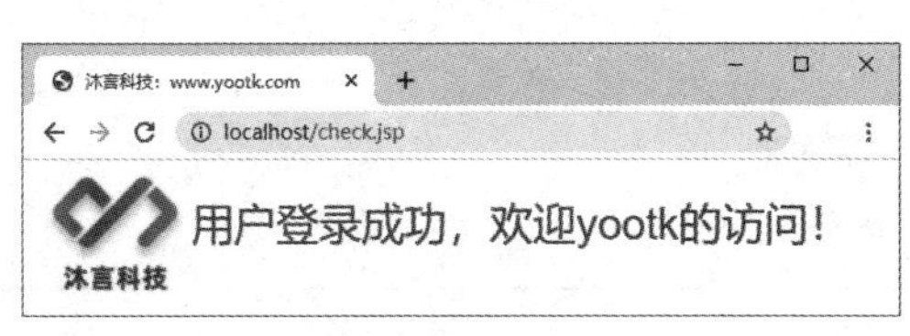

图 3-27 用户登录成功

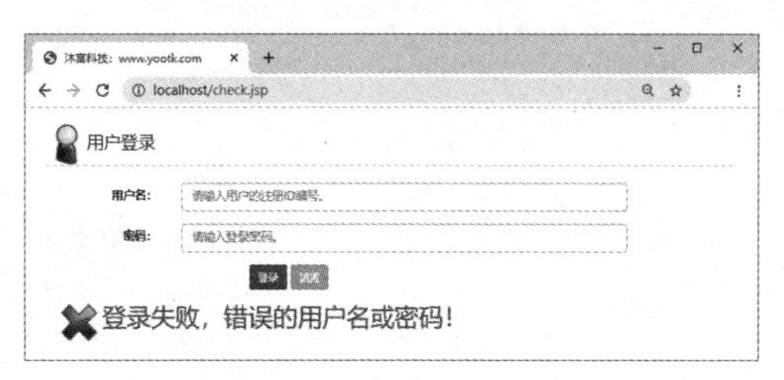

图 3-28 用户登录失败

3.7 本 章 概 览

1．在 JSP 页面中定义的注释分为两类：显式注释、隐式注释。其中隐式注释的内容不会发送到客户端。

2．在 JSP 中除了支持 Java 语言的注释之外，又提供了 JSP 专属的“<%----%>”结构定义隐式注释。

3．JSP 文件中的核心组成为 Scriptlet（脚本小程序），依据功能的不同分为代码编写 Scriptlet、结构定义 Scriptlet、表达式输出 Scriptlet，同时这些 Scriptlet 与类组成结构一一对应。

4．JSP 为了便于 Scriptlet 代码的编写，提供了<jsp:scriptlet>标签指令以实现 JSP 页面的规范化定义。

5．page 指令的核心作用在于定义页面的相关属性，包括页面显示编码、错误页、开发包导入、MIME 配置等。

6．利用 MIME 配置可以使一个 JSP 页面按照不同的风格进行展示。

7．错误页可以实现所有错误的集中处理。除了在每个页面中进行错误页的配置之外，也可以通过 web.xml 配置文件实现全局错误页的配置。

8．JSP 程序运行在 Web 容器中（Tomcat 属于一种 Web 容器），所以在 JSP 程序中会存在多个 CLASSPATH 加载路径。

9．在 JSP 程序中可以利用 JavaBean 工具类实现代码的可重用设计类，但是其必须保存在“Web-INF/classes”目录中，并且要求所有的类都必须定义在包中。

10．为了便于页面的组织与代码的可重用管理，利用导入指令可以实现代码的结构拆分与拼接显示。在 JSP 中有静态导入与动态导入两类导入语法，其中动态导入使用更加灵活，还可以向被导入页面传递所需要的参数。

11．在 JSP 程序中页面之间可以进行互相跳转，使用<jsp:forward>指令完成，该指令跳转后地址栏不会发生改变，所以属于服务器端跳转。

第4章

JSP 内置对象

本章学习目标

1. 掌握 JSP 内置对象的基本作用，并清楚每个内置对象对应的类型；
2. 掌握 JSP 程序中的属性操作方法以及 4 种属性范围的操作特点；
3. 掌握 request 内置对象的使用与接口继承结构，并可以熟练地使用 request 对象中的方法实现请求接收；
4. 掌握 response 内置对象的使用与接口继承结构，可以实现 Cookie、头信息、请求重定向等操作功能的实现；
5. 掌握 session 内置对象的使用，并可以理解 session 实现原理与登录验证；
6. 掌握 application 内置对象的使用，并可以通过 application 获取真实项目路径；
7. 掌握 Web 安全性配置与页面映射处理，并可以通过 config 实现初始化参数的配置；
8. 深刻理解 pageContext 内置对象的作用及其与其他内置对象之间的关联；
9. 掌握文件上传的处理操作，并可以使用 FileUpload 组件实现上传文件的接收。

内置对象（Inner Object）是 JSP 实现 Web 开发的重要技术手段，每一个内置对象都有对应的功能。掌握这些内置对象的使用就可以实现项目开发的需求，本章将为读者全面讲解 JSP 中的内置对象的定义及使用。

4.1 内置对象简介

内置对象概览

视频名称 0401_【掌握】内置对象概览

视频简介 为了便于使用者编写 JSP 程序，在 JSP 中提供了 9 个内置对象。本视频为读者介绍这 9 个内置对象的定义以及对应类型，并且演示 Java EE 文档内容。

Java 是一门流行的面向对象编程语言，在 Java 中最重要的设计原则就是标准化。利用接口定义标准，而后不同的厂商依据此标准实现自己的程序逻辑，所以在 JSP 开发中有大量的开发接口，并且这些接口都被不同厂商所生产的 Web 容器所实现，如图 4-1 所示。

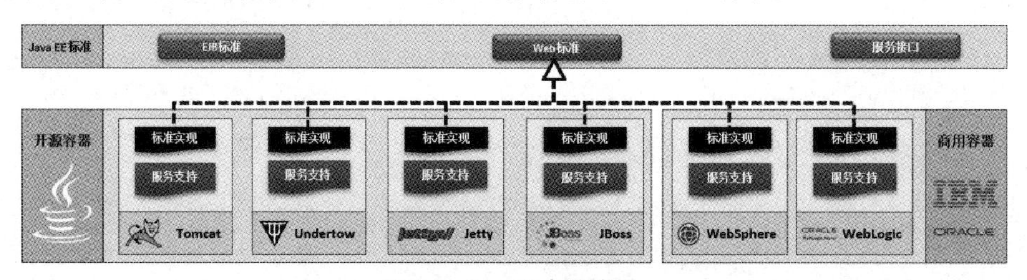

图 4-1 Java EE 标准实现

在所有的 Web 容器之中，为了便于用户编写程序代码，有大量的内置对象。这些对象直接由 Web 容器提供，不需要用户手动实例化。例如，在进行参数接收时使用的 request.getParameter()中的 request 就属于一个内置对象。在 JSP 中可以使用的内置对象及其对应的类型如表 4-1 所示。

表 4-1 JSP 内置对象

序号	内置对象	类型	描述
1	pageContext	jakarta.servlet.jsp.PageContext	描述页面上下文环境
2	request	jakarta.servlet.http.HttpServletRequest	服务器端接收客户端发送来的请求数据
3	response	jakarta.servlet.http.HttpServletResponse	服务器端响应客户端的请求结果
4	session	jakarta.servlet.http.HttpSession	是 HTTP 专属的概念，用于描述每一位用户的信息
5	application	jakarta.servlet.ServletContext	描述的是整个 Web 容器的上下文环境
6	config	jakarta.servlet.ServletConfig	获取 Web 配置信息
7	out	jakarta.servlet.jspJspWriter	实现数据的输出，一般不轻易使用
8	page	java.lang.Object	描述的是当前的 JSP 页面属性
9	exception	java.lang.Throwable	Web 可以直接对异常进行抛出处理

注意：内置对象的使用限制。

Tomcat 10 实际上是以 Java EE 9（Servlet 5.0）的技术标准为支撑的，在这之前所有的父包名称均为“javax.servlet”，而到了 Java EE 9 之后的版本中，相应的父包名称变为“jakarta.servlet”。不过由于许多的开源组件还不能很好地支持最新版本的 Java EE 9，因此在本书讲解时就有可能根据需要调整为 Tomcat 9 提供的 Java EE 8 的相关开发环境进行讲解。

所有在 JSP 程序中出现的内置对象的名称必须与表 4-1 所示的对应的名称相吻合。如果单词拼写错误或者大小写错误，都将无法使用。在学习到 Servlet 技术后才可以由用户自定义对象名称。但是像 pageContext、page、exception 这 3 个对象只能够在 JSP 中直接使用。考虑到未来学习的需要，读者除了记住内置对象的名称之外，还必须记下内置对象所属的类型。这样才便于读者查询 Jakarta EE 文档的相关内容，如图 4-2 所示。

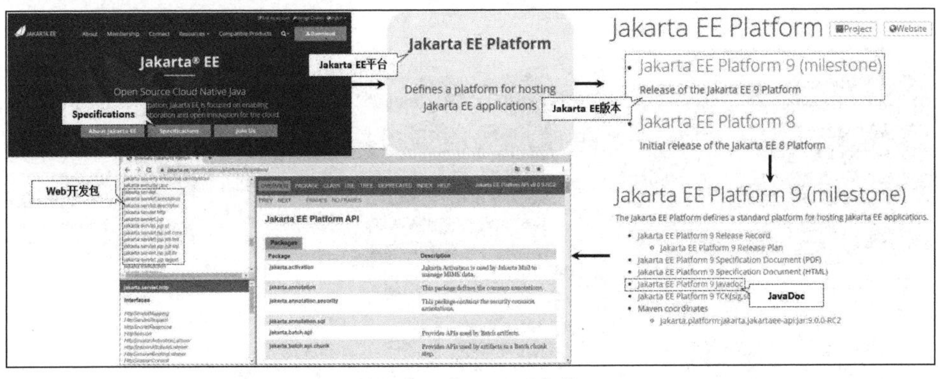

图 4-2 Jakarta EE 文档

提示：Java EE 与 Jakarta EE。

Java EE 是从 2005 年起 Java 针对企业级开发的统称，一直到今天大部分的用户还习惯于使用此类名称。但是从严格意义上来讲，Java EE 已经被 Oracle 公司交由 Eclipse 基金会以开源项目的方式进行维护，随后 Eclipse 基金会宣布将 Java EE 更名为“Jakarta（雅加达）EE”，而从 Tomcat 10 开始提供的开发包就正式以 jakarta 包名称代替了 javax 包名称。

在 Java EE 8 及以前的版本之中，request、response、session、application、config 等核心内置对象对应的类型如表 4-2 所示。

表 4-2　Java EE 8 以前的核心内置对象对应的类型

序号	内置对象	类型
1	pageContext	javax.servlet.jsp.PageContext
2	request	javax.servlet.http.HttpServletRequest
3	response	javax.servlet.http.HttpServletResponse
4	session	javax.servlet.http.HttpSession
5	application	javax.servlet.ServletContext
6	config	javax.servlet.ServletConfig
7	out	javax.servlet.jspJspWriter

由于本书所讲解的是 Jakarta EE 9（在以后如无特殊说明，都使用 Jakarta EE 9 表示 Java EE 9）的相关内容，因此会以表 4-1 列出的对象进行讲解。但是如果要与其他的程序组件整合，则只能够使用 Java EE 8（Jakarta EE 8）以前的版本。在 Web 基础开发中这两个版本最主要的区别仅仅是包名称的定义。

4.2　属性范围

属性范围简介

视频名称　0402_【掌握】属性范围简介

视频简介　在 JSP 开发中由于需要实现多个页面的跨越，就有了属性范围的概念。本视频为读者分析属性范围的主要作用，同时给出属性范围的相关操作方法。

在 JSP 程序开发中，一般都会有大量的程序页面，并且这些程序页面之间都可能会存在某些关联。为了保证某一个对象可以实现若干次跨页面的状态保持，在 JSP 中提供了 4 种属性范围：page 属性范围、request 属性范围、session 属性范围、application 属性范围。这 4 种属性范围如图 4-3 所示。

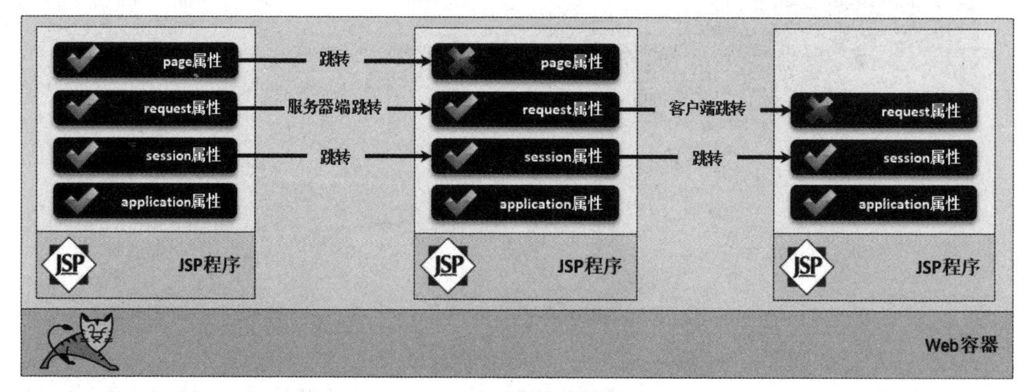

图 4-3　JSP 的 4 种属性范围

所有要操作的属性都必须先设置才可以获取，同时不同的属性可以通过不同的内置对象来进行操作，表 4-3 给出了属性相关操作方法。需要注意的是，这几个方法在 pageContext（代表 page）、request、session、application 这 4 个内置对象中都可以使用。

表 4-3 JSP 属性操作方法

序号	方法	描述
1	public abstract void setAttribute(String name, Object value)	设置属性名称以及属性内容
2	public abstract Object getAttribute(String name)	根据属性名称获取对应内容，不存在则返回 null
3	public Enumeration<String> getAttributeNames()	获取全部属性名称
4	public void removeAttribute(String name)	删除指定属性

在进行属性设置的时候所有的属性内容都通过 Object 进行接收，这样就表示可以保存任意类型的属性，而在获取属性时就需要根据目标的操作类型进行对象的强制类型转换。

4.2.1 page 属性范围

page 属性范围

视频名称 0403_【掌握】page 属性范围

视频简介 如果某一个属性只允许在当前页面中使用，则可以通过 page 属性范围进行定义。本视频分析 page 属性范围与 pageContext 的区别，同时通过具体的代码演示 page 属性的设置与获取操作。

在每一个 JSP 文件中都可能会根据需要实例化若干个对象，默认情况下这些对象都只能够在当前的页面中进行使用。但是在实际开发中，还有可能通过其他的途径在 Java 程序中进行某些对象的定义。为了方便这些对象的传递与状态保持，JSP 提供了 page 属性范围，如图 4-4 所示。

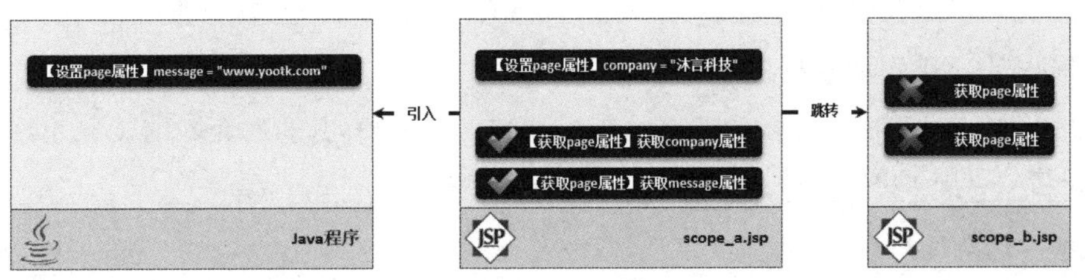

图 4-4 page 属性范围

如果想进行 page 属性范围的操作，则需要通过 pageContext 内置对象来完成。下面通过具体的代码来实现 page 属性范围的设置与获取操作。

范例：设置并获取 page 属性范围

```
<%@ page pageEncoding="UTF-8"%>                              <%-- 定义页面中文显示编码 --%>
<%  // page属性范围要通过pageContext内置对象来进行设置
    pageContext.setAttribute("message", "www.yootk.com");                    // 属性设置
    pageContext.setAttribute("score", 150);                                  // 属性设置
%>
<%  // 本页面可以获取设置的page属性，获取时需要进行强制性对象向下转型
    String messageValue = (String) pageContext.getAttribute("message");      // 获取属性
    // 为了避免属性获取不到所造成的NullPointerException，此处暂时不进行拆箱操作
    Integer scoreValue = (Integer) pageContext.getAttribute("score");        // 获取属性
%>
<h1>【获取page属性】message = <%=messageValue%></h1>          <%-- 输出属性内容 --%>
<h1>【获取page属性】score = <%=scoreValue%></h1>              <%-- 输出属性内容 --%>
```

程序执行结果：

```
【获取page属性】message = www.yootk.com
【获取page属性】score = 150
```

本程序在 JSP 页面中实现了“message”和“score”两个 page 属性的定义，由于是在同一个页面，因此设置完成后可以直接取得并进行相关数据操作（本次为直接输出）。但是如果此时的程序出现了页面跳转操作，那么所设置的 page 属性将无法在跳转的目标页面获取。

范例：设置 page 属性（页面名称：scope_a.jsp）

```
<%@ page pageEncoding="UTF-8"%>                              <%-- 定义页面中文显示编码 --%>
<%  // page属性范围要通过pageContext内置对象来进行设置
    pageContext.setAttribute("message", "www.yootk.com");    // 属性设置
    pageContext.setAttribute("score", 150);                  // 属性设置
%>
<jsp:forward page="scope_b.jsp"/>                            <%-- 服务器端跳转 --%>
```

在本范例中仅仅实现了 page 属性的设置操作，随后利用<jsp:forward/>指令进行了页面跳转，根据 page 属性的特点，跳转后的页面将无法获取 page 属性内容。

范例：获取 page 属性（页面名称：scope_b.jsp）

```
<%@ page pageEncoding="UTF-8"%>                         <%-- 定义页面中文显示编码 --%>
<%  // 获取page属性内容，获取时需要进行强制性对象向下转型
    String messageValue = (String) pageContext.getAttribute("message");     // 获取属性
    Integer scoreValue = (Integer) pageContext.getAttribute("score");       // 获取属性
%>
<h1>【获取page属性】message = <%=messageValue%></h1>    <%-- 输出属性内容 --%>
<h1>【获取page属性】score = <%=scoreValue%></h1>        <%-- 输出属性内容 --%>
```

程序执行结果：

```
【获取page属性】message = null
【获取page属性】score = null
```

在本范例中获取了跳转前所设置的两个属性内容，而通过最终的执行结果可以清楚地发现，此时是无法直接获取相关属性内容的，因为 page 属性范围跳转后失效了，保存范围较小。

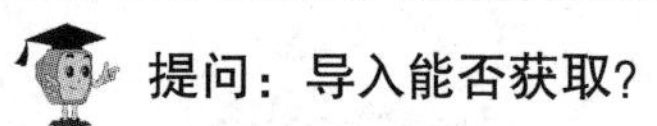

提问：导入能否获取？

如果说在 page 属性设置后，不通过<jsp:forward/>指令跳转到其他页面，而是使用导入语句，那么是否可以获取 page 属性？

回答：静态导入可以获取。

如果此时的程序使用的是动态导入指令<jsp:include/>，那么按照先处理后导入的原则是无法获取 page 属性的。

而如果此时使用的是静态导入指令<%@include%>，那么按照先导入后处理的顺序是可以获取 page 属性的。

4.2.2　request 属性范围

request 属性范围

视频名称　0404_【掌握】request 属性范围

视频简介　request 属性范围需要结合服务器端跳转生效，也是在实际项目开发中使用最多的一种属性范围。本视频为读者分析 request 属性范围的特点，以及不同的跳转操作对 request 属性所带来的影响。

设置 request 属性是在 Java Web 开发中最为常见的一种操作形式，其最大的特点是在服务器端跳转后依然可以获取所设置的属性内容，如图 4-5 所示。

图 4-5　request 属性范围

 **提示：多次服务器端跳转后 request 属性依然有效。**

在实际开发中，如果在 JSP 页面进行了多次服务器端跳转操作，那么只要请求路径不发生改变，所设置的 request 属性依然有效。而一旦发生客户端跳转，例如通过超链接打开新的 JSP 页面，则会造成请求路径变化，request 属性将无法继续保留。

范例：设置 request 属性并跳转（页面名称：scope_a.jsp）

```
<%@ page pageEncoding="UTF-8"%>                          <%-- 定义页面中文显示编码 --%>
<%
    request.setAttribute("message", "www.yootk.com");    // 属性设置
    request.setAttribute("score", 150);                  // 属性设置
%>
<jsp:forward page="scope_b.jsp"/>                        <%-- 服务器端跳转 --%>
```

本程序通过 request 对象设置了两个属性，而后利用<jsp:forward/>指令跳转到了 scope_b.jsp 页面。

范例：获取 request 属性并再次跳转（页面名称：scope_b.jsp）

```
<%@ page pageEncoding="UTF-8"%>                          <%-- 定义页面中文显示编码 --%>
<%
    String messageValue = (String) request.getAttribute("message");    // 获取属性
    Integer scoreValue = (Integer) request.getAttribute("score");      // 获取属性
%>
<h1>【获取request属性】message = <%=messageValue%></h1>   <%-- 输出属性内容 --%>
<h1>【获取request属性】score = <%=scoreValue%></h1>       <%-- 输出属性内容 --%>
<h1><a href="scope_c.jsp">显示属性内容</a></h1>           <%-- 客户端跳转 --%>
```

程序执行结果：

```
【获取request属性】message = www.yootk.com
【获取request属性】score = 150
```

由于之前使用了服务器端跳转，因此跳转后依然可以获取所设置的 request 属性。为了验证 request 属性范围的特点，在本程序中又提供了一个超链接，让其跳转到 scope_c.jsp 页面之中。

范例：再次获取 request 属性（页面名称：scope_c.jsp）

```
<%@ page pageEncoding="UTF-8"%>                          <%-- 定义页面中文显示编码 --%>
<%
    String messageValue = (String) request.getAttribute("message");    // 获取属性
    Integer scoreValue = (Integer) request.getAttribute("score");      // 获取属性
%>
<h1>【获取request属性】message = <%=messageValue%></h1>   <%-- 输出属性内容 --%>
<h1>【获取request属性】score = <%=scoreValue%></h1>       <%-- 输出属性内容 --%>
```

程序执行结果：

```
【获取request属性】message = null
【获取request属性】score = null
```

由于现在是通过超链接进行的访问，原始的请求路径已经发生改变，这样之前所设置的 request 属性就彻底消失了，再次获取时返回的内容就是 null，如图 4-6 所示。

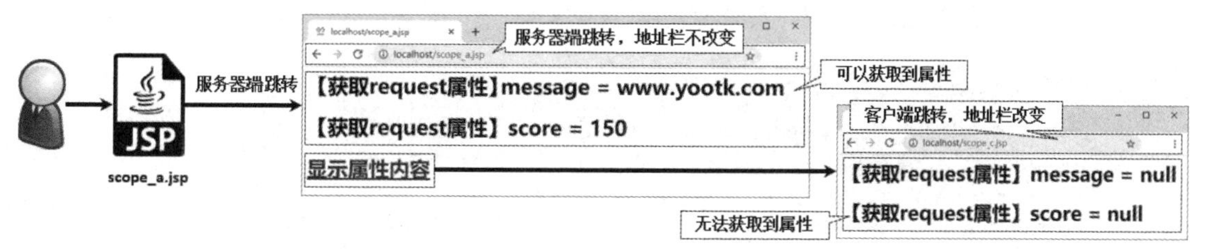

图 4-6　request 属性范围

提问：为什么客户端跳转无法保存 request 属性?

通过以上的讲解我们已经清楚了 request 属性的保存范围，但是为什么服务器端跳转时 request 属性可以始终传递，而客户端跳转时 request 属性却不可以传递？

回答：不同的路径表示不同的请求。

JSP 是基于 HTTP 的网络程序开发，所以用户的每一次请求对于服务器来讲都属于不同的用户（无状态特点），而区分不同请求的关键在于请求地址。就好比商家进行产品售后的过程一样，当售后工作人员无法处理本次“请求”时，可以将请求在内部转发给其他高级别人员（或者持续升级售后，转交给更多的售后人员），但是用户只请求一次，商家只回应一次，如图 4-7 所示。

如果说此时受理用户请求的第一个售后人员忽略了本次的售后请求，那么用户会发出第二次售后请求，此时之前的售后请求就消失了，如图 4-8 所示。

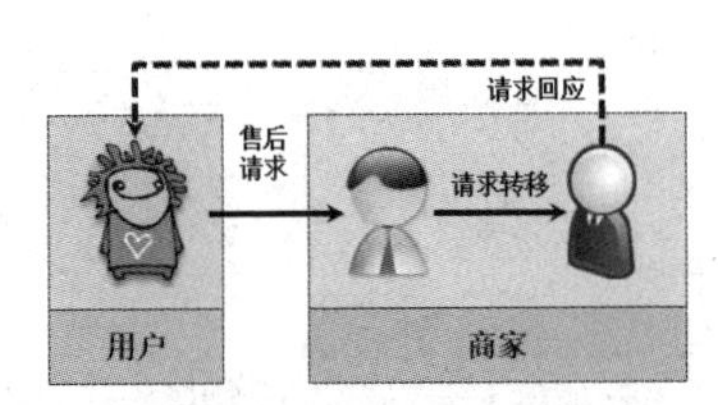

图 4-7　请求与内部转发

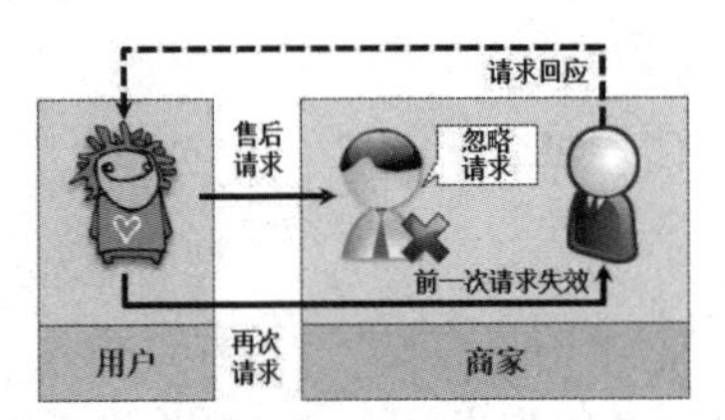

图 4-8　处理多次请求

实际上在整个 JSP 中最为核心的部分就是请求与回应，而区分不同请求的关键就在于用户的请求路径。这一点随着学习的深入，读者也会有更深刻的理解。

4.2.3　session 属性范围

session 属性范围

视频名称　0405_【掌握】session 属性范围

视频简介　session 可以实现单用户的数据共享操作。本视频分析 session 属性范围的使用特点，同时利用不同的跳转分析 session 属性的保存范围，以及多用户下的 session 属性操作问题。

在 JSP 中页面的跳转属于常规的操作，如果现在希望某些属性可以在任意的页面跳转之后还能继续使用，就可以通过 session 属性来完成。session 属性的特点在于，只要设置了属性并且没有关闭页面，该属性就可以持续有效，如图 4-9 所示。

图 4-9　session 属性范围

范例：设置 session 属性并跳转（页面名称：scope_a.jsp）

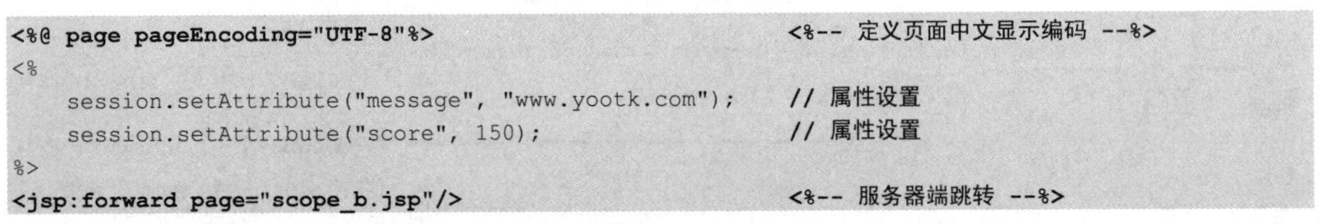

```
<%@ page pageEncoding="UTF-8"%>                        <%-- 定义页面中文显示编码 --%>
<%
    session.setAttribute("message", "www.yootk.com");   // 属性设置
    session.setAttribute("score", 150);                 // 属性设置
%>
<jsp:forward page="scope_b.jsp"/>                       <%-- 服务器端跳转 --%>
```

本程序通过 session 对象设置了两个属性内容，随后利用服务器端跳转<jsp:forward/>实现页面跳转。

范例：获取 session 属性并跳转（页面名称：scope_b.jsp）

```
<%@ page pageEncoding="UTF-8"%>                                   <%-- 定义页面中文显示编码 --%>
<%
    String messageValue = (String) session.getAttribute("message");     // 获取属性
    Integer scoreValue = (Integer) session.getAttribute("score");       // 获取属性
%>
<h1>【获取session属性】message = <%=messageValue%></h1>     <%-- 输出属性内容 --%>
<h1>【获取session属性】score = <%=scoreValue%></h1>         <%-- 输出属性内容 --%>
<h1><a href="scope_c.jsp">显示属性内容</a></h1>             <%-- 客户端跳转 --%>
```

程序执行结果：

```
【获取session属性】message = www.yootk.com
【获取session属性】score = 150
```

session 属性不受服务器端跳转的限制，跳转后依然可以获取 session 属性。同时在本页面中为了验证 session 属性的保存范围，也提供了超链接以实现客户端跳转。

范例：获取 session 属性（页面名称：scope_c.jsp）

```
<%@ page pageEncoding="UTF-8"%>                                   <%-- 定义页面中文显示编码 --%>
<%
    String messageValue = (String) session.getAttribute("message");     // 获取属性
    Integer scoreValue = (Integer) session.getAttribute("score");       // 获取属性
%>
<h1>【获取session属性】message = <%=messageValue%></h1>     <%-- 输出属性内容 --%>
<h1>【获取session属性】score = <%=scoreValue%></h1>         <%-- 输出属性内容 --%>
```

程序执行结果：

```
【获取session属性】message = www.yootk.com
【获取session属性】score = 150
```

本页面在执行客户端跳转后可以直接获取之前所设置的 session 属性，即不管服务器端跳转还是客户端跳转，只要不关闭页面或删除属性，则 session 属性会一直保留。如果关闭了页面，再次访问此页面时所得到的内容就是 null，如图 4-10 所示。

图 4-10　session 属性范围

4.2.4 application 属性范围

application 属性范围

视频名称　0406_【掌握】application 属性范围

视频简介　application 描述 Web 容器中的属性存储，是公共属性的存储。本视频分析 application 属性的作用，同时讲解 application 属性操作所带来的问题。

application 属性可以实现全局属性的配置，即所有的属性保存在服务器之中，不管用户是否关闭页面，都可以获取设置的 application 属性，只有在 Web 容器重启后此属性才会消失，如图 4-11 所示。

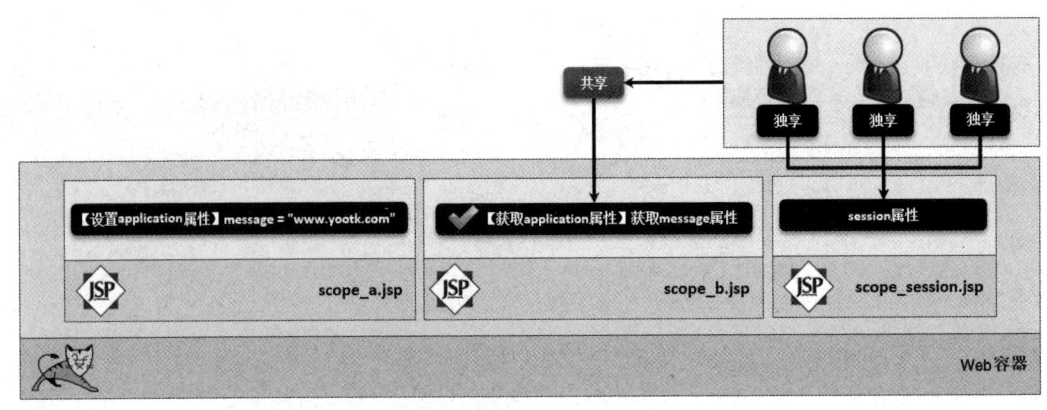

图 4-11　application 属性范围

范例：设置 application 属性（页面名称：scope_a.jsp）

```
<%@ page pageEncoding="UTF-8"%>                              <%-- 定义页面中文显示编码 --%>
<%
    application.setAttribute("message", "www.yootk.com");    // 属性设置
    application.setAttribute("score", 150);                  // 属性设置
%>
<h1><a href="scope_b.jsp">显示属性内容</a></h1>               <%-- 客户端跳转 --%>
```

本页面设置了两个 application 属性，当页面程序执行完成后这两个属性就会保留在 Web 容器之中，只要 Web 容器不关闭，就可以一直获取这两个属性。为了便于读者观察，本程序设置了一个超链接，使其跳转到 scope_b.jsp 页面。

范例：获取 application 属性（页面名称：scope_b.jsp）

```
<%@ page pageEncoding="UTF-8"%>                              <%-- 定义页面中文显示编码 --%>
<%
    String messageValue = (String) application.getAttribute("message"); // 获取属性
    Integer scoreValue = (Integer) application.getAttribute("score");   // 获取属性
%>
<h1>【获取application属性】message = <%=messageValue%></h1>    <%-- 输出属性内容 --%>
<h1>【获取application属性】score = <%=scoreValue%></h1>        <%-- 输出属性内容 --%>
```

程序执行结果：

```
【获取application属性】message = www.yootk.com
【获取application属性】score = 150
```

本程序成功地获取了 application 范围中的属性，并且再打开新的页面重新访问后依然可以获取。需要注意的是，application 属性会始终保存在 Web 容器之中，如果保存得过多，则有可能造成服务器性能降低。

4.2.5　pageContext 属性操作深入

pageContext 属性操作深入

视频名称　0407_【理解】pageContext 属性操作深入

视频简介　pageContext 对象用于实现 page 属性范围的操作，同时该对象只允许在 JSP 中使用。本视频为读者讲解 pageContext 对属性操作方法的新支持，并且通过实例讲解如何通过 pageContext 实现全部属性数据的操作。

为了便于开发者理解不同属性的作用范围，在 JSP 程序中往往会通过不同的内置对象进行操作。在 pageContext 类中提供了更加全面的属性操作支持方法，可以实现全部 4 种属性范围的控制，这些常量与方法如表 4-4 所示。

表 4-4 pageContext 扩展属性操作常量与方法

序号	常量与方法	类型	描述
1	public static final int PAGE_SCOPE	常量	page 属性操作标记
2	public static final int REQUEST_SCOPE	常量	request 属性操作标记
3	public static final int SESSION_SCOPE	常量	session 属性操作标记
4	public static final int APPLICATION_SCOPE	常量	application 属性操作标记
5	public void setAttribute(String name, Object value, int scope)	方法	设置指定范围的属性
6	public Object getAttribute(String name, int scope)	方法	获取指定范围的属性
7	public Object findAttribute(String name,int scope)	方法	发现任意属性范围的属性
8	public void removeAttribute(String name, int scope)	方法	删除指定范围的属性

通过表 4-4 所示的方法可以发现，对于属性操作的方法都有相应的重载操作，在重载后可以利用 scope 内容来实现不同属性范围的设置。

范例：设置不同范围的属性（页面名称：scope_a.jsp）

```
<%@ page pageEncoding="UTF-8"%>                          <%-- 定义页面中文显示编码 --%>
<% // 通过pageContext对象实现不同范围的属性设置
    pageContext.setAttribute("message", "www.yootk.com", PageContext.REQUEST_SCOPE);
    pageContext.setAttribute("score", 150, PageContext.SESSION_SCOPE);
%>
<jsp:forward page="scope_b.jsp"/>                        <%-- 服务器端跳转 --%>
```

本程序利用 pageContext 对象中提供的方法实现了 request 和 session 属性内容的设置，随后定义了服务器端跳转操作，使页面跳转到 scope_b.jsp 页面。

范例：获取属性内容（页面名称：scope_b.jsp）

```
<%@ page pageEncoding="UTF-8"%>                                  <%-- 定义页面中文显示编码 --%>
<% // 通过pageContext对象实现不同范围的属性获取
    String messageValue = (String) pageContext.getAttribute("message",
                                    PageContext.REQUEST_SCOPE);
    Integer scoreValue = (Integer) pageContext.findAttribute("score");
%>
<h1>【获取request属性】message = <%=messageValue%></h1>       <%-- 输出属性内容 --%>
<h1>【获取session属性】score = <%=scoreValue%></h1>           <%-- 输出属性内容 --%>
```

程序执行结果：

```
【获取request属性】message = www.yootk.com
【获取session属性】score = 150
```

使用 pageContext 时，除了使用 getAttribute()方法获取指定范围的属性之外，也可以通过 findAttribute()方法获取指定名称的属性（会自动查找属性）。

4.3 request 内置对象

request 对象简介

视频名称 0408_【掌握】request 对象简介

视频简介 request 是 JSP 开发中使用最频繁的一个内置对象。本视频详细地讲解 request 对象的继承结构，并分析 JSP 针对不同协议而实现的标准设计。

JSP 程序的开发核心为请求与响应，用户所需要的所有数据都会封装在 HTTP 请求之中。服务器端程序如果想获取这些请求数据，可以通过 request 内置对象完成。request 对象对应的类型为 jakarta.servlet.http 包中的 HttpServletRequest 接口，该接口的继承结构如图 4-12 所示。

由于 HttpServletRequest 属于 Jakarta EE 开发标准，因此该接口可以直接通过官方文档查看其完整的定义，该接口的实现则是由不同的 Web 容器完成的。

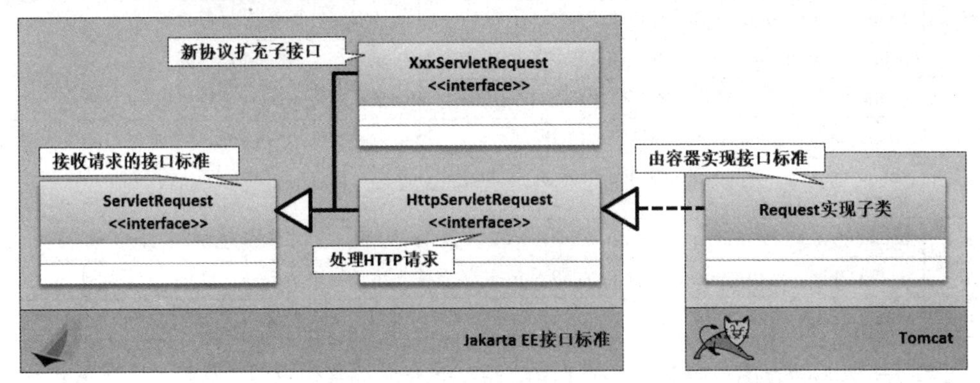

图 4-12　HttpServletRequest 继承结构

提问：为什么一个子接口也要设计成继承结构？

从图 4-12 给出的继承关系可以发现，ServletRequest 只有 HttpServletRequest 一个子接口，为什么不将两个接口定义为一个接口？

回答：便于协议扩充。

ServletRequest 指的是服务器端获取请求的操作标准，现在 Java EE 程序主要是基于 HTTP 实现的，但是未来能否出现新的协议也未可知。考虑到后期程序扩展性的问题，所以将所有请求的核心操作定义在 ServletRequest 接口，而与协议有关的扩展操作定义在 HttpServletRequest 子接口。若是扩展了新的协议，定义一个新接口直接继承 ServletRequest 接口即可轻松实现。

4.3.1　接收请求参数

接收单个请求参数

视频名称　0409_【掌握】接收单个请求参数

视频简介　动态 Web 开发中交互性是其最主要的技术特点。本视频为读者讲解 request 接收单个参数的操作，同时分析表单提交中的 POST 与 GET 模式的区别，以及 URL 地址重写的参数传递操作。

HttpServletRequest 接口的核心作用在于接收用户的请求，所有可以接收的用户请求一定都包含参数名称，而请求参数可以是通过表单填写或者是通过 URL 地址重写的方式进行传递的。但是不管如何传递，只要是参数接收都采用如下的方法进行统一处理：

```
public String getParameter(String paramName)
```

在使用 getParameter()方法时，如果没有传递指定参数的数据，则接收到的内容为 null；如果在参数传递时只传递了参数的名称但是没有传递参数内容，则接收到的内容为空字符串“""”。下面首先介绍通过表单实现参数的传递。

注意：不要与 getAttribute()方法混淆。

笔者在多年的软件教育中发现，很多学生对于 request 对象中的 getParameter()和 getAttribute()两个方法会混淆。需要记住的是，这两个操作彼此之间没有任何关系。

（1）getAttribute()可以获得 request 属性，但是一定要先使用 setAttribute()进行设置，如果不设置则返回 null。

（2）getParameter()主要是接收客户端发送来的信息，信息可以随着表单或以地址重写的形式进行传递。

范例：定义输入表单（页面名称：input.html）

```
<html><head><title>www.yootk.com</title><meta charset="UTF-8"/></head><body>
<form action="input_do.jsp" method="post">                                  <!-- post提交 -->
    请输入信息：<input type="text" name="msg" value="沐言科技">               <!-- 文本框 -->
    <input type="hidden" name="url" value="www.yootk.com">                  <!-- 隐藏域 -->
    <input type="submit" value="发送">                                       <!-- 提交按钮 -->
</form></body></html>
```

在本页面中定义了两个表单参数：文本框（msg）、隐藏域（url）。为了便于操作，为两个组件都设置了默认值（value 属性配置），这样在提交表单时会将两个内容一并提交到服务页面上进行处理。

提问：为什么不定义为“input.jsp”页面？

上面的程序文件定义为“input.jsp”也是可以执行的，为什么要定义为“input.html”？

回答：html 处理性能更快。

在本书第 1 章讲解动态 Web 处理结构时曾经强调过，动态 Web 服务器会根据请求类型的不同而采用不同的方式进行处理，如果是动态页面则会通过 Web 容器解析生成，如果是静态页则会直接读取。很明显，定义为 input.html 可以有效地提升 Web 程序的响应性能。

范例：接收表单参数（页面名称：input_do.jsp）

```
<%@ page pageEncoding="UTF-8"%>                        <%-- 定义页面中文显示编码 --%>
<%
    String msg = request.getParameter("msg") ;         // 接收请求参数
    String url = request.getParameter("url") ;         // 接收请求参数
%>
<h1><%=msg%>：<%=url%></h1>                             <%-- 输出参数内容 --%>
```

本程序通过 request.getParameter()实现了两个表单参数的提交与输出操作，程序的执行流程如图 4-13 所示。

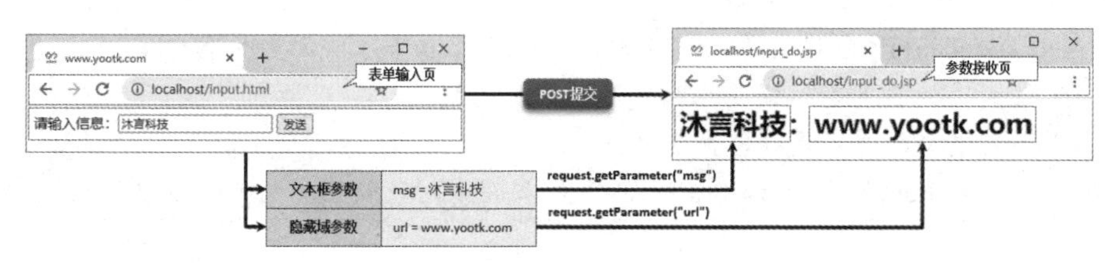

图 4-13　表单参数接收

提示：表单 POST 与 GET 提交的区别。

在本程序中由于表单使用了 POST 方式提交，因此在程序接收页面的显示路径为“input_do.jsp”。如果此时的表单使用了 GET 方式提交，则会将所有的请求数据附加在请求路径之中。

范例：将表单修改为 GET 提交模式

```
<form action="input_do.jsp" method="get"></form>
```

目标路径显示：

```
input_do.jsp?msg=沐言科技&url=www.yootk.com
```

可以发现所有的提交参数都会直接显示在目标路径之中。通过以上的分析，可以得出表单中 GET 与 POST 请求模式的区别如下。

- POST 请求：只能用于表单比较上，所有的请求内容不会显示在地址栏中，可以传递更多的数据内容。
- GET 请求：可以用于表单提交或者直接请求操作中，例如用户输入访问地址就属于 GET 请求，用于表单操作时，会将所有的请求参数附加在浏览器地址栏之中，允许传递的数据量有限（一般不超过 5KB 大小）。

在进行参数传递时，除了通过表单之外，也可以采用地址重写的方式进行请求参数的传递。在定义访问目标路径时，就必须采用如下的格式进行定义：

```
目标路径.jsp?参数名称1=参数内容&参数名称2=参数内容&...
```

采用此种方式进行传递时必须使用“?”实现请求路径与请求参数的分隔，若干个参数之间要使用“&”进行分隔。此类路径可以直接在浏览器中输入，也可以通过超链接的形式进行定义。

范例：定义超链接传递参数

```
<a href="input_do.jsp?msg=沐言科技&url=www.yootk.com">YOOTK</a>
```

本程序为便于用户访问，在超链接中采用地址重写的方式，在访问 input_do.jsp 页面时传递了两个请求参数“msg=沐言科技”“url=www.yootk.com”，这样在 input_do.jsp 页面进行接收时就可以直接通过 msg 和 url 两个参数获取相应的内容。本程序的执行结果如图 4-14 所示。

图 4-14　地址重写传递参数

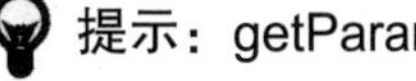

提示：getParameter()参数来源。

使用 getParameter()方法进行参数接收时，一般会有以下 3 类参数来源：

- 表单参数（随着表单的提交一起发送到服务器端）；
- 利用地址重写的方式进行参数传递；
- 使用“<jsp:include>”“<jsp:forward>”标签指令时，使用“<jsp:param>”传递参数。

4.3.2　请求乱码处理

请求乱码处理

视频名称　0410_【掌握】请求乱码处理

视频简介　在 Java 开发中，文字编码的问题会导致在进行中文数据发送时出现乱码。本视频分析乱码的产生原因，以及早期的 Web 开发中乱码问题的解决方法，并且给出乱码问题的解决方案。

在 Web 请求中，所有的数据都是以二进制的形式进行传输的，这样就需要对所发送的数据进行编码与解码处理。但是如果此时传递的是中文数据，并且编码和解码的方式不同，就有可能造成乱码问题。在实际的开发中一般都会使用 UTF-8 编码，而此时就可以利用 request 对象的如下方法实现请求编码设置：

```
public void setCharacterEncoding(String env) throws UnsupportedEncodingException
```

范例：接收参数并设置编码

```
<%@ page pageEncoding="UTF-8"%>                              <%-- 定义页面中文显示编码 --%>
<%
    request.setCharacterEncoding("UTF-8");                   // 设置编码
    String msg = request.getParameter("msg") ;               // 接收请求参数
    String url = request.getParameter("url") ;               // 接收请求参数
%>
```

在本程序进行参数接收前实现了编码的配置，只要保证前端编码与后端编码一致，则可以实现正确的中文接收。

提示：新版 Tomcat 对编码的支持。

在新版的 Tomcat 之中已经帮助用户自动进行了编码的配置，即便用户在接收参数前没有进行编码设置，只要文件编码、页面编码全部统一为 UTF-8，也可以实现中文的正确接收。但是考虑到代码的标准化，还是建议开发者在接收参数前一定要设置正确的编码。

4.3.3 接收数组请求参数

接收数组请求参数

视频名称 0411_【掌握】接收数组请求参数

视频简介 在进行 Web 请求时可以实现多个同名参数的传输，而此时的数据内容就需要基于数组的方式进行接收。本视频通过代码分析多个参数的表单提交与地址重写模式，以及 getParameterValues()方法的使用。

请求参数除了可以实现单个参数的接收之外，也可以实现一组参数的接收，此时就要求传递的若干个参数内容采用相同的参数名称。而对于数组参数的接收则可以使用以下方法完成：

```
public String[] getParameterValues(String name)
```

该方法会返回一个字符串数组。如果在接收时没有传递指定名称的参数，那么此方法会返回 null。

范例：复选框表单（页面名称：input.html）

```
<form action="input_do.jsp" method="post">
    请输入信息：<input type="text" name="msg" value="沐言科技"><br/>
    消息接收者：<input type="checkbox" name="receiver" value="muyan">沐言科技
              <input type="checkbox" name="receiver" value="yootk">沐言优拓
              <input type="checkbox" name="receiver" value="lee">小李老师<br/>
    <input type="submit" value="发送"><input type="reset" value="重置">
</form>
<a href="input_do.jsp?msg=沐言科技&receiver=muyan&receiver=yootk">消息传递</a>
```

本程序实现了向 input_do.jsp 页面的参数传递，传递时采用了表单与地址重写两种形式完成，不管使用何种方式都会传递多个 receiver 参数内容。

范例：接收数组参数（页面名称：input_do.jsp）

```
<%@ page pageEncoding="UTF-8"%>                                   <%-- 定义页面中文显示编码 --%>
<%
    request.setCharacterEncoding("UTF-8");                        // 设置编码
    String[] msg = request.getParameterValues("msg") ;            // 接收请求参数
    // 如果使用了getParameter()方法则只会接收第一个参数内容
    String[] receiver = request.getParameterValues("receiver") ;      // 接收请求参数
%>
<h1>消息内容：<%=java.util.Arrays.toString(msg)%></h1>               <%-- 输出参数 --%>
<h1>消息用户：<%=java.util.Arrays.toString(receiver)%></h1>          <%-- 输出参数 --%>
```

本程序通过 getParameterValues()实现了参数的接收。而通过最终的执行结果可以发现，不管是单个参数还是多个参数都可以通过相同的方法进行接收。程序的执行结果如图 4-15 所示。

图 4-15　接收一组请求参数

4.3.4　动态接收参数

动态接收参数

视频名称　0412_【掌握】动态接收参数

视频简介　为了便于用户代码的灵活编写，在 request 对象中提供了请求参数的迭代接收操作方式。本视频讲解获得全部请求参数名称以及全部请求参数内容的代码实现。

在参数接收中，常规的做法都是需要明确地知道请求参数的名称，而后才可以正常接收。但是如果所发送的参数会被经常性地改变，这样固定的模式就无法满足程序的开发要求。为了解决此类问题，在 request 内置对象中提供了一个动态接收参数的方法：

```
public Map<String,String[]> getParameterMap()
```

该方法返回一个 Map 集合，其中 key 描述的是参数名称，value 描述的是参数内容。需要注意的是，为了便于参数的取得，所有的参数都以字符串数组的形式返回。

范例：动态接收参数

```
<%@ page pageEncoding="UTF-8"%>
<%@ page import="java.util.*" %>
<%
    request.setCharacterEncoding("UTF-8");                          // 设置编码
    Map<String, String[]> params = request.getParameterMap();       // 动态参数
    for (Map.Entry<String, String[]> entry : params.entrySet()) {   // 迭代输出
%><p><%=entry.getKey()%> = <%=Arrays.toString(entry.getValue())%></p><%
    }
%>
```

服务请求路径：

```
input_do.jsp?msg=沐言科技：www.yootk.com&receiver=muyan&receiver=yootk
```

程序执行结果：

```
msg = [沐言科技：www.yootk.com]
receiver = [muyan, yootk]
```

本程序利用地址重写的方式发送了一个 GET 请求，并在请求路径中附加了所需要的参数。而通过最终的执行结果可以发现，此时所有传递参数全部正常接收成功。

4.3.5　获取上下文路径

获取上下文路径

视频名称　0413_【掌握】获取上下文路径

视频简介　Web 开发中除了基本的信息显示之外，还需要充分地考虑到图片、JavaScript 文件、CSS 文件等资源的加载问题。本视频通过实例分析不同环境中的资源对程序的影响，以及 getContextPath()的作用。

在 Web 中如果需要进行某些资源文件（例如：图片、JavaScript 文件等）加载时，往往都需要编写大量的相对路径，若所需要加载的资源存储路径过深，则会造成路径匹配的复杂程度过大。在

动态 Web 中为了解决此类问题，可以直接利用 request 对象中的 getContextPath()方法获取当前上下文路径名称，而后从根路径开始实现资源匹配。

范例：加载 Web 资源

```
<img src="<%=request.getContextPath()%>/images/yootk.png" style="width: 400px;">
```

本程序通过 request.getContextPath()获取了当前上下文路径的名称（该路径为当前虚拟路径的名称），随后依据此名称定位实现了“images/yootk.png”资源的加载。程序的执行如图 4-16 所示。

图 4-16 加载 Web 资源

4.3.6 base 资源定位

base 资源定位

视频名称 0414_【掌握】base 资源定位

视频简介 为了便于项目中的资源定位，往往可以结合 HTML 元素中的<base>进行处理。本视频分析 base 元素的作用，并且通过实例讲解 base 定位下的资源加载操作。

利用 request 内置对象中的 getContextPath()方法的确可以非常方便地获取对应的上下文路径，但是如果所有的资源都采用此类方式进行访问，则会非常烦琐。为了进一步简化资源加载的问题，可以在项目中通过 HTML 中的<base>元素进行统一资源定位。而在使用<base>元素时就必须明确地设置完整的项目访问路径，这样就需要使用表 4-5 所示的操作方法。

表 4-5 获取服务信息的操作方法

序号	方法名称	类型	描述
1	public String getScheme()	方法	获取当前的路径模式，例如：“http”
2	public String getServerName()	方法	获取当前的主机名称，例如：“localhost”
3	public int getServerPort()	方法	获取当前的主机端口，例如：“80”

范例：实现资源定位

```
<%@page pageEncoding="UTF-8" %>
<%  // 通过request获取相关资源信息，拼接成完整的访问路径
    String basePath = request.getScheme() + "://" + request.getServerName() + ":" +
        request.getServerPort() + request.getContextPath() + "/" ;
%>
<html><head><base href="<%=basePath%>">        <%-- 资源定位 --%>
    <title>沐言科技（www.yootk.com）—— 新时代软件教育领导品牌</title>
</head><body><h1><%=basePath%></h1>
<img src="images/yootk.png" style="width: 400px;"></body></html>
```

本程序获取了当前程序的访问协议、服务名称、服务端口以及上下文路径，而后将这些信息拼接成一个路径，随后利用<base>实现资源定位，这样所有的资源就会从<base>设置的路径中进行加载，程序执行如图 4-17 所示。

图 4-17　base 资源定位

4.3.7　获取客户端请求信息

获取客户端请求信息

视频名称　0415_【理解】获取客户端请求信息

视频简介　客户端在每次提交请求时，除了核心的数据之外，还会附加许多的内容。本视频讲解 request 对象中非核心的方法，包括地址信息、协议、路径附加信息获取。

在用户每一次发出请求时，除了所有的数据之外，实际上还会有一些附加的信息，包括请求方法、用户访问地址等，这些信息可以通过表 4-6 所示的方法进行获取。

表 4-6　获取请求信息的方法

序号	方法名称	类型	描述
1	public String getMethod()	方法	获取当前请求的类型，例如：GET、POST
2	public String getProtocol()	方法	获取协议信息
3	public String getPathInfo()	方法	获取扩展路径信息
4	public String getQueryString()	方法	获取路径附加信息
5	public String getRemoteAddr()	方法	获取客户端请求的 IP 地址

范例：获取 HTTP 客户端请求信息

```
<%@ page pageEncoding="UTF-8"%>
<h1>HTTP请求模式：<%=request.getMethod()%></h1>
<h1>HTTP版本：<%=request.getProtocol()%></h1>
<h1>URL重写信息：<%=request.getQueryString()%></h1>
<h1>客户端IP地址：<%=request.getRemoteAddr()%></h1>
```

程序访问路径：

```
info.jsp?message=www.yootk.com
```

程序执行结果：

```
HTTP请求模式：GET
HTTP版本：HTTP/1.1
URL重写信息：message=www.yootk.com
客户端IP地址：0:0:0:0:0:0:0:1
```

在本程序中通过 request 对象获取了请求的相关内容，由于当前是直接进行了路径输入，因此返回的 HTTP 请求模式为 GET。同时由于是在本机进行访问，因此此时获得的 IP 地址为本机 IP 地址（以 IPv6 结构返回）。

4.4 response 内置对象

视频名称 0416_【掌握】response 对象简介

视频简介 response 是描述信息响应的操作对象，属于动态 Web 中的核心对象。本视频分析 response 的作用以及 response 与 HTML 代码输出的操作衔接。

用户接收完请求后，需要对客户端进行响应。在 JSP 中所有的响应都是通过 response 内置对象实现的，response 对象对应的接口类型为“jakarta.servlet.http.HttpServletResponse”，该接口继承自“jakarta.servlet.ServletResponse”父接口，而后不同厂商的 Web 容器都需要实现该接口以实现响应处理，继承结构如图 4-18 所示。

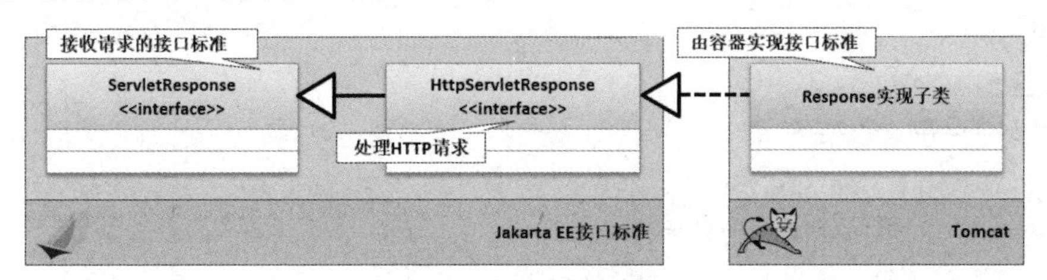

图 4-18　response 接口继承结构

所有的 JSP 程序在进行响应前都需要经过 Web 容器进行处理，实际上所有输出到客户端的 HTML 代码都是由 response 响应的结果。在 response 中可以直接通过 I/O 流进行输出，操作方法如表 4-7 所示，类结构如图 4-19 所示。

表 4-7　response 响应输出操作方法

序号	方法	类型	描述
1	public ServletOutputStream getOutputStream() throws IOException	方法	返回字节输出流对象
2	public PrintWriter getWriter() throws IOException	方法	返回字符打印流对象

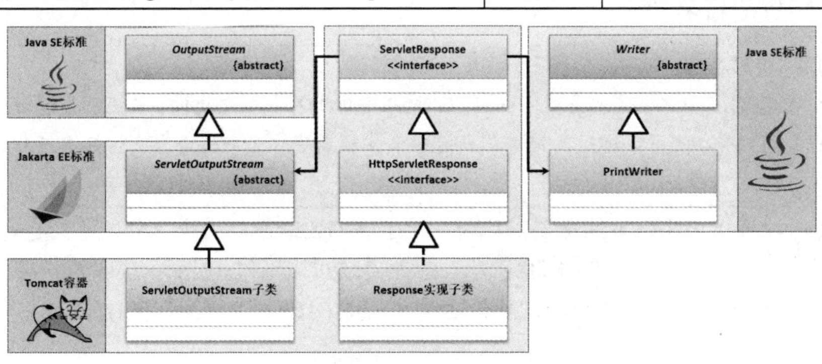

图 4-19　response 响应

范例：利用打印流输出响应信息

```
<%@ page pageEncoding="UTF-8" import="java.io.*" %>
<%
    PrintWriter printObject = response.getWriter() ;          // 获取打印流
    printObject.println("<h1>沐言科技：www.yootk.com</h1>") ; // 响应内容
    printObject.close() ;                                     // 关闭输入流
%>
```

程序执行结果：

```
沐言科技：www.yootk.com
```

本程序利用 response.getWriter()获取了一个字符打印流对象，随后利用该对象向客户端浏览器输出了相应的 HTML 代码，以实现服务器端对客户端的请求响应。

提示：HTML 直接输出也属于响应。

在之前编写 JSP 程序时，发现即便没有通过 response 对象，也可以将定义的 HTML 代码输出，不需要开发者手动调用 I/O 流输出。但是在最终生成的*.java 程序文件中可以发现，所有的 HTML 代码输出都是基于 I/O 流的方式实现的。以上的代码仅仅是为了证明输出操作与 response 的关联，实际作用不大。

所有的响应都是通过 response 实现输出的，在进行内容响应时也需要设置响应编码，才可以显示正确的中文。该方法的定义与 request 中的编码设置方法相同：

```
public void setCharacterEncoding(String charset)
```

范例：设置响应编码

```
<%@ page pageEncoding="UTF-8" %>
<%
    request.setCharacterEncoding("UTF-8");                    // 设置请求编码
    response.setCharacterEncoding("UTF-8");                   // 设置响应编码
%>
<h1>沐言科技：www.yootk.com</h1>
```

程序执行结果：

```
沐言科技：www.yootk.com
```

本程序在 JSP 页面中分别通过 request 与 response 对象中的 setCharacterEncoding()方法实现了请求与响应编码的配置，这样就可以保证在请求和响应时都可以通过 UTF-8 编码进行操作。

提示：服务编码配置。

在实际的项目开发中，不管 Web 容器的支持有多便捷，对于程序代码来讲都需要明确利用 request 和 response 设置正确的编码，才可以保证程序在不同的 Web 容器中正确执行。

4.4.1　设置响应头信息

设置响应头信息

视频名称　0417_【掌握】设置响应头信息

视频简介　头信息是在每个 HTTP 请求中附加在数据之上的。本视频为读者分析头信息的主要作用，并且通过实例讲解如何在服务器端获取客户端请求头信息以及对客户端设置响应头信息。

用户在每一次发出请求以及服务器响应时，除了所需要的核心数据之外，还会有许多附加信息，这些附加信息就属于头信息，如图 4-20 所示。服务器端可以通过 request 获取客户端发送的请求头信息，也可以通过 response 向客户端设置指定的头信息内容，这些操作方法如表 4-8 所示。

表 4-8　HTTP 头信息操作方法

序号	方法	所属对象	描述
1	public Enumeration<String> getHeaderNames()	request	获取全部请求头信息名称
2	public String getHeader(String name)	request	获取指定名称的头信息内容
3	public void addHeader(String name, String value)	response	设置指定头信息
4	public boolean containsHeader(String name)	response	判断是否存在指定名称的头信息

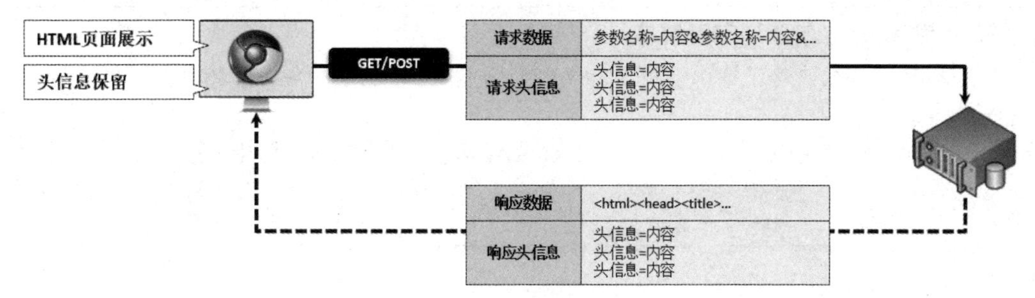

图 4-20 请求与响应头信息

范例：获取请求头信息

```
<%@ page pageEncoding="UTF-8" %>
<%@ page import="java.util.*" %>
<%
    Enumeration<String> enu = request.getHeaderNames() ;        // 获取头信息名称
    while (enu.hasMoreElements()) {                             // 枚举迭代
        String headerName = enu.nextElement();                  // 获取头信息名称
%><p><%=headerName%> = <%=request.getHeader(headerName)%></p>
<%  } %>
```

程序执行结果：

```
host = localhost
connection = keep-alive
sec-ch-ua = "Chromium";v="86", "\"Not\\A;Brand";v="99", "Google Chrome";v="86"
sec-ch-ua-mobile = ?0
upgrade-insecure-requests = 1
user-agent = Mozilla/5.0 (Windows NT 10.0; Win64; x64) AppleWebKit/537.36 (KHTML, like Gecko)
Chrome/86.0.4240.183 Safari/537.36
accept = text/html,application/xhtml+xml,application/xml;…
sec-fetch-site = none
sec-fetch-mode = navigate
sec-fetch-user = ?1
sec-fetch-dest = document
accept-encoding = gzip, deflate, br
accept-language = zh-CN,zh;q=0.9
cookie = JSESSIONID=142BC13DCB8E37B2A42FFBB84F3A33CC
```

在本程序中通过 request.getHeaderNames()方法获取了全部头信息的名称，这些名称以枚举接口实例的形式返回，随后通过迭代实现了全部头信息名称以及对应内容的输出。

范例：设置头信息

```
<%@ page pageEncoding="UTF-8" %>
<%! int num = 1 ;                                   // 定义一个全局变量 %>
<% response.addHeader("refresh","1") ;              // 每秒刷新1次 %>
<h1>num = <%=num ++%></h1>
```

本程序通过 response 向客户端浏览器设置了一个刷新的头信息，同时设置了刷新的时间间隔为 1s。由于 num 定义为全局变量，因此每次刷新后 num 的变化都会被保留下来。程序的执行结果如图 4-21 所示。

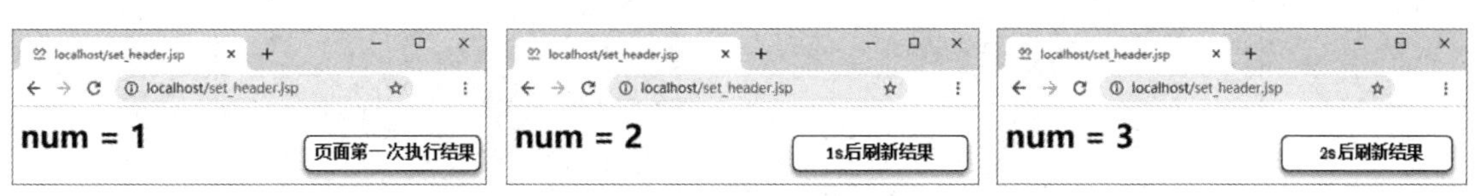

图 4-21 设置刷新头信息

提示：利用 refresh 实现定时跳转。

使用 refresh 头信息除了可以实现定时刷新的功能之外，也可以在头信息内容上配置 url 选项实现页面的跳转操作，如下所示：

```
response.addHeader("refresh","2;url=welcome.jsp") ;
```

此时表示在 2s 后将进行刷新，刷新完成后会自动跳转到 welcome.jsp 页面，跳转完成后对应的路径会发生改变。该跳转属于客户端跳转，所以无法传递 request 范围的属性。

4.4.2　HTTP 状态码

HTTP 状态码

视频名称　0418_【掌握】HTTP 状态码

视频简介　HTTP 请求除了内容与头信息的交互之外，最重要的就是 HTTP 状态码的处理。本视频为读者分析 HTTP 状态码的作用，以及如何通过 HttpServletResponse 实现状态码的配置，并且阐述 HTTP 状态码与实际项目开发的联系。

HTTP 是基于 TCP 实现的扩展协议，所有的数据在进行传输时都有其固定的处理存储结构。在每次请求时，除了基本的数据和头信息之外实际上还会有请求模式、请求路径、HTTP 版本号等内容。而在响应时除了数据和头信息之外，也会有 HTTP 版本号、响应状态码等内容。客户端判断某次请求是否正确执行完毕，主要依靠的就是 HTTP 状态码。在 response 对象中提供了如表 4-9 所示的常用状态码定义与相关操作方法。

表 4-9　response 常用状态码定义及操作方法

序号	常量及方法	类型	描述
1	public static final int SC_OK	常量	【200】服务请求正常
2	public static final int SC_NOT_FOUND	常量	【404】客户端请求错误
3	public static final int SC_METHOD_NOT_ALLOWED	常量	【405】请求方法不支持
4	public static final int SC_INTERNAL_SERVER_ERROR	常量	【500】服务器程序错误
5	public static final int SC_BAD_GATEWAY	常量	【502】HTTP 访问网关错误
6	public static final int SC_GATEWAY_TIMEOUT	常量	【504】请求超时
7	public void setStatus(int sc)	方法	设置 HTTP 响应状态
8	public int getStatus()	方法	获取当前 HTTP 响应状态

范例：设置 HTTP 状态码

```
<%@ page pageEncoding="UTF-8" %>
<%  response.setStatus(HttpServletResponse.SC_NOT_FOUND); // 设置响应状态码  %>
<h1>沐言科技：www.yootk.com</h1>
```

本程序在进行内容响应时设置了一个 404 状态码，这样就表示该请求出现了客户端路径访问错误，最终程序的执行结果如图 4-22 所示。

图 4-22　设置 HTTP 响应状态码

提问：状态码设置有什么用处？

在以上的程序中虽然已将状态码设置为 404，通过最终的执行结果发现也可以正常执行，这样的状态码设置有什么意义吗？

回答：状态码是标记，与响应内容无关。

在 HTTP 请求之中，如果服务器设置了错误的状态码，实际上最终也会有响应的 HTML 代码出现。但是如果结合 Ajax 数据调用，不同的状态码就会有不同的处理方式了。这一点随着技术学习的深入，读者会有更深的理解。

4.4.3 请求重定向

请求重定向

视频名称 0419_【掌握】请求重定向

视频简介 response 可以实现客户端的操作控制，所以在 response 中提供了请求重定向的处理操作，利用重定向可以方便地实现客户端的页面跳转操作。本视频通过具体的代码分析重定向的功能实现。

在 Web 开发中页面之间可以通过超链接的方式实现跳转。如果希望通过程序的方式来实现类似于超链接的跳转操作，则可以通过 response 对象中提供的请求重定向方法完成。该方法的定义如下：

```
public void sendRedirect(String location) throws IOException
```

在使用此方法时需要传递一个明确的跳转路径，当执行到此代码时就会自动实现页面跳转，如图 4-23 所示。

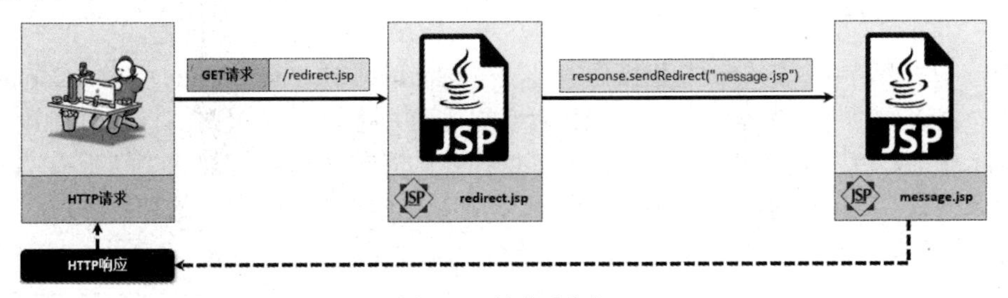

图 4-23 请求重定向

范例：配置请求重定向

```
<%@ page pageEncoding="UTF-8" %>
<% response.sendRedirect("message.jsp");    // 请求重定向      %>
```

本程序在页面执行时通过 response 设置了一个重定向操作，这样在执行此语句后会自动跳转到 message.jsp 页面。本程序的执行结果如图 4-24 所示。

图 4-24 请求重定向的执行结果

提示：两种跳转的区别。

在 JSP 程序中对于页面的跳转操作有两类模式，这两类跳转模式的区别如下。

- 服务器端跳转：跳转之后路径地址不发生改变，可以传递 request 属性范围，代码未执行完毕时无条件立即跳转。

实现语法：<jsp:forward page="跳转路径"/>。

- 客户端跳转：跳转之后路径地址发生改变，不能够传递 request 属性范围，代码执行完毕再跳转。

  |- 实现语法：超链接（“<a href="跳转路径">”）。

  |- 实现语法：response.sendRedirect("跳转路径")。

  |- 实现语法：response.addHeader("refresh","1;url=跳转路径")。

4.4.4　Cookie 操作

Cookie 操作

视频名称　0420_【掌握】Cookie 操作

视频简介　Cookie 是 Web 开发中的重要技术，可以实现核心数据的存储。本视频讲解如何通过具体的 response 实现 Cookie 的设置以及通过 request 实现 Cookie 数据的获取。

HTTP 属于无状态的网络通信协议，服务器端为了便于状态保持，可以在客户端保存部分数据信息，这样的信息在 HTTP 中被称为 Cookie。所有的 Cookie 由服务器端进行设置，如图 4-25 所示。而在设置后 Cookie 会随着请求头信息发送到服务器之中，如图 4-26 所示。

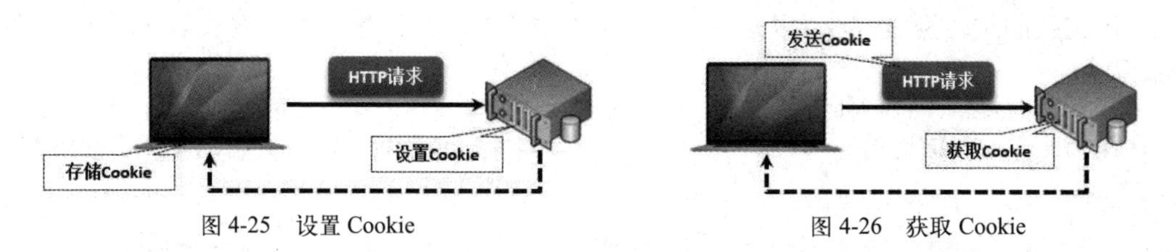

图 4-25　设置 Cookie　　　　图 4-26　获取 Cookie

在 Java Web 程序中，Cookie 数据操作被封装在 jakarta.servlet.http.Cookie 类中，Cookie 的常用操作方法如表 4-10 所示。在进行 Cookie 操作时必须通过关键字 new 实例化对象，同时设置 Cookie 的名称 name 以及对应内容 value，每一个 Cookie 在默认情况下只会针对当前浏览器生效。如果需要其在关闭浏览器后依然可用，则可以通过 setMaxAge()方法设置 Cookie 的存活时间。

表 4-10　Cookie 的常用操作方法

序号	方法名称	类型	描述
1	public Cookie(String name, String value)	方法	创建一个 Cookie，设置 Cookie 的名字和内容
2	public String getName()	方法	获取 Cookie 的名字
3	public String getValue()	方法	获取 Cookie 的内容
4	public void setValue(String newValue)	方法	修改 Cookie 的内容
5	public void setHttpOnly(boolean isHttpOnly)	方法	该数据只允许 HTTP 访问
6	public void setMaxAge(int expiry)	方法	设置 Cookie 失效时间
7	public void setPath(String uri)	方法	设置 Cookie 的存储路径

在进行 Cookie 操作时，必须注意 Cookie 的保存路径。如果一个 Cookie 的保存路径被设置为“/”，则表示该 Cookie 可以在 Web 中的任意目录下访问；如果一个 Cookie 的保存路径设置为“/pages”，则表示该 Cookie 只允许“/pages”路径下的所有程序进行访问，如图 4-27 所示。

所有 Cookie 通过 response 对象在 HTTP 响应时进行设置，而在每次请求时会将所设置的 Cookie 发送到服务器端，服务器端程序可以通过 request 对象获取全部数据。Cookie 操作类结构如图 4-28 所示，相应的操作方法如表 4-11 所示。

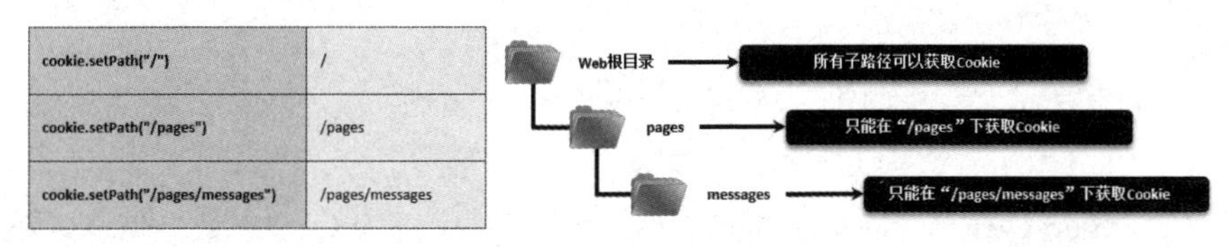

图 4-27 Cookie 存储路径

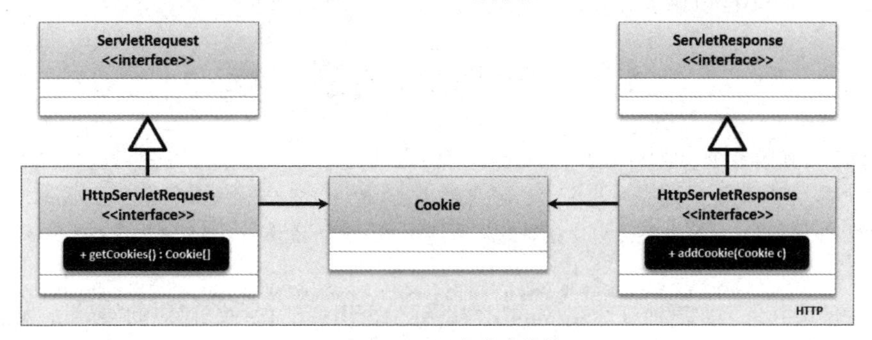

图 4-28 Cookie 操作类结构

表 4-11 Cookie 操作类方法

序号	方法	所属对象	描述
1	public Cookie[] getCookies()	request	获取全部 Cookie
2	public void addCookie(Cookie cookie)	response	设置客户端 Cookie

范例：设置 Cookie

```
<%  // Cookie存储时一般不建议保存中文信息
    Cookie titleCookie = new Cookie("title", "MuyanYootk");  // 创建Cookie
    Cookie urlCookie = new Cookie("url", "www.yootk.com");   // 创建Cookie
    titleCookie.setPath("/");                                // 对全部路径有效
    urlCookie.setPath("/");                                  // 对全部路径有效
    titleCookie.setMaxAge(60);                               // Cookie保存时间为60s
    urlCookie.setMaxAge(60);                                 // Cookie保存时间为60s
    response.addCookie(titleCookie);                         // 设置Cookie
    response.addCookie(urlCookie);                           // 设置Cookie
%>
```

本程序在代码中实例化了两个 Cookie 对象，随后分别设置了 Cookie 的存储路径以及保存的时间，最后利用 response 对象将这两个 Cookie 信息发送到客户端浏览器之中，用户可以直接打开浏览器中的"Application"发现相关的 Cookie 内容，如图 4-29 所示。

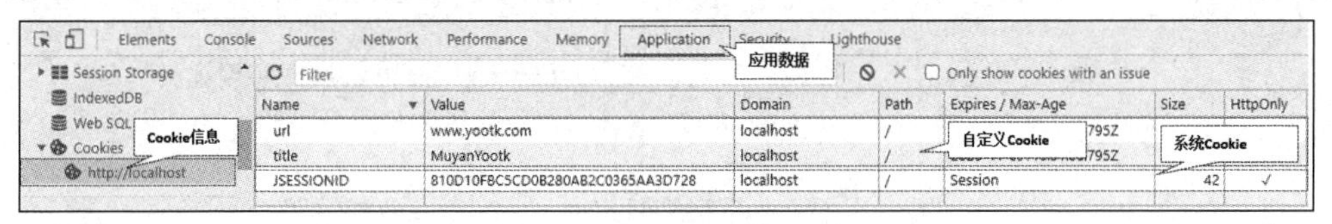

图 4-29 Cookie 数据存储

范例：获取 Cookie

```
<%
    Cookie cookies[] = request.getCookies();                 // 获取全部Cookie
    if (cookies != null) {                                   // 第一次访问时没有Cookie数据
        for (Cookie cookie : cookies) {                      // 迭代输出
%><p><%=cookie.getName()%> = <%=cookie.getValue()%></p>
<%
        }
    }
%>
```

程序执行结果：

```
JSESSIONID = 810D10FBC5CD0B280AB2C0365AA3D728
title = MuyanYootk
url = www.yootk.com
```

本程序通过 request.getCookies()方法获取了本次请求中全部的 Cookie 数据信息，随后利用 for 循环实现了全部 Cookie 数据的输出。

4.5　session 内置对象

session 对象简介

视频名称　0421_【掌握】session 对象简介

视频简介　session 是基于 Cookie 技术应用的 HTTP 扩展结构，通过 session 可以实现有效的状态维护。本视频为读者分析 HTTP 无状态的操作特点，以及 session 接口定义。

在 Web 容器中为了方便地区分不同的用户，每一个用户都有一个对应的 session 对象。当用户通过浏览器向 Web 服务器发出访问请求时，服务器会自动对该用户的 session 状态进行维护，不同客户端的访问用户拥有各自的 session 对象，不同的 session 之间彼此隔离，不允许相互直接访问，如图 4-30 所示。

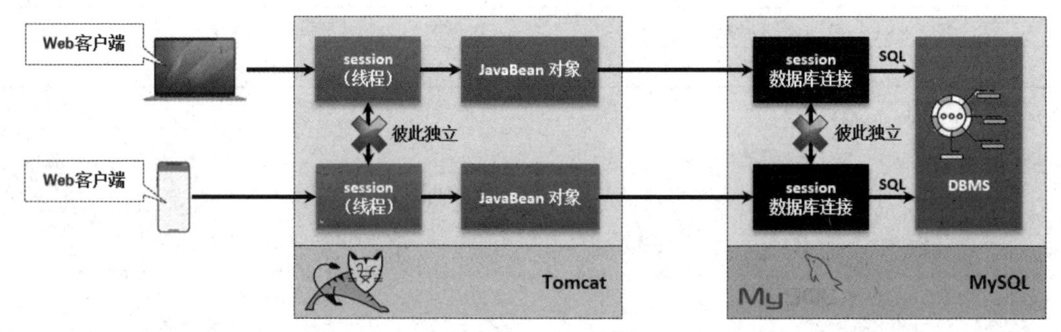

图 4-30　session 结构

在 JSP 中为便于用户状态管理提供了 session 内置对象，该对象对应的接口类型为“jakarta.servlet.http.HttpSession”。由于 session 属于 HTTP 定义范畴，因此 HttpSession 是一个独立的接口，没有任何的继承关系，如图 4-31 所示。

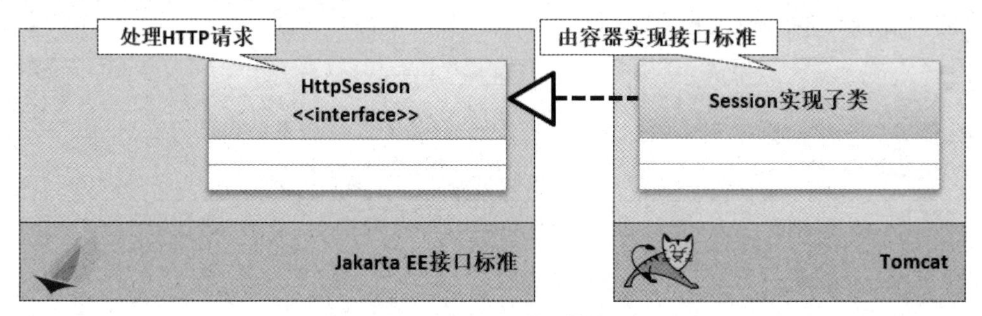

图 4-31　session 继承结构

提问：HTTP 属于无状态协议，怎么又能保存用户状态了？

在本书第 1 章曾经讲解过，为了保证 HTTP 的处理性能，HTTP 被设计为无状态协议，为什么又通过 session 变为了有状态协议？

回答：session 为 HTTP 状态的扩展实现。

HTTP 在设计时只考虑自身的性能问题，所以才使用了无状态机制。但是在一些程序开发中经常需要保存某一个用户的状态，所以开发者经过一些设计上的改进，对 HTTP 的功能进行了扩充，并提出了 session 状态管理，而具体的实现机制在 4.5.1 小节中会进行详细分析。

4.5.1 session 工作原理

session 工作原理

视频名称 0422_【掌握】session 工作原理

视频简介 session 的机制离不开 Cookie，本视频通过详细的流程描述为读者分析 SessionID 的生成以及 session 数据服务端存储机制。

Web 开发中利用 session 实现用户状态的保存，而这种状态的保存本质上就是在 Web 容器的内部专门开辟一块内存。该内存中会自动实现用户数据的存储，用于用户存储多个数据内容，每一个数据都通过一个 Map 集合的形式表示。其中 Map 的 key 是一个 SessionID 标志，而 Map 对应的 value 则是另外一个 Map 集合（每一个 session 可以调用 setAttribute()方法保存多个属性）。session 数据存储结构如图 4-32 所示。

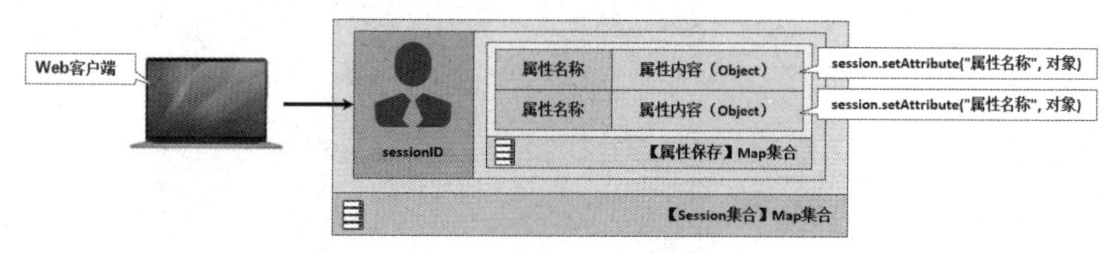

图 4-32 session 数据存储结构

在服务器端维护用户状态时最重要的就是 SessionID 的编号内容，一般此编号都会由不同的 Web 容器选择合适的算法自动生成与管理，同时开发者可以利用 session 对象中的 getId()方法来获取生成的 SessionID 数据。

范例：获取 SessionID

```
<%  // 方法定义：public String getId()
    String sessionId = session.getId() ;          // 获取SessionID
%>
<%=sessionId%>
```

程序执行结果：

```
DD6B8BEF03E3C7FE05280E41C4B63401
```

本程序通过 session 内置对象的 getId()方法获取了当前所生成的 SessionID 数据。需要注意的是，此时返回的 SessionID 是一个长度为 32 位的无重复的字符串，并且 Tomcat 在响应时会自动将其设置到 Cookie 之中，如图 4-33 所示。

图 4-33 Cookie 设置

在 Web 容器中为了便于 session 管理，在用户第一次访问时会自动为当前用户创建一个 SessionID，而后会自动地将此 SessionID 作为 key 保存在 Web 容器的 Map 集合之中，如图 4-34 所示。但是为了可以保证用户的操作状态，会通过 response 响应自动地将生成的 SessionID 发送到客户端 Cookie 中保存。这样用户进行第二次请求访问时就会将此 Cookie 的信息以请求头信息的形式发送到服务器端，服务器端就可以通过用户发送过来的 SessionID 来找到用户相应存储空间的 Map 集合，从而获取该用户的操作状态，如图 4-35 所示。

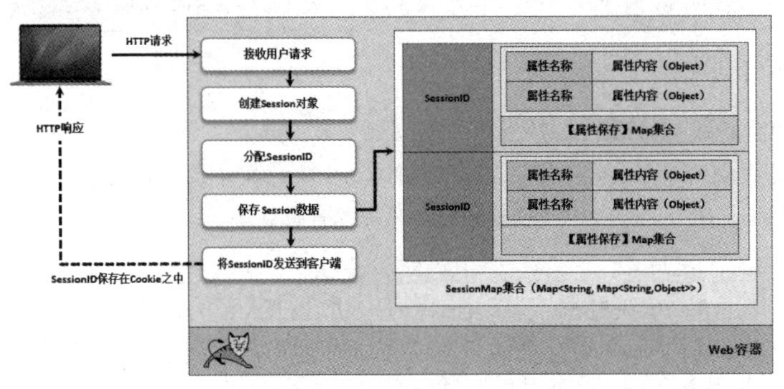

图 4-34　用户首次访问分配 SessionID

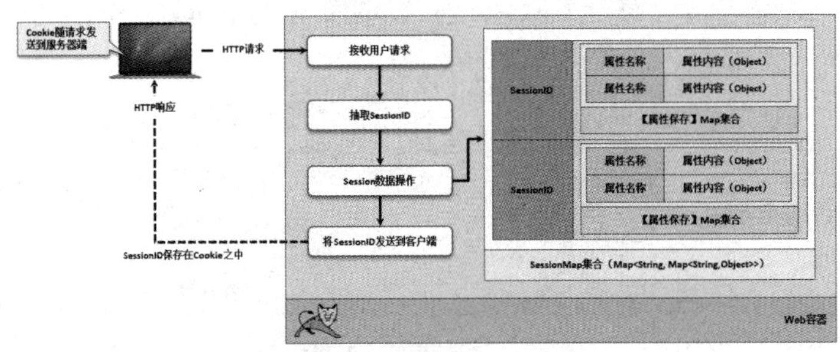

图 4-35　获取用户状态

提示：Cookie 与 session 的区别?

Cookie 保存在客户端浏览器上，而 session 保存在服务器端，两者数据的保存位置不同。

用户第一次连接到服务器之后会由服务器为当前的用户分配一个唯一的 SessionID。为了保证用户下一次访问的时候依然可以获取保存的数据，服务器会在响应的时候将此 SessionID 保存在客户端浏览器的 Cookie 之中（Tomcat 中默认保存的名称为 JSESSIONID），这样后续访问的时候所有的 Cookie 会利用请求头信息的方式将 SessionID 发送到服务器端以获取之前的操作数据。

通过如上分析可以发现，在用户第一次访问时所发送的请求实际上是不包含 JSESSIONID 的 Cookie 头部信息的，而在第二次访问时才会将本地的 Cookie 发送到服务器端，这样服务器就可以基于这样的机制来判断用户是否为第一次访问。为了便于操作，在 session 对象中提供了一个 isNew() 方法，来实现第一次访问判断。

范例：判断是否为新用户

```
<%@ page pageEncoding="UTF-8" %>
<%  // 方法定义：public boolean isNew()
    if (session.isNew()) {                          // 不存在JSESSIONID的Cookie
%><h1>用户是第一次访问，为其分配的SessionID为：<%=session.getId()%></h1>
<% } else {                                         // 存在JSESSIONID的Cookie
%> <h1>欢迎再次访问，可以获取Cookie中的JSESSIONID：<%=session.getId()%></h1>
<% } %>
```

第一次访问：

```
用户是第一次访问，为其分配的SessionID为：AAE1CCCFD74289EA9923316B9977BB0D
```

第二次访问：

```
欢迎再次访问，可以获取Cookie中的JSESSIONID：AAE1CCCFD74289EA9923316B9977BB0D
```

本程序利用了 isNew()方法判断当前用户状态，如果用户为第一次访问，则 isNew()方法返回 true；如果不是第一次访问，则 isNew()方法返回 false。

提问：SessionID 是否可以修改？

在 Web 开发中一旦获取了 SessionID，则无论如何刷新，最终都是一样的，那么用户是否可以修改 SessionID 呢？

回答：SessionID 无法直接修改。

SessionID 的主要功能是匹配 Web 容器中的数据集合。如果 SessionID 被修改了，则将无法找到对应集合中的数据信息，所以修改 SessionID 就意味着数据的丢失，本质上和打开新的页面效果是相同的。

从 Servlet 3.1 开始在 request 对象中提供了一个 changeSessionId()方法，此方法可以注销已有的 SessionID，并生成一个新的 SessionID。

范例：修改 SessionID

```
<%=request.changeSessionId()%>
```

程序执行结果：

```
C73D7D80D4A635F7F6ED010BBA4707FC
```

每当执行此代码时都会生成新的 SessionID（同时注销已有的 SessionID），对应 Cookie 中的数据也会更新。

4.5.2 session 与线程池

session 与线程池

视频名称 0423_【掌握】session 与线程池

视频简介 线程池是一种有效提升程序处理性能的技术手段，在用户请求中为了便于用户并发性的有效控制，提供了线程池的支持。本视频分析默认情况下 session 与线程池的特点，同时讲解线程池的调优策略。

每一个用户的请求在 Web 容器中都会通过一个 session 实例化对象进行描述，这样在服务器端就需要同时维护若干个 session 线程。为了便于 session 管理，在 Tomcat 内部会默认创建一个线程池保存所有的可用资源，这样就可以保证在高并发状态下，每一个请求的正确处理，如图 4-36 所示。

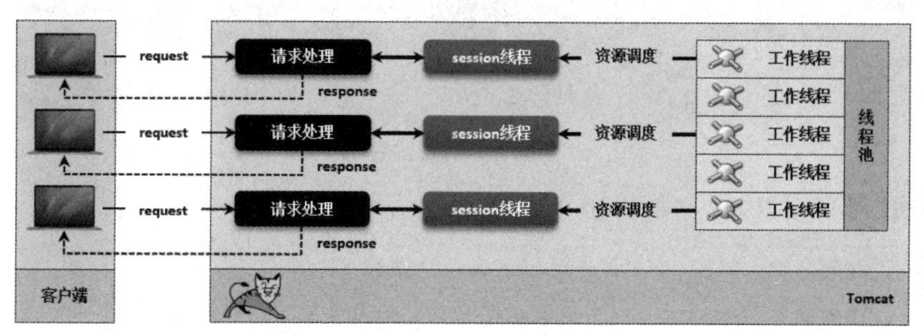

图 4-36 session 线程池

范例：观察默认线程池

```
<h1><%=session.getId()%> = <%=Thread.currentThread().getName()%></h1>
```

程序执行结果：

```
038801A5DE64784F8A86C8E233D056B4 = http-nio-80-exec-10
```

本程序通过 Thread.currentThread().getName()方法获取了当前运行线程执行的名称，通过最终的执行结果可以发现，用户默认情况下可以获取的工作线程的数量是有限的。这时就存在一个问题，如果当前的硬件资源配置较高，但是并没有将全部的内核线程的资源分配给 Tomcat，那么会造成硬件资源的浪费。这样在实际的开发中就需要由开发者进行线程池的大小调整。

提示：内核数量决定线程池大小。

在实际项目开发中，线程池的大小往往采用的是“内核 CPU 数量 × 2”的形式进行配置，在本系列 Java 教材中讲解了如何通过 Runtime 类获取 CPU 内核数量的操作，代码如下。

范例：获取 CPU 内核数量

```
Runtime.getRuntime().availableProcessors()
```

程序执行结果：

```
6
```

此时获取的本机硬件的内核线程数量为 6，所以开辟的线程池大小可以设置为 12。

如果要配置 Tomcat 的线程池，可以在${TOMCAT_HOME}/conf/server.xml 配置文件中修改<Connector>配置，例如将最大的线程池线程个数修改为 16。

范例：设置线程池大小

```
<Connector port="80" protocol="HTTP/1.1"
           connectionTimeout="20000"
           redirectPort="8443"
           maxThreads="16" minSpareThreads="16" acceptCount="32"/>
```

配置参数解释如下。

（1）maxThreads：表示当前服务器可以处理的最大并发线程数量。

（2）minSpareThreads：表示初始化线程数量，如果初始化量较少，则会动态开辟。

（3）acceptCount：阻塞队列中的线程个数。

以上的配置中修改了 Tomcat 默认线程池大小，同时考虑到资源的分配性能，将“maxThreads”和“minSpareThreads”设置了相同的大小。考虑到高并发访问的情况，为防止所有的线程数量被占满时所造成的服务阻塞，又通过“acceptCount”配置了阻塞队列的大小，这样当前的 Tomcat 允许的最大并发访问处理量为最大线程池个数 16（maxThreads）+ 阻塞队列长度 32（acceptCount）= 48，如图 4-37 所示。

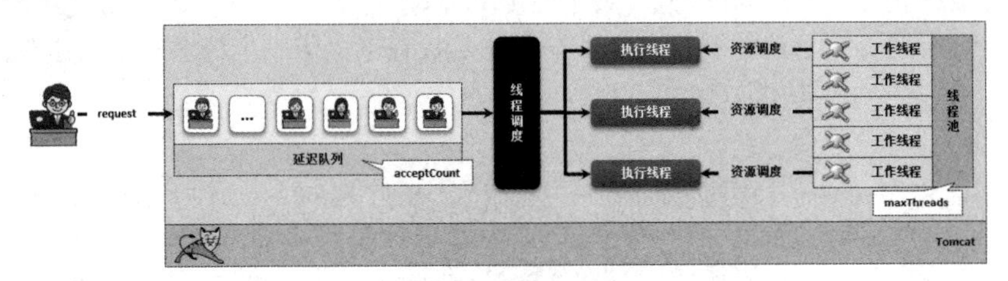

图 4-37　Tomcat 线程池

4.5.3　session 与登录认证

session 与登录认证

视频名称　0424_【掌握】session 与登录认证

视频简介　session 可以实现状态的存储，在实际开发中常见的应用形式就是登录验证。本视频通过一套详细的登录验证代码，讲解如何基于 session 实现用户登录以及登录状态的检查处理操作。

session 的主要作用是保存用户的操作状态，在实际项目开发中主要是通过 session 实现登录认证处理。现在假设项目中存在一些重要的页面，并且这些页面必须要求用户登录后才可以访问，那么这样的功能就可以通过 session 的属性操作来实现，代码结构如图 4-38 所示。

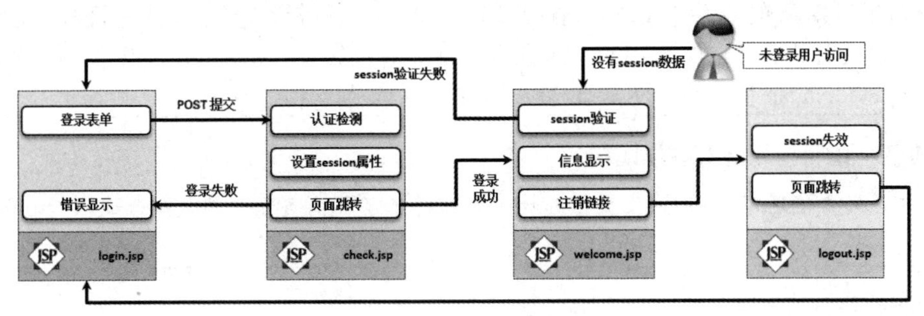

图 4-38　session 登录验证代码结构

本程序为了简化实现，不再通过数据库实现认证处理，而是通过固定的用户名和密码（muyan/yootk）实现登录认证，程序中所涉及的程序代码作用如表 4-12 所示。

表 4-12　session 登录验证代码清单

序号	文件名称	类型	描述
1	login.jsp	JSP	登录表单，提供用户名和密码输入组件，同时包含登录失败信息
2	check.jsp	JSP	固定信息认证检测，登录成功设置 session 属性并跳转到 welcome.jsp 页面，如果登录认证失败，则跳转到 login.jsp 页面重新登录
3	welcome.jsp	JSP	项目首页，如果是未登录的用户将提示错误信息并跳转到 login.jsp 页面，如果是已登录的用户则可以直接获取欢迎信息
4	logout.jsp	JSP	用户注销，使当前 session 失效并跳转到 login.jsp 页面重新登录

1. 开发登录表单页面（页面名称：login.jsp）

```
<%@ page pageEncoding="UTF-8"%>
<%
    String error = request.getParameter("error") ;          // 接收错误信息
    if (!(error == null || "".equals(error))) {             // 错误信息不为空
%>
        <h1>登录失败，错误的用户名或密码！</h1>
<% }    %>
<form action="check.jsp" method="post">
    用户名：<input type="text" name="uname" value="muyan"><br>
    密  码：<input type="password" name="upass" value="yootk"><br>
    <button type="submit">登录</button><button type="reset">重置</button>
</form>
```

由于本次用户认证信息为固定内容，因此在登录表单中通过 value 属性设置了默认的用户名和密码。除了表单结构之外，还需要在登录页面中显示错误信息，而所有的错误是通过 error 参数传递的，只要 error 参数的内容不为空，则表示需要显示错误信息。

2. 创建认证检查页面（页面名称：check.jsp）

```
<%@ page pageEncoding="UTF-8"%>
<%
    String uname = request.getParameter("uname") ;              // 接收参数
    String upass = request.getParameter("upass") ;              // 接收参数
    if ("muyan".equals(uname) && "yootk".equals(upass)) {       // 认证检测
        response.setHeader("refresh","2;url=welcome.jsp");      // 跳转成功页
        session.setAttribute("id",uname) ;                      // 保存session属性
%>      <h1>登录成功，欢迎您的光临，2秒后跳转到欢迎页！</h1>
<%  } else {                                                    // 认证失败
        response.setHeader("refresh","2;url=login.jsp?error=err") ; // 跳转失败页
%>      <h1>登录失败，请重新登录，2秒后跳转回登录页！</h1>
<% } %>
```

登录页面首先需要进行请求参数的接收，而后为了防止空指向异常采用了“""字符串常量"

.equals(字符串对象)”的方式对表单发送过来的用户名和密码进行验证。如果验证成功，则将用户名保存在一个名称为“id”的 session 属性范围之中，并跳转到“welcome.jsp”页面；如果登录失败，则跳转到 login.jsp 页面并传递 error 参数内容。

提问：能否使用服务器端跳转？

在本程序中使用了“refresh”头信息的方式跳转到了其他页面，那么能否使用<jsp:forward>跳转呢？

回答：跳转操作随意使用。

由于本次的程序是围绕 session 属性的控制展开的，因此不管是服务器端跳转还是客户端跳转都可以实现 session 属性的传递。

之所以使用客户端跳转，是为了让目标页面的路径看起来更加清晰，也方便后续在 check.jsp 页面中增加更加绚丽的显示效果。

3. 建立项目首页（页面名称：welcome.jsp）

```
<%@ page pageEncoding="UTF-8"%>
<%
    if (session.getAttribute("id") != null) {                    // session检查
%>
<img src="images/yootk.png" style="width: 200px;"><br>
<h1>欢迎您的访问，请认真学习，<a href="logout.jsp">系统注销</a>! </h1>
<%
    } else {
        response.setHeader("refresh","2;url=login.jsp") ;    // 页面跳转
%>
<h1>非法用户，不允许进行程序访问! </h1>
<% }  %>
```

本页面为整个代码的实现关键，因为该页面需要针对当前的用户状态做出判断。如果用户通过正常途径实现了登录操作，则可以直接显示欢迎信息；如果用户处于未登录状态（没有 session 属性），那么会跳转到 login.jsp 页面要求登录。

4. 创建用户注销页面（页面名称：logout.jsp）

```
<%@ page pageEncoding="UTF-8"%>
<% session.invalidate() ;                                        // session失效 %>
<h1>您已成功注销，下次再见，<a href="login.jsp">重新登录</a>! </h1>
```

登录注销页面主要使用的是“invalidate()”方法，该方法最大的特点是让当前的 session 失效，同时也会释放 Web 容器中保存的 session 数据。为了便于用户重新登录，在注销完成后给出一个登录页面的超链接。本程序的完整执行流程如图 4-39 所示。

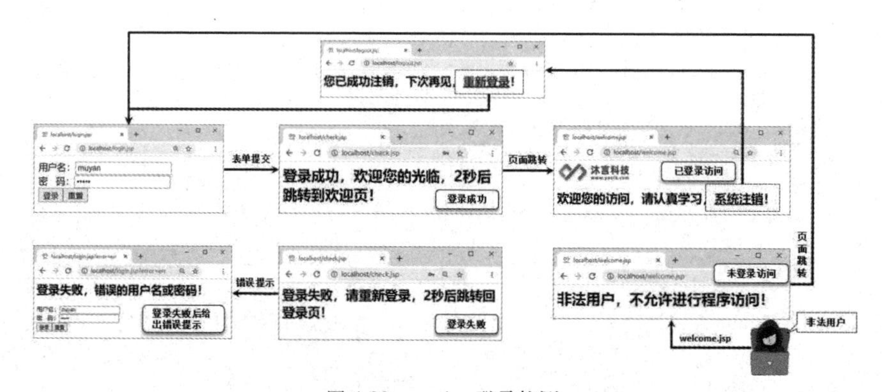

图 4-39　session 登录检测

4.5.4　登录验证码

视频名称　0425_【掌握】登录验证码

视频简介　用户登录是系统安全的第一步，也是最重要的一步。为了防止可能出现的机器人破解，可以采用验证码的形式进行保护。本视频讲解如何在 Web 中实现验证码的生成，以及验证码的匹配操作。

登录认证是整个系统之中最重要的安全环节，但是假设系统用户不慎泄露了用户名，并且在系统没有做任何安全防范的情况下，黑客就可以直接采用暴力破解的方式实现密码的破解。为了解决这一问题，可以在项目中引入动态的验证码，在每次进行登录验证前先进行验证码的输入校验。如果验证码输入正确，才进行用户名和密码的检验。同时为了保证验证码的安全，往往通过图片的方式进行显示。验证码检测如图 4-40 所示。

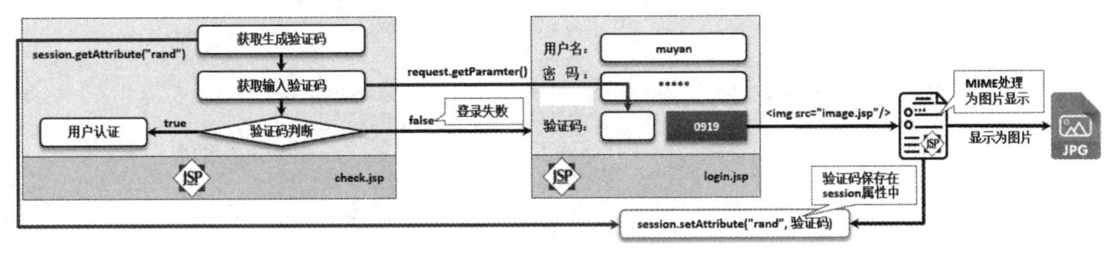

图 4-40　验证码检测

1. 验证码生成页面（页面名称：image.jsp）

```
<%@ page pageEncoding="UTF-8"%>                          <%-- 设置页面编码 --%>
<%@ page contentType="image/jpeg"%>                      <%-- MIME显示风格为图片 --%>
<%@ page import="java.awt.*,java.awt.image.*,java.util.*,javax.imageio.*"%>
<%!Color getRandColor(int fc, int bc) {                  // 获取随机颜色
        Random random = new Random();
        if (fc > 255) {                                  // 设置颜色边界
            fc = 255;
        }
        if (bc > 255) {                                  // 设置颜色边界
            bc = 255;
        }
        int r = fc + random.nextInt(bc - fc);            // 随机生成红色数值
        int g = fc + random.nextInt(bc - fc);            // 随机生成绿色数值
        int b = fc + random.nextInt(bc - fc);            // 随机生成蓝色数值
        return new Color(r, g, b);                       // 随机返回颜色对象
    }%>
<%
    response.setHeader("Pragma", "No-cache");            // 【HTTP 1.0】设置页面不缓存
    response.setHeader("Cache-Control", "no-cache");     // 【HTTP 1.1】设置页面不缓存
    response.setDateHeader("Expires", 0);                // 设置缓存失效时间
    int width = 80;                                      // 生成图片宽度
    int height = 25;                                     // 生成图片高度
    BufferedImage image = new BufferedImage(width, height,
            BufferedImage.TYPE_INT_RGB);                 // 内存中创建图像
    Graphics g = image.getGraphics();                    // 获取图形上下文对象
    Random random = new Random();                        // 实例化随机数类
    g.setColor(getRandColor(200, 250));                  // 设定背景色
    g.fillRect(0, 0, width, height);                     // 绘制矩形
    g.setFont(new Font("宋体", Font.PLAIN, 18));          // 设定字体
    g.setColor(getRandColor(160, 200));                  // 获取新的颜色
    for (int i = 0; i < 155; i++) {                      // 产生干扰线
        int x = random.nextInt(width);
        int y = random.nextInt(height);
```

```
        int x1 = random.nextInt(12);
        int y1 = random.nextInt(12);
        g.drawLine(x, y, x + x1, y + y1);                        // 绘制长线
    }
    StringBuffer sRand = new StringBuffer();                     // 保存生成的随机数
    // 如果要使用中文，必须定义字库，可以使用数组进行定义，同时必须将中文转换为unicode编码
    String[] str = { "A", "B", "C", "D", "E", "F", "G", "H", "J", "K",
            "L", "M", "N", "P", "Q", "R", "S", "T", "U", "V", "W", "X",
            "Y", "Z", "a", "b", "c", "d", "e", "f", "g", "h", "i", "j",
            "k", "m", "n", "p", "s", "t", "u", "v", "w", "x", "y", "z",
            "1", "2", "3", "4", "5", "6", "7", "8", "9" };
    for (int i = 0; i < 4; i++) {                                // 生成4位随机数
        String rand = str[random.nextInt(str.length)];           // 获取随机数
        sRand.append(rand);                                      // 随机数保存
        g.setColor(new Color(20 + random.nextInt(110), 20 + random.nextInt(110),
                20 + random.nextInt(110)));                      // 将认证码显示到图像中
        g.drawString(rand, 16 * i + 6, 19);                      // 图形绘制
    }
    session.setAttribute("rand", sRand.toString());              // 将认证码存入session
    g.dispose();                                                 // 图像生效
    ImageIO.write(image, "JPEG", response.getOutputStream());       // 输出图像到页面
    out.clear();                                                 // 避免输出冲突
    out = pageContext.pushBody();                                // 避免输出冲突
%>
```

以上的代码通过 JSP 实现了页面的绘图操作，由于最终显示的是一张图片，因此需要明确设置页面显示的 MIME 类型为“image/jpeg”。为了使每次生成的图片有所不同，定义了一个 getRandColor()方法用于随机生成颜色背景，这样在每次刷新时就会有不同的图片颜色。在生成验证码时为了保证验证码的安全性又生成了 155 条干扰线，才实现了验证码的输出。最后为了便于验证处理，将所生成的验证码保存在 session 属性之中。

2. 登录页面引入验证码（页面名称：login.jsp）

```
<form action="check.jsp" method="post">
    用户名：<input type="text" name="uname" value="muyan"><br>
    密   码：<input type="password" name="upass" value="yootk"><br>
    验证码：<input type="text" name="code" maxlength="4" size="4"><img src="image.jsp"><br>
    <button type="submit">登录</button><button type="reset">重置</button>
</form>
```

在登录页面由于需要输入动态的验证码，因此通过<img>元素以图片的方式引入了 images.jsp 页面，此时程序运行后的显示效果如图 4-41 所示。

图 4-41　页面中显示验证码

3. 登录验证页面（页面名称：check.jsp）

```
<%
    String code = request.getParameter("code");                   // 接收输入的验证码
    String rand = session.getAttribute("rand").toString();     // 获取存在的验证码
    if (!rand.equalsIgnoreCase(code)) {                            // 验证码比较，忽略大小写
%>
        <jsp:forward page="login.jsp"/>
<%  } %>
<%-- 验证码检测通过后可以进行后续的用户名和密码检测 --%>
```

在登录页面中需要在用户登录认证检测之前进行验证码的判断，由于验证码不区分大小写，在进行比较时使用了 equalsIgnoreCase()方法实现了 session 中保存的验证码与用户输入验证码的判断。如果两个验证码一致，则进行后续的用户认证，否则将跳转回登录页面。

4.6 application 内置对象

application 对象简介

视频名称 0426_【掌握】application 对象简介

视频简介 application 是 Web 上下文环境描述。本视频讲解 ServletContext 接口定义形式，同时分析默认情况下的 application 系统属性内容。

application 是 jakarta.servlet.ServletContext 接口实例，用于明确地描述 Web 应用上下文环境。在 Tomcat 中可以同时部署多个 Web 应用，并且每一个不同的上下文中都有各自的 application 内置对象，如图 4-42 所示。

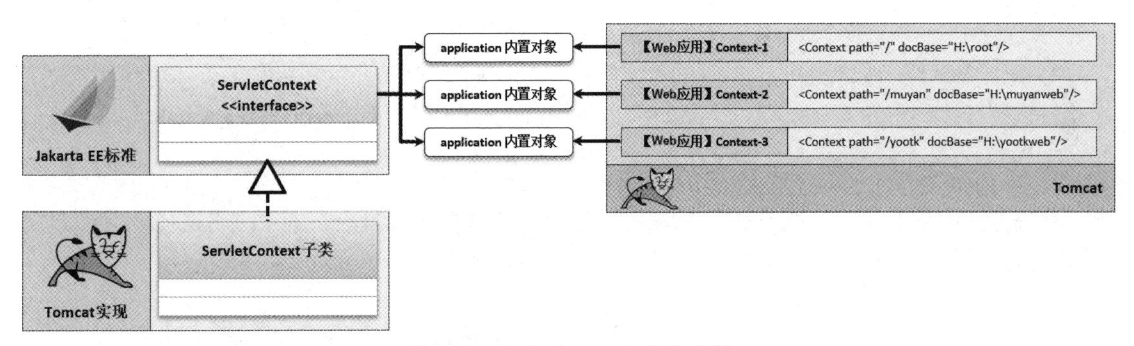

图 4-42 ServletContext 与 Web 应用

> **注意：Web 应用路径不允许重复。**
>
> 开发者可以在 Tomcat 中部署多个 Web 应用，如果此时的应用是通过 server.xml 文件进行配置的，那么不同的 Web 应用一定要有不同的路径配置，若相同则 Tomcat 服务将无法正常启动。

application 在开发中最为重要的一点就是可以进行上下文属性的配置。除了用户手动新增的属性之外，实际上在容器启动时还会自动为其配置一些系统属性。如果想知道这些属性的内容，则可以采用如下的方式实现。

范例：获取所有全局属性

```
<%@ page pageEncoding="UTF-8"%>
<%@ page import="java.util.*"%>
<%  // 获取当前容器中application属性范围中的全部属性名称
    Enumeration<String> enu = application.getAttributeNames();
    while (enu.hasMoreElements()) {                  // 枚举迭代
        String name = enu.nextElement();             // 获取属性名称
%>
<p><%=name%> = <%=application.getAttribute(name)%></p>
<% } %>
```

程序执行结果：

```
org.apache.catalina.resources = org.apache.catalina.webresources.StandardRoot@2c2040a8
org.apache.catalina.webappVersion =
org.apache.tomcat.InstanceManager = org.apache.catalina.core.DefaultInstanceManager@4299092f
org.apache.catalina.jsp_classpath = /H:/tomcat/lib/;..
            ./H:/tomcat/lib/mysql-connector-java-8.0.19.jar;/H:/tomcat/lib/servlet-api.jar;...
```

```
jakarta.servlet.context.tempdir = H:\tomcat\work\Catalina\localhost\ROOT
jakarta.websocket.server.ServerContainer = org.apache.tomcat.websocket.server.WsServerContaine
r@63f1a0b4
org.apache.jasper.compiler.ELInterpreter = org.apache.jasper.compiler.ELInterpreterFactory$Def
aultELInterpreter@44ddb363
org.apache.jasper.compiler.TldCache = org.apache.jasper.compiler.TldCache@6ad69e50
org.apache.tomcat.JarScanner = org.apache.tomcat.util.scan.StandardJarScanner@600c3254
org.apache.jasper.runtime.JspApplicationContextImpl = org.apache.jasper.runtime.JspApplication
ContextImpl@e16cae1
```

通过此时的信息返回可以发现里面有一个重要的属性内容，就是 org.apache.catalina.jsp_classpath，其保存的是该 Web 应用中所有使用到的 JAR 文件的信息。同时，还有 jakarta.servlet.context.tempdir 表示项目的临时工作路径等。

4.6.1　获取真实路径

视频名称　0427_【掌握】获取真实路径

视频简介　Web 开发项目中都会保存一种相对目录的信息，为了可以动态地获取这一内容，在 application 中提供了 getRealPath()方法。本视频分析此方法的作用，同时讲解 getServletContext()方法与 application 对象的关系。

每一个 Web 应用都对应一个磁盘的真实存储路径，由于 Web 开发环境和部署环境往往不同，因此就需要在代码中动态获取项目所在的真实路径，这样的功能可以通过 ServletContext 接口中的 getRealPath()方法来获得，如图 4-43 所示。此方法定义如下：

```
public String getRealPath(String path)
```

在该方法中需要接收一个 Web 访问路径。假设要匹配项目根目录，则可以将路径设置为“/”。如果要匹配项目目录中的“uploads”目录，则可以将路径设置为“/uploads”。

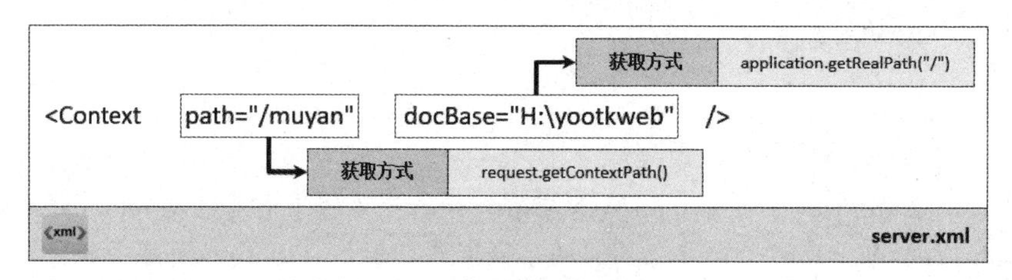

图 4-43　获取项目真实路径

范例：获取项目磁盘路径

```
<%@ page pageEncoding="UTF-8"%>
<%
    String diskPathA = application.getRealPath("/");          // 获取磁盘路径
    String diskPathB = application.getRealPath("/uploads");  // 获取磁盘路径，此目录不存在
%>
<h1><%=diskPathA%></h1><h1><%=diskPathB%></h1>
```

程序执行结果：

```
H:\yootkweb\（此路径存在）
H:\yootkweb\uploads（此路径不存在）
```

在本程序中通过 application.getRealPath()方法分别获取了两个 URI 路径对应的磁盘路径。由于 getRealPath()方法只是进行路径信息获取而不判断其有效性，因此通过最终的结果可以发现，即便访问的路径不存在，也是可以正常返回的。

提示：getServletContext()方法。

在 JSP 程序开发中，很多的开发者可能不会直接使用 application 内置对象来进行操作，而是使用一个内置的“getServletContext()”方法来代替 application。

范例：使用 getServletContext()方法代替 application

```
<%=getServletContext().getRealPath("/")%>
```

程序执行结果：

```
H:\yootkweb\
```

本章一再强调，所有内置对象的名称仅仅针对 JSP 文件有效，而 getServletContext()方法是一个在 Java 程序中经常使用的方法，在后续学习到 Servlet 章节时会介绍采用此方法进行操作。

4.6.2 获取初始化配置参数

初始化配置参数

视频名称 0428_【掌握】初始化配置参数

视频简介 application 描述的是上下文应用环境，这样就可以通过 web.xml 配置文件实现上下文参数的获取。本视频讲解全局参数的配置与获取操作。

在 Web 应用中会存在大量的属性内容，这些属性一般分为两种，一种是 Tomcat 启动时自动设置的系统属性，另外一种就是用户通过程序设置的应用属性。这些属性被所有的 session 共享，如图 4-44 所示。除了系统属性的处理之外，在 application 中还提供了初始化属性的获取操作，而这些初始化的属性必须通过“WEB-INF/web.xml”文件进行配置。

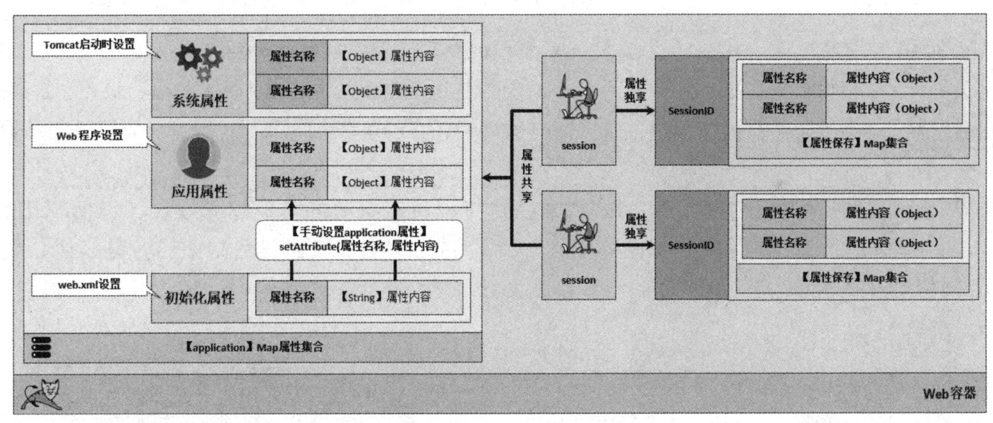

图 4-44　application 属性配置

注意：web.xml 修改后必须重新启动。

在 Tomcat 启动时都会读取项目中的 web.xml 配置文件，如果此时修改了 web.xml 文件并且希望其生效，则必须重新启动 Tomcat 服务。

范例：修改 web.xml 文件设置系统属性

```
<context-param>                                                <!--  上下文参数  -->
    <param-name>basePackages</param-name>                      <!--  参数名称  -->
    <param-value>com.yootk.service,com.yootk.dao</param-value> <!--  参数内容  -->
</context-param>
<context-param>                                                <!--  上下文参数  -->
    <param-name>resources</param-name>                         <!--  参数名称  -->
    <param-value>/META-INF/config/*.xml</param-value>          <!--  参数内容  -->
</context-param>
```

本程序中设置了两个上下文参数，名称分别为“basePackages”与“resources”。如果想获得这些初始化参数，可以使用表 4-13 所示的方法完成。

表 4-13 获取上下文初始化参数方法

序号	方法	类型	描述
1	public String getInitParameter(String name)	方法	获得指定名称的初始化参数
2	public Enumeration<String> getInitParameterNames()	方法	获得全部初始化参数的名称
3	public boolean setInitParameter(String name, String value)	方法	设置初始化参数名称与内容

范例：获取初始化参数

```
<%@ page pageEncoding="UTF-8"%>
<%@ page import="java.util.*"%>
<%  // 获取全部初始化参数名称，返回Enumeration接口实例
    Enumeration<String> enu = getServletContext().getInitParameterNames() ;
    while (enu.hasMoreElements()) {                        // 枚举迭代输出
        String name = enu.nextElement() ;                  // 获取参数名称
%><h2><%=name%> = <%=getServletContext().getInitParameter(name)%></h2>
<% } %>
```

程序执行结果：

```
resources = /META-INF/config/*.xml
basePackages = com.yootk.service,com.yootk.dao
```

本程序动态获取了项目中的全部初始化参数名称，随后通过迭代的方式输出了所有的参数名称，最后通过参数名称实现了初始化参数内容的获取。

4.6.3 Web 文件操作

Web 文件操作

视频名称 0429_【掌握】Web 文件操作

视频简介 Java Web 程序中可以直接使用 java.io 包实现文件输入与输出操作。本视频介绍结合 Web 真实路径，实现 Web 文件的保存与读取操作。

在 Web 开发中，由于 WebContainer 的支持，可以直接实现各类资源的处理，包括 JDBC、网络 I/O、文件 I/O 处理。要想完成文件的操作，一般的做法是获取到一个文件的完整路径，而后基于 java.io 包提供的类实现文件的存储与读取，如图 4-45 所示。

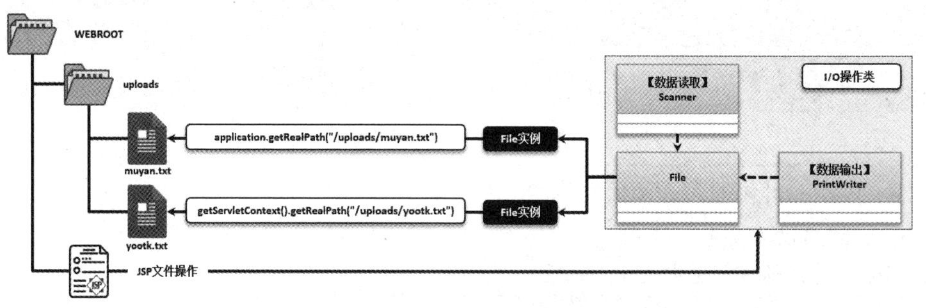

图 4-45 Web 文件操作

范例：文件数据写入（页面名称：file_save.jsp）

```
<%@ page pageEncoding="UTF-8" import="java.io.*"%>
<%
    String filePath = this.getServletContext().getRealPath("/uploads/muyan.txt");
    File file = new File(filePath);                        // 创建文件对象
    if (!file.getParentFile().exists()) {                  // 父路径不存在
        file.getParentFile().mkdirs();                     // 创建父目录
    }
    PrintWriter pw = new PrintWriter(file);                // 实例化输出流对象
```

```
    pw.println("沐言科技：www.yootk.com");                // 数据输出
    pw.println("沐言科技：新时代软件教育领导品牌");        // 数据输出
    pw.println("沐言讲师：李兴华");                       // 数据输出
    pw.close();                                         // 关闭输出流
%>
<h1>本次操作的文件路径：<%=filePath%></h1>
```

本程序通过 application 对象中的 getRealPath()方法获取了要操作文件的路径。由于该路径可能存在于相应的目录之中，因此创建之前首先进行了父路径的创建，随后通过 PrintWriter 类中的 println()方法方便地实现了文本内容的输出。本程序的执行结果如图 4-46 所示。

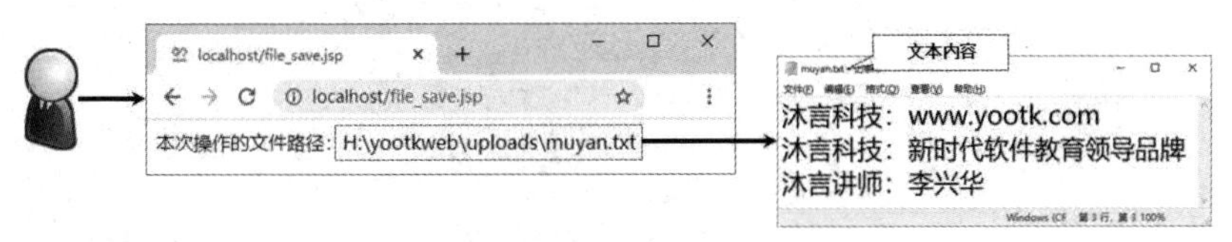

图 4-46　文件输出

范例：文件列表显示（页面名称：file_list.jsp）

```
<%@ page pageEncoding="UTF-8" import="java.io.*,java.text.*"%>
<%
    SimpleDateFormat sdf = new SimpleDateFormat("yyyy-MM-dd HH:mm:ss") ;     // 日期转换
    String filePath = this.getServletContext().getRealPath("/uploads/") ;   // 加载目录
    File file = new File(filePath) ;                                        // 文件对象
    File result [] = file.listFiles() ;                                     // 文件列表
%>
当前访问路径：<%=filePath%><br/>
<table border="1">
    <thead><tr>
        <td style="width:200px;">文件名称</td>
        <td style="width:200px;">文件大小</td>
        <td style="width:200px;">最后一次修改日期</td></tr></thead>
    <tbody>
    <%
        for (int x = 0 ; x < result.length ; x ++) {
    %>
    <tr>
        <td><a href="file_load.jsp?fname=<%=result[x].getName()%>">
                <%=result[x].getName()%></a></td>
        <td><%=result[x].length()%></td>
        <td><%=sdf.format(new java.util.Date(result[x].lastModified()))%></td>
    </tr>
    <% } %>
    </tbody>
</table>
```

本程序根据文件所在的目录利用 File 类中的 listFiles()方法实现了文件列表显示。为了便于文件数据的读取，在文件名称中利用地址重写的方式将文件名称传递到 file_load.jsp 页面。

范例：显示文件内容（页面名称：file_load.jsp）

```
<%@ page pageEncoding="UTF-8" import="java.io.*,java.util.*"%>
<%
    String filePath = this.getServletContext().getRealPath("/uploads/") +
        request.getParameter("fname") ;                         // 文件加载路径
    File file = new File(filePath) ;                            // 创建文件对象
    Scanner scan = new Scanner(file) ;                          // 扫描流
    scan.useDelimiter("\n") ;                                   // 设置读取分隔符
%>
当前访问路径：<%=filePath%><br/>
<% while (scan.hasNext()) {
```

```
        String str = scan.next() ;
%>      <%=str%><br/>
<% } %>
```

本程序实现了文件内容的加载显示操作，由于该程序主要加载“/uploads”目录下的全部文件内容，因此只要传递文件名称即可实现文件加载路径的拼接。为了便于读取文件内容，所以直接使用了 Scanner 类完成，本程序的执行结果如图 4-47 所示。

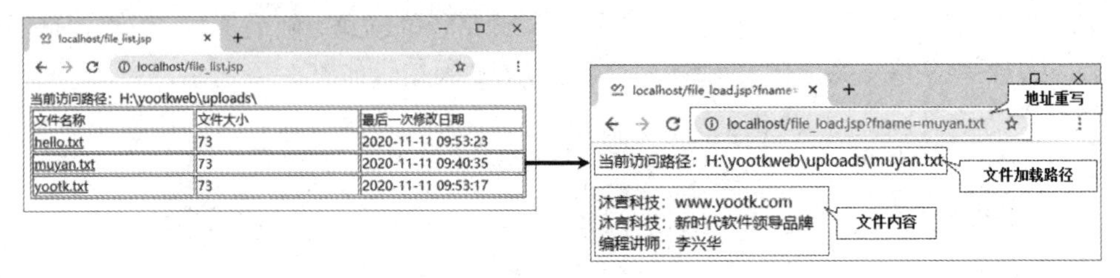

图 4-47　文件加载显示

4.6.4　网站计数器

网站计数器

视频名称　0430_【掌握】网站计数器

视频简介　为了对 Web 访问数据进行统计，可以在程序中实现计数的功能。本视频通过 application 属性与 Web 操作讲解网站计数器的实现。

由于 Web 站点面向的是整个互联网，因此为了方便统计出某一个 Web 站点的访问数量，可以设计一个访问计数器。由于访问计数器中只是保留一个数字，那么可以通过一个具体的文件实现计数的存储，结构如图 4-48 所示。

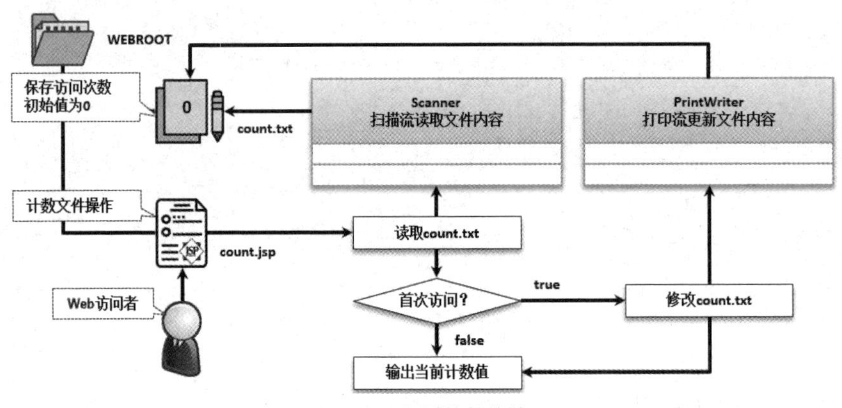

图 4-48　网站访问统计

> **提示：本次为 UV 统计。**
>
> 在实际站点进行访问统计时一般有两种统计形式，定义如下。
>
> - UV（Unique Visitor，用户访问）：针对访问的用户数量进行统计。
> - PV（Page View）：页面访问次数。
>
> 本次采用的是针对用户的访问统计形式，所以应该只在用户第一次登录此站点时进行统计。

范例：页面计数统计

```
<%@ page pageEncoding="UTF-8"
        import="java.io.*,java.util.concurrent.locks.*,java.util.*,java.math.*" %>
<%! // 定义公共的处理方法，文件读取的时候不需要考虑同步问题
    public BigInteger get(String path) throws Exception {
```

```
        if (this.getServletContext().getAttribute("count") == null) {       // 内存中没有数据
            File file = new File(path);                                      // 文件对象
            if (file.exists()) {                                             // 文件存在
                Scanner scan = new Scanner(file);                            // 扫描流
                if (scan.hasNext()) {                                        // 是否有数据
                    BigInteger bi = new BigInteger(scan.next());             // 读取数量
                    this.getServletContext().setAttribute("count", bi);      // 设置属性
                }
                scan.close();                                                // 关闭输入流
            }
        }
        return (BigInteger) this.getServletContext().getAttribute("count"); // 返回属性
    }
    public void save(String path, BigInteger num) throws Exception {         // 文件写入
        Lock lock = new ReentrantLock();                                     // 互斥锁
        lock.lock();                                                         // 同步锁定
        File file = new File(path);                                          // 文件对象
        PrintWriter out = new PrintWriter(file);                             // 打印流
        out.print(num);                                                      // 保存数据
        out.close();                                                         // 关闭输出流
        this.getServletContext().setAttribute("count", num);                 // 更新属性
        lock.unlock();                                                       // 解除锁
    }
%>
<%
    String filePath = this.getServletContext().getRealPath("/") +
                "count.txt";                                                 // 计数文件，必须存在
    BigInteger current = get(filePath);                                      // 获取访问量
    if (session.isNew()) {                                                   // 用户第一次访问
        current = current.add(new BigInteger("1"));                          // 访问量+1
        save(filePath, current);                                             // 更新统计数据
    }
%>
<h1>当前的访问量：<%=current%></h1>
```

本程序基于 I/O 流的方式实现了一个计数文件的读写操作。为了便于快速读取，会将每次读取到的文件结果保存在 application 属性范围之中。在进行写入时考虑到多线程并发修改问题，使用 ReentrantLock 互斥锁实现了数据同步操作。这样每当有新的用户访问时统计数据都会进行自动累加。

4.7 Web 安全访问

Web 安全访问

视频名称 0431_【掌握】Web 安全访问

视频简介 Web 目录中的内容都要求对外公布，但是有些资源是不希望用户直接访问的，那么此时可以将其保存在 WEB-INF 目录之中。本视频分析了 WEB-INF 的主要作用以及访问映射路径的配置。

每一个 Web 应用程序目录之中都会有一个 WEB-INF 文件夹，该文件夹在整个 Web 应用中的安全级别最高，同时所有的用户都无法直接进行 WEB-INF 目录的访问。由于 JSP 程序本身有程序逻辑代码，为了提高程序安全性，就可以考虑将其保存在 WEB-INF 目录下。远程用户要想访问此页面，就必须修改 web.xml 配置文件，为指定的 JSP 配置映射路径后才可以访问，如图 4-49 所示。

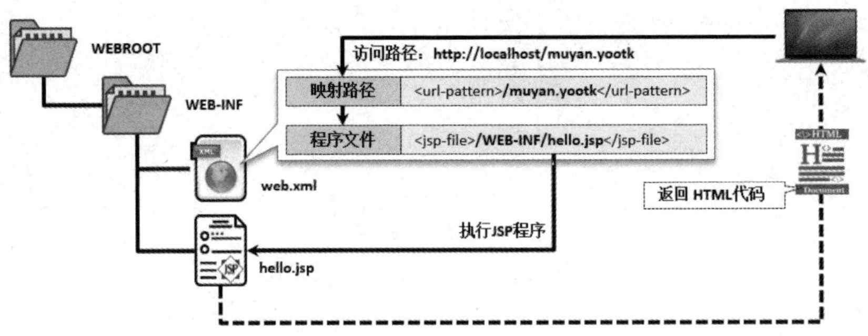

图 4-49　Web 映射访问

范例：在 WEB-INF 目录下创建 hello.jsp 文件

```
<%! public static final String MESSAGE = "沐言科技：www.yootk.com"; %>
<h1><%=MESSAGE%></h1>
```

程序执行结果：

```
沐言科技：www.yootk.com
```

此时的 JSP 程序实现了一个信息的输出，但是由于其保存在 WEB-INF 目录之中，因此还需要修改 web.xml 文件。

范例：修改 web.xml 文件增加映射配置

```
<servlet>                                                  <!-- 映射文件配置 -->
    <servlet-name>HelloJSP</servlet-name>                  <!-- 匹配名称 -->
    <jsp-file>/WEB-INF/hello.jsp</jsp-file>                <!-- 文件路径 -->
</servlet>
<servlet-mapping>                                          <!-- 映射路径配置 -->
    <servlet-name>HelloJSP</servlet-name>                  <!-- 匹配名称 -->
    <url-pattern>/muyan.yootk</url-pattern>                <!-- 映射路径 -->
</servlet-mapping>
```

本程序为/WEB-INF/hello.jsp 设置了一个映射路径/muyan.yootk，这样开发者只要输入该映射路径，就可以自动地找到与之匹配的 hello.jsp 程序文件。

4.8　config 内置对象

config 内置对象

视频名称　0432_【掌握】config 内置对象

视频简介　通过 web.xml 配置的映射路径可以在其基础上进一步配置初始化程序参数。本视频通过代码讲解 JSP 初始化参数的配置以及 config 获取参数的操作。

通过 web.xml 文件实现的程序映射访问，除了可以获得更加安全的保护之外，也可以实现初始化参数的配置。在 JSP 中所有的初始化参数需要通过 config 内置对象（对应类型为 jakarta.servlet. ServletConfig 接口）实现接收，此接口中定义的方法如表 4-14 所示。

表 4-14　接收初始化参数方法

序号	方法	类型	描述
1	public String getServletName()	方法	获取 Servlet 程序名称
2	public ServletContext getServletContext()	方法	获取 ServletContext 接口实例
3	public String getInitParameter(String name)	方法	获取指定名称的初始化参数
4	public Enumeration<String> getInitParameterNames()	方法	获取所有初始化参数的名称

范例：修改 web.xml 文件配置初始化参数

```
<servlet>                                                  <!-- 映射文件配置 -->
    <servlet-name>HelloJSP</servlet-name>                  <!-- 匹配名称 -->
    <jsp-file>/WEB-INF/hello.jsp</jsp-file>                <!-- 文件路径 -->
    <init-param>                                           <!-- 初始化参数 -->
        <param-name>databaseName</param-name>              <!-- 参数名称 -->
        <param-value>yootk</param-value>                   <!-- 参数内容 -->
    </init-param>
    <init-param>                                           <!-- 初始化参数 -->
        <param-name>databaseHost</param-name>              <!-- 参数名称 -->
        <param-value>www.yootk.com/mysql</param-value>     <!-- 参数内容 -->
    </init-param>
</servlet>
<servlet-mapping>                                          <!-- 映射路径配置 -->
    <servlet-name>HelloJSP</servlet-name>                  <!-- 匹配名称 -->
    <url-pattern>/muyan.yootk</url-pattern>                <!-- 映射路径 -->
</servlet-mapping>
```

本程序针对/muyan.yootk 路径对应的 JSP 程序配置了两个初始化参数：databaseName 和 databaseHost。这样在通过指定映射路径访问时就可以通过 config 实现初始化参数的获取。

范例：获取初始化参数

```
<%@ page pageEncoding="UTF-8" import="java.util.*"%>
<%
    Enumeration<String> enu = config.getInitParameterNames();    // 全部初始化参数
    while (enu.hasMoreElements()) {                              // 枚举迭代
        String name = enu.nextElement();                         // 参数名称
%>
<h3><%=name%> = <%=config.getInitParameter(name)%></h3>
<% } %>
```

程序执行结果如下。

自定义初始化参数：

```
databaseHost = www.yootk.com/mysql
databaseName = yootk
```

系统初始化参数：

```
fork = false
xpoweredBy = false
jspFile = /WEB-INF/hello.jsp
```

本程序为了便于观察，直接通过 config.getInitParameterNames()获取了全部的初始化参数名称，随后通过迭代的方式根据参数名称获取了对应的初始化参数内容。

4.9 pageContext 内置对象

pageContext
内置对象

视频名称 0433_【掌握】pageContext 内置对象

视频简介 pageContext 是一个在 JSP 页面中使用的功能最全面的内置对象。本视频分析 PageContext 的继承结构，并梳理 pageContext 与其他内置对象的关系。

在 Java Web 开发中每一个 JSP 页面程序都可以直接使用各个内置对象完成相应的处理。同时在每一个 JSP 程序文件中都有一个完整的 pageContext 内置对象，用于表示页面上下文实例，如图 4-50 所示。

利用 pageContext 可以实现 JSP 中所有内置对象的操作，并且也可以调用特定的方法完成跳转与包含操作。pageContext 常用操作方法如表 4-15 所示。

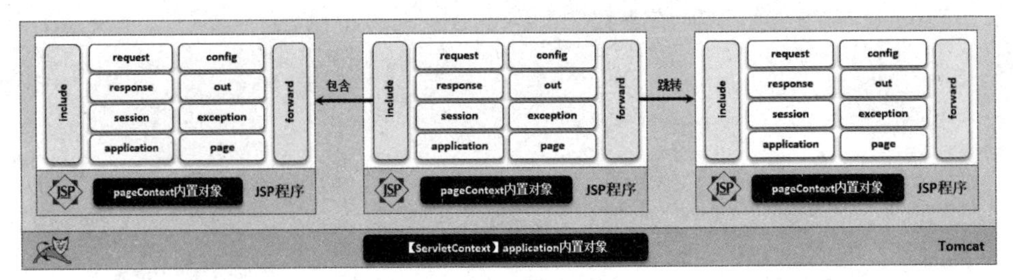

图 4-50　pageContext 内置对象

表 4-15　pageContext 常用方法

序号	方法名称	类型	描述
1	public abstract void forward(String relativeUrlPath) throws ServletException,IOException	方法	服务器端跳转
2	public abstract void include(String relativeUrlPath) throws ServletException, IOException	方法	页面包含
3	public abstract ServletRequest getRequest()	方法	获取 ServletRequest 接口实例
4	public abstract ServletResponse getResponse()	方法	获取 ServletResponse 接口实例
5	public abstract ServletConfig getServletConfig()	方法	获取 ServletConfig 接口实例
6	public abstract ServletContext getServletContext()	方法	获取 ServletContext 接口实例
7	public abstract HttpSession getSession()	方法	获取 HttpSession 接口实例

pageContext 属于 jakarta.servlet.jsp.PageContext 抽象类实例，该对象只允许在 JSP 或特定的 Java 类中使用。通过表 4-15 给出的信息可以发现，此对象可以获取全部内置对象实例。pageContext 与其他内置对象的关系如图 4-51 所示。

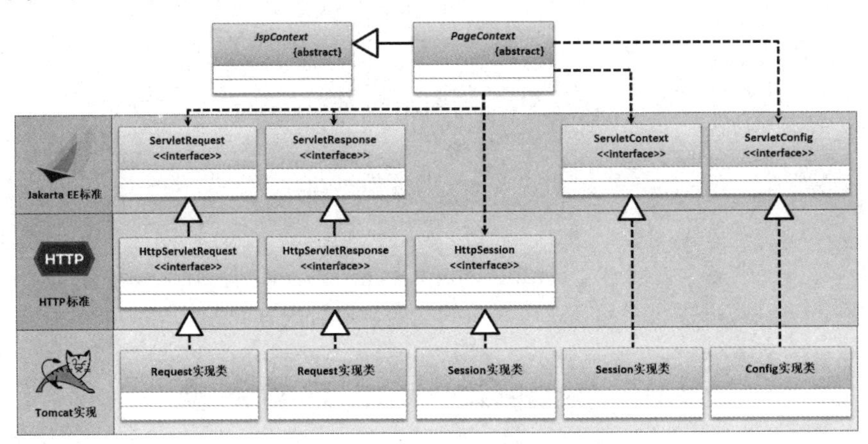

图 4-51　pageContext 与其他内置对象的关系

范例：设置属性内容（页面名称：scope_set.jsp）

```
<%@ page pageEncoding="UTF-8"%>
<%
    pageContext.getRequest().setAttribute("r-info","Yootk Request");     // 属性设置
    pageContext.getSession().setAttribute("s-info","Yootk Session");     // 属性设置
    pageContext.forward("scope_get.jsp");                                // 服务器端跳转
%>
```

本程序利用 pageContext 对象中所提供的方法分别获取了 ServletRequest 和 HttpSession 内置对象，随后分别通过 setAttribute()方法实现了属性的设置，最后通过 forward()方法实现了服务器端跳转操作。

范例：获取属性内容（页面名称：scope_get.jsp）

```
<%@ page pageEncoding="UTF-8"%>
<h1>Request属性：<%=pageContext.getRequest().getAttribute("r-info")%></h1>
<h1>Session属性：<%=pageContext.getSession().getAttribute("s-info")%></h1>
```

程序执行结果：

```
Request属性：Yootk Request
Session属性：Yootk Session
```

本程序实现跳转目标页，由于 scope_set.jsp 页面执行的是服务器端跳转，因此可以传递 request 属性内容。

提问：pageContext 返回内置对象类型。

通过 pageContext 获取到的 request 对应的类型是 ServletRequest，而 response 对应的类型为 ServletResponse，并不是之前学习的内置对象类型，如何调用子接口提供的方法呢？

回答：强制转型或通过反射调用。

由于当前的 Java Web 开发都是基于 HTTP 的，因此开发者可以直接将 pageContext.getRequest() 得到的 ServletRequest 强制转型为 HttpServletRequest，而如果读者对前面的 Java 技术学习得较好，也可以采用如下的反射方式调用子接口方法。

范例：反射调用 HttpServletRequest 子接口方法

```
<%  // 反射获取HttpServletRequest子接口中指定的方法并进行反射调用
    Method method = pageContext.getRequest()
                    .getClass().getMethod("getMethod") ;%>
<h1><%=method.invoke(pageContext.getRequest())%></h1>
```

程序执行结果：

```
GET
```

本程序通过反射机制调用 HttpServletRequest 子接口提供的 getMethod()方法获取了当前的 HTTP 请求类型。

4.10 FileUpload 组件

文件上传简介

视频名称 0434_【理解】文件上传简介

视频简介 在 HTML 表单中有文件选择框，可以实现文件上传操作。本视频利用基本的表单与参数接收的形式分析文件选择框的使用特点，以及传统参数接收的问题。

动态 Web 程序结构中除了基本的文本型参数传递之外，还可以在表单中通过文件组件实现上传文件的选择，这样在进行表单提交时所传递的内容就不再是简单的文本信息，而是二进制的数据内容，如图 4-52 所示。

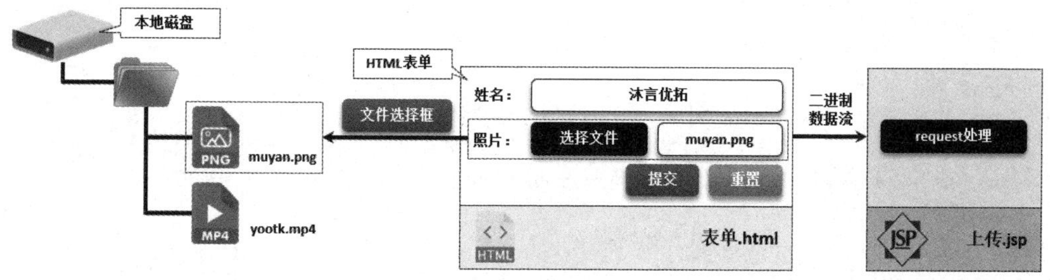

图 4-52 文件上传

范例：定义上传表单（页面名称：upload.html）

```
<!-- 定义HTML表单，上传文件必须使用POST提交模式，同时需要通过enctype封装表单 -->
<form action="upload_do.jsp" method="post" enctype="multipart/form-data">
    姓名：<input type="text" name="name"><br>            <!-- 文本数据 -->
    照片：<input type="file" name="photo"><br>           <!-- 二进制数据 -->
    <button type="submit">提交</button><button type="reset">重置</button>
</form>
```

本程序在 HTML 表单中使用了文件组件（<input type="file">），那么这时如果想进行表单的正确提交，则必须在<form>中明确地定义 enctype 属性，对上传表单进行封装，这样才可以实现表单的正确提交。

4.10.1　Java Web 上传支持

Java Web 文件上传支持

视频名称　0435_【理解】Java Web 文件上传支持

视频简介　在 Web 开发中直接支持 Web 数据的二进制接收。本视频分析二进制接收的类组成结构，同时介绍利用 getInputStream()方法实现二进制数据的获取操作。

当表单通过 enctype="multipart/form-data"属性封装之后，表单所提交的就是一组二进制的数据内容。在 ServletRequest 接口中提供了一个接收输入流的操作方法，此方法定义如下：

```
public ServletInputStream getInputStream() throws IOException
```

此方法返回一个 ServletInputStream 类的对象实例，该类属于一个抽象类并且继承自 InputStream。为了便于读者观察，本次将通过 Scanner 类实现 ServletInputStream 类的实例封装，程序中使用类的结构如图 4-53 所示。

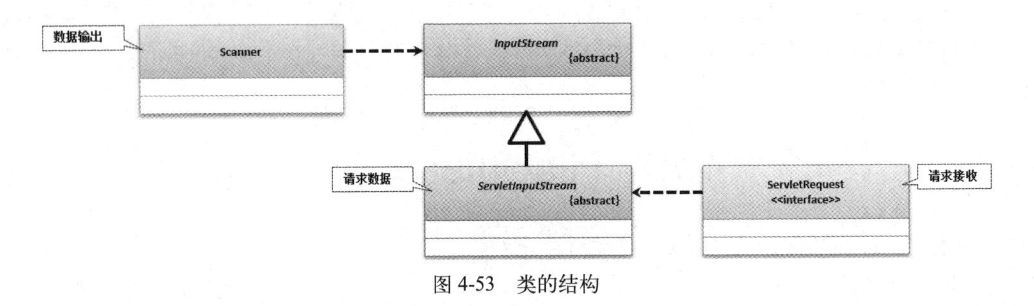

图 4-53　类的结构

范例：接收上传数据（页面名称：upload_do.jsp）

```
<%@ page pageEncoding="UTF-8" import="java.util.*" %>
<%
    request.setCharacterEncoding("UTF-8");                      // 请求编码
    Scanner scan = new Scanner(request.getInputStream()) ;      // 二进制数据
    while(scan.hasNext()) {                                     // 迭代判断与输出
%>      <%=scan.next()%>
<% } %>
```

程序执行结果（截取部分内容）如下。

name 参数：

```
------WebKitFormBoundarySEii6gnusf5KRina
Content-Disposition: form-data;
name="name" 沐言科技：www.yootk.com（请求参数和数据）
```

photo 参数：

```
------WebKitFormBoundarySEii6gnusf5KRina
Content-Disposition: form-data;
name="photo"; （请求参数）
```

```
filename="muyan.png" Content-Type: image/png （请求元数据）
二进制数据，略
```

本程序实现了二进制表单请求的接收，但是所有的数据都是通过二进制的形式传递的。如果用户想要从里面解析出所需要的数据，就必须熟悉二进制的组成结构，而后编写相应的程序来进行获取。但是这样的处理操作过于烦琐，所以在实际的项目开发中一般都会使用一些上传工具类来进行接收处理。

提示：获取请求 MIME 类型。

在 HttpServletRequest 接口中有一个 getContentType()方法，此方法的主要作用是获取用户请求的 MIME 数据类型。为了便于分析此方法的返回值信息，下面分别使用不同的方式实现页面请求。

（1）表单使用 GET 请求，但是不进行封装。

getContentType()方法返回结果：null。

（2）表单使用 POST 请求模式，但是不进行表单封装。

getContentType()方法返回结果：application/x-www-form-urlencoded。

（3）表单使用 POST 请求模式，同时进行表单封装（enctype="multipart/form-data"）。

getContentType()方法返回结果：multipart/form-data; boundary=----WebKitFormBoundary…，此时的数据会使用“WebKitFormBoundary + 十六进制数据”的形式实现请求数据的分隔符。

在未来的项目开发中可以通过 getContentType()返回值来确定当前的表单是否有文件上传需要，只要是以 multipart/form-data 开头的 MIME 类型一般都需要采用二进制的方式进行表单接收。

4.10.2 FileUpload 组成分析

FileUpload 组成分析

视频名称 0436_【掌握】FileUpload 组成分析

视频简介 虽然在 Web 开发中提供了核心的二进制接收，但是对于使用者来讲，频繁地接收二进制的内容是不现实的。本视频为读者介绍 FileUpload 组件的使用，以及该组件所涉及的核心接口与类定义。

为了便于接收上传数据信息，在实际的项目开发中往往会使用 Apache 推出的 Commons FileUpload 组件。该组件是一个开源组件，开发者可以登录 Apache Commons 官网下载相应的开发包，如图 4-54 所示。

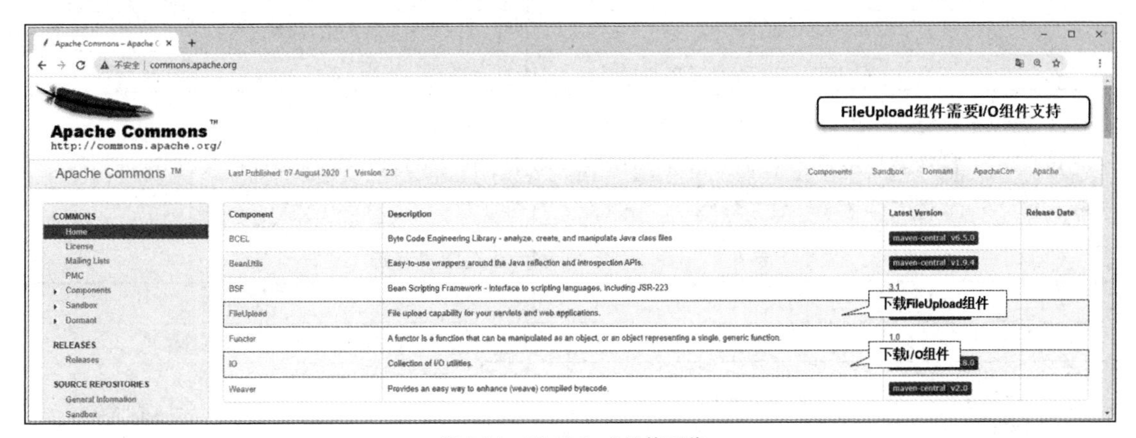

图 4-54 FileUpload 组件下载

提示：官方提供的 FileUpload 组件不支持 Jakarta EE 9 标准。

截至本书完稿，在 Apache 官方组件里还没有提供 FileUpload2 组件包，而在 Apache 官方的 GitHub 中已经开始进行 FileUpload2 组件包的升级处理。考虑到用户版本一致性的问题，在本处所使用的 FileUpload 组件包是由笔者通过开源项目修改后重新编译得到的，是与当前的 Jakarta EE 9 标准吻合的。

Apache 给出的 FileUpload2 项目是以 Maven 的形式进行构建的，读者在学习完本系列的构建工具后，也可以自行进行代码的修改与重新编译。如果有读者觉得这样的手动修改过于麻烦，也可以改用 Tomcat 9，这样就可以与当前官方所提供的 FileUpload 组件完美结合了。

FileUpload 组件是针对 request.getInputStream()操作的封装，开发者可以通过 FileUpload 组件中提供的新的操作方法获取所需要的参数信息（包括文本、数组、二进制文件）。FileUpload 组件中的核心类结构如图 4-55 所示。

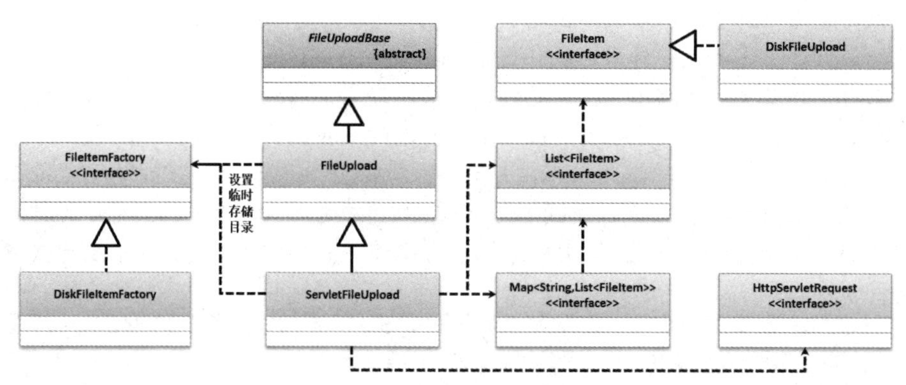

图 4-55　FileUpload 核心类结构

图 4-55 中列出了许多接口以及相关的程序类，为了便于读者理解，下面针对部分接口和类的作用进行说明，同时列出相关的常用操作方法。

1. org.apache.commons.fileupload2.disk.DiskFileItemFactory：磁盘管理类

该类的主要功能是进行所有提交数据临时目录的指定，该类的常用方法如表 4-16 所示。

表 4-16　DiskFileItemFactory 类常用方法

序号	方法名称	类型	描述
1	public void setRepository(File repository)	方法	设置上传文件的临时存储目录
2	public File getRepository()	方法	获取上传文件的临时存储目录
3	public void setDefaultCharset(String pCharset)	方法	设置默认编码

2. org.apache.commons.fileupload2.servlet.ServletFileUpload：上传文件接收类

该类的主要功能是实现所有上传数据的接收，只要上传了内容保存到临时目录之中，就可以利用此类接收，常用方法如表 4-17 所示。

表 4-17　ServletFileUpload 类常用方法

序号	方法名称	类型	描述
1	public ServletFileUpload(FileItemFactory fileItemFactory)	构造	接收 FileItemFactory（设置临时路径）
2	public static final boolean isMultipartContent (HttpServletRequest request)	方法	判断当前的表单是否有封装处理 （表单有 enctype="multipart/form-data"配置返回 true）

续表

序号	方法名称	类型	描述
3	public Map<String,List<FileItem>> parseParameterMap (HttpServletRequest request) throws FileUpload-Exception	方法	解析所有的上传数据
4	public List<FileItem> parseRequest(HttpServletRequest request) throws FileUploadException	方法	解析所有的请求内容（没有获得参数名称）
5	public void setFileItemFactory(FileItemFactory factory)	方法	设置 FileItemFactory 接口实例（如果不使用构造方法就利用此方法设置临时存储目录）
6	protected byte[] getBoundary(String contentType)	方法	根据指定的 MIME 类型获取上传的边界信息
7	public void setFileSizeMax(long fileSizeMax)	方法	设置每个上传文件的最大长度
8	public void setSizeMax(long sizeMax)	方法	设置总体表单提交的最大长度

3. org.apache.commons.fileupload2.FileItem：上传项（包括：文本与二进制文件）

所有接收到的上传信息都使用 FileItem 进行包装，此类中的常用操作方法如表 4-18 所示。

表 4-18 FileItem 类常用方法

序号	方法名称	类型	描述
1	public void delete()	方法	删除上传项
2	public byte[] get()	方法	返回所有上传的二进制数据
3	public String getContentType()	方法	获取上传文件的类型
4	public InputStream getInputStream() throws IOException	方法	获取上传文件的字节输入流
5	public String getName()	方法	获取上传的名称
6	public long getSize()	方法	获取上传文件的长度
7	public String getString(String encoding) throws UnsupportedEncodingException	方法	获取上传参数对应的字符串
8	public boolean isFormField()	方法	判断是否为一个普通的文本数据
9	public void write(File file) throws Exception	方法	设置文件的输出目标文件路径

通过以上给出的类结构和方法的剖析，可以清楚地发现，对整个的 FileUpload 组件应用来讲，核心的上传类就是 ServletFileUpload。但是此组件需要明确地设置一个临时的存储目录，再通过存储目录获取每一个文件的内容项实现所需内容的获取，处理结构如图 4-56 所示。

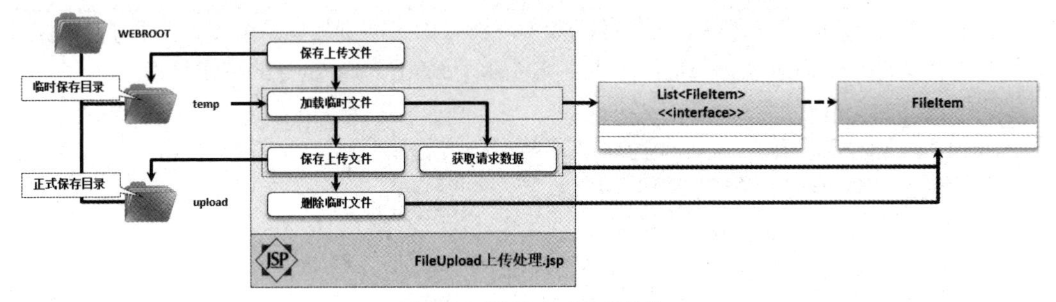

图 4-56 FileUpload 处理结构

提示：Web 项目中的 JAR 文件配置。

在 Web 项目中除了可以在“${TOMCAT_HOME}/lib”目录下配置扩展的 JAR 文件之外，在使用 IDEA 开发时还需要在 IDEA 中引入所需要的 JAR 文件，但是这些 JAR 文件需要在项目部署时自动复制到 Web 项目的/WEB-INF/lib 目录中，此时就会依据图 4-57 所示的形式生成部署文件。

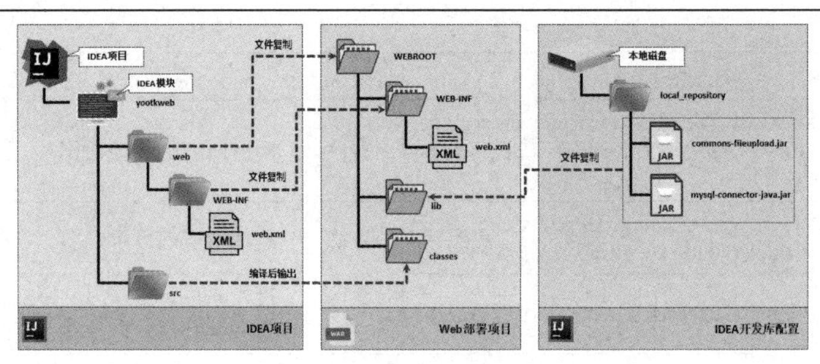

图 4-57　IDEA 项目部署

在正常情况下，只要用户在项目中引入了相关依赖库，在部署时一般都会自动实现相关 JAR 文件的自动复制处理。但是如果用户在最终执行项目时发现自动部署没有生效，则需要在项目部署时手动进行开发包配置，如图 4-58 所示。

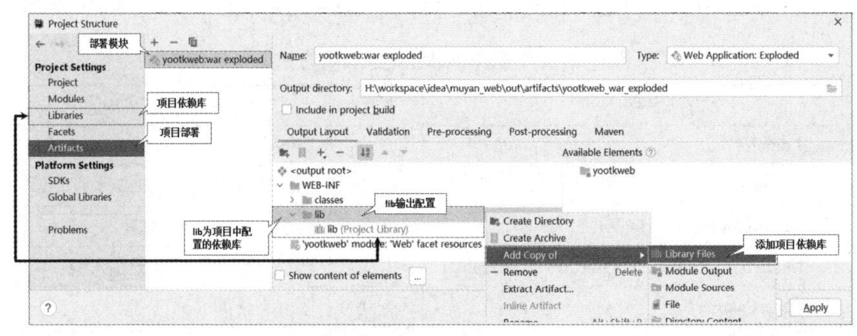

图 4-58　部署项目依赖库

4.10.3　FileUpload 接收请求参数

FileUpload 接收请求参数

视频名称　0437_【掌握】FileUpload 接收请求参数

视频简介　FileUpload 可以轻松地实现上传数据接收。本视频介绍通过 FileUpload 组件提供的基本处理方法实现文本参数与二进制文件的接收。

FileUpload 在使用时可以通过其自身的功能实现请求中二进制数据的解析，从而方便地获取文本参数与上传文件。下面通过一个具体的表单实现基于 FileUpload 组件的请求处理。

范例：定义上传表单（页面名称：upload.html）

```
<form action="upload_do.jsp" method="post" enctype="multipart/form-data">
    姓名：<input type="text" name="name"><br>
    角色：<input type="checkbox" name="role" value="admin">管理员
         <input type="checkbox" name="role" value="guest">访客
         <input type="checkbox" name="role" value="anonymous">匿名用户<br>
    照片：<input type="file" name="photo"><br>
    <button type="submit">提交</button><button type="reset">重置</button>
</form>
```

本程序中定义的表单一共包含 3 个核心组件：文本组件（姓名输入框）、复选框组件（角色选择框）、文件组件（文件上传），单击提交按钮后实现表单提交。

范例：文件上传处理（页面名称：upload_do.jsp）

```
<%@ page pageEncoding="UTF-8" %>
<%@ page import="java.io.*,java.util.*" %>
<%@ page import="org.apache.commons.fileupload2.disk.DiskFileItemFactory" %>
```

```
<%@ page import="org.apache.commons.fileupload2.servlet.ServletFileUpload" %>
<%@ page import="org.apache.commons.fileupload2.FileItem" %>
<%!
    public static final long MAX_SIZE = 3145728L;                // 总上传文件大小最大为3MB
    public static final long FILE_MAX_SIZE = 1048576L ;          // 单个上传文件允许最大为1MB
    public static final String TEMP_DIR = "/temp/" ;             // 设置临时目录
    public static final String UPLOAD_DIR = "/upload/" ;         // 设置上传目录
    public static final String DEFAULT_ENCODING = "UTF-8" ;      // 设置参数接收编码
%>
<%
    request.setCharacterEncoding(DEFAULT_ENCODING);              // 请求编码
    DiskFileItemFactory factory = new DiskFileItemFactory();     // 磁盘管理类
    factory.setRepository(new File(TEMP_DIR));                   // 设置临时存储目录
    ServletFileUpload fileUpload = new ServletFileUpload(factory);  // 定义上传处理类
    fileUpload.setSizeMax(MAX_SIZE);                             // 设置允许上传总大小限制
    fileUpload.setFileSizeMax(FILE_MAX_SIZE);                    // 设置单个上传文件的大小限制
    if (fileUpload.isMultipartContent(request)) {                // 判断当前的表单是否封装
        // FileUpload是对request操作的包装，所以此时需要解析所有的上传参数
        Map<String, List<FileItem>> map = fileUpload.parseParameterMap(request);
        for (Map.Entry<String,List<FileItem>> entry : map.entrySet()) { // 迭代上传项
            String paramName = entry.getKey();                   // 获取请求参数的名称
            List<FileItem> allItems = entry.getValue();          // 获取请求参数的内容
%>          <p><%=paramName%>:
<%          for (FileItem item : allItems) {                     // 获取参数内容
                if (item.isFormField()) {                        // 内容为普通文本
                    String value = item.getString(DEFAULT_ENCODING) ;   // 参数接收
%>                  <%=value%>、
<%              } else {                                         // 表单未封装
                    if (item.getSize() > 0) {                    // 有上传的文件
                        String fileName = UUID.randomUUID() + "." + item.getContentType()
                            .substring(item.getContentType().lastIndexOf("/") + 1);
                        String filePath = application.getRealPath(UPLOAD_DIR) + fileName;
                        item.write(new File(filePath));          // 文件存储
                        item.delete();                           // 删除临时文件
%>                      <img src="<%=request.getContextPath()%>/upload/<%=fileName%>"
                                style="width:150px;">
<%                  }
                }
            }
%></p>
<%      }
    }
%>
```

本程序实现了 FileUpload 组件的请求处理与接收操作，由于 FileUpload 组件主要针对封装表单实现接收处理，因此在真正使用其操作前先通过 fileUpload.*isMultipartContent*(request)语句判断表单是否被封装过。如果表单被封装，则通过二进制解析得到全部的请求参数名称以及内容（FileItem 描述内容）；如果发现是普通文本，则正常接收；而如果是文件，则通过 FileItem 将其保存在上传目录。但是考虑到上传文件存储问题，又使用 UUID 进行了自动更名操作，以避免重名文件的产生。最后通过<img>标签显示上传图片内容。本程序的执行结果如图 4-59 所示。

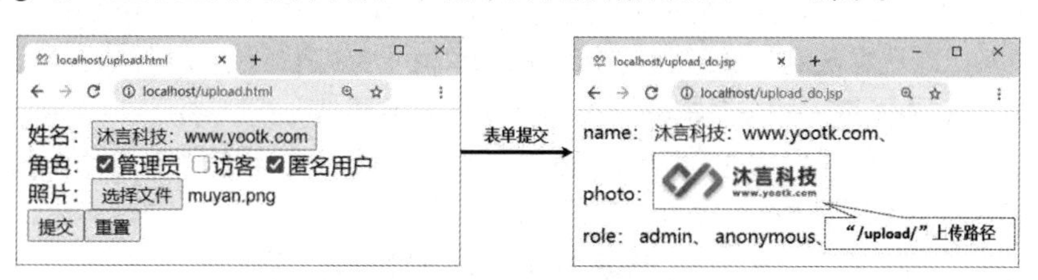

图 4-59　FileUpload 文件上传

4.10.4　上传工具类

上传工具类

视频名称　0438_【掌握】上传工具类

视频简介　为了便于使用，开发者可以基于 HttpServletRequest 接口的使用形式实现文件的上传工具类。本视频通过实际的代码编写，讲解如何基于 FileUpload 工具组件实现参数接收与文件存储的工具类定义。

虽然使用 FileUpload 可以轻松地实现文件上传操作，但是在整个的处理过程中需要非常烦琐的处理步骤，而且还需要使用大量的循环进行处理。这对于代码的开发和管理不便，所以可以考虑创建一个专属的上传工具类（ParameterUtil），在这个类中可以提供如表 4-19 所示的操作方法。

表 4-19　上传工具类操作方法

序号	方法	类型	描述
1	public ParameterUtil(HttpServletRequest request)	构造	采用默认上传参数处理用户请求
2	public ParameterUtil(HttpServletRequest request, String uploadFile)	构造	处理用户请求并设置上传保存目录
3	public ParameterUtil(HttpServletRequest request, String uploadFile, String tempFile, long maxSize, long fileMaxSize, String encoding)	构造	处理用户请求并配置上传参数
4	public String getUUIDName(FileItem item)	方法	根据上传项创建文件名称
5	public String getParameter(String paramName)	方法	获取指定参数的内容
6	public String[] getParameterValues(String paramName)	方法	获取指定参数名称对应的一组内容
7	public Set<String> getParameterNames()	方法	获取全部上传参数名称
8	public Map<String, String[]> getParameterMap()	方法	获取全部上传参数与数据
9	public List<String> getUUIDName(String paramName)	方法	根据参数名称获取文件保存名称
10	public void saveUploadFile(String paramName, List<String> uploadFileNames)	方法	实现指定上传文件参数的文件保存
11	public void clean()	方法	清除本次请求的临时文件

在 ParameterUtil 类设计时充分地考虑到了参数接收的操作统一问题，即不管是普通的文本参数接收还是封装表单的参数接收，都可以通过该类实现。并且考虑到用户的使用习惯，也使用了与 request 对象相同的方法名称。

提示：理解本程序设计。

如果想正确地将所有的参数与文件上传操作放在一个类中，需要较多的方法设计。但是如果开发者还没有良好的 Java 功底做支撑，对于下面的代码理解起来会有些困难。笔者给大家的建议是：本部分的内容最好先通过视频学习设计的思想，再通过本节的文字与图形描述进行理解。当然，最重要的是，如果读者对类集、I/O 等操作不熟悉，还是建议读者认真复习本系列丛书中的 Java 基础知识。

范例：创建 ParameterUtil 工具类

ParameterUtil 类在设计时必须保证几个重要的设计原则：简化客户端调用复杂度，功能要进行细致的划分，考虑默认参数的传递问题。下面通过具体的步骤进行该工具类的分析。

（1）【开发包】为了便于程序功能的分类，可以将此工具类保存在 com.yootk.common.util 开发包之中，此时的程序包组成规范为｛（组织名称）com.yootk｝＋｛（模块名称）common｝＋｛（子包名称）util｝，如图 4-60 所示。

```
package com.yootk.common.util;                    // 公共组件包
```

（2）【依赖导入】在程序开发中需要导入大量的程序类。在本次编写的工具类中，除了 FileUpload 工具包中的类之外，实际上还需要导入 HttpServletRequest 接口、java.util 包、java.io 包，如图 4-61 所示。

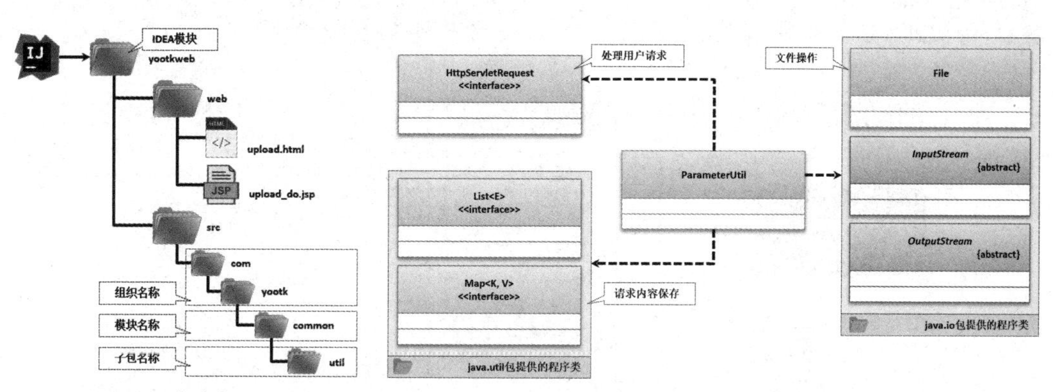

图 4-60　程序包　　　　图 4-61　程序依赖库

```
import org.apache.commons.fileupload2.FileItem;                  // 请求文件项
import org.apache.commons.fileupload2.disk.DiskFileItemFactory;  // 磁盘管理类
import org.apache.commons.fileupload2.servlet.ServletFileUpload; // 上传处理
import jakarta.servlet.http.HttpServletRequest;                  // request对象
import java.io.*;                                                // I/O文件操作
import java.util.*;                                              // 类集开发
```

（3）【默认值】在使用 FileUpload 组件包中的工具类进行项目开发时，往往都需要明确地设置总体最大上传大小、单个文件最大上传大小、临时目录、保存目录以及接收编码等信息。如果觉得每一次调用组件都重复进行配置有些烦琐，那么可以在类中定义一些常量，进行一些默认的配置项定义，如图 4-62 所示。

```
public class ParameterUtil {
    public static final long MAX_SIZE = 3145728L;                  // 总体最大上传文件大小为3MB
    public static final long FILE_MAX_SIZE = 1048576L;             // 单个文件最大为1MB
    public static final String DEFAULT_TEMP_DIR = "/temp";         // 临时目录名称
    public static final String DEFAULT_UPLOAD_DIR = "/upload";     // 保存目录名称
    public static final String DEFAULT_ENCODING = "UTF-8";         // 设置参数的接收编码
```

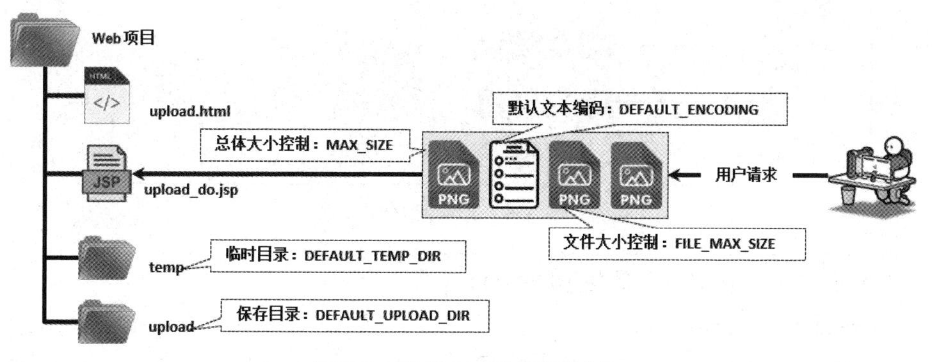

图 4-62　FileUpload 默认配置参数

（4）【工具属性】除了所有固定的参数内容之外，也需要充分考虑用户的个性化配置需要。例如，FileUpload 一定是对 HttpServletRequest 接口的包装，而 request 内置对象的获取必须由 Web 容器获取后再传递到 ParameterUtil 类，所以就需要在类中进行 request 对象的引用传递。同时用户也可以传递 FileUpload 工具类所需要的各种参数，如果不需要传递，则可以直接使用 ParameterUtil 类内置的常量来进行内容设置，如图 4-63 所示。

```
    private HttpServletRequest request;                 // request对象
    private String uploadFile;                          // 上传目录
    private String tempFile;                            // 临时目录
    private String encoding;                            // 接收编码
    private long maxSize;                               // 上传总大小限制
    private long fileMaxSize;                           // 单个文件大小限制
```

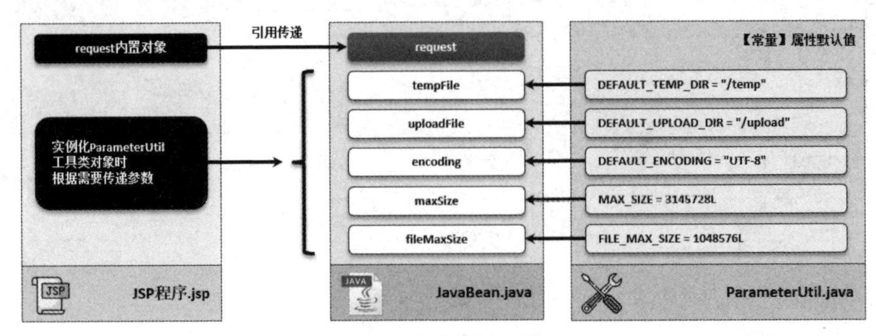

图 4-63　类属性配置

（5）【参数属性】通过 ParameterUtil 类进行的 FileUpload 操作封装，本质上还是要接收用户所发送的所有参数（不管表单是否被封装，都采用统一的方式获取参数），所以在类中设计了一个 uploadFlag 属性用于动态决定参数的接收方式。由于 FileUpload 组件在每一次获取请求时都需要进行循环的判断，为了简化起见，设计了一个 paramMap 集合，该集合的 key 为参数名称，而 value 为参数内容，如图 4-64 所示。

```
    // 保存本次请求表单是否封装的标记，如果现在表单有封装此内容为true，没有封装为false
private boolean uploadFlag = false;                                   // 封装标记
    private ServletFileUpload fileUpload;                             // FileUpload核心类
    private List<String> tempFileNames = new ArrayList<>() ;          // 保存临时文件名称
    // 对于普通的文本型的参数保存的是表单提交的内容，如果是二进制的参数，保存的是存储的文件名称
    private Map<String, String[]> paramMap = new HashMap<>();         // 保存最终的处理结果
    private Map<String, List<FileItem>> map;                          // 保存解析结果
```

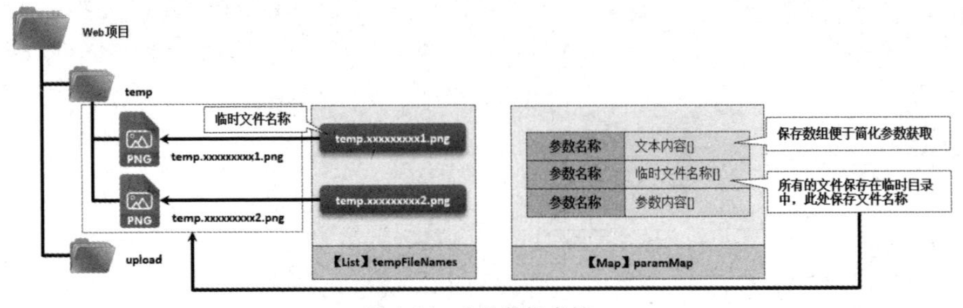

图 4-64　上传数据存储

提示：关于 Map 集合保存参数数组的解释。

在使用 request 接收请求参数时一般有两种做法：接收单个请求参数 getParameter()，接收一组请求参数 getParameterValues()。其中 getParameterValues()可以实现 getParameter()的功能，但是反之却不可以。所以在本次处理时不管参数提交的是文本还是文本数组，统一采用数组的方式处理。

（6）【构造方法】如果想获取 ParameterUtil 类的对象实例，那么一定要通过构造方法进行初始化。但是考虑到代码重用性的问题，所以在本次构造方法定义时，可以使用默认的 FileUpload 属性，也可以由用户自定义属性：

```
    /**
     * 构建一个默认的参数处理操作实例
     * @param request HTTP请求对象
     */
    public ParameterUtil(HttpServletRequest request) {
        this(request, DEFAULT_UPLOAD_DIR, DEFAULT_TEMP_DIR, MAX_SIZE,
                        FILE_MAX_SIZE, DEFAULT_ENCODING);
    }
    /**
     * 构建参数工具类，同时设置上传文件保存的父目录
     * @param request     HTTP请求对象
     * @param uploadFile 文件存储的父目录
     */
    public ParameterUtil(HttpServletRequest request, String uploadFile) {
        this(request, uploadFile, DEFAULT_TEMP_DIR, MAX_SIZE,
                        FILE_MAX_SIZE, DEFAULT_ENCODING);
    }
    /**
     * 构建一个上传工具类
     * @param request      HTTP请求对象
     * @param uploadFile   文件存储的父目录
     * @param tempFile     临时存放目录
     * @param maxSize      上传的总大小限制
     * @param fileMaxSize 单个文件的大小限制
     * @param encoding     默认读取文字编码
     */
    public ParameterUtil(HttpServletRequest request, String uploadFile, String tempFile, long
maxSize, long fileMaxSize, String encoding) {
        this.request = request;                                // 保存属性
        if (uploadFile.endsWith("/")) {                        // 路径处理
            this.uploadFile = uploadFile;                      // 保存属性
        } else {
            this.uploadFile = uploadFile + "/";                // 处理后保存
        }
        if (tempFile.endsWith("/")) {                          // 路径处理
            this.tempFile = tempFile;                          // 保存属性
        } else {
            this.tempFile = tempFile + "/";                    // 处理后保存
        }
        this.maxSize = maxSize;                                // 保存属性
        this.fileMaxSize = fileMaxSize;                        // 保存属性
        this.encoding = encoding;                              // 保存属性
        this.handleParameter();                                // 进行参数的处理
    }
```

（7）【参数处理】在 ParameterUtil 类的构造方法中调用了 handleParameter()方法来针对所有提交的请求参数进行处理，在该方法中主要是将上传的文件保存在临时目录中，同时将所有的提交参数保存在 Map 集合之中。

```
    private void handleParameter() { // 处理请求数据
        // 判断当前的请求是否进行了表单封装处理，为了便于后续使用，将判断结果保存在uploadFlag之中
        if ((this.uploadFlag = this.request.getContentType() != null &&
                this.request.getContentType().startsWith("multipart/form-data"))) {
            DiskFileItemFactory factory = new DiskFileItemFactory();     // 磁盘文件管理工厂
            factory.setRepository(new File(this.tempFile));              // 设置临时存储目录
            this.fileUpload = new ServletFileUpload(factory);            // 定义上传处理类
            this.fileUpload.setSizeMax(this.maxSize);                    // 设置上传的总大小限制
            this.fileUpload.setFileSizeMax(this.fileMaxSize);            // 设置单个文件大小限制
            if (this.fileUpload.isMultipartContent(this.request)) {      // 表单是否封装
                try {                                                    // 请求参数处理
                    this.map = this.fileUpload.parseParameterMap(request); // 解析上传参数
```

```
                for (Map.Entry<String, List<FileItem>> entry : this.map.entrySet()) {
                    String paramName = entry.getKey();                  // 获取参数名称
                    List<FileItem> allItems = entry.getValue();         // 获取参数内容
                    String[] values = new String[allItems.size()];      // 保存数据集合
                    int foot = 0;                                       // 数组操作下标
                    for (FileItem item : allItems) {                    // 迭代所有文件项
                        if (item.isFormField()) {                       // 内容为普通文本
                            String value = item.getString(this.encoding);   // 获取文本
                            values[foot++] = value;                     // 保存内容
                        } else {                                        // 二进制文件
                            String fileName = this.saveTempFile(item);      // 临时目录中保存
                            this.tempFileNames.add(fileName);           // 用于临时文件清空
                            values[foot++] = fileName;                  // 保存并返回文件名称
                        }
                    }
                    this.paramMap.put(paramName, values);               // 保存到参数集合
                }
            } catch (Exception e) {}
        }
    }
}
```

（8）【临时文件保存】在进行参数处理时，最重要的一项就是将所有上传的二进制文件保存在临时文件之中，所以一定要避免重名文件的影响，这样就可以通过 UUID 类实现文件的自动命名处理。

```
private String saveTempFile(FileItem item) throws Exception {       // 保存临时文件
    if (item.getSize() > 0) {                       // 有上传的文件
        String fileName = "temp." + this.getUUIDName(item);         // 生成文件名称
        String filePath = this.request.getServletContext()
                .getRealPath(this.tempFile) + fileName;             // 文件保存路径
        item.write(new File(filePath));                             // 文件存储
        item.delete();                                              // 删除上传文件
        return fileName;                                            // 返回文件名称
    }
    return null;                                                    // 没有文件
}
public String getUUIDName(FileItem item) {                          // 创建UUID名称
    return UUID.randomUUID() + "." + item.getContentType()
            .substring(item.getContentType().lastIndexOf("/") + 1);
}
```

（9）【获取参数】当执行完 handleParameter()方法之后，ParameterUtil 类的对象实例化操作就彻底完成了。随后模拟了 request 对象中获取参数数据的方法名称，以便于开发者获取所需要的数据。

```
public String getParameter(String paramName) {                  // 获取指定参数内容
    if (this.uploadFlag) {                                      // 表单封装
        if (this.paramMap.containsKey(paramName)) {             // 判断参数是否存在
            return this.paramMap.get(paramName)[0];             // 返回第1个元素
        }
        return null;                                            // 没有该参数返回null
    }
    return this.request.getParameter(paramName);                // 原始方法获取参数
}
public String[] getParameterValues(String paramName) {          // 获取一组参数内容
    if (this.uploadFlag) {                                      // 表单封装
        if (this.paramMap.containsKey(paramName)) {             // 判断参数是否存在
            return this.paramMap.get(paramName);                // 获取全部元素
        }
        return null;                                            // 没有该参数返回null
    }
```

```
        return this.request.getParameterValues(paramName);        // 原始方法获取参数
    }
    public Set<String> getParameterNames() {                       // 返回所有参数名称
        if (this.uploadFlag) {                                     // 表单封装
            return this.paramMap.keySet();                         // 获取全部key
        }
        return this.request.getParameterMap().keySet();            // 原始方法获取名称
    }
    public Map<String, String[]> getParameterMap() {               // 返回参数Map集合
        if (this.uploadFlag) {                                     // 表单封装
            return this.paramMap;                                  // 返回Map数据
        }
        return this.request.getParameterMap();                     // 原始方法获取
    }
```

（10）【文件保存】此时所有的上传文件实际上都保存在临时目录下，但是在实际的项目中需要将上传文件保存在正式发布的目录中，并且需要为其创建新的名称。这样就可以通过 java.io 包中的 InputStream 和 OutputStream 类来实现文件复制操作，如图 4-65 所示。

```
    public List<String> getUUIDName(String paramName)
                                throws Exception {                 // 获取指定参数的文件
        List<String> uuidNames = new ArrayList<>();                // 保存生成UUID名称
        String fileNames[] = this.paramMap.get(paramName);         // 获取临时文件名称
        for (String fileName : fileNames) {                        // 名称迭代
            uuidNames.add("yootk." + UUID.randomUUID() + "." + fileName
                    .substring(fileName.lastIndexOf(".") + 1));        // 保存文件名
        }
        return uuidNames;                                              // 返回名称集合
    }
    public List<String> getTempFileNames() {                           // 返回临时文件名称
        return tempFileNames;
    }
    public void saveUploadFile(String paramName, List<String> uploadFileNames)
          throws Exception {
        String fileNames[] = this.paramMap.get(paramName);             // 获取临时文件名称
        for (int x = 0; x < fileNames.length; x++) {                   // 文件迭代
            File srcFile = new File(this.request.getServletContext()
                .getRealPath(this.tempFile) + fileNames[x]);           // 临时文件
            File destFile = new File(this.request.getServletContext()
                .getRealPath(this.uploadFile) + uploadFileNames.get(x));     // 目标文件
            InputStream input = new FileInputStream(srcFile);          // 字节输入流
            OutputStream output = new FileOutputStream(destFile);      // 字节输出流
            input.transferTo(output);                                  // 复制文件
            input.close();                                             // 关闭输入流
            output.close();                                            // 关闭输出流
        }
    }
```

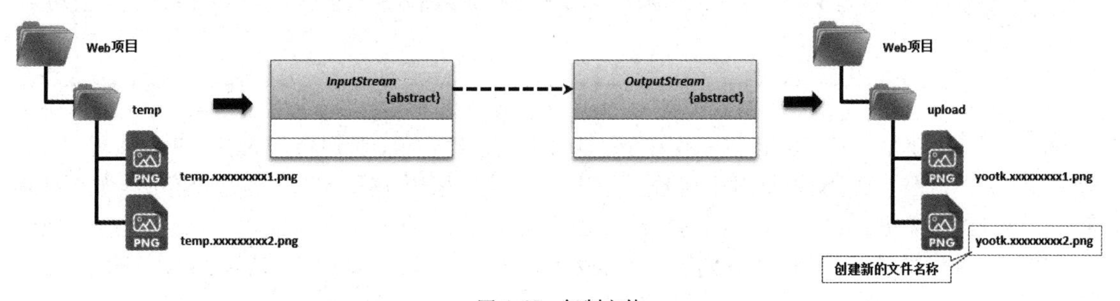

图 4-65　复制文件

(11)【清空临时文件】所有的临时文件保存到正式的存储目录之后，还需要将本次请求中所有创建的临时文件清空。

```
    public void clean() {                                          // 清空临时文件
        if (this.tempFileNames != null && this.tempFileNames.size() > 0) {
            for (String fileName : this.tempFileNames) {           // 临时文件迭代
                String filePath = this.request.getServletContext().
                  getRealPath(this.tempFile) + fileName;           // 临时文件保存路径
                File file = new File(filePath) ;                   // 创建文件对象
                if (file.exists()) {                               // 文件路径存在
                   file.delete() ;                                 // 删除临时文件
                }
            }
        }
    }
}
```

经过了以上的操作分析，就可以成功地将所有的参数接收并放在一个统一的文件处理类之中。这样就形成了一个可以重复调用的 JavaBean，可方便地在需要的位置实现参数接收。

范例：JSP 调用参数接收工具类

```
<%@ page pageEncoding="UTF-8" import="com.yootk.common.util.*,java.util.*" %>
<%
    request.setCharacterEncoding("UTF-8");
    ParameterUtil pu = new ParameterUtil(request, "/upload");    // 实例化工具类对象
    List<String> fileNames = pu.getUUIDName("photo");            // 生成保存图片名称
    pu.saveUploadFile("photo", fileNames);                       // 保存到正式目录中
    pu.clean();                                                  // 清空本次临时文件
%>
<h1>姓名：<%=pu.getParameter("name")%></h1>
<h1>角色：<%=Arrays.toString(pu.getParameterValues("role"))%></h1>
<h1>照片：<%
    for (String fileName : fileNames) {
%>        <img src="<%=request.getContextPath()%>/upload/<%=fileName%>">
<% } %></h1>
```

通过此时的调用，可以发现在进行参数获取时不管是否封装都可以通过 ParameterUtil 类实现所需要的功能。同时其所提供的操作方法也与 request 对象中的参数接收方法名称相同，在日后的开发中就可以重复使用此工具类实现参数接收与上传文件存储功能。

4.11　大幅广告框项目实战

大幅广告框案例说明

视频名称　0439_【理解】大幅广告框案例说明

视频简介　在很多的电商平台中都有大幅广告框的展示功能，本次将通过一个实战案例实现一个类似的广告框管理操作。本视频为读者分析广告框主要采用的技术形式，以及相关的数据库设计。

JSP 程序开发全部是围绕着内置对象展开的。为了便于读者理解内置对象，下面将通过一个完整的项目进行实战讲解分析。在很多的网站首页都会有大幅广告条，利用特定的组件可以实现图片信息的滚动显示。为了便于这些图片的管理，可以直接通过数据库实现所有广告数据存储，如图 4-66 所示。这样就需要编写程序对广告数据表进行数据维护。

由于广告需要配合相应的图片内容，这样就需要通过 FileUpload 组件实现上传图片的接收，而在进行图片数据存储时一般会有以下两种方案。

方案一：在数据表中创建一个类型为 CLOB 的二进制字段，同时将图片的数据以二进制数据

流的形式写入数据表。该方案的最大优点在于直接基于数据库进行存储，数据管理较为方便，但是在进行二进制数据读取时需要将二进制内容转为图片显示，处理较为烦琐。

方案二：在数据表中创建一个普通的文本字段，该字段保存上传文件名称，同时将上传的文件保存在一个特定的目录之中。该方案的最大优点在于不在数据库中进行二进制操作，只在数据库中保留文件名称，在数据读取时，通过文件名称并结合文件保存路径即可方便地实现数据加载。在本次程序实现中，将采用本方案实现上传文件管理。

图 4-66　广告展示管理项目案例

本次的开发案例基于 MySQL 数据库完成，需要在 MySQL 数据库中创建 ad 数据表。数据库创建脚本如下。

范例：数据库创建脚本

```
DROP DATABASE IF EXISTS yootk ;
CREATE DATABASE yootk CHARACTER SET UTF8 ;
USE yootk ;
CREATE TABLE ad (
   aid          BIGINT    AUTO_INCREMENT ,
   title        VARCHAR(50) ,
   url          VARCHAR(50) ,
   photo        VARCHAR(100) ,
   note         TEXT ,
   CONSTRAINT pk_aid PRIMARY KEY(aid)
) ENGINE=InnoDB DEFAULT CHARSET=utf8;
INSERT INTO ad(title, url, photo) VALUES
          ('沐言科技：www.yootk.com', 'https://www.yootk.com', 'ads-pic-01.png') ;
INSERT INTO ad(title, url, photo) VALUES
          ('沐言科技：www.yootk.com', 'https://www.yootk.com', 'ads-pic-02.png') ;
INSERT INTO ad(title, url, photo) VALUES
          ('沐言科技：www.yootk.com', 'https://www.yootk.com', 'ads-pic-03.png') ;
INSERT INTO ad(title, url, photo) VALUES
          ('沐言科技：www.yootk.com', 'https://www.yootk.com', 'ads-pic-04.png') ;
INSERT INTO ad(title, url, photo) VALUES
          ('沐言科技：www.yootk.com', 'https://www.yootk.com', 'ads-pic-05.png') ;
COMMIT;
```

yootk.ad 数据表中的文件名称使用了字符串进行保存，这些文件在上传之后会统一进行自动命名，并且保存在 Web 项目的“upload/ad”目录之中，如图 4-67 所示。

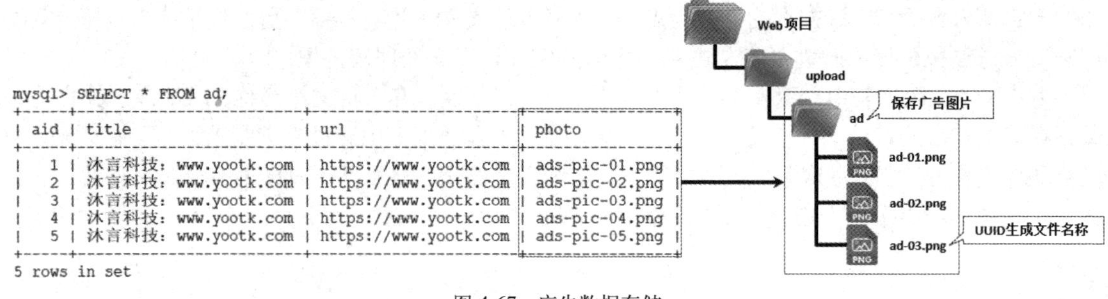

图 4-67　广告数据存储

提示：为便于理解，暂不进行登录验证。

在实际项目中此类程序一般都会涉及前台用户和后台管理员，不同的用户一定会有不同的访问权限。前台用户可以见到的只是广告展示页，而管理员则可以进行广告维护。但是在本程序中，考虑到核心技术的学习问题以及重复讲解问题，不提供登录的功能，有兴趣的读者可以依据本书第 3 章的内容自行添加。

本程序实现了一套完整的数据表 CRUD（增加“Create”、检索“Retrieve”、更新“Update”、删除“Delete”）数据操作功能，在本程序中所定义的程序代码如表 4-20 所示。

表 4-20　广告管理系统代码清单

序号	文件名称	类型	描述
1	DatabaseConnection.java	Java	数据库连接工具类，check.jsp 页面通过此类获取数据库连接
2	ParameterUtil.java	Java	参数处理类，实现了文本参数与二进制数据的操作
3	index.jsp	JSP	项目首页，在此页面中实现了大幅广告的滚动展示
4	ad_add.jsp	JSP	广告项的添加表单，并将数据提交到 ad_add_do.jsp 页面处理
5	ad_add_do.jsp	JSP	广告数据信息的保存
6	ad_list.jsp	JSP	广告数据信息的列表，便于用户打开编辑页面与删除页面
7	ad_edit.jsp	JSP	广告数据修改前的数据回填显示，并提交到 ad_edit_do.jsp 处理
8	ad_edit_do.jsp	JSP	数据更新处理以及广告图片替换
9	ad_delete_do.jsp	JSP	广告数据和上传文件删除处理

除了表 4-20 所列出的代码相关的页面之外，在整个项目中还有大量的前端显示页面。由于这些页面所涉及的代码过多，且与核心代码功能无关，故不一一列出。

4.11.1　广告框展示

广告框展示

视频名称　0440_【掌握】广告框展示

视频简介　为了动态地实现广告的显示，可以基于数据库实现数据管理。本视频讲解如何读取数据库中的内容实现广告框中广告项的显示。

大幅广告框一般都出现在 Web 站点的首页，所以在首页程序中需要通过数据库加载所有的广告数据信息。由于本次的页面是基于 Bootstrap 开发框架实现的，开发者只需要在页面的特定位置添加如下代码即可。

```
<div class="item "><a href="https://www.yootk.com" target="_ablank" title="沐言科技">
  <img src="upload/ad/ads-pic-01.png" alt="f1Img"></a></div>
```

范例：加载广告数据（页面名称：index.jsp）

```
<div id="carouselMenu" class="carousel slide" data-interval="200" data-wrap="true">
  <%
    String sql = "SELECT title,url,photo FROM ad";           // 查询SQL
    PreparedStatement pstmt = DatabaseConnection.getConnection()
          .prepareStatement(sql);                            // 获取接口实例
    ResultSet rs = pstmt.executeQuery() ;                    // 数据查询
  %>
  <!-- 轮播（carousel）内容显示，显示内容的个数与索引控制项对应 -->
  <div class="carousel-inner">
  <%
    int index = 0;
    while (rs.next()) {
      String title = rs.getString(1);                        // 获取title字段数据
      String url = rs.getString(2);                          // 获取url字段数据
      String photo = rs.getString(3);                        // 获取photo字段数据
  %>
      <div class="item <%=index ++ == 0 ? "active": ""%>">
        <a href="<%=url%>" target="_ablank" title="<%=title%>">
        <img src="upload/ad/<%=photo%>"></a></div>
  <%
    }
    DatabaseConnection.close();                              // 关闭数据库连接
  %>
  </div>
  <!-- 轮播（carousel）导航 -->
  <a class="carousel-control left" href="#carouselMenu"
    data-slide="prev">&lsaquo;</a>      <!-- 显示前一个轮播项内容 -->
  <a class="carousel-control right" href="#carouselMenu"
    data-slide="next">&rsaquo;</a>      <!-- 显示后一个轮播项内容-->
</div>
```

本程序在首页中通过 ad 数据表获取了所有的广告数据信息，随后利用 JDBC 进行数据获取，并且循环生成了广告的轮播项。由于 Bootstrap 中的样式已经给予了相应的支持，用户只要将数据填充后，即可实现滚动播放。

4.11.2 增加广告项

增加广告项

视频名称 0441_【掌握】增加广告项

视频简介 为了便于用户对广告进行管理，开发者可以直接通过表单进行数据的添加，此时就可以通过工具类方便地实现广告数据的存储与图片的保存。本视频将介绍使用已有的界面实现广告数据的增加。

本程序最重要的功能就是可以由使用者根据自身的需要动态地扩充广告内容，后台管理员可以通过特定的表单实现广告项数据的设置，随后通过 JSP 程序实现文件保存并执行数据表的数据增加操作，这样前台用户就可以直接读取相应的广告信息。操作流程如图 4-68 所示。

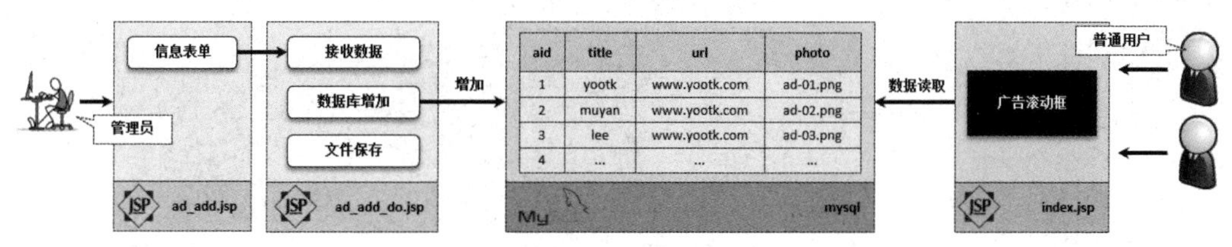

图 4-68 增加广告内容

在广告信息增加页面 ad_add.jsp 中提供了数据的增加表单，表单中提供了标题（参数名称：title）、链接（参数名称：url）、图片（参数名称：pic）、备注（参数名称：note）等 4 个提交参数，同时对表单进行了封装。而最重要的是提交处理页面（ad_add_do.jsp）的实现。

范例：广告增加处理（页面名称：ad_add_do.jsp）

```
<%
    request.setCharacterEncoding("UTF-8");                              // 请求编码
    ParameterUtil pu = new ParameterUtil(request, "/upload/ad");        // 实例化工具类对象
    List<String> fileNames = pu.getUUIDName("pic");                     // 生成保存图片名称
    pu.saveUploadFile("pic", fileNames);                                // 保存到正式目录中
    pu.clean();                                                         // 清空本次临时文件
    String title = pu.getParameter("title");                            // 接收请求参数
    String url = pu.getParameter("url");                                // 接收请求参数
    String note = pu.getParameter("note");                              // 接收请求参数
    String sql = "INSERT INTO ad(title, url, photo, note) VALUES (?, ?, ?, ?)";
    PreparedStatement pstmt = DatabaseConnection.getConnection()
         .prepareStatement(sql);                                        // 获取接口实例
    pstmt.setString(1, title);                                          // 设置SQL数据
    pstmt.setString(2, url);                                            // 设置SQL数据
    pstmt.setString(3, fileNames.get(0));                               // 设置SQL数据
    pstmt.setString(4, note);                                           // 设置SQL数据
    int result = pstmt.executeUpdate();                                 // 保存数据更新行数
    DatabaseConnection.close();                                         // 关闭数据库连接
    if (result > 0) {                                                   // 增加成功
%>  <h1>广告项增加成功！</h1>
<%  } else {                                                            // 增加失败
%>  <h1>广告项增加失败！</h1>
<%  } %>
```

本程序通过 ParameterUtil 工具类实现了上传文件与文本参数的接收，随后利用 JDBC 将新增的数据保存到数据库之中。本程序的执行流程如图 4-69 所示。

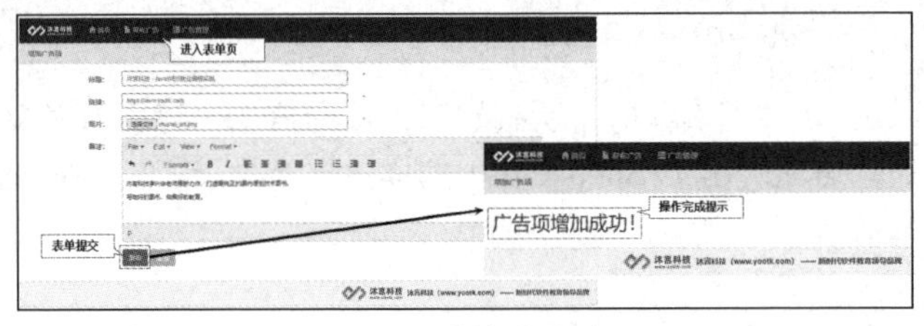

图 4-69　增加广告项

4.11.3　广告项列表

广告项列表

视频名称　0442_【掌握】广告项列表

视频简介　为了便于所有广告项的管理，需要在项目中对所有已有的广告内容进行集中管理。本视频介绍采用列表的形式实现所有正在生效的广告项的数据展示。

所有广告项的数据除了在首页显示之外，还需要在广告的管理页面进行显示，因为只有通过信息的列表页面才可以方便地实现广告信息的编辑与删除等操作，如图 4-70 所示。

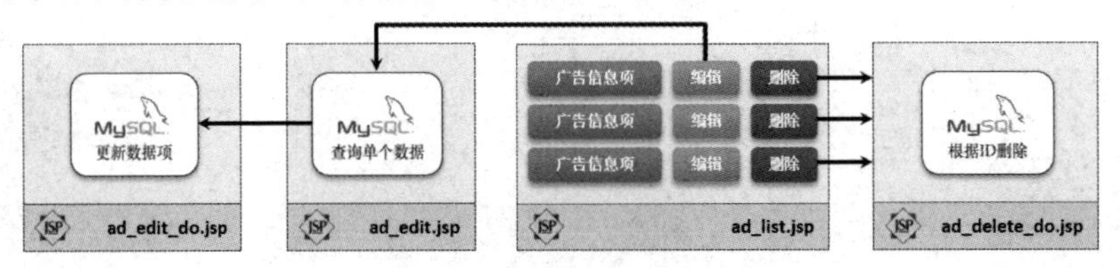

图 4-70　广告列表页面作用

范例：广告列表显示（页面名称：ad_list.jsp）

```
<table class="table table-hover">
  <tr>
    <th width="40%" class="text-center">标题</th>
    <th width="20%" class="text-center">链接地址</th>
    <th width="30%" class="text-center">广告图片</th>
    <th width="10%" class="text-center">操作</th>
  </tr>
  <%
    String sql = "SELECT aid,title,url,photo FROM ad"; // 查询SQL
    PreparedStatement pstmt = DatabaseConnection.getConnection()
        .prepareStatement(sql);                        // 获取接口实例
    ResultSet rs = pstmt.executeQuery() ;              // 数据查询
    while (rs.next()) {
      long aid = rs.getLong(1);                        // 获取aid字段数据
      String title = rs.getString(2);                  // 获取title字段数据
      String url = rs.getString(3);                    // 获取url字段数据
      String photo = rs.getString(4);                  // 获取photo字段数据
  %>
  <tr>
    <td class="text-left"><%=title%></td>
    <td class="text-left"><%=url%></td>
    <td class="text-center">
        <img src="upload/ad/<%=photo%>" alt="f3Img" style="width: 300px;"></td>
    <td class="text-center">
      <a href="pages/ad_edit.jsp?aid=<%=aid%>" class="btn btn-xs btn-primary">
        <span class="glyphicon glyphicon-edit"></span> 编辑</a>
      <a href="pages/ad_delete_do.jsp?aid=<%=aid%>&photo=<%=photo%>"
        class="btn btn-xs btn-danger">
        <span class="glyphicon glyphicon-remove"></span> 删除</a></td>
  </tr>
  <% }
    DatabaseConnection.close();                        // 关闭数据库连接
  %>
</table>
```

本程序利用表格的形式实现了所有广告数据的显示。需要注意的是，在最后生成“编辑”和“删除”链接时全部采用了地址重写的方式，将每一个广告对应的aid传递到了目标页面，显示结果如图4-71所示。

图4-71　广告管理列表

4.11.4　编辑广告项

编辑广告项

视频名称　0443_【掌握】编辑广告项

视频简介　为了方便地进行广告信息的维护，还需要在项目中追加相应的广告项编辑操作。本视频讲解广告内容的回填显示以及广告数据更新操作。

通过广告列表页面，可以直接打开广告编辑页。在进行广告项编辑前一般都需要查询原始的数据内容，并且将这些内容回填到表单之中。但是对于图片则需要动态判断，如果需要更新图片，则需要传递原始图片名称到目标页面，同时相应广告编号的数据也要一并传递，如图 4-72 所示。

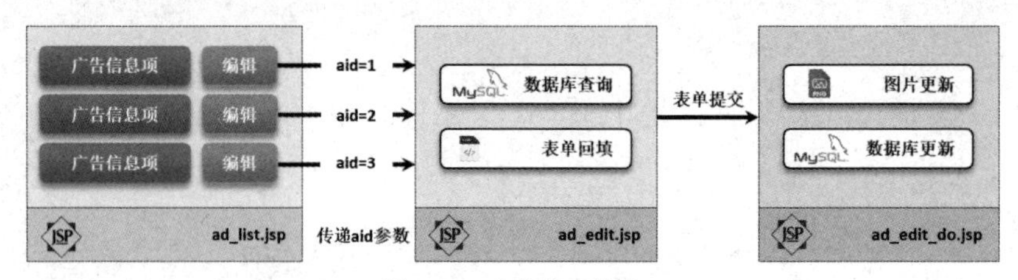

图 4-72　广告修改流程

范例：表单回填页（页面名称：ad_edit.jsp）

```
<%
   ParameterUtil pu = new ParameterUtil(request, "/upload/ad");      // 参数工具
   long aid = Long.parseLong(pu.getParameter("aid"));                // 获取提交参数
   String sql = "SELECT title,url,photo,note FROM ad WHERE aid=?";   // 查询SQL
   PreparedStatement pstmt = DatabaseConnection.getConnection()
              .prepareStatement(sql);                                // 获取接口实例
   pstmt.setLong(1, aid);                                            // 设置SQL参数
   ResultSet rs = pstmt.executeQuery() ;                             // 数据查询
   if (rs.next()) {                                                  // 数据存在
      String title = rs.getString(1);                                // 获取title字段数据
      String url = rs.getString(2);                                  // 获取url字段数据
      String photo = rs.getString(3);                                // 获取photo字段数据
      String note = rs.getString(4);                                 // 获取note字段数据
%>
<form action="pages/ad_edit_do.jsp" id="myform" method="post"
        class="form-horizontal" enctype="multipart/form-data">
   <div class="form-group" id="titleDiv">
      <label class="col-md-2 control-label" for="title">标题：</label>
      <div class="col-md-5">
         <input type="text" name="title" id="title" class="form-control input-sm"
               placeholder="请输入标题" value="<%=title%>">
      </div><div class="col-md-4" id="titleMsg">*</div>
   </div>
   <div class="form-group" id="urlDiv">
      <label class="col-md-2 control-label" for="title">链接：</label>
      <div class="col-md-5">
         <input type="text" name="url" id="url" class="form-control input-sm"
               placeholder="请输入广告链接路径" value="<%=url%>">
      </div>div class="col-md-4" id="urlMsg">*</div>
   </div>
   <div class="form-group" id="picDiv">
      <label class="col-md-2 control-label" for="pic">图片：</label>
      <div class="col-md-5">
         <input type="file" name="pic" id="pic" class="form-control input-sm"
               placeholder="请选择发布的图片">
      </div><div class="col-md-4" id="picMsg">*</div>
   </div>
   <div class="form-group" id="noteDiv">
      <label class="col-md-2 control-label" for="note">备注：</label>
      <div class="col-md-9">
         <textarea id="note" name="note" class="form-control"
              rows="10"><%=note%></textarea>
      </div>
   </div>
   <div class="form-group">
      <div class="col-md-offset-2 col-md-5">
```

```
        <%-- 将当前数据的编号以及原始的photo名称传递到目标页面，这样才可以实现数据更新 --%>
        <input type="hidden" name="aid" value="<%=aid%>">
        <input type="hidden" name="photo" value="<%=photo%>">
        <input type="submit" value="编辑" class="btn btn-sm btn-primary">
        <input type="reset" value="重置" class="btn btn-sm btn-warning">
      </div>
   </div>
</form>
<% }
   DatabaseConnection.close();                  // 关闭数据库连接
%>
```

在本程序中需要明确地接收 ad_list.jsp 页面传递的 aid 参数内容，而后依据此参数信息查询数据表获取要修改的广告项，随后将所有查询到的结果回填到表单之中。

范例：广告更新页面（页面名称：ad_edit_do.jsp）

```
<%
   request.setCharacterEncoding("UTF-8");                         // 请求编码
   ParameterUtil pu = new ParameterUtil(request, "/upload/ad");   // 实例化工具类对象
   long aid = Long.parseLong(pu.getParameter("aid"));             // 获取aid参数
   String title = pu.getParameter("title");                       // 获取title参数
   String url = pu.getParameter("url");                           // 获取url参数
   String note = pu.getParameter("note");                         // 获取note参数
   String photo = pu.getParameter("photo");                       // 获取photo参数
   try {
      List<String> fileNames = pu.getUUIDName("pic");             // 生成保存图片名称
      if (fileNames.size() > 0) {                                 // 现在有文件上传
         // 如果此时有新文件上传，则使用原始的文件名称进行文件替换
         pu.saveUploadFile("pic", Arrays.asList(photo));          // 文件替换
         pu.clean();                                              // 清空本次临时文件
      }
   } catch (Exception e) {}
   String sql = "UPDATE ad SET title=?, url=?, photo=?, note=? WHERE aid=?";
   PreparedStatement pstmt = DatabaseConnection.getConnection()
         .prepareStatement(sql);                                  // 获取接口实例
   pstmt.setString(1, title);                                     // 设置SQL数据
   pstmt.setString(2, url);                                       // 设置SQL数据
   pstmt.setString(3, photo);                                     // 设置SQL数据
   pstmt.setString(4, note);                                      // 设置SQL数据
   pstmt.setLong(5, aid);                                         // 设置SQL数据
   int result = pstmt.executeUpdate();                            // 保存数据更新行数
   DatabaseConnection.close();                                    // 关闭数据库连接
   if (result > 0) {                                              // 修改成功
%> <h1>广告项修改成功！</h1>
<% } else {                                                       // 修改失败
%> <h1>广告项修改失败！</h1>
<% } %>
```

广告更新页面的操作形式与广告增加页面的类似，唯一的区别在于执行的 SQL 语句使用的是 UPDATE 语句，而该语句中一定要有更新的编号（aid 参数），这样才可以进行准确的数据行更新。本程序的执行流程如图 4-73 所示。

图 4-73　更新广告项

4.11.5　删除广告项

删除广告项

视频名称　0444_【掌握】删除广告项

视频简介　考虑到广告拥有时效性，需要为大幅广告框提供下架处理。本视频通过具体的代码讲解广告项的下架处理操作。

在广告列表中提供了删除的操作，所有被删除的广告信息将不会在列表中进行显示。在删除操作中需要传递广告 ID、图片名称，根据广告 ID 删除数据库中的数据，根据图片名称删除上传目录中的文件项，操作流程如图 4-74 所示。

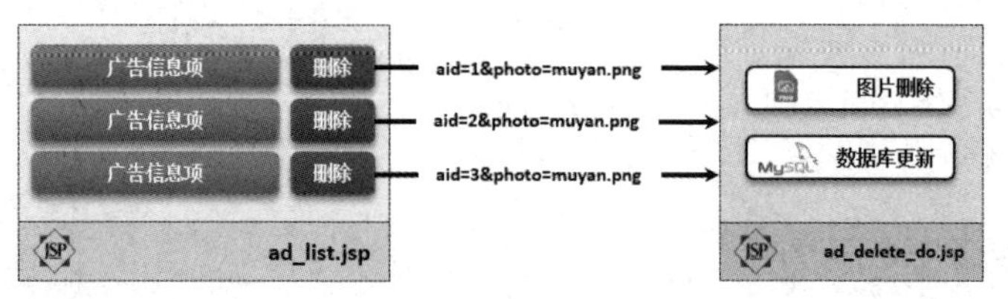

图 4-74　删除广告项

范例：删除广告（页面名称：ad_delete_do.jsp）

```
<%
    request.setCharacterEncoding("UTF-8");                           // 请求编码
    ParameterUtil pu = new ParameterUtil(request, "/upload/ad");     // 实例化工具类对象
    long aid = Long.parseLong(pu.getParameter("aid"));               // 获取aid参数
    String photo = pu.getParameter("photo");                         // 获取photo参数
    String sql = "DELETE FROM ad WHERE aid=?";
    PreparedStatement pstmt = DatabaseConnection.getConnection()
                .prepareStatement(sql);                              // 获取接口实例
    pstmt.setLong(1, aid);                                           // 设置SQL数据
    int result = pstmt.executeUpdate();                              // 保存数据更新行数
    DatabaseConnection.close();                                      // 关闭数据库连接
    if (result > 0) {                                                // 删除成功
       File file = new File(this.getServletContext().getRealPath("/upload/ad/"), photo);
       if (file.exists()) {                                          // 文件存在
          file.delete();                                             // 删除文件
       }
%> <h1>广告项删除成功！</h1>
<% } else {                                                          // 删除失败
%> <h1>广告项删除失败！</h1>
<% } %>
```

本程序实现了广告数据的删除。由于广告数据分为数据库数据和上传文件数据，因此需要同时接收 aid 参数和 photo 参数，删除成功后会给出相应的提示信息。

4.12　本 章 概 览

1．内置对象指的是由 Web 容器为用户提供的实例化对象，该对象在 JSP 程序中可以直接使用。

2．JSP 中的内置对象有 9 个，包括 page、pageContext、request、response、session、application、config、out、exception。

3．在 Jakarta EE 8（Java EE 8）及以前的 JSP 中的核心接口的操作包名称为“javax.servlet”，而在 Jakarta EE 9（Java EE 9）及之后的核心接口的包名称修改为“jakarta.servlet.”，在与其他组件整合时需要注意接口类型。

4．JSP 页面在开发中经常需要进行跳转操作。为了便于维护对象，往往会将其设置在不同的

属性范围中，JSP 中一共有 4 种属性范围：page（通过 pageContext 完成操作）、request、session、application。

5．page 属性可以在当前页面有效，在后续的标签开发中有非常重要的意义。

6．request 属性可以在服务器端跳转后持续使用，在 MVC 设计模式中，主要通过 request 实现数据传递。

7．session 属性可以跨越多个页面存在，其主要用途是进行用户登录认证操作的实现。

8．request 对应的接口类型为 jakarta.servlet.http. HttpServletRequest，主要用于实现服务器端接收客户端请求的处理操作，利用 request 可以方便地实现请求参数与请求头信息的接收。

9．在 JSP 开发中如果想方便地进行资源定位，可以使用<base>元素完成，该元素所需要的路径可以通过 request 对象提供的方法动态获取。

10．response 对应的接口类型为 jakarta.servlet.http.HttpServletRequest，主要的目的是进行客户端的请求响应，利用 response 可以设置响应数据、状态码、头信息等内容。

11．HTTP 属于无状态的通信协议，为了便于服务器区分不同用户，提供了 session 的概念，session 对应的接口类型为 jakarta.servlet.http.HttpSession。在 session 的处理机制中需要使用 Cookie 实现浏览器的 JSESSIONID 存储，并且为了便于服务器的资源分配，Tomcat 采用线程池进行请求资源的分配。线程池的大小可以通过 server.xml 配置文件进行定义。

12．application 是 Web 上下文对象，对应的接口类型为 jakarta.servlet.ServletContext。开发者可以使用 application 对象实现服务器中的属性操作，但是如果设置了过多的属性内容，则会严重影响服务器的运行性能。

13．application 对象在 JSP 中可以通过 getServletContext()方法进行代替，利用 getRealPath()可以获取虚拟路径对应的磁盘真实路径。

14．每一个 Web 应用都有一个安全级别最高的访问目录 WEB-INF，如果要使用保存在此目录中的程序，则必须修改 web.xml 文件进行映射路径的配置。

15．config 内置对象对应的接口类型为 jakarta.servlet.ServletConfig，可以获取 web.xml 文件中配置的初始化参数。

16．pageContext 是一个只允许在 JSP 程序中使用的内置对象，利用该对象可以实现全部内置对象的访问操作。

17．在进行文件上传请求处理时，可以利用 FileUpload 组件对上传的二进制数据进行解析。

第5章

Servlet 服务器端编程

本章学习目标

1. 掌握 Servlet 程序的主要作用，区分 Servlet 与 JSP 程序的应用范围；
2. 掌握 Servlet 程序类的继承结构，以及 web.xml 与@WebServlet 注解的联系；
3. 掌握 Servlet 生命周期的作用以及对应的生命周期处理方法；
4. 掌握 RequestDispatcher 服务器端跳转的使用，并可以实现 request 属性传递；
5. 掌握 Servlet 中的 request、response、config、session、application 内置对象的获取与使用；
6. 掌握 Servlet 异步响应开发的作用与实现，并可以理解 ReadListener 与 WriteListener 接口的作用；
7. 掌握过滤器的主要作用以及运行机制，并可以使用 web.xml 或@WebFilter 实现过滤器配置；
8. 掌握过滤器中转发模式（Dispatcher Type）的作用与配置；
9. 掌握同一映射路径下多个过滤器执行顺序的配置；
10. 掌握编码过滤与登录检测过滤的实现机制；
11. 掌握 Servlet 监听器的作用及其与 Java 事件处理模型之间的联系；
12. 掌握 ServletRequest 状态监听接口的使用，可以利用监听器实现请求状态与属性操作的监听；
13. 掌握 HttpSession 相关监听接口的使用，并可以清楚地理解 session 创建与销毁机制；
14. 掌握 ServletContext 相关接口的使用，并可以利用其实现 Servlet、Filter、Listener 类的动态注册；
15. 掌握 ServletContainerInitializer 接口的使用，并可以利用此接口实现模块组件的扩充与动态配置；
16. 掌握在线人员列表的统计以及在线人员访问的控制处理机制。

Servlet（服务器端小程序）是最初的 Java Web 开发技术，是基于 Java 实现的 CGI 技术。Servlet 依靠 Java 多线程的支持，可以实现较好的程序性能，同时又可以方便地实现用户请求与数据显示跳转的支持。随着 Java EE（Jakarta EE）体系的不断完善，Servlet 技术标准也在不断扩充。在本章中将会为读者综合性地讲解 Servlet 标准实现技术，以及扩展的过滤器（Filter）与监听器（Listener）技术实现。

提示：Servlet 程序只是 Servlet 标准中的组件。

在本章学习中读者会发现经常提到 Servlet 标准，实际上这个标准有众多的开发版本，并且不同 Java EE 版本中也会有与之对应的不同的 Servlet 标准。现在所学习的 Jakarta EE 的 Servlet 标准版本为 5.0，而很多的 Java 开发还以 Servlet 4.0 标准为主。这一点在本系列丛书中会有详细的解释。

另外需要提醒读者的是，Servlet 标准中最核心的几个 Web 组件分别为 Servlet、Filter、Listener，其中 Filter、Listener 都是 Servlet 标准中所定义的扩充组件，本章会为读者详细讲解这些组件的使用。

5.1 Servlet 基础开发

Servlet 简介

视频名称 0501_【理解】Servlet 简介

视频简介 Servlet 是较早的动态 Web 技术实现手段，也是 Java 针对 CGI 标准的实现。本视频为读者分析 Servlet 的主要作用、Servlet 实现缺陷及其与 JSP 的对应关系。

Servlet 是 Java 实现的 CGI（Common Gateway Interface，公共网关接口）技术，是 Java 为实现动态 Web 开发较早推出的一项技术，同时也是现在项目开发中必不可少的一项技术。

由于 CGI 仅仅是一个通信标准，受到早期硬件性能与软件技术的限制，大多数采用的是多进程的处理技术，即对于每一个用户请求操作系统内部都要启动一个相应的进程进行请求处理，如图 5-1 所示。

通过 Java 实现的 CGI 技术，充分地发挥了 Java 语言中多线程的技术特点，采用线程的形式实现了用户的 HTTP 请求与响应。这样每一个进程的启动速度更快，服务器的处理性能更高，如图 5-2 所示。同时在 JDK 1.5 中正式提供了“J.U.C”并发编程包，利用线程池技术可以更加有效地管理服务器中的线程资源分配。

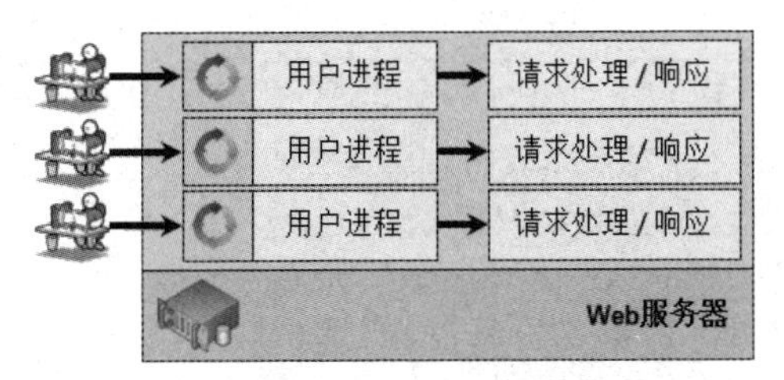

图 5-1　传统 CGI 多进程处理

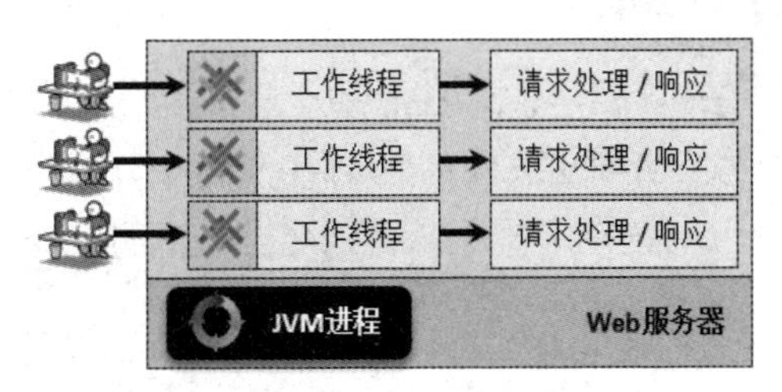

图 5-2　Java 多线程处理

提问：Servlet 真的应用广泛吗?

现在的很多项目开发技术不是都基于 Spring/MyBatis/Shiro（SSM）等框架开发的吗？都见不到 Servlet 了，为什么 Servlet 还是必不可少的一项技术？

回答：Java Web 开发的核心是 Servlet。

首先开发者见不到 Servlet 并不表示 Servlet 不存在。在 Spring MVC 开发框架之中，都是基于 Servlet 实现分发机制的，所以不懂 Servlet 技术就无法理解这些框架的设计原理。在本书后面也会有一个模拟框架开发实现的 Servlet 应用，深刻理解这些设计后才可以更好地学习开发框架。

由于早期的 Servlet 技术需要实现动态 Web 的响应，因此要通过 Servlet 实现页面的最终显示，这样在程序中就会有大量的 I/O 操作，如下所示：

```
out.println("<html>") ;
out.println("<head> ... </head>") ;
out.println("</html>") ;
```

虽然通过这样的技术可以实现最终的 HTML 页面响应，但是一定会带来程序代码的维护困难。所以早期的开发者会考虑定义一个 HTML 显示模板文件，而后利用 I/O 流加载模板文件，最终完成页面展示，如图 5-3 所示。

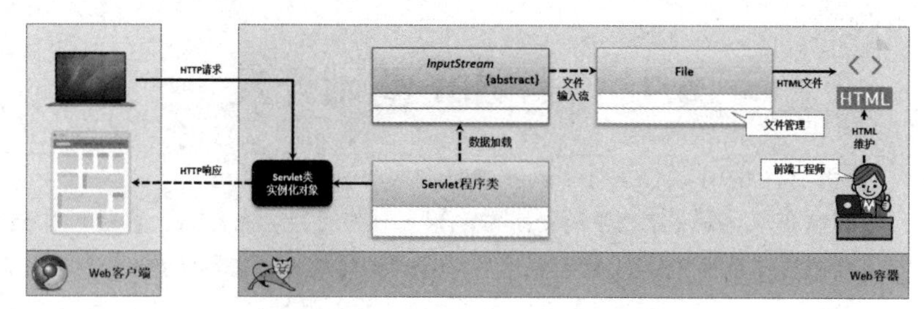

图 5-3　利用模板实现 HTML 页面响应

但是即便有了这样的开发技术，程序也是非常难以维护的。后来受到微软 ASP 技术的启发，Servlet 技术得到改进，推出了 JSP 技术。但是这并不表示 Servlet 技术已经被 JSP 所取代，两者之间在开发中有很强的互补性。因为 Servlet 使用纯 Java 编写，所以更加适合于编写 Java 程序代码，而 JSP 更加适合于动态页面的展示。

5.1.1　Servlet 编程起步

Servlet 编程起步

视频名称　0502_【掌握】Servlet 编程起步

视频简介　Servlet 属于原生 Java 程序代码。本视频介绍利用 HttpServlet 父类实现一个自定义的 Servlet 程序，并实现 HTML 代码的响应操作。

Servlet 程序是以 Java 类对象的形式来处理用户请求的，对于每一个处理 HTTP 请求的 Servlet 类都需要明确地继承 jakarta.servlet.http.HttpServlet 父类，类继承结构如图 5-4 所示。

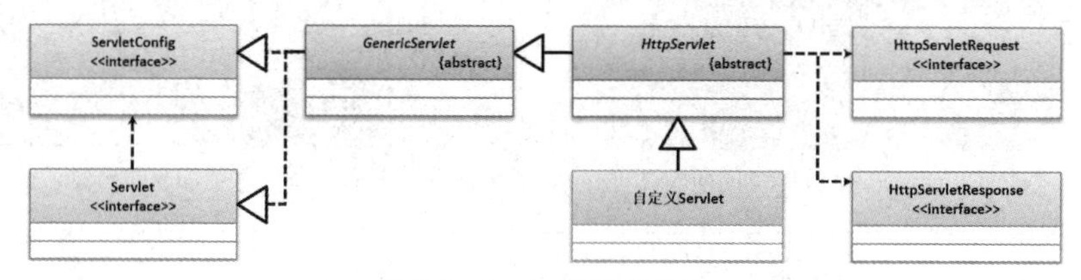

图 5-4　Servlet 类继承结构

在图 5-4 中可以清楚地发现，HttpServlet 是一个抽象类，并且其继承自 GenericServlet 父抽象类，同时在 HttpServlet 类中有表 5-1 所示的方法，可以被子类覆写。这些方法代表不同的 HTTP 请求类型处理，并且都可以在方法中直接获取 HttpServletRequest、HttpServletResponse 接口实例。

表 5-1　HttpServlet 提供的 HTTP 处理方法

序号	方法	类型	描述
1	protected void doDelete(HttpServletRequest req, HttpServletResponse resp) throws ServletException, IOException	普通	处理 DELETE 请求
2	protected void doGet(HttpServletRequest req, HttpServletResponse resp) throws ServletException, IOException	普通	处理 GET 请求
3	protected void doHead(HttpServletRequest req, HttpServletResponse resp) throws ServletException, IOException	普通	处理 HEAD 请求
4	protected void doOptions(HttpServletRequest req, HttpServletResponse resp) throws ServletException, IOException	普通	处理 OPTIONS 请求
5	protected void doPost(HttpServletRequest req, HttpServletResponse resp) throws ServletException, IOException	普通	处理 POST 请求
6	protected void doPut(HttpServletRequest req, HttpServletResponse resp) throws ServletException, IOException	普通	处理 PUT 请求
7	protected void doTrace(HttpServletRequest req, HttpServletResponse resp) throws ServletException, IOException	普通	处理 TRACE 请求

表 5-1 中所示的方法与 HTTP 中的请求模式对应，其中最为常见的 HTTP 请求模式为 GET 与 POST。下面通过一个具体的 Servlet 程序实现 GET 模式的请求处理。

范例：编写第一个 Servlet 程序

```
package com.yootk.servlet;
import jakarta.servlet.ServletException;
import jakarta.servlet.http.HttpServlet;
import jakarta.servlet.http.HttpServletRequest;
import jakarta.servlet.http.HttpServletResponse;
import java.io.IOException;
import java.io.PrintWriter;
public class HelloServlet extends HttpServlet {                    // Servlet程序类
    @Override
    protected void doGet(HttpServletRequest request, HttpServletResponse response)
            throws ServletException, IOException {                 // 方法覆写
        PrintWriter out = response.getWriter();                    // 获取客户端输出流
        out.println("<html>");                                     // 输出HTML代码
        out.println("<head>");                                     // 输出HTML代码
        out.println("    <title>Yootk - JavaWeb</title>");         // 输出HTML代码
        out.println("</head>");                                    // 输出HTML代码
        out.println("<body>");                                     // 输出HTML代码
        out.println("    <h1>www.yootk.com</h1>");                 // 输出HTML代码
        out.println("</body>");                                    // 输出HTML代码
        out.println("</html>");                                    // 输出HTML代码
        out.close();                                               // 关闭输出流
    }
}
```

本程序在 HelloServlet 类定义时明确地使用了 extends 关键字继承了 HttpServlet 父类，这样该类就可以实现 HTTP 请求的处理，而具体可以处理的请求类型就通过方法的覆写来实现，本程序通过 doGet()方法实现了 GET 请求处理。

所有的 Servlet 定义完成后都需要保存在 WEB-INF/classes 目录之中，这样才能够被 Web 容器所加载。但是如果想让其可以进行用户的请求处理，则必须修改 web.xml 配置文件，追加 Servlet 的映射访问路径，配置结构如图 5-5 所示。

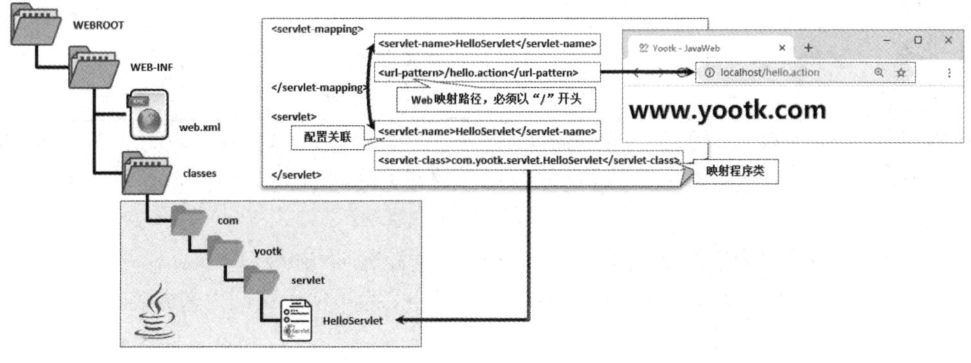

图 5-5　Servlet 映射配置

范例：Servlet 映射配置

```
<servlet>                                                  <!-- 定义Servlet处理类 -->
    <servlet-name>HelloServlet</servlet-name>              <!-- 映射匹配名称 -->
    <servlet-class>com.yootk.servlet.HelloServlet</servlet-class>
</servlet>
<servlet-mapping>                                          <!-- 配置Servlet映射路径 -->
    <servlet-name>HelloServlet</servlet-name>              <!-- 映射匹配名称 -->
    <url-pattern>/hello.action</url-pattern>               <!-- Web访问路径 -->
</servlet-mapping>
```

WEB-INF/web.xml 文件为整个 Web 项目的部署描述符，可以在该文件中直接通过<servlet>元素加载 Servlet 程序类，而后通过<servlet-mapping>实现映射定义，本次设置的映射路径为/hello.action。

提示：Servlet 可以配置多个映射路径。

Servlet 访问路径由于需要在 web.xml 文件中进行定义，因此可以在一个匹配的<servlet>元素之后追加若干个<servlet-mapping>元素，实现多个映射路径的定义。

范例：匹配多个映射路径

```
<servlet>                                                    <!-- Servlet处理类 -->
    <servlet-name>HelloServlet</servlet-name>                <!-- 映射匹配名称 -->
    <servlet-class>com.yootk.servlet.HelloServlet</servlet-class>
</servlet>
<servlet-mapping>                                            <!-- 映射路径 -->
    <servlet-name>HelloServlet</servlet-name>                <!-- 映射匹配名称 -->
    <url-pattern>/hello.action</url-pattern>                 <!-- Web访问路径 -->
</servlet-mapping>
<servlet-mapping>                                            <!-- 映射路径 -->
    <servlet-name>HelloServlet</servlet-name>                <!-- 映射匹配名称 -->
    <url-pattern>/muyan.yootk</url-pattern>                  <!-- Web访问路径 -->
</servlet-mapping>
<servlet-mapping>                                            <!-- 映射路径 -->
    <servlet-name>HelloServlet</servlet-name>                <!-- 映射匹配名称 -->
    <url-pattern>/muyan/yootk/*</url-pattern>                <!-- Web访问路径 -->
</servlet-mapping>
```

本程序为 HelloServlet 配置了多个映射路径。需要注意的是，所有的映射路径配置时都不允许出现重复。在以上配置中，最有意思的是/muyan/yootk/*的映射配置，此配置可以匹配/muyan/yootk 路径下的全部地址，例如/muyan/yootk/hello。这一点也是 Servlet 在项目设计中的关键所在。

5.1.2　Servlet 与表单

Servlet 与表单

视频名称　0503_【掌握】Servlet 与表单

视频简介　Servlet 拥有 Web 交互性，也可以进行表单请求参数的处理。本视频为读者讲解 Servlet 中 HTTP 处理方法的作用，同时实现数据的接收与信息显示操作。

动态 Web 请求中最重要的是与访问用户的交互。而交互性的基本体现形式就是 HTML 表单，表单中常用的提交模式为 POST，这样就必须在处理的 Servlet 类中明确进行 doPost()方法覆写。

在进行表单提交时需要注意请求处理的 Servlet 映射路径要与 HTML 页面路径相匹配。例如：此时的 input.html 页面储存在 pages/front/param 父路径下，为了便于访问一般会将 Servlet 也定义在同样的父路径下，如图 5-6 所示。

范例：定义 HTML 表单（页面名称：input.html）

```
<form action="input.action" method="post">
    请输入信息：<input type="text" name="message"><button type="submit">发送</button>
</form>
```

此时的表单页实现了一个基础的 HTML 表单结构，而此时页面访问路径为/pages/front/param/input.html。如果提交的 input.action 映射父路径与当前路径吻合，那么可以直接编写 input.action；而如果和父路径不吻合，就需要通过<base>元素定位资源位置，而后设置完整路径。本次将 Servlet 与表单映射到了相同的路径之中。

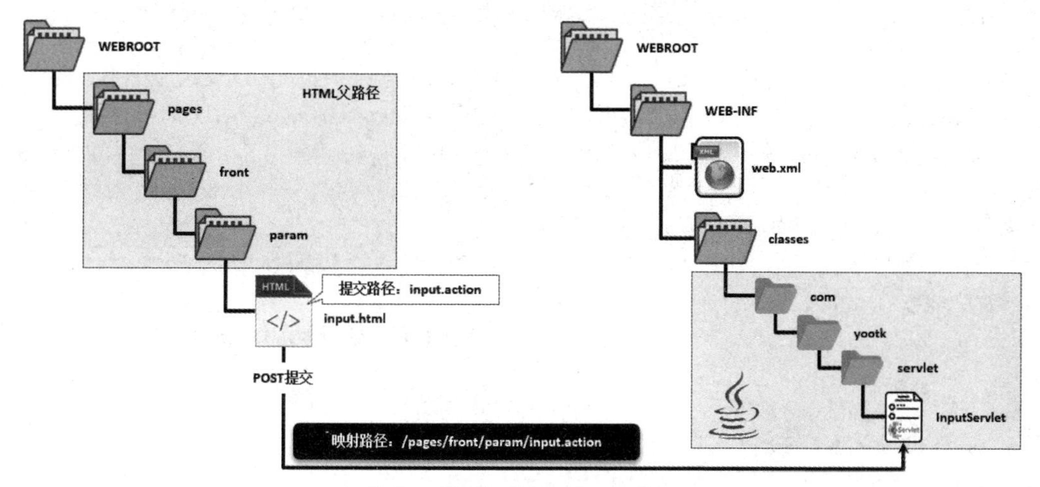

图 5-6　HTML 表单与 Servlet 处理

范例：表单处理 Servlet

```
package com.yootk.servlet;
import jakarta.servlet.ServletException;
import jakarta.servlet.http.HttpServlet;
import jakarta.servlet.http.HttpServletRequest;
import jakarta.servlet.http.HttpServletResponse;
import java.io.IOException;
import java.io.PrintWriter;
public class InputServlet extends HttpServlet {                    // Servlet程序类
    @Override
    protected void doGet(HttpServletRequest request, HttpServletResponse response)
            throws ServletException, IOException {                 // 方法覆写
        request.setCharacterEncoding("UTF-8");                     // 请求编码
        response.setCharacterEncoding("UTF-8");                    // 响应编码
        response.setContentType("text/html;charset=UTF-8");        // 响应MIME类型
        String msg = request.getParameter("message");              // 参数接收
        PrintWriter out = response.getWriter();                    // 获取客户端输出流
        out.println("<html>");                                     // 输出HTML代码
        out.println("<head>");                                     // 输出HTML代码
        out.println("    <title>Yootk - JavaWeb</title>");         // 输出HTML代码
        out.println("</head>");                                    // 输出HTML代码
        out.println("<body>");                                     // 输出HTML代码
        out.println("    <h1>" + msg + "</h1>");                   // 输出HTML代码
        out.println("</body>");                                    // 输出HTML代码
        out.println("</html>");                                    // 输出HTML代码
        out.close();                                               // 关闭输出流
    }
    @Override
    protected void doPost(HttpServletRequest request, HttpServletResponse response) throws
ServletException, IOException {
        this.doGet(request, response);                             // 调用doGet()方法
    }
}
```

web.xml 配置：

```
<servlet>                                                   <!-- Servlet类 -->
    <servlet-name>InputServlet</servlet-name>               <!-- 映射匹配名称 -->
    <servlet-class>com.yootk.servlet.InputServlet</servlet-class>
</servlet>
<servlet-mapping>                                           <!-- 配置映射路径 -->
    <servlet-name>InputServlet</servlet-name>               <!-- 映射匹配名称 -->
```

```
    <url-pattern>/input.action</url-pattern>              <!-- Web访问路径 -->
</servlet-mapping>
```

本程序实现了一个 Servlet 定义，由于该 Servlet 有可能需要处理中文以及响应中文，因此明确地使用了 request、response 对象实现了编码设置（调用 setCharacterEncoding("UTF-8")方法），之后将接收到的请求参数通过 response 进行输出，程序最终的执行结果如图 5-7 所示。

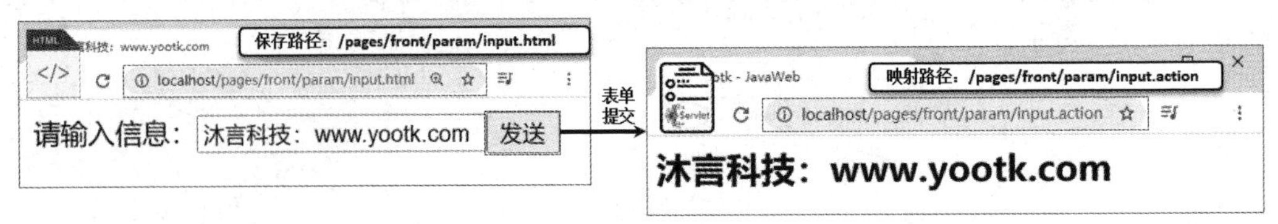

图 5-7　Servlet 与表单映射

5.1.3　@WebServlet 注解

@WebServlet 注解

视频名称　0504_【掌握】@WebServlet 注解

视频简介　Servlet 程序是项目中的重要组成部分，但是由于 Servlet 必须在 web.xml 配置文件中进行注册管理，因此就为代码的维护带来极大的不便。为了解决这一问题，Servlet 提供了注解配置的形式，本视频通过实例代码对@WebServlet 注解进行讲解。

传统的 Servlet 程序定义之后往往需要通过 web.xml 进行配置，但是这样的配置结构会随着项目代码的不断完善而造成 web.xml 文件过大的问题。为了简化 Servlet 的配置形式，从 Servlet 3.0 起提供了基于 Annotation 注解的配置模式，开发者可以直接在 Servlet 程序类中使用@WebServlet 注解实现 Servlet 配置，在该注解中包含的属性如表 5-2 所示。

表 5-2　@WebServlet 注解属性

序号	属性名称	类型	描述
1	name	java.lang.String	Servlet 名称，等价于<servlet-name>元素定义，如果没有设置名称则会使用类名称自动配置
2	urlPatterns	java.lang.String[]	Servlet 映射路径，等价于<url-pattern>元素定义
3	value	java.lang.String[]	等价于 urlPatterns 属性配置，两个属性不可同时出现
4	loadOnStartup	int	Servlet 加载顺序，等价于<load-on-startup>元素定义
5	initParams	WebInitParam []	Servlet 初始化参数，等价于<init-param>元素定义
6	asyncSupported	boolean	Servlet 是否支持异步处理模式，等价于<async-supported>元素定义
7	description	java.lang.String	Servlet 描述信息，等价于<description>元素定义
8	displayName	java.lang.String	Servlet 显示名称，等价于<display-name>元素定义

范例：使用@WebServlet 注解

```
package com.yootk.servlet;
@WebServlet(
        description = "使用注解形式配置Servlet，该配置适合于Servlet 3.0及之后的版本",
        urlPatterns = {"/hello.action", "/muyan.yootk", "/muyan/yootk/*"})
public class HelloServlet extends HttpServlet {                    // Servlet程序类
    @Override
    protected void doGet(HttpServletRequest request, HttpServletResponse response)
            throws ServletException, IOException {                // 方法覆写
        PrintWriter out = response.getWriter();                    // 获取客户端输出流
        // HTML代码输出，略
    }
}
```

此时程序中通过@WebServlet 注解为当前的 HelloServlet 类配置了 3 个访问映射路径。由于该注解的存在，开发者就不再需要通过 web.xml 进行配置。

提示：不要忽视 web.xml 配置。

虽然通过注解可以实现 Servlet 配置，并且这样的配置要比使用 web.xml 更加简单，但是在实际的项目开发中，很多的 Servlet 还是需要通过 web.xml 进行配置的。这主要是由项目的开发结构所决定的，在本书后续的自定义 MVC 开发框架内容中会有关于此结构的详细讲解。

此外，为了便于读者阅读程序代码，本书在讲解基础概念时会尽量使用注解的形式进行配置。

5.2 Servlet 生命周期

Servlet 生命周期简介

视频名称 0505_【掌握】Servlet 生命周期简介

视频简介 Servlet 程序代码接受容器的管理，同时也运行在容器之中。为了更加方便地控制 Servlet 程序，在容器中为 Servlet 进行了生命周期的相关信息定义。本视频为读者分析 Servlet 生命周期的执行状态。

Servlet 程序是一个运行在 Web 容器中的 Java 类，所有的 Java 类在执行时都需要通过实例化对象来进行类中功能调用。在 Web 容器中会自动进行 Servlet 实例化对象的管理，并且规定了一套完整的 Servlet 生命周期，如图 5-8 所示。具体的操作流程如下。

（1）【容器加载】Servlet 运行在特定的 Web 应用之中，当 Tomcat 启动后首先需要进行 Servlet 上下文初始化，随后会依据配置的 Servlet 进行类加载，如果加载失败，则容器启动失败。

（2）【对象实例化】所有的 Servlet 程序都通过反射机制将类名称加载到 Web 容器里，当 Servlet 类被加载后会自动实例化唯一的 Servlet 对象。如果对象实例化失败，则容器启动失败。

（3）【初始化】进行 Servlet 初始化的工作处理，此操作是在构造方法执行之后进行的，可以利用此方式获取初始化的配置信息（例如：初始化参数）。正常情况下，一个 Servlet 只会初始化一次。

（4）【服务支持】对用户所发送来的请求进行服务的请求与响应处理，服务操作部分会被重复执行。

（5）【销毁】一个 Servlet 如果不再使用则执行销毁处理，销毁的时候可以对 Servlet 所占用的资源进行释放。

（6）【对象回收】Servlet 实例化对象不再使用后，会由 JVM 进行对象回收与内存空间释放。

（7）【容器卸载】关闭 Web 容器，停止当前服务。

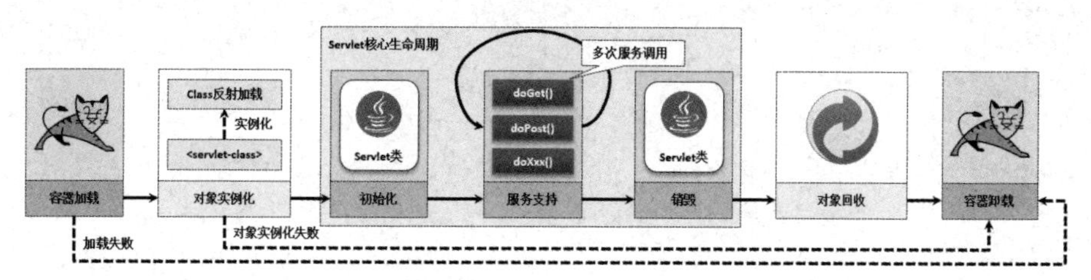

图 5-8 Servlet 生命周期

提示：重复初始化问题。

如果一个 Servlet 在整个 Web 容器中长期存在并且持续使用，则只会初始化一次，并且销毁一次。但是如果某一个 Servlet 长时间不使用，就有可能被 Web 容器自动销毁，而在下一次使用前会重复进行对象实例化与初始化的处理。

5.2.1　Servlet 基础生命周期

Servlet 基础生命周期

视频名称　0506_【掌握】Servlet 基础生命周期

视频简介　本视频主要通过具体的实例代码为读者演示 Servlet 生命周期的控制方法的作用，同时分析 Servlet 程序初始化的时机以及初始化配置。

在 Jakarta EE 标准中为了便于用户进行 Servlet 生命周期的控制，专门提供了一系列的生命周期控制方法，开发者只需要在子类中覆写表 5-3 所列出的方法即可实现 Servlet 基础生命周期控制。

表 5-3　实现 Servlet 基础生命周期控制的方法

序号	方法	类型	所属类型	描述
1	public void init() throws ServletException	方法	GenericServlet 类	Servlet 初始化
2	protected void doGet(HttpServletRequest req, HttpServletResponse resp) throws ServletException, IOException	方法	HttpServlet 类	HTTP Get 服务处理
3	protected void doPost(HttpServletRequest req, HttpServletResponse resp) throws ServletException, IOException	方法	HttpServlet 类	HTTP Post 服务处理
4	public void destroy()	方法	Servlet 接口	Servlet 服务销毁

范例：Servlet 基础生命周期

```
package com.yootk.servlet;
import jakarta.servlet.ServletException;
import jakarta.servlet.annotation.WebServlet;
import jakarta.servlet.http.HttpServlet;
import jakarta.servlet.http.HttpServletRequest;
import jakarta.servlet.http.HttpServletResponse;
import java.io.IOException;
@WebServlet("/life")
public class LifeCycleServlet extends HttpServlet {
    public LifeCycleServlet() {                                    // 无参构造方法
        System.out.println("【LifeCycleServlet】调用构造方法，实例化Servlet对象");
    }
    @Override
    public void init() throws ServletException {                   // 初始化
        System.out.println("【LifeCycleServlet】调用init()初始化方法");
    }
    @Override
    protected void doGet(HttpServletRequest req, HttpServletResponse resp)
            throws ServletException, IOException {                 // 处理GET请求
        System.out.println("【LifeCycleServlet】处理GET请求服务。");
    }
    @Override
    protected void doPost(HttpServletRequest req, HttpServletResponse resp)
            throws ServletException, IOException {                 // 处理POST请求
        System.out.println("【LifeCycleServlet】处理POST请求服务。");
    }
    @Override
    public void destroy() {                                        // 销毁
        System.out.println("【LifeCycleServlet】释放Servlet占用资源。");
    }
}
```

程序执行结果如下。

第一次请求：

```
【LifeCycleServlet】调用构造方法，实例化Servlet对象
```

```
【LifeCycleServlet】调用init()初始化方法
【LifeCycleServlet】处理GET请求服务。
```

第二次请求：

```
【LifeCycleServlet】处理GET请求服务。
```

Tomcat 关闭：

```
【LifeCycleServlet】释放Servlet占用资源。
```

本程序在 LifeCycleServlet 中根据需要覆写了父类中的生命周期控制方法，这样在第一次访问此 Servlet 映射路径时，会由 Web 容器自动调用无参构造方法实例化指定本类对象。随后会通过 init()方法进行 Servlet 初始化控制，最后进行请求处理，如图 5-9 所示。而如果用户再次发出请求，由于该 Servlet 对象已经存在，因此直接调用服务方法进行请求处理即可，最后在容器关闭或者该 Servlet 长期不使用时才会调用 destroy()方法进行资源释放。

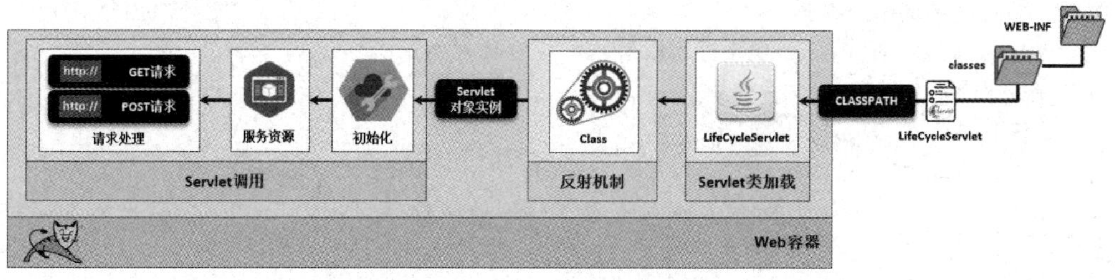

图 5-9 Servlet 生命周期执行操作

提示：Servlet 初始化控制。

在正常情况下每一个 Servlet 都在其第一次使用时才会进行对象的实例化处理，如果用户有需要也可以通过配置使其在容器启动时进行初始化。

范例：容器启动时初始化 Servlet

```
@WebServlet(urlPatterns = {"/life"}, loadOnStartup = 1)
public class LifeCycleServlet extends HttpServlet {}
```

在程序中追加了 loadOnStartup = 1 属性后，此 Servlet 会在容器启动时进行初始化配置。需要注意的是，如果此时有多个 Servlet 配置了 loadOnStartup 属性，那么取值最小的会优先执行。

5.2.2 Servlet 扩展生命周期

Servlet 扩展生命周期

视频名称 0507_【掌握】Servlet 扩展生命周期

视频简介 除了基本的初始化、服务与销毁操作之外，Servlet 针对初始化和服务还提供了更多的方法。本视频通过类的继承结构以及具体的代码为读者演示更全面的生命周期控制方法，同时分析 HttpServlet 类中关于 HTTP 请求方法处理分发的操作原理。

Servlet 生命周期控制方法都在 GenericServlet 类及其 Servlet 父接口中进行了定义。在实际的 Servlet 开发中，往往采用图 5-10 所示的继承结构。可以发现除了以上所讲解的基础生命周期控制方法外，还提供了一些扩展生命周期方法，这些方法如表 5-4 所示。

表 5-4 扩展生命周期方法

序号	方法	类型	所属类型	描述
1	public void init(ServletConfig config) throws ServletException	方法	Servlet 接口	Servlet 初始化
2	public void service(ServletRequest req, ServletResponse res) throws ServletException, IOException	方法	Servlet 接口	服务请求处理
3	protected void service(HttpServletRequest req, HttpServletResponse resp) throws ServletException, IOException	方法	HttpServlet 类	HTTP 请求处理

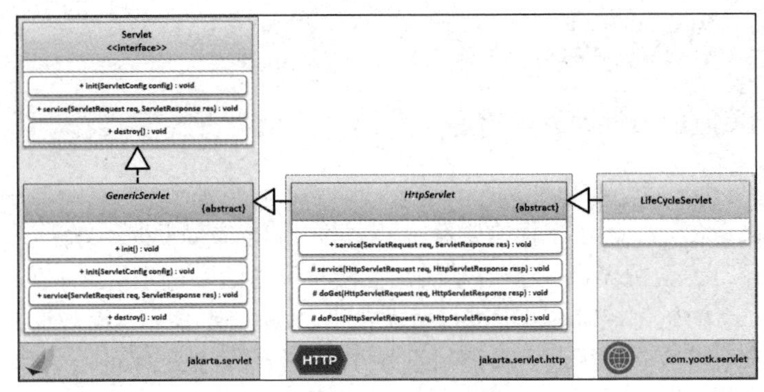

图 5-10　Servlet 继承结构

范例：Servlet 扩展生命周期

```
package com.yootk.servlet;
import jakarta.servlet.ServletConfig;
import jakarta.servlet.ServletException;
import jakarta.servlet.annotation.WebInitParam;
import jakarta.servlet.annotation.WebServlet;
import jakarta.servlet.http.HttpServlet;
import jakarta.servlet.http.HttpServletRequest;
import jakarta.servlet.http.HttpServletResponse;
import java.io.IOException;
@WebServlet(                                                        // Servlet配置注解
    urlPatterns = {"/life"},                                        // 映射路径
    loadOnStartup = 1,                                              // 启动时初始化
    initParams = {                                                  // 初始化参数
        @WebInitParam(name="message", value = "www.yootk.com"),     // 初始化参数一
        @WebInitParam(name = "teacher", value = "Lee")})            // 初始化参数二
public class LifeCycleServlet extends HttpServlet {
    public LifeCycleServlet() {                                     // 无参构造方法
        System.out.println("【LifeCycleServlet】调用构造方法，实例化Servlet对象");
    }
    @Override
    public void init(ServletConfig config) throws ServletException {
        System.out.println("【LifeCycleServlet】初始化参数一：" +
            config.getInitParameter("message") + "、初始化参数二：" +
            config.getInitParameter("teacher"));                    // 初始化参数
    }
    @Override
    public void init() throws ServletException {                    // 初始化
        System.out.println("【LifeCycleServlet】调用init()初始化方法");
    }
    @Override
    protected void service(HttpServletRequest req, HttpServletResponse resp)
            throws ServletException, IOException {
        System.out.println("【LifeCycleServlet】请求服务处理。");
    }
    @Override
    protected void doGet(HttpServletRequest req, HttpServletResponse resp)
            throws ServletException, IOException {                  // 处理GET请求
        System.out.println("【LifeCycleServlet】处理GET请求服务。");
    }
    @Override
    protected void doPost(HttpServletRequest req, HttpServletResponse resp)
            throws ServletException, IOException {                  // 处理POST请求
        System.out.println("【LifeCycleServlet】处理POST请求服务。");
    }
    @Override
```

```
    public void destroy() {                                      // 销毁
        System.out.println("【LifeCycleServlet】释放Servlet占用资源。");
    }
}
```

容器启动信息：

```
【LifeCycleServlet】调用构造方法，实例化Servlet对象
【LifeCycleServlet】初始化参数一：www.yootk.com、初始化参数二：Lee
```

服务处理信息：

```
【LifeCycleServlet】请求服务处理。
```

容器关闭信息：

```
【LifeCycleServlet】释放Servlet占用资源。
```

在本程序中覆写了父类提供的扩展生命周期方法，但是在执行时可以发现有如下特点。

- 当子类覆写了 init(ServletConfig config)初始化方法后，无参初始化方法 init()将不会被调用，同时可以通过其内部提供的 ServletConfig 实例化对象调用配置的初始化参数。
- 当子类覆写了 service()方法后，不会再根据不同的 HTTP 请求类型去调用不同的 doXxx()方法，而是直接实现了用户的请求处理与响应。

提示：HttpServlet 类属于模板设计模式。

在所有的 Servlet 实现类中，如果想进行不同请求模式的处理，则一定要覆写相应的 doXxx()处理方法，而这些方法是通过 HttpServlet 类中的 service()方法实现调用的，源代码如下。

范例：HttpServlet.service()部分源代码

```
// 覆写GenericServlet类中的service()方法进行所有服务处理
public void service(ServletRequest req, ServletResponse res) {
    HttpServletRequest request;                            // HTTP接口
    HttpServletResponse response;                          // HTTP接口
    try {
        request = (HttpServletRequest)req;                 // 强制转型
        response = (HttpServletResponse)res;               // 强制转型
    } catch (ClassCastException var6) {}
    this.service(request, response);                       // HTTP的处理方法
}
// HttpServlet子类扩充方法，用于处理HTTP服务请求
protected void service(HttpServletRequest req, HttpServletResponse resp){
    String method = req.getMethod();                       // 获取请求模式
    if (method.equals("GET")) {                            // 处理GET请求
        this.doGet(req, resp);                             // 调用doGet()
    } else if (method.equals("HEAD")) {                    // 处理HEAD请求
        this.doHead(req, resp);                            // 调用doHead()
    } else if (method.equals("POST")) {                    // 处理POST请求
        this.doPost(req, resp);                            // 调用doPost()
    } else if (method.equals("PUT")) {                     // 处理PUT请求
        this.doPut(req, resp);                             // 调用doPut()
    } else if (method.equals("DELETE")) {                  // 处理DELETE请求
        this.doDelete(req, resp);                          // 调用doDelete()
    } else if (method.equals("OPTIONS")) {                 // 处理OPTIONS请求
        this.doOptions(req, resp);                         // 调用doOptions()
    } else if (method.equals("TRACE")) {                   // 处理TRACE请求
        this.doTrace(req, resp);                           // 调用doTrace()
    } else {}                                              // 请求错误
}
```

以上列出了 HttpServlet.service()的部分源代码。通过源代码可以发现，所有的请求首先会提交到 GenericServlet.service()方法，而后才会执行 HttpServlet.service()方法。在 HttpServlet.service()方法中会首先获取当前的 HTTP 请求模式，而后依据此模式来决定最终的处理方法，如图 5-11 所示。

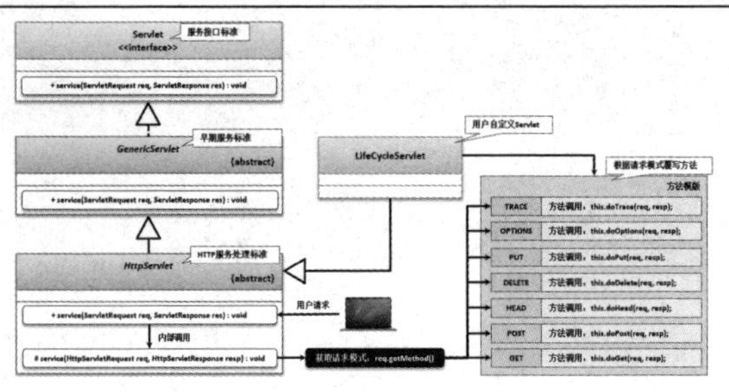

图 5-11　Servlet 与模板设计

而此时所采用的模式就是在本系列丛书中讲解 Java 基础知识时所使用的模板设计模式，子类必须按照父类特定的模板方法进行覆写，才可以进行调用。所以当一个用户自定义的 Servlet 类被覆写，又没有明确地在子类通过 super.service()调用父类的 service()方法时，所有的 doXxx()方法是不会被调用的。

最终的结论就是，在实际的项目开发中，不建议用户覆写 service()方法，对于具体的请求服务需要覆写 doXxx()方法进行处理。

5.3　Servlet 与内置对象

Servlet 与内置对象关系简介

视频名称　0508_【掌握】Servlet 与内置对象关系简介

视频简介　本视频主要通过 JSP 开发中使用过的内置对象，为读者分析 Servlet 类结构与 request、response 内置对象类型的对应关系。

Servlet 可以实现全部 JSP 程序功能，所以在 Servlet 中可以直接进行内置对象的处理操作。在所有的 Servlet 实现子类中只要覆写了父类中的 doXxx()方法，就可以直接获取到 HttpServletRequest、HttpServletResponse 的对象实例，如图 5-12 所示。同时由于所有的 Servlet 类都是 Servlet 接口的子类，那么可以直接通过 Servlet 接口实例获取 ServletConfig 内置对象，实现初始化参数的获取。

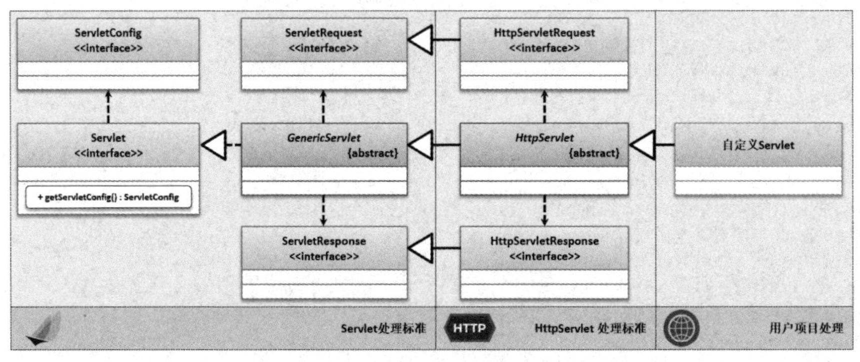

图 5-12　Servlet 与内置对象

注意：部分内置对象无法在 Servlet 中获取。

Servlet 是一个“纯粹”的 Java 程序，相对来讲是一个独立的程序类，这一点和大量依靠容器的 JSP 程序还是有一定区别的。在 JSP 中可以使用的 page、pageContext、exception 等对象是无法直接在 Servlet 中获取的，这些对象只能够在 JSP 中调用。

范例：获取初始化参数

```
package com.yootk.servlet;
import jakarta.servlet.ServletException;
import jakarta.servlet.annotation.WebInitParam;
import jakarta.servlet.annotation.WebServlet;
import jakarta.servlet.http.HttpServlet;
import jakarta.servlet.http.HttpServletRequest;
import jakarta.servlet.http.HttpServletResponse;
import java.io.IOException;
import java.util.Enumeration;
@WebServlet(                                                          // Servlet配置注解
    urlPatterns = {"/inner"},                                         // 映射路径
    initParams = {                                                    // 初始化参数
        @WebInitParam(name="message", value = "www.yootk.com"),       // 初始化参数一
        @WebInitParam(name = "teacher", value = "Lee")})              // 初始化参数二
public class InnerObjectServlet extends HttpServlet {
    @Override
    protected void doGet(HttpServletRequest req, HttpServletResponse resp)
            throws ServletException, IOException {                    // 处理GET请求
        this.doPost(req, resp);                                       // 调用本类doPost()
    }
    @Override
    protected void doPost(HttpServletRequest req, HttpServletResponse resp)
    throws ServletException, IOException {                            // 处理POST请求
        Enumeration<String> enu = super.getServletConfig()
                .getInitParameterNames();                             // 全部初始化参数名称
        while (enu.hasMoreElements()) {                               // 枚举迭代
            String name = enu.nextElement();                          // 获取初始化参数名称
            System.out.println("【InnerObjectServlet】" + name + " = " +
                    super.getServletConfig().getInitParameter(name));     // 获取初始化参数内容
        }
    }
}
```

程序执行结果：

```
【InnerObjectServlet】teacher = Lee
【InnerObjectServlet】message = www.yootk.com
```

Servlet 中的初始化参数可以直接通过生命周期控制方法 init()在初始化的时候获得，也可以在服务处理时，利用 Servlet 接口提供的 getServletConfig()方法动态获取。本程序获取了全部的初始化参数名称，随后通过枚举迭代获取了每个参数的名称以及对应的参数内容。

提示：另一种获取初始化参数的方法。

对于初始化参数，除了使用 ServletConfig 接口实现之外，在 GenericServlet 父类中也提供了更加简化的处理方法，如下所示。

- 获取全部初始化参数名称：public Enumeration<String> getInitParameterNames()。
- 获取指定名称的初始化参数内容：public String getInitParameter(String name)。

范例：获取初始化参数

```
@Override
protected void doPost(HttpServletRequest req, HttpServletResponse resp)
throws ServletException, IOException {                        // POST请求
    Enumeration<String> enu = super.getInitParameterNames();  // 初始化参数名
    while (enu.hasMoreElements()) {                           // 枚举迭代
        String name = enu.nextElement();                      // 获取参数名称
        System.out.println("【InnerObjectServlet】" + name + " = " +
            super.getInitParameter(name));                    // 参数内容
```

```
    }
}
```

此时不再需要通过 getServletConfig()方法获取 config 内置对象就可以方便地获取初始化参数。而这种方法操作实际上是由 GenericServlet 类帮助用户获取了 config 对象实现的，本质上与之前的方式是完全相同的。

5.3.1　获取 application 内置对象

获取 application 内置对象

视频名称　0509_【掌握】获取 application 内置对象

视频简介　application 内置对象描述的是 Servlet 上下文环境。本视频分析如何通过 GenericServlet 与 HttpServletRequest 获取 ServletContext 接口实例。

application 内置对象对应的类型为 jakarta.servlet.ServletContext 接口实例，是一个保存在 Web 容器中的内置对象，所有的用户都可以直接使用同一个 application 对象。在 Servlet 中如果想获取 ServletContext 接口实例，则可以通过 GenericServlet 类或者 ServletRequest 接口中的 getServletContext()方法来完成，如图 5-13 所示。

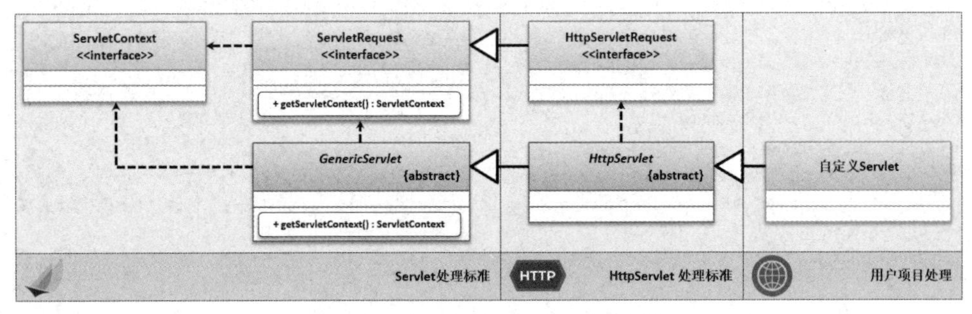

图 5-13　获取 ServletContext 接口实例

范例：获取 ServletContext 接口实例

```
@Override
protected void doPost(HttpServletRequest req, HttpServletResponse resp)
        throws ServletException, IOException {                    // 处理POST请求
    ServletContext application = super.getServletContext();      // 获取ServletContext
    System.out.println("【真实路径】" + application.getRealPath("/upload"));
    System.out.println("【真实路径】" + req.getServletContext().getRealPath("/upload"));
}
```

程序执行结果：

```
【真实路径】H:\workspace\idea\muyan_web\out\artifacts\yootkweb_war_exploded\upload
【真实路径】H:\workspace\idea\muyan_web\out\artifacts\yootkweb_war_exploded\upload
```

本程序分别通过 GenericServlet 类以及 ServletRequest 接口中提供的 getServletContext()方法获取了 application 对象，随后通过 getRealPath()方法获取了虚拟目录中指定目录的完整路径。

5.3.2　获取 session 内置对象

获取 session 内置对象

视频名称　0510_【掌握】获取 session 内置对象

视频简介　session 是区分不同用户的重要技术手段。本视频为读者分析通过 HttpServletRequest 接口获取 HttpSession 接口实例的两个方法的区别，并通过具体的代码演示实现 session 对象获取。

session 是进行请求用户身份认证的重要内置对象，session 内置对象对应的类型为 jakarta.servlet.http.HttpSession，所有的 session 都必须通过 HTTP 客户端的 Cookie 获取相应的标识后才可以实现服务器状态的获取。所以如果想在 Servlet 中获取 session 内置对象，就只有依靠 HttpServletRequest 接口来实现，如图 5-14 所示。

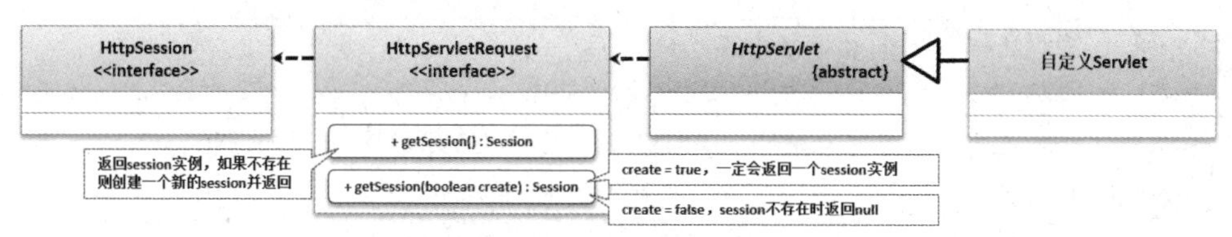

图 5-14　Servlet 获取 HttpSession 接口

范例：获取 HttpSession 接口实例

```
@Override
protected void doPost(HttpServletRequest req, HttpServletResponse resp)
        throws ServletException, IOException {                  // 处理POST请求
    HttpSession session = req.getSession();                     // 获取session
    System.out.println("SESSIONID = " + session.getId());       // 获取SessionID
    session.invalidate();                                       // 注销session
}
```

程序执行结果：

```
SESSIONID = EC7B6DB41BBE3687A2BC5ABD1D72380A
```

本程序在服务处理方法中利用 HttpServletRequest 对象实例调用了 getSession()方法，这样就可以获取一个 HttpSession 接口对象实例。

5.4　Servlet 跳转

Servlet 跳转简介

视频名称　0511_【掌握】Servlet 跳转简介

视频简介　Servlet 是“纯粹”的 Java 程序代码，可以实现 JSP 对应的操作功能实现。本视频为读者分析 Servlet 跳转在项目开发中的基本实现场景。

作为原生的 Java 程序，Servlet 可以非常方便地实现各种业务逻辑的调用，同时也可以更加方便地从指定的数据源中获取所需要的数据信息。然而 Servlet 却有一个非常严重的问题，就是其并不适合于 HTML 页面展示。这样在实际的开发中就会考虑将所需的数据传递到 JSP 中进行数据展示，如图 5-15 所示。

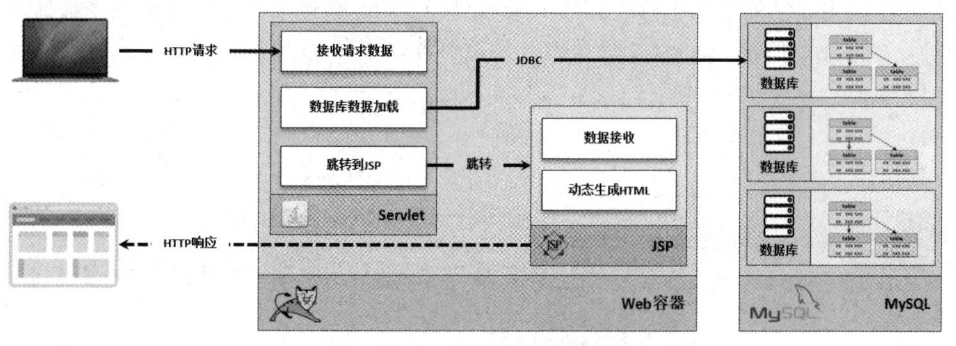

图 5-15　Servlet 请求处理与跳转

在实际的项目开发中，由于大部分都是围绕着数据库展开的，这样当用户发出请求后，服

务器端程序就需要通过匹配的 Servlet 进行请求处理，首先利用 JDBC 技术实现数据库数据的加载，随后将数据交由 JSP 进行处理，最后由 JSP 动态生成 HTML 代码返回给客户端浏览器进行显示。

5.4.1　客户端跳转

客户端跳转

视频名称　0512_【掌握】客户端跳转

视频简介　在 Servlet 服务处理方法中有 HttpServletResponse 内置对象。本视频主要讲解如何利用此内置对象中的 sendRedirect()方法实现页面跳转，并且重申 request 属性范围的特点。

每一个 Servlet 中进行的请求处理操作都会自动提供 HttpServletResponse 内置对象，在 HttpServletResonse 接口中提供了一个请求重定向的处理方法 sendRedirect()，利用此方法即可实现 Servlet 跳转到 JSP 页面的功能。

范例：定义 Servlet 并实现跳转

```
@WebServlet("/jump")                                              // Servlet配置
public class JumpServlet extends HttpServlet {
    @Override
    protected void doGet(HttpServletRequest req, HttpServletResponse resp)
            throws ServletException, IOException {                // 处理GET请求
        this.doPost(req, resp);                                   // 调用本类doPost()方法
    }
    @Override
    protected void doPost(HttpServletRequest req, HttpServletResponse resp)
           throws ServletException, IOException {                 // 处理POST请求
        req.setAttribute("request-msg", "www.yootk.com");    // request属性
        req.getSession().setAttribute("session-msg", "edu.yootk.com");  // session属性
        resp.sendRedirect("/show.jsp");                                 // 页面跳转
    }
}
```

本程序在 Servlet 中设置了两个属性内容，随后利用 resp.sendRedirect()方法跳转到了指定的 show.jsp 页面，同时在此 JSP 页面实现了属性的接收与输出操作。

范例：接收属性并输出

```
<%@ page pageEncoding="UTF-8" %>
<h1>REQUEST属性：<%=request.getAttribute("request-msg")%></h1>
<h1>SESSION属性：<%=session.getAttribute("session-msg")%></h1>
```

程序执行结果：

```
REQUEST属性：null
SESSION属性：edu.yootk.com
```

JSP 程序的主要功能是输出接收到的 request 和 session 属性内容，但是由于当前使用的是客户端跳转，因此无法传递 request 属性范围，只能够传递 session 属性，程序的执行结果如图 5-16 所示。

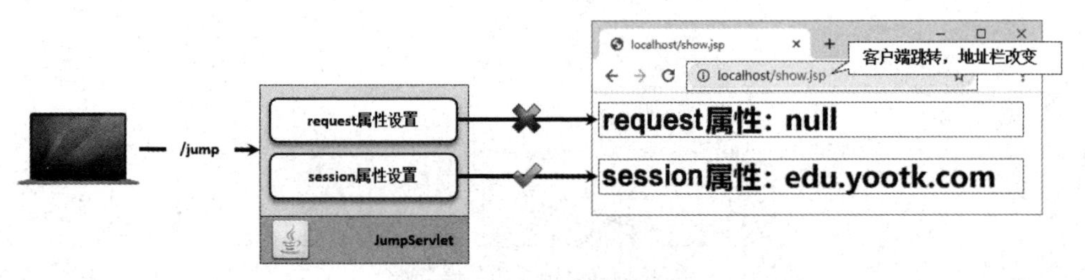

图 5-16　Servlet 属性跳转

5.4.2 服务器端跳转

服务器端跳转

视频名称 0513_【掌握】服务器端跳转

视频简介 在项目开发中，request 属性的传递是至关重要的。本视频讲解 RequestDispatcher 接口的作用以及对象实例的获取操作方法，并且通过具体的程序演示服务器端跳转的操作。

由于 Servlet 传递到 JSP 页面中的属性内容往往会有大量的数据信息，这就需要在每次请求后将所传递的属性内容进行清空，因此就需要使用服务器端跳转。在 Servlet 中的服务器端跳转主要通过 RequestDispatcher 接口来实现，此接口的使用结构如图 5-17 所示。

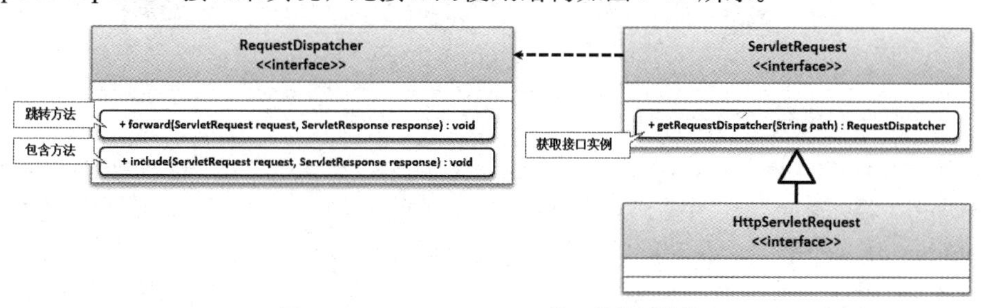

图 5-17 RequestDispatcher 接口的使用结构

范例：实现服务器端跳转

```
protected void doPost(HttpServletRequest req, HttpServletResponse resp)
        throws ServletException, IOException {                          // 处理POST请求
    req.setAttribute("request-msg", "www.yootk.com");                   // request属性
    req.getSession().setAttribute("session-msg", "edu.yootk.com");     // session属性
    RequestDispatcher requestDispatcher = req.getRequestDispatcher("/show.jsp");
    requestDispatcher.forward(req, resp);                               // 跳转
}
```

本程序通过 ServletRequest 接口提供的 getRequestDispatcher()方法获取了 RequestDispatcher 接口实例，同时设置了跳转的目标路径，最后通过 forward()方法实现了跳转操作，而在 JSP 中就可以直接实现 request 属性接收。本程序的执行结果如图 5-18 所示。

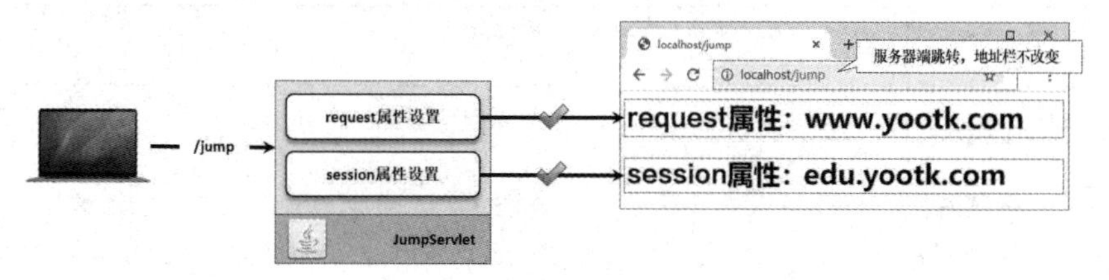

图 5-18 服务器端跳转

5.5 Servlet 异步响应

Servlet 异步处理

视频名称 0514_【掌握】Servlet 异步处理

视频简介 在进行动态 Web 开发中，经常会执行耗时的程序。为了解决这个问题，在 Servlet 中提供了异步处理方式，可以基于新的线程实现独立的请求和响应。本视频主要为读者分析异步处理的程序结构以及相关的操作方法。

传统的 Servlet 进行用户请求处理与响应都是在一个线程上完成的。这样当处理与响应时间过长时就会造成该线程的长期占用，从而在并发量增加的情况下可能导致系统资源耗尽的问题。为了解决此类问题，在 Servlet 3.0 标准中提供了异步响应支持，可以由开发者自行创建一个异步线程进

行客户端响应，操作形式如图 5-19 所示。这样对于处理用户请求的工作线程就可以及时进行请求响应，并将该线程重新放回到线程池中。

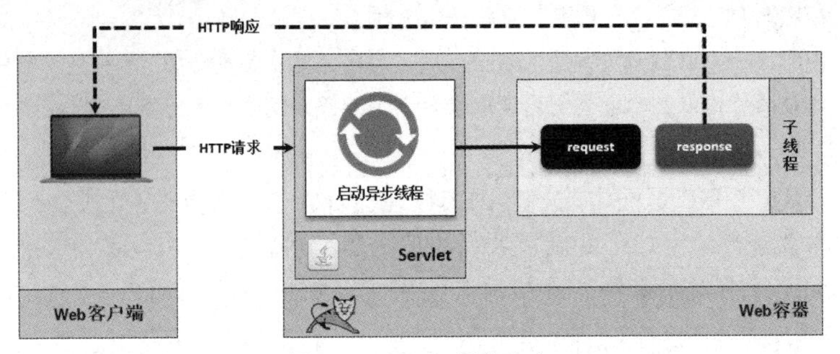

图 5-19　Servlet 异步响应

提示：异步处理是当今的流行话题。

如果读者始终关注技术发展，就不难发现，在最近几年中，异步处理响应机制在行业中得到了广泛的应用，在 Spring 框架中也提供了 WebFlux 异步处理框架，可见此 I/O 模型的重要程度。关于 WebFlux 技术读者可以在本系列丛书中有关微服务架构的书中学习到，此处先充分理解异步处理的概念即可。

在 Servlet 类中提供了 AsyncContext 接口进行异步响应操作，而要想获取此接口的实例化对象，就必须通过 ServletRequest 接口实现。在 ServletRequest 接口中提供的异步处理支持方法如表 5-5 所示。

表 5-5　ServletRequest 异步处理支持方法

序号	方法	类型	描述
1	public AsyncContext getAsyncContext()	方法	获取异步上下文
2	public boolean isAsyncStarted()	方法	是否启动异步上下文
3	public boolean isAsyncSupported()	方法	是否支持异步处理
4	public AsyncContext startAsync() throws IllegalStateException	方法	开启异步上下文
5	public AsyncContext startAsync(ServletRequest servletRequest, ServletResponse servletResponse) throws IllegalStateException	方法	开启异步上下文

5.5.1　异步请求响应

异步请求响应

视频名称　0515_【掌握】异步请求响应

视频简介　本视频主要通过具体的 ECHO 响应程序为读者演示异步处理操作的代码实现，同时通过具体的程序讲解分析通过 AsyncContext 类进行输出与跳转的操作。

jakarta.servlet.AsyncContext 接口是实现异步响应处理的核心接口，此接口的对象实例通过 Servlet 创建。在通过该接口进行异步处理时，必须明确传递一个 Runnable 接口实例，而后可以直接在 run()方法中进行请求的接收与响应处理。程序的实现结构如图 5-20 所示。

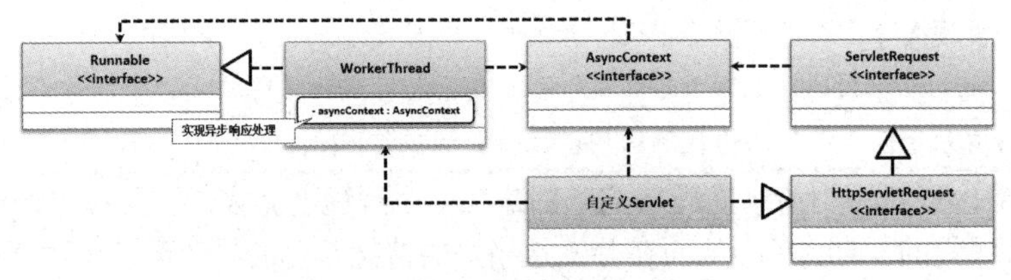

图 5-20　Servlet 异步响应实现结构

由于最终的异步响应全部由 AsyncContext 接口完成，同时在响应处理时还需要明确地获取 ServletRequest、ServletResponse 接口实例，这样开发者就可以直接通过表 5-6 所示的方法实现所有的异步处理。

表 5-6 AsyncContext 接口方法

序号	方法	类型	描述
1	public void start(Runnable run)	方法	启动一个异步处理的子线程
2	public void complete()	方法	异步线程处理完毕
3	public ServletRequest getRequest()	方法	获取 ServletRequest 接口实例
4	public ServletResponse getResponse()	方法	获取 ServletResponse 接口实例
5	public void dispatch(String path)	方法	服务器端跳转
6	public void addListener(AsyncListener listener)	方法	设置异步响应监听
7	public void setTimeout(long timeout)	方法	设置响应超时时间
8	public long getTimeout()	方法	获取响应超时时间

范例：Servlet 异步响应处理

```
package com.yootk.servlet;
import jakarta.servlet.AsyncContext;
import jakarta.servlet.ServletException;
import jakarta.servlet.annotation.WebServlet;
import jakarta.servlet.http.HttpServlet;
import jakarta.servlet.http.HttpServletRequest;
import jakarta.servlet.http.HttpServletResponse;
import java.io.IOException;
import java.util.concurrent.TimeUnit;
@WebServlet(                                                // Servlet配置
        urlPatterns = {"/async"},                           // 映射路径
        asyncSupported = true)                              // 开启异步支持
public class AsyncServlet extends HttpServlet {
    private class WorkerThread implements Runnable {        // 创建工作线程
        private AsyncContext asyncContext ;                 // 配置AsyncContext
        public WorkerThread(AsyncContext asyncContext) {
            this.asyncContext = asyncContext ;              // 接收异步响应
        }
        @Override
        public void run() {                                 // 异步线程主体
            String msg = this.asyncContext.getRequest()
                            .getParameter("info") ;         // 接收请求参数
            try {
                TimeUnit.SECONDS.sleep(2);                  // 模拟操作的业务延迟
                this.asyncContext.getResponse().getWriter()
                    .print("<h1>ECHO : " + msg + "</h1>");  // 输出响应
                this.asyncContext.complete();               // 处理完毕
            } catch (Exception e) {}
        }
    }
    @Override
    protected void doGet(HttpServletRequest req, HttpServletResponse resp)
            throws ServletException, IOException {          // 处理GET请求
        this.doPost(req, resp);                             // 调用本类doPost()方法
    }
    @Override
    protected void doPost(HttpServletRequest req, HttpServletResponse resp)
            throws ServletException, IOException {          // 处理POST请求
        req.setCharacterEncoding("UTF-8");                  // 设置请求编码
```

```
        resp.setCharacterEncoding("UTF-8");                   // 设置响应编码
        resp.setContentType("text/html;charset=UTF-8");       // 响应MIME类型
        if (req.isAsyncSupported()) {                         // 支持异步处理
            AsyncContext async = req.startAsync();            // 创建异步线程
            async.start(new WorkerThread(async));             // 启动异步处理线程
        }
    }
}
```

本程序为了实现用户请求的异步响应，创建了一个 WorkerThread 线程类，在该类中通过 AsyncContext 接口实例实现了请求的接收与响应处理。但是如果想在项目中启动异步处理，则必须在@WebServlet 注解中开启异步处理支持属性配置（asyncSupported = true），否则在开启异步响应时就会产生 java.lang.IllegalStateException 异常。

为了保证程序的运行安全，在每次开启异步处理前都通过 req.isAsyncSupported()方法判断当前 Servlet 是否支持异步处理。如果支持则通过 startAsync()方法创建一个异步处理上下文，随后设置具体的工作线程实现异步响应。本程序的执行结果如图 5-21 所示。

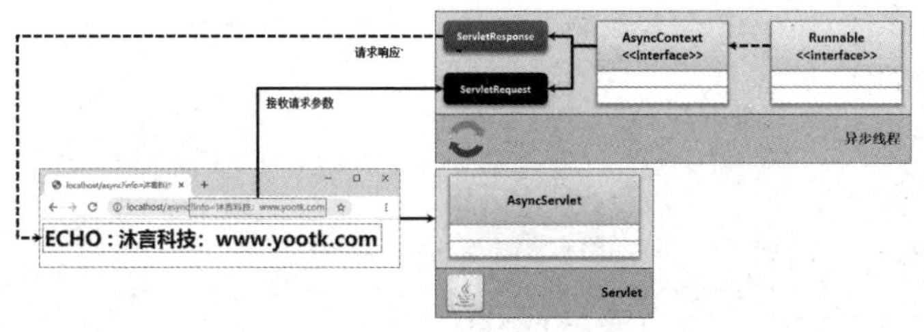

图 5-21　请求异步响应

提示：可以跳转到 JSP 显示输出。

在 AsyncContext 接口中有一个 dispatch()方法，利用此方法可以直接实现服务器端跳转，将所需要显示的数据交由 JSP 程序处理，例如，使用“asyncContext 对象.dispatch ("/show.jsp")”表示在请求处理完成后将显示操作交由 show.jsp 页面进行处理。

5.5.2　异步响应监听

异步响应监听

视频名称　0516_【掌握】异步响应监听

视频简介　为了方便进行异步操作的管理，Servlet 提供了 AsyncListener 监听接口，可以针对异步处理操作中的每一步的状态进行监听。本视频通过具体的代码为读者演示监听操作的实现。

为方便 Servlet 进行异步处理线程的操作与控制，在进行异步响应结构设计时，专门提供了一个监听接口，利用这个接口可以方便地实现异步处理线程的若干状态的监听。例如：异步开启监听（StartAsync）、异步处理完毕监听（Complete）、错误响应监听（Error）、超时监听（Timeout）。为便于用户实现异步监听，专门提供了 AsyncListener 接口，该接口的基本使用结构如图 5-22 所示。

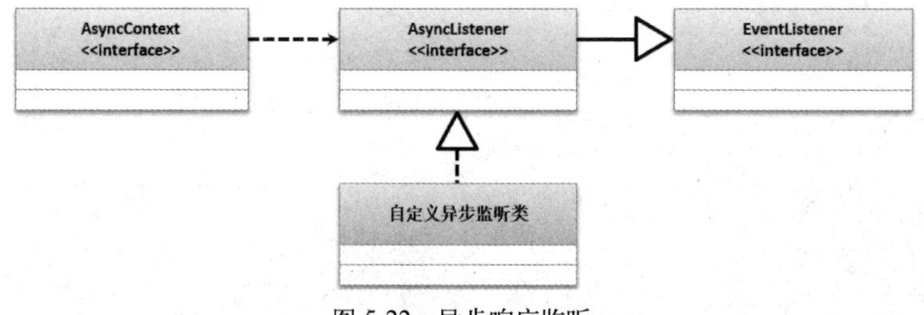

图 5-22　异步响应监听

范例：异步响应监听

```
package com.yootk.servlet;
@WebServlet(urlPatterns = {"/async"}, asyncSupported = true)          // Servlet配置
public class AsyncServlet extends HttpServlet {
    private class WorkerThread implements Runnable {                  // 创建工作线程
        // 异步处理线程代码相同，略
    }
    private class WorkerAsyncListener implements AsyncListener {      // 异步监听
        @Override
        public void onComplete(AsyncEvent asyncEvent) throws IOException {
            System.out.println("【WorkerAsyncListener】"onComplete"异步线程处理完毕，接收参数内容为：
" + asyncEvent.getSuppliedRequest().getParameter("info"));
        }
        @Override
        public void onTimeout(AsyncEvent asyncEvent) throws IOException {
            System.out.println("【WorkerAsyncListener】"onTimeout"异步线程处理时间超时，接收参数内容
为：" + asyncEvent.getSuppliedRequest().getParameter("info"));
        }
        @Override
        public void onError(AsyncEvent asyncEvent) throws IOException {
            System.out.println("【WorkerAsyncListener】"onError"异步线程处理时间错误，接收参数内容为：
" + asyncEvent.getSuppliedRequest().getParameter("info"));
        }
        @Override
        public void onStartAsync(AsyncEvent asyncEvent) throws IOException {
            System.out.println("【WorkerAsyncListener】"onStartAsync"开启了一个异步处理线程，接收参数
内容为：" + asyncEvent.getSuppliedRequest().getParameter("info"));
        }
    }
    @Override
    protected void doGet(HttpServletRequest req, HttpServletResponse resp)
            throws ServletException, IOException {               // 处理GET请求
        this.doPost(req, resp);                                  // 调用doPost()
    }
    @Override
    protected void doPost(HttpServletRequest req, HttpServletResponse resp)
            throws ServletException, IOException {               // 处理POST请求
        req.setCharacterEncoding("UTF-8");                       // 设置请求编码
        resp.setCharacterEncoding("UTF-8");                      // 设置响应编码
        resp.setContentType("text/html;charset=UTF-8");          // 响应MIME类型
        if (req.isAsyncSupported()) {                            // 支持异步处理
            AsyncContext async = req.startAsync();               // 创建异步线程
            async.addListener(new WorkerAsyncListener());        // 追加监听处理类
            async.setTimeout(200);                               // 设置超时时间
            async.start(new WorkerThread(async));                // 启动异步处理线程
        }
    }
}
```

程序执行结果：

```
【WorkerAsyncListener】“onTimeout”异步线程处理时间超时，接收参数内容为：沐言科技：www.yootk.com
【WorkerAsyncListener】“onComplete”异步线程处理完毕，接收参数内容为：沐言科技：www.yootk.com
```

本程序创建了一个 AsyncListener 接口子类，实现了异步处理的状态监听。由于在设置异步操作前设置了操作的超时时间（async.setTimeout(200)），因此当异步线程处理时间较长时就会调用 onTimeout()进行响应，而异步线程处理完成后也会自动调用 onComplete()方法进行处理。

5.5.3 ReadListener

视频名称 0517_【理解】ReadListener

视频简介 非阻塞 I/O 是提升服务器处理性能的重要技术，在异步响应结构中，也可以通过 ReadListener 实现异步数据读取处理。本视频为读者分析异步读取数据的意义，同时通过具体的实例讲解异步处理代码的实现。

在 Servlet 异步请求处理模式中，使用的依然是传统的 BIO 结构，这样会极大地限制程序的可扩展性。当客户端发送的请求数据较大或者数据流传输速度慢时，都有可能会影响到服务器的处理性能。所以 Servlet 3.1 版本提供了一个 ReadListener 接口，可以实现非阻塞的数据流读取监听，该接口的使用结构如图 5-23 所示。

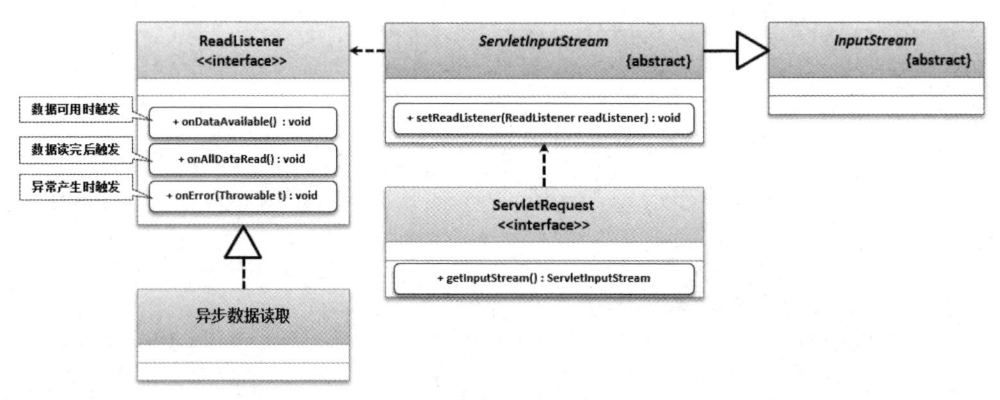

图 5-23 ReadListener 接口使用结构

在服务器对用户请求进行响应处理时，用户发送的请求可以通过 ServletInputStream 输入流实现接收。而要想获得此类的实例化对象，则可以通过 ServletRequest 接口中提供的 getInputStream() 完成。但是在进行输入流接收时，由于用户发送的数据流可能较大，如果直接接收就有可能影响到服务器性能，因此可以将接收的部分交由 ReadListener 接口来完成。在使用 ReadListener 时需要启动一个异步线程，而后针对输入数据的不同状态触发相应的处理方法，以实现请求数据的读取。为了帮助读者更好地理解此操作，下面通过一个基本的表单提交操作来进行分析。

> **提示：本次重点在于理解非阻塞数据读取。**
>
> 在本程序讲解中由于需要进行异步非阻塞读取操作，因此会直接通过 ServletInputStream 进行二进制数据流的接收处理。但是考虑到处理较为复杂，所以本次不进行二进制文件上传，仅仅实现一个普通文本参数的提交。

范例：定义 HTML 表单（页面名称：async.html）

```
<form action="async.input" method="post">                       <!-- 表单未封装 -->
    信息：<input type="text" name="info" value="www.yootk.com">  <!-- 不传递中文 -->
    <button type="submit">提交</button>
</form>
```

本程序定义了一个基础的 HTML 表单，在该表单中仅仅提供了一个普通的文本组件，并为其设置了默认值，此表单将提交到/async.input 路径中进行处理。

范例：异步显示 JSP 页面（页面名称：echo.jsp）

```
<h1>数据回显：<%=request.getAttribute("message")%></h1>
```

本页面是异步处理之后的跳转显示页面，在该页面中会直接输出异步子线程中传递的 message 属性内容，而该内容就是表单提交的 info 参数数据处理后的内容。

范例：异步读取 Servlet

```
package com.yootk.servlet;
import jakarta.servlet.AsyncContext;
import jakarta.servlet.ReadListener;
import jakarta.servlet.ServletException;
import jakarta.servlet.ServletInputStream;
import jakarta.servlet.annotation.WebServlet;
import jakarta.servlet.http.HttpServlet;
import jakarta.servlet.http.HttpServletRequest;
import jakarta.servlet.http.HttpServletResponse;
import java.io.IOException;
import java.util.concurrent.TimeUnit;
@WebServlet(urlPatterns = {"/async.input"}, asyncSupported = true    // Servlet配置
public class AsyncReadServlet extends HttpServlet {
    private class ServletReadListener implements ReadListener {      // 异步读取
        private AsyncContext asyncContext;                           // 异步上下文
        private ServletInputStream servletInputStream;               // 请求数据
        public ServletReadListener(AsyncContext asyncContext,
                    ServletInputStream servletInputStream) {
            this.asyncContext = asyncContext;                        // 保存异步上下文
            this.servletInputStream = servletInputStream;            // 保存数据输入流
        }
        @Override
        public void onDataAvailable() throws IOException {           // 数据可用时触发
            try {
                TimeUnit.SECONDS.sleep(5);                           // 模拟操作延迟
                StringBuilder builder = new StringBuilder();         // 保存每次读取内容
                int len = -1;                                        // 读取长度
                byte temp[] = new byte[1024];                        // 每次读取的数据量
                // 当前采用的是非阻塞模式，所以需要判断是否有数据可以读取，而后再读取
                while (this.servletInputStream.isReady() &&
                    (len = this.servletInputStream.read(temp)) != -1) {
                    String data = new String(temp, 0, len);          // 字节转字符串
                    builder.append(data);                            // 数据保存
                }
                String info = builder.toString().split("=")[1];      // 获取表单数据
                this.asyncContext.getRequest().setAttribute("message", "【ECHO】" + info);
                this.asyncContext.dispatch("/echo.jsp");             // 页面跳转
            } catch (Exception e) {}
        }
        @Override
        public void onAllDataRead() throws IOException {             // 数据读取完毕
            System.out.println("【ServletReadListener】请求数据读取完毕。");
        }
        @Override
        public void onError(Throwable throwable) {                   // 数据读取出错
            System.out.println("【ServletReadListener】数据读取出错：" +
                  throwable.getMessage());
        }
    }
    @Override
    protected void doGet(HttpServletRequest req, HttpServletResponse resp)
            throws ServletException, IOException {                   // 处理GET请求
        this.doPost(req, resp);                                      // 调用doPost()
    }
    @Override
    protected void doPost(HttpServletRequest req, HttpServletResponse resp)
            throws ServletException, IOException {                   // 处理POST请求
        if (req.isAsyncSupported()) {                                // 支持异步处理
            AsyncContext async = req.startAsync();                   // 开启异步响应
```

```
            ServletInputStream inputStream = req.getInputStream();        // 获取输入流
            inputStream.setReadListener(
                    new ServletReadListener(async, inputStream));         // 异步读取
        }
    }
}
```

本程序实现了一个异步数据读取操作。由于 ReadListener 是针对 ServletInputStream 数据读取上的优化，因此需要通过 HttpServletRequest 获取一个 ServletInputStream 类实例，而后在 ReadListener 接口内部实现请求参数的接收，并将请求参数的内容处理后传递到 echo.jsp 页面进行显示。本程序的核心执行流程如图 5-24 所示。

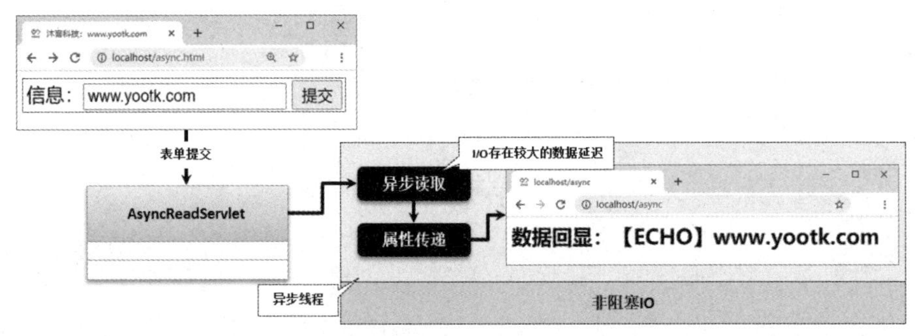

图 5-24　异步数据接收

5.5.4　WriteListener

WriteListener

视频名称　0518_【理解】WriteListener

视频简介　请求数据的接收可以通过 ReadListener 进行异步处理优化，而为了提升服务器的响应性能，也提供了 WriteListener 接口，利用该接口可以基于 ServletOutputStream 启动一个异步响应线程。本视频通过实例讲解 WriteListener 接口的使用。

请求和响应是 HTTP 服务处理的核心主题。在请求数据较大时，可以通过 ReadListener 实现异步接收；而在响应数据过多时，也可以通过 WriteListener 进行异步处理，如图 5-25 所示。

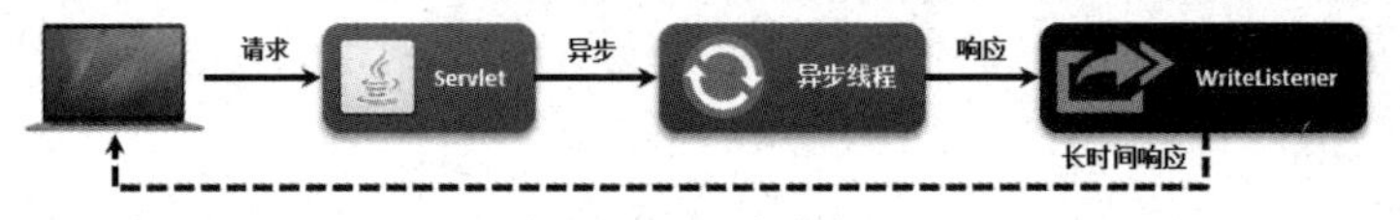

图 5-25　异步响应

WriteListener 是一个基于异步响应处理的服务接口标准，是在 Servlet 3.1 标准中正式提供的。当用户在程序中需要通过 ServletOutputStream 直接进行数据响应时，就可以将其绑定 WriteListener 子类实例，而后在 onWritePossible()方法触发后进行数据输出，程序结构如图 5-26 所示。

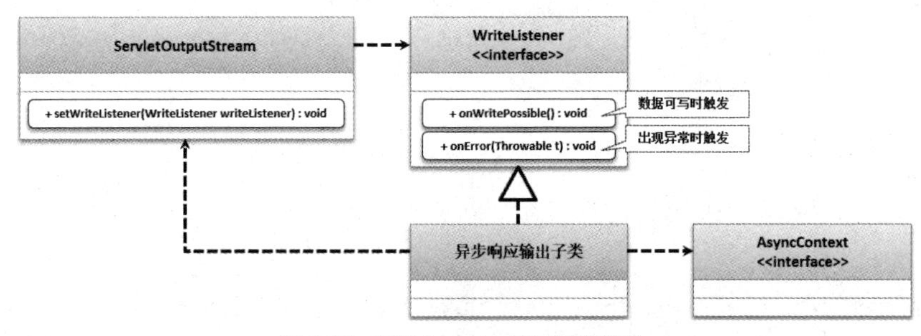

图 5-26　WriteListener 接口程序结构

注意：不可进行请求转发。

如果使用 WriteListener 接口进行数据输出，一定要通过 ServletResponse 接口对象获取 ServletOutputStream 输出流对象实例，这样就无法在异步响应完成后通过 AsyncContext.dispatcher() 跳转到其他页面，只能够在 Servlet 中直接通过 I/O 流进行数据输出操作。

范例：异步输出响应

```
package com.yootk.servlet;
import jakarta.servlet.AsyncContext;
import jakarta.servlet.ServletException;
import jakarta.servlet.ServletOutputStream;
import jakarta.servlet.WriteListener;
import jakarta.servlet.annotation.WebServlet;
import jakarta.servlet.http.HttpServlet;
import jakarta.servlet.http.HttpServletRequest;
import jakarta.servlet.http.HttpServletResponse;
import java.io.IOException;
import java.io.OutputStreamWriter;
import java.io.PrintWriter;
import java.util.concurrent.TimeUnit;
@WebServlet(urlPatterns = {"/async.output"}, asyncSupported = true)      // Servlet配置
public class AsyncWriteServlet extends HttpServlet {
    private class ServletWriteListener implements WriteListener {
        private AsyncContext asyncContext;                               // 异步处理上下文
        private ServletOutputStream servletOutputStream;                 // 输出流
        public ServletWriteListener(AsyncContext asyncContext,
                ServletOutputStream servletOutputStream) {
            this.asyncContext = asyncContext;                            // 保存异步上下文
            this.servletOutputStream = servletOutputStream;              // 保存输出流
        }
        @Override
        public void onWritePossible() throws IOException {               // 可以输出时触发
            try {
                TimeUnit.SECONDS.sleep(5);                               // 模拟延迟
                PrintWriter printWriter = new PrintWriter(new OutputStreamWriter(
                        this.servletOutputStream, "UTF-8"));             // 输出流实例
                printWriter.write("www.yootk.com");                      // 数据输出
                printWriter.close();                                     // 关闭输出流
                this.asyncContext.complete();                            // 响应完毕
            } catch (InterruptedException e) {}
        }
        @Override
        public void onError(Throwable throwable) {                       // 错误时触发
            System.out.println("【AsyncWriteServlet】数据响应出错：" +
                    throwable.getMessage());
        }
    }
    @Override
    protected void doGet(HttpServletRequest req, HttpServletResponse resp)
            throws ServletException, IOException {                      // 处理GET请求
        this.doPost(req, resp);                                          // 调用doPost()
    }
    @Override
    protected void doPost(HttpServletRequest req, HttpServletResponse resp)
            throws ServletException, IOException {                      // 处理POST请求
        if (req.isAsyncSupported()) {                                    // 支持异步处理
            AsyncContext async = req.startAsync();                       // 开启异步响应
            // 此时已经调用了getOutputStream()表示要在当前Servlet中进行响应
            ServletOutputStream outputStream = resp.getOutputStream();  // 获取输出流
```

```
            outputStream.setWriteListener(new ServletWriteListener(
                async, outputStream));                                  // 异步输出
        }
    }
}
```

本程序在进行数据输出响应时通过 ServletOutputStream 类实例绑定了 WriteListener 接口子类。由于已经在 Servlet 内部获取了输出流对象（resp.getOutputStream()），因此在 WriteListener 子类中无法通过 AsyncContext.dispatcher()跳转到其他的页面显示，这样就只能直接通过 ServletOutputStream 实现数据的输出。

5.6 过滤器

过滤器简介

视频名称 0519_【掌握】过滤器简介

视频简介 过滤器是 Servlet 程序结构的一种操作加强，在程序执行过程之中基于配置的模式动态地进行组件的创建处理。本视频主要为读者讲解过滤器的作用、执行模式，同时分析过滤器的组成结构。

传统的 Web 开发中，由于只关心用户请求与响应的基本结构处理，如图 5-27 所示，因此就需要开发者在 Servlet 程序中编写大量的非业务核心的处理逻辑，例如“登录认证检查”“编码设置”等。为了处理这些重复的公共操作，在 Servlet 2.3 标准中提出了过滤器的概念。利用过滤器可以自动实现在请求和响应中间处理操作，使得程序的开发更加简洁，也更加便于代码的维护，如图 5-28 所示。

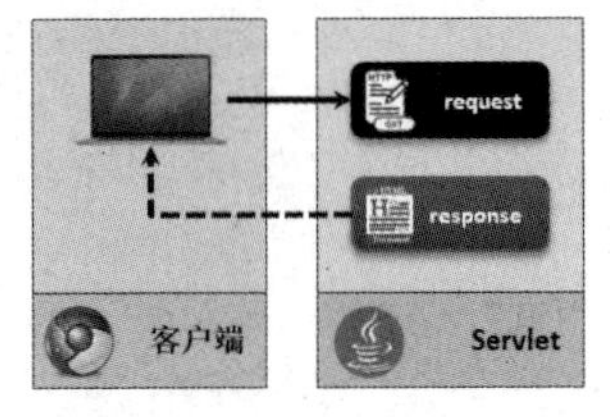

图 5-27 请求响应

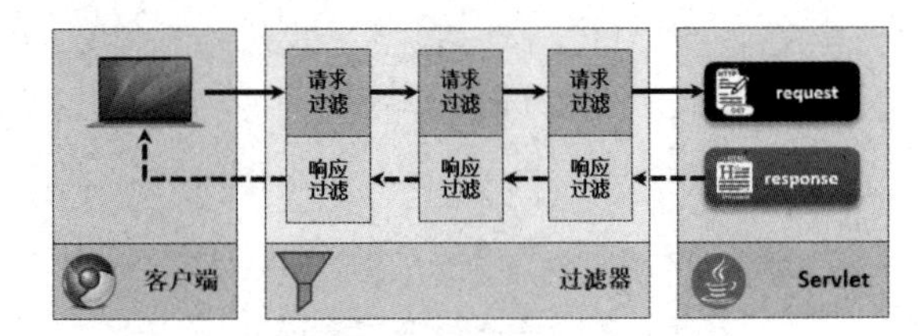

图 5-28 过滤器拦截

由于 HTTP 中有“请求”和“响应”两个组成部分，因此每一个过滤器都分为两部分：请求过滤、响应过滤。同时在项目中允许有多个过滤器，这些过滤器也将按照定义顺序依次执行。开发者定义过滤器时必须提供一个过滤器的处理类，该类需要明确继承 HttpFilter 父类，实现结构如图 5-29 所示。

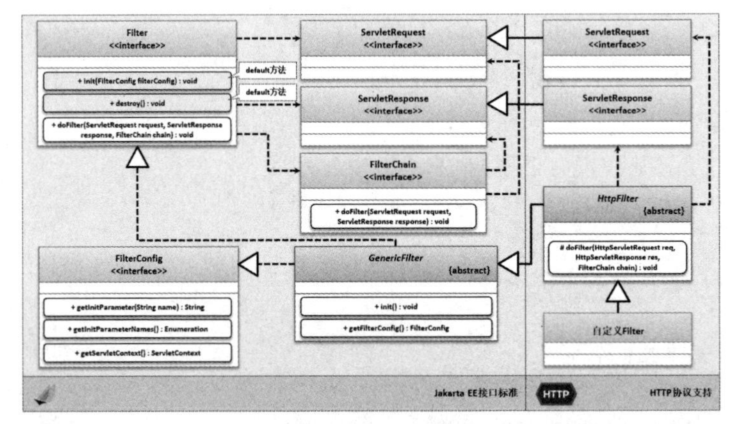

图 5-29 过滤器实现结构

 提示：Filter 实现衍化。

在最早提出过滤器的时候，只提供了 Filter 接口，同时 Filter 接口一共提供了 3 个抽象方法（现在只有一个抽象方法，另外两个为 default 方法），开发者只需要定义类实现该接口即可实现过滤器的定义。

而后 Java EE 又提供了 Servlet 4.0 标准，模拟 Servlet 的实现机制提供了 GenericFilter 与 HttpFilter 抽象类，这样可以更加方便地获取初始化参数以及 Servlet 上下文。

HttpFilter 继承了 GenericFilter 父类，同时又实现了 Filter、FilterChain 两个父接口。在 HttpFilter 类中定义的方法如表 5-7 所示。

表 5-7 HttpFilter 类中定义的方法

序号	方法	所属归类	描述
1	default void init(FilterConfig filterConfig) throws ServletException	Filter	获取过滤器初始化配置参数
2	Public void doFilter(ServletRequest request, ServletResponse response, FilterChain chain) throws IOException, ServletException	Filter	执行目标请求或下一个过滤器，通过 FilterChain 将请求向下继续传递
3	default void destroy()	Filter	过滤器销毁处理
4	public String getInitParameter(String name)	FilterConfig	获取指定名称的初始化参数
5	Enumeration<String> getInitParameterNames()	FilterConfig	获取全部初始化参数名称
6	public ServletContext getServletContext()	FilterConfig	获取 Servlet 上下文
7	public FilterConfig getFilterConfig()	GenericFilter	获取 FilterConfig 对象
8	public void init() throws ServletException	GenericFilter	Filter 初始化，等价于 super.init (filterConfig)
9	protected void doFilter(HttpServletRequest req, HttpServletResponse res, FilterChain chain) throws IOException, ServletException	HttpFilter	处理 HTTP 请求过滤

5.6.1 过滤器编程起步

过滤器编程起步

视频名称 0520_【掌握】过滤器编程起步

视频简介 为了方便使用者进行不同状态的处理，过滤器中提供了完善的生命周期操作。本视频通过具体的代码为读者演示过滤器代码的开发与配置，同时重点分析 FilterChain 接口的作用。

为便于读者理解，下面将创建一个基础的过滤器应用，在本程序中将通过继承 HttpFilter 父接口实现。除了核心的 doFilter()方法之外，也会覆写过滤器的生命周期方法（初始化方法 init()、销毁方法 destroy()）。

范例：第一个 Filter 程序

```
package com.yootk.filter;
import jakarta.servlet.FilterChain;
import jakarta.servlet.FilterConfig;
import jakarta.servlet.ServletException;
import jakarta.servlet.http.HttpFilter;
import jakarta.servlet.http.HttpServletRequest;
import jakarta.servlet.http.HttpServletResponse;
import java.io.IOException;
public class BaseFilter extends HttpFilter {                    // HTTP过滤
    @Override
    public void init(FilterConfig filterConfig) throws ServletException {
        System.out.println("【BaseFilter】初始化参数：message = " +
```

```
        filterConfig.getInitParameter("message"));
    }
    @Override
    protected void doFilter(HttpServletRequest request, HttpServletResponse response,
        FilterChain chain) throws IOException, ServletException {
        System.out.println("【BaseFilter】用户请求过滤。");
        // 将请求向下传递（过滤器不知道每一个请求的目标地址，但是每一个请求自己知道目标）
        chain.doFilter(request, response);
        System.out.println("【BaseFilter】服务器端响应过滤。");
    }
    @Override
    public void destroy() {
        System.out.println("【BaseFilter】过滤器卸载，释放所占资源。");
    }
}
```

容器启动输出：

```
【BaseFilter】初始化参数：message = www.yootk.com
```

过滤处理输出：

```
【BaseFilter】用户请求过滤。
【BaseFilter】服务器端响应过滤。
```

容器关闭输出：

```
【BaseFilter】过滤器卸载，释放所占资源。
```

过滤器是一个独立的 Java 程序，需要将其编译后保存在“Web 应用/WEB-INF/classes”目录中。如果想进行过滤，就必须通过 web.xml 进行配置，同时配置好需要执行过滤的路径。

范例：在 web.xml 中配置过滤器

```
<filter>                                                    <!-- 配置过滤器类 -->
    <filter-name>BaseFilter</filter-name>                   <!-- 过滤器匹配名称 -->
    <filter-class>com.yootk.filter.BaseFilter</filter-class> <!-- 类名称 -->
    <init-param>                                            <!-- 初始化参数 -->
        <param-name>message</param-name>                    <!-- 参数名称 -->
        <param-value>www.yootk.com</param-value>            <!-- 参数内容 -->
    </init-param>
</filter>
<filter-mapping>                                            <!-- 过滤器映射路径 -->
    <filter-name>BaseFilter</filter-name>                   <!-- 过滤器匹配名称 -->
    <url-pattern>/*</url-pattern>                           <!-- 过滤路径 -->
</filter-mapping>
```

在过滤器配置中必须要设置过滤器的执行路径，此处的配置为“<url-pattern>/*</url-pattern>”，表示对当前根路径下的全部请求进行过滤。如果将其配置为“<url-pattern>/pages/back/*</url-pattern>”，则表示只对特定的路径进行过滤处理，当然也可以配置针对一个文件的过滤。映射路径配置分析如图 5-30 所示。

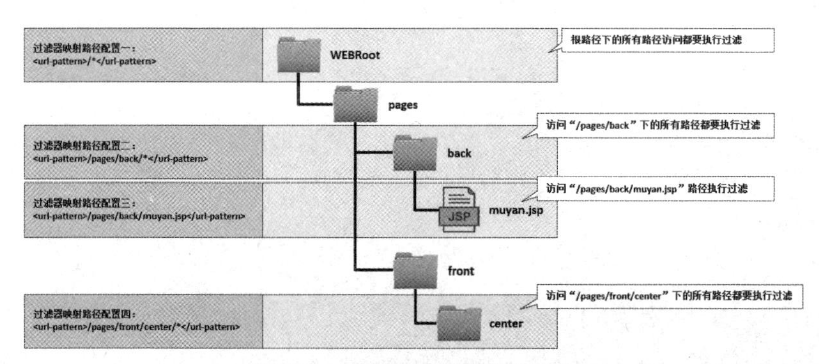

图 5-30　过滤器映射路径配置分析

注意：FilterChain 为请求向下处理。

在过滤器类中执行 doFilter()方法进行请求及响应过滤时，如果没有执行“chain.doFilter(request, response);”语句，则请求会被过滤器拦截，并且不会发送到目标程序进行处理，如图 5-31 所示。而只有执行了此语句才会将请求过滤后继续向下执行，交由其他过滤器或目标请求路径。这样的设计属于 Java 中的责任链设计模式。

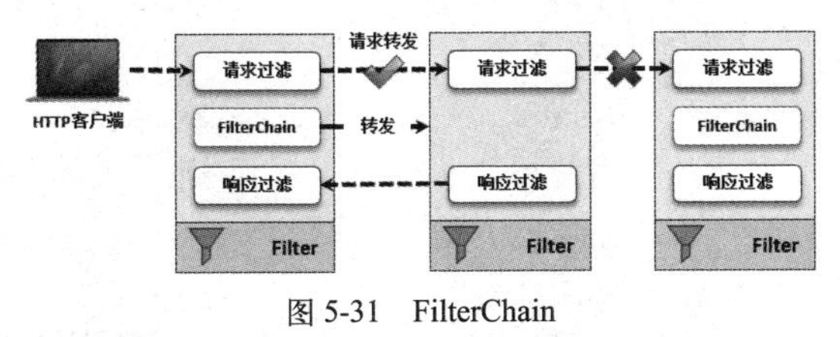

图 5-31 FilterChain

5.6.2 转发模式

Dispatcher 转发模式

视频名称 0521_【理解】Dispatcher 转发模式

视频简介 过滤器除了在每一次请求的过程中执行过滤处理之外，实际上也可以动态地配置过滤器的执行范围。本视频为读者分析原始的过滤器执行模式，以及过滤范围配置。

在默认情况下只要项目中配置了过滤器，并且用户所请求的路径与过滤路径相匹配时，都会自动地进行过滤器的执行。但是在 Servlet 3.0 标准中进一步规范化了过滤器的执行范围，例如跳转触发、包含触发等，这些转发模式的范围都通过 jakarta.servlet.DispatcherType 枚举类定义，如表 5-8 所示。

表 5-8 转发模式

序号	函数	描述
1	jakarta.servlet.DispatcherType.REQUEST	在每次请求时执行过滤器，此为默认转发模式
2	jakarta.servlet.DispatcherType.ASYNC	在开启异步响应时转发
3	jakarta.servlet.DispatcherType.ERROR	在出现错误时转发
4	jakarta.servlet.DispatcherType.FORWARD	在执行 RequestDispatcher.forward()操作时转发
5	jakarta.servlet.DispatcherType.INCLUDE	在执行 RequestDispatcher.include()操作时转发

在默认情况下只要用户发出了请求，那么都会进行触发过滤器的执行。下面将实现一个在 FORWARD 模式下的过滤器触发操作，程序执行结构如图 5-32 所示。

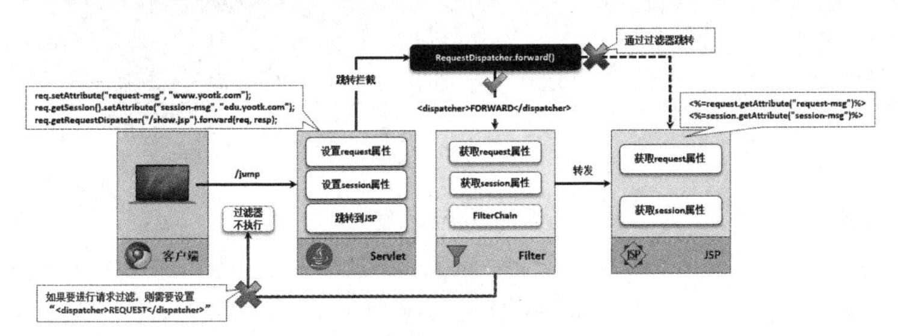

图 5-32 过滤器 FORWARD 转发

范例：在过滤器中接收属性

```
package com.yootk.filter;
import jakarta.servlet.FilterChain;
import jakarta.servlet.ServletException;
```

```
import jakarta.servlet.http.HttpFilter;
import jakarta.servlet.http.HttpServletRequest;
import jakarta.servlet.http.HttpServletResponse;
import java.io.IOException;
public class BaseFilter extends HttpFilter {
    @Override
    protected void doFilter(HttpServletRequest request, HttpServletResponse response,
          FilterChain chain) throws IOException, ServletException {
        System.out.println("【BaseFilter】Request属性：" +
                   request.getAttribute("request-msg") + "、Session属性：" +
                   request.getSession().getAttribute("session-msg"));
        chain.doFilter(request, response);                // 请求向后转发
    }
}
```

web.xml 配置：

```
<filter>                                                      <!-- 配置过滤器类 -->
    <filter-name>BaseFilter</filter-name>                     <!-- 过滤器匹配名称 -->
    <filter-class>com.yootk.filter.BaseFilter</filter-class>
    <init-param>                                              <!-- 初始化参数 -->
        <param-name>message</param-name>                      <!-- 参数名称 -->
        <param-value>www.yootk.com</param-value>              <!-- 参数内容 -->
    </init-param>
</filter>
<filter-mapping>                                              <!-- 过滤器映射路径 -->
    <filter-name>BaseFilter</filter-name>                     <!-- 过滤器匹配名称 -->
    <url-pattern>/*</url-pattern>                             <!-- 过滤路径 -->
    <dispatcher>FORWARD</dispatcher>                          <!-- 过滤器转发范围 -->
</filter-mapping>
```

程序执行结果：

```
【BaseFilter】Request属性：www.yootk.com、Session属性：edu.yootk.com
```

本程序为过滤器设置的转发范围为“<dispatcher>FORWARD</dispatcher>”，这样只有在映射路径中通过 RequestDispatcher.forward()进行服务器端跳转时才会执行过滤器中的代码。

提示：配置多个转发规则。

如果现在希望某一个过滤器可以有多种转发范围的配置，则可以在<filter-mapping>元素中配置多个<dispatcher>元素，如下所示。

范例：配置多个转发范围

```
<filter-mapping>                                    <!-- 过滤器映射路径 -->
    <filter-name>BaseFilter</filter-name>           <!-- 过滤器匹配名称 -->
    <url-pattern>/*</url-pattern>                   <!-- 过滤路径 -->
    <dispatcher>REQUEST</dispatcher>                <!-- 过滤器转发范围 -->
    <dispatcher>FORWARD</dispatcher>                <!-- 过滤器转发范围 -->
</filter-mapping>
```

本次为过滤器配置了两个转发范围，这样每次请求以及每次执行服务器端跳转时都会触发过滤器。

5.6.3　@WebFilter 注解

@WebFilter 注解

视频名称　0522_【掌握】@WebFilter 注解

视频简介　Filter 是项目中的重要组成部分，可以解决指定路径中的重复代码设计问题。但是由于 Filter 必须在 web.xml 配置文件中进行注册管理，因此就为代码的维护带来极大的不便。为了解决这一问题，Filter 提供了注解配置的形式。本视频通过实例代码对@WebFilter 注解进行讲解。

从 Servlet 3.0 起，为了简化过滤器的配置，提供了@WebFilter 注解项，直接在过滤器类的定义上使用此注解，随后设置好相应的属性即可。@WebFilter 注解属性如表 5-9 所示。

表 5-9 @WebFilter 注解属性

序号	属性名称	类型	描述
1	filterName	java.lang.String	指定过滤器的名称，等价于<filter-name>配置
2	urlPatterns	java.lang.String[]	设置过滤器的触发路径，等价于<url-pattern>配置
3	value	java.lang.String[]	设置过滤器路径，与 urlPatterns 作用相同
4	servletNames	java.lang.String[]	指定过滤器应用于哪些 Servlet，使用@WebServlet 中的 name 匹配
5	initParams	WebInitParam []	设置过滤器初始化参数，等价于<init-param>配置
6	asyncSupported	boolean	是否支持异步响应，等价于<async-supported>配置
7	description	java.lang.String	过滤器描述信息
8	displayName	java.lang.String	过滤器显示名称
9	dispatcherTypes	DispatcherType[]	指定过滤器的转发模式。取值范围包括如下几种：ASYNC、ERROR、FORWARD、INCLUDE、REQUEST

范例：通过注解配置过滤器

```
package com.yootk.filter;
import jakarta.servlet.FilterChain;
import jakarta.servlet.ServletException;
import jakarta.servlet.annotation.WebFilter;
import jakarta.servlet.annotation.WebInitParam;
import jakarta.servlet.http.HttpFilter;
import jakarta.servlet.http.HttpServletRequest;
import jakarta.servlet.http.HttpServletResponse;
import java.io.IOException;
@WebFilter(                                                   // 配置过滤器
        urlPatterns = {"/pages/*", "/admin/*"},               // 过滤路径
        initParams = {                                        // 初始化参数
                @WebInitParam(name = "message", value = "www.yootk.com")})
public class BaseFilter extends HttpFilter {
    @Override
    protected void doFilter(HttpServletRequest request, HttpServletResponse response,
            FilterChain chain) throws IOException, ServletException {
        System.out.println("【BaseFilter】初始化参数：message = " +
                super.getInitParameter("message"));           // 接收初始化参数
        chain.doFilter(request, response);                    // 请求向后转发
    }
}
```

程序执行结果：

```
【BaseFilter】初始化参数：message = www.yootk.com
```

本程序通过@WebFilter 注解替代了原始的 web.xml 配置，同时在过滤处理方法中利用 FilterConfig 父接口提供的 get InitParameter()方法获取了配置的初始化参数。

5.6.4 过滤器执行顺序

过滤器执行顺序

视频名称 0523_【掌握】过滤器执行顺序

视频简介 实际开发中会根据项目的复杂程度创建若干个不同的过滤器，同时由于业务设计的紧密程度，若干个过滤器之间也有可能产生关联。本视频通过具体的实例讲解为读者分析多个过滤器的执行顺序问题。

利用过滤器可以方便地实现请求数据的处理，同时在 Java Web 中允许开发者配置多个不同的过滤器，而多个过滤器之间根据类名称的字母顺序执行。例如，现在有三个 Filter 类同时映射到了一个过滤路径，一个类名称为“AFilter”，一个类名称为“BFilter”，还有一个类名称为“CFilter”，则按照字母顺序“AFilter”会先执行，如图 5-33 所示。

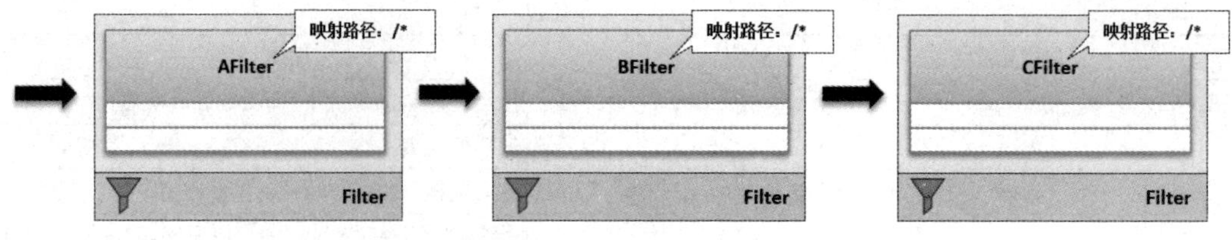

图 5-33　过滤器执行顺序

范例：定义 3 个 Filter

AFilter：

```
@WebFilter(filterName="YootkXFilter", urlPatterns = "/*")
public class AFilter extends HttpFilter {
    @Override
    protected void doFilter(HttpServletRequest request, HttpServletResponse response, FilterChain chain) throws IOException, ServletException {
        System.out.println("【AFilter】请求过滤");
        chain.doFilter(request, response);                      // 请求转发
    }
}
```

BFilter：

```
@WebFilter(filterName="YootkKFilter", urlPatterns = "/*")
public class BFilter extends HttpFilter {
    @Override
    protected void doFilter(HttpServletRequest request, HttpServletResponse response, FilterChain chain) throws IOException, ServletException {
        System.out.println("【BFilter】请求过滤");
        chain.doFilter(request, response);                      // 请求转发
    }
}
```

CFilter：

```
@WebFilter(filterName="YootkMFilter", urlPatterns = "/*")
public class CFilter extends HttpFilter {
    @Override
    protected void doFilter(HttpServletRequest request, HttpServletResponse response, FilterChain chain) throws IOException, ServletException {
        System.out.println("【CFilter】请求过滤");
        chain.doFilter(request, response);                      // 请求转发
    }
}
```

程序执行结果：

```
【AFilter】请求过滤
【BFilter】请求过滤
【CFilter】请求过滤
```

本程序定义的 3 个 Filter 都配置在相同的映射路径之中，而通过最终的执行结果可以发现，都是根据类名称的字母顺序执行的。

5.6.5　编码过滤

编码过滤

视频名称　0524_【掌握】编码过滤

视频简介　在 Java Web 开发中，为了解决请求乱码的设计问题，会在页面中大量使用 request.setCharacterEncoding()方法进行处理，但是这样的代码编写方式会使项目中存在大量的重复代码。本视频中介绍利用过滤器实现编码过滤的标准开发处理。

在每一次 Web 请求时，为了可以获得正确的数据内容，就需要对请求和响应数据进行编码处理，如图 5-34 所示。这样一来，几乎所有的 Servlet 与 JSP 程序都需要调用 setCharacterEncoding()

方法，使得编码的维护变得困难。

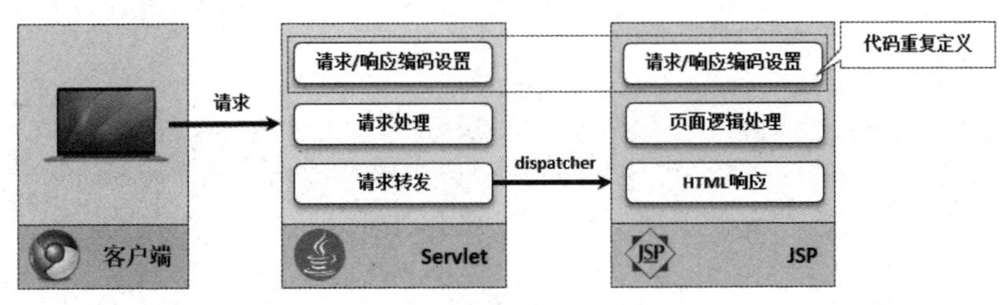

图 5-34　请求编码设置

虽然在实际开发中会广泛地使用 UTF-8 编码，但是在项目中依然可能会出现其他的程序编码。而为了便于程序编码的管理，可以将所有的编码设置交由过滤器完成，同时利用初始化参数的形式实现项目编码的动态配置，如图 5-35 所示。这样就使得编码的配置更加方便，提高了代码的可重用性。

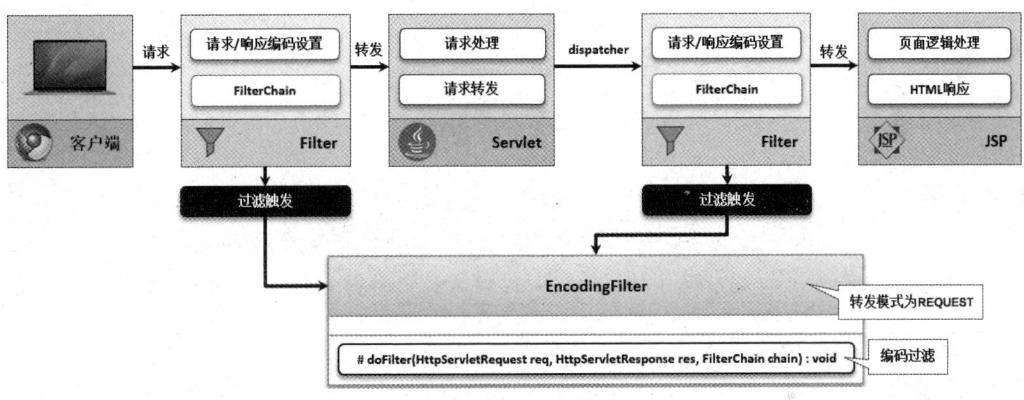

图 5-35　编码过滤

范例：实现编码过滤器

```
package com.yootk.filter;
import jakarta.servlet.FilterChain;
import jakarta.servlet.FilterConfig;
import jakarta.servlet.ServletException;
import jakarta.servlet.http.HttpFilter;
import jakarta.servlet.http.HttpServletRequest;
import jakarta.servlet.http.HttpServletResponse;
import java.io.IOException;
public class EncodingFilter extends HttpFilter {                    // HTTP过滤器
    public static final String DEFAULT_ENCODING = "UTF-8";          // 默认编码
    private String charset;                                         // 编码配置
    @Override
    public void init(FilterConfig filterConfig) throws ServletException {
        this.charset = filterConfig.getInitParameter("charset");    // 获取初始化参数
        if (this.charset == null || "".equals(this.charset)) {      // 未设置参数
            this.charset = DEFAULT_ENCODING;                        // 默认编码
        }
    }
    @Override
    protected void doFilter(HttpServletRequest request, HttpServletResponse response,
        FilterChain chain) throws IOException, ServletException {
        request.setCharacterEncoding(this.charset);                 // 设置请求编码
        response.setCharacterEncoding(this.charset);                // 设置响应编码
```

```
        chain.doFilter(request, response);                          // 请求转发
    }
}
```

web.xml 配置：

```
<filter>
    <filter-name>EncodingFilter</filter-name>
    <filter-class>com.yootk.filter.EncodingFilter</filter-class>
    <init-param>                                  <!-- 初始化参数 -->
        <param-name>charset</param-name>          <!-- 编码参数 -->
        <param-value>UTF-8</param-value>          <!-- 编码名称 -->
    </init-param>
</filter>
<filter-mapping>
    <filter-name>EncodingFilter</filter-name>
    <url-pattern>/*</url-pattern>
</filter-mapping>
```

本程序实现了一个 HTTP 编码处理过滤器。为了便于开发者使用，直接利用初始化参数的形式实现配置编码的设置。而如果没有传递任何的初始化参数，则会使用默认的 UTF-8 作为程序的处理编码。

提问：使用注解配置不是更加方便吗？

在过滤器中可以直接使用@WebFilter 注解进行配置，所以对于当前的过滤器，如果采用以下形式定义是不是更简单？

```
@WebFilter(urlPatterns = {"/*"}, initParams = {
        @WebInitParam(name = "charset", value = "UTF-8")})
public class EncodingFilter extends HttpFilter {}
```

这样只需要定义一个文件就可以了，但是为什么在讲解时却使用了 web.xml 配置文件？

回答：便于项目动态管理。

过滤器作为一个独立的组件，有可能在各个不同的项目中被使用。不同的项目肯定会有不同的编码，这样使用者就可以在 web.xml 中动态配置编码类型，如图 5-36 所示。

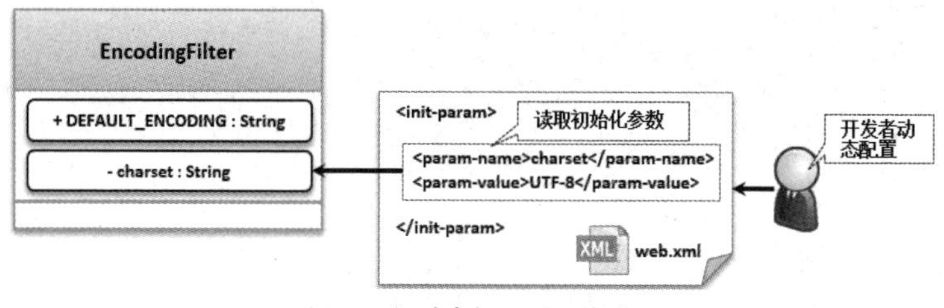

图 5-36　动态修改项目编码

如果现在将编码通过注解的形式定义，这样在每次修改编码时都需要动态修改程序文件，会对使用者不够友好。所以当定义不需要用户配置的 Servlet 或 Filter 时，采用注解配置比较方便；而需要用户动态配置时，一般都会使用 web.xml 文件配置。

5.6.6　登录检测过滤

登录检测过滤

视频名称　0525_【掌握】登录检测过滤

视频简介　在项目中为保护 Web 资源的安全，需要提供认证检测处理功能。传统的认证检测处理需要对 session 属性进行大量的重复判断，而利用过滤器结合过滤路径就可以方便地实现指定路径下的资源保护。本视频通过具体的实例代码介绍实现登录验证操作。

为了保证项目的运行安全，所有的使用者都必须经过认证，并且通过 session 实现认证信息的保存。这样就要求对每一个请求都自动进行认证检查，当认证检查通过后才允许进行请求处理，而当认证检查失败后就会自动跳转到登录页。这样就可以将认证检查的代码直接放在过滤器中，对每次请求自动进行相关登录认证检查的处理操作，如图 5-37 所示。

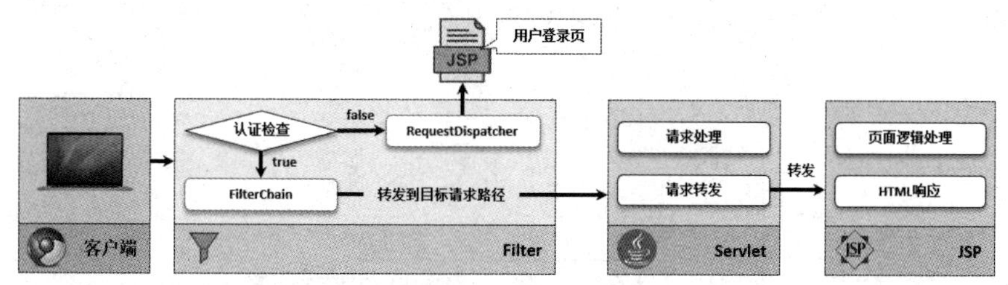

图 5-37　用户认证过滤

范例：用户认证检查过滤

```
package com.yootk.filter;
import jakarta.servlet.FilterChain;
import jakarta.servlet.FilterConfig;
import jakarta.servlet.ServletException;
import jakarta.servlet.http.HttpFilter;
import jakarta.servlet.http.HttpServletRequest;
import jakarta.servlet.http.HttpServletResponse;
import java.io.IOException;
public class LoginFilter extends HttpFilter {
    private String auth;                                              // session检验标记
    @Override
    public void init(FilterConfig filterConfig) throws ServletException {
        this.auth = filterConfig.getInitParameter("auth");           // 获取检验标记
    }
    @Override
    protected void doFilter(HttpServletRequest request, HttpServletResponse response,
    FilterChain chain) throws IOException, ServletException {
        if (this.auth != null) {                                      // 需要进行验证
            if (request.getSession().getAttribute(this.auth) != null) { // 存在session属性
                chain.doFilter(request, response);                   // 请求转发
            } else {                                                  // 验证失败
                request.getRequestDispatcher("/login.jsp")
        .forward(request, response);                                  // 跳转登录页
            }
        } else {                                                      // 不需要验证
            chain.doFilter(request, response);                        // 请求转发
        }
    }
}
```

web.xml 配置：

```
<filter>
    <filter-name>LoginFilter</filter-name>
    <filter-class>com.yootk.filter.LoginFilter</filter-class>
    <init-param>                                              <!-- 初始化参数 -->
        <param-name>auth</param-name>                         <!-- 参数名称 -->
        <param-value>userid</param-value>                     <!-- 参数内容 -->
    </init-param>
</filter>
<filter-mapping>
    <filter-name>LoginFilter</filter-name>
    <url-pattern>/pages/*</url-pattern>
</filter-mapping>
```

本程序实现了一个用户登录检测过滤器，在进行登录认证检测时主要是通过 session 属性是否存在来进行验证的。如果用户登录成功，一般都会在 session 中设置一个属性内容（此处设置的属性名称为“userid”）。如果在访问“/pages/*”路径时没有发现此属性，则会认为用户未登录，属于非法用户，会自动跳转到“/login.jsp”要求用户登录；如果存在此属性则认为是合法用户，允许继续访问目标资源。程序结构与路径访问如图 5-38 所示。

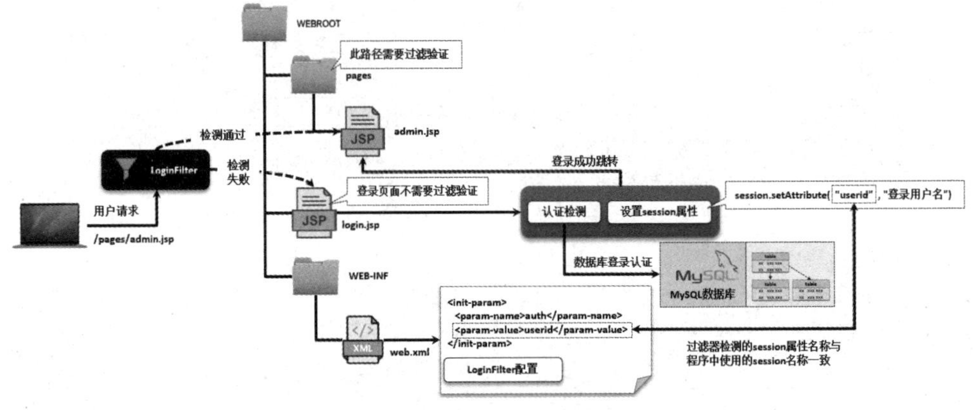

图 5-38　登录检测程序结构

5.7　ServletRequest 监听器

ServletRequest
监听器简介

视频名称　0526_【掌握】ServletRequest 监听器简介

视频简介　Web 开发中需要针对不同的状态实现监控，所以在 Servlet 编程中提供了监听器的支持。本视频为读者分析监听器的处理结构，以及请求监听的几种形式。

监听器是 Servlet 3.1 提供的重要组件，利用监听器可以方便实现 Web 中指定操作状态的监控处理。在用户每次向服务器端发送请求时，实际上都会自动被请求监听器所监听，同时也会自动产生一个相应的请求事件。这样开发者就可以编写专属的事件处理类，对请求的状态进行控制，如图 5-39 所示。

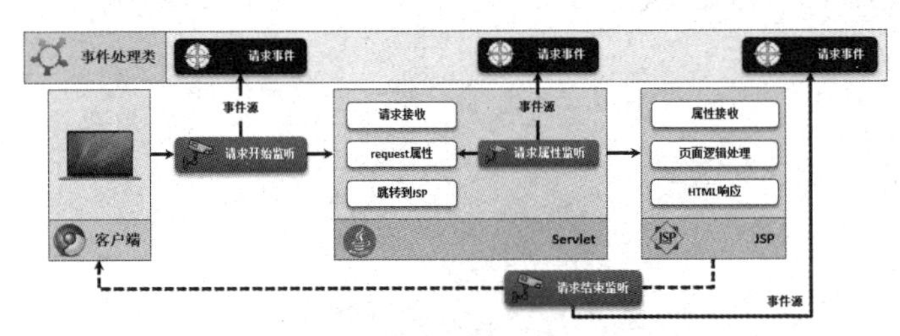

图 5-39　请求监听结构

5.7.1　ServletRequestListener

ServletRequest
Listener

视频名称　0527_【掌握】ServletRequestListener

视频简介　在 Web 开发中提供了请求监听的处理机制，开发者可以针对请求前和请求后的状态进行监听。本视频通过具体的实例讲解 ServletRequestListener 接口的使用。

jakarta.servlet.ServletRequestListener 提供了客户端请求的监听控制，开发者可以利用此接口实现用户请求初始化监听，以及用户请求销毁监听。当事件被监听到后都会自动产生一个 ServletRequestEvent 事件源对象，开发者可以通过此对象获取 ServletRequest 与 ServletContext 接口实例。请求监听的实现结构如图 5-40 所示。

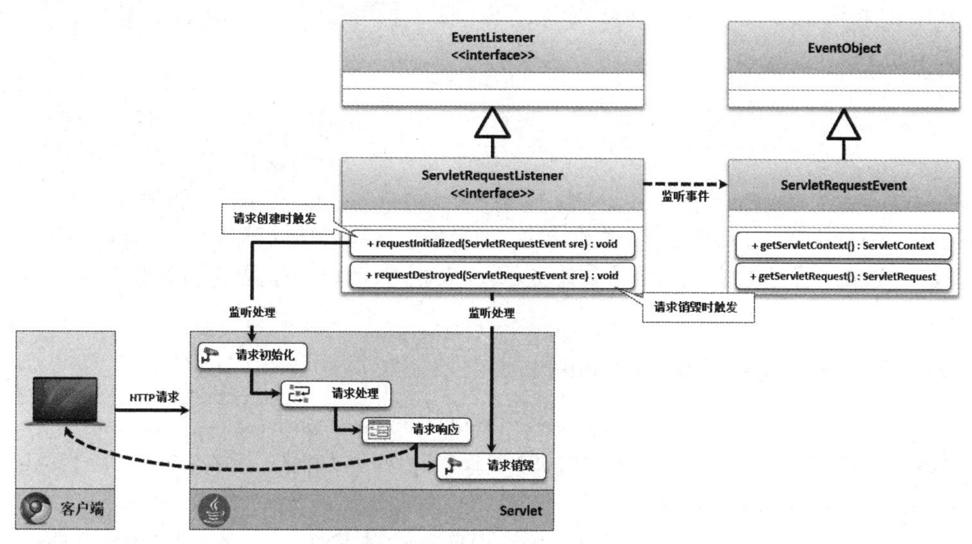

图 5-40　ServletRequestListener 监听

本次将通过 ServletRequestListener 监听接口实现一个视频访问量更新的操作。现在假设有一个视频播放页面 video.jsp，每当用户需要进行视频播放时，都需要通过 Servlet 访问该页面，同时利用“/video/{vid}”的形式传递一个要播放的视频编号。这样在每次访问时可以直接通过请求监听器对要播放的视频编号进行记录，同时将其更新到对应的数据库之中，如图 5-41 所示。

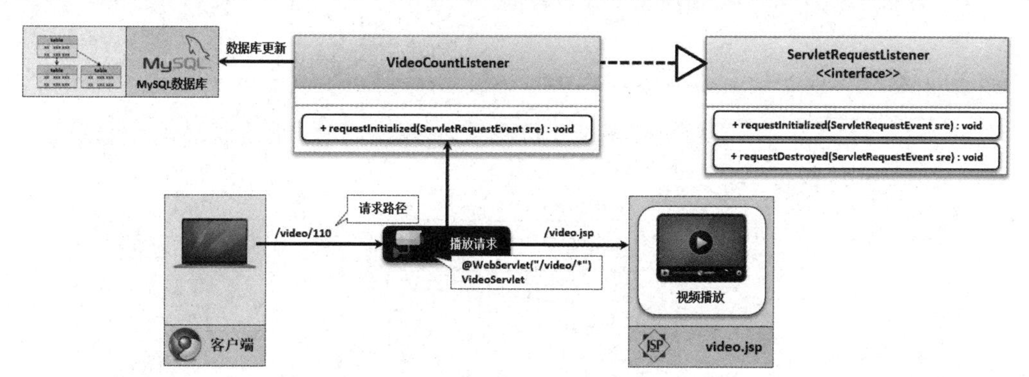

图 5-41　视频播放量统计监听

范例：Request 请求监听

```
package com.yootk.listener;
import jakarta.servlet.ServletRequestEvent;
import jakarta.servlet.ServletRequestListener;
import jakarta.servlet.http.HttpServletRequest;
public class VideoCountListener implements ServletRequestListener {      // 请求监听
    @Override
    public void requestInitialized(ServletRequestEvent sre) {            // 请求初始化
        HttpServletRequest request = (HttpServletRequest) sre.getServletRequest();
        String previousUrl = request.getHeader("Referer");               // 获取路径来源
        if (previousUrl.matches(".+/video/\\d+")) {                      // 路径匹配
            System.out.println("【RequestCountListener】视频访问量增加处理。");
```

```
        }
    }
    @Override
    public void requestDestroyed(ServletRequestEvent sre) {                // 请求销毁
        System.out.println("【RequestCountListener】Request请求处理完毕。");
    }
}
```

配置 web.xml：

```
<listener>                                                        <!-- 配置监听器 -->
    <listener-class>                                              <!-- 监听器程序类 -->
        com.yootk.listener.VideoCountListener
    </listener-class>
</listener>
```

本程序实现了一个视频访问量的更新操作，如果现在发现要访问的路径为/video.jsp，则会自动获取传递 vid 参数，并进行视频播放数量的更新（本次未实现数据库操作，仅仅实现了一个 vid 参数的输出）。

5.7.2 ServletRequestAttributeListener

ServletRequest AttributeListener

视频名称　0528_【掌握】ServletRequestAttributeListener

视频简介　由 Servlet 跳转到 JSP 页面时，往往需要携带大量的显示属性，这些属性一般都会通过 request 属性范围来设置。为了便于 request 属性的操作状态监听，在 Web 开发中提供了 ServletRequestAttributeListener 接口。本视频通过具体的实例讲解 request 属性的监听处理操作。

在 Java Web 开发中，属性传递属于最核心的数据处理操作，在每一次服务器端跳转中，都可以实现 request 属性的传递。但是在跨越多个 JSP/Servlet 时也有可能会产生属性修改（设置的属性名称相同）、属性删除等操作，那么这些就可以通过 jakarta.servlet.ServletRequestAttributeListener 监听接口来实现。该接口的实现结构如图 5-42 所示。

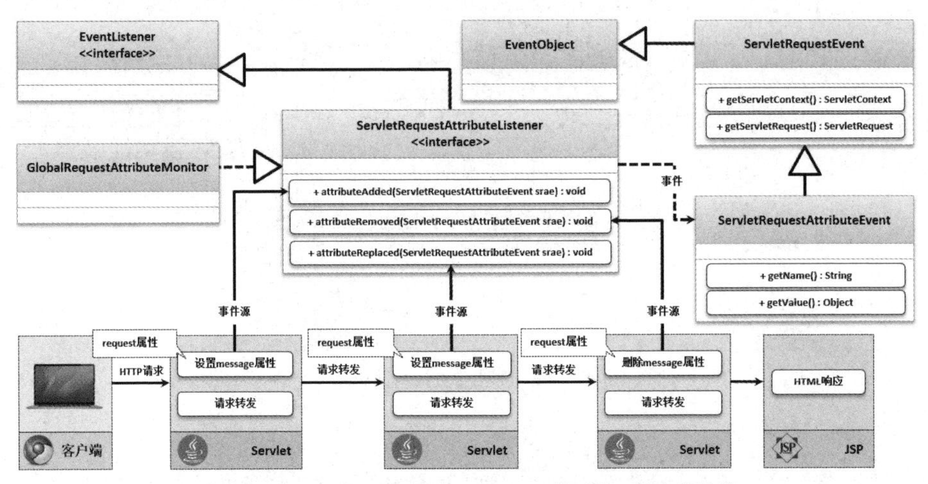

图 5-42　ServletRequestAttributeListener 监听接口的实现结构

范例：定义属性监听器类

```
package com.yootk.listener;
import jakarta.servlet.ServletRequestAttributeEvent;
import jakarta.servlet.ServletRequestAttributeListener;
public class GlobalRequestAttributeRecord implements ServletRequestAttributeListener {
    @Override
    public void attributeAdded(ServletRequestAttributeEvent srae) {
        // 程序中执行request.setAttribute("message", "www.yootk.com")代码时触发
```

```
        System.out.println("【属性增加】name = " + srae.getName() +
        "、value = " + srae.getValue());                        // 获取属性信息
    }
    @Override
    public void attributeReplaced(ServletRequestAttributeEvent srae) {
        // 程序中执行request.setAttribute("message", "edu.yootk.com")代码时触发
        // 此时为重复设置message属性名称，所以表示为属性替换操作
        System.out.println("【属性替换】name = " + srae.getName() +
        "、value = " + srae.getValue());                        // 获取属性信息
    }
    @Override
    public void attributeRemoved(ServletRequestAttributeEvent srae) {
        // 程序中执行request.removeAttribute("message")代码时触发
        System.out.println("【属性删除】name = " + srae.getName() +
        "、value = " + srae.getValue());                        // 获取属性信息
    }
}
```

配置 web.xml：

```
<listener>                                                   <!-- 配置监听器 -->
    <listener-class>
        com.yootk.listener.GlobalRequestAttributeRecord
    </listener-class>
</listener>
```

本程序实现了一个 ServletRequest 属性监听操作。在 JSP/Servlet 代码中只要执行 request 属性操作，都将触发相应的监听方法，并且可以直接在监听器中获取所设置的属性名称以及属性内容。

5.7.3 @WebListener 注解

@WebListener 注解

视频名称 0529_【掌握】@WebListener 注解

视频简介 Listener 实现了一种灵活的 Servlet 组件，同时所有的监听器都必须在 web.xml 配置文件中进行注册管理，为代码的维护带来极大的不便。为了解决这一问题，Listener 提供了注解配置的形式。本视频通过实例代码对@WebListener 注解进行讲解。

监听器除了可以使用 web.xml 配置之外，也可以直接基于@WebListener 注解来进行配置。由于监听器只需要配置到 Web 项目中就可以自动触发执行，因此@WebListener 注解并不像@WebServlet 或@WebFilter 注解那样提供了多个配置属性，在类中直接使用即可实现监听器配置。

范例：利用注解实现监听器配置

```
@WebListener                                                               // 配置监听器
public class GlobalRequestAttributeRecord implements ServletRequestAttributeListener {}
```

此时的配置与在 web.xml 文件中的效果完全相同，注解配置后会根据类所实现的不同接口而实现相应的监听处理。

5.8 HttpSession 监听器

HttpSession 监听器简介

视频名称 0530_【掌握】HttpSession 监听器简介

视频简介 session 反映着每一个用户的信息，为规范化管理，每一个 session 都属于 HttpSession 接口实例，专属的 session 监听器有助于更好地监控每一个 session 的状态。本视频为读者分析了 session 监听的基本形式与主要作用。

在 Web 开发中为了便于用户管理，对每一个用户的请求都会为其分配一个唯一的 session，以方便进行状态的维护。而在用户进行 session 创建时就可以利用监听器进行状态的监控，例如 session 创建、销毁、属性操作等。这些操作状态都提供完善的事件监控，开发者只要捕获到这些

事件就可以进行监听处理，如图 5-43 所示。

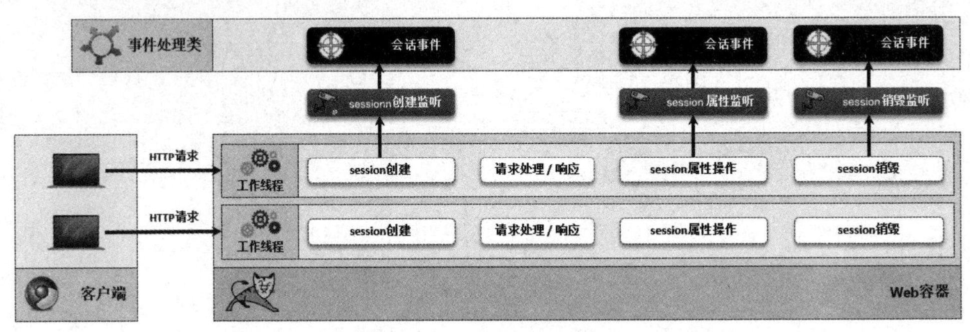

图 5-43　session 监听结构

5.8.1　HttpSessionListener

HttpSession Listener

视频名称　0531_【掌握】HttpSessionListener

视频简介　客户端与服务器端之间的连接和断开是最为重要的 session 概念。本视频通过基础的 session 状态监听接口实现了 session 创建与销毁的监听操作，并分析了 session 销毁的触发方式以及相关的 web.xml 配置项的使用。

jakarta.servlet.http.HttpSessionListener 提供了 HttpSession 状态的监听操作标准，在该接口中可以实现 session 创建与销毁的状态监听，同时所有的监听都会返回一个 HttpSessionEvent 事件对象，用于实现当前 session 的操作。该接口的实现结构如图 5-44 所示。

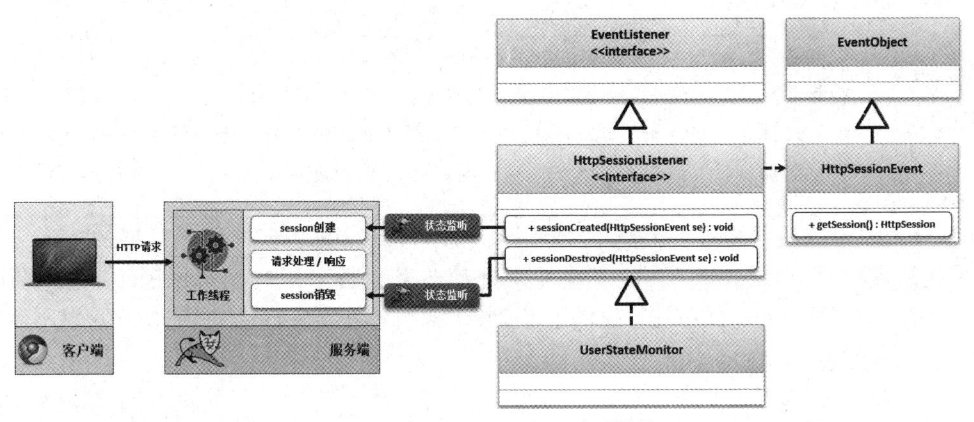

图 5-44　HttpSessionListener 实现结构

范例：HttpSession 状态监听

```
package com.yootk.listener;
import jakarta.servlet.annotation.WebListener;
import jakarta.servlet.http.HttpSessionEvent;
import jakarta.servlet.http.HttpSessionListener;
@WebListener
public class UserStateMonitor implements HttpSessionListener {
    @Override
    public void sessionCreated(HttpSessionEvent se) {
        // 用户第一次访问时会进行session创建
        System.out.println("【session创建】SessionID = " + se.getSession().getId());
    }
    @Override
    public void sessionDestroyed(HttpSessionEvent se) {
        // 用户注销后会自动销毁当前的session
        System.out.println("【session销毁】SessionID = " + se.getSession().getId());
```

```
    }
}
```

用户首次访问：

```
【session创建】SessionID = 49F44D9F0BD49C3C1BCE72B0E1010571
```

用户会话注销：

```
【session销毁】SessionID = 49F44D9F0BD49C3C1BCE72B0E1010571
```

当用户第一次请求成功后，Web 容器会自动为用户分配一个 SessionID，在分配完 SessionID 后该操作事件会被监听器自动捕获，如图 5-45 所示，用户就可以根据自身的需要进行相应处理。

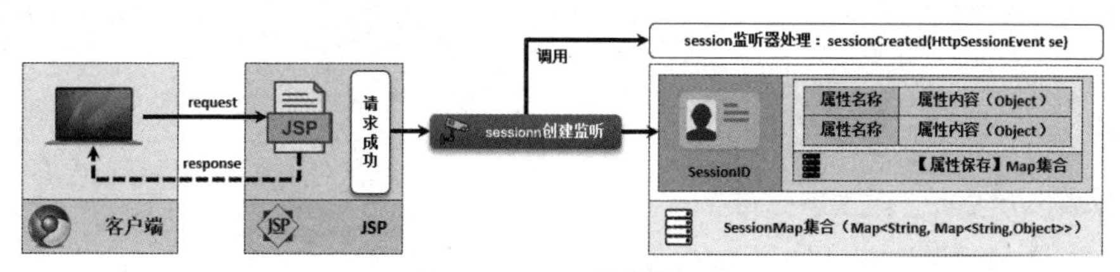

图 5-45　session 创建处理

提问：session 什么时候销毁？

当打开浏览器访问 Web 程序并且可以正常响应时，发现可以通过监听器中的 sessionCreated()方法监控到 session 创建事件，但是当浏览器关闭时发现并没有调用监听器中提供的 sessionDestroyed()方法，这个方法什么时候被调用？

回答：session 销毁时会产生销毁事件。

如果现在用户的 session 失效，则会自动触发监听器类中的销毁方法，但是对于 session 的销毁一般会出现如下两种情况。

- **情况一**：当用户手动调用了 session.invalidate()方法注销时。
- **情况二**：当某一个 session 长期不使用时，会被容器自动销毁，在 Tomcat 中默认的 session 销毁时间为 30min，即如果某一个用户在 30min 内都没有向服务器端发出任何的请求，则服务器端认为该用户已经离开。为了保证服务器性能，将从 session 集合中删除此 SessionID。当然，如果用户有需要也可以手动修改项目中的 web.xml 配置文件，进行这一失效时间配置。

范例：修改 web 中的 session 失效时间

```
<session-config>                                    <!-- 会话 -->
    <session-timeout>60</session-timeout>           <!-- 60min -->
</session-config>
```

session 超时配置中所使用的时间单位是“分（min）”，此时如果某一个 session 在 60min 内没有任何的操作，则会自动失效。

关于 session 失效处理的本质实际上和本系列丛书中所讲解的“J.U.C”延迟队列结构类似，会有一个守护线程进行超时 session 的清理。如果读者不清楚，可以自行翻阅本系列丛书中相关的内容进行复习。

5.8.2　HttpSessionIdListener

HttpSessionId Listener

视频名称　0532_【掌握】HttpSessionIdListener

视频简介　SessionID 是每一个请求用户的身份标识，在 Web 使用中可进行 SessionID 的修改操作与相应的监听操作。本视频通过具体的实例讲解 HttpSessionIdListener 监控接口的使用。

当用户成功地通过服务器获取 HTTP 资源后，服务器会自动通过 Cookie 的形式将当前客户的 SessionID 保存在客户端浏览器。这样每当通过该浏览器发出请求后，都可以自动匹配上 Web 容器中所保存的 SessionID。在最初的 Java Web 开发中，一旦 SessionID 生成则不可修改，而在 Servlet 3.1 标准中对这一限制进行了扩充，允许用户通过 HttpServletRequest 子接口提供的 changeSessionId()方法获取一个新的 SessionID，同时提供了一个 jakarta.servlet.http.HttpSessionIdListener 接口对每次 SessionID 修改的状态进行监听，该接口的使用结构如图 5-46 所示。

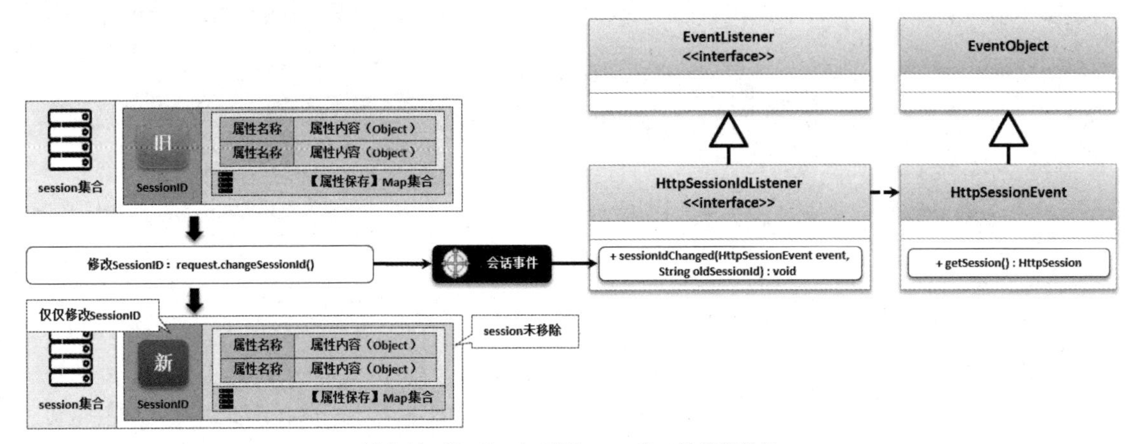

图 5-46　HttpSessionIdListener 接口的使用结构

 **提问：调用 invalidate()方法也可以修改 SessionID。**

在每次调用 session.invalidate()方法之后发现对应的 SessionID 也在更改，为什么非要使用 request.changeSessionId()方法呢？

回答：changeSessionId()不会使 session 销毁。

使用 session.invalidate()方法是先将当前的 session 销毁（对应 session 数据全部清空），而使用 request.changeSessionId()不会清除 session 信息，而仅仅实现 SessionID 的更改。

范例：监听 SessionID 状态

```
package com.yootk.listener;
import jakarta.servlet.annotation.WebListener;
import jakarta.servlet.http.HttpSessionEvent;
import jakarta.servlet.http.HttpSessionIdListener;
@WebListener
public class UserSessionChange implements HttpSessionIdListener {
    @Override
    public void sessionIdChanged(HttpSessionEvent event, String oldSessionId) {
        System.out.println("【修改SessionID】新的SessionID: " +
                    event.getSession().getId() + "、旧的SessionID: " + oldSessionId);
    }
}
```

程序执行结果：

```
【修改SessionID】新的SessionID：A782A349F5A67FBA10C1E990F0664F67、旧的SessionID：EBADB26636166907DB0A16789369401E
```

本程序实现了 SessionID 的修改监听，当用户修改时会自动触发 sessionIdChanged()方法。开发者可以通过此方法中的 HttpSessionEvent 事件类获取当前的 HttpSession 对象实例，同时在该方法中也可以接收已替换的原始 SessionID。

范例：修改 SessionID

```
<%@ page pageEncoding="UTF-8" %>
<h1>SessionID修改前：<%=session.getId()%></h1>
<% request.changeSessionId(); %>
<h1>SessionID修改后：<%=session.getId()%></h1>
```

程序执行结果：

```
SessionID修改前：EBADB26636166907DB0A16789369401E
SessionID修改后：A782A349F5A67FBA10C1E990F0664F67
```

本程序实现了一个 SessionID 的修改操作，在修改前后分别获取了 SessionID 的内容，同时对应的监听器也可以获取到同样的 SessionID 内容。

5.8.3 HttpSessionAttributeListener

HttpSession AttributeListener

视频名称 0533_【掌握】HttpSessionAttributeListener

视频简介 为了便于每一个用户的操作，可以直接进行 session 属性的设置与获取。本视频讲解 HttpSessionAttributeListener 接口的使用，及其与属性操作的关系。

session 属性范围可以在一次用户请求中始终进行用户数据信息的存储。为了实现属性操作的监听，在 Java Web 开发中提供了 jakarta.servlet.http.HttpSessionAttributeListener 监听接口，利用该接口可以实现属性设置、属性替换以及属性删除的事件监听处理。该接口的实现结构如图 5-47 所示。

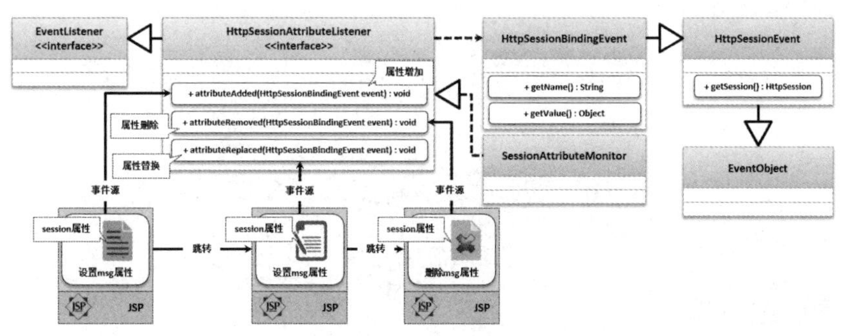

图 5-47 HttpSessionAttributeListener 接口的实现结构

范例：Session 属性操作监听

```
package com.yootk.listener;
import jakarta.servlet.annotation.WebListener;
import jakarta.servlet.http.HttpSessionAttributeListener;
import jakarta.servlet.http.HttpSessionBindingEvent;
@WebListener
public class SessionAttributeMonitor implements HttpSessionAttributeListener {
    @Override
    public void attributeAdded(HttpSessionBindingEvent se) {
        // 执行session.setAttribute("msg", "www.yootk.com")代码时触发
        System.out.println("【Session属性增加】name = " + se.getName() +
                    "、value = " + se.getValue());
    }
    @Override
    public void attributeReplaced(HttpSessionBindingEvent se) {
        // 执行session.setAttribute("msg", "edu.yootk.com")代码时触发
        System.out.println("【Session属性替换】name = " + se.getName() +
                    "、value = " + se.getValue());
    }
    @Override
    public void attributeRemoved(HttpSessionBindingEvent se) {
```

```
        // 执行session.removeAttribute("msg")代码时触发
        System.out.println("【Session属性删除】name = " + se.getName() +
                "、value = " + se.getValue());
    }
}
```

本程序实现了 HttpSession 属性操作的状态的监听，所有通过 HttpSession 对象实现的属性操作都会触发监听程序的执行，同时开发者可以在监听方法中获取属性的名称以及对应的内容。

5.8.4　HttpSessionBindingListener

HttpSession
BindingListener

视频名称　0534_【掌握】HttpSessionBindingListener

视频简介　在 HttpSession 监听器中为了简化监听器的定义结构，提供了基于对象绑定操作的监听接口。本视频通过具体的实例讲解 HttpSessionBindingListener 接口的使用。

在项目开发中由于 session 经常需要保存用户的数据信息，因此在 session 对象中最为重要的操作就是属性的保存与删除。除了使用 HttpSessionAttributeListener 接口实现属性状态的跟踪外，在 Java Web 中又提供了一个不需要进行注册的监听接口，该接口为 jakarta.servlet.http.HttpSessionBindingListener。在实际使用中，开发者在进行 session 属性操作时将属性内容设置为 HttpSessionBindingListener 子类对象实例，即可自动地进行 valueBound()与 valueUnbound()两个监听方法的调用。HttpSessionBindingListener 接口的实现结构如图 5-48 所示。

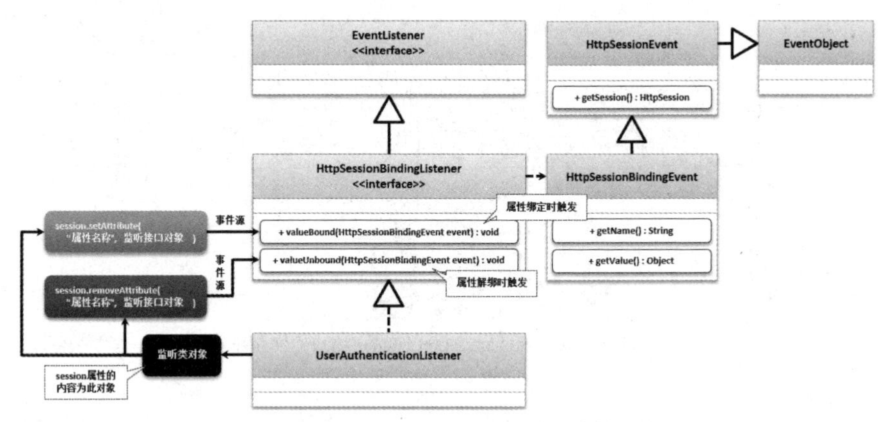

图 5-48　HttpSessionBindingListener 接口的实现结构

范例：属性绑定监听操作

```
package com.yootk.listener;
import jakarta.servlet.http.HttpSessionBindingEvent;
import jakarta.servlet.http.HttpSessionBindingListener;
public class UserAuthenticationListener implements HttpSessionBindingListener {
    private String userid;                                          // 保存用户ID
    public UserAuthenticationListener(String userid) {
        this.userid = userid;
    }
    public String getUserid() {                                     // 获取用户ID
        return userid;
    }
    @Override
    public void valueBound(HttpSessionBindingEvent event) {         // 属性绑定时触发
        System.out.println("【属性绑定】name = " + event.getName() +
                "、value = " + event.getValue());
    }
    @Override
```

```
    public void valueUnbound(HttpSessionBindingEvent event) {    // 属性解绑时触发
        System.out.println("【属性解绑】name = " + event.getName() +
                "、value = " + event.getValue());
    }
}
```

保存 session 属性：

```
【属性绑定】name = user、value = com.yootk.listener.UserAuthenticationListener@481b7700
```

删除 session 属性：

```
【属性解绑】name = user、value = com.yootk.listener.UserAuthenticationListener@481b7700
```

本程序仅仅实现了一个监听器类的定义，同时并没有通过@WebListener 注解或 web.xml 文件向 Web 容器进行注册。但是在进行实际操作时必须在 session 属性中保存本类的对象实例，才可以触发相应的监听方法。

范例：session 操作监听对象

```
<%@ page pageEncoding="UTF-8" import="com.yootk.listener.*" %>
<%
    UserAuthenticationListener auth = new UserAuthenticationListener("YOOTK沐言科技");
    session.setAttribute("user", auth);            // 保存session属性，触发valueBound()
    session.removeAttribute("user");               // 删除session属性，触发valueUnbound()
%>
```

本程序实例化了 UserAuthenticationListener 监听器类的对象，随后利用 session 实现了该对象的存储以及删除操作，最终会触发监听器类中的相关方法进行处理。

5.8.5 HttpSessionActivationListener

HttpSession ActivationListener

视频名称 0535_【理解】HttpSessionActivationListener

视频简介 在每一个 Web 容器中都需要保存大量的 session 信息，而随着并发访问量的增加，所保存的 session 信息越来越多，所需要的内存也越来越大，这样必然影响服务器处理性能。本视频为读者分析 session 与服务器性能的关系，同时讲解如何通过 HttpSession-ActivationListener 结合磁盘文件实现 session 数据的钝化与激活处理操作。

为了便于保持用户的状态，就需要在 Web 容器中存储大量的用户 session 信息，但是随着并发访问用户的增多，此种保存模式必然会带来较大的内存占用，而导致频繁的 GC（垃圾回收）操作，从而影响服务器的处理性能。为了解决这一问题，Java Web 提供了 session 的序列化管理机制，可以将暂时不活跃的 session 信息保存到其对应的二进制文件之中（此操作称为“钝化”），而后在需要的时候可以根据 SessionID 通过磁盘恢复对应的 session 数据（此操作称为“激活”），如图 5-49 所示。这样就可以极大地减少服务器内存占用，从而实现较高的服务器处理性能。

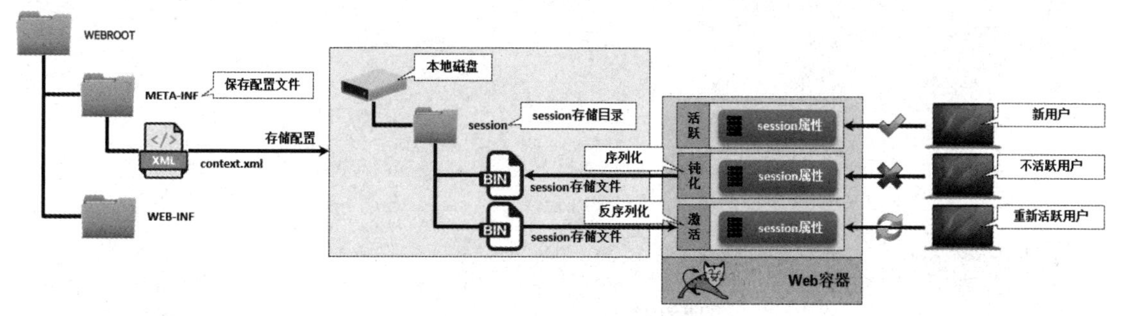

图 5-49　session 钝化与激活

session 的序列化与反序列化操作是由 Web 容器进行管理的，开发者只需要在项目中配置一个 META-INF/context.xml 文件，在此文件中定义好序列化存储路径即可。

范例：定义序列化配置文件（文件路径：Web 项目/META-INF/context.xml）

```
<Context>                                                   <!-- 配置上下文 -->
    <!-- 配置session持久化管理策略，当session超过1min不活跃时，则进行持久化处理 -->
    <Manager className="org.apache.catalina.session.PersistentManager" maxIdleSwap="1">
        <!-- 定义文件存储，同时设置文件存储的路径 -->
        <Store className="org.apache.catalina.session.FileStore" directory="h:/session"/>
    </Manager>
</Context>
```

在 Java Web 中，针对 session 数据持久化管理提供了一个 jakarta.servlet.http.HttpSessionActivationListener 接口。在该接口中可以针对 session 数据序列化（钝化方法 sessionWillPassivate()）以及 session 数据反序列化（激活方法 sessionDidActivate()）实现状态监听，具体的使用结构如图 5-50 所示。

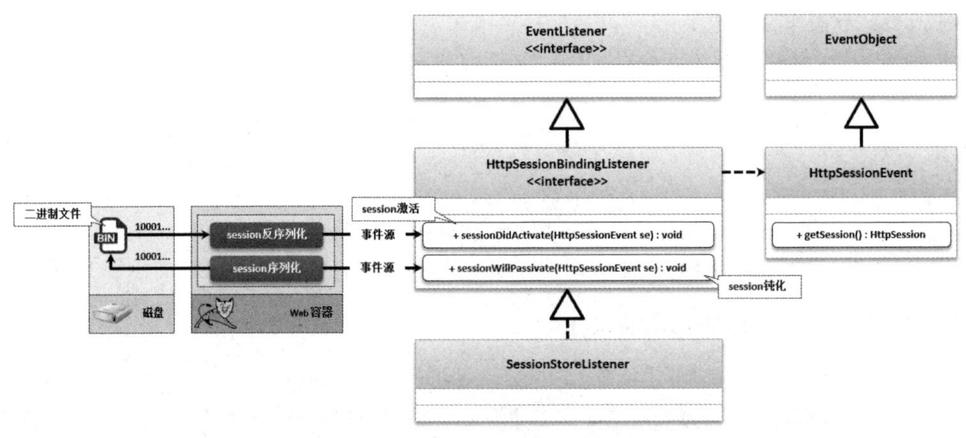

图 5-50　session 持久化管理

范例：实现 session 持久化监听

```
package com.yootk.listener;
import jakarta.servlet.http.HttpSessionActivationListener;
import jakarta.servlet.http.HttpSessionEvent;
import java.io.Serializable;
public class SessionStoreListener implements
        HttpSessionActivationListener, Serializable {       // 实现序列化接口
    private String userid;                                  // 用户ID
    public SessionStoreListener(String userid) {            // 保存用户ID
        this.userid = userid;
    }
    public String getUserid() {                             // 获取用户ID
        return userid;
    }
    @Override
    public void sessionDidActivate(HttpSessionEvent se) {   // session激活
        System.out.println("【session激活】SessionId = " + se.getSession().getId() +
                "、userid = " + this.userid);               // 获取session信息
    }
    @Override
    public void sessionWillPassivate(HttpSessionEvent se) { // session钝化
        System.out.println("【session钝化】SessionId = " + se.getSession().getId() +
                "、userid = " + this.userid);               // 获取session信息
    }
}
```

序列化信息：

```
【session钝化】SessionId = EAE62BB85D4D313933FA9D7080E82AA0、userid = YOOTK沐言科技
```

反序列化信息：

```
【session激活】SessionId = EAE62BB85D4D313933FA9D7080E82AA0、userid = YOOTK沐言科技
```

在本程序中实现了一个 session 存储状态的监听器，同时在该类中主要实现了 userid 属性的存储。需要注意的是，此监听器类不需要进行配置，直接在 session 中保存此类对象实例即可实现监听。

范例：session 数据存储

```
<%@ page pageEncoding="UTF-8" import="com.yootk.listener.*" %>
<%    session.setAttribute("user", new SessionStoreListener("YOOTK沐言科技")); %>
```

本程序直接在 session 属性中保存了 SessionStoreListener 监听器类的对象实例，这样当用户访问此页面后等待 1min 左右（context.xml 文件中的“maxIdleSwap="1"”配置），就满足了 session 不活跃需要序列化保存的要求，会自动触发 sessionWillPassivate()方法，并且在相应的存储路径下会有一个 session 序列化文件（文件名称为系统分配的 SessionID，文件扩展名为“.session”）。当用户再次执行页面，Web 容器会认为该用户重新活跃，根据 SessionID 自动触发 sessionDidActivate()方法。

5.9 ServletContext 监听器

ServleContext
监听器简介

视频名称 0536_【掌握】ServleContext 监听器简介

视频简介 ServletContext 描述的是 Web 容器上下文环境，在 Web 开发中可针对上下文的状态进行监听。本视频为读者介绍 Web 上下文监听的几种形式。

在 Tomcat 中会同时存在多个不同的 Web 上下文环境，每一个 Web 上下文都拥有独立的应用环境。在 Web 容器中会针对 Web 上下文的启动、销毁、属性操作等实现相应的处理事件，以方便用户进行不同状态的监控，如图 5-51 所示。

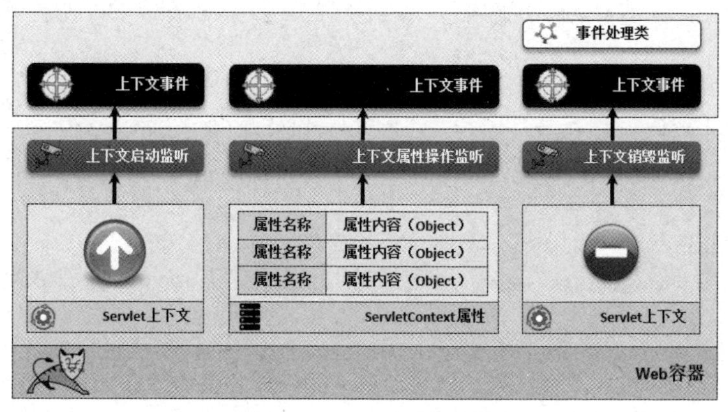

图 5-51 Servlet 上下文事件

5.9.1 ServletContextListener

ServletContext
Listener

视频名称 0537_【掌握】ServletContextListener

视频简介 Web 上下文描述的是当前 Web 容器的状态，在监听器中可以在容器启动与销毁时进行动态监听。本视频讲解 ServletContextListener 接口的使用。

每一个 Web 应用启动后都有一个 ServletContext 实例化对象，所以在 ServletContext 初始化完成以及 ServletContext 销毁时都会产生相应的处理事件。事件产生后可以通过 jakarta.servlet.ServletContextListener 接口实现事件的监听处理，该接口的实现结构如图 5-52 所示。

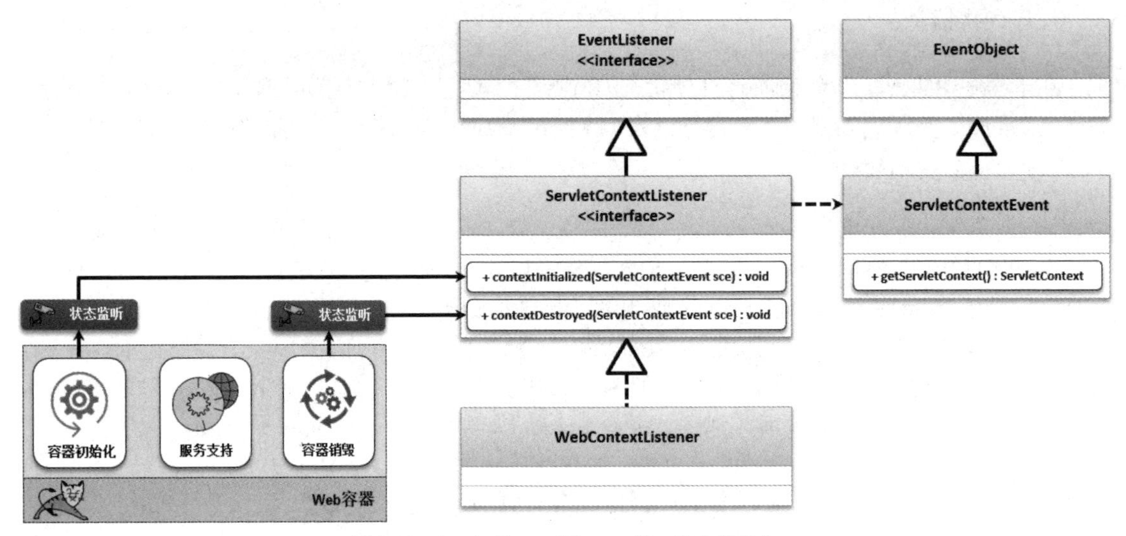

图 5-52　ServletContextListener 接口的实现结构

范例：Servlet 上下文监听

```
package com.yootk.listener;
import jakarta.servlet.ServletContextEvent;
import jakarta.servlet.ServletContextListener;
import jakarta.servlet.annotation.WebListener;
@WebListener
public class WebContextListener implements ServletContextListener {
    @Override
    public void contextInitialized(ServletContextEvent sce) {        // 容器启动时调用
        System.out.println("【Servlet上下文初始化】" +
                    sce.getServletContext().getVirtualServerName()); // 获取虚拟名称
    }
    @Override
    public void contextDestroyed(ServletContextEvent sce) {          // 容器关闭时调用
        System.out.println("【Servlet上下文销毁】" +
                    sce.getServletContext().getVirtualServerName()); // 获取虚拟名称
    }
}
```

容器启动输出：

```
【Servlet上下文初始化】Catalina/localhost
```

容器关闭输出：

```
【Servlet上下文销毁】Catalina/localhost
```

本程序实现了 Servlet 上下文监听，当容器启动完成后会自动触发 contextInitialized()方法，而后当容器销毁时则会自动触发 contextDestroyed()方法。

5.9.2 ServletContextAttributeListener

ServletContext
AttributeListener

视频名称　0538_【掌握】ServletContextAttributeListener

视频简介　上下文可以包含若干个属性信息，对于所有的属性内容都可以实现方便的监听。本视频讲解 ServletContextAttributeListener 接口的使用。

每一个 Web 应用都可以通过 application 内置对象实现上下文属性的操作配置。如果需要对属性的操作事件进行处理，则可以直接通过 jakarta.servlet.ServletContextAttributeListener 接口完成，此接口的实现结构如图 5-53 所示。

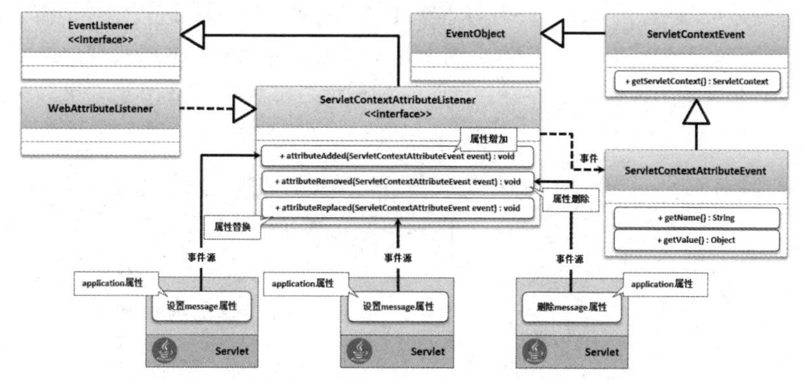

图 5-53　ServletContextAttibuteListener 接口的实现结构

范例：Servlet 上下文属性监听

```
package com.yootk.listener;
import jakarta.servlet.ServletContextAttributeEvent;
import jakarta.servlet.ServletContextAttributeListener;
import jakarta.servlet.annotation.WebListener;
@WebListener
public class WebAttributeListener implements ServletContextAttributeListener {
    @Override
    public void attributeAdded(ServletContextAttributeEvent scae) {
        System.out.println("【增加application属性】name = " + scae.getName() +
                "、value = " + scae.getValue());
    }
    @Override
    public void attributeReplaced(ServletContextAttributeEvent scae) {
        System.out.println("【替换application属性】name = " + scae.getName() +
                "、value = " + scae.getValue());
    }
    @Override
    public void attributeRemoved(ServletContextAttributeEvent scae) {
        System.out.println("【删除application属性】name = " + scae.getName() +
                "、value = " + scae.getValue());
    }
}
```

在监听启动后，会自动实现 application 属性操作的监听，并且会根据其操作的不同调用不同的处理方法，开发者可以直接通过监听器获取当前操作的属性名称以及内容。

提示：系统配置属性监听。

在之前的章节中讲解 application 内置对象时曾经分析过，每当 Web 容器启动后，实际上都会自动向 application 中追加一些属性内容。但是这些启动时追加的信息是不会被监听到的，当前的监听器只能够监听容器启动完成后的属性操作变化。

5.10　组件动态注册

组件动态注册

视频名称　0539_【掌握】组件动态注册

视频简介　传统的 Servlet、Filter、Listener 组件开发完成后都需要进行手动的处理配置，为了进一步提高 Java Web 开发的灵活性，可使用动态组件注册支持。本视频为读者分析动态组件的注册意义以及使用结构。

在传统的 Java Web 项目开发中，如果想使用 Servlet、Filter 或 Listener，需要在 web.xml 文件

中进行手动配置后才可以生效。Servlet 3.0 标准提供了基于注解的形式进行组件配置，但是依然需要开发者明确地在代码定义时进行配置。为了便于开发者灵活地维护组件的管理，又提供了更加方便的服务注册功能，开发者可以直接在容器启动时，利用反射机制实现 Web 组件类的引入，如图 5-54 所示。

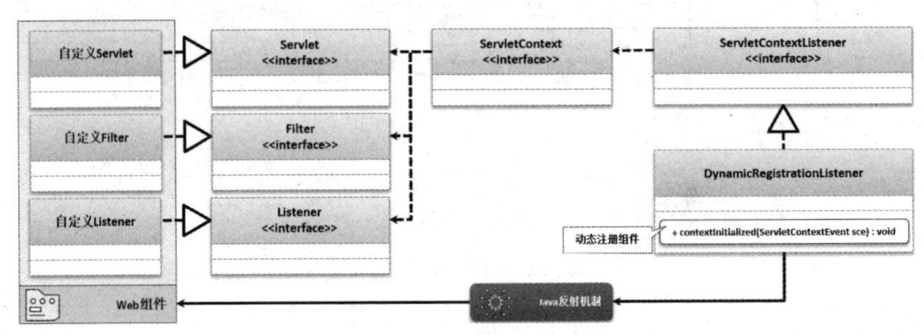

图 5-54　动态注册 Web 组件

5.10.1　动态注册 Servlet 组件

动态注册 Servlet 组件

视频名称　0540_【掌握】动态注册 Servlet 组件

视频简介　Servlet 的动态注册需要通过 ServletRegistration.Dynamic 接口完成。本视频为读者分析 ServletContext 接口提供的动态 Servlet 注册方法，并且通过具体的程序代码实现 Servlet 的动态注册以及相关配置项的定义。

Servlet 程序类是 Java Web 开发中的主要程序组件，如果开发者需要通过程序动态地进行 Servlet 的注册，则可以使用表 5-10 所示的方法进行操作，这些方法全部由 ServletContext 接口所提供。

表 5-10　ServletContext 接口提供的 Servlet 注册方法

序号	方法	类型	描述
1	public <T extends Servlet> T createServlet(Class<T> clazz) throws ServletException	普通	创建 Servlet 接口对象实例
2	public ServletRegistration.Dynamic addServlet(String servletName, Class<? extends Servlet> servletClass)	普通	利用反射类 Class 获取 Servlet 接口对象实例，并自动向 Web 容器进行注册
3	public ServletRegistration.Dynamic addServlet(String servletName, Servlet servlet)	普通	将一个已经实例化完成的 Servlet 接口实例注册到 Web 容器之中
4	public ServletRegistration.Dynamic addServlet(String servletName, String className)	普通	传入 Servlet 的完整类名称，而后基于反射的方式自动进行实例化并注册到 Web 容器之中

通过表 5-10 给出的方法可以发现，开发者可以直接将要注册的 Servlet 程序类通过 addServlet() 方法进行注册，随后该方法可以返回一个 ServletRegistration.Dynamic 接口实例，并通过 ServletRegistration.Dynamic 接口对象实现 Servlet 访问路径的定义，如图 5-55 所示。

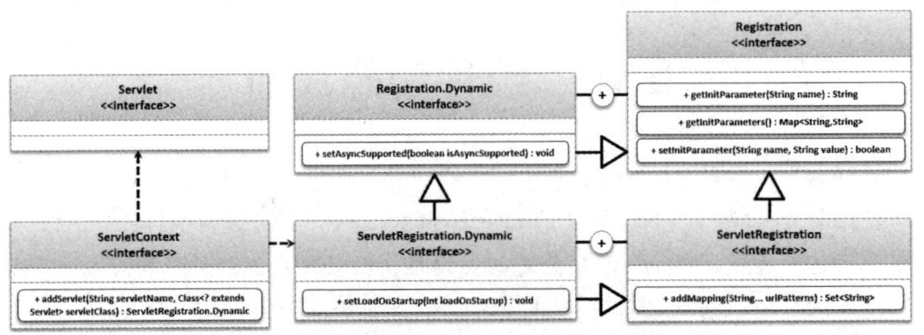

图 5-55　ServletRegistration.Dynamic 接口使用结构

范例：动态注册 Servlet

```
package com.yootk.listener;
import com.yootk.servlet.HelloServlet;
import jakarta.servlet.ServletContext;
import jakarta.servlet.ServletContextEvent;
import jakarta.servlet.ServletContextListener;
import jakarta.servlet.ServletRegistration;
import jakarta.servlet.annotation.WebListener;
@WebListener
public class DynamicRegistrationListener implements ServletContextListener {
    @Override
    public void contextInitialized(ServletContextEvent sce) {        // 容器启动触发
        // 动态注册依赖于ServletContext接口对象实例，可以通过ServletContextEvent获取接口对象
        ServletContext application = sce.getServletContext();        // 获取上下文对象
        // 通过ServletContext对象添加HelloServlet与BaeFilter对象实例，并返回动态注册对象
        ServletRegistration.Dynamic registration = application
                .addServlet("helloServlet", HelloServlet.class);     // Servlet注册
        registration.setLoadOnStartup(1);                            // 容器启动时加载
        registration.setInitParameter("message", "www.yootk.com");  // 初始化参数
        registration.addMapping("/hello.action",
                "/muyan.yootk", "/muyan/yootk/*");                   // Servlet映射路径
    }
}
```

本程序实现了一个 Servlet 初始化加载监听操作，在容器启动时会自动进行此事件的触发。同时为了便于实现动态注册，通过 ServletContextEvent 事件类获取 ServletContext 接口实例，随后通过 addServlet()方法进行 Servlet 组件的动态配置，并且利用其返回的 ServletRegistration.Dynamic 接口对象，实现 Servlet 中自动初始化、初始化参数定义以及访问映射路径的相关配置。

5.10.2 动态注册 Filter 组件

动态注册 Filter 组件

视频名称 0541_【掌握】动态注册 Filter 组件

视频简介 过滤器可以实现请求的统一处理操作，在 Java Web 中除了可以通过 web.xml 配置过滤器外，也可以通过 ServletContext 实现过滤器定义。本视频为读者分析 Filter 组件动态注册的程序接口结构，并且通过实例讲解过滤器的动态配置。

Filter 组件可以实现请求的拦截处理操作，同时也可以利用匹配路径无侵入地与系统项目进行整合。在 ServletContext 接口中提供了表 5-11 所示的动态增加 Filter 组件的注册方法。

表 5-11 ServletContext 提供的 Filter 组件注册方法

序号	方法	类型	描述
1	public <T extends Filter> T createFilter(Class<T> clazz) throws ServletException	普通	根据 Filter 的 Class 对象实例创建一个 Filter 接口对象实例
2	FilterRegistration.Dynamic addFilter(String filterName, Class<? extends Filter> filterClass)	普通	通过 Filter 的 Class 对象实例创建一个 Filter 接口对象，同时设置 filterName，并向 Web 容器注册
3	FilterRegistration.Dynamic addFilter(String filterName, Filter filter)	普通	将一个已经创建完成的 Filter 接口对象，注册到 Web 容器之中，并为其设置 filterName
4	public FilterRegistration.Dynamic addFilter(String filterName, String className)	普通	通过完整的 Filter 类名称动态实例化一个 Filter 接口对象，并将其动态注册到 Web 容器之中

每当开发者使用 addFilter()方法向 Web 容器中添加一个 Filter 对象实例时，都会返回 FilterRegistration.Dynamic 接口对象实例，开发者可以直接使用此接口实现过滤器转发模式(DispatcherType)、映射路径的设置，该接口的使用结构如图 5-56 所示。

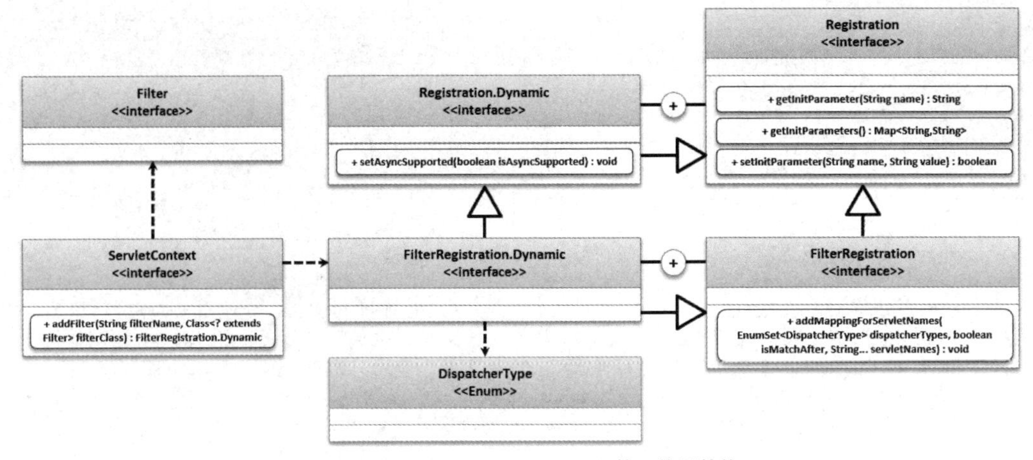

图 5-56　FilterRegistration.Dynamic 接口使用结构

范例：动态注册过滤器

```
package com.yootk.listener;
import jakarta.servlet.*;
import jakarta.servlet.annotation.WebListener;
import java.util.EnumSet;
@WebListener
public class DynamicRegistrationListener implements ServletContextListener {
    @Override
    public void contextInitialized(ServletContextEvent sce) {          // 容器启动触发
        // 动态注册依赖于ServletContext接口对象实例，可以通过ServletContextEvent获取接口对象
        ServletContext application = sce.getServletContext();          // 获取上下文对象
        // 向Web容器动态注册过滤器组件，此时会根据传入的过滤器类名称自动获取Filter接口实例
        FilterRegistration.Dynamic registration = application.addFilter("baseFilter",
                "com.yootk.filter.BaseFilter");                        // 动态添加过滤器
        registration.addMappingForUrlPatterns(                         // 添加过滤器匹配路径
                EnumSet.of(DispatcherType.REQUEST,
                        DispatcherType.FORWARD),                       // 过滤器转发模式
                false,                                                 // 请求前触发
                "/*");                                                 // 配置过滤路径
    }
}
```

本程序通过 addFilter()方法配置了一个过滤器程序类。由于是通过字符串传递类名称的，因此其内部会通过反射机制实现 Filter 接口实例化处理，随后利用 FilterRegistration.Dynamic 接口设置过滤器的转发模式以及匹配路径。

5.10.3　动态注册 Listener 组件

动态注册
Listener 组件

视频名称　0542_【掌握】动态注册 Listener 组件

视频简介　监听器是一种配置简化的 Web 组件，是根据状态事件实现触发处理的。本视频通过具体的实例代码讲解如何在 Web 容器中实现动态监听器的注册。

Listener 组件是针对事件进行处理的，只要根据 Web 容器、session 状态以及 request 状态直接编写相应的事件处理类即可。开发者可以直接通过 ServletContext 接口，利用表 5-12 提供的方法实现监听器的动态设置。

表 5-12 ServletContext 提供的 Listener 组件注册方法

序号	方法	类型	描述
1	public <T extends EventListener> T createListener(Class<T> clazz) throws ServletException	普通	创建 Listener 对象实例
2	public void addListener(Class<? extends EventListener> listenerClass)	普通	注册 Listener 组件
3	public void addListener(String className)	普通	注册 Listener 组件
4	public <T extends EventListener> void addListener(T t)	普通	注册 Listener 组件

Listener 组件不像 Servlet 组件或 Filter 组件那样必须进行访问路径的配置，所以开发者只需要将 Listener 实现类添加到 Web 容器中即可启用监听器。

范例：动态注册监听器

```
package com.yootk.listener;
import jakarta.servlet.ServletContext;
import jakarta.servlet.ServletContextEvent;
import jakarta.servlet.ServletContextListener;
import jakarta.servlet.ServletException;
import jakarta.servlet.annotation.WebListener;
import java.util.EventListener;
@WebListener
public class DynamicRegistrationListener implements ServletContextListener {
    @Override
    public void contextInitialized(ServletContextEvent sce) {    // 容器启动触发
        // 动态注册依赖于ServletContext接口对象实例，可以通过ServletContextEvent获取接口对象
        ServletContext application = sce.getServletContext();    // 获取上下文对象
        try { // 创建监听器对象实例，此时返回EventListener接口实例
            EventListener listener = application.createListener(UserStateMonitor.class);
            application.addListener(listener);                   // 添加监听器
        } catch (ServletException e) {
            e.printStackTrace();
        }
    }
}
```

本程序首先通过 createListener()方法创建了一个 EventListener 接口实例，随后通过 addListener()方法将此监听器实例注册到了 Web 容器之中。

5.10.4 ServletContainerInitializer

ServletContainer Initializer

视频名称 0543_【掌握】ServletContainerInitializer

视频简介 使用动态注册可以方便地进行程序的扩展，但是在现实开发中很多程序都会以 JAR 文件的形式给出，这就要求可以自动将之集成在 Web 应用中。本视频将为读者讲解 ServletContainerInitializer 接口的自动程序注册与加载实现。

虽然在 ServletContext 接口中提供了 Web 组件的动态注册支持，但是在使用前开发者必须自定义监听器，而后还需要进行一系列的代码配置才能够生效，这样的做法实际上并不利于组件的动态扩展。在一个完整的 Web 程序中，为了便于代码的管理，往往需要引入一系列的 Java 程序库（JAR 文件），这些 JAR 文件的内部可能包含程序所需要的 Web 组件。此时最佳的做法就是在项目中直接引入这些 JAR 文件，而后让这些 JAR 文件中的 Web 组件自动进行配置。当不再需要使用这些组件的时候，只要从项目中删除 JAR 文件即可，如图 5-57 所示。

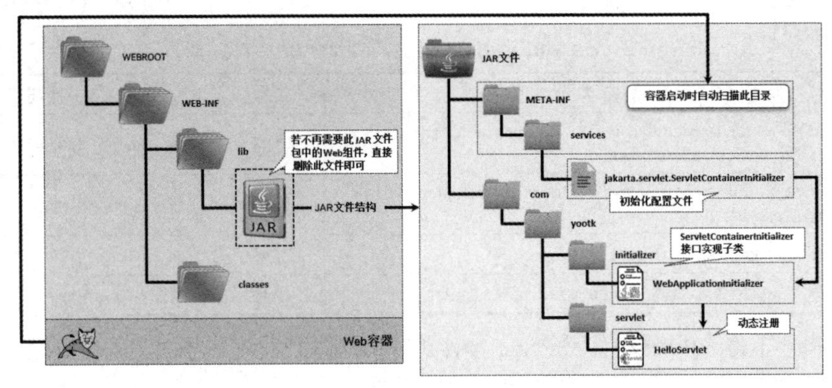

图 5-57　Web 动态初始化

Web 动态初始化的实现关键在于需要定义一个 jakarta.servlet.ServletContainerInitializer 接口子类，在该子类中可以动态实现本 JAR 文件中的 Servlet、Filter 以及 Listener 的自动注册。但是如果想让此配置类生效，则必须在最终生成的 JAR 文件内提供 META-INF/services/目录，该目录中必须定义 jakarta.servlet.ServletContainerInitializer 文件，并且在此文件中明确地定义当前要使用的 ServletContainerInitializer 子类名称。为了便于读者理解，本次将创建一个新的 Java 模块 WebComponent，项目结构如图 5-58 所示，并且在执行时将该模块打包为 JAR 文件，配置到要继承的 Web 模块中。

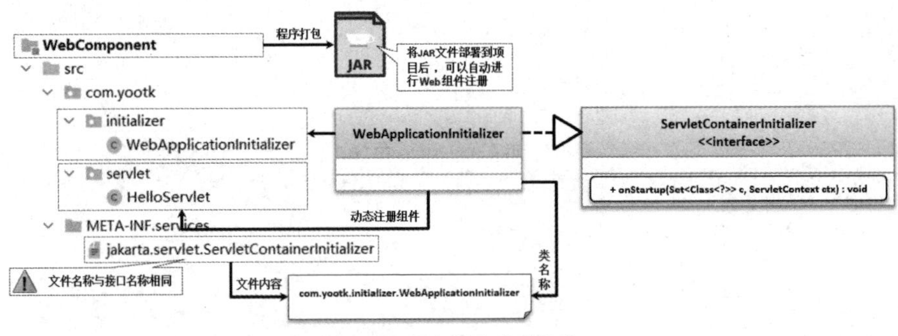

图 5-58　Web 组件自动注册

下面将通过一个 Servlet 的动态注册操作，为读者讲解 ServletContainerInitializer 接口的使用，需要创建一个新的 WebComponent 模块，并且在对模块打包为 JAR 文件后，要在 yootkweb 项目中进行引用。由于本次的操作需要涉及两个不同的模块处理，因此将采用如下的步骤进行代码编写。

（1）【WebComponent 模块】定义 HelloServlet 程序类。

```
package com.yootk.servlet;
import jakarta.servlet.ServletException;
import jakarta.servlet.http.HttpServlet;
import jakarta.servlet.http.HttpServletRequest;
import jakarta.servlet.http.HttpServletResponse;
import java.io.IOException;
import java.io.PrintWriter;
public class HelloServlet extends HttpServlet {
    @Override
    protected void doGet(HttpServletRequest request, HttpServletResponse response)
            throws ServletException, IOException {                    // 方法覆写
        request.setCharacterEncoding("UTF-8");                        // 请求编码
        response.setCharacterEncoding("UTF-8");                       // 响应编码
        response.setContentType("text/html;charset=UTF-8");           // 响应MIME类型
```

```
        PrintWriter out = response.getWriter();                    // 获取客户端输出流
        out.println("<h1>www.yootk.com</h1>");                     // 输出HTML代码
        out.close();                                               // 关闭输出流
    }
}
```

HelloServlet 主要实现 GET 请求处理。需要注意的是，此时的 Servlet 既不会在 web.xml 中配置，也没有使用@WebServlet 注解，随后将通过初始化配置类进行注册。

（2）【WebComponent 模块】创建 WebApplicationInitializer 初始化管理类。

```
package com.yootk.initializer;
import com.yootk.servlet.HelloServlet;
import jakarta.servlet.ServletContainerInitializer;
import jakarta.servlet.ServletContext;
import jakarta.servlet.ServletException;
import jakarta.servlet.ServletRegistration;
import jakarta.servlet.annotation.HandlesTypes;
import java.util.Set;
@HandlesTypes({HelloServlet.class})
public class WebApplicationInitializer implements ServletContainerInitializer {
    @Override
    public void onStartup(Set<Class<?>> set, ServletContext servletContext)
             throws ServletException {
        ServletRegistration registration = servletContext.addServlet("helloServlet",
             "com.yootk.servlet.HelloServlet");          // HelloServlet注册
        registration.addMapping("/hello.action");        // 设置映射路径
    }
}
```

在 WebApplicationInitializer 操作类中需要通过@HandlesTypes 注解添加要配置的组件程序类，这样就可以在 JAR 文件扫描时找到对应的字节码文件。

> **提示：@HandlesTypes 注解的详细解释。**
>
> 在 Jakarta EE 文档中，对于 ServletContainerInitializer 接口子类必须通过@HandlesTypes 进行注解已经有了明确的说明。这个注解主要是通过 BCEL（Byte Code Engineering Library）实现的，这是一个由 Apache 软件基金会的 Jakarta 项目所提供的字节码开发框架，可以利用此框架实现二进制字节码的解析处理。与该框架类似的还有 ASM、Java SSIST 等。

（3）【WebComponent 模块】定义 Servlet 初始化配置文件。

```
com.yootk.initializer.WebApplicationInitializer
```

此文件内容必须保存在 META-INF/services/jakarta.servlet.ServletContainerInitializer 路径之中，这样就可以在容器启动时被自动扫描到，随后才可以实现 Servlet 的动态配置。

5.11 在线用户管理项目实战

在线用户管理项目实战

视频名称 0544_【掌握】在线用户管理项目实战

视频简介 Web 应用在运行过程中会有大量的在线用户进行程序访问，但是考虑到运营管理的安全，管理员有可能会手动强制性地进行用户下线处理。本视频为读者讲解在线用户管理的基本实现思路。

Web 应用是一个多用户的使用环境，每一个用户都通过自己的 session 进行个人数据的记录，用户也可以手动进行注销操作，以实现 session 资源的释放。但是在一些系统中为了便于用户的管理，往往需要进行用户手动强制注销操作，操作流程如图 5-59 所示，而此类功能的实现可以通过属性的操作来实现。

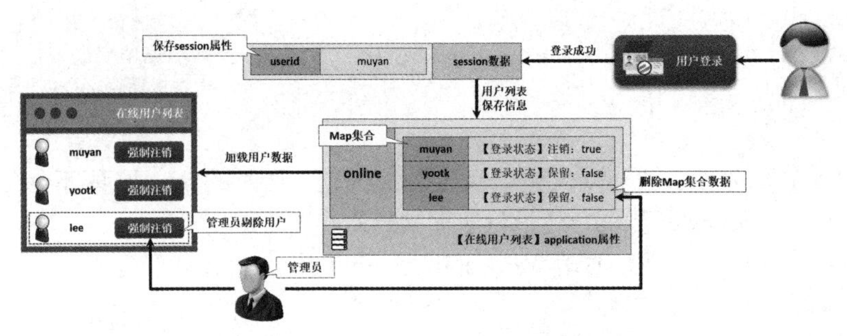

图 5-59 在线用户强制注销操作

在本程序实现过程中，用户的操作采用固定密码的形式（固定密码为：yootk）。只要密码匹配，则表示用户登录成功，用户名自动保存在 Map 集合中，同时还会保存一个用户当前状态（状态为 true 表示剔除，状态为 false 表示保留）。在每次用户进行页面访问时都可以在过滤器中进行状态的排查，如果发现状态为“true”，则会对当前的 session 进行注销操作。本次程序实现所使用的在线用户管理程序清单如表 5-13 所示。

表 5-13 在线用户管理程序清单

序号	程序文件名称	类型	描述
1	/login.jsp	JSP	提供登录表单，以及错误显示
2	/pages/admin/online_user_list.jsp	JSP	管理员查看在线用户列表信息
3	/pages/front/welcome.jsp	JSP	用户登录成功后的欢迎页面
4	com.yootk.servlet.LoginServlet	Servlet	用户登录处理程序，密码为 yootk 时登录成功
5	com.yootk.servlet.KickoutServlet	Servlet	在线用户剔除处理 Servlet
6	com.yootk.listener.OnlineListener	Listener	监听器，在用户登录成功或注销后更新用户列表
7	com.yootk.filter.InvalidateFilter	Filter	登录失效检查，如果发现登录失效则跳转到登录页
8	com.yootk.filter.EncodingFilter	Filter	编码过滤器

为便于读者理解本次程序的实现结构，针对表 5-13 给出的程序清单，其基本的程序操作结构如图 5-60 所示。

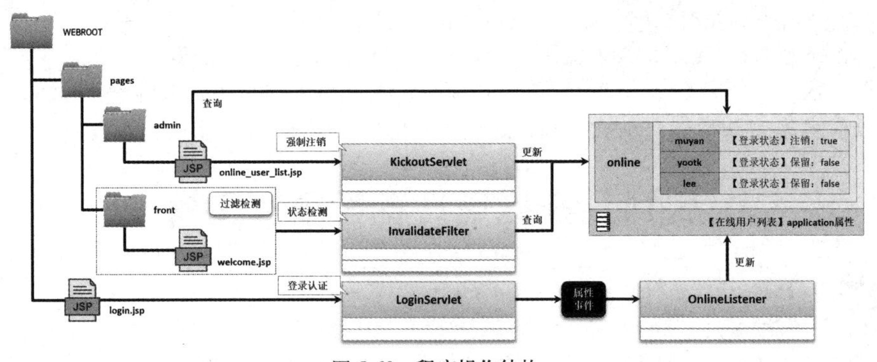

图 5-60 程序操作结构

提示：本项目开发不涉及数据库应用。

由于在本书第 3 章已经讲解了基于数据库的登录认证处理操作，而本项目重点训练的是 Servlet、Filter 以及 Listener 的整合应用，如果用户有需要也可以自行添加数据库认证处理。同时也需要提醒读者的是，考虑到代码重复问题，本项目不再重复列出登录表单代码，读者可以直接通过本书配套的程序代码获取相应程序文件。

5.11.1 保存登录信息

保存登录信息

视频名称 0545_【掌握】保存登录信息

视频简介 为了便于在线用户的控制，开发者一般都会进行合理的用户登录数据存储，利用这些数据实现注销管理。本视频通过代码实现了一个固定密码的用户登录操作，同时基于监听器实现了用户登录数据存储。

如果想管理所有的用户数据，就必须将其保存在 application 属性之中，可以通过 ServletContextListener 接口中的 contextInitialized()方法实现一个空的 Map 集合定义。在处理用户登录的流程中，往往会通过 session 保存当前的用户 ID，这样就会自动触发 HttpSessionAttributeListener 监听接口中的 attributeAdded()方法调用，从而实现 Map 集合数据的添加。当用户注销后都会触发 HttpSessionListener 接口中的 sessionDestroyed()方法调用，可以在此方法中进行 Map 集合中指定 key 的数据删除。

范例：登录认证 Servlet

```
package com.yootk.servlet;
import jakarta.servlet.ServletException;
import jakarta.servlet.annotation.WebServlet;
import jakarta.servlet.http.HttpServlet;
import jakarta.servlet.http.HttpServletRequest;
import jakarta.servlet.http.HttpServletResponse;
import java.io.IOException;
@WebServlet("/LoginServlet")
public class LoginServlet extends HttpServlet {
    @Override
    protected void doPost(HttpServletRequest req, HttpServletResponse resp)
    throws ServletException, IOException {
        String id = req.getParameter("userid");                  // 获取用户名
        String password = req.getParameter("password");          // 获取密码
        // 为便于核心功能实现，本次登录只要密码输入为yootk就表示登录成功
        if (!"yootk".equals(password)) {                         // 密码错误匹配
            req.setAttribute("error", "错误的用户名及密码！");      // 属性设置
            req.getRequestDispatcher("/errors.jsp").forward(req, resp); // 跳转到错误页
        }
        req.getSession().setAttribute("userid", id);             // 保存session属性
        resp.sendRedirect("/pages/front/welcome.jsp");           // 跳转
    }
}
```

本程序为了方便用户认证，使用了一个固定的密码“yootk”。只要用户密码输入正确，则表示登录成功，同时会自动将用户名保存在名称为“userid”的 session 属性范围之中。登录成功后会跳转到 welcome.jsp 页面显示欢迎信息。

范例：在线用户监听器

```
package com.yootk.listener;
import jakarta.servlet.ServletContext;
import jakarta.servlet.ServletContextEvent;
import jakarta.servlet.ServletContextListener;
import jakarta.servlet.annotation.WebListener;
import jakarta.servlet.http.HttpSessionAttributeListener;
import jakarta.servlet.http.HttpSessionBindingEvent;
import jakarta.servlet.http.HttpSessionEvent;
import jakarta.servlet.http.HttpSessionListener;
import java.util.HashMap;
import java.util.Map;
@WebListener
public class OnlineListener implements                           // 在线用户监听器类
```

```
        ServletContextListener,                                  // ServletContext状态监听
        HttpSessionListener,                                     // Session状态监听
        HttpSessionAttributeListener {                           // Session属性监听
    private ServletContext application;                          // Servlet上下文
    @Override
    public void contextInitialized(ServletContextEvent sce){ // 上下文初始化
        this.application = sce.getServletContext();              // 获取Servlet上下文对象
        this.application.setAttribute("online",
                new HashMap<String, Boolean>());                 // 空列表
    }
    @Override
    public void attributeAdded(HttpSessionBindingEvent se) { // 属性增加
        if ("userid".equals(se.getName())) {                     // 当前操作属性为userid
            Map<String, Boolean> map = (Map<String, Boolean>) this.application
                    .getAttribute("online");                     // 获取用户列表集合
            // Map集合的key表示登录用户名，Map集合的value表示注销状态（true表示该用户被注销）
            map.put((String) se.getValue(), false);              // 保存用户信息
            this.application.setAttribute("online", map);        // 属性更新
        }
    }
    @Override
    public void sessionDestroyed(HttpSessionEvent se) {          // 注销删除用户名
        Map<String, Boolean> map = (Map<String, Boolean>) this.application
                .getAttribute("online");                         // 获取用户列表集合
        map.remove(se.getSession().getAttribute("userid")); // 删除信息
        this.application.setAttribute("online", map);            // 属性更新
    }
}
```

本程序实现了用户状态信息的监听处理，当用户登录成功时会自动地将所保存的用户名保存在 online 集合之中，当用户被强制性注销时也会从 online 集合中删除对应的用户信息，如图 5-61 所示。

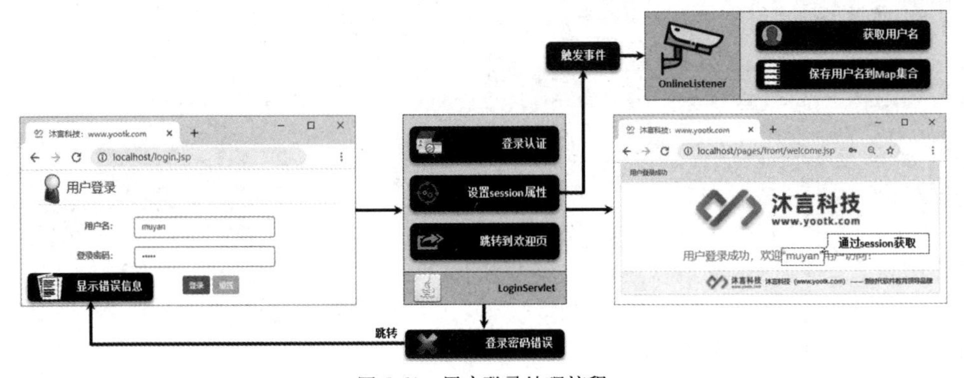

图 5-61　用户登录处理流程

5.11.2　在线用户列表

在线用户列表

视频名称　0546_【掌握】在线用户列表

视频简介　为了便于在线用户的管理，需要通过已保存的用户信息进行列表显示。本视频介绍通过 application 属性的控制实现在线用户列表显示功能。

管理员如果想进行在线用户的强制注销，就必须提供在线用户列表的显示功能。所有的在线用户的用户 ID 以及在线状态都在 online 属性中进行定义，这样只需要通过一个页面获取此 application 属性的全部内容并进行列表显示即可。

范例：在线用户列表显示

```
<%  // 获取当前用户在线列表信息
    Map<String, Boolean> map = (Map<String, Boolean>) application.getAttribute("online");
%>
<table class="table table-hover">
    <tr>
        <th width="40%" class="text-center">用户名</th>
        <th width="20%" class="text-center">状态</th>
        <th width="10%" class="text-center">操作</th>
    </tr>
    <%
        for (Map.Entry<String, Boolean> entry : map.entrySet()) {    // 集合迭代
    %>
    <tr>
        <td class="text-center"><%=entry.getKey()%></td>
        <td class="text-center">
    <% if (entry.getValue()) { %>
            <span class="label label-default">注销</span>
    <% } else { %>
            <span class="label label-success">在线</span>
    <% } %>
        </td>
        <td class="text-center">
            <a class="btn btn-xs btn-danger"
                        href="<%=KICKOUT_URL%>?userid=<%=entry.getKey()%>">
                <span class="glyphicon glyphicon-remove"></span> 强制下线</a></td>
    </tr>
    <% } %>
</table>
```

本程序通过 application 属性范围获取了当前用户列表信息，随后利用表格实现了当前在线用户的列表，并且提供了“强制下线”的操作按钮，如图 5-62 所示。

图 5-62　在线用户列表

5.11.3　用户强制注销

用户强制注销

视频名称　0547_【掌握】用户强制注销

视频简介　用户登录成功后一般都会有各自的 session 信息，而强制注销就是由系统进行 session 注销操作功能的调用。本视频将介绍通过属性的配置以及过滤器的检查机制，实现用户强制注销（下线）的功能。

用户注销处理是通过过滤器实现的，在指定路径下用户每一次访问时除了要检查是否存在 session 属性，同时还需要检查对应的 application 属性。如果发现该用户已经被强制下线，则应该调用 HttpSession 接口的 invalidate()方法，让当前的 session 失效，并且删除保存用户数据信息的 Map 集合。

范例：注销用户

```
package com.yootk.service;
@WebServlet("/pages/admin/KickoutServlet")
public class KickoutServlet extends HttpServlet {
    @Override
    protected void doGet(HttpServletRequest req, HttpServletResponse resp)
             throws ServletException, IOException {
        String path = "/pages/admin/online_user_list.jsp";          // 跳转路径
        String id = req.getParameter("userid");                      // 获取用户名
        Map<String, Boolean> map = (Map<String, Boolean>)
                req.getServletContext().getAttribute("online");
        if (map.containsKey(id)) {                                   // 指定用户信息存在
            map.put(id, true);                                       // 修改为注销状态
            req.getServletContext().setAttribute("online", map);     // 属性更新
        }
        req.getRequestDispatcher(path).forward(req, resp);           // 跳转回用户列表页
    }
}
```

本程序会根据 online_user_list.jsp 页面提供的链接 userid 属性进行注销处理，首先要通过 application 属性范围获取到对应的用户集合。当该集合中保存了该用户 ID 时，则将对应的集合标记设置为 true。需要注意的是，在 Web 应用中每一个 session 都是独立的，所以该 Servlet 类仅仅能够实现一个属性更新的功能，并不能真正实现用户的强制下线，而用户的强制下线可以在每次用户访问时通过过滤器判断用户状态来实现。

范例：认证失效过滤器

```
package com.yootk.filter;
@WebFilter("/pages/front/*")
public class InvalidateFilter extends HttpFilter {
    @Override
    protected void doFilter(HttpServletRequest request, HttpServletResponse response, FilterCh
ain chain) throws IOException, ServletException {
        String userid = (String) request.getSession()
                .getAttribute("userid");                             // 获取用户ID
        if (userid != null) {                                        // 用户未登录
            Map<String, Boolean> map = (Map<String, Boolean>) request
                    .getServletContext().getAttribute("online");     // 获取用户集合
            if (map.containsKey(userid)) {                           // 指定用户信息存在
                if (map.get(userid) == true) {                       // 用户已注销
                    request.getSession().invalidate();               // session强制清除
                    request.setAttribute("error",
                            "您的账户已被系统强制下线，为了您的安全，请重新登录！");
                    request.getRequestDispatcher("/login.jsp")
                            .forward(request, response);             // 跳转
                } else {                                             // 转发目标路径
                    chain.doFilter(request, response);               // 转发请求目标
                }
            }
        } else {                                                     // 用户未登录
            request.setAttribute("error", "您还未登录，请先登录！");   // 错误信息
            request.getRequestDispatcher("/login.jsp")
                    .forward(request, response);                     // 跳转
        }
    }
}
```

本程序实现了一个用户信息检查的过滤器，在每次用户进行访问前，都会通过 userid 获取当前用户的用户名，随后会判断此用户的在线状态。如果发现其已经被强制下线，则自动进行 session 注销并跳转到登录页显示错误信息，用户被强制下线后的页面执行效果如图 5-63 所示。

图 5-63　用户被强制下线

5.12 本 章 概 览

1．Servlet 是基于 Java 实现的 CGI 技术，可以实现动态 Web 的开发，同时基于多线程方式运行，性能更高。

2．Servlet 程序类可以通过继承 HttpServlet 来进行定义，同时在该类中需要覆写相应的方法才可以实现 HTTP 请求处理。

3．Servlet 3.0 标准以前所有的 Servlet 程序都需要在 web.xml 文件中进行注册，而从 Servlet 3.0 起提供了注解的配置模式，可以直接在程序类的定义处进行 Servlet 配置。

4．每一个 Servlet 类在 Web 容器中只会提供一个实例化对象，并且会自动调用 init()方法进行初始化，当某一个 Servlet 不再使用时会通过 destroy()方法进行资源释放。

5．在 Servlet 类中可以直接进行 HttpServletRequest、HttpServletResponse、HttpSession、ServletContext、ServletConfig 内置对象的操作，但是无法直接使用 pageContext 内置对象。

6．RequestDispatcher 接口是 Servlet 提供的服务器端跳转操作的接口，可以通过 Servlet 传递 request 属性到 JSP 页面。

7．为了进一步提升 Servlet 的运行效率，提供了 AsyncContext 异步处理任务。而要想启用异步任务，则必须在 Servlet 定义时使用 asyncSupported = true 进行属性配置，每一个 AsyncContext 可以直接进行请求响应或跳转到 JSP 中处理。

8．过滤器可以在每次请求时自动根据匹配路径的形式进行处理，如果要定义过滤器，可以直接通过一个类继承 HttpFilter 父类，并在类中覆写 doFilter()方法。

9．在过滤器中可以通过 DispatcherType 配置过滤器的不同触发模式，默认的触发模式为 REQUEST。

10．当有若干个过滤器同时定义在一个映射路径下时，会根据程序类的字母顺序进行执行。

11．在 Web 容器中针对容器状态、会话状态、请求状态以及操作属性等，都有不同的监听处理操作，可以通过监听接口中的特定方法实现事件处理。

12．所有的 Servlet 组件除了可以通过 web.xml 或注解配置外，都可以通过 ServletContext 接口提供的方法进行动态配置。

13．ServletContainerInitializer 接口是 Servlet 标准中提供的动态扩展支持，在 Web 开发框架中被广泛使用。

第 6 章

表达式语言与 JSTL

本章学习目标

1. 掌握表达式语言的基本语法以及主要用途；
2. 掌握简单 Java 类对象的传递以及表达式输出操作；
3. 掌握表达式语言输出 List 和 Map 集合操作；
4. 掌握 JSTL 的主要用途，并可以结合表达式语言实现数据输出操作；
5. 掌握 JSTL 中核心标签库、函数标签库以及格式化标签库的使用。

Servlet 是“纯粹”的 Java 程序代码，所以经常会将程序的业务处理交由 Servlet 调用，但是在进行数据展示时，需要通过 JSP 来完成。当 Servlet 将所需的数据传送给 JSP 时，为了进一步简化 JSP 中的程序操作代码，在 JSP 2.0 标准（Servlet 2.4 标准）中提供了表达式语言的支持。同时为了解决表达式语言的功能不足问题，又提供了 JSTL 标签库。在本章中将为读者详细地讲解表达式语言的产生背景以及使用表达式语言和 JSTL 实现页面数据显示操作。

6.1 表达式语言

表达式语言简介

视频名称 0601_【掌握】表达式语言简介

视频简介 项目开发中经常需要通过 Servlet 传递数据给 JSP 进行显示，而为了便于 JSP 输出数据，可使用表达式语言。本视频通过具体的程序执行代码，为读者分析表达式语言的作用以及基本语法。

在项目开发中，用户的请求可以直接发送给 JSP 或 Servlet 来进行处理。对 JSP 程序来讲，使用 Servlet 可以更加方便地编写程序代码，所以常见的开发形式就是将请求提交到 Servlet 中，而后将 Servlet 处理好的数据（假设此数据通过数据库获取）利用 request 属性交由 JSP 进行输出，如图 6-1 所示。

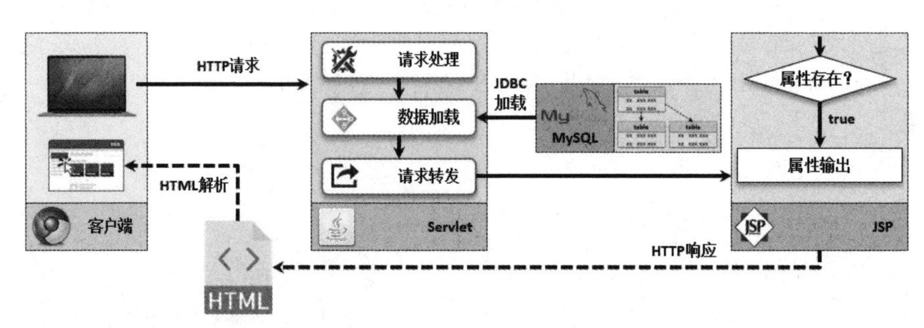

图 6-1　Servlet 与 JSP 处理结构

范例：定义 Servlet 传递 request 属性

```
package com.yootk.servlet;
import jakarta.servlet.ServletException;
import jakarta.servlet.annotation.WebServlet;
import jakarta.servlet.http.HttpServlet;
import jakarta.servlet.http.HttpServletRequest;
import jakarta.servlet.http.HttpServletResponse;
import java.io.IOException;
@WebServlet("/ELServlet")
public class ELServlet extends HttpServlet {
    @Override
    protected void doGet(HttpServletRequest req, HttpServletResponse resp)
            throws ServletException, IOException {                    // 处理GET请求
        req.setAttribute("message", "沐言科技：www.yootk.com");           // request属性
        req.getRequestDispatcher("/show.jsp").forward(req, resp);       // 服务器端跳转
    }
}
```

本程序定义了一个 Servlet 程序，同时覆写了 doGet()方法用于进行 GET 请求处理。在 doGet()方法中利用 request 设置了一个 message 属性，并且通过 RequestDispatcher 将此属性传递到了 show.jsp 页面。

范例：传统 JSP 输出属性

```
<% if (request.getAttribute("message") != null) {            // request属性存在
%>      <h1><%=request.getAttribute("message")%></h1>
<% } %>
```

程序执行结果：

```
沐言科技：www.yootk.com
```

本程序之所以会使用 if 进行先期判断，是为了避免由于 message 属性不存在所造成的输出内容为空的问题。这样的做法是比较传统的，同时此类做法需要编写大量的 Scriptlet 代码，从而使得页面的代码结构混乱。对于此功能，如果采用表达式语言来完成，则实现会相对简单。

范例：通过表达式语言输出属性

```
<h1>${message}</h1>
```

程序执行结果：

```
沐言科技：www.yootk.com
```

通过此时的执行结果，读者可以清楚地发现，当前的程序代码已经得到了极大的简化。如果此时存在 message 属性则输出 message 的属性内容，而如果不存在则会自动使用空字符串（""）来代替“null”信息的输出，从而避免了烦琐的 Scriptlet 代码编写。

6.1.1 EL 基础语法

表达式语言基础语法

视频名称 0602_【掌握】表达式语言基础语法

视频简介 表达式语言主要是结合内置对象进行使用。本视频通过内置对象访问、参数接收以及各种常见的操作符号对表达式语言的基本使用进行讲解。

表达式语言（Expression Language，EL）是在 JSP 2.0 标准中增加的功能项，利用表达式语言可以方便地输出所有标志位中的属性内容，所有标志位定义如表 6-1 所示，在项目开发中可以使用“${属性名称}”的形式获取所需要的属性内容。

表 6-1　表达式语言标志位

序号	标志位	描述
1	pageContext	获取 pageContext 内置对象
2	pageScope	通过 page 属性范围获取属性内容
3	requestScope	通过 request 属性范围获取属性内容
4	sessionScope	通过 session 属性范围获取属性内容
5	applicationScope	通过 application 属性范围获取属性内容
6	param	获取单个请求参数
7	paramValues	获取一组请求参数
8	header	获取一个请求头信息
9	headerValues	获取一组请求头信息
10	cookie	获取指定的 Cookie 数据
11	initParam	获取初始化数据

在用户请求访问时，可以直接传递请求参数。此时在 JSP 中如果想输出请求参数，则必须通过 request 内置对象提供的 getParameter()方法先接收，而后进行输出操作。而在表达式语言中，可以直接通过“${param.参数名称}”的形式进行请求参数的输出。

范例：通过表达式语言输出请求参数

```
<%-- 可以通过param标志输出message请求参数，但是通过EL仅仅能够实现输出，而无法实现参数处理 --%>
<h1>${param.message}</h1>
```

用户请求路径：

```
http://localhost/show.jsp?message=沐言科技：www.yootk.com
```

程序执行结果：

```
沐言科技：www.yootk.com
```

本程序实现了一个请求参数内容的输出，在内容输出时直接通过表达式语言提供 param 标志位实现了数据获取。

在每次用户请求时，除了主体数据之外，实际上还会有一些请求的头信息（头信息中还包括 Cookie 信息），这些信息可以直接通过表达式语言特定的标志位进行输出。

范例：获取请求头信息

```
<h1>请求主机：${header.host}</h1>                    <%-- 客户端地址 --%>
<h1>链接来源：${header.Referer}</h1>                 <%-- 通过哪个链接访问 --%>
<h1>SESSIONID：${cookie.JSESSIONID.value}</h1>      <%-- Cookie数据 --%>
```

程序执行结果：

```
请求主机：localhost
链接来源：http://localhost/muyan.jsp
SESSIONID：306D8E234B4BB22BBD1641F4C1EB4F2E
```

本程序实现了请求头信息的数据输出，当用户使用“${header.xx}”结构时，实际上就相当于调用 request.getHeaders()方法，而在获取 Cookie 数据时采用的结构为“${cookie.名称.value}”（其中 value 对应的是 Cookie 类中的 getValue()方法）。

> **提示：表达式语言与反射机制。**
>
> 通过以上的代码，读者可以轻松地发现反射机制在 Java 中的应用。“${cookie.名称.value}”这样的语法，实际上就是通过反射机制调用了 Cookie 类中的 getValue()方法，而在 EL 中可以获取的全部内置对象操作方法的方法名称都必须以“get”开头。关于反射机制的作用以及详细的分析，在本系列丛书中的《Java 程序设计开发实战（视频讲解版）》一书中已经有了非常详细的讲解，读者如果不熟悉请自行翻阅。

在 JSP 程序中 pageContext 是一个“万能”的内置对象，可以利用该对象实现所有内置对象的获取。在表达式语言中提供了此内置对象，开发者可以通过其获取所需要的其他内置对象。

范例：使用 pageContext 获取信息

```
<h1>上下文路径：${pageContext.request.requestURL}</h1> <%-- HttpServletRequest接口方法 --%>
<h1>用户请求模式：${pageContext.request.method}</h1>    <%-- HttpServletRequest接口方法 --%>
<h1>SESSIONID：${pageContext.session.id}</h1>
```

程序执行结果：

```
上下文路径：http://localhost/show.jsp
用户请求模式：GET
SESSIONID：23D66B0E7821E64DB310C7D59A77BFF1
```

在本程序中通过“${pageContext}”获取了 JSP 中的 pageContext 内置对象，随后利用反射机制获取了 PageContext 类中所提供的 getRequest()以及 getSession()方法，实现了相关内置对象中的属性调用。需要注意的是，pageContext 中的 getRequest()方法返回的是 ServletRequest 接口实例，getRequestURL()以及 getMethod()两个方法实际上都是由其子接口 HttpServletRequest 提供的，而这些实际上都属于反射应用。以 request 内置对象的操作为例，可以得到图 6-2 所示的结构。

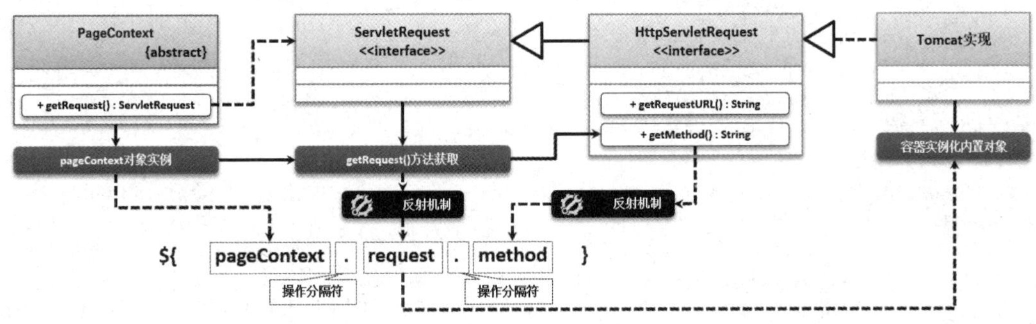

图 6-2 表达式语言与反射机制

6.1.2 EL 与 4 种属性范围

EL 与 4 种属性范围

视频名称 0603_【掌握】EL 与 4 种属性范围

视频简介 Java Web 开发中的核心技术在于属性范围的操作，而通过 EL 可以方便地获取属性内容。本视频通过代码为读者分析属性的获取以及相关属性访问顺序问题。

使用表达式语言时，最重要的一项功能是进行属性信息的获取，尤其是在 Servlet 跳转到 JSP 页面显示时，更需要实现对 request 属性的处理。在 JSP 中最简单的属性获取方式为“${属性名称}”，这种方式最大的特点是会通过属性范围的保存顺序由小到大开始查找，如图 6-3 所示。

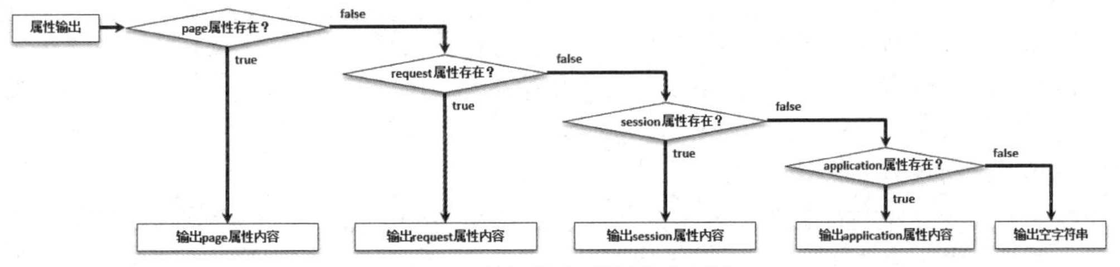

图 6-3 表达式语言属性输出判断

范例：同名属性输出

```
<%
    pageContext.setAttribute("message", "【page属性】www.yootk.com");          // 属性保存
```

```
    request.setAttribute("message", "【request属性】www.yootk.com");          // 属性保存
    session.setAttribute("message", "【session属性】www.yootk.com");          // 属性保存
    application.setAttribute("message", "【application属性】www.yootk.com"); // 属性保存
%>
<h1>${message}</h1>                                  <%-- 按照顺序查找属性名称 --%>
```

程序执行结果：

```
【page属性】www.yootk.com
```

本程序设置了4种不同范围的属性，并且属性名称统一为“message”。这样在通过“${message}”获取属性内容时，会根据属性范围的不同，由小到大获取属性内容，所以输出了page属性中保存的message属性内容。如果用户想准确地获取一个指定范围的属性，则可以通过表达式语言所提供的属性范围标记来实现。

范例：获取指定范围的属性

```
<%
    pageContext.setAttribute("message", "【page属性】www.yootk.com");          // 属性保存
    request.setAttribute("message", "【request属性】www.yootk.com");           // 属性保存
    session.setAttribute("message", "【session属性】www.yootk.com");           // 属性保存
    application.setAttribute("message", "【application属性】www.yootk.com"); // 属性保存
%>
<h1>获取page属性：${pageScope.message}</h1>
<h1>获取request属性：${requestScope.message}</h1>
<h1>获取session属性：${sessionScope.message}</h1>
<h1>获取application属性：${applicationScope.message}</h1>
```

程序执行结果：

```
获取page属性：【page属性】www.yootk.com
获取request属性：【request属性】www.yootk.com
获取session属性：【session属性】www.yootk.com
获取application属性：【application属性】www.yootk.com
```

本程序为了获得准确范围的属性内容，在EL输出属性前都加上了相应的标记，这样就避免了自动输出判断，可以获取所需要的属性信息。

提示：不建议使用重名属性。

在项目开发中为了便于程序开发，一般都不建议使用重名的属性，因为这样不仅会造成信息获取的混乱，也会增加EL输出的烦琐程度。

6.1.3　EL与简单Java类

EL与简单Java类

视频名称　0604_【掌握】EL与简单Java类

视频简介　在实际项目开发过程中，经常需要通过Servlet向JSP传递一组操作数据，这种情况下往往会利用对象的形式进行包装。本视频为读者讲解如何在JSP页面利用表达式语言实现对象属性的获取。

简单Java类是Java项目开发中最为重要的组成结构，在实际项目中每一个简单Java类对象都可以保存一组详细的信息，同时利用引用关联的结构还可以实现关联对象信息的存储，但是最终存储的数据一定要通过request属性交由JSP进行输出。而在JSP中就可以利用EL语法支持，实现对象中全部属性的输出，如图6-4所示。

在简单Java类中往往都会针对属性提供相应的getter方法，这样就可以利用EL的语法基于反射机制实现对象中属性信息的输出。现在假设有两个简单Java类：雇员信息（Emp）以及部门信息（Dept）。每一个雇员都有一个部门信息的引用，代码定义如下。

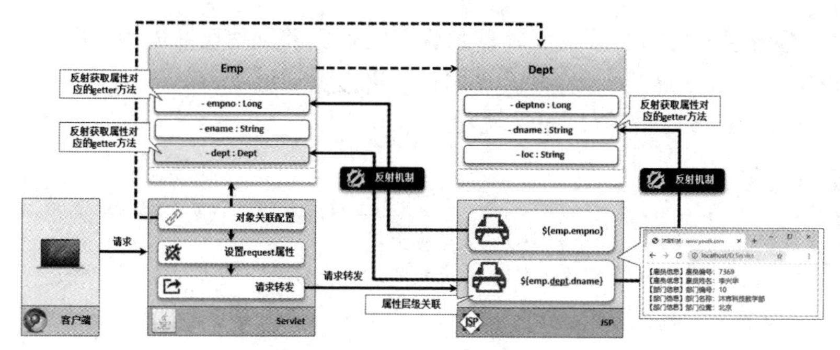

图 6-4 通过 EL 输出对象信息

范例：定义简单 Java 类

Dept.java 类：

```
package com.yootk.vo;
public class Dept {
    private Long deptno;
    private String dname;
    private String loc;
    // setter、getter 略
}
```

Emp.java 类：

```
package com.yootk.vo;
public class Emp {
    private Long empno;
    private String ename;
    private Dept dept;
    // setter、getter 略
}
```

为了便于读者理解，下面通过 Servlet 程序实现 Emp 与 Dept 两个类的对象实例以及相关属性的定义，同时需要在 Emp 对象中保存 Dept 对象的引用。

范例：通过 Servlet 配置对象关联

```
@WebServlet("/ELServlet")
public class ELServlet extends HttpServlet {
    @Override
    protected void doGet(HttpServletRequest req, HttpServletResponse resp)
                throws ServletException, IOException {          // 处理GET请求
        Emp emp = new Emp();                                    // 实例化Emp类对象
        emp.setEmpno(7369L);                                    // 设置雇员属性
        emp.setEname("李兴华");                                  // 设置雇员属性
        emp.setDept(new Dept());                                // 设置部门引用
        emp.getDept().setDeptno(10L);                           // 设置部门属性
        emp.getDept().setDname("沐言科技教学部");                 // 设置部门属性
        emp.getDept().setLoc("北京");                            // 设置部门属性
        req.setAttribute("emp", emp);                           // request属性
        req.getRequestDispatcher("/show.jsp").forward(req, resp);  // 服务器端跳转
    }
}
```

本程序将设置完成的 Emp 对象通过 request 传递到 JSP 页面，这样在 JSP 页面就可以通过 EL，基于“${属性名称.属性.属性}”的方式获取相应的数据信息。

范例：输出对象属性

```
【雇员信息】雇员编号：${emp.empno}<br>
【雇员信息】雇员姓名：${emp.ename}<br>
【部门信息】部门编号：${emp.dept.deptno}<br>
【部门信息】部门名称：${emp.dept.dname}<br>
【部门信息】部门位置：${emp.dept.loc}<br>
```

程序执行结果：

```
【雇员信息】雇员编号：7369
【雇员信息】雇员姓名：李兴华
【部门信息】部门编号：10
【部门信息】部门名称：沐言科技教学部
【部门信息】部门位置：北京
```

在 JSP 中依据表达式语言，采用“对象.属性”的形式并利用反射调用了类中提供的 getter 方法来实现信息内容的输出。这样一来，JSP 页面就不再需要通过 import 语句导入程序包，以及进行不安全的对象向下转型处理操作，即可实现对象输出。

6.1.4　EL 与 List 集合

EL 与 List 集合

视频名称　0605_【掌握】EL 与 List 集合

视频简介　当程序需要进行数据列表显示时，往往会通过 List 集合传递一组 Java 对象。本视频为读者分析 EL 访问 List 集合操作的不足，并且通过代码具体演示如何结合 Page 属性范围实现 List 集合输出的操作。

项目开发中除了需要进行单个对象的转发外，也有可能需要通过 Servlet 收集一组数据（List 集合），这样在将属性传递到 JSP 页面时就需要通过迭代的形式进行信息的输出，如图 6-5 所示。

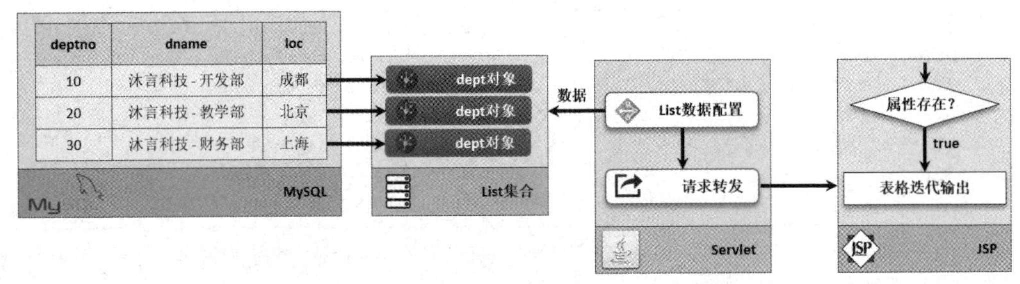

图 6-5　传递 List 集合

在 Java 类集框架中，如果想输出 List 集合的内容，就一定要通过迭代的方式完成。传统的迭代操作中由于有泛型的支持，可以直接获取具体的对象类型，从而实现对象属性的获取。但是如果此时要结合 EL 输出，往往都不会导入对应的程序包，那么这时可以通过 pageContext 属性来进行每次迭代结果的保存，随后利用 EL 语法支持获取每一个对象的属性内容，如图 6-6 所示。

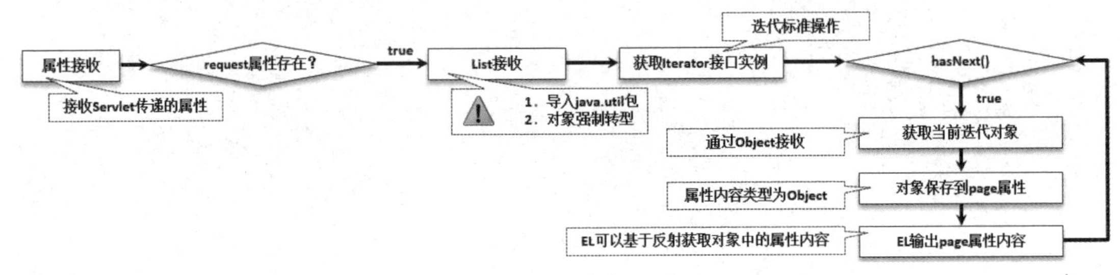

图 6-6　通过 EL 迭代 List 集合

> **提示：关于图中的警告信息。**
>
> 在本系列丛书中为读者讲解 Java 类集框架时已经明确强调过 Java 类集结构的选择：使用 List 是为了数据输出，使用 Set 是为了去除重复，使用 Map 是为了数据查询。所以在 Java Web 开发中经常就会出现传递 List 集合的情况。但是如果“纯粹”依靠 EL 实现，还是要导入对应的开发包。而要想解决这个问题就必须通过 JSTL 标签库进行处理，这一内容在下一节会为读者讲解。

范例：通过 Servlet 传递 List 集合

```
@WebServlet("/ELServlet")
public class ELServlet extends HttpServlet {
    @Override
    protected void doGet(HttpServletRequest req, HttpServletResponse resp)
            throws ServletException, IOException {              // 处理GET请求
        List<Dept> depts = new ArrayList<>();                   // 保存List集合
```

```
        for (int x = 0; x < 3; x++) {                                    // 保存3个数据信息
            Dept dept = new Dept();                                      // 实例化Dept类对象
            dept.setDeptno(10000L + x);                                  // 设置部门编号
            dept.setDname("沐言科技教学部 - " + x);                       // 设置部门名称
            dept.setLoc("北京");                                          // 设置部门位置
            depts.add(dept);                                             // 追加List集合
        }
        req.setAttribute("allDepts", depts);                             // request属性
        req.getRequestDispatcher("/show.jsp").forward(req, resp);        // 服务器端跳转
    }
}
```

本程序为了便于读者理解，通过 for 循环实例化了 3 个 Dept 类对象，设置好相应属性后将这些对象保存在了 List 集合之中，随后利用 request 属性范围将这些属性传递给了 JSP 页面进行显示。

范例：部门列表显示

```
<%@ page pageEncoding="UTF-8" import="java.util.*" %>           <%-- 需要操作类集 --%>
<html><head><title>沐言科技：www.yootk.com</title></head>
<body>
<%  // 定义Scriptlet接收request属性，但是此时不采用泛型
    List all = (List) request.getAttribute("allDepts");         // 接收部门集合
    Iterator iterator = all.iterator();                         // 获取Iterator接口
%>
<table border="1">
    <thead><tr><td>部门编号</td><td>部门名称</td><td>部门位置</td></tr></thead>
    <tbody>
<%
    while (iterator.hasNext()) {                                // 集合迭代
        pageContext.setAttribute("dept", iterator.next());      // 设置page属性内容
%>      <tr><td>${dept.deptno}</td><td>${dept.dname}</td><td>${dept.loc}</td></tr>
<%    }    %>
    </tbody>
</table>
</body></html>
```

本程序在 JSP 页面中接收了 Servlet 传递的 List 集合。由于该页面需要进行类集的接收以及输出操作，因此在 page 指令中导入了 java.util 开发包（但是没有导入 Dept 所在的程序包），随后通过迭代将获取到的每一个对象保存在 pageContext 属性之中，最终利用 EL 语法的支持实现对象属性的获取。

6.1.5 EL 与 Map 集合

EL 与 Map 集合

视频名称 0606_【掌握】EL 与 Map 集合

视频简介 在项目中如果传递的内容类型较多，会利用 Map 集合的形式保存，所以在 EL 中支持根据 key 的查询操作实现。本视频通过代码演示 Map 内容的获取，以及 Map 集合的迭代输出。

在进行集合数据传输时，除了传递 List 集合之外，也会有传递 Map 集合的需求。在进行 JSP 页面显示时，可以直接通过 Iterator 接口并结合 Map.Entry 接口实现信息的迭代输出。

范例：通过 Servlet 传递 Map 集合

```
@WebServlet("/ELServlet")
public class ELServlet extends HttpServlet {
    @Override
    protected void doGet(HttpServletRequest req, HttpServletResponse resp)
            throws ServletException, IOException {                       // 处理GET请求
        Map<String, Dept> depts = new HashMap<>();                       // 保存Map集合
        for (int x = 0; x < 3; x++) {                                    // 保存3个数据信息
```

```
            Dept dept = new Dept();                                  // 实例化Dept类对象
            dept.setDeptno(10000L + x);                              // 设置部门编号
            dept.setDname("沐言科技教学部 - " + x);                  // 设置部门名称
            dept.setLoc("北京");                                     // 设置部门位置
            depts.put("yootk-" + x, dept);                           // 保存Dept对象
        }
        req.setAttribute("allDepts", depts);                         // request属性
        req.getRequestDispatcher("/show.jsp").forward(req, resp);    // 服务器端跳转
    }
}
```

本程序通过循环结构向 Map 集合中保存了 3 个对象信息，同时为每一个对象设置了一个 key，下面将在 JSP 页面中进行该数据的迭代输出。

范例：迭代输出 Map 集合

```
<%@ page pageEncoding="UTF-8" import="java.util.*" %>    <%-- 需要操作类集 --%>
<html><head><title>沐言科技：www.yootk.com</title></head><body>
<%  // 定义Scriptlet接收request属性，但是此时不采用泛型
    Map all = (Map) request.getAttribute("allDepts");          // 接收部门集合
    Iterator iterator = all.entrySet().iterator();             // 获取Iterator接口
%>
<table border="1">
    <thead><tr><td>KEY</td><td>部门编号</td><td>部门名称</td><td>部门位置</td></tr></thead>
    <tbody>
<%
    while (iterator.hasNext()) {                                // 集合迭代
        pageContext.setAttribute("entry", iterator.next());     // 设置page属性内容
%>      <tr><td>${entry.key}</td><td>${entry.value.deptno}</td>
            <td>${entry.value.dname}</td><td>${entry.value.loc}</td>
        </tr>
<%  }  %>
    </tbody></table></body></html>
```

在本程序中由于接收的是一个 Map 集合，因此在通过 Iterator 接口进行 Map 集合输出时，所获取到的是 Map.Entry 接口对象（在 Map.Entry 接口中提供了 getKey()、getValue()两个方法），随后通过该对象获取集合的 key，以及对应 value 中的属性内容，程序的执行结构如图 6-7 所示。

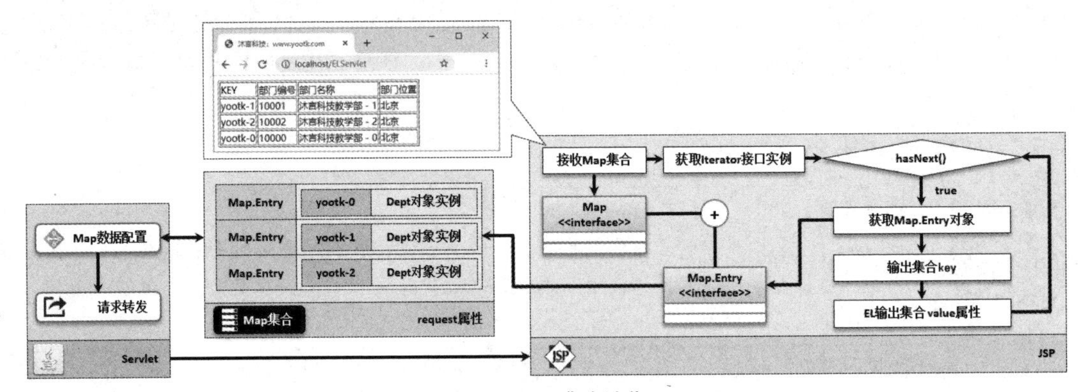

图 6-7　Map 集合迭代

向 JSP 页面传递 Map 集合，除了迭代的需求之外，还可实现数据的查询功能，可以根据指定的 key 获取对应的 value 信息。在 EL 中可以使用两种语法实现 key 查询："Map 属性.key 名称"和"Map 属性[key 名称]"。

范例：查询 Map 集合

```
<table border="1">
    <thead><tr><td>部门编号</td><td>部门名称</td><td>部门位置</td></tr></thead>
```

```
    <tbody>
        <tr>
            <td>${allDepts["yootk-0"].deptno}</td>
            <td>${allDepts["yootk-0"].dname}</td>
            <td>${allDepts["yootk-0"].loc}</td>
        </tr>
    </tbody></table></body></html>
```

本程序根据 Map 集合的 key 获取了对应的 Dept 对象实例，而后依据反射获取并输出了该对象中的属性信息。

6.1.6 EL 运算符

EL 运算符

视频名称 0607_【掌握】EL 运算符

视频简介 为了便于数据的输出处理操作，在表达式语言中提供了各类运算符，利用这些运算符可以方便地实现数学计算、关系比较、逻辑处理等操作。本视频为读者讲解 EL 运算符的分类，并且通过实例讲解运算符的具体使用。

为便于请求数据的处理，在表达式语言中提供了非常方便的数据转型处理操作。即如果用户传递的请求参数是一个数字，那么可以直接将其数据类型根据需要进行自动转换，这样就可以非常方便地使用表 6-2 所示的算术运算符进行数学计算操作。

表 6-2 算术运算符

序号	算术运算符	描述	范例	结果
1	+	加法操作	${50 + 30}	80
2	−	减法操作	${50 − 30}	20
3	*	乘法操作	${50 * 30}	1500
4	/或 div	除法操作	${50 / 30} 或 ${50 div 30}	1.667
5	%或 mod	取模（余数）	${50 % 30} 或 ${50 mod 30}	20

范例：表达式数学运算

```
<h1>数字加法运算：${param.num + 100}</h1>
<h1>数字乘法运算：${param.num * 100}</h1>
```

程序访问路径：

```
/show.jsp?num=30
```

程序执行结果：

```
数字加法运算：130
数字乘法运算：3000
```

本程序利用地址重写的方式传递了一个 num 参数，该参数的内容为 30（由数字组成的字符串），这样在进行数学计算时就会自动将 num 的类型由字符串转为数字，而后完成加法或乘法计算处理。

除了数学运算符之外，也可以通过表 6-3 给出的关系运算符进行大小关系等的判断。使用关系运算符判断时用户可以根据自己的需要进行不同数据类型的传递（例如：数字、字符串、布尔值等），在计算时也会进行相应的数据转换。

表 6-3 关系运算符

序号	关系运算符	描述	范例	结果
1	==或 eq	等于	${10 == 30} 或 ${10 eq 30}	false
2	!=或 ne	不等于	${10 != 30} 或 ${10 ne 30}	true
3	<或 lt	小于	${10 < 30} 或 ${10 lt 30}	true

续表

序号	关系运算符	描述	范例	结果
4	>或 gt	大于	${10 > 30} 或 ${10 gt 30}	false
5	<=或 le	小于等于	${10 <= 30} 或 ${10 le 30}	true
6	>=或 ge	大于等于	${10 >= 30} 或 ${10 ge 30}	false

范例：使用关系运算符

```
<h1>数字大小判断：${param.num1 > 100}</h1>
<h1>数字小于判断：${param.num2 lt 100}</h1>
<h1>字符串相等判断：${param.message == "www.yootk.com"}</h1>
<h1>字符串大小判断：${param.title gt "Yootk"}</h1>
<h1>布尔判断：${param.flag eq true}</h1>
```

程序访问路径：

```
/show.jsp?num1=30&num2=88&message=www.yootk.com&title=yootk&flag=true
```

程序执行结果：

```
数字大小判断：false
数字小于判断：true
字符串相等判断：true
字符串大小判断：true
布尔判断：true
```

在本程序中通过地址栏重写的方式传递了 5 个参数的内容，而根据最终的执行结果可以发现，所传递的参数会根据运算符的选择进行数据类型转换，以便得到正确的计算结果。

如果现在需要将若干个关系运算符进行连接，则可以通过表 6-4 所示的逻辑运算符完成，逻辑运算符提供与、或、非这 3 个基本操作。

表 6-4　逻辑运算符

序号	逻辑运算符	描述	范例	结果
1	&& 或 and	与操作	${true && false} 或 ${true and false}	false
2	|| 或 or	或操作	${true || false} 或 ${true or false}	true
3	！或 not	非操作（取反）	${!true} 或 ${not true}	false

范例：使用逻辑运算符

```
<h1>逻辑与：${param.num > 30 && param.url == "www.yootk.com"}</h1>
<h1>逻辑或：${param.title == "yootk" or param.title eq "YOOTK"}</h1>
```

程序访问路径：

```
/show.jsp?num=30&url=www.yootk.com&title=yootk
```

程序执行结果：

```
逻辑与：false
逻辑或：true
```

在本程序中通过地址栏传递了 3 个参数内容，同时基于逻辑运算符连接了多个不同的关系运算表达式。在第一个逻辑与计算中，由于 num 的参数没有大于 30，因此判断结果为 false；而第二个逻辑或计算中，由于一个判断条件满足，因此最终的返回结果为 true。

除了基本的运算符支持外，在表达式语言中也可以使用三目运算符进行判断处理，同时还提供空数据的判断等，这些运算符如表 6-5 所示。

表 6-5　其他运算符

序号	其他运算符	描述	范例	结果
1	empty	判断是否为 null	${empty info}	true
2	? :	三目运算符	${10>20 ? "大于" : "小于"}	小于
3	()	括号运算符	${10 * (20 + 30)}	500

范例：使用其他运算符

```
<h1>空运算：${empty param.message}</h1>
<h1>三目运算：${param.age >= 18 ? "成年人" : "未成年人"}</h1>
```

程序执行路径：

```
/show.jsp?age=16&message=
```

程序执行结果：

```
空运算：true
三目运算：未成年人
```

本程序传递了 age 和 message 两个参数。由于在配置 message 参数时没有为其定义任何内容，因此内容为空，这样在使用“empty”判断时结果为 true；而在进行年龄判断时，使用了三目运算符进行处理。

6.2 JSTL

JSTL 简介

视频名称 0608_【掌握】JSTL 简介

视频简介 为了减少显示层页面中的程序逻辑代码，JSP 提供了 JSTL 标准标签库。本视频主要为读者分析标签编程的主要意义，并讲解 JSTL 标签的配置与基本使用。

在 Java Web 开发中，Servlet 是用户请求处理与数据加载的核心组件，而 JSP 程序主要负责的是数据的显示。在数据显示中往往需要伴随大量的程序逻辑结构，同时也需要导入各种组件包，这样就会导致一个 JSP 页面的代码过于“臃肿”，而且会有大量的 Scriptlet 程序块。为了解决这一问题，Java 提供了标签编程技术。

提示：本书不涉及标签库开发。

在早期的 Java Web 开发中提倡自定义标签程序，但是由于 JSTL 已经被 Jakarta EE 标准所引用，因此现阶段都是以直接使用标签库操作为主。如果读者有兴趣学习自定义标签开发，则可以参考笔者编写的《名师讲坛——Java Web 开发实战经典（基础篇）》自行学习。

使用 JSP 标签编程可以极大地简化 JSP 页面的代码编写，使得所有的动态程序代码都可以像 HTML 标签一样进行定义，这样就极大地改善了 JSP 中的代码编写风格。现在的 Java Web 可以在 JSP 中使用 JSTL（Java Server Pages Standard Tag Library，JSP 标准标识库）系统标签进行代码编写。

如果想在项目中使用 JSTL，那么需要下载 JSTL 对应的开发包，同时还需要下载一个 Apache 推出的标签标准支持库“taglibs-standard-impl”，而后将这两个开发包配置到项目的 CLASSPATH 路径之中。如果想使用标签，还需要定义一个标签库描述文件（Tag Library Descriptors，TLD，文件扩展名为“.tld”），该文件描述了每一个标签中的具体标签项（每一个标签项对应一个具体的操作类）。在 JSTL 开发中有 3 个最为核心的 TLD 文件，分别是核心标签库（c.tld）、格式化标签库（fmt.tld）、函数标签库（fn.tld），这几个配置文件默认在 taglibs-standard-impl-2.0.0.jar 文件中提供，用户可以在项目中直接进行标签库的使用，项目定义结构如图 6-8 所示。

范例：使用标签输出

```
<%@ page pageEncoding="UTF-8" %>
<%@ taglib prefix="c" uri="http://java.sun.com/jsp/jstl/core" %>
<html><head><title>沐言科技：www.yootk.com</title></head><body>
<%  // 设置page属性内容
    pageContext.setAttribute("message","沐言科技：www.yootk.com");
%>
<h1><c:out value="${message}"/></h1>
<h1><c:out value="李兴华高薪就业编程训练营：edu.yootk.com"/></h1>
</body></html>
```

程序执行结果：

```
沐言科技：www.yootk.com
李兴华高薪就业编程训练营：edu.yootk.com
```

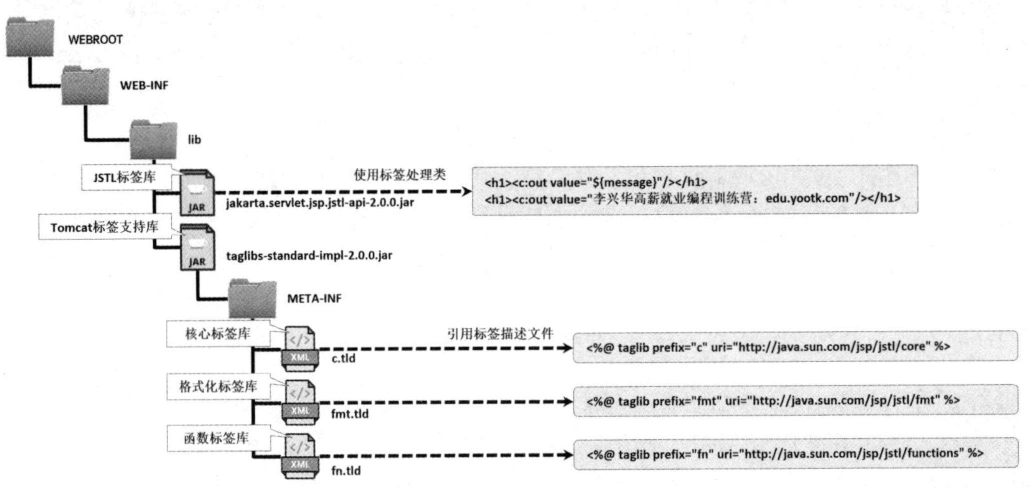

图 6-8　JSTL 标签配置

本程序在代码的开头部分通过<%@ taglib%>指令引入了核心标签库，这样就可以利用标签库中所提供的<c:out>标签指令输出常量或者属性内容。

> **提示：EL 在 JSTL 之后产生。**
>
> 对于以上所给出的程序代码，读者可能会有疑问，同样的操作使用 EL 进行输出不是更加方便吗？为什么还需要使用标签？实际上这就涉及一个技术产生时间点问题了。
>
> 表达式语言是在 JSP 2.0 的时候追加的新功能，而在这之前的版本中，开发者只能够通过 JSTL 提供的标签来实现属性的直接输出处理。但是 JSTL 所提供的不仅是一个简单的输出支持，还包含判断与迭代的功能，而这些功能是 EL 本身所不具备的，在开发中所采用的方式也是“EL + JSTL”。

6.2.1　if 判断标签

if 判断标签

视频名称　0609_【掌握】if 判断标签

视频简介　在页面显示中逻辑判断语句较为常见，所以 JSTL 提供了 if 语句标签，利用表达式语言与判断运算符的结合，可以实现属性内容的判断处理。本视频通过具体的代码演示判断操作功能的实现。

在 JSP 页面中进行数据显示时，往往需要根据不同的数据进行分支逻辑的处理，所以在 JSTL 核心标签库中提供了 if 判断指令。此指令可以直接根据 EL 的逻辑判断结果来决定最终的执行状态，该标签语法如下：

```
<c:if test="布尔表达式" var="判断结果" scope="结果保存范围">
    条件满足时的执行语句．
</c:if>
```

标签属性定义。

（1）【必选】“test 属性”：进行判断的表达式定义。

（2）【可选】“var 属性”：保存判断的结果，只有两种取值“true”“false”。

（3）【可选】“scope 属性”：此判断属性要保存的属性范围（page、request、session、application）。

由于 EL 可以方便地通过 Map 集合获取数据，因此下面将通过 Servlet 设置一个 Map 集合，随后在 JSP 页面中通过<c:if>标签判断指定的数据内容后实现信息输出。

范例：通过 Servlet 传递 Map 集合

```
package com.yootk.servlet;
@WebServlet("/ELServlet")
public class ELServlet extends HttpServlet {
    @Override
    protected void doGet(HttpServletRequest req, HttpServletResponse resp)
                throws ServletException, IOException {              // 处理GET请求
        Map<String, Object> map = new HashMap<>();                  // 实例化Map集合
        map.put("flag", true);                                      // 设置属性内容
        map.put("age", 18);                                         // 设置属性内容
        map.put("muyan", "yootk.com");                              // 设置属性内容
        req.setAttribute("result", map);                            // request属性
        req.getRequestDispatcher("/show.jsp").forward(req, resp);   // 服务器端跳转
    }
}
```

范例：JSP 判断输出

```
<%@ page pageEncoding="UTF-8"%>
<%@ taglib prefix="c" uri="http://java.sun.com/jsp/jstl/core" %>
<html><head><title>沐言科技：www.yootk.com</title></head><body>
<c:if test="${result.flag}">                            <!-- 判断flag内容是否为true -->
    <c:if test="${result.age <= 18}">                   <!-- EL判断结果 -->
        <h2>恭喜你，年轻人，未来是你的！</h2>
        <c:if test="${result.muyan == 'yootk.com'}">    <!-- EL判断结果 -->
            <h2>沐言科技——李兴华高薪就业编程训练营（edu.yootk.com）</h2>
        </c:if>
    </c:if>
</c:if>
<c:if test="${result.flag == false}">                   <!-- 直接通过布尔值判断 -->
    <h2>这里没有你想看的结果，拜拜了您呢~</h2>
</c:if>
</body></html>
```

程序执行结果：

```
恭喜你，年轻人，未来是你的！
沐言科技——李兴华高薪就业编程训练营（edu.yootk.com）
```

在本程序中实现了 request 属性的接收。由于所传递的是一个 Map 集合，因此此时可以直接通过 EL 获取 Map 集合中指定 key 的数据内容，随后利用布尔表达式并结合核心标签库的判断语句实现内容的显示输出。

6.2.2 forEach 迭代标签

forEach迭代标签

视频名称 0610_【掌握】forEach 迭代标签

视频简介 当 JSP 接收到一组数据信息之后，往往需要采用迭代的形式进行显示。本视频通过具体的代码演示如何利用 forEach 迭代标签实现 List 与 Map 集合的输出操作。

在 JSP 页面开发中数据迭代是最为常见的功能，而在传统的开发中只要是数据迭代操作都需要通过导入 java.util 包中的类来进行处理。有了 JSTL 就可以利用其核心标签库中所提供的 forEach 标签来简化这一操作，该标签的完整语法如下所示：

```
<c:forEach items="要输出的集合" var="每次迭代取出的属性名称"
           begin="迭代开始索引" end="迭代结束索引" step="步长">
    迭代执行语句，利用var的名称来实现属性内容的获取
</c:forEach>
```

标签属性定义。

（1）【必选】“items”：所有要输出的集合信息，可能是 Map、List、数组。

（2）【必选】“var”：每一次迭代时保存到 page 属性范围中的属性名称。

（3）【可选】“begin”：迭代的开始索引，默认的 begin 为 0。

（4）【可选】“end”：迭代的结束索引，默认的 end 为集合长度。

（5）【可选】“step”：迭代的步长，默认的步长为 1（一个接一个往下输出）。

为便于读者理解 JSTL 与 EL 结合的操作特点，本次将通过之前的一个集合属性传递的案例进行讲解，该操作主要是通过 List 保存一个部门对象的集合。

范例：传递 List 集合到 JSP 页面

```
@WebServlet("/ELServlet")
public class ELServlet extends HttpServlet {
    @Override
    protected void doGet(HttpServletRequest req, HttpServletResponse resp)
    throws ServletException, IOException {                          // 处理GET请求
        List<Dept> depts = new ArrayList<>();                       // 保存List集合
        for (int x = 0; x < 3; x++) {                               // 保存3个数据信息
            Dept dept = new Dept();                                 // 实例化Dept类对象
            dept.setDeptno(10000L + x);                             // 设置部门编号
            dept.setDname("沐言科技教学部 - " + x);                    // 设置部门名称
            dept.setLoc("北京");                                     // 设置部门位置
            depts.add(dept);                                        // 追加List集合
        }
        req.setAttribute("allDepts", depts);                        // request属性
        req.getRequestDispatcher("/show.jsp").forward(req, resp);   // 服务器端跳转
    }
}
```

范例：JSP 迭代输出 List 集合

```
<%@ page pageEncoding="UTF-8"%>
<%@ taglib prefix="c" uri="http://java.sun.com/jsp/jstl/core" %>
<html><head><title>沐言科技：www.yootk.com</title></head><body>
<c:if test="${allDepts != null}">                    <%-- 存在allDepts属性内容 --%>
    <table border="1">
        <thead><tr><td>部门编号</td><td>部门名称</td><td>部门位置</td></tr></thead>
        <tbody>
        <%-- 迭代allDepts属性，并将每次迭代结果保存在dept属性名称中，默认为page属性范围 --%>
        <c:forEach items="${allDepts}" var="dept">
            <tr><td>${dept.deptno}</td><td>${dept.dname}</td><td>${dept.loc}</td></tr>
        </c:forEach>
        </tbody>
    </table>
</c:if>
</body></html>
```

在本页面中首先判断了是否存在 allDepts 属性名称，如果存在，则使用<c:forEach>标签实现集合迭代处理，并且将每次迭代的结果都保存在 dept 属性名称之中。该属性的存储范围为 page，这样就可以通过 EL 语法形式实现对象中的属性信息获取。

6.2.3　函数标签

函数标签

视频名称　0611_【掌握】函数标签

视频简介　在数据显示的处理之中，往往需要对数据进行各种处理，例如：转大写、转小写、长度计算等操作。为了解决此类问题，在 JSTL 中提供了函数标签，可直接实现类方法调用。本视频主要为读者介绍函数标签的定义，并通过具体的代码讲解函数标签在项目中的使用。

在 JSP 页面除了需要进行数据内容的显示之外，实际上还有可能进行一些数据的处理，例如：判断某个数据在集合中是否存在、字符串大小写转换、去掉左右空格等操作。而这些就可以通过表 6-6 所示的函数标签库来实现。

表 6-6 函数标签库

序号	函数标签名称	描述
1	${fn:contains()}	查询某字符串是否存在，区分大小写
2	${fn:containsIgnoreCase()}	查询某字符串是否存在，忽略大小写
3	${fn:startsWith()}	判断是否以指定的字符串开头
4	${fn:endsWith()}	判断是否以指定的字符串结尾
5	${fn:toUpperCase()}	全部转为大写
6	${fn:toLowerCase()}	全部转为小写
7	${fn:substring()}	字符串截取
8	${fn:split()}	字符串拆分
9	${fn:join()}	字符串连接
10	${fn:escapeXml()}	将<、>、"、'等替换成转义字符
11	${fn:trim()}	去掉左右空格
12	${fn:replace()}	字符串替换操作
13	${fn:indexOf()}	查找指定的字符串位置
14	${fn:substringBefore()}	截取指定字符串之前的内容
15	${fn:substringAfter()}	截取指定字符串之后的内容

范例：通过 Servlet 传递 Set 与 Map 集合

```
package com.yootk.servlet;
@WebServlet("/ELServlet")
public class ELServlet extends HttpServlet {
    @Override
    protected void doGet(HttpServletRequest req, HttpServletResponse resp)
            throws ServletException, IOException {                    // 处理GET请求
        Set<String> roleSet = new HashSet<>();                      // 定义Set集合
        roleSet.add("admin");                                       // 添加数据
        roleSet.add("guest");                                       // 添加数据
        req.setAttribute("resultSet", roleSet);                     // 传递Set集合
        Map<String, String> map = new HashMap<>();                  // 定义Map集合
        map.put("msg", "##Yootk");                                  // 添加数据
        map.put("ip", "192.168.1.252");                             // 添加数据
        map.put("html", "<h1><span>yootk.com</span></h1>");         // 添加数据
        req.setAttribute("resultMap", map);                         // 传递Map集合
        req.getRequestDispatcher("/show.jsp").forward(req, resp);   // 服务器端跳转
    }
}
```

本程序通过 Servlet 传递了两个 Request 属性（Set 集合、Map 集合），而在 Map 集合中又设置了若干个字符串的数据内容，这些字符串数据都可以在 JSP 页面通过函数库进行处理。

范例：使用函数标签库

```
<%@ page pageEncoding="UTF-8"%>
<%@ taglib prefix="c" uri="http://java.sun.com/jsp/jstl/core" %>
<%@ taglib prefix="fn" uri="http://java.sun.com/jsp/jstl/functions" %>
<html><head><title>沐言科技：www.yootk.com</title></head><body>
<c:if test="${fn:contains(resultSet, 'admin')}">
    您拥有“Admin”角色信息；<br>
</c:if>
转大写字母：${fn:toUpperCase(resultMap.msg)}<br>
<c:if test="${fn:startsWith(resultMap.msg,'##')}">
    字符串以“##”开头！<br>
```

```
</c:if>
字符串拆分：<c:forEach items="${fn:split(resultMap.url, '.')}" var="item">${item}、</c:forEach><br>
${fn:escapeXml(resultMap.html)}
</body></html>
```

程序执行结果：

```
您拥有“Admin”角色信息；
转大写字母：##YOOTK
字符串以“##”开头！
字符串拆分：edu、yootk、com、
<h1><span>yootk.com</span></h1>
（源代码为：“&lt;h1&gt;&lt;span&gt;yootk.com&lt;/span&gt;&lt;/h1&gt;”）
```

JSP 页面中通过${fn:contains(resultSet, 'admin')}判断了 Set 集合中是否包含指定的内容，而后又通过各种函数库处理了 Map 集合中的数据内容，包括转大写字母、开头判断、字符串拆分、HTML 代码转义。

6.2.4　格式化标签

格式化标签

视频名称　0612_【掌握】格式化标签

视频简介　Java 中为了合理地进行数据内容的显示，可以对数据进行数字格式化、日期格式化等操作。本视频主要讲解格式化显示处理以及国际化资源信息的加载操作。

在 Java 编程中提供了数据的国际化处理支持，这样就可以实现日期时间、数字以及文本格式的区域转换处理。而在 JSTL 中也提供了对应的支持，可以通过 fmt 标签库实现格式化处理。

范例：通过 Servlet 传递日期时间和数字

```
@WebServlet("/ELServlet")
public class ELServlet extends HttpServlet {
    private static final DateTimeFormatter FORMATTER = DateTimeFormatter
                .ofPattern("yyyy-MM-dd HH:mm:ss");
    private static final ZoneId ZONE_ID = ZoneId.systemDefault();
    @Override
    protected void doGet(HttpServletRequest req, HttpServletResponse resp)
            throws ServletException, IOException {                 // 处理GET请求
        String str = "1998-02-17 19:09:15";                        // 字符串定义的日期时间
        LocalDateTime localDateTime = LocalDateTime.parse(str, FORMATTER);
        Instant instant = localDateTime.atZone(ZONE_ID).toInstant();
        Date birthday = Date.from(instant);                        // 格式化日期时间
        req.setAttribute("birthday", birthday);                    // 属性传递
        req.setAttribute("salary", 2389223);                       // 属性传递
        req.getRequestDispatcher("/show.jsp").forward(req, resp);  // 服务器端跳转
    }
}
```

本程序模拟了一个请求参数转为日期时间的格式化处理操作，考虑到并发转换的问题，使用了 DateTimeFormatter 类实现了处理。随后将处理结果传递到 JSP 页面中进行显示，而在 JSP 页面中则可以通过格式化标签进行控制。

范例：格式化数据显示

```
<%@ page pageEncoding="UTF-8"%>
<%@ taglib prefix="fmt" uri="http://java.sun.com/jsp/jstl/fmt" %>
<html><head><title>沐言科技：www.yootk.com</title></head><body>
<h1>生日：<fmt:formatDate value="${birthday}" pattern="yyyy年MM月dd日"/></h1>
<h1>生日：<fmt:formatDate value="${birthday}" pattern="yyyy年MM月dd日 hh时mm分ss秒"/></h1>
<h1>工资：<fmt:formatNumber value="${salary}" currencyCode="zh"/> </h1>
</body></html>
```

程序执行结果：

```
生日：1998年02月17日
生日：1998年02月17日 07时09分15秒
工资：2,389,223
```

本程序并没有将 Servlet 传递过来的日期时间以及数字信息直接输出，而是通过<fmt:formatDate>采用自定义的方式格式化了日期时间格式后再输出。同时由于传递过来的 salary 的属性为货币信息，因此可以通过<fmt:formatNumber>标签设置中文货币编码进行数字格式化处理后再输出。

在数据格式化处理中，除了日期、日期时间以及数字之外，最重要的就是可以实现文本数据的格式化处理，同时也可以通过不同的 Locale 对象实例加载不同语言的文字信息，并可以实现文本的动态填充，如图 6-9 所示。

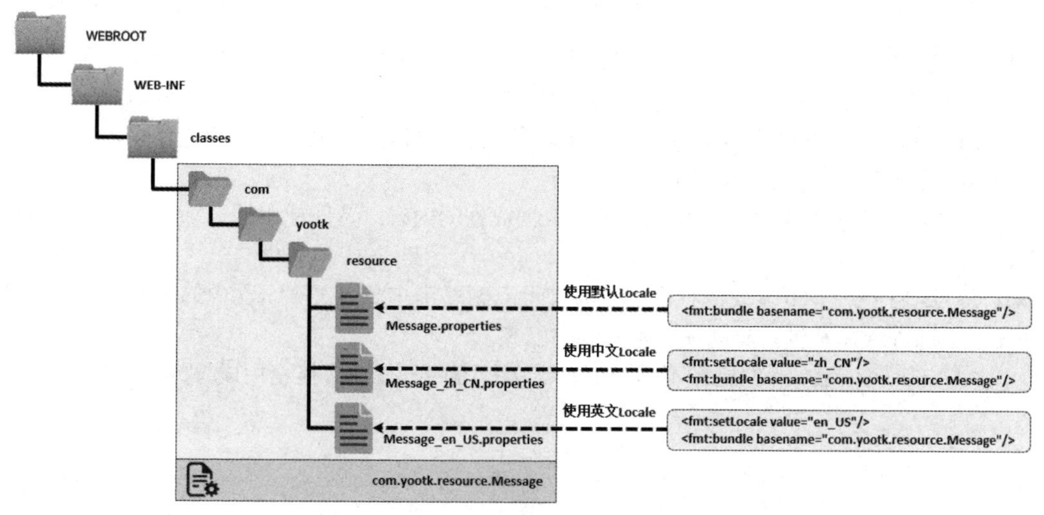

图 6-9　国际化文本显示

范例：定义资源文件（baseName=com.yootk.resource.Message）

Message.properties：	welcome.info=沐言科技：www.yootk.com
Message_zh_CN.properties：	welcome.info=登录成功，欢迎{0}访问，更多编程学习课程可以登录“{1}”.
Message_en_US.properties：	welcome.info=Login Successful, Welcome to {0}, More programming courses can be found at "{1}".

此时定义了 3 个不同的资源文件，这 3 个资源文件加载时的文件名称为“com.yootk.resource.Message”，在使用时可以根据不同的 Locale 实例的配置实现不同文字项的加载。

范例：格式化文本文件

```
<%@ page pageEncoding="UTF-8"%>
<%@ taglib prefix="fmt" uri="http://java.sun.com/jsp/jstl/fmt" %>
<html><head><title>沐言科技：www.yootk.com</title></head><body>
<fmt:bundle basename="com.yootk.resource.Message">       <%-- 资源名称 --%>
    <fmt:message key="welcome.info">                      <%-- 资源key --%>
        <fmt:param value="李兴华"/>                        <%-- 占位符填充 --%>
        <fmt:param value="李兴华高薪就业编程训练营：edu.yootk.com"/>
    </fmt:message>
</fmt:bundle>
<br/><fmt:setLocale value="en_US"/>                        <%-- 设置Locale --%>
<fmt:bundle basename="com.yootk.resource.Message">       <%-- 资源名称 --%>
    <fmt:message key="welcome.info">                      <%-- 资源key --%>
        <fmt:param value="Small'Lee"/>                     <%-- 占位符填充 --%>
        <fmt:param value="MuyanYootk：www.yootk.com"/>     <%-- 占位符填充 --%>
    </fmt:message>
```

```
</fmt:bundle>
</body></html>
```

程序执行结果：

```
登录成功，欢迎李兴华访问，更多编程学习课程可以登录“李兴华高薪就业编程训练营：edu.yootk.com”。
Login Successful, Welcome to Small'Lee, More programming courses can be found at "MuyanYootk :
www.yootk.com".
```

本程序通过<fmt:bundle>标签实现了指定资源的绑定，这样就会根据当前所处的 Locale 环境进行指定文件的加载。随后利用<fmt:message>根据资源的 key 实现对应数据的加载，并且通过<fmt:param>进行占位符数据填充。

6.3 本章概览

1．EL 是在 JSP 2.0 标准中增加的功能项，主要的作用是进行标志位数据的输出。

2．使用 EL 输出数据时可以避免 null 所带来的影响，会通过空字符串自动转换。

3．EL 可以直接实现单个对象的输出，或者是集合中的某一项的输出，但是不支持判断与迭代操作，需要结合 JSTL 标签一起使用。

4．在 EL 中有多种运算符，同时也可以根据数据的内容以及所使用的运算符的不同实现数据类型转换。

5．JSTL 是一个 Web 开发的标准标签库，可以帮助用户实现 JSP 页面中的逻辑处理，但是需要开发者手动进行开发包以及标签描述文件的配置。

6．现在的 Java Web 开发已经不再强调自定义标签库，往往直接使用成熟的标签库。

第 7 章 Web 开发扩展

本章学习目标

1. 掌握传统 JDBC 项目开发的性能缺陷，并可以理解数据库连接池的实现原理与连接池访问；
2. 理解 HTTP 与 HTTPS 的区别，并可以通过 OpenSSL 模拟证书签发；
3. 理解 Tomcat 中 HTTPS 访问证书的配置；
4. 掌握 HttpClient 工具包的使用，并可以通过此工具包实现 Java Web 程序的本地访问；
5. 理解 JMeter 测试工具的使用，并可以通过此测试工具实现数据库与 Web 程序的压力测试。

Web 开发是一个庞大且烦琐的工程，除了核心的实现代码之外，还需要充分地考虑到性能、安全等因素。本章将为读者讲解数据库连接池技术、HTTPS、HttpClient 工具包以及 JMeter 测试工具的使用。

7.1 数据库连接池

传统 JDBC 问题分析

视频名称 0701_【理解】传统 JDBC 问题分析

视频简介 JDBC 是 Java 提供的标准数据库操作服务，但是由于 JDBC 本身只提供底层支持，因此并未进行性能方面的考虑。本视频为读者分析 JDBC 开发中存在的性能问题。

动态 Web 开发中数据库是最为重要的一项软件技术，很多动态数据的生成都是基于数据库完成加载的。但是在每一次用户请求时，都需要工作线程进行数据库驱动程序加载、数据库连接、数据库操作以及数据库关闭的处理，如图 7-1 所示。这样实际上会造成严重的性能问题。

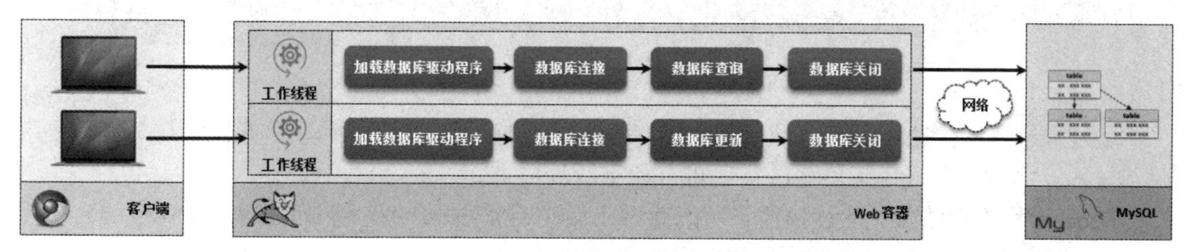

图 7-1 传统 JDBC 操作

通过图 7-1 可以清楚地发现，在每一次用户请求时除了数据库的操作不同之外，实际上驱动程序加载、数据库连接以及数据库关闭都是要重复进行的，而这些重复的操作都会带来性能损耗问题。如果可以将所有数据库的连接对象保存在一个集合之中，这样每一次进行数据库操作时都直接通过该集合获取连接对象，关闭的时候将连接放回集合之中，就可以减少数据库频繁打开和关闭所造成的性能损耗。

7.1.1 数据库连接池简介

数据库连接池简介

视频名称 0702_【掌握】数据库连接池简介

视频简介 为了防止重复的连接与关闭所造成的操作延迟，在使用 JDBC 进行的程序处理中往往可以通过数据库连接池的形式实现连接的复用，以提高程序的处理性能。本视频分析数据库连接池的作用以及实现方式。

数据库连接池（Database Connection Pool）将数据库的连接统一放在一个集合之中进行有效地管理，这样就可以避免重复的连接与关闭所造成的问题。所有的使用者在进行数据库操作之前都要通过这个集合对象获取一个数据库的连接实例，在使用完毕之后还需要将此连接放回到数据库之中供其他用户继续使用，如图 7-2 所示。

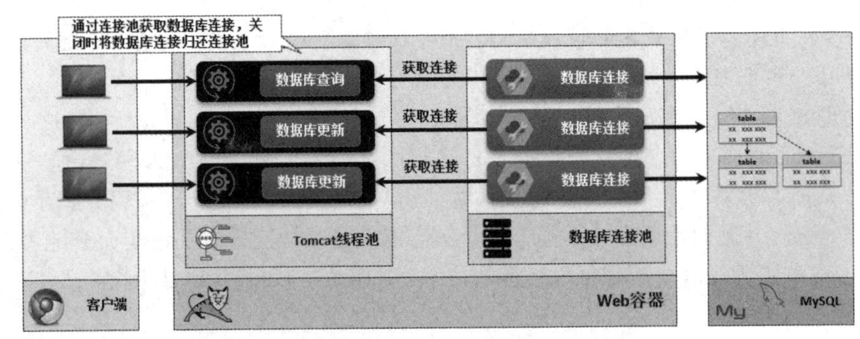

图 7-2 数据库连接池

利用集合存储的数据库连接，可以帮助系统固定数据库的连接数量，这样就可以防止无限制扩充，但是这样就会固定数据库连接的个数。如果此时并发用户的访问量高于数据库连接数量，就会出现无法获取数据库连接的问题。为了解决此类问题，可以在数据库连接池前追加一个阻塞队列，所有的请求用户根据请求的先后顺序依次获取数据库连接对象，从而提升数据库连接池的性能，如图 7-3 所示。

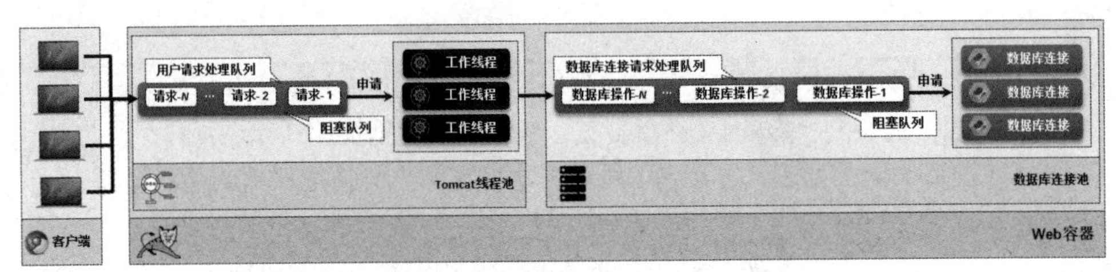

图 7-3 数据库连接池与阻塞队列

通过数据库连接池可以有效地提升数据库的处理性能，所以在实际的项目开发中几乎都会使用此项技术，而对于数据库连接池的实现也有如下两种形式。

- 基于程序算法实现的连接池：可以通过一些较为成熟的组件，例如 C3P0、Druid 等，在程序代码中进行数据库连接池的实现，这样可以方便地实现项目的部署处理。
- 基于容器实现的连接池：在 Tomcat、WebLogic、WebSphere 等著名的容器中都有连接池的支持，只需要通过特定的方式启用配置即可。

提示：本次以容器配置为主。

在本书中讲解的连接池配置主要是通过 Tomcat 实现的。而对于程序算法实现的连接池组件，由于需要引入大量的程序包与配置项，读者可以在本系列丛书相关的书中学习到。

7.1.2 配置 Tomcat 数据库连接池

配置 Tomcat 数据库连接池

视频名称 0703_【掌握】配置 Tomcat 数据库连接池

视频简介 数据库连接池的实现可以直接在 Web 容器上进行配置。本视频介绍通过 Tomcat 实现数据库连接池的配置，同时为读者分析连接池配置中各个参数的作用。

Tomcat 从 4.1 版本起开始支持连接池的配置，可以直接通过配置的形式实现连接池的定义。当容器启动后会自动根据配置在数据库连接池中提供若干个数据库连接，而这个连接池被 javax.sql.DataSource 数据源所管理，程序要想获取到此数据源，则必须通过 JNDI 进行查找，整体处理操作结构如图 7-4 所示。

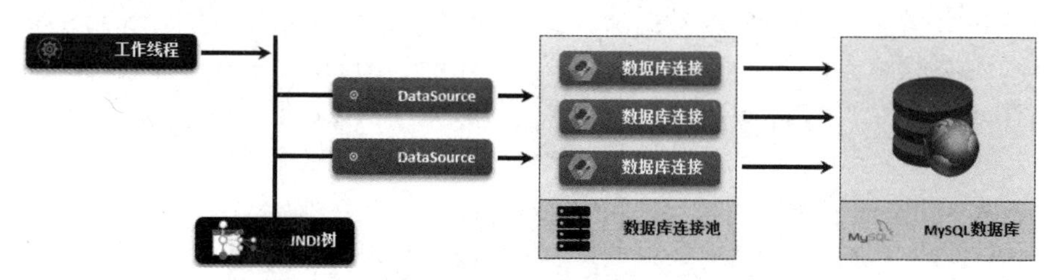

图 7-4 Tomcat 中的数据源操作

提示：JNDI 服务。

JNDI 是 Java EE 提供的一个服务，其主要功能是通过名称“key”查找到对应的对象“value”。这一设计也体现出了 Java 程序的设计理念，通过 key 对应 value，key 不改变，value 可以随意修改。

在进行 Tomcat 数据源配置时，一般是在每一个应用上进行配置。可以直接建立一个 META-INF/context.xml 配置文件，而后在此配置文件中定义数据库数据源的相关配置，同时还需要在 web.xml 配置文件中进行配置资源的引用，整体的配置结构如图 7-5 所示。

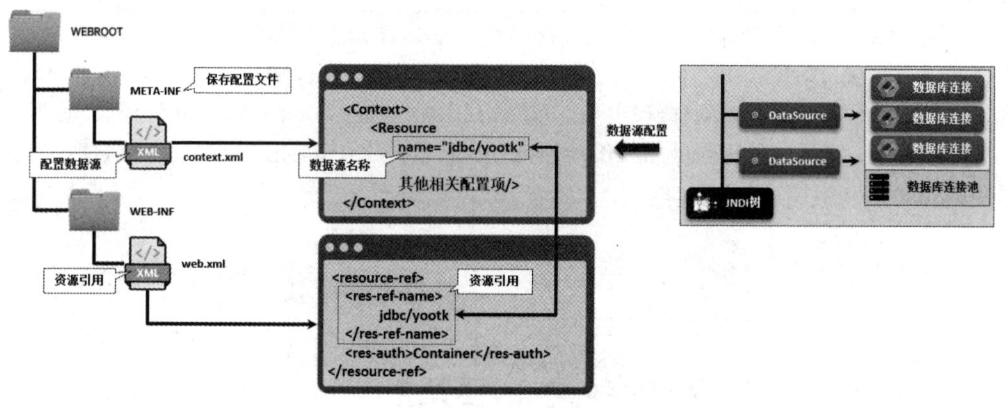

图 7-5 配置 Tomcat 数据源

范例：配置 MySQL 连接池（配置文件：META-INF/context.xml）

<Context>	Web 应用上下文配置
<Resource	定义 Web 资源
name="jdbc/yootk"	JNDI 名称，通过此名称查询数据源
auth="Container"	容器授权管理

续表

type="javax.sql.DataSource"	JNDI 绑定对象类型
maxActive="100"	最大数据库连接个数
maxIdle="30"	最大数据库维持连接个数（空闲时）
maxWait="10000"	用户等待最大时间
username="root"	数据库用户名
password="mysqladmin"	数据库连接密码
driverClassName="com.mysql.cj.jdbc.Driver"	数据库驱动程序
url="jdbc:mysql://localhost:3306/yootk"/>	数据库连接地址
</Context>	上下文配置完结标记

在本程序中配置了一个 MySQL 数据源，可以发现所有的数据源都通过 javax.sql.DataSource 接口进行管理，该数据源为容器管理（Container 为容器管理、Application 为程序管理），同时给出的数据源的 JNDI 绑定名称为“jdbc/yootk”。而如果想在项目中使该数据源生效，还需要修改 web.xml 文件。

范例：数据源引用配置（配置文件：WEB-INF/web.xml）

```
<resource-ref>                                          <!-- 资源引用配置 -->
    <res-ref-name>jdbc/yootk</res-ref-name>             <!-- 引用资源名称 -->
    <res-auth>Container</res-auth>                      <!-- 容器授权管理 -->
</resource-ref>
```

这样在当前的 Web 应用中就成功地实现了数据源的配置。由于当前的数据源为容器管理，因此<res-auth>的配置要与<Resource>中的授权类型配置相同。

7.1.3　数据源访问

数据源访问

视频名称　0704_【掌握】数据源访问

视频简介　JDBC 提供了 javax.sql.DataSource 进行连接池的管理，本视频为读者分析 JNDI 的资源查找服务使用，以及“java:comp/env”环境变量的使用。

客户端如果想获取数据库连接池中的连接资源，那么首先需要获得一个 javax.naming.Context 名称查询上下文接口对象实例，而后通过 lookup()方法查询绑定在 JNDI 结构中的 DataSource 接口实例。当用户获取了 DataSource 接口之后，就可以获得对应的 Connection 连接对象。而当用户关闭数据库连接后，实际上是将当前的使用连接归还到连接池之中，以便其他线程继续使用。程序的处理结构如图 7-6 所示。

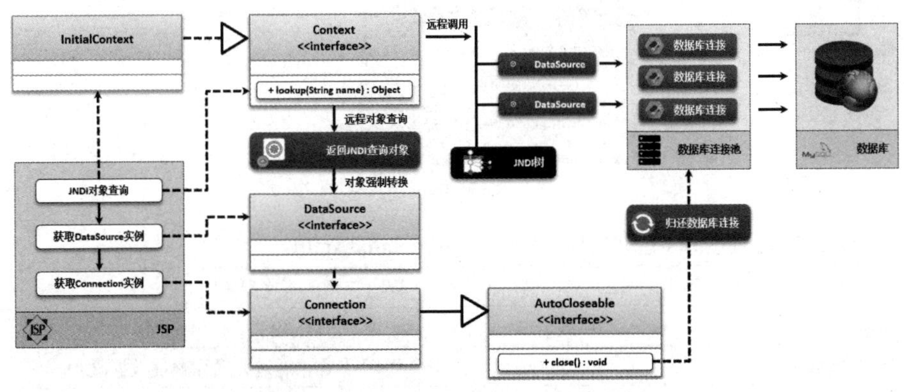

图 7-6　DataSource 对象查询的处理结构

范例：通过 DataSource 获取数据库连接

```
<%@ page pageEncoding="UTF-8"%>
<%@ page import="java.sql.*"%>                          <%-- JDBC操作包 --%>
<%@ page import="javax.sql.*"%>                         <%-- DataSource连接对象 --%>
<%@ page import="javax.naming.*"%>                      <%-- JNDI名称查询 --%>
<%! // 定义JNDI查询名称，该名称需要以“java:comp/env/”开头
    public static final String DATASOURCE_JNDI_NAME = "java:comp/env/jdbc/yootk" ;
%>
<%
    Context context = new InitialContext() ;             // 获取名称查询上下文
    DataSource dataSource = (DataSource) context.lookup(DATASOURCE_JNDI_NAME) ; // 查询
    Connection conn = dataSource.getConnection() ;       // 根据DataSource获取连接
%>
<%=conn%> <%  conn.close() ;                             // 将连接放到连接池之中 %>
```

程序执行结果：

```
1976675355, URL=jdbc:mysql://localhost:3306/yootk, UserName=root@localhost, MySQL Connector/J
```

本程序通过 InitialContext 获取了 Context 接口实例，这样就可以直接查询 Web 容器中指定名称的对象。由于该对象绑定时已被定义为 javax.sql.DataSource 类型，因此在对象查询成功后可以直接进行强制转型，而后就可以利用 DataSource 接口对象获取 Connection 数据库连接实例。

7.2 HTTPS 安全访问

HTTPS 简介

视频名称 0705_【掌握】HTTPS 简介

视频简介 HTTP 是 Web 开发中常见的处理协议，但是为了更加安全地实现 Web 访问，现在的通信中基于 HTTP 产生了 HTTPS。本视频为读者分析 HTTP 传输的安全漏洞，以及 HTTP 与 HTTPS 在传输结构上的区别。

HTTP 是 Web 开发中所使用的核心通信协议，然而传统的 HTTP 全部采用的是明文传输，这样所有的请求数据与响应数据都有可能被泄漏，甚至有恶意的用户伪造 HTTP 请求，如图 7-7 所示，这样一来就会造成极大的安全隐患。

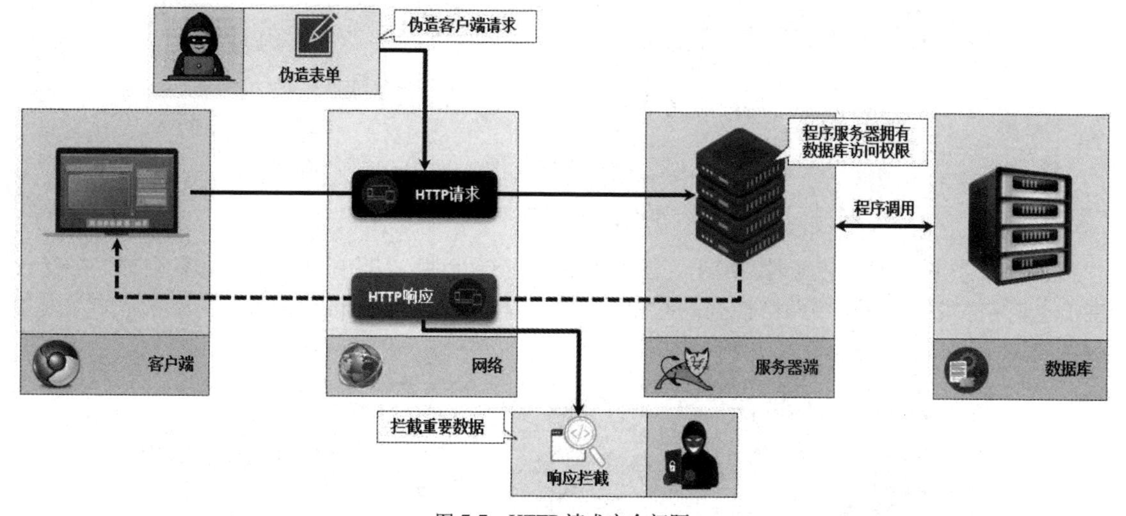

图 7-7　HTTP 请求安全问题

为了解决 HTTP 通信中的安全缺陷问题，在 HTTP 的基础上推出了 HTTPS，HTTPS 的安全基础是 SSL，这样在每次通信中都会进行加密数据的传输，如图 7-8 所示。

提示：HTTPS 需要 CA 认证。

HTTPS 和 HTTP 在使用上没有任何的区别，仅仅是将“http://”更改为“https://”。但是如果想在用户的 Web 站点中启用 HTTPS 传输，则必须通过 CA（Certificate Authority，证书授权中心）认证机构申请证书，而这样的证书一般都需要收取相应的服务费用，很少会有免费的 HTTPS 证书。

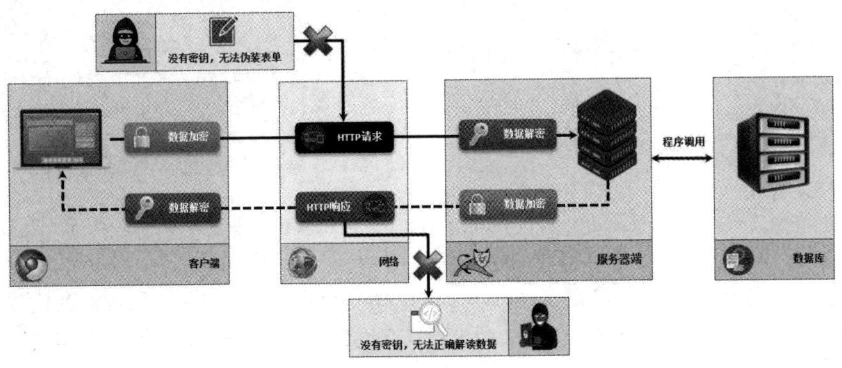

图 7-8　HTTPS 数据传输

7.2.1　SSL 与 TLS

SSL 与 TLS

视频名称　0706_【掌握】SSL 与 TLS

视频简介　HTTPS 是加密的 HTTP，而加密的核心处理就是 SSL 与 TLS。本视频为读者分析 SSL 与 TLS 的作用，同时分析在 HTTPS 下的数据交互处理流程。

在 HTTP 通信中，所有请求的数据都通过明文的形式进行传输，所以 HTTP 报文是由一行行简单的字符串所组成的，如图 7-9 所示。由于其是纯文本数据内容，因此可以很方便地对其进行数据的读写。

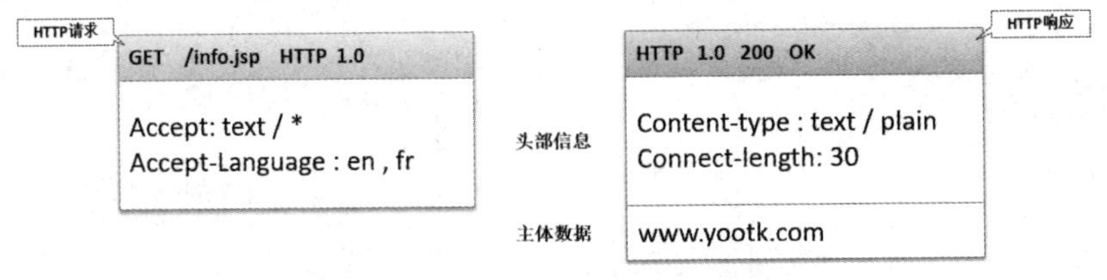

图 7-9　HTTP 报文结构

然而在通过 HTTPS 传输时，由于其使用了 SSL 进行处理，因此所传输的内容就全部为加密数据信息。这样实际上就是在网络模型中追加了一个安全处理层，以保证数据可以实现正常的加密和解密处理，如图 7-10 所示。

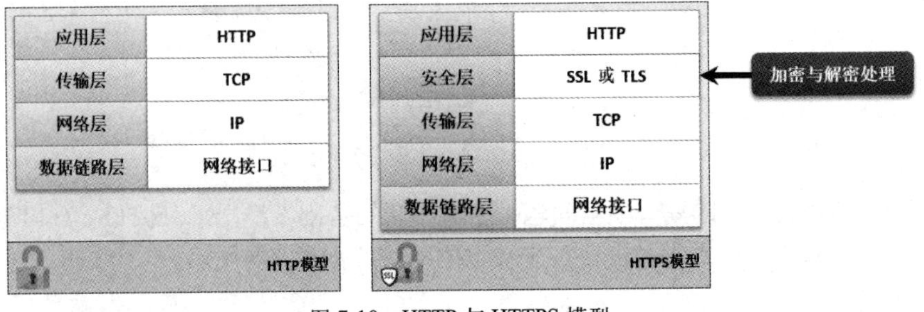

图 7-10　HTTP 与 HTTPS 模型

通过图 7-10 所示的结构可以清楚地发现，HTTP 与 HTTPS 之间最大的差别在于缺少了一个 SSL 处理层，而 SSL 实际上分为 SSL 与 TLS 两种。

1. SSL

SSL 是位于可靠的面向连接的传输层协议和应用层协议之间的一种协议层。SSL 通过互相认证、使用数字签名确保完整性，使用加密确保私密性，以实现客户端和服务器端之间的安全通信。该协议由两层组成：SSL 记录协议和 SSL 握手协议。

2. TLS

TLS 用于两个应用程序之间，提供保密性和数据完整性。该协议由两层组成：TLS 记录协议和 TLS 握手协议。

提示：SSL 与 TLS 属于同一协议。

SSL 是 Netscape 开发的专门用于保护 Web 通信的协议，目前版本为 3.0。目前最新版本的 TLS 1.0 是 IETF 制定的一种新的协议，它建立在 SSL 3.0 之上，是 SSL 3.0 的后续版本。TLS 1.0 可以理解为 SSL 3.1，它是写入了 RFC（Request For Comments，征求意见稿）的。两者差别极小，如果没有特殊要求，可以简单地将 SSL 与 TLS 理解为同一协议。

在 SSL 协议中能够进行的安全传输之中都需要对发送和接收的数据进行加密和解密的操作处理，于是这就需要进行握手和记录的操作，为此设计两个协议：握手协议（确定加密是否统一）、记录协议（数据处理），如图 7-11 所示。

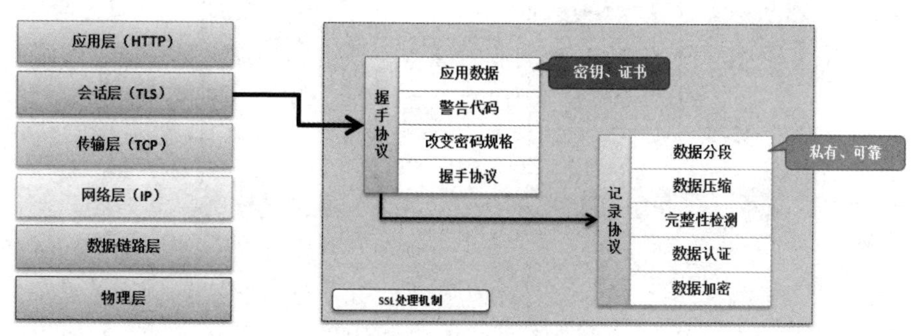

图 7-11 SSL 处理机制

提示：数字证书是 SSL 的核心加密算法。

数字证书是一个经证书授权中心数字签名，包含公开密钥拥有者信息，使用加密算法以及公开密钥的文件，如图 7-12 所示。

图 7-12 SSL 数字证书

以数字证书为核心的加密技术可以对网络上传输的信息进行加密和解密、数字签名和签名验证，确保网上传递信息的机密性、完整性及交易的不可抵赖性。

身份认证是建立每一个 SSL 连接不可或缺的部分。比如，一个用户有可能和任何一方建立一个加密的通道，包括攻击者。除非可以确定通信的服务器端是可信任的，否则，所有的加密（解密）工作都没有任何作用。而身份认证的方式就是通过证书以数字方式签名的声明，它将公钥与持有相应私钥的主体（个人、设备和服务）身份绑定在一起。通过在证书上签名，CA（Certificate Authority，证书颁发机构）可以核实与证书上公钥相应的私钥为证书所指定的主体所拥有。所有的证书由 CA 发布，但是证书需要逐层签发，而认证的流程就是签发的反向流程，如图 7-13 所示。

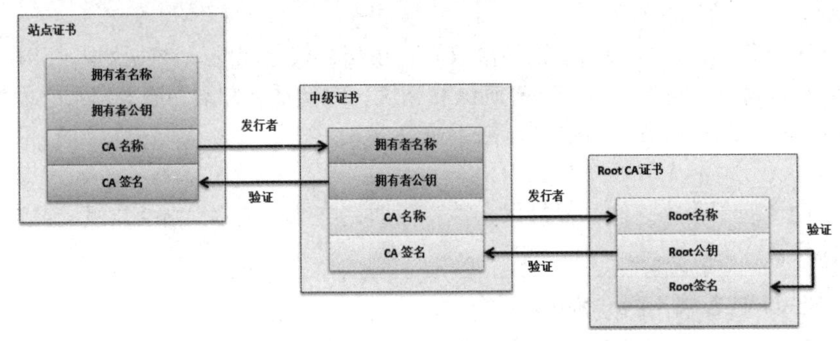

图 7-13　CA 签发证书

SSL 安全通信的关键在于数据的加密与解密，而这就需要获取相应的密钥。于是客户端和服务器端在通信前首先进行建立连接并交换核心参数，随后才可以使用加密通信。这样的过程称为握手（Handshake），当握手成功后就可以基于 SSL 实现加密数据传输。操作流程如图 7-14 所示。

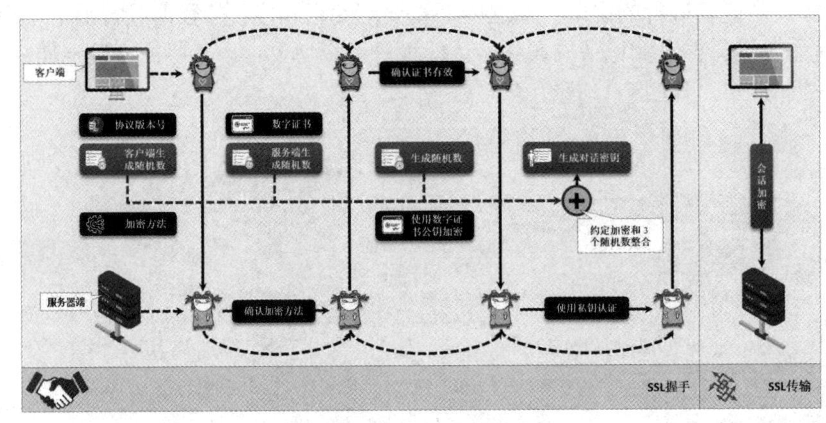

图 7-14　SSL 握手与加密传输

通过图 7-14 的结构可以发现，每当客户端需要与服务器端进行通信时，都会通过服务器端获取到一个数字证书，而后客户端会通过 CA 进行此证书有效性的检查。如果证书有效，则与服务器端生成一个对话密钥，随后就可以基于此密钥实现 HTTPS 通信。

7.2.2　OpenSSL

视频名称　0707_【掌握】OpenSSL

视频简介　HTTPS 的证书签发需要公共的 CA 支持，在模拟环境下就可以基于 OpenSSL 工具实现本地化的 CA 模拟。本视频为读者讲解 OpenSSL 的作用以及证书认证处理流程。

在实际的项目应用环境中，如果想使用 HTTPS 安全通信，那么一般需要通过 CA 进行证书申请与签发处理。但是在互联网上的 SSL 证书都需要支付一定的服务费用。如果说现在是在一个小型的局域网内，或者是个人想进行一些实验，就可以通过 OpenSSL 工具创建一个属于自己的私有 CA。

OpenSSL 是目前最流行的 SSL 密码库工具，其提供了一个通用、健壮、功能完备的工具套件，用以支持 SSL/TLS 协议的实现。OpenSSL 整个软件包大概可以分成 3 个主要的功能部分：SSL 协议库 libssl、应用程序命令工具以及加密算法库 libcrypto。在 OpenSSL 处理中有如下 3 种数据的加密模式。

- 对称加密：指加密和解密使用相同密钥的加密算法。对称加密算法的优点在于加、解密的高速度和使用长密钥时的难破解性。常见的对称加密算法包括 DES、3DES、DESX、AES、RC4、RC5、RC6 等。
- 非对称加密：指加密和解密使用不同密钥的加密算法，也称为公私钥加密。常见的非对称加密算法包括 RSA、DSA（数字签名用）等。
- Hash 算法：Hash 算法是一种单向算法。用户可以通过 Hash 算法对目标信息生成一段特定长度的唯一 Hash 值，却不能通过这个 Hash 值逆向获得目标信息。常见的 Hash 算法包括 MD2、MD4、MD5、SHA、SHA-1 等。

在使用过程中对称加密要优于非对称加密，但是安全性一定是低于非对称加密的。本次的讲解考虑到模拟环境，所以采用了对称加密模式进行讲解，其基本操作结构如图 7-15 所示。

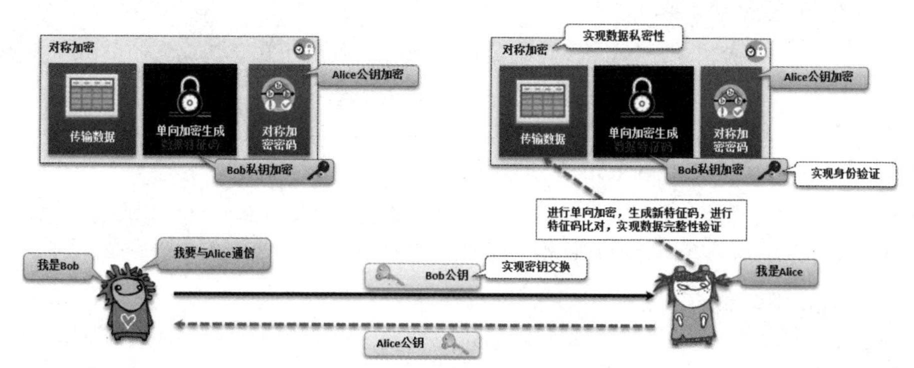

图 7-15　OpenSSL 对称加密

在对称加密中，通信双方都各自拥有彼此之间的公钥信息，在每次进行数据传输前都会进行密钥的匹配，匹配成功后才可以获取正确的数据项。每一次通过 CA 申请证书时都会生成一个密钥对（公钥和私钥），其中公钥是全网公开的信息，而所有的通信双方只有获取到公钥后才可以实现双方的数据加密和解密。私钥是每个参与通信的组织自己管理的，当组织的私钥丢失后则需要向 CA 发出失效申请后实现证书吊销，如图 7-16 所示。

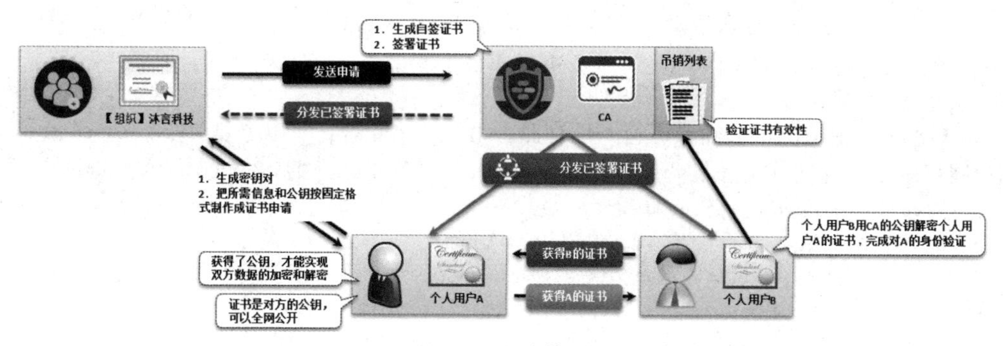

图 7-16　证书管理

7.2.3　证书签发

证书签发

视频名称　0708_【掌握】证书签发

视频简介　本视频主要介绍通过 OpenSSL 实现证书的签发，根据证书配置的操作要求，实现根证书、服务器端证书、客户端证书的创建处理。

如果想通过OpenSSL进行证书的签发，则首先需要创建一个CA根证书，而后利用这个根证书签发服务器端以及客户端两个子证书，操作的流程如图7-17所示。

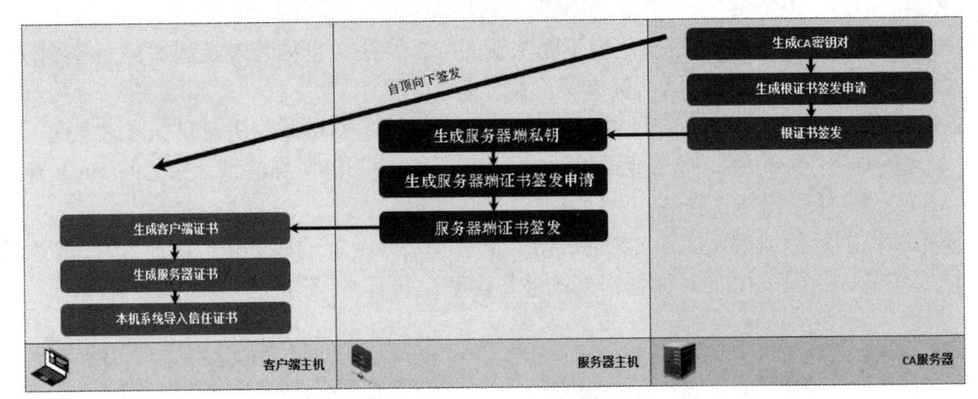

图7-17 CA证书申请流程

提示：OpenSSL可以在CentOS中直接使用。

OpenSSL可以在全平台上使用，但是考虑到方便，本书还是建议在Linux系统下进行配置，在用户安装了CentOS系统后会自动为用户提供OpenSSL组件，可以通过如下命令测试。

范例：获取OpenSSL版本号

```
openssl version
```

程序执行结果：

```
OpenSSL 1.1.1c FIPS  28 May 2019
```

以上的版本查询命令表示当前CentOS系统中已经可以直接使用OpenSSL工具命令了。如果没有安装该工具，在CentOS下可以使用“dnf -y install openssl”进行安装。

另外，需要提醒读者的是，大部分的Linux系统都会提供OpenSSL组件，像Ubuntu、Debian等，不是只能在CentOS系统中进行操作。

（1）【Windows】HTTPS证书一般都与指定的域名绑定在一起，本次将在Windows系统中模拟一个“muyan-yootk.com”域名信息，直接在C:\Windows\System32\drivers\etc\hosts配置文件中增加以下配置项，其中“192.168.190.128”是要进行服务配置的Linux主机地址。

```
192.168.190.128muyan-yootk.com
```

（2）【Linux】生成的证书需要进行本地存储，为了便于管理，可以创建一个/usr/local/muyan的证书存储目录，并且在其下提供两个子目录：server（服务器端证书）、client（客户端证书）。

```
mkdir -p /usr/local/muyan/{server,client}
```

（3）【Linux】生成一个长度为1024的CA密钥对。

```
openssl genrsa -out /usr/local/muyan/cakey.pem 1024
```

程序执行结果：

```
Generating RSA private key, 1024 bit long modulus (2 primes)
.................+++++
.........+++++
e is 65537 (0x010001)
```

（4）【Linux】生成根证书签发申请。

```
openssl req -new -key /usr/local/muyan/cakey.pem -out /usr/local/muyan/cacert.csr -subj /CN=
muyan-yootk.com
```

（5）【Linux】使用x509格式标准创建根证书签发，有效期为3650天。

```
openssl x509 -req -days 3650 -sha1 -extensions v3_ca -signkey /usr/local/muyan/cakey.pem -in
/usr/local/muyan/cacert.csr -out /usr/local/muyan/ca.cer
```

程序执行结果：

```
Signature ok
subject=CN = muyan-yootk.com
Getting Private key
```

（6）【Linux】根证书创建完成后就可以进行服务端证书创建，首先生成服务器端私钥，在私钥生成时需要设置一个服务器端密钥的访问密码，本次设置为“yootk.com”。

```
openssl genrsa -aes256 -out /usr/local/muyan/server/server-key.pem 1024
```

程序执行结果：

```
Generating RSA private key, 1024 bit long modulus (2 primes)
.+++++
......+++++
e is 65537 (0x010001)
Enter pass phrase for /usr/local/muyan/server/server-key.pem: yootk.com（输入密码，不回显）
Verifying - Enter pass phrase for /usr/local/muyan/server/server-key.pem: yootk.com（输入密码，不回显）
```

（7）【Linux】生成服务器端证书签发申请。

```
openssl req -new -key /usr/local/muyan/server/server-key.pem -out /usr/local/muyan/server/server.csr -subj /CN=muyan-yootk.com
```

程序执行结果：

```
Enter pass phrase for /usr/local/muyan/server/server-key.pem: yootk.com（服务端密码）
```

（8）【Linux】服务器端证书签发。

```
openssl x509 -req -days 3650 -sha1 -extensions v3_req -CA /usr/local/muyan/ca.cer -CAkey /usr/local/muyan/cakey.pem -CAserial /usr/local/muyan/server/ca.srl -CAcreateserial -in /usr/local/muyan/server/server.csr -out /usr/local/muyan/server/server.cer
```

程序执行结果：

```
Signature ok
subject=CN = muyan-yootk.com
Getting CA Private Key
```

（9）【Linux】生成客户端私钥，随后需要设置一个私钥访问密码，本次设置为“yootk.com”。

```
openssl genrsa -aes256 -out /usr/local/muyan/client/client-key.pem 1024
```

程序执行结果：

```
Generating RSA private key, 1024 bit long modulus (2 primes)
..........+++++
...............................+++++
e is 65537 (0x010001)
Enter pass phrase for /usr/local/muyan/client/client-key.pem: yootk.com（输入密码，不回显）
Verifying - Enter pass phrase for /usr/local/muyan/client/client-key.pem: yootk.com（输入密码，不回显）
```

（10）【Linux】生成客户端签发申请。

```
openssl req -new -key /usr/local/muyan/client/client-key.pem -out /usr/local/muyan/client/client.csr -subj /CN=muyan-yootk.com
```

程序执行结果：

```
Enter pass phrase for /usr/local/muyan/client/client-key.pem: yootk.com（客户端密码）
```

（11）【Linux】客户端证书签发。

```
openssl x509 -req -days 365 -sha1 -CA /usr/local/muyan/ca.cer -CAkey /usr/local/muyan/cakey.pem -CAserial /usr/local/muyan/server/ca.srl -in /usr/local/muyan/client/client.csr -out /usr/local/muyan/client/client.cer
```

程序执行结果：

```
Signature ok
subject=CN = muyan-yootk.com
Getting CA Private Key
```

（12）【Linux】此时生成了一套标准的公共证书，但是如果想将此证书在 Java 中使用，则建议生成一个 p12（Public Key Cryptography Standards #12，PKCS#12，公钥加密技术 12 号标准）证书（p12 证书= CER 证书 + 密钥，可以防止证书丢失），首先需要生成一个客户端的 p12 格式证书。

```
openssl pkcs12 -export -clcerts -name muyan-client -inkey /usr/local/muyan/client/client-key.
pem -in /usr/local/muyan/client/client.cer -out /usr/local/muyan/client/client.p12
```

程序执行结果：

```
Enter pass phrase for /usr/local/muyan/client/client-key.pem: yootk.com（客户端密码）
Enter Export Password: yootk.com（导出密码）
Verifying - Enter Export Password: yootk.com（确认导出密码）
```

（13）【Linux】生成服务器端 p12 证书。

```
openssl pkcs12 -export -clcerts -name muyan-server -inkey /usr/local/muyan/server/server-key.
pem -in /usr/local/muyan/server/server.cer -out /usr/local/muyan/server/server.p12
```

程序执行结果：

```
Enter pass phrase for /usr/local/muyan/server/server-key.pem: yootk.com（服务端密码）
Enter Export Password: yootk.com（导出密码）
Verifying - Enter Export Password: yootk.com（确认导出密码）
```

经过如上几步的处理操作，就获取了 CA 根证书、服务器端证书、客户端证书，而后只需要在相应的服务器中进行这些证书的配置即可。

提示：建议复制命令来执行。

由于本书并不专门讲解加密与解密处理操作，因此只给出了操作的流程。在该操作中涉及大量的密钥结构信息，对于此时给出的证书处理命令笔者建议读者复制完成。如果无法操作可以参考对应的视频讲解内容，在实际项目中，这些工作是由运维人员完成的。

7.2.4　Tomcat 配置 HTTPS 证书

Tomcat 配置 HTTPS 证书

视频名称　0709_【掌握】Tomcat 配置 HTTPS 证书

视频简介　Tomcat 中可以直接进行 HTTPS 的配置启用。本视频为读者讲解如何在 Tomcat 中引入证书以及从 HTTP 访问端口强制跳转到 HTTPS 端口的操作。

所有的证书生成完毕后就可以在 Tomcat 中进行 SSL 证书的配置了，本次将通过 Tomcat 实现一个单向认证处理，即只在服务器端安装证书，客户端不进行证书配置。

（1）【Linux】打开 Tomcat 中的 server.xml 配置文件：vi /usr/local/tomcat/conf/server.xml。

（2）【Linux】在 server.xml 配置文件中，定义 HTTPS 专属 443 端口的映射访问，同时配置服务器端证书路径。

<Connector	配置连接器
port="443"	监听端口
protocol="org.apache.coyote.http11.Http11NioProtocol"	协议处理类
maxThreads="150"	最大连接数
scheme="https"	协议模式
secure="true"	安全访问
clientAuth="false"	单向认证
sslProtocol="TLS"	TLS 协议
SSLEnabled="true"	启用 SSL
defaultSSLHostConfigName="muyan-yootk.com">	匹配域名
<SSLHostConfig	SSL 主机配置
hostName="muyan-yootk.com">	匹配域名
<Certificate	认证配置

续表

certificateKeystoreFile="/usr/local/muyan/server/server.p12"	证书路径
certificateKeystorePassword="yootk.com"/>	证书密码
</SSLHostConfig>	认证配置完结
</Connector>	连接器配置完结

（3）【Linux】Tomcat 默认会开启一个 80 服务端口，而在开启 HTTPS 服务后，可以将 80 端口的访问强制性切换到 443 端口。

```
<Connector executor="tomcatThreadPool" port="80" protocol="HTTP/1.1" connectionTimeout="20000"
 redirectPort="443" />
```

（4）【Linux】如果想完成端口强制跳转，除了以上的配置之外，还需要在项目的 WEB-INF/web.xml 中增加配置项。

```
<login-config>                                    <!-- SSL认证授权配置 -->
    <auth-method>CLIENT-CERT</auth-method>
    <realm-name>Client Cert Users-only Area</realm-name>
</login-config>
<security-constraint>                             <!-- SSL认证授权配置 -->
    <web-resource-collection>
        <web-resource-name>SSL</web-resource-name>
        <url-pattern>/*</url-pattern>
    </web-resource-collection>
    <user-data-constraint>
        <transport-guarantee>CONFIDENTIAL</transport-guarantee>
    </user-data-constraint>
</security-constraint>
```

（5）【Linux】配置完成后启动 Tomcat 服务。

```
/usr/local/tomcat/bin/catalina.sh start
```

（6）【Linux】开放防火墙 443 访问端口。

配置访问端口：

```
firewall-cmd --zone=public --add-port=443/tcp --permanent
```

重新加载配置：

```
firewall-cmd --reload
```

（7）【Windows】此时就完成了一个 Tomcat 的 SSL 安全访问配置，打开浏览器输入 https://muyan-yootk.com，即可观察到图 7-18 所示的界面。

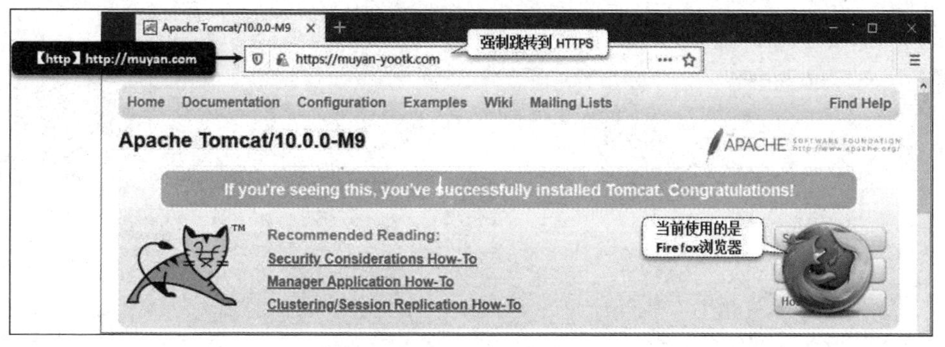

图 7-18　HTTPS 访问

提示：建议使用 Firefox 浏览器进行操作。

本次使用的为私有 CA，如果使用 Chrome 浏览器访问，就有可能无法访问。本书在此处采用了 Firefox 浏览器，这样在第一次访问时，会出现图 7-19 所示的警告界面，用户可以手动进行强制访问。

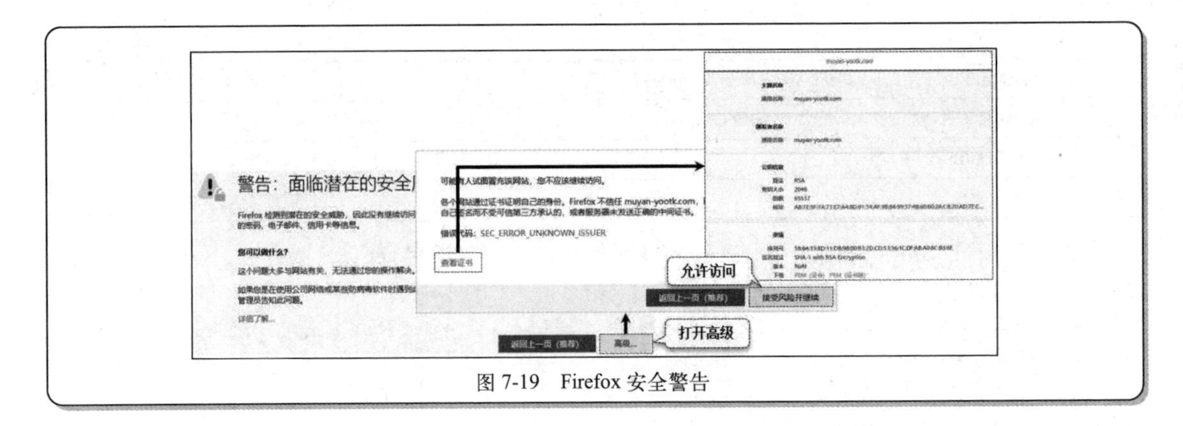

图 7-19　Firefox 安全警告

7.3　HttpClient 工具包

使用 Java 原生支持访问 Web 程序

视频名称　0710_【掌握】使用 Java 原生支持访问 Web 程序

视频简介　Java 提供了 java.net 程序包实现网络连接与数据获取，由于 HTTP 是构建在 TCP 上的，所以开发者也可以利用此包实现服务器端程序的访问。本视频通过代码介绍如何实现服务器端数据的获取，同时为读者分析该操作的不足。

所有的 Web 应用程序都是基于 HTTP 的，这样除了可以通过浏览器使用之外，也可以通过 Java 原生程序进行 Web 服务的访问，如图 7-20 所示。

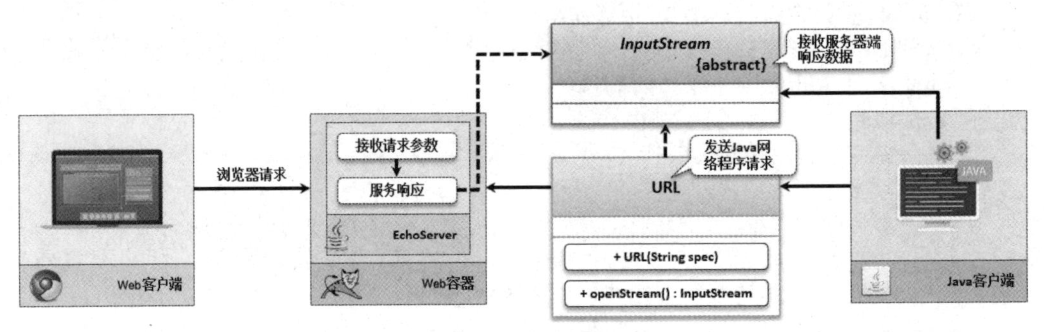

图 7-20　Web 程序访问

范例：定义 EchoServlet

```
package com.yootk.servlet;
import jakarta.servlet.ServletException;
import jakarta.servlet.annotation.WebServlet;
import jakarta.servlet.http.HttpServlet;
import jakarta.servlet.http.HttpServletRequest;
import jakarta.servlet.http.HttpServletResponse;
import java.io.IOException;
@WebServlet("/echo.action")                                      // 映射路径
public class EchoServlet extends HttpServlet {                   // Servlet程序类
    @Override
    protected void doGet(HttpServletRequest req, HttpServletResponse resp)
    throws ServletException, IOException {                       // 处理GET请求
        req.setCharacterEncoding("UTF-8");                       // 请求编码
        resp.setCharacterEncoding("UTF-8");                      // 响应编码
        resp.setContentType("text/html;charset=UTF-8");          // 响应MIME
        String param = req.getParameter("msg");                  // 获取请求参数
        resp.getWriter().println("<h1>" + param + "</h1>");      // 请求响应
```

```
    }
    @Override
    protected void doPost(HttpServletRequest req, HttpServletResponse resp)
    throws ServletException, IOException {                          // 处理POST请求
        this.doGet(req, resp);                                      // POST请求处理
    }
}
```

程序访问路径：

```
http://localhost/echo.action?msg=www.yootk.com
```

程序执行结果：

```
www.yootk.com
```

在本服务处理程序中实现了一个基本的 ECHO 响应，用户只要发送的是一个 GET 请求，会以传递的 msg 参数内容直接进行响应，而后将通过 java.net 包中提供的 URL 类，结合 InputStream 实现 Java 程序调用。

范例：通过 Java 程序调用

```
package com.yootk.test;
import java.net.URL;
import java.util.Scanner;
public class AccessEchoServer {
    public static void main(String[] args) throws Exception {
        String requestUrl = "http://localhost/echo.action?msg=www.yootk.com";  // 请求路径
        URL url = new URL(requestUrl) ;                         // 发送URL请求
        Scanner scan = new Scanner(url.openStream()) ;          // 开启输入流
        scan.useDelimiter("\n") ;                               // 设置读取分隔符
        while(scan.hasNext()) {                                 // 循环读取数据
            System.out.println(scan.next());                    // 输出内容
        }
        scan.close();                                           // 关闭操作流
    }
}
```

程序执行结果：

```
<h1>www.yootk.com</h1>
```

在本程序中通过 URL 向 Tomcat 发送了一个 GET 请求，而后就可以通过 URL 类中的 openStream() 方法获取服务器端的响应数据。为了便于操作，直接通过 Scanner 实现了输入流的内容读取。

虽然现在已经可以通过 Java 实现 HTTP 服务访问，但是在 HTTP 请求过程中除了基本的数据交互之外，还需要有大量的辅助信息，例如：请求模式、头信息。而如果想进行这些内容的传递，就需要每一位开发者非常清晰地理解 HTTP 结构，但这对于使用者就会带来极大的不方便。为了降低开发的难度，在实际项目中可以通过 HttpClient 工具组件来实现 Web 服务调用。

7.3.1 HttpClient 基本使用

HttpClient 基本使用

视频名称 0711_【掌握】HttpClient 基本使用

视频简介 HTTP 除了数据传输之外，还需要考虑到各种头信息的配置与获取。为了便于 HTTP 客户端的开发，Apache 提供了 HttpClient 开发组件。本视频通过具体的代码为读者演示如何通过 HttpClient 实现 GET 与 POST 请求发送以及响应处理。

HttpClient 是 Apache HttpComponents 提供的开源项目，通过此组件可以提供高效的、最新的、功能丰富的、支持 HTTP 的客户端编程工具包，并且它支持 HTTP 最新的版本和协议。如果想获取 HttpClient 组件，可以登录 Apache 官网进行下载，如图 7-21 所示。

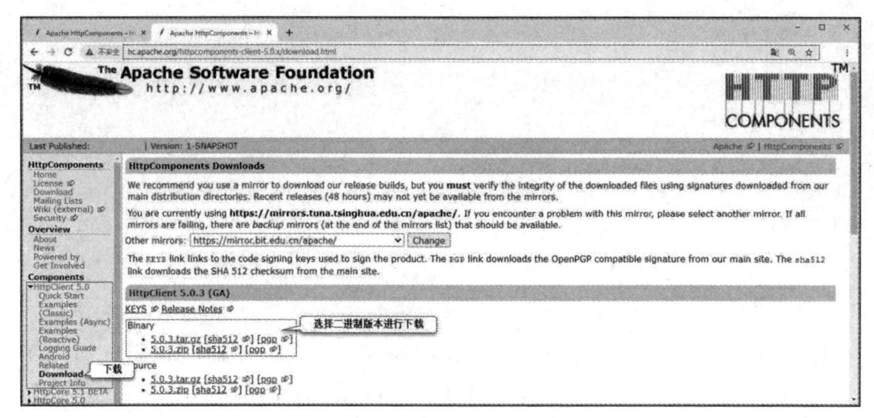

图 7-21　下载 HttpClient 组件

将下载得到的 httpcomponents-client-5.0.3-bin.zip 压缩包进行解压缩，而后将 lib 目录中的所有“.jar”文件配置到项目所在的 CLASSPATH 环境中，即可在项目中使用 HttpClient 组件。下面将通过具体代码实现 GET 与 POST 请求的发送。

范例：通过 HttpClient 发送 GET 请求

```
package com.yootk.test;
import org.apache.hc.client5.http.classic.methods.HttpGet;
import org.apache.hc.client5.http.impl.classic.CloseableHttpClient;
import org.apache.hc.client5.http.impl.classic.CloseableHttpResponse;
import org.apache.hc.client5.http.impl.classic.HttpClients;
import org.apache.hc.core5.http.Header;
import org.apache.hc.core5.http.io.entity.EntityUtils;
public class HttpClientGetDemo {
    public static void main(String[] args) throws Exception {
        String requestUrl = "http://localhost/echo.action?msg=www.yootk.com";   // 请求路径
        // 1. 创建一个可以被关闭的HttpClient的对象
        CloseableHttpClient httpClient = HttpClients.createDefault();
        // 2. 针对要发送的请求类型创建一个GET请求对象
        HttpGet httpGet = new HttpGet(requestUrl);
        // 3. 发送GET请求，随后获取相应的响应信息
        CloseableHttpResponse response = httpClient.execute(httpGet);          // GET请求
        // 4. 所有的响应包含两个部分，一个是数据部分，另外一个是头信息
        System.out.println("【获取响应数据】" + EntityUtils.toString(response.getEntity()));
        // 5. 除了可以获取数据之外，还可以获取响应对象实例获取全部的响应头信息
        Header[] headers = response.getHeaders();
        for (Header header : headers) {                    // 循环输出所有的头信息
            System.out.println("\t|- 【头信息】name = " + header.getName() +
        "、value = " + header.getValue());                 // 获取头部信息
        }
        System.out.println("【HTTP状态码】" + response.getCode());
    }
}
```

程序执行结果：

```
【获取响应数据】<h1>www.yootk.com</h1>
|- 【头信息】name = Content-Type、value = text/html;charset=UTF-8
|- 【头信息】name = Content-Length、value = 24
|- 【头信息】name = Keep-Alive、value = timeout=20
|- 【头信息】name = Connection、value = keep-alive
【HTTP状态码】200
```

本程序实现了与 URL 类似的操作功能，通过最终的执行结果，可以清楚地发现，此时客户端不但可以接收到数据响应，也可以获取所有的响应头信息。

范例：通过 HttpClient 发送 POST 请求

```
package com.yootk.test;
import org.apache.hc.client5.http.classic.methods.HttpPost;
import org.apache.hc.client5.http.entity.UrlEncodedFormEntity;
import org.apache.hc.client5.http.impl.classic.CloseableHttpClient;
import org.apache.hc.client5.http.impl.classic.CloseableHttpResponse;
import org.apache.hc.client5.http.impl.classic.HttpClients;
import org.apache.hc.core5.http.Header;
import org.apache.hc.core5.http.NameValuePair;
import org.apache.hc.core5.http.io.entity.EntityUtils;
import org.apache.hc.core5.http.message.BasicNameValuePair;
import java.nio.charset.Charset;
import java.util.ArrayList;
import java.util.List;
public class HttpClientPostDemo {
    public static void main(String[] args) throws Exception {
        String address = "http://localhost/echo.action" ;          // 请求路径
        // 下面开始使用HttpClient开发包中提供的一系列的开发类实现请求的发送与响应的处理
        // 1. 创建一个可以被关闭的HttpClient的对象
        CloseableHttpClient httpClient = HttpClients.createDefault() ;
        // 2. 创建一个POST请求模式并设置请求路径
        HttpPost post = new HttpPost(address) ;
        // 3. 对于此时的POST请求来讲，还需要进行请求参数的包装
        List<NameValuePair> allParams = new ArrayList<>() ;         // 保存所有的参数
        allParams.add(new BasicNameValuePair("msg",
                "沐言科技：www.yootk.com"));                          // 设置请求参数
        // 4. 如果要进行POST请求的传输，可以设置一个URL请求编码，编码的类型一定为UTF-8
        UrlEncodedFormEntity urlEncodedFormEntity = new UrlEncodedFormEntity(
                allParams, Charset.forName("UTF-8"));
        // 5. 所有的POST请求是被HttpPost类封装的，那么需要将所有的请求实体包装在此类之中
        post.setEntity(urlEncodedFormEntity);                          // 发送POST请求数据
        // 6. 通过指定的HttpClient发送一个POST请求
        CloseableHttpResponse response = httpClient.execute(post);
        // 7. 所有的响应包含两个部分，一个是数据部分，另外一个是头信息
        System.out.println("【获取响应数据】" +
                EntityUtils.toString(response.getEntity()));           // 输出转换
        // 8. 除了可以获取数据之外，还可以获取响应头信息
        Header[] headers = response.getHeaders() ;                     // 获取头信息
        for (Header header : headers) {                                // 头信息迭代
            System.out.println("\t|- 【头信息】name = " + header.getName() +
                    "、value = " + header.getValue());                 // 输出头信息
        }
        System.out.println("【HTTP状态码】" + response.getCode());     // HTTP状态码
    }
}
```

程序执行结果：

```
【获取响应数据】<h1>沐言科技：www.yootk.com</h1>
|- 【头信息】name = Content-Type、value = text/html;charset=UTF-8
|- 【头信息】name = Content-Length、value = 39
|- 【头信息】name = Keep-Alive、value = timeout=20
|- 【头信息】name = Connection、value = keep-alive
【HTTP状态码】200
```

本程序通过 HttpClient 实现了一个 POST 请求的发送处理。由于 POST 请求时需要传递大量的参数内容，所以通过一个 NameValuePair 集合实现了所有请求参数的定义，随后又通过 UrlEncoded-FormEntity 类实现了请求参数的编码配置，这样就可以将正确的编码数据发送到服务器端，从而实现正确的请求与响应处理。

7.3.2　HttpClient 上传文件

使用 HttpClient 上传文件

视频名称　0712_【掌握】使用 HttpClient 上传文件

视频简介　使用 HttpClient 可以模拟 POST 请求，那么也就可以基于 HttpClient 实现文件的上传处理操作。本视频介绍实现一个混合表单参数的请求发送处理。

使用 HttpClient 组件除了可以实现 HTTP 服务调用之外，也可以模拟表单实现二进制文件的上传处理，如图 7-22 所示。在服务器端进行请求处理时可以直接利用 FileUpload 组件实现上传数据的接收。

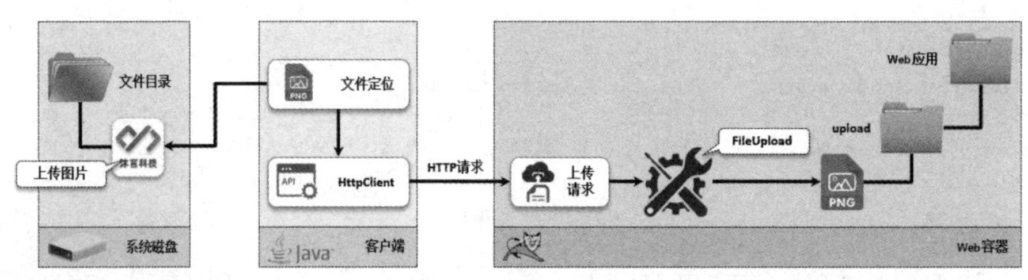

图 7-22　HttpClient 上传文件

范例：HttpClient 文件上传

```
package com.yootk.test;
import org.apache.hc.client5.http.classic.methods.HttpPost;
import org.apache.hc.client5.http.entity.mime.FileBody;
import org.apache.hc.client5.http.entity.mime.MultipartEntityBuilder;
import org.apache.hc.client5.http.entity.mime.StringBody;
import org.apache.hc.client5.http.impl.classic.CloseableHttpClient;
import org.apache.hc.client5.http.impl.classic.CloseableHttpResponse;
import org.apache.hc.client5.http.impl.classic.HttpClients;
import org.apache.hc.core5.http.ContentType;
import org.apache.hc.core5.http.Header;
import org.apache.hc.core5.http.io.entity.EntityUtils;
import java.io.File;
import java.nio.charset.Charset;
public class HttpClientUploadDemo {
    public static void main(String[] args) throws Exception {
        String requestUrl = "http://localhost/upload.action";
        File file = new File("H:" + File.separator +
        "yootk-logo.png");                              // 上传文件
        // 1. 创建一个可以被关闭的HttpClient的对象
        CloseableHttpClient httpClient = HttpClients.createDefault();
        // 2. 创建一个POST请求模式，并设置请求路径
        HttpPost post = new HttpPost(requestUrl);
        // 3. 此时因为要进行文件的上传，所以一定要对表单进行封装（multipart/form-data）
        MultipartEntityBuilder builder = MultipartEntityBuilder.create();
        // message是一个普通的文本行参数，所以设置参数的类型为字符串，同时实现参数的类型以及编码的定义
        builder.addPart("message", new StringBody("沐言科技：www.yootk.com",
        ContentType.create("text/plain", Charset.forName("UTF-8"))));
        // photo是一个二进制的图片信息，所以必须进行二进制数据的包装，设置MIME类型，设置原始文件名称
        builder.addPart("photo", new FileBody(file,
        ContentType.create("image/png"), file.getName()));
        // 4. 所有的POST请求是被HttpPost类封装的，可通过HttpPost发送请求
        post.setEntity(builder.build());
        // 5. 发送POST请求，随后获取相应的响应信息
        CloseableHttpResponse response = httpClient.execute(post);
        // 6. 所有的响应包含两个部分，一个是数据部分，另外一个是头信息
```

```
        System.out.println("【获取响应数据】" + EntityUtils
        .toString(response.getEntity()));                    // 输出转换
        // 7. 除了可以获取数据之外，还可以获取响应头信息
        Header[] headers = response.getHeaders();       // 获取头信息
        for (Header header : headers) {                 // 循环输出所有的头信息
            System.out.println("\t|- 【头信息】name = " + header.getName() +
        "、value = " + header.getValue());              // 获取头信息
        }
        System.out.println("【HTTP状态码】" + response.getCode());
    }
}
```

程序执行结果：

```
【获取响应数据】<h1>message = 沐言科技：www.yootk.com</h1>
<h1>photo = yootk.8e6b7b0b-9fbb-4893-8a8f-9f30dc06d00f.png</h1>
    |- 【头信息】name = Content-Type、value = text/html;charset=UTF-8
    |- 【头信息】name = Content-Length、value = 114
    |- 【头信息】name = Keep-Alive、value = timeout=20
    |- 【头信息】name = Connection、value = keep-alive
【HTTP状态码】200
```

本程序通过 File 定义了一个要上传的文件路径，随后通过 HttpClient 组件中的 MultipartEntityBuilder 类模拟了表单提交模式（multipart/form-data），然后根据所需要接收的数据形式设置了参数类型，这样就可以直接将请求发送到服务器端，完成文件上传操作。

7.3.3 HTTPS 访问

HTTPS 协议访问

视频名称 0713_【掌握】HTTPS 协议访问

视频简介 实际项目开发中 HTTPS 安全访问会被广泛应用，而如果采用之前的方式将无法通过 HttpClient 实现服务调用，所以在 HttpClient 中需要针对 SSL 进行安全认证。本视频通过实际的代码讲解如何通过 HttpClient 调用 HTTPS 服务。

之前所讲的都是基于 HTTP 访问协议实现的客户端操作，然而在现在的开发中还提供 HTTPS 安全服务，可以直接在 HttpClient 组件中通过此协议实现服务请求。

提示：项目部署到 Tomcat 服务器中。

为了便于读者理解本次的程序调用，需要将当前的 Web 项目部署到 Tomcat 服务器之中（该服务器上已经配置了 HTTPS 证书），可以采用图 7-23 所示的方式进行项目打包处理。

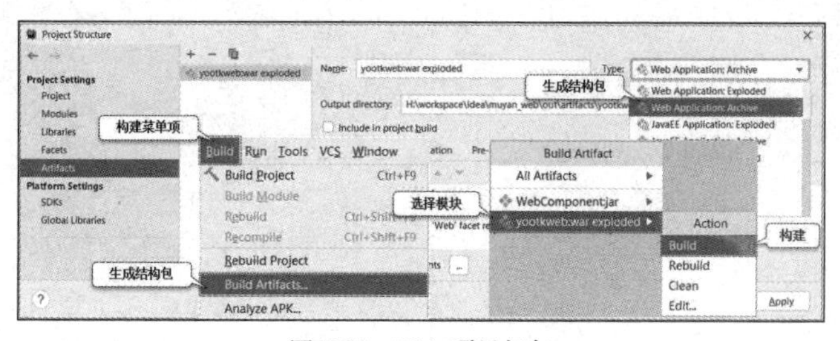

图 7-23 Web 项目打包

打包完成后的文件可以将其更名为“yootkweb.war”，随后通过 FTP 上传到 Linux 系统中的 Tomcat 目录下（保存在“${TOMCAT_HOME}/webapps/”），然后重新启动 Tomcat 即可实现项目部署。

范例：使用 HttpClient 访问 HTTPS 服务

```
package com.yootk.test;
import org.apache.hc.client5.http.classic.methods.HttpPost;
import org.apache.hc.client5.http.entity.mime.FileBody;
```

```
import org.apache.hc.client5.http.entity.mime.MultipartEntityBuilder;
import org.apache.hc.client5.http.entity.mime.StringBody;
import org.apache.hc.client5.http.impl.classic.CloseableHttpClient;
import org.apache.hc.client5.http.impl.classic.CloseableHttpResponse;
import org.apache.hc.client5.http.impl.classic.HttpClients;
import org.apache.hc.client5.http.impl.io.PoolingHttpClientConnectionManagerBuilder;
import org.apache.hc.client5.http.io.HttpClientConnectionManager;
import org.apache.hc.client5.http.ssl.SSLConnectionSocketFactory;
import org.apache.hc.client5.http.ssl.SSLConnectionSocketFactoryBuilder;
import org.apache.hc.core5.http.ContentType;
import org.apache.hc.core5.http.Header;
import org.apache.hc.core5.http.io.entity.EntityUtils;
import org.apache.hc.core5.http.ssl.TLS;
import org.apache.hc.core5.ssl.SSLContexts;
import org.apache.hc.core5.ssl.TrustStrategy;
import javax.net.ssl.SSLContext;
import java.io.File;
import java.nio.charset.Charset;
import java.security.cert.CertificateException;
import java.security.cert.X509Certificate;
public class HttpClientUploadDemo {
    public static void main(String[] args) throws Exception {
        // 1. 构建一个SSL上下文处理环境，以实现HTTPS证书的检验配置
        SSLContext sslcontext = SSLContexts.custom()
                .loadTrustMaterial(new TrustStrategy() { // 设置信任证书配置
                    @Override
                    public boolean isTrusted(
                            final X509Certificate[] chain,
                            final String authType) throws CertificateException {
                        final X509Certificate cert = chain[0];
                        // 此时的CN信息一定要与HTTPS生成证书相匹配，否则无法连接
                        return "CN=muyan-yootk.com".equalsIgnoreCase(
                                cert.getSubjectDN().getName());
                    }}).build();                // 创建SSL上下文
        // 2. 构建SSL连接工厂类
        SSLConnectionSocketFactory sslSocketFactory = SSLConnectionSocketFactoryBuilder
    .create().setSslContext(sslcontext)         // 设置SSL上下文对象
                .setTlsVersions(TLS.V_1_2)      // 设置TLS版本
                .build();                       // 构建SSL连接工厂
        // 3. 构建HttpClient连接管理类对象实例
        HttpClientConnectionManager connectionManager =
    PoolingHttpClientConnectionManagerBuilder.create()
                .setSSLSocketFactory(sslSocketFactory)
                .build();                       // 构建客户端连接管理实例
        String requestUrl = "https://muyan-yootk.com/yootkweb/upload.action";
        File file = new File("H:" + File.separator + "yootk-logo.png");
        // 4. 创建一个可以被关闭的HttpClient的对象
        CloseableHttpClient httpClient = HttpClients.custom()
                .setConnectionManager(connectionManager).build();
        // 后续部分与7.3.2小节中的文件上传操作一致，代码略
    }
}
```

程序执行结果：

```
【获取响应数据】<h1>message = 沐言科技：www.yootk.com</h1>
<h1>photo = yootk.a646fa53-9b1c-4203-872b-2acddaf65dbb.png</h1>
|- 【头信息】name = Content-Type、value = text/html;charset=UTF-8
|- 【头信息】name = Content-Length、value = 112
|- 【头信息】name = Keep-Alive、value = timeout=60
|- 【头信息】name = Connection、value = keep-alive
【HTTP状态码】200
```

为了便于访问 HTTPS 应用程序，首先需要通过 SSLContext、SSLConnectionSocketFactory 两个类实现 HttpClientConnectionManager 对象的实例化。这样在建立 CloseableHttpClient 对象时，就可以实现 SSL 服务调用。

7.4 FTP 通信

FTP 简介

视频名称 0714_【理解】FTP 简介

视频简介 FTP 是一种常见的服务项，可以方便地在 Linux 系统中进行搭建。本视频为读者详细地讲解 FTP 的主要作用，以及 FTP 的两种工作模式的区别。

FTP 是 TCP/IP 中的一部分，属于应用层协议。FTP 最主要的功能是对文件进行管理。在 FTP 内部对于文件有两种传输模式：文本（ASCII，默认）模式和二进制（Binary）模式。通常文本文件使用 ASCII 模式，而对于图片、视频、声音、压缩包等文件则使用二进制模式进行传输。

提示：基于 Linux 搭建 FTP 服务。

如果读者要想搭建 FTP 应用服务，本书建议通过 CentOS 系统进行，本章不讲解 FTP 服务的配置。

FTP 一般有两个组成部分：FTP 服务器、FTP 客户端。利用 FTP 服务器可以方便地实现文件的资源存储，而通过 FTP 客户端可以访问（上传、下载或者删除）FTP 服务器上存储的资源。FTP 操作结构如图 7-24 所示。

如果要进行 FTP 文件的管理，则客户端一定要与 FTP 服务器进行连接。在 FTP 中每一次通信实际上都需要有两个连接存在，一个连接专门用于传输 FTP 命令，另外一个连接负责数据传送。所以在 FTP 中一般会支持两种不同的工作模式：一种是 Standard 模式（也被称为 PORT 主动模式），另外一种是 Passive（也被称为 PASV 被动模式）。这两种模式的概念如下（操作流程如图 7-25 所示）。

- PORT 主动模式：当客户端与服务器连接后，客户端会打开一个新的本地端口，随后将此端口告诉 FTP 服务器，这样 FTP 服务器就会主动连接到 FTP 客户端公布的端口，随后进行数据传送。
- PASV 被动模式：FTP 在定义的时候就公布了一个操作端口（一般为 21 端口），这样当客户端连接之后会明确地知道该操作端口并且进行数据传送。

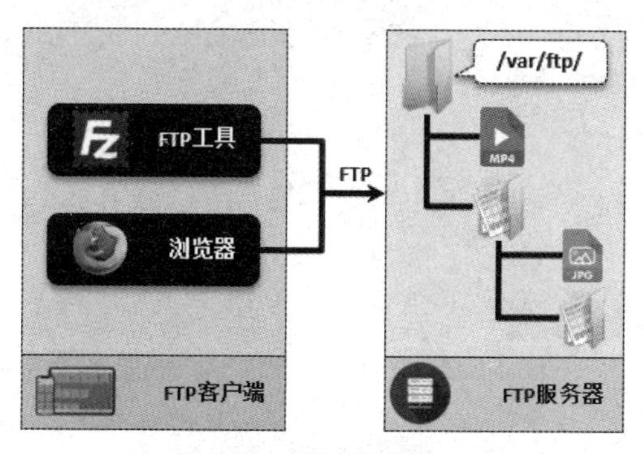

图 7-24　FTP 操作架构

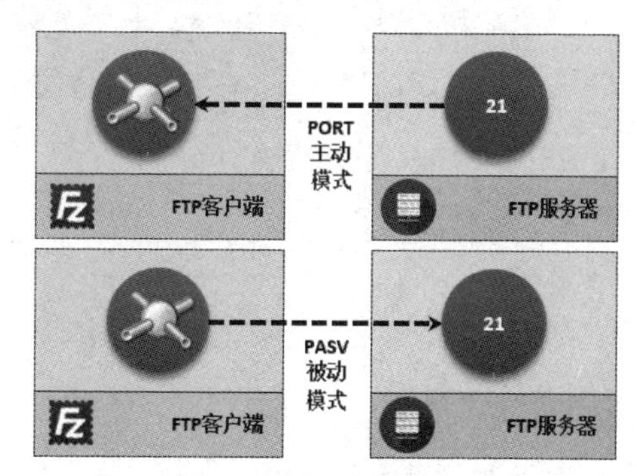

图 7-25　FTP 工作模式

提问：我们使用哪种模式？

现在的 FTP 给出了两种工作模式，那么在实际的工作中我们该如何选择合适的工作模式呢？

回答：PASV 被动模式优先。

在 FTP 给出的工作模式中，PORT 主动模式对 FTP 服务器管理有利，而对于客户端的管理不利。因为 FTP 服务器如果要与客户端的高位随机端口建立连接，这个连接的端口有可能会被防火墙阻拦，如图 7-26 所示。

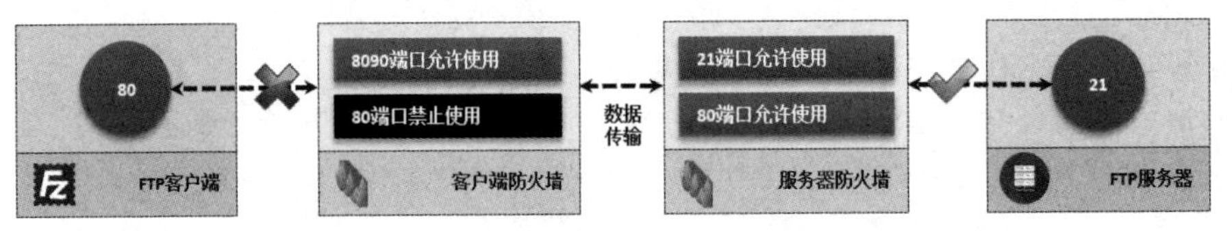

图 7-26　FTP 访问与防火墙限制

直接使用 PASV 被动模式对客户端的管理有利，因为所有的客户端可以通过一个特定的端口进行 FTP 服务访问，而为了保证安全服务器则可以通过防火墙的配置，保证访问端口不被防火墙所拦截，或者使用一些非系统端口来保证服务连接不会被防火墙所拦截。

7.4.1　连接 FTP 服务器

连接 FTP 服务器

视频名称　0715_【掌握】连接 FTP 服务器

视频简介　Apache Commons Net 组件是一套多用途的网络程序整合组件，本视频为读者讲解如何通过 FTPClient 工具类获取 FTP 连接。

为了便于开发者进行 FTP 服务操作，可以直接通过 Apache Commons 子项目中的 commons-net 开发包中提供的组件完成所需要功能的开发。如果想进行 FTP 的服务器连接，可以直接使用 FTPClient 工具类，在此类中提供了数据库连接、用户登录以及获取状态码的操作方法，如图 7-27 所示。

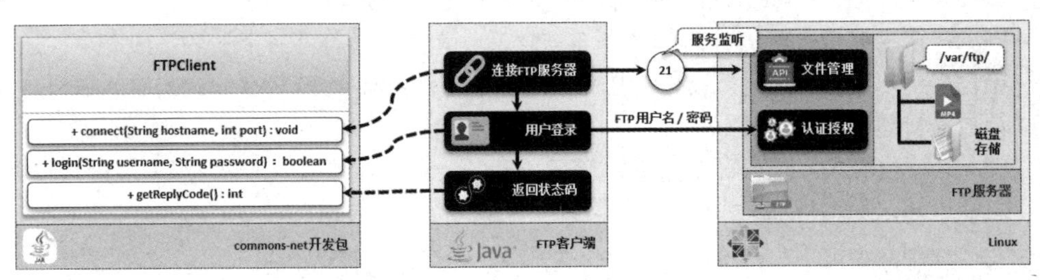

图 7-27　FTPClient 工具类

范例：开发 FTP 连接工具类

```
package com.yootk.common.util;
import org.apache.commons.net.ftp.FTPClient;
public class FTPConnection {                                          // FTP连接工具类
    private static final String FTP_SERVER = "192.168.190.128";  // 服务地址
    private static final int FTP_PORT = 21;                       // 端口号
    private static final String FTP_USER = "ftp";                 // 用户名
    private static final String FTP_PASSWORD = "yootk@muyan";    // 密码
    private static final int TIMEOUT = 50000;                     // 连接超时（毫秒）
    private static final String ENCODING = "UTF-8";               // 文字编码
    public static FTPClient getFTPClient() throws Exception {    // 获取FTP连接
        FTPClient ftp = new FTPClient();                          // 实例化对象
        ftp.connect(FTP_SERVER, FTP_PORT);                        // FTP连接
        ftp.login(FTP_USER, FTP_PASSWORD);                        // FTP认证
        ftp.setConnectTimeout(TIMEOUT);                           // 连接超时
        ftp.setControlEncoding(ENCODING);                         // 设置中文编码集
```

```
        int reply = ftp.getReplyCode();                                   // 获取连接状态码
        System.out.println("FTP状态码: " + reply);                          // 正常连接返回230
        return ftp;
    }
}
```

本程序通过 FTPClient 工具类设置了 FTP 相应的连接信息，并返回了当前的状态码，如果当前状态码为 230 则表示用户登录成功，可以直接通过该组件进行 FTP 文件管理。

7.4.2 FTP 文件上传

FTP 文件上传

视频名称 0716_【掌握】FTP 文件上传

视频简介 搭建 FTP 服务器的目的是便于文件的维护，这样开发者可以直接通过 FTP 程序方便地管理所需要的文件内容。本视频讲解如何通过 FTPClient 工具实现文件上传。

使用 FTP 最重要的一点就是可以通过 FTP 实现文件的保存，开发者可以根据自己的需要将文件上传到 FTP 服务器之中，但是在上传前需要确认上传文件的存储路径。如果该路径不存在，则首先进行目录创建再实现文件保存，操作结构如图 7-28 所示。

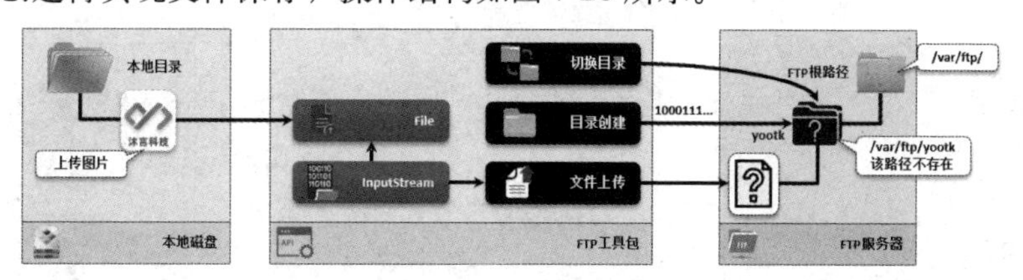

图 7-28 FTP 文件上传

范例：上传文件到 FTP

```
package com.yootk.test;
import com.yootk.common.util.FTPConnection;
import org.apache.commons.net.ftp.FTPClient;
import java.io.File;
import java.io.FileInputStream;
import java.io.InputStream;
public class FTPUploadFile {
    public static void main(String[] args) throws Exception {
        String ftpPath = "/var/ftp/yootk/";                                 // 保存目录
        FTPClient ftp = FTPConnection.getFTPClient();                       // 获取FTP连接
        ftp.enterLocalPassiveMode();                                        // 设置PassiveMode传输
        ftp.setFileType(FTPClient.BINARY_FILE_TYPE);                        // 设置二进制传输
        ftp.setBufferSize(2048);                                            // 设置缓冲区大小
        if (!ftp.changeWorkingDirectory(ftpPath)) {                         // FTP目录不存在
            ftp.makeDirectory(ftpPath);                                     // 创建目录
        }
        File file = new File("h:" + File.separator + "沐言科技.png"); // 上传文件
        InputStream input = new FileInputStream(file);                      // 输入流读取
        String tempName = ftpPath + file.getName();                         // 文件保存名称
        String ftpFileName = new String(tempName
                .getBytes("UTF-8"),"ISO-8859-1");                           // 编码处理
        if (ftp.storeFile(ftpFileName, input)) {                            // 文件上传
            System.out.println("文件上传成功！");                              // 提示信息
        } else {
            System.out.println("文件上传失败");                                // 提示信息
        }
        input.close();                                                      // 关闭输入流
        ftp.logout();                                                       // FTP登录注销
    }
}
```

程序执行结果：

```
文件上传成功！
```

本程序首先通过 FTPConnection 工具类获取了一个 FTP 连接对象，随后设置了文件模式为二进制。由于不确定 FTP 上传的保存目录是否存在，所以需要通过 changeWorkingDirectory()方法切换并判断存储路径是否存在，如果不存在则通过 makeDirectory()创建目录。随后通过 FileInputStream 获取上传文件的输入流对象，再利用 FTPClient 类中的 storeFile()方法实现文件上传。

7.4.3　FTP 文件下载

FTP 文件下载

视频名称　0717_【掌握】FTP 文件下载

视频简介　在实际使用中，FTP 也可以作为下载服务器使用。本视频将通过具体的操作实例讲解如何在 FTP 上进行文件定位以及文件下载操作。

在 FTP 服务器上所管理的文件，可以根据需要动态地实现下载处理。在 FTPClient 工具中如果想下载文件，应该首先获取对应的文件目录，而后依据目录找到所需要的文件就可以实现下载操作，如图 7-29 所示。

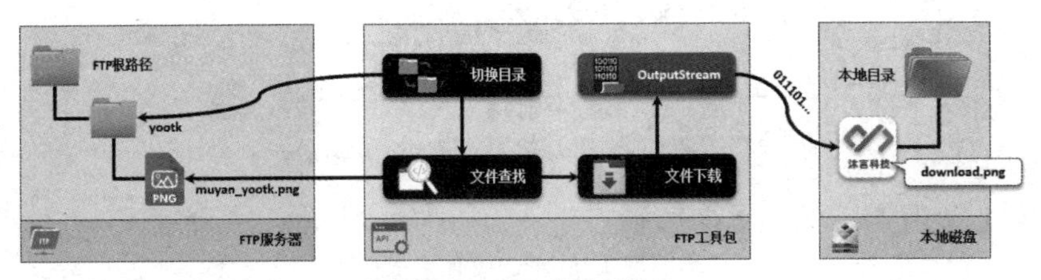

图 7-29　FTP 文件下载

范例：通过 FTP 获取文件

```
package com.yootk.test;
import com.yootk.common.util.FTPConnection;
import org.apache.commons.net.ftp.FTPClient;
import org.apache.commons.net.ftp.FTPFile;
import java.io.File;
import java.io.FileOutputStream;
import java.io.OutputStream;
public class FTPUploadFile {
    public static void main(String[] args) throws Exception {
        String ftpPath = "/var/ftp/yootk/";                          // 下载目录
        String fileName = "muyan_yootk.png";                         // 下载文件
        FTPClient ftp = FTPConnection.getFTPClient();                // 获取FTP连接
        ftp.enterLocalPassiveMode();                                 // 设置PassiveMode传输
        ftp.setFileType(FTPClient.BINARY_FILE_TYPE);                 // 设置二进制传输
        ftp.setBufferSize(2048);                                     // 设置缓冲区大小
        if(ftp.changeWorkingDirectory(ftpPath)) {                    // 切换目录
            FTPFile[] files = ftp.listFiles();                       // 获取全部文件
            for (FTPFile file : files) {                             // FTP文件
                if (file.getName().trim().equals(fileName)) {        // 文件名称匹配
                    File downFile = new File("h:" + File.separator +
                    "download.png");                                 // 保存路径
                    OutputStream output = new FileOutputStream(downFile); // 二进制输出流
                    // 绑定输出流下载文件，需要设置编码集，不然可能出现文件为空的情况
                    boolean flag = ftp.retrieveFile(new String(file.getName()
                            .getBytes("UTF-8"),"ISO-8859-1"), output);
                    output.flush();                                  // 强制清空缓存
                    output.close();                                  // 关闭输出流
                    System.out.println(flag ? "文件下载成功" : "文件下载失败");
                    // 如果现在希望文件下载后直接删除对应文件内容，则可以执行如下语句
```

```
                    // ftp.deleteFile(new String(fileName.getBytes("UTF-8"),"ISO-8859-1"));
                }
            }
        }
        ftp.logout();                                          // FTP登录注销
    }
}
```

程序执行结果：

```
文件下载成功
```

本程序实现了一个文件下载处理，在下载前首先需要判断下载目录是否存在，如果存在则根据目录列出全部的文件，并且利用迭代的方式判断所需要的文件名称，这样在最后下载时就可以直接通过 FTPClient 类提供的 retrieveFile()方法，并结合 OutputStream 数据流实现本地文件保存。

按照同样的操作方式，如果用户现在需要实现的是文件删除操作，只需要将 FTPClient 类中的数据存储操作部分直接替换为 deleteFile()方法即可，整体结构不需要做太大的改变。

7.4.4 FTP 文件移动

FTP 文件移动

视频名称 0718_【掌握】FTP 文件移动

视频简介 文件操作中为了便于管理，应实现文件移动的支持，在 FTPClient 工具中可以通过重命名的形式实现文件移动处理。本视频通过实例讲解 FTP 文件移动操作。

FTP 服务器长期使用后就会存在大量的文件。为了便于归类管理，往往会将部分文件进行移动管理，而 FTPClient 可以直接实现文件的移动管理，通过重命名的方式即可实现，操作结构如图 7-30 所示。

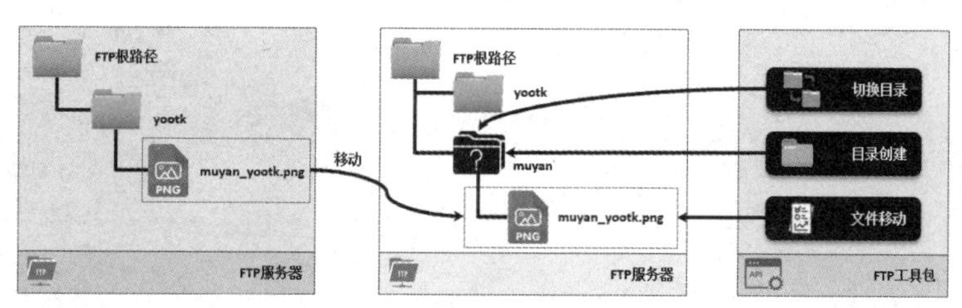

图 7-30　FTP 文件移动

范例：移动 FTP 文件

```
package com.yootk.test;
import com.yootk.common.util.FTPConnection;
import org.apache.commons.net.ftp.FTPClient;
import org.apache.commons.net.ftp.FTPFile;
public class FTPUploadFile {
    public static void main(String[] args) throws Exception {
        String oldPath = "/var/ftp/yootk/";                     // 原始目录
        String newPath = "/var/ftp/muyan/";                     // 新的目录
        String fileName = "muyan_yootk.png";                    // 下载文件
        FTPClient ftp = FTPConnection.getFTPClient();           // 获取FTP连接
        ftp.enterLocalPassiveMode();                            // 设置PassiveMode传输
        ftp.setFileType(FTPClient.BINARY_FILE_TYPE);            // 设置二进制传输
        ftp.setBufferSize(2048);                                // 设置缓冲区大小
        if(!ftp.changeWorkingDirectory(newPath)){               // 切换路径
            ftp.makeDirectory(newPath);                         // 路径不存在则创建
        }
        if(ftp.changeWorkingDirectory(oldPath)) {               // 切换目录
            FTPFile[] files = ftp.listFiles();                  // 获取全部文件
            for (FTPFile file : files) {                        // FTP文件
                if (file.getName().trim().equals(fileName)) {   // 文件名称匹配
```

```
                ftp.rename(new String(file.getName().getBytes("UTF-8"),"ISO-8859-1"),
                    newPath + new String(file.getName()
                        .getBytes("UTF-8"),"ISO-8859-1"));
            }
        }
    }
    ftp.logout();                        // 注销FTP登录
  }
}
```

本程序实现了 FTP 文件移动，在移动之前首先需要找到原始目录中的文件对象，而后利用 FTPClient 类中提供的 rename()方法实现移动处理，在移动时需要明确地设置原始路径以及目标路径。

7.5 JMeter 压力测试工具

压力测试简介

视频名称　0719_【掌握】压力测试简介

视频简介　项目编写完成之后为了保证程序的执行性能，往往需要对可以并发的线程数量进行并发操作，这样就需要通过压力测试工具进行服务器的性能测试。本视频为读者分析压力测试的意义。

软件项目的执行性能取决于开发者的技术实力以及硬件支持度，而为了保证程序的执行稳定，往往就需要在其上线正式提供服务前准确预估出服务器可以承受的最大处理峰值。这就需要借助一些压力测试工具来获取准确的数据，Apache 提供的 JMeter 工具就可以很好地实现压力测试的功能。开发者可以登录 Apache 网站免费获取 JMeter 工具包，如图 7-31 所示。

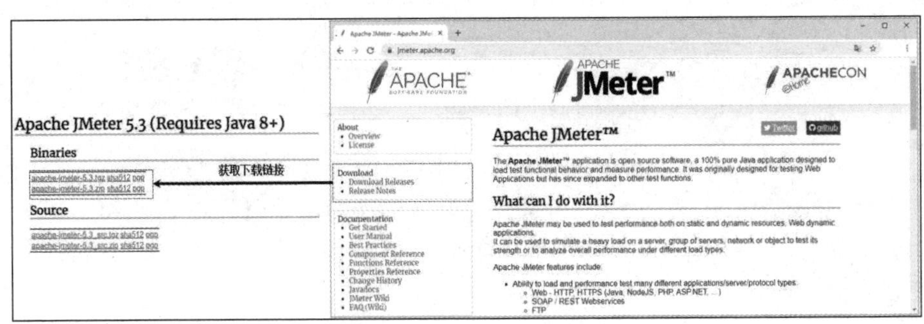

图 7-31　下载 JMeter 工具

JMeter 是一个使用 Java 开发的绿色软件（需要配置好 JAVA_HOME 环境属性），开发者只需要将下载的压缩包解压缩就可以通过 bin/ jmeter.sh 程序文件将之启动，启动后的 JMeter 界面如图 7-32 所示。

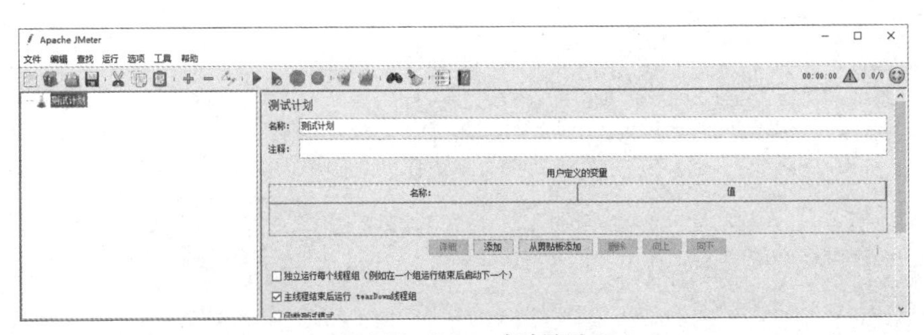

图 7-32　JMeter 启动界面

7.5.1　数据库压力测试

视频名称　0720_【掌握】数据库压力测试

视频简介　数据库是实现数据存储的重要组件，也是所有 Web 项目中运行的核心。为了清楚地知道每一台服务器的数据库并发操作支持能力，需要在上线前进行压力测试。本视频介绍通过 JMeter 实现数据库性能测试。

所有的商业系统都是围绕着数据库展开的，如果数据库服务器的处理性能不足，将直接影响最终程序的执行性能。JMeter 工具直接提供了 JDBC 测试环境，开发者根据以下步骤做好相应的配置即可。

（1）如果想进行 MySQL 的测试，首先需要在 JMeter 中进行 MySQL 驱动程序包的配置，如图 7-33 所示。

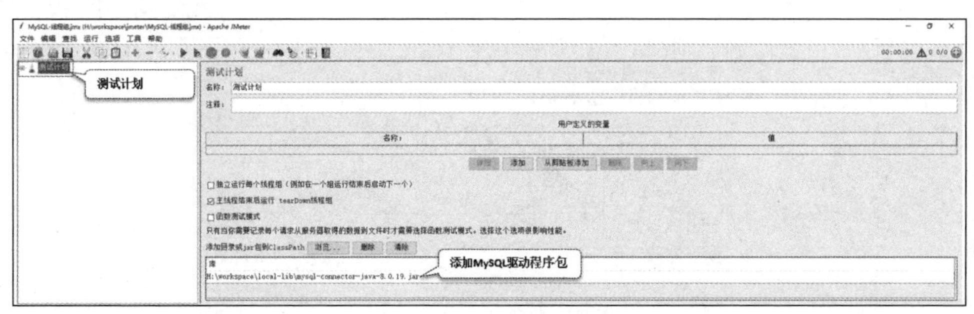

图 7-33　添加驱动程序包

（2）在 JMeter 中可以模拟多个请求线程对资源进行访问处理，首先创建一个线程组，如图 7-34 所示。

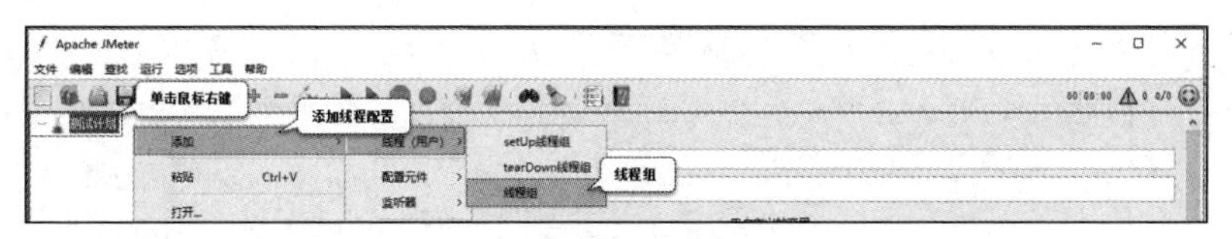

图 7-34　添加线程组

（3）添加完线程组后，可以直接进入线程组属性的配置，如图 7-35 所示。在此配置项中有如下几个重要选项。

- 线程数：模仿用户并发访问的线程总量。
- Ram-Up 时间（秒）：设置这些线程的执行完成时间。如果此时设置了 500 个线程，并且设置 10s 内完成线程启动，则相当于每秒要启动 50 个线程。
- 循环次数：每个线程的重复执行次数。

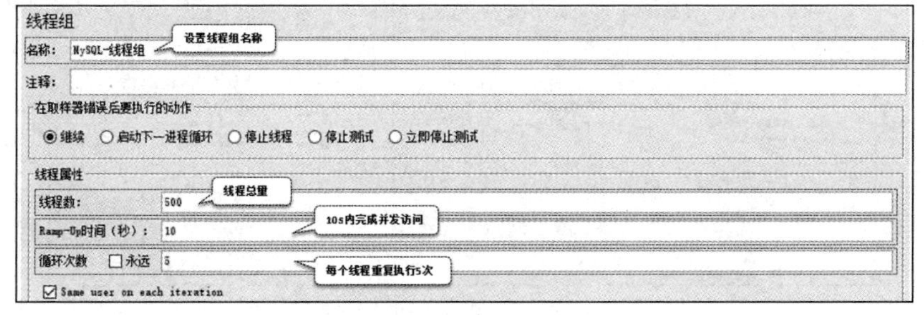

图 7-35　配置线程组

（4）JDBC 测试需要配置相应的数据库连接，如图 7-36 所示。

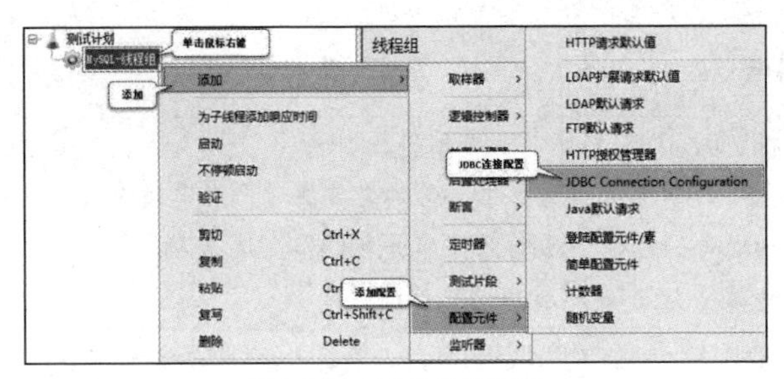

图 7-36　JDBC 连接配置

（5）在“JDBC Connection Configuration”配置界面中添加相关 JDBC 连接属性，如图 7-37 所示。

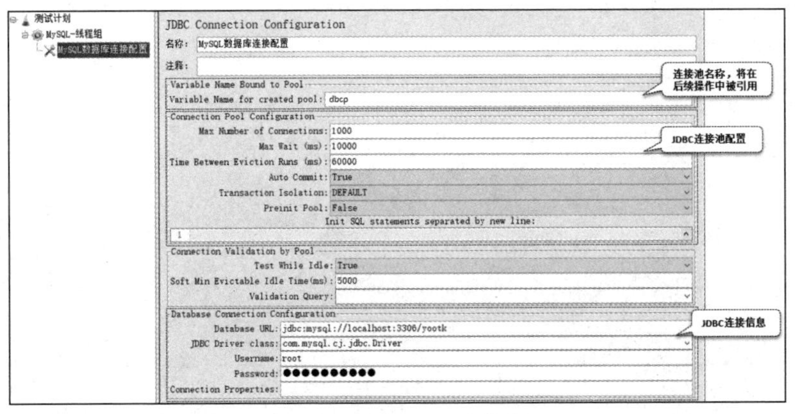

图 7-37　配置 JDBC 连接池

（6）创建一个 JDBC 请求（JDBC Request），在该请求中建立一个数据操作命令，随后引入之前配置的“dbcp”数据库连接池，如图 7-38 所示。

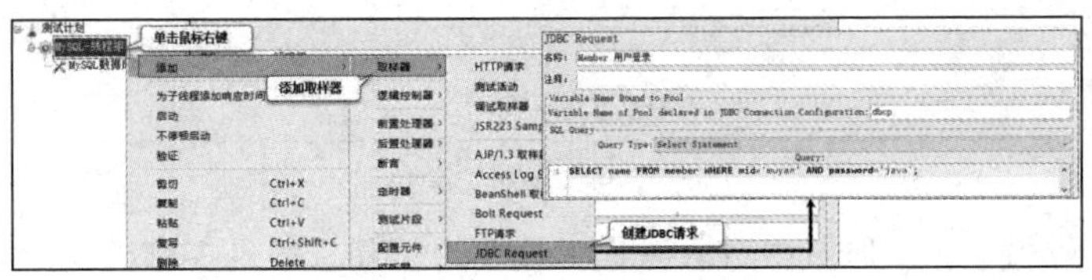

图 7-38　配置 JDBC 请求

（7）现在所有的测试环境配置成功，但是如果想获取最终的测试结果，还需要添加一个“查看结果树”监听器，如图 7-39 所示。这样在启动 JMeter 之后所有的测试报告都会在此监听器中进行显示。

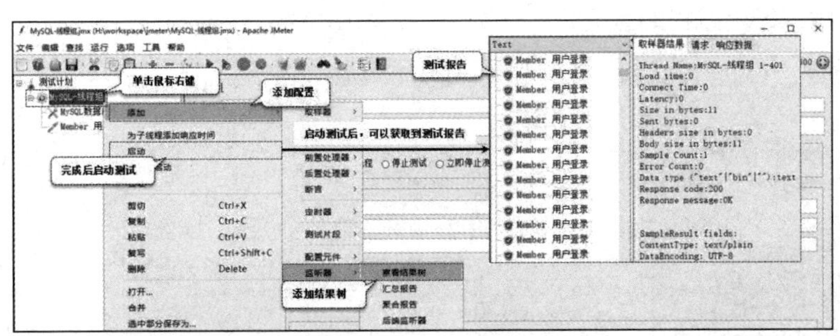

图 7-39　添加测试报告

（8）要想获取更加详细的报告信息，也可以添加一个“汇总报告”，这样在测试完成后就会出现图 7-40 所示的界面。

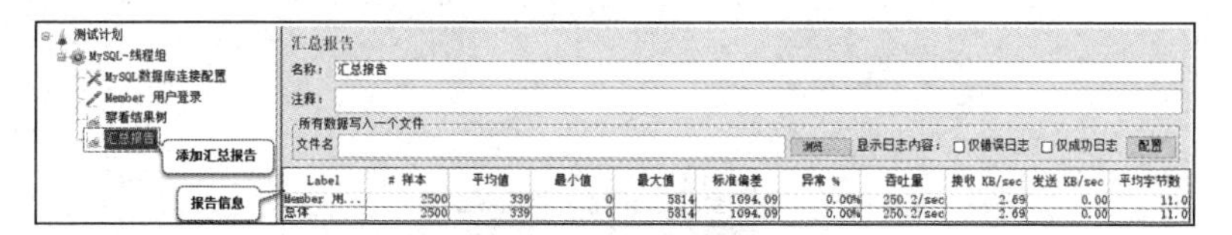

图 7-40 查看汇总报告

7.5.2 Web 服务压力测试

Web 服务压力测试

视频名称 0721_【掌握】Web 服务压力测试

视频简介 Web 程序主要是基于用户的请求和响应的处理操作。为了保证 Web 程序可以充分地发挥服务器的硬件性能，必须对其可以支持的并发量进行测试。本视频介绍通过 JMeter 实现 Web 多线程请求的模拟以及参数的传递。

在 JMeter 中可以直接通过多线程的访问机制创建 HTTP 并发请求，此时只需要在已有的线程组中创建一个新的 HTTP 请求即可，如图 7-41 所示。

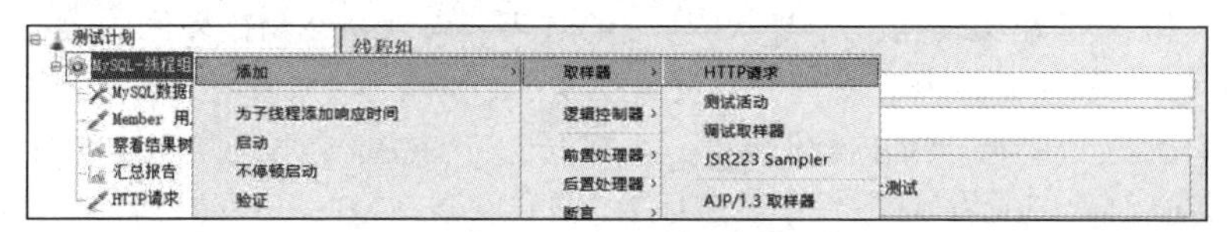

图 7-41 创建 HTTP 请求

HTTP 请求创建完成后，需要进行 HTTP 访问的相关配置，包括访问地址、服务端口以及所需要的传递参数，本程序将直接使用之前创建的 EchoServlet 程序类进行请求处理，如图 7-42 所示。

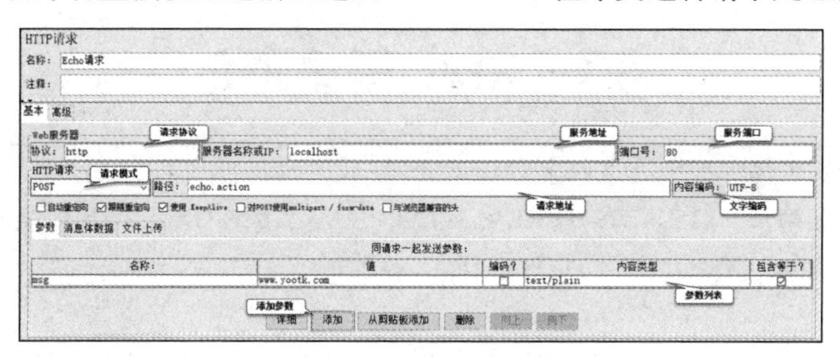

图 7-42 配置 HTTP 请求

7.6 本 章 概 览

1．传统的 JDBC 开发由于需要频繁地建立网络连接，所以会有严重的性能损耗。为了提升 JDBC 操作性能，可以将所有的数据库连接对象交由数据库连接池管理，这样就可以避免重复的连接建立与关闭操作。

2．现代的 Web 站点都需要通过 HTTPS 进行安全访问，开发者可以通过专业的 CA 机构申请证书，也可以利用 OpenSSL 创建私有 CA 实现证书签发。

3．Java 客户端可以直接模拟 HTTP 请求访问 HTTP 服务器，这样就可以通过 HttpClient 组件进行简化处理。

4．FTP 服务器是常见的文件存储服务器，在 Java 中可以通过 FTPClient 工具包实现 FTP 文件的上传与下载操作。

5．如果想明确地知道当前主机中的数据库以及程序的执行性能，可以通过 JMeter 工具进行测试。

第 8 章

XML 编程

本章学习目标

1. 掌握 XML 与 HTML 在项目开发中的使用区别以及各自作用；
2. 掌握 XML 语法结构，并可以结合 CSS 实现页面展示；
3. 掌握 DOM 数据处理结构，并可以使用 DOM 解析与生成 XML 文件；
4. 掌握 SAX 数据解析流程，并可以清楚地区分 DOM 与 SAX 解析；
5. 掌握 JavaScript 中的 DOM 操作结构，并可以使用 DOM 动态地实现 HTML 元素配置；
6. 掌握 DOM4J 工具的使用，并可以通过 DOM4J 实现 XML 文件的解析与生成。

在 Web 程序的开发过程中，会有大量的 XML 配置文件，那么这些文件是如何被读取的？这些文件定义有哪些要求？为了帮助读者更加清晰地理解 XML 文件的结构与处理，在本章中会为读者进行 XML 核心语法的讲解。

8.1 XML 语法简介

XML 简介

视频名称 0801_【掌握】XML 简介

视频简介 XML 是在 HTML 之后推出的，其主要的功能是定义数据传输结构。本视频为读者分析 XML 的起源以及与 HTML 的区别。

XML 是一种可以实现跨平台、跨网络并且不受程序开发平台限制的数据描述语言。在实际的项目开发中可以通过 XML 方便地实现数据交互、配置加载等，如图 8-1 所示。

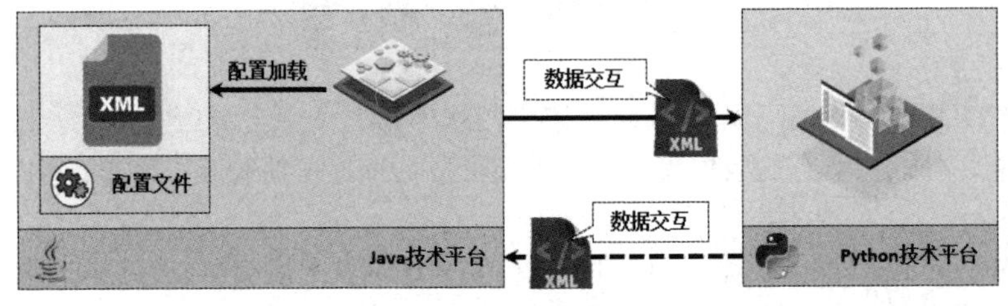

图 8-1 XML 文件作用

XML 程序与 HTML 程序类似，都是利用标记性语言进行数据结构定义的，并且两者都是由 SGML（Standard General Markup Language，标准通用标记语言）衍生而来的。XML 与 HTML 最大的不同在于，HTML 可用的元素个数是固定的，并且以数据显示为主；而 XML 中出现的元素可以由用户根据需要自定义，以合理化的数据保存为主。对于 XML 和 HTML 的比较如表 8-1 所示。

表 8-1 HTML 与 XML 比较

序号	比较内容	HTML	XML
1	可扩展性	不具有可扩展性，元素固定	可根据需要动态扩充元素
2	侧重点	数据显示	结构化数据描述
3	语法要求	没有强制性的嵌套或匹配要求，浏览器解析的宽容度较高	严格要求嵌套、配对，遵循统一的顺序结构要求
4	可读性	阅读困难	结构固定，便于阅读
5	可维护性	难于维护	可维护性强
6	数据和显示的关系	内容描述与显示方式融合在一起	内容描述与显示方式相分离
7	保值性	不具有保值性	具有保值性

为了便于读者区分 XML 与 HTML 两种语言的语法结构，下面通过一个实际的案例进行比对，分别创建两个文件用于实现通讯录信息定义。

范例：通过 HTML 定义通讯录

```
<html>
<head><title>沐言科技-通讯录</title><meta charset="UTF-8"></head>
<body>
    <div><strong>姓名：</strong>小李老师</div>
    <div><strong>电话：</strong>139001576xx</div>
    <div><strong>住址：</strong>东单<div>
</body>
</html>
```

以上只是编写了一段结构较为简单的 HTML 代码，而在实际的开发中可能为了达到某些显示效果，加入更多的样式以及更多的元素嵌套，这样就会导致 HTML 源代码在读取时非常困难。而如果想获得最终的结果，就必须通过浏览器解析，形成显示页面，最终依靠人工和业务需要进行数据解读，操作结构如图 8-2 所示。

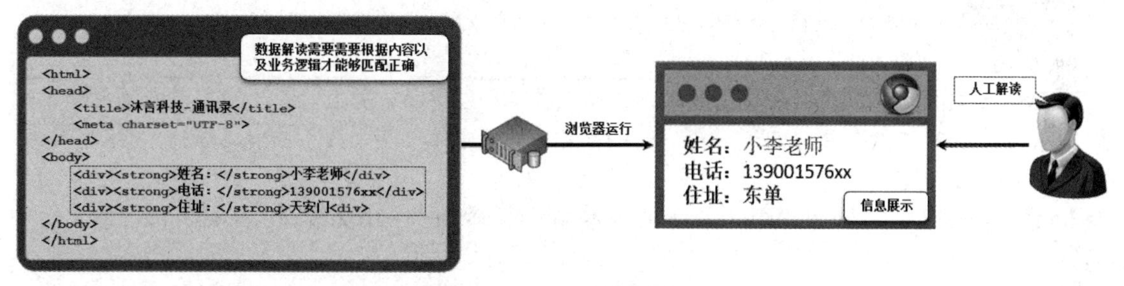

图 8-2 HTML 数据展示

范例：通过 XML 定义通讯录

```
<?xml version="1.0" encoding="UTF-8"?>
<contact>                                          <!-- 该元素为用户自定义 -->
    <name>小李老师</name>                          <!-- 该元素为用户自定义 -->
    <phone>139001576xx</phone>                     <!-- 该元素为用户自定义 -->
    <address>东单</address>                        <!-- 该元素为用户自定义 -->
</contact>
```

本程序实现了一个 XML 文件定义，可以发现此时文件中出现的所有元素都是由开发者自行定义的，同时每一个元素名称也都有各自的含义，元素中所包含的内容就是对应的数据信息。有了这样的对比就可以清晰地发现，XML 中的元素都是围绕着数据进行说明的，而 HTML 中的元素都是围绕着显示风格而设计的。本程序的执行结果如图 8-3 所示。

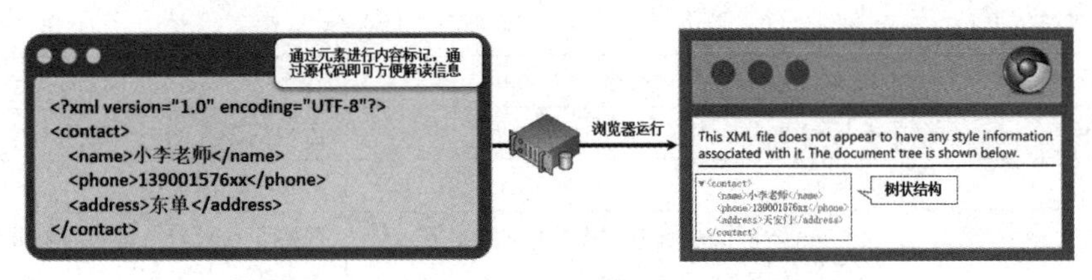

图 8-3　XML 描述数据结构

提示：HTML 适合显示而 XML 适合描述数据结构。

通过以上两段代码的分析，相信读者可以清楚地发现，利用 HTML 中的元素可以非常方便地在页面上进行不同效果的显示；而 XML 本身不擅长页面显示，即便显示，默认情况下也是通过树状结构实现数据展示的。这样就可以得到图 8-4 所示的操作结构。

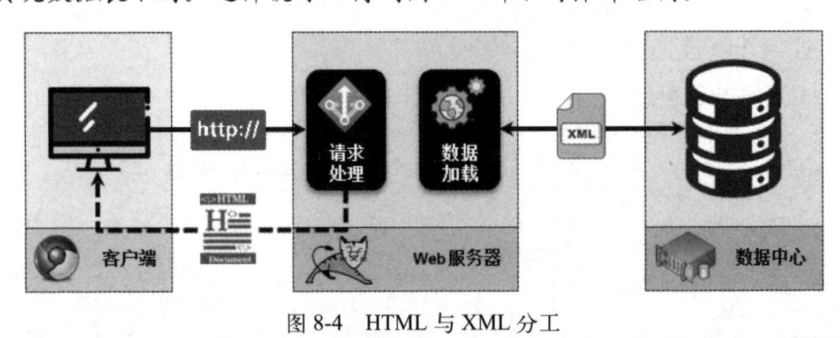

图 8-4　HTML 与 XML 分工

8.1.1　XML 基础语法

XML 基础语法

视频名称　0802_【掌握】XML 基础语法

视频简介　随着技术的完善，各浏览器对 HTML 有着越来越大的宽容度，但是 XML 的定义结构却是相对严格的。本视频为读者讲解 XML 文件的基础语法要求。

XML 需要准确地实现数据信息的描述，所以在 XML 程序定义中对语法的完整度要求较为严格。每一个 XML 文件实际上都有"前导声明"和"数据主体"两个核心的组成部分，这两个部分的定义要求如下。

（1）前导声明：<?xml version="XML 版本编号" encoding="中文编码" standalone="是否独立运行"?>。

所有的 XML 文件中都只有一个前导声明，该语句必须放在 XML 文件的首页，可以配置如下 3 个属性内容。

- "version"属性：描述当前 XML 支持的版本编号，现在唯一可用的版本编号是"1.0"。
- "encoding"属性：当 XML 文件中包含中文信息时，必须配置正确的中文编码。
- "standalone"属性：当前的 XML 文件是否为独立运行，如果需要引入其他文件则将其配置为"no"。

（2）数据主体：描述具体的数据内容，可以由开发者根据需要动态扩充元素。

- 在 XML 中的数据可以通过元素和属性两种形式进行描述。
- 数据主体必须有且只有一个根节点（或者称其为"根元素"），其他的数据要在根节点之中进行定义。
- 每一个元素可以包含若干属性定义，多个属性使用空格分隔，所有的属性内容都要使用双引号""" 声明。

范例：在 XML 文件中包含中文

```
<?xml version="1.0" encoding="UTF-8"?>
<members>                                    <![CDATA[ 【XML注释】定义XML根元素 ]]>
    <member id="muyan">                      <![CDATA[ 定义XML子元素，可以定义属性 ]]>
        <name>沐言科技</name>                <![CDATA[ 定义XML子元素 ]]>
        <age>19</age>                        <![CDATA[ 定义XML子元素 ]]>
    </member>                                <![CDATA[ 子元素完结 ]]>
    <member id="lee">                        <![CDATA[ 定义XML子元素，可以定义属性 ]]>
        <name>李兴华</name>                  <![CDATA[ 定义XML子元素 ]]>
        <age>16</age>                        <![CDATA[ 定义XML子元素 ]]>
    </member>                                <![CDATA[ 【XML注释】子元素完结 ]]>
</members>
```

本程序实现了一个用户信息的 XML 文件定义。由于本程序中有中文内容，所以必须在前导声明处明确地使用 encoding 属性进行编码配置，而后在<members>根元素下就可以定义若干个子元素，本程序的执行结果如图 8-5 所示。

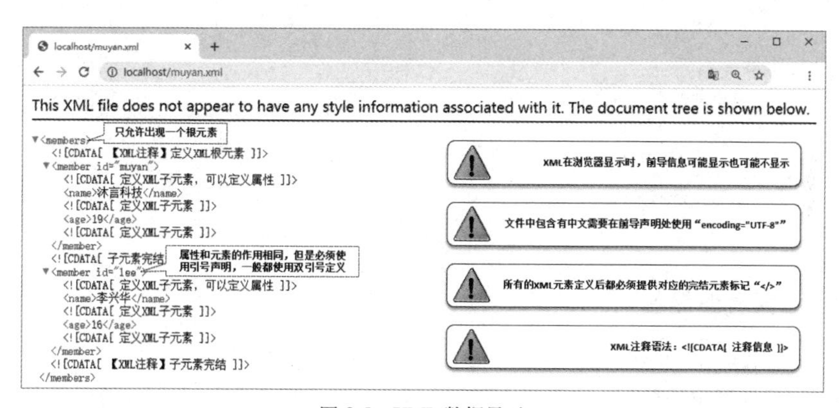

图 8-5　XML 数据显示

> **提示：XML 空元素也需要完结。**
>
> 如果说现在某些元素上有数据内容，则采用的格式为“<元素名称>数据内容</元素名称>”的结构进行定义；而如果此时元素没有对应内容，则必须采用“<元素名称/>”的结构编写，其中写在元素后面的“/”就表示完结。

在 XML 语法中，“<”或“>”等符号都有特殊的含义，这样的符号是不能够直接出现在元素内容定义里的，那么此时就可以使用表 8-2 所示的转义字符（或者称为“实体参照”）进行处理。

表 8-2　XML 中的转义字符

序号	实体参照	对应字符
1	&	&
2	<	<
3	>	>
4	"	"
5	'	'

范例：使用转义字符处理特殊符号显示

```
<?xml version="1.0" encoding="UTF-8"?>
<members>                                              <![CDATA[ 【XML注释】定义根元素 ]]>
    <member id="muyan&amp;yootk.com">                  <![CDATA[ 转义字符 ]]>
        <name>沐言科技</name>                          <![CDATA[ 定义XML子元素 ]]>
        <age>19</age>                                  <![CDATA[ 定义XML子元素 ]]>
        <book>&lt;&lt;Java就业编程实战&gt;&gt;</book>  <![CDATA[ 转义字符 ]]>
```

```
    </member>                                            <![CDATA[ 子元素完结 ]]>
    <member id='Mr&apos;Lee'>                           <![CDATA[ 转义字符 ]]>
        <name>李兴华</name>                               <![CDATA[ 定义XML子元素 ]]>
        <age>16</age>                                    <![CDATA[ 定义XML子元素 ]]>
        <book>&lt;&lt;Spring微服务就业编程实战&gt;&gt;  </book><![CDATA[ 转义字符 ]]>
    </member>                                            <![CDATA[ 【XML注释】子元素完结 ]]>
</members>
```

本程序由于需要显示一些特殊标记，所以通过转义字符在元素内容以及属性内容中实现了特殊符号的配置，这样就可以得到图 8-6 所示的执行结果。

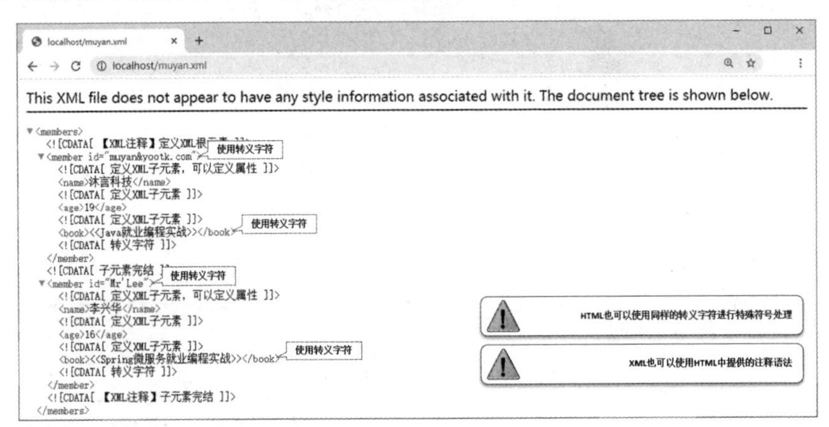

图 8-6　使用转义字符

8.1.2　XML 数据页面显示

XML 数据页面显示

视频名称　0803_【理解】XML 数据页面显示

视频简介　虽然编写 XML 是为了便于数据传输操作，但是在实际开发中也可以利用各种技术实现 XML 页面显示。本视频为读者讲解如何通过 CSS 和 XSLT 实现 XML 数据显示。

在 XML 发展的最初阶段，由于其可以非常方便地实现数据描述，所以很多开发者都开始尝试让 XML 具备更加方便的数据显示功能。而在 HTML 中使用最广泛的显示工具就是 CSS，这样 XML 就可以直接引入 CSS 实现页面显示。

范例：定义 CSS（文件名称：style.css）

```
name {
    display: block;
    font-size: 30px ;
    color: red ;
}

age,book {
    display: block;
    font-size: 15px ;
    color: green;
}
```

在进行 CSS 定义时，样式的名称采用了与 XML 文件同样的元素名称，这样在 XML 运行时就可以自动匹配样式，而此时的 XML 文件也需要明确地进行 CSS 文件的引用。

范例：XML 引入 CSS

```
<?xml version="1.0" encoding="UTF-8" standalone="no"?>
<?xml-stylesheet type="text/css" href="css/style.css"?>  <![CDATA[ 引入CSS ]]>
<members>
```

```
    // 具体内容与8.1.1小节相同，代码略
</members>
```

在本程序中通过<?xml-stylesheet?>引入了所需要的 CSS 文件，这样当运行 XML 文件之后，就会根据元素名称自动匹配样式，即可得到图 8-7 所示的页面显示效果。

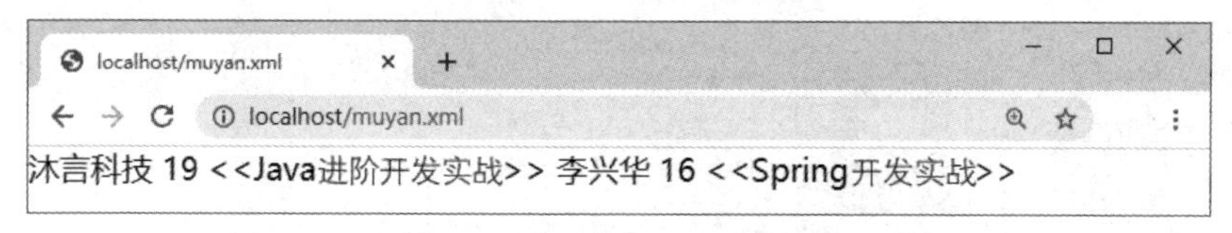

图 8-7　XML 结合 CSS 显示效果

通过当前程序的运行结果可以发现，虽然可以通过 CSS 实现 XML 页面效果的展示，但是这样的程序如果想进行适当的页面美化处理，也是非常困难的。为了进一步提升 XML 数据显示的能力，提出了 XSLT（eXtensible Stylesheet Language Transformations，可扩展样式表语言），其可以达到显示界面与 XML 数据相分离的处理效果。

范例：定义 XSLT 显示模板（文件名称：muyan.xslt）

```
<?xml version="1.0" encoding="utf-8"?>
<xsl:stylesheet version="1.0" xmlns:xsl="http://www.w3.org/1999/XSL/Transform">
    <xsl:template match="/">                                     <!-- 从XML根元素开始匹配 -->
        <html>
            <head><title>沐言科技：www.yootk.com</title></head>
            <body>
                <xsl:choose>                                     <!-- 判断语法 -->
                    <xsl:when test="members/member">             <!-- 指定节点是否存在 -->
                        <table border="1">
                            <thead>
                                <tr><td>id</td><td>姓名</td><td>年龄</td><td>图书</td></tr>
                            </thead>
                            <tbody>
                                <xsl:for-each select="members/member">  <!-- 数据迭代 -->
                                    <tr>
                                        <td><xsl:value-of select="@id"/></td>
                                        <td><xsl:value-of select="name"/></td>
                                        <td><xsl:value-of select="age"/></td>
                                        <td><xsl:value-of select="book"/></td>
                                    </tr>
                                </xsl:for-each>
                            </tbody>
                        </table>
                    </xsl:when>
                </xsl:choose>
            </body>
        </html>
    </xsl:template>
</xsl:stylesheet>
```

本程序是一个独立的模板显示页面，并且该页面不与任何 XML 数据有关，只与最终的数据节点的匹配有关。当发现当前要显示的 XML 文件中包含 members/member 节点后，就可以利用迭代的方式获取每一个<member>信息，随后可以通过<xsl:value-of>标签实现指定属性或元素信息的获取。XSLT 最终的内容展示和与其匹配的 XML 文件有关，所以还需要在 XML 文件中直接进行 XSLT 文件的引用。

范例：在 XML 中引入 XSLT

```
<?xml version="1.0" encoding="UTF-8" standalone="no"?>
<?xml-stylesheet type="text/xsl" href="muyan.xslt"?>         <![CDATA[ 引入XSLT ]]>
<members>
```

```
    // 具体内容与8.1.1小节相同，代码略
</members>
```

在本文件中实现了 XSL 页面结构的引用，当程序运行后就会依据 XSLT 文件定义的样式与 XML 文件的内容实现页面的填充，程序执行效果如图 8-8 所示。

图 8-8　XML 结合 XSLT 显示效果

8.2　DOM 解析

DOM 树

视频名称　0804_【掌握】DOM 树

视频简介　DOM 是实现 XML 文件开发操作的执行标准。本视频通过一个具体的 XML 文件组成，为读者分析 DOM 树的结构与 XML 数据的关联。

在 Java 程序开发中，可以通过 W3C 提供的 DOM 处理标准将 XML 文档转换为一个内存中的对象模型集合（通常称其为“DOM 树”），这样就可以方便地实现 XML 文档数据的操作。同时利用 DOM 标准方法也可以方便地获取 XML 中的任意部分数据，这种 DOM 处理机制也被称为随机访问机制，如图 8-9 所示。

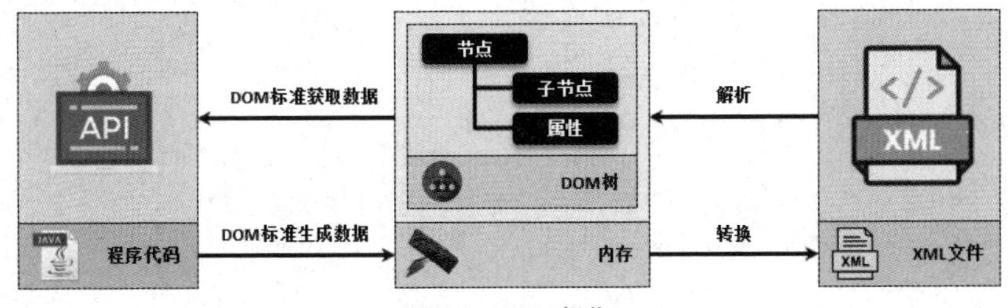

图 8-9　DOM 操作

提示：DOM 是一个执行标准。

需要提醒读者的是，DOM 是一个标准。该标准可以被 Java 实现，也可以被 Python 实现，还可以被 JavaScript 实现。不同操作语言针对标准提供不同的操作方法或函数，理解这些方法的作用才是核心。为便于读者理解标准的操作含义，在本章后续部分会讲解基于 DOM 实现 HTML 页面的动态操作。虽然开发语言不同，但是这些操作所采用的处理流程相同。

DOM 树所提供的随机访问方式给应用程序的开发带来了很大的灵活性，它可以任意地控制整个 XML 文档中的内容。然而，由于 DOM 分析器把整个 XML 文档转化成 DOM 树放在内存中，因此，当文档比较大或者结构比较复杂时，对内存的需求就比较高，而且对于结构复杂的树的遍历也是一项耗时的操作。所以，DOM 分析器对机器性能的要求比较高，但程序的效率并不十分理想。不过，由于 DOM 分析器所采用的树结构的思想与 XML 文档的结构相吻合，同时鉴于随机访问所带来的方便，因此，DOM 分析器还是有很重要的使用价值的。

范例：创建 XML 文档

```
<?xml version="1.0" encoding="UTF-8"?>
<members>
    <member id="muyan">
        <name>沐言科技</name>
        <age>19</age>
    </member>
    <member id="lee">
        <name>李兴华</name>
        <age>16</age>
    </member>
</members>
```

```
▼<members>
  ▼<member id="muyan">
      <name>沐言科技</name>
      <age>19</age>
    </member>
  ▼<member id="lee">
      <name>李兴华</name>
      <age>16</age>
    </member>
  </members>
```

本程序实现了一个基本的 XML 文件的创建，而该程序运行时本质上就是以树状结构存储的，该文件转换为 DOM 树后其基本的存储结构如图 8-10 所示。

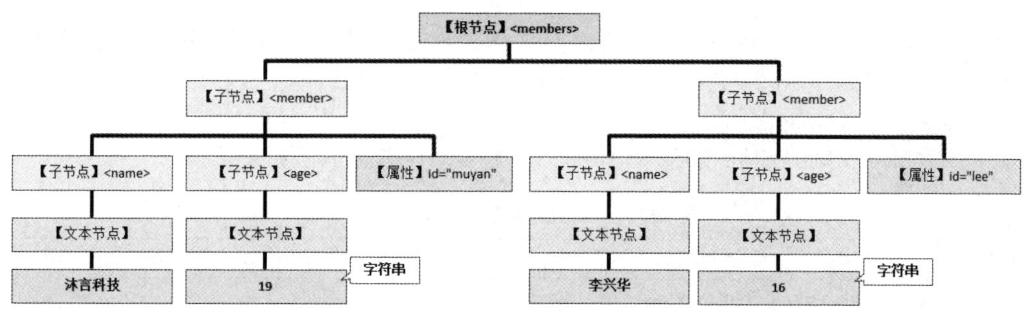

图 8-10 XML 转换为 DOM 树

提示：关于 DOM 的简单理解。

所谓的 DOM 实现的解析处理实际上就相当于让一个公司的全体员工按照部门和级别排列好，第一个是总经理，之后是部门经理，接下来是部门员工，每位员工都站在他的直接上级之后，如图 8-11 所示。而后一个一个地排查出所需要的员工信息。

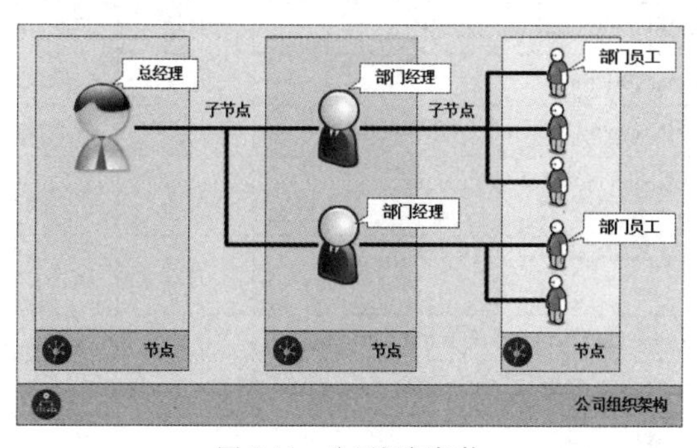

图 8-11 公司组织架构

8.2.1 DOM 节点

DOM 节点

视频名称 0805_【掌握】DOM 节点

视频简介 W3C 定义了一系列的 DOM 处理操作方法，同时这些操作在 Java 中也有着良好的实现。本视频为读者分析 DOM 树中各个节点的继承关系。

在 W3C 所提供的 DOM 处理标准中，针对 XML 文档中的文档（Document）、元素（Element）、属性（Attribute）、文本（Text）等都使用节点的形式进行描述，在 javax.xml 模块所提供的 org.w3c.dom.Node 接口进行描述，而后所有的 XML 组成结构都是其子接口，实现结构如图 8-12 所示。

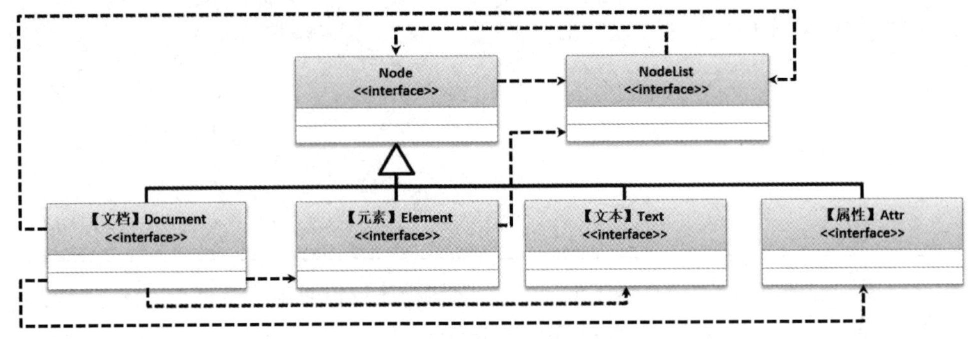

图 8-12　Node 节点实现结构

图 8-12 描述了 Java 针对 W3C 提供的 DOM 标准而定义的核心接口以及相关的继承结构，下面将针对这些接口的作用以及常用的方法进行详细说明。

1. org.w3c.dom.Node 接口

该接口描述了 XML 文档中的基本组成单元，该接口的常用方法如表 8-3 所示。

表 8-3　Node 接口的常用方法

序号	方法名称	类型	描述
1	public Node appendChild(Node newChild) throws DOMException	方法	追加子节点
2	public NodeList getChildNodes()	方法	得到全部子节点
3	public Node getFirstChild()	方法	获取第一个子节点
4	public Node getLastChild()	方法	获取最后一个子节点
5	public String getNodeName()	方法	获取节点名称
6	public short getNodeType()	方法	获取节点类型
7	public String getNodeValue() throws DOMException	方法	获取节点内容
8	public Node getParentNode()	方法	获取父节点
9	public String getTextContent() throws DOMException	方法	获取文本内容
10	public Node removeChild(Node oldChild) throws DOMException	方法	删除子节点（通过父节点删除）
11	public void setNodeValue(String nodeValue) throws DOMException	方法	设置节点内容
12	public void setTextContent(String textContent) throws DOMException	方法	设置文本节点

2. org.w3c.dom.NodeList 接口

该接口提供了 XML 组成元素集合，该接口的常用方法如表 8-4 所示。

表 8-4　NodeList 接口的常用方法

序号	方法名称	类型	描述
1	public int getLength()	方法	返回全部节点的个数
2	public Node item(int index)	方法	获取指定索引的节点对象

3. org.w3c.dom.Document 子接口

该接口描述了整个 XML 文档结构，可以通过此接口创建元素、属性、文本等节点的内容，同时也可以实现指定标签的所有元素查询，该接口的扩充方法如表 8-5 所示。

表 8-5 Document 子接口的扩充方法

序号	方法名称	类型	描述
1	public Attr createAttribute(String name) throws DOMException	方法	创建属性
2	public Element createElement(String tagName) throws DOMException	方法	创建元素
3	public Text createTextNode(String data)	方法	创建文本节点
4	public Element getElementById(String elementId)	方法	根据元素 ID 获取元素对象
5	public NodeList getElementsByTagName(String tagname)	方法	根据指定的元素名称获取全部的元素列表
6	public String getXmlVersion()	方法	获取 XML 版本编号
7	public String getXmlEncoding()	方法	获取当前 XML 编码

4. org.w3c.dom.Element 子接口

该接口为对 XML 文档中所有元素的描述，包括根元素、子元素，并且可以实现元素属性的操作，该接口的扩充方法如表 8-6 所示。

表 8-6 Element 子接口的扩充方法

序号	方法名称	类型	描述
1	public String getAttribute(String name)	方法	获取指定名称的属性内容
2	public Attr getAttributeNode(String name)	方法	获取指定名称的节点对象
3	public NodeList getElementsByTagName(String name)	方法	获取当前元素下指定名称的所有子元素
4	public void removeAttribute(String name) throws DOMException	方法	删除当前元素中指定名称的属性内容
5	public void setAttribute(String name, String value) throws DOMException	方法	设置属性名称和对应的内容

5. org.w3c.dom.Text 子接口

该接口描述 XML 中所有包含文本数据的节点

6. org.w3c.dom.Attr 子接口

该接口描述元素之中出现的属性内容，Attr 可以由元素进行创建处理，也可以避免使用此接口。如果一定要使用，可以使用此接口中的如表 8-7 所示的扩充方法进行属性的操作。

表 8-7 Attr 子接口的扩充方法

序号	方法名称	类型	描述
1	public String getName()	方法	获取属性名称
2	public String getValue()	方法	获取属性的内容

8.2.2 DOM 解析

DOM 解析

视频名称 0806_【掌握】DOM 解析

视频简介 DOM 工具最为常用的一项功能就是可以方便地实现 XML 文档的解析操作。本视频为读者分析 DOM 操作中的工具类，并实现一个 XML 文档的解析操作。

W3C 提供的 DOM 标准仅仅提供了 XML 数据的节点处理流程，而在使用 DOM 处理时需要在内存中形成一个完整的 XML 文档。该文档的信息有可能是用户自己创建的，也有可能是通过 XML

文档读取而来，这就需要有一个工具可以实现该文档结构的统一管理。开发者可以借助于 javax.xml.parsers 开发包提供的程序类来处理，如图 8-13 所示。

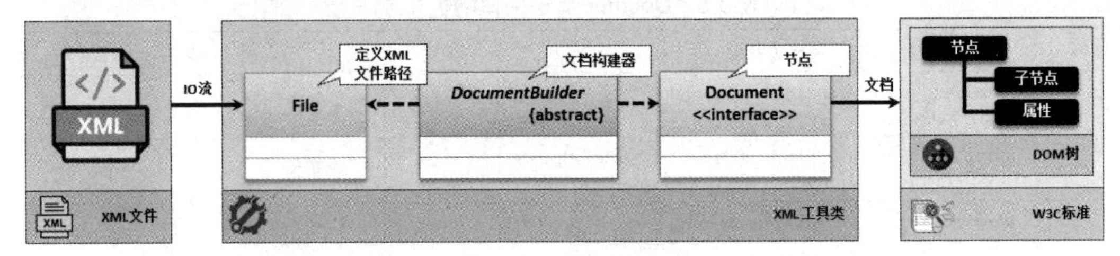

图 8-13　XML 工具类

在 javax.xml.parsers 开发包中提供了两个核心类：DocumentBuilderFactory、DocumentBuilder。开发者可以通过 DocumentBuildeFactory 实例来构造 DocumentBuilder 类对象，这样就可以通过 DocumentBuilder 类的实例化对象，将一个 XML 文档结构解析成内存中的文档，或者创建一个新的文档，操作结构如图 8-14 所示。而这两个类提供的常用方法如下所示。

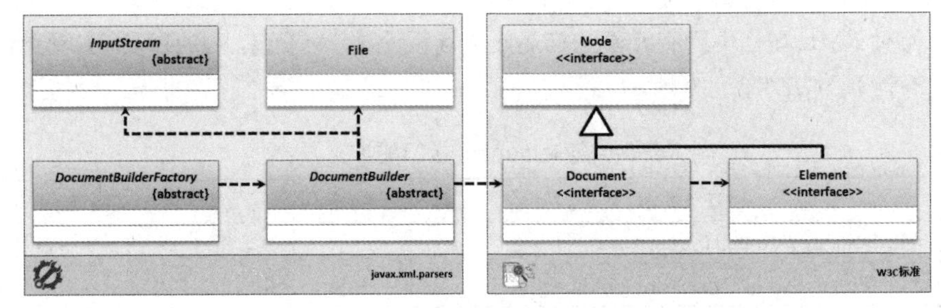

图 8-14　JavaXML 解析工具类

（1）javax.xml.parsers.DocumentBuilderFactory，提供了一个 DocumentBuilder 工厂类，可以通过本类中提供的静态方法实现对象实例化，同时也可以通过本类对象创建 DocumentBuilder 类的实例，其常用方法如表 8-8 所示。

表 8-8　DocumentBuilderFactory 类的常用方法

序号	方法名称	类型	描述
1	public static DocumentBuilderFactory newDefaultInstance()	方法	获取 DocumentBuilderFactory 类的实例
2	public abstract DocumentBuilder newDocumentBuilder() throws ParserConfigurationException	方法	构造 DocumentBuilder 类的实例

（2）javax.xml.parsers.DocumentBuilder，可以实现 Document 接口对象的创建，或者直接通过 InputStream 或 File 将输入数据流转为 Document 接口对象，该类的常用方法如表 8-9 所示。

表 8-9　DocumentBuilder 类的常用方法

序号	方法名称	类型	描述
1	public abstract Document newDocument()	方法	构建新的文档对象
2	public Document parse(File f) throws SAXException, IOException	方法	根据已经存在的文档构建 Document 对象
3	public Document parse(InputStream is) throws SAXException, IOException	方法	根据输入流构建 XML 文档对象

为便于读者理解以上的 XML 工具类以及 DOM 处理操作，下面将通过程序实现 XML 数据的解析，而使用的 XML 数据内容与之前在讲解 DOM 树时的结构一致（文件存储路径为：h:\muyan.xml）。

范例：实现 XML 解析处理

```
package com.yootk.test;
import org.w3c.dom.Document;
import org.w3c.dom.Element;
import org.w3c.dom.NodeList;
import javax.xml.parsers.DocumentBuilder;
import javax.xml.parsers.DocumentBuilderFactory;
import java.io.File;
public class YootkXMLDemo {
    public static void main(String[] args) throws Exception{
        // 1. 获取文档构建工厂类实例
        DocumentBuilderFactory factory = DocumentBuilderFactory.newInstance() ;
        // 2. 创建文档构建类的实例
        DocumentBuilder builder = factory.newDocumentBuilder() ;
        // 3. 根据指定的路径来实现XML文档的加载
        String filePath = "h:" + File.separator + "muyan.xml";
        File file = new File(filePath) ;                          // XML文件所在路径
        // 4. 根据文档构建类实例，通过解析的方式来实现文档的读取
        Document document = builder.parse(file) ;                 // 解析文件，在内存中将形成DOM树
        // 5. 根据文档实现内容的加载，查询所有的<member>元素的内容，返回NodeList接口实例
        NodeList memberList = document.getElementsByTagName("member") ;
        for (int x = 0 ; x < memberList.getLength() ; x ++) {
            // 在W3C定义的标准之中，每一个获取的节点都是Node描述，此时获取的是Element子接口实例
            Element memberElement = (Element) memberList.item(x) ;       // 获取指定索引的节点
            String id = memberElement.getAttribute("id") ;               // 获取属性
            NodeList nameList = memberElement.getElementsByTagName("name") ;   // name节点
            NodeList ageList = memberElement.getElementsByTagName("age") ;     // age节点
            String name = nameList.item(0).getFirstChild().getTextContent() ;  // 文本数据
            String age = ageList.item(0).getFirstChild().getTextContent() ;    // 文本数据
            System.out.printf("ID：%s、姓名：%s、年龄：%s。\n", id, name, age);    // 信息输出
        }
    }
}
```

程序执行结果：

```
ID：muyan、姓名：沐言科技、年龄：19。
ID：lee、姓名：李兴华、年龄：16。
```

本程序实现了一个 XML 文档结构的 DOM 解析操作，在进行 DOM 解析处理前一定要通过 DocumentBuilder 类的对象实例将 XML 数据内容转为 Document 接口对象，而后就可以根据元素名称实现 NodeList 集合数据的返回。该集合中保存的是 Element 子接口实例，这样在进行数据查询时就可以依据属性名称以及子元素名称进行匹配。需要注意的是，在返回元素数据时，首先一定要得到的是当前元素下的文本节点（一般都是元素下的第一个子节点），随后才可以通过文本节点获取对应的数据内容，并且所有的数据内容都是以字符串的类型返回的。

8.2.3 创建 XML 文件

创建 XML 文件

视频名称 0807_【掌握】创建 XML 文件

视频简介 DOM 树主要是在内存中形成的，这样就可以利用 DOM 处理标准在内存中实现节点配置，并将其转为 XML 存储。本视频为读者讲解如何创建 XML 文件。

除了实现 XML 文件的解析之外，也可以通过 DocumentBuilder 类在内存中创建一个新的 Document 接口实例，随后利用节点配置的方式实现 DOM 树的内容添加。但是需要注意的是，在 DOM 处理标准中是不包含数据输出支持的，此时就需要借助 javax.xml.transform 包中提供的类实现输出转换处理，如图 8-15 所示。

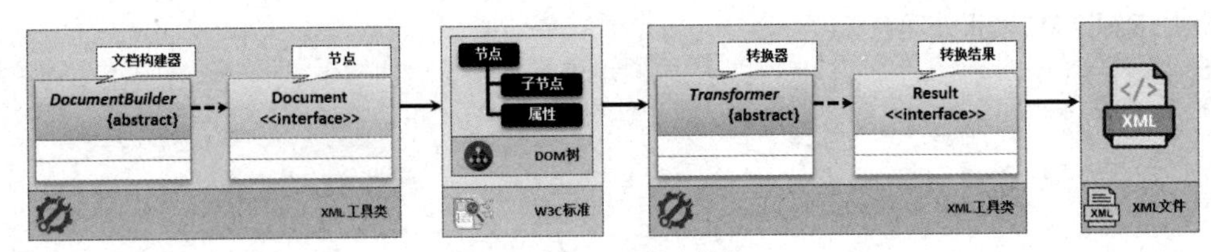

图 8-15　XML 输出转换

在 javax.xml.transform 包中主要的输出转换处理类有两个：TransformerFactory 和 Transformer。利用这两个类进行转换时，需要设置转换的 Source 接口实例以及 Result 接口实例，这样就会形成图 8-16 所示的类结构，每个接口的作用以及相关的操作方法如下所示。

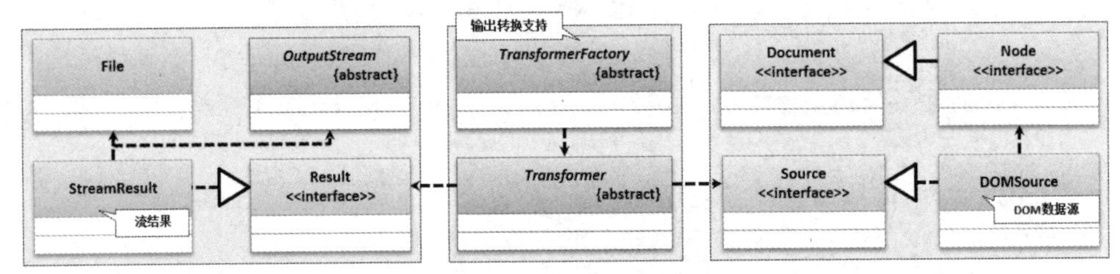

图 8-16　XML 数据转换类结构

（1）javax.xml.transform.TransformerFactory，转换器工厂类，主要功能是创建 Transformer 实例，其常用方法如表 8-10 所示。

表 8-10　TransformerFactory 类常用方法

序号	方法名称	类型	描述
1	public static TransformerFactory newInstance() throws TransformerFactoryConfigurationError	方法	获取 TransformerFactory 类实例
2	public abstract Transformer newTransformer() throws TransformerConfigurationException	方法	实例化 Transformer 类实例

（2）javax.xml.transform.Transformer，转换处理类，提供数据转换操作。在进行数据转换时，需要设置转换源以及结果类型，其常用方法如表 8-11 所示。

表 8-11　Transformer 类常用方法

序号	方法名称	类型	描述
1	public abstract void setOutputProperty(String name, String value) throws IllegalArgumentException	方法	设置输出属性
2	public abstract void transform(Source xmlSource, Result outputTarget) throws TransformerException	方法	进行转换输出

（3）javax.xml.transform.Source，数据转换源接口标准。如果要进行 DOM 数据转换，则可以直接使用 DOMSource 子类，该子类在对象实例化时需要明确地接收 Node 接口实例。

（4）javax.xml.transform.Result，数据转换结果接口，可以通过该接口设置不同的转换目标形式。如果要进行文件输出转换，则可以使用 javax.xml.transform.stream.StreamResult 子类。该类可以实现流转换，StreamResult 子类常用方法如表 8-12 所示。

表 8-12　StreamResult 子类常用方法

序号	方法名称	类型	描述
1	public StreamResult(File f)	构造	接收保存文件实例
2	public StreamResult(OutputStream outputStream)	构造	接收输出流实例

所有的转换处理都需要通过 DOMSource 设置对应的 DOM 树节点结构，这样就可以将内存中保存的 Document 接口实例封装在此对象中，随后通过 Transformer 进行输出转换操作。下面通过具体的范例讲解 XML 文件的生成。

范例：生成 XML 文件

```
package com.yootk.test;
import org.w3c.dom.Document;
import org.w3c.dom.Element;
import javax.xml.parsers.DocumentBuilder;
import javax.xml.parsers.DocumentBuilderFactory;
import javax.xml.transform.OutputKeys;
import javax.xml.transform.Transformer;
import javax.xml.transform.TransformerFactory;
import javax.xml.transform.dom.DOMSource;
import javax.xml.transform.stream.StreamResult;
import java.io.File;
public class YootkXMLDemo {
    public static void main(String[] args) throws Exception{
        // 1. 不管DOM操作如何处理，首先一定要创建解析工厂类以及相应的文档
        DocumentBuilderFactory factory = DocumentBuilderFactory.newInstance();
        DocumentBuilder builder = factory.newDocumentBuilder();
        Document document = builder.newDocument();              // 创建一个空的文档
        // 2. DOM的处理是需要进行节点嵌套配置的，数据类型为字符串
        String ids[] = new String[]{"muyan", "lee"};
        String names[] = new String[]{"沐言科技", "李兴华"};
        int ages[] = new int[]{19, 16};
        Element membersElement = document.createElement("members");     // 创建根节点
        // 3. 子节点的数据可以采用循环的模式来完成
        for (int x = 0; x < names.length; x++) {
            Element memberElement = document.createElement("member");   // 创建节点
            Element nameElement = document.createElement("name");       // 创建节点
            Element ageElement = document.createElement("age");         // 创建节点
            memberElement.setAttribute("id", ids[x]);                   // 设置属性
            nameElement.appendChild(document.createTextNode(names[x])); // 设置节点文本
            ageElement.appendChild(document.createTextNode(String.valueOf(ages[x])));
            memberElement.appendChild(nameElement);                     // 追加节点关系
            memberElement.appendChild(ageElement);                      // 追加节点关系
            membersElement.appendChild(memberElement);                  // 向根节点追加子节点
        }
        document.appendChild(membersElement);                           // 追加根节点
        // 4. 将内存中的DOM树输出到文件之中进行存储
        TransformerFactory transformerFactory = TransformerFactory.newInstance();
        Transformer transformer = transformerFactory.newTransformer();
        transformer.setOutputProperty(OutputKeys.ENCODING, "UTF-8");    // 设置编码
        transformer.transform(new DOMSource(document),
           new StreamResult(new File("H:" +
                File.separator + "members.xml")));          // 输出结果转换
    }
}
```

程序执行结果（结果为紧凑结构排列）：

```
<?xml version="1.0" encoding="UTF-8" standalone="no"?><members><member id="muyan"><name>沐言科技</name><age>19.0</age></member><member id="lee"><name>李兴华</name><age>16.0</age></member></members>
```

在本程序中通过 DocumentBuilder 在内存中创建了一个空文档结构，随后基于给定的数据实现了元素属性以及各个子元素的配置。而在内存中保存的 DOM 树如果想输出到文件之中，那么必须通过 Transformer 类对象实例完成转换，先利用 DOMSource 匹配 DOM 树，再利用 StreamResult 设置目标的文件流结果，从而实现 XML 文件的创建。

8.2.4 修改 XML 文件

修改 XML 文件

视频名称 0808_【掌握】修改 XML 文件

视频简介 利用 DOM 进行的 XML 解析操作会在内存中形成可修改的 DOM 树结构，这样就可以直接通过 W3C 定义的操作方法实现 XML 文件的修改处理。本视频介绍通过 DOM 实现 XML 文件的读取，并且实现 DOM 树修改后的文件保存操作。

使用 DOM 解析处理最重要的一点在于可以直接实现 XML 文件的修改操作，而在进行 XML 文件修改前首先要通过 DocumentBuilder 实现 XML 文件的读取以及 DOM 树生成，随后开发者就可以修改 DOM 树中的节点结构或者存储的数据，最后再利用 Transformer 实现文件的覆盖保存。修改 XML 文件的结构如图 8-17 所示。

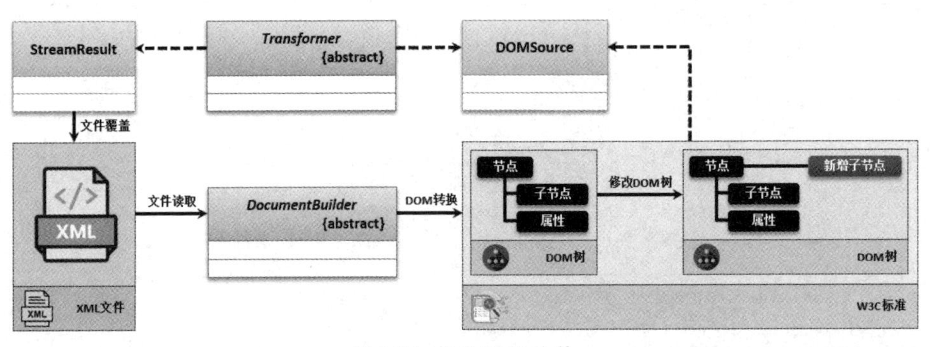

图 8-17 修改 XML 文件

范例：修改 XML 文件

```
package com.yootk.test;
import org.w3c.dom.Document;
import org.w3c.dom.Element;
import org.w3c.dom.NodeList;
import javax.xml.parsers.DocumentBuilder;
import javax.xml.parsers.DocumentBuilderFactory;
import javax.xml.transform.OutputKeys;
import javax.xml.transform.Transformer;
import javax.xml.transform.TransformerFactory;
import javax.xml.transform.dom.DOMSource;
import javax.xml.transform.stream.StreamResult;
import java.io.File;
public class YootkXMLDemo {
    public static void main(String[] args) throws Exception{
        // 1. 获取文档构建工厂类实例
        DocumentBuilderFactory factory = DocumentBuilderFactory.newInstance() ;
        // 2. 创建文档构建类的实例
        DocumentBuilder builder = factory.newDocumentBuilder() ;
        // 3. 根据指定的路径来实现XML文档的加载
        String filePath = "h:" + File.separator + "muyan.xml";
        File file = new File(filePath) ;                          // XML文件所在路径
        // 4. 根据文档构建类实例，通过解析的方式来实现文档的读取
        Document document = builder.parse(file) ;                 // 解析文件，内存中形成DOM树
        // 5. 根据文档实现内容的加载，查询所有的<member>元素的内容，返回NodeList接口实例
        NodeList memberList = document.getElementsByTagName("member") ;
        for (int x = 0 ; x < memberList.getLength() ; x ++) {
            // 在W3C定义的标准之中，每一个获取的节点都是Node描述，此时获取的是Element子接口实例
            Element memberElement = (Element) memberList.item(x);    // 获取指定索引的节点
            Element urlElement = document.createElement("url");      // 创建节点
            urlElement.appendChild(document.createTextNode("www.yootk.com")); // 节点内容
            memberElement.appendChild(urlElement);                    // 新增节点
```

```
        }
        // 6. 将内存中的DOM树输出到文件之中进行存储
        TransformerFactory transformerFactory = TransformerFactory.newInstance();
        Transformer transformer = transformerFactory.newTransformer();
        transformer.setOutputProperty(OutputKeys.ENCODING, "UTF-8");    // 设置编码
        transformer.transform(new DOMSource(document), new StreamResult(file));
    }
}
```

在本程序中首先通过 DocumentBuilder 类实现了 XML 文档的转换，随后通过内存中的 DOM 树获取了该文档中的所有<member>元素实例，这样就可以利用 appendChild()方法动态地进行<url>添加。由于本次的需求是进行 XML 文件的修改，所以最后利用 Transformer 将新的内容覆盖原始内容，从而实现 XML 文件更新。

8.2.5 删除 XML 元素

删除 XML 元素

视频名称 0809_【掌握】删除 XML 元素

视频简介 DOM 树中的结构都是可以被改变的，当在内存中形成 DOM 树后就可以进行元素的删除处理。本视频通过代码为读者分析 XML 元素的删除操作。

DOM 处理结构中支持节点数据的删除操作，开发者如果想删除节点，首先应该获取所有删除节点的 NodeList 集合，而后通过要删除的节点找到其对应的父节点，就可以通过 removeChild()方法实现删除处理，操作流程如图 8-18 所示。

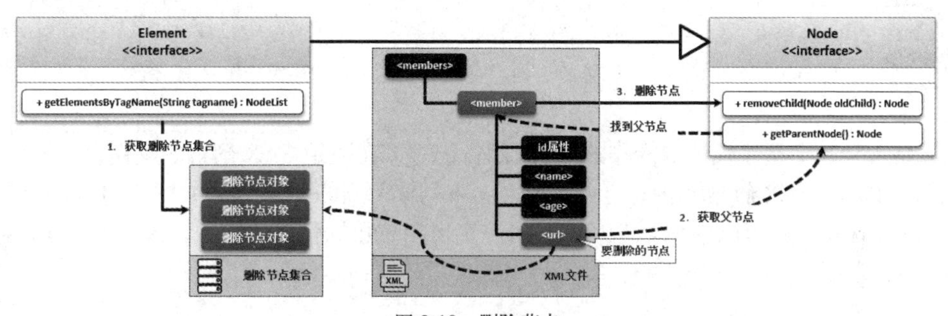

图 8-18 删除节点

范例：删除节点

```
package com.yootk.test;
import org.w3c.dom.Document;
import org.w3c.dom.Element;
import org.w3c.dom.NodeList;
import javax.xml.parsers.DocumentBuilder;
import javax.xml.parsers.DocumentBuilderFactory;
import javax.xml.transform.OutputKeys;
import javax.xml.transform.Transformer;
import javax.xml.transform.TransformerFactory;
import javax.xml.transform.dom.DOMSource;
import javax.xml.transform.stream.StreamResult;
import java.io.File;
public class YootkXMLDemo {
    public static void main(String[] args) throws Exception{
        // 1. 获取文档构建工厂类实例
        DocumentBuilderFactory factory = DocumentBuilderFactory.newInstance() ;
        // 2. 创建文档构建类的实例
        DocumentBuilder builder = factory.newDocumentBuilder() ;
        // 3. 根据指定的路径来实现XML文档的加载
        String filePath = "h:" + File.separator + "muyan.xml";
```

```
        File file = new File(filePath) ;                               // XML文件所在路径
        // 4. 根据文档构建类实例，通过解析的方式来实现文档的读取
        Document document = builder.parse(file) ;                      // 解析文件，在内存中将形成DOM树
        // 5. 根据文档实现内容的加载，查询所有的<url>元素的内容，返回NodeList接口实例
        NodeList urlList = document.getElementsByTagName("url") ;
        int count = urlList.getLength() ;                              // 获取要删除的元素个数
        for (int x = 0 ; x < count ; x ++) {                           // 循环删除
            Element urlElement = (Element) urlList.item(0) ;           // 获取指定索引的节点
            urlElement.getParentNode().removeChild(urlElement);        // 元素删除
        }
        // 6. 将内存中的DOM树输出到文件之中进行存储
        TransformerFactory transformerFactory = TransformerFactory.newInstance();
        Transformer transformer = transformerFactory.newTransformer();
        transformer.setOutputProperty(OutputKeys.ENCODING, "UTF-8");      // 设置编码
        transformer.transform(new DOMSource(document), new StreamResult(file));
    }
}
```

本程序首先通过 Document 子接口提供的 getElementsByTagName("url")方法获取了全部要删除的 url 节点集合，而后利用循环的结构，获取了每一个要删除的节点的父节点，再利用父节点调用 removeChild()实现节点删除。

8.3　SAX 解析

SAX 解析简介

视频名称　0810_【掌握】SAX 解析简介

视频简介　SAX 是一个非官方的 XML 处理标准，在开发中以性能著称。本视频为读者分析 DOM 解析与 SAX 解析的区别，并且讲解 SAX 顺序式读取的操作结构。

SAX 是一种基于顺序式读取操作的 XML 解析模式。在使用 SAX 解析的过程中，不会将一个 XML 文件中的全部数据读取到内存之中，而是会根据读取到的 XML 中的不同组成结构来进行事件响应，这样开发者就可以根据事件产生的内容实现相应数据信息的获取，如图 8-19 所示。

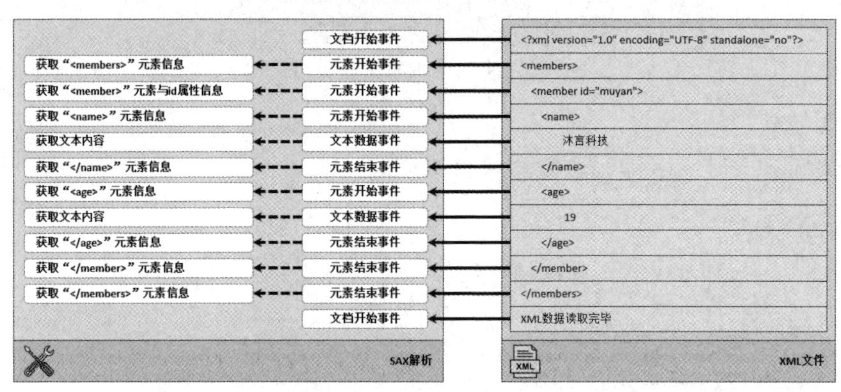

图 8-19　SAX 读取 XML 流程

> **提示：SAX 解析与 DOM 解析的区别。**
>
> **DOM：** 由 W3C 定义的 XML 文档解析标准，使用 DOM 解析可以方便地进行文件的读取、修改操作。但是在进行处理的时候，由于操作都需要基于 DOM 树的形式来处理，所以无法进行大规模文件的读取处理。
>
> **SAX：** 非官方定义的标准，只能够进行 XML 文件的读取操作。由于其内部不形成内存占用，所以适合于进行大规模的文件读取（不是指内容保存），缺点在于其无法进行文件的创建与修改。

在使用 SAX 解析 XML 文件的处理过程之中，有大量的事件监听方法。为了便于开发者实现这些事件的管理操作，所有的方法都在 org.xml.sax.helpers.DefaultHandler 类中有所定义，开发者只需要根据自身的需要在其子类中覆写相应的方法即可。DefaultHandler 类的常用方法如表 8-13 所示。

表 8-13 DefaultHandler 类的常用方法

序号	方法名称	类型	描述
1	public void startDocument() throws SAXException	方法	文档读取开始时触发
2	public void endDocument() throws SAXException	方法	文档读取完毕后触发
3	public void startElement(String uri, String localName, String qName, Attributes attributes) throws SAXException	方法	元素读取开始时触发
4	public void endElement(String uri, String localName, String qName) throws SAXException	方法	元素读取结束时触发
5	public void characters(char[] ch, int start, int length) throws SAXException	方法	元素内容

8.3.1 使用 SAX 解析 XML 文件

使用 SAX 解析 XML 文件

视频名称 0811_【掌握】使用 SAX 解析 XML 文件

视频简介 SAX 解析会通过一系列的触发形式来实现 XML 解析操作。本视频介绍通过给定的 SAX 解析标准自定义一个解析器，并实现 XML 文件读取。

使用 SAX 解析模型时需要通过 DefaultHandler 设置 SAX 解析处理类，在该类中实现元素以及文本内容的获取。而在进行实际的解析操作时，需要通过 SAXParser 类的对象实例设置相应的 XML 文件或 InputStream 字节输入流对象，这样就可以实现 SAX 解析的处理操作。SAX 解析流程如图 8-20 所示。

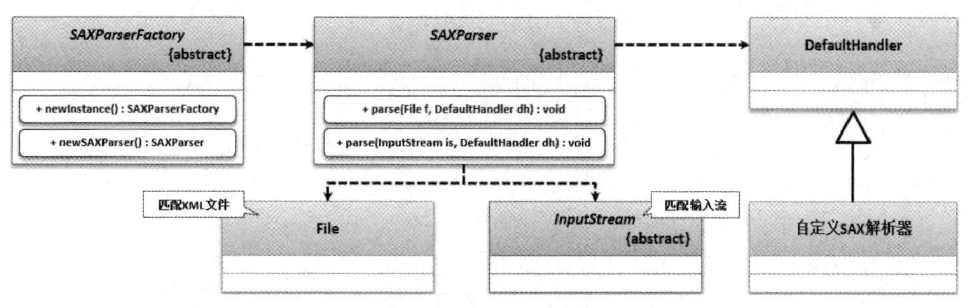

图 8-20 SAX 解析流程

范例：使用 SAX 读取 XML 文件

```
package com.yootk.test;
import org.xml.sax.Attributes;
import org.xml.sax.SAXException;
import org.xml.sax.helpers.DefaultHandler;
import javax.xml.parsers.SAXParser;
import javax.xml.parsers.SAXParserFactory;
import java.io.File;
class MemberSAXHelp extends DefaultHandler {
    @Override
    public void startDocument() throws SAXException {
        System.out.println("【startDocument()】开始读取XML文档：<?xml version=\"1.0\" encoding=\
"UTF-8\" standalone=\"no\"?>");
    }
    @Override
```

```
    public void startElement(String uri, String localName, String qName,
            Attributes attributes) throws SAXException {
        System.out.println("【startElement()】元素开始读取，qName = " + qName);
    }
    @Override
    public void characters(char[] ch, int start, int length) throws SAXException {
        System.out.println("【characters()】文本节点内容：" + new String(ch, start, length));
    }
    @Override
    public void endElement(String uri, String localName, String qName)
            throws SAXException {
        System.out.println("【endElement()】元素开始读取，qName = " + qName);
    }
    @Override
    public void endDocument() throws SAXException {
        System.out.println("【endDocument()】文档读取完毕");
    }
}
public class YootkXMLDemo {
    public static void main(String[] args) throws Exception{
        File file = new File("h:" + File.separator + "muyan.xml") ;     // XML文件所在路径
        SAXParserFactory factory = SAXParserFactory.newInstance();      // SAX解析工厂
        SAXParser parser = factory.newSAXParser();                      // SAX解析类
        parser.parse(file, new MemberSAXHelp());                        // SAX解析处理
    }
}
```

程序执行结果：

```
【startDocument()】开始读取XML文档：<?xml version="1.0" encoding="UTF-8" standalone="no"?>
【startElement()】元素开始读取，qName = members
【characters()】文本节点内容：
【startElement()】元素开始读取，qName = member
【characters()】文本节点内容：
【startElement()】元素开始读取，qName = name
【characters()】文本节点内容：沐言科技
【endElement()】元素开始读取，qName = name
【characters()】文本节点内容：
【startElement()】元素开始读取，qName = age
【characters()】文本节点内容：19
【endElement()】元素开始读取，qName = age
【characters()】文本节点内容：
【endElement()】元素开始读取，qName = members
【endDocument()】文档读取完毕
```

本程序实现了一个 SAX 解析处理操作。在整个的处理操作过程中，开发者只需要设置要解析的 XML 文件，并且配置好解析工具类，就可以顺序式地进行数据文件的读取。每当读取到元素开始、数据内容或元素结束时，都会通过相应的方法触发执行。

8.3.2　SAX 解析模型

SAX 解析模型

视频名称　0812_【掌握】SAX 解析模型

视频简介　用户解析 XML 是为了获取有效的数据信息，但是由于 SAX 不会形成内存树，所以就需要根据其解析顺序配置合理的解析方案。本视频通过具体的实例讲解 XML 与简单 Java 类对象之间的转换处理。

使用 SAX 解析模型虽然可以方便地实现大型文件的读取处理，但是在数据获取的处理机制上就没有 DOM 方便了。为了便于数据的存储，可以直接按照 XML 数据的结构定义一个简单 Java 类，并且在 SAX 解析中根据元素的名称实现该类对象的实例化以及对应属性的配置，这样就可以以对象的形式获取 XML 中的数据内容了，处理形式如图 8-21 所示。

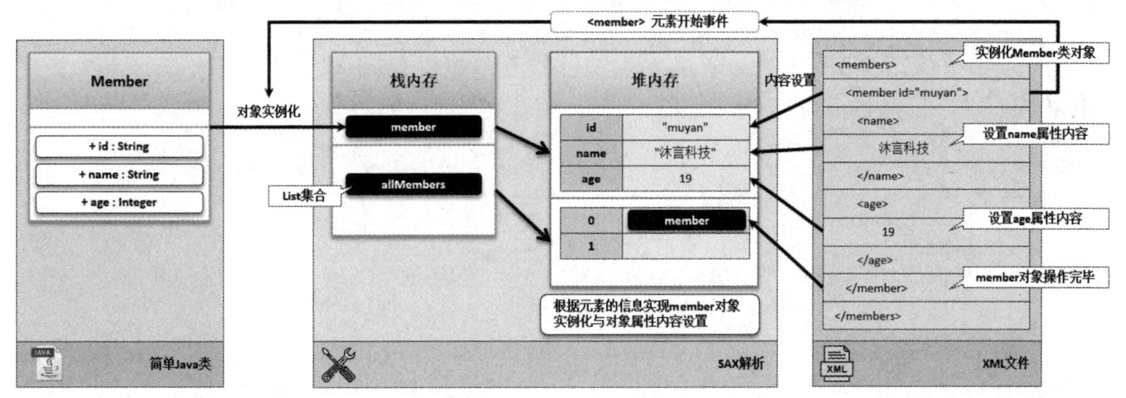

图 8-21　XML 与对象转换

范例：SAX 实现集合对象转换

```
package com.yootk.test;
import org.xml.sax.Attributes;
import org.xml.sax.SAXException;
import org.xml.sax.helpers.DefaultHandler;
import javax.xml.parsers.SAXParser;
import javax.xml.parsers.SAXParserFactory;
import java.io.File;
import java.util.ArrayList;
import java.util.List;
class Member {                                                    // 与XML数据结构对应
    private String id;                                            // 保存id内容
    private String name;                                          // 保存name内容
    private Integer age;                                          // 保存age内容
    // setter、getter代码略
    @Override
    public String toString() {
        return "【Member】用户ID = " + this.id + "、用户姓名 = " +
                this.name + "、用户年龄 = " + this.age;
    }
}
class MemberSAXHelp extends DefaultHandler {
    private List<Member> allMembers ;                             // 进行全部信息的读取
    private String qName ;                                        // 保存当前元素名称
    private Member member = null ;                                // 进行Book实例化对象操作
    @Override
    public void startDocument() throws SAXException {
        this.allMembers = new ArrayList<>();                      // 实例化List集合
    }
    @Override
    public void startElement(String uri, String localName, String qName,
            Attributes attributes) throws SAXException {
        this.qName = qName ;                                      // 储存元素名称
        if ("member".equals(qName)) {                             // 当前是<member>元素
            this.member = new Member() ;                          // 实例化Member类对象
            this.member.setId(attributes.getValue("id"));         // 获取id属性
        }
    }
    @Override
    public void characters(char[] ch, int start, int length) throws SAXException {
        String val = new String(ch,start,length).trim() ;         // 文本数据
        if (!(val.equals("") || val == null)) {                   // 存在节点数据
            if ("name".equals(this.qName)) {                      // 当前为<name>节点数据
```

```
                this.member.setName(val);
            } else if ("age".equals(this.qName)) {            // 当前为<age>节点数据
                this.member.setAge(Integer.parseInt(val));
            }
        }
    }
    @Override
    public void endElement(String uri, String localName, String qName)
                throws SAXException {
        if ("member".equals(qName)) {                          // member元素名称
            this.allMembers.add(this.member) ;                 // 保存member数据
            this.member = null ;                               // 清空当前member对象
        }
    }
    public List<Member> getAllMembers() {                      // 获取全部Member信息
        return allMembers;
    }
}
public class YootkXMLDemo {
    public static void main(String[] args) throws Exception{
        File file = new File("h:" + File.separator + "muyan.xml") ; // XML文件所在路径
        MemberSAXHelp saxHelp = new MemberSAXHelp();                // 获取SAX解析器
        SAXParserFactory factory = SAXParserFactory.newInstance();  // SAX解析工厂
        SAXParser parser = factory.newSAXParser();                  // SAX解析类
        parser.parse(file, saxHelp);                                // SAX解析处理
        System.out.println(saxHelp.getAllMembers());                // 获取全部数据
    }
}
```

程序执行结果：

```
[【Member】用户ID = muyan、用户姓名 = 沐言科技、用户年龄 = 19, 【Member】用户ID = lee、用户姓名 = 李兴华、用户年龄 = 16]
```

为了便于用户获取 XML 数据内容，本程序在 SAX 解析器内部设置了一个 List 集合，该集合会保存所有的 Member 类对象实例，而 Member 类的设计与 XML 结构对应。这样在每次获取数据信息时就可以根据当前的元素名称来判断实现正确的属性配置。而在每次处理</member>结束元素操作时，都会将当前的 member 对象保存在 List 集合内，并将其设置为 null，以方便下次数据的保存。

8.4　DOM4J 解析工具

DOM4J 工具简介

视频名称　0813_【掌握】DOM4J 工具简介

视频简介　DOM4J 是一个融合了 DOM 与 SAX 优点的工具组件，其提供了更加方便且标准的 XML 文件的解析处理流程。本视频为读者讲解 DOM4J 工具的特点以及类结构。

虽然开发者可以直接通过 DOM 或 SAX 实现 XML 文件的处理，但是这两种处理方式也都有各自的优势与劣势。同时在项目中引入两套不同的标准进行开发，对程序的维护就会非常困难。所以在实际项目开发中为了进一步简化开发者对 XML 文件的操作，往往会借助于 DOM4J 组件。

DOM4J 是一个融合了 DOM 与 SAX 处理特点的操作组件，是一个由 Java 开发的 XML 工具包，如图 8-22 所示。在该组件中提供了一套新的数据处理接口和实现类，使用这些接口可以极大地简化节点关联、数据查询以及 XML 数据输出的相关操作，具体作用与常用方法如下。

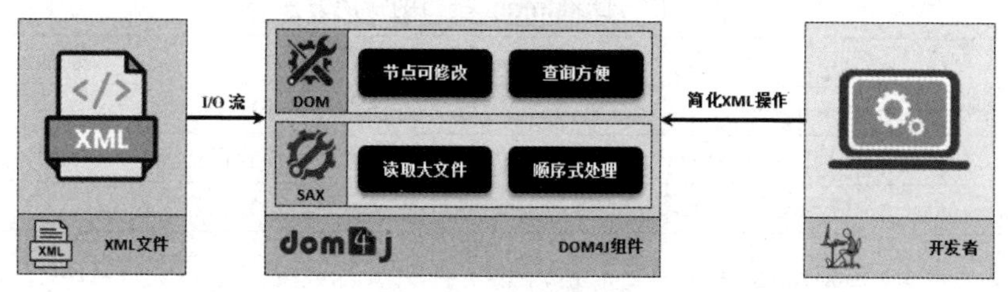

图 8-22　DOM4J 组件

（1）org.dom4j.DocumentHelper，XML 文档创建工具类，使用该类实现元素和内容的创建，其常用方法如表 8-14 所示。

表 8-14　DocumentHelper 类的常用方法

序号	方法名称	类型	描述
1	public static Element createElement(java.lang.String name)	方法	创建一个指定的元素
2	public static Document createDocument(Element rootElement)	方法	创建文档，并设置根元素
3	public static Text createText(String text)	方法	创建文本

（2）org.dom4j.Node，节点操作标准类，使用该类可以实现元素的关联以及内容的获取，其常用方法如表 8-15 所示。

表 8-15　Node 接口的常用方法

序号	方法名称	类型	描述
1	public java.lang.String getName()	方法	获取节点名称
2	public Element getParent()	方法	直接获取父元素
3	public java.lang.String getText()	方法	获取文本数据
4	public void setParent(Element parent)	方法	设置父节点

（3）org.dom4j.Branch，分支节点管理接口，该接口为 Node 直接子接口，而在该接口之后才进一步实现了 Document、Element 的标准定义。Branch 接口的常用方法如表 8-16 所示。

表 8-16　Branch 接口的常用方法

序号	方法名称	类型	描述
1	public void add(Element element)	方法	子元素添加
2	public void add(Node node)	方法	添加任意的节点
3	public Element addElement(String name)	方法	创建新的元素，并将其作为当前节点的子节点
4	public java.util.List<Node> content()	方法	获取当前节点下的所有节点内容
5	public int nodeCount()	方法	获取子节点的个数
6	public java.util.Iterator<Node> nodeIterator()	方法	直接将全部子节点的内容转为 Iterator 接口实例
7	public boolean remove(Element element)	方法	删除指定的元素
8	public boolean remove(Node node)	方法	删除节点内容

（4）org.dom4j.Document，描述 XML 文档接口对象的接口，可以实现编码与根节点设置，其常用方法如表 8-17 所示。

表 8-17　Document 接口的常用方法

序号	方法名称	类型	描述
1	public Element getRootElement()	方法	获取根元素
2	public void setRootElement(Element rootElement)	方法	设置根元素
3	public void setXMLEncoding(java.lang.String encoding)	方法	设置文档编码

（5）org.dom4j.Element，描述 XML 元素，可以实现子元素配置或者元素查询，Element 接口的常用方法如表 8-18 所示。

表 8-18　Element 接口的常用方法

序号	方法名称	类型	描述
1	public Element addAttribute(java.lang.String name, java.lang.String value)	方法	为元素添加属性
2	public void add(Text text)	方法	为元素添加文本实例
3	public Element addText(String text)	方法	为元素添加文本内容
4	public Element element(java.lang.String name)	方法	返回指定名称的元素内容
5	public java.util.Iterator<Element> elementIterator(java.lang.String name)	方法	返回指定元素的 Iterator 接口实例
6	public java.util.List<Element> elements(java.lang.String name)	方法	获取指定元素的 List 集合
7	public java.lang.String elementText(java.lang.String name)	方法	获取指定元素的文本内容
8	public String getText()	方法	获取元素文本
9	public String getTextTrim()	方法	获取元素文本（去掉左右空格）

（6）org.dom4j.io.XMLWriter，实现 XML 数据输出支持，其常用方法如表 8-19 所示。

表 8-19　XMLWriter 类的常用方法

序号	方法名称	类型	描述
1	public XMLWriter(java.io.OutputStream out) throws java.io.UnsupportedEncodingException	方法	设置输出流
2	public XMLWriter(java.io.OutputStream out, OutputFormat format) throws java.io.UnsupportedEncodingException	方法	设置输出流并设置输出结构
3	public void write(Document doc) throws java.io.IOException	方法	进行指定 Document 对象的输出

（7）org.dom4j.io.SAXReader，使用 SAX 解析方式实现 XML 数据读取，其常用方法如表 8-20 所示。

表 8-20　SAXReader 类的常用方法

序号	方法名称	类型	描述
1	public SAXReader()	构造	构造一个 SAX 读取器
2	public Document read(java.io.File file) throws DocumentException	方法	根据指定的文件进行文档读取
3	public Document read(java.io.InputStream in) throws DocumentException	方法	通过指定的输入流读取
4	public Document read(java.io.Reader reader) throws DocumentException	方法	通过指定的输入流读取

DOM4J 给出了一组新的接口与实现类，实际的继承结构如图 8-23 所示。可以发现在 DOM4J 中为了简化用户操作，在进行 DOM4J 组件设置时采用了与 DOM 标准相同的名称。但是在进行接口标准定义时，Document、Element 不再是 Node 直接子接口，而是继承了 Node 的 Branch 子接口。

通过方法也可以发现，在进行元素内容的设置和获取时，也帮助用户回避了文本节点的处理。最重要的是，DOM4J 直接提供了方便的 XML 输出工具以及 SAX 解析器支持。

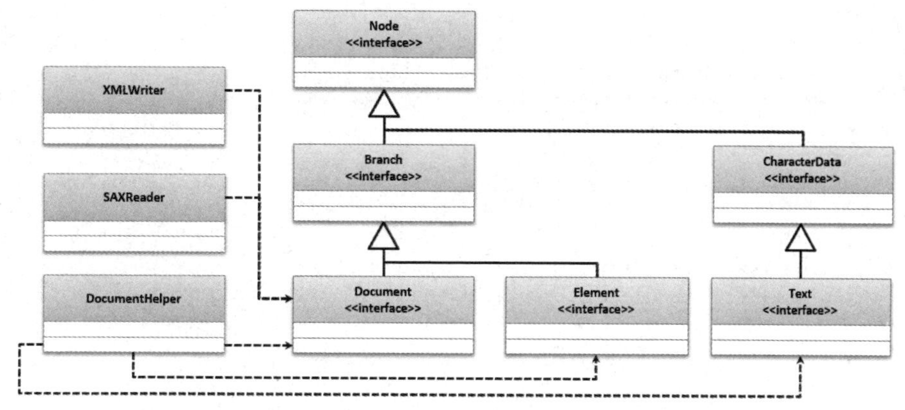

图 8-23 DOM4J 组件继承结构

8.4.1 使用 DOM4J 生成 XML 文件

使用 DOM4J 生成 XML 文件

视频名称 0814_【掌握】使用 DOM4J 生成 XML 文件

视频简介 DOM4J 拥有 DOM 可修改的技术特点，所以可以通过其内部所提供的操作类方便地实现 XML 文件的生成。本视频通过具体的实例代码讲解通过 DOM4J 创建 XML 文件的操作。

在使用 DOM4J 组件生成 XML 文档时，依然需要像传统的 DOM 操作那样在内存中实现 DOM 树的生成，并设置好每一个节点的名称以及数据，随后就可以通过 XMLWriter 直接实现 DOM 树的输出转换，操作结构如图 8-24 所示。

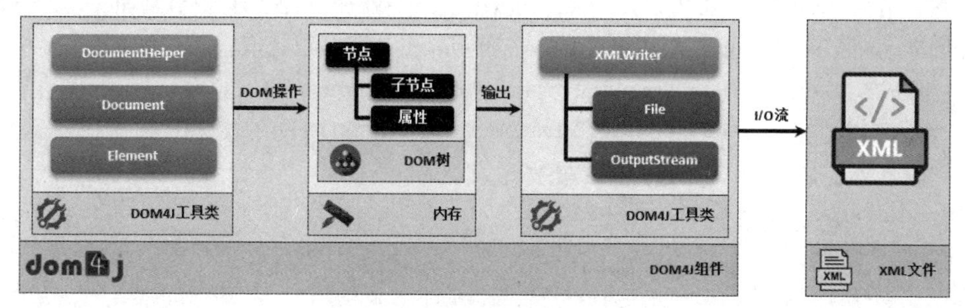

图 8-24 DOM4J 生成 XML 文件

范例：生成 XML 数据文件

```
package com.yootk.test;
import org.dom4j.Document;
import org.dom4j.DocumentHelper;
import org.dom4j.Element;
import org.dom4j.io.XMLWriter;
import java.io.File;
import java.io.FileOutputStream;
public class YootkXMLDemo {
    public static void main(String[] args) throws Exception{
        String ids[] = new String[]{"muyan", "lee"};
        String names[] = new String[]{"沐言科技", "李兴华"};
        int ages[] = new int[] {19, 16};
        // 1. DOM4J是对DOM操作的包装，所有的内容一定要追加到文档之中
        Document document = DocumentHelper.createDocument();                  // 创建一个空的文档
```

```
        // 2. 进行根元素的创建，根元素可以直接通过Document设置
        Element membersElements = document.addElement("members");          // 定义根元素
        // 3. 进行members元素下的所有子元素的配置
        for (int x = 0 ; x < names.length ; x ++) {
            Element memberElement = membersElements.addElement("member");    // 创建子元素
            memberElement.addAttribute("id",ids[x]) ;
            Element nameElement = memberElement.addElement("name"); // 设置子元素
            nameElement.setText(names[x]);                          // 设置元素数据
            memberElement.addElement("age")
                .setText(String.valueOf(ages[x]));                  // 创建并设置元素内容
        }
        // 4. 将文档的内容进行直接输出
        XMLWriter writer = new XMLWriter(new FileOutputStream(
                new File("h:" + File.separator + "muyan.xml")));    // XML文件输出
        writer.write(document);                                     // 输出文档内容
        writer.close();                                             // 关闭输出操作
    }
}
```

程序执行结果：

```
<?xml version="1.0" encoding="UTF-8"?>
<members><member id="muyan"><name> 沐 言 科 技 </name><age>19.0</age></member><member id="lee">
<name>李兴华</name><age>16.0</age></member></members>
```

本程序利用 DOM4J 创建了一个 XML 文件，而通过代码的比较可以清楚地发现，同样的数据内容，使用 DOM4J 实现要比使用原生 DOM 实现更加简便。

提示：XML 显示格式控制。

不管使用的是 DOM 原生支持还是 DOM4J 组件默认形式，通过最终所生成的 XML 文件可以发现几乎都是没有任何排版支持的，所有的数据都非常紧凑。在实际的开发中肯定推荐这样的做法，因为这样可以减少不必要的数据传输，提高程序的吞吐量。

但是如果用户希望生成带有排版效果的 XML 文件，则可以在创建 XMLWriter 类对象时，通过 OutputFormater 设置输出格式，该类有如下两种输出格式可以选择。

- 压缩输出：public static OutputFormat createCompactFormat()。
- 排版输出：public static OutputFormat createPrettyPrint()。

范例：设置 XML 输出格式（本处只列举部分代码）

```
OutputFormat format = OutputFormat.createPrettyPrint();      // 排版输出
format.setEncoding("UTF-8");                                  // 设置输出编码
XMLWriter writer = new XMLWriter(new FileOutputStream(
    new File("h:" + File.separator + "muyan.xml")), format) ;
```

此时的程序由于在输出时设置了排版的格式化要求，所以可以生成结构良好的 XML 文件内容。但是这样的文件格式仅仅适合于开发者浏览，而不适合于数据传输。

8.4.2 使用 DOM4J 解析 XML 文件

使用 DOM4J 解析 XML 文件

视频名称 0815_【掌握】使用 DOM4J 解析 XML 文件

视频简介 XML 文件解析的最优方案就是 SAX 模型，在 DOM4J 中提供了更加抽象的 SAX 模型，可以动态地解析 XML 文件内容。本视频通过代码实例讲解 XML 文件的读取以及数据的获取操作。

在进行 XML 数据读取操作时，一般都建议通过 SAX 顺序式数据读取。在 DOM4J 组件中默认已经提供了一个 SAXReader 解析器，开发者直接使用此类即可实现指定 XML 元素集合，如图 8-25 所示。

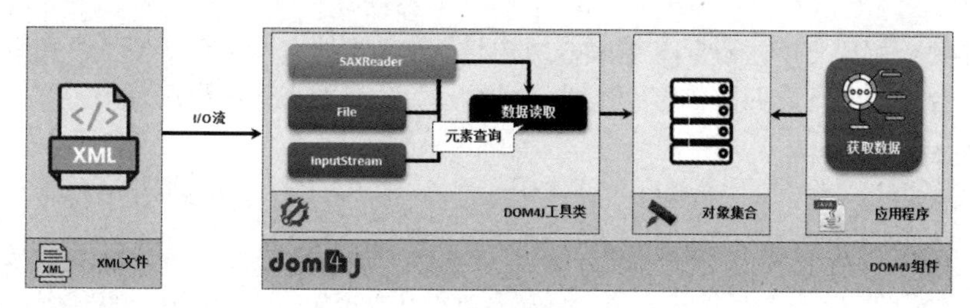

图 8-25 DOM4J 读取 XML 文件

范例：使用 DOM4J 解析 XML 数据

```
package com.yootk.test;
import org.dom4j.Document;
import org.dom4j.Element;
import org.dom4j.io.SAXReader;
import java.io.File;
import java.io.FileInputStream;
import java.util.Iterator;
import java.util.List;
public class YootkXMLDemo {
    public static void main(String[] args) throws Exception{
        // 1. 定义要读取的File文件路径
        File file = new File("H:" + File.separator + "muyan.xml");
        // 2. 创建一个默认的SAX解析器
        SAXReader saxReader = new SAXReader();                     // 默认的SAX解析器
        Document document = saxReader.read(new FileInputStream(file));  // 读取文档
        // 3. 获取XML文档的根路径
        Element rootElement = document.getRootElement();           // 读取根元素
        // 4. 通过根元素读取指定的子元素的内容
        List<Element> memberList = rootElement.elements("member");      // 读取所有member元素
        // 5. 获取Iterator接口实例
        Iterator<Element> iter = memberList.iterator();
        while (iter.hasNext()) {                               // 迭代输出
            Element memberElement = iter.next();                   // 获取元素对象
            String id = memberElement.attributeValue("id");        // 获取属性内容
            String name = memberElement.elementText("name");       // 获取元素内容
            String age = memberElement.elementText("age");         // 获取元素内容
            System.out.printf("用户ID：%s、姓名：%s、年龄：%s。\n", id, name, age);
        }
    }
}
```

程序执行结果：

```
用户ID：muyan、姓名：沐言科技、年龄：19.0。
用户ID：lee、姓名：李兴华、年龄：16.0。
```

本程序利用 DOM4J 中提供的 SAXReader 自定义解析器实现了 XML 文件内容的读取。而在进行数据查询时，开发者只需要设置元素的名称，就可以返回相应的数据集合，这样就可以利用迭代的方式获取该元素中的属性以及对应子元素中的内容。

8.5 JavaScript 中的 DOM 操作

HTML 中的 DOM 树

视频名称 0816_【掌握】HTML 中的 DOM 树

视频简介 HTML 和 XML 有着本质上的相同点，所以每一个 HTML 页面中都有一个独立的 DOM 树结构。本视频通过一段具体的 HTML 代码分析 HTML 程序与 DOM 树之间的关联。

HTML 作为标记语言的一种，其组成的结构与 XML 类似，所以在任何一个完整的 HTML 页面中实际上都会有一个与之匹配的 DOM 树。例如，现在有如下一段程序代码。

范例：定义 HTML 文件

```
<html>
<head>
    <title>沐言科技</title>
    <meta charset="UTF-8"/>
</head>
<body>
<div><span id="msg">www.yootk.com</span></div>
</body>
</html>
```

抛开 HTML 元素中的显示功能，可以清楚地发现每一个 HTML 文件中都会有“<html>”根元素，而后在此根元素中可以添加任意的子元素，于是此时就可以得到图 8-26 所示的 HTML 与 DOM 树。

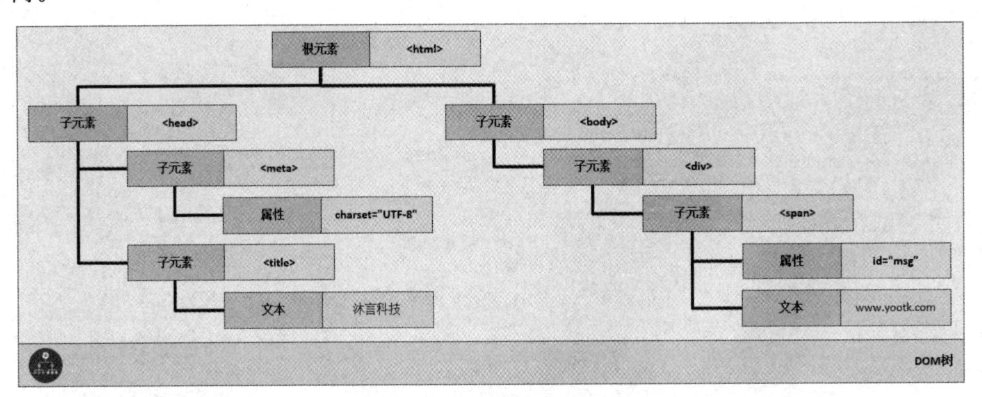

图 8-26 HTML 与 DOM 树

范例：实现 HTML 文本动态替换

```
<html><head><title>沐言科技</title><meta charset="UTF-8"/>
    <script type="text/javascript">
        window.onload = function() {
            spanObject = document.getElementById("msg");     // 根据ID获取指定元素
            console.log("【第一种获取内容方法】" + spanObject.innerHTML);
            msg = spanObject.firstChild.nodeValue;           // 获取第一个子节点的内容
            console.log("【第二种获取内容方法】" + msg);
            document.getElementById("myBut").addEventListener("click",
                    changeButtonInfo, false);                // 动态绑定单击事件
        }
        function changeButtonInfo() {                        // 事件处理函数
            document.getElementById("myBut").innerHTML = "沐言科技：www.yootk.com";
        }
    </script>
</head>
<body>
<div><span id="msg">www.yootk.com</span></div><br/>
<div><button type="button" id="myBut">按我修改按钮内容</button></div>
</body>
</html>
```

由于 HTML 文档是一棵完整的 DOM 树，所以在本程序中通过 JavaScript 实现了 DOM 解析的处理操作。在代码中可以直接通过 document 对象中的 getElementById()方法根据指定的元素 ID 获取元素对象，这样就可以获取元素中对应的文本数据，同时也可以修改元素中的文本数据，本程序执行结果如图 8-27 所示。

图 8-27 JavaScript 实现 DOM 操作

提示：关于"innerHTML"操作。

在 DOM 处理标准中，要想进行元素内容的修改，实际上需要通过文本节点的删除而后重新添加文本节点的方式完成。"IE 时代"遗留下了一个"innerHTML"（注意大小写）文本修改功能，开发者可以直接通过此操作实现元素文本的简单获取与修改操作。由于其操作简单，所以现在很多浏览器就将这一操作保留下来继续供开发者使用。

8.5.1 生成下拉列表

生成下拉列表

视频名称 0817_【掌握】生成下拉列表

视频简介 HTML 中的 DOM 处理可以直接利用 JavaScript 来完成。本视频通过一个 JavaScript 与 HTML 的结合操作，讲解列表元素的动态创建与删除处理。

在 HTML 中，由于每一个页面都是一棵独立的 DOM 树，这样就可以通过 JavaScript 基于 DOM 实现页面元素的动态生成。在实际的开发中，经常会有动态生成下拉列表框的处理操作，如图 8-28 所示。那么此时就需要按照 DOM 的处理原则先创建元素而后设置属性以及文本子节点，最后将其添加到<select>元素之中。

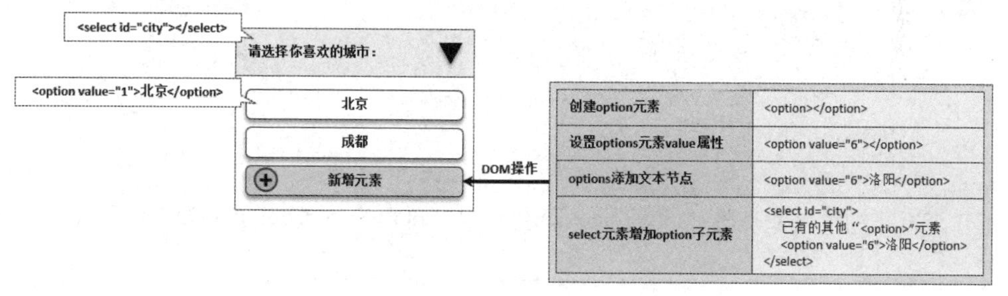

图 8-28 动态配置下拉列表项

范例：填充下拉列表信息

```
<html><head><title>沐言科技：www.yootk.com</title><meta charset="UTF-8"/>
    <script type="text/javascript">
        ids = new Array(1,2,3,4,5,6);                                   // 下拉列表框内容
        labs = new Array("北京","成都","南京","广州","深圳","洛阳");       // 下拉列表框标签
        window.onload = function() {                                    // 页面加载时触发
            document.getElementById("fillbut").addEventListener("click", function(){
                cityObject = document.getElementById("city");           // 获取下拉列表框组件
                cityObject.length = 1;                                  // 只保留一个元素
                for (x = 0 ; x < ids.length ; x ++) {                   // 循环填充
                    optionElement = document.createElement("option");   // 创建元素
                    optionElement.setAttribute("value",ids[x]);         // 设置元素属性
                    optionElement.appendChild(document.createTextNode(labs[x])); // 文本节点
```

```
                cityObject.appendChild(optionElement);              // 添加子元素
            }
        }, false) ;
    }
</script>
</head><body>
<div>你喜欢的城市：
    <select id="city">
        <option value="">======= 请选择你喜欢的城市 =======</option>
    </select>
    <button id="fillbut">填充下拉列表框内容</button>
</div></body></html>
```

在本程序中为“fillbut”按钮绑定了一个鼠标单击事件，当用户单击按钮后会自动清除<select>中的所有<option>元素，但是会保留第一个提示文本信息。随后利用 for 循环将数组中的内容填充到新创建的<option>元素中，最后将新创建的<option>元素添加到<select>元素中，实现下拉列表项的动态生成，本程序的运行结果如图 8-29 所示。

图 8-29　动态生成下拉列表项

提示：使用 DOM 删除列表项。

在本程序进行<option>元素删除时使用了“cityObject.length = 1”程序代码，而这种代码并不是 DOM 的数据处理格式。如果使用 DOM 的方式删除，则代码如下。

范例：使用 DOM 操作删除元素

```
function removeOptionElement() {
    cityObject = document.getElementById("city");              // 下拉列表框组件
    optionList = cityObject.getElementsByTagName("option");    // 元素查找
    count = optionList.length ;                                 // 删除数据长度
    for (x = 0 ; x < count - 1 ; x ++) {                        // 循环删除
        cityObject.removeChild(optionList[1]) ;                 // 元素删除
    }
}
```

这样当需要删除时直接将“cityObject.length = 1”语句更换为 removeOptionElement()函数调用即可。

8.5.2　动态修改下拉列表项

动态修改下拉列表项

视频名称　0818_【掌握】动态修改下拉列表项

视频简介　DOM 操作中的一切数据内容都是可以被修改的，这样就可以动态地实现 HTML 元素的配置。本视频通过具体的代码实例讲解两个下拉列表框之间的动态数据项操作。

在 HTML 页面中下拉列表框具备数据列表的操作效果，在使用时只需要将下拉列表框的显示长度数值加大即可，这样在实际的项目中就可以利用这样的组件实现信息的列表。在用户使用时，可以动态地将用户选定的列表项添加到另一个下拉列表框中，以实现列表项的动态管理，如图 8-30 所示。

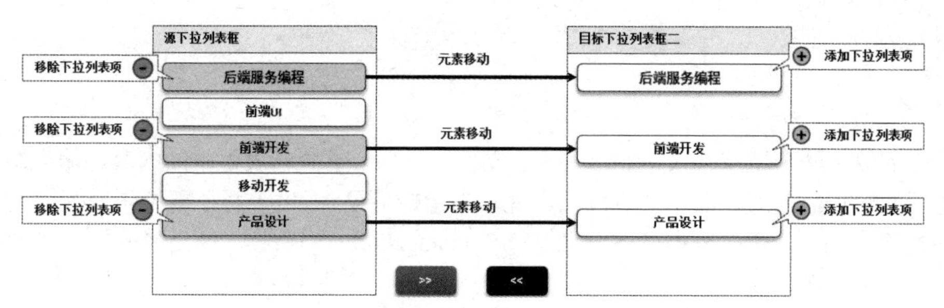

图 8-30　动态修改下拉列表项

范例：动态修改下拉列表项

```
<html><head><title>沐言科技：www.yootk.com</title><meta charset="UTF-8"/>
    <script type="text/javascript">
        window.onload = function () {                                    // 页面加载时触发
            addButton = document.getElementById("add");                  // 按钮元素
            deleteButton = document.getElementById("delete");            // 按钮元素
            addButton.addEventListener("click", function(){              // 单击事件
                changeOption("spe", "own");                              // 选项配置
            }, false);
            deleteButton.addEventListener("click", function(){           // 单击事件
                changeOption("own", "spe");                              // 选项配置
            }, false);
        }
        function changeOption(sourceName, destName) {                    // 选项配置
            speObject = document.getElementById(sourceName);             // 源下拉列表框
            ownObject = document.getElementById(destName);               // 目标下拉列表框
            speOptionsList = speObject.getElementsByTagName("option"); // 获取元素
            optionArray = new Array();                                   // 保存选中项
            foot = 0;                                                    // 进行操作数组的脚标
            for (x = 0; x < speOptionsList.length; x++) {                // 选项循环
                if (speOptionsList[x].selected) {                        // 选项选中
                    optionArray[foot++] = speOptionsList[x];             // 保存选项
                }
            }
            for (x = 0; x < optionArray.length; x++) {                   // 选项循环
                optionElement = document.createElement("option");        // 创建元素
                optionElement.setAttribute("value",
                    optionArray[x].getAttribute("value"));               // 设置元素属性
                optionElement.appendChild(document.createTextNode(
                    optionArray[x].firstChild.nodeValue));               // 设置元素文本
                ownObject.appendChild(optionElement);                    // 元素追加
                speObject.removeChild(optionArray[x]);                   // 元素删除
            }
        }
    </script>
</head>
<body>
<div>请选择你擅长的IT技能：</div>
<select id="spe" multiple size="8">                                      <!-- 下拉列表框一 -->
    <option value="" disabled="">======= 请选择你擅长的技术 =======</option>
    <option value="1">后端服务编程</option>
    <option value="2">前端UI</option>
    <option value="3">前端开发</option>
    <option value="4">移动开发</option>
    <option value="5">产品设计</option>
</select>
<button id="add">&gt;&gt;</button>
<button id="delete">&lt;&lt;</button>
```

```
<select id="own" multiple size="8">                             <!-- 下拉列表框二 -->
    <option value="" disabled="">======= 个人擅长技术 =======</option>
</select>
</body></html>
```

本程序创建了两个下拉列表框，为了便于操作，第一个下拉列表框中的内容为静态给出，而第二个列表框的数据需要通过第一个下拉列表框动态选择后添加。由于两个下拉列表框都有可能向对方进行列表项的设计，所以在程序中定义了一个 changeOption()函数，该函数的主要目的是进行下拉列表框选项的移动。

由于在当前项目中两个下拉列表框的选项都有可能互相添加，所以在每次进行选项移动时，如果选择的是添加操作，则会将下拉列表框一中已经选中的（selected 为 true）选项先保存在 optionArray 数组中，这样就可以根据已有的<option>元素内容创建新的<option>元素，并实现数据的填充，最终实现选项的移动操作。本程序的运行结果如图 8-31 所示。

图 8-31　动态修改下拉列表项

8.5.3　表格动态操作

视频名称　0819_【掌握】表格动态操作

视频简介　表格是 HTML 中最为常见的一种结构组件，同时也是数据显示常用的技术手段。本视频介绍通过 DOM 处理的形式实现表格行的动态添加、修改和删除的操作。

在数据展示操作中，表格是最主要的处理形式。如果开发者有需要，也可以直接基于 DOM 的处理方式实现表格元素的动态配置操作（动态添加表格行、动态删除表格行等），如图 8-32 所示。

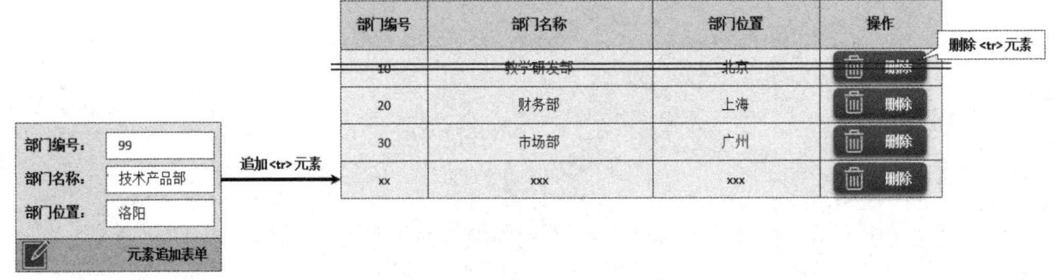

图 8-32　表格元素动态操作

范例：实现表格动态操作

```
<html><head><title>沐言科技：www.yootk.com</title><meta charset="UTF-8"/>
    <script type="text/javascript">
        window.onload = function () {                           // 页面加载时执行
            document.getElementById("reset").addEventListener(
```

```
                "click", clean, false);                                    // 单击事件
            document.getElementById("add").addEventListener(
                "click", function () {                                     // 单击事件
                dno = document.getElementById("deptno").value;             // 获取表单元素数据
                dna = document.getElementById("dname").value;              // 获取表单元素数据
                loc = document.getElementById("loc").value;                // 获取表单元素数据
                addRow(dno, dna, loc);                                     // 增加表格行函数
                clean();                                                   // 清空表单
            }, false);
        }
        function clean() {                                                 // 清除表单
            document.getElementById("deptno").value = "";                  // 清空元素数据
            document.getElementById("dname").value = "";                   // 清空元素数据
            document.getElementById("loc").value = "";                     // 清空元素数据
        }
        function addRow(deptno, dname, loc) {                              // 增加表格行
            trElement = document.createElement("tr");                      // 创建<tr>元素
            trElement.setAttribute("id", "dept-" + deptno);                // 定义元素属性
            deptnoTdElement = document.createElement("td");                // 创建<td>元素
            dnameTdElement = document.createElement("td");                 // 创建<td>元素
            locTdElement = document.createElement("td");                   // 创建<td>元素
            deptnoTdElement.appendChild(document.createTextNode(deptno));  // 元素内容
            dnameTdElement.appendChild(document.createTextNode(dname));    // 元素内容
            locTdElement.appendChild(document.createTextNode(loc));        // 元素内容
            deleteButTdElement = document.createElement("td");             // 创建<td>元素
            deleteButElement = document.createElement("button");           // 创建按钮
            deleteButElement.addEventListener("click", function () {       // 绑定事件
                if (window.confirm("确定要删除此信息吗？")) {                // 删除确认框
                    document.getElementById("deptBody").removeChild(document
                    .getElementById("dept-" + deptno));                    // 删除表格行元素
                }
            }, false);
            deleteButElement.appendChild(document.createTextNode("删除"));  // 按钮文字
            deleteButTdElement.appendChild(deleteButElement);              // 添加按钮
            trElement.appendChild(deptnoTdElement);                        // 添加表格列
            trElement.appendChild(dnameTdElement);                         // 添加表格列
            trElement.appendChild(locTdElement);                           // 添加表格列
            trElement.appendChild(deleteButTdElement);                     // 添加按钮
            document.getElementById("deptBody").appendChild(trElement);    // 添加表格行
        }
    </script>
</head><body>
<div>
    部门编号：<input type="text" id="deptno"><br>
    部门名称：<input type="text" id="dname"><br>
    部门位置：<input type="text" id="loc"><br>
    <button type="button" id="add">添加</button>
    <button type="button" id="reset">重置</button>
</div>
<div>部门信息列表</div>
<div>
    <table border="1" style="width:700px;">
        <thead id="deptHead">
            <tr><td>部门编号</td><td>部门名称</td><td>部门位置</td><td>删除</td></tr>
        </thead>
        <tbody id="deptBody"></tbody>
    </table>
</div>
</body></html>
```

本程序实现了一个页面表格的动态处理。当用户填写表单时，会将表单中的数据追加到对应的

表格元素中，而后进行元素的扩充；而在进行表格删除时，会通过绑定的表格行 ID 进行处理。程序的运行结果如图 8-33 所示。

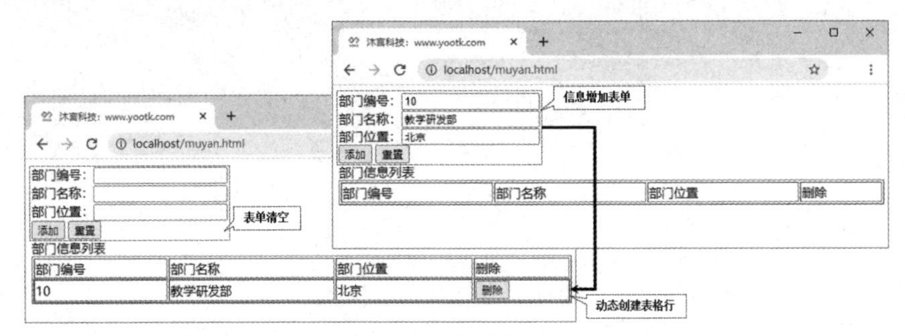

图 8-33　表格动态处理

8.5.4　HTML5 对 DOM 操作的支持

HTML5 对 DOM 操作的支持

视频名称　0820_【掌握】HTML5 对 DOM 操作的支持

视频简介　HTML5 作为当今主流的前端开发技术，对 DOM 处理操作提供了新的处理函数。本视频为读者讲解如何通过 HTML5 提供的元素查找器实现 HTML 元素内容修改。

在传统开发中，所有的 HTML 页面中的元素都只能够根据 ID 属性或者是元素名称进行查询。而这样的处理方式在进行某些元素定位时是非常烦琐的，所以在 HTML5 版本中针对 DOM 处理操作提供了如下两个元素选择器。

- **根据 ID 选择**：document.querySelector("#id")。
- **根据元素选择**：document.querySelectorAll("元素,元素,元素")。

范例：使用 HTML5 选择器

```
<html><head><title>沐言科技：www.yootk.com</title><meta charset="UTF-8"/>
    <script type="text/javascript">
        window.onload = function () {                                   // 页面加载时执行
            // 根据指定元素ID获取一个元素，并且设置其内部的文字节点内容
            document.querySelector("#message").innerHTML = "沐言科技：www.yootk.com";
            eles = document.querySelectorAll("span,p");                 // 获取若干个元素对象
            for (x = 0 ; x < eles.length ; x ++) {                      // 元素迭代
                eles[x].innerHTML = "李兴华高薪就业编程训练营：edu.yootk.com" ; // 元素内容
            }
        }
    </script>
</head>
<body><div id="message"></div><div><span></span><p></p></div></body></html>
```

本程序使用了 HTML5 中提供的两个元素选择器选择了所需要的元素对象，随后分别设置了元素内部的显示文字信息，最终的运行结果如图 8-34 所示。

图 8-34　HTML5 选择器

8.6 数据转移项目实战

数据转移项目说明

视频名称 0821_【理解】数据转移项目说明

视频简介 现实开发中经常需要进行数据的交换处理，而有些数据是需要通过特定的技术手段才可以获得的。为了便于数据管理，往往要将数据进行融合。本视频为读者分析本项目案例的技术开发要求与技术实现方案。

在项目开发中，可以通过 XML 数据结构实现不同系统之间的数据传输操作功能。现在假设有一个数据采集系统，该采集系统可以收集大量设备中的应用信息。考虑到设备的安全性问题，不允许用户直接访问里面所保存的数据信息，但提供一个指定日期时间范围的数据下载操作。在数据使用中，不同的系统平台又有可能根据自身的需要进行一些数据分析处理操作，那么这就需要进行数据的合并处理，如图 8-35 所示。

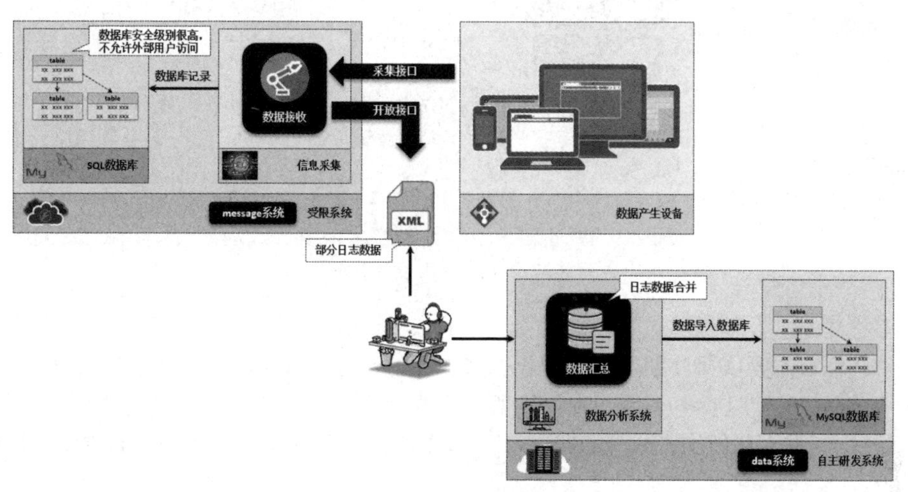

图 8-35 数据转换处理

提示：实际中的数据采集架构。

学习 Java Web 是 Java SE 和框架技术学习之间的重要过渡环节。考虑到读者技术学习的层次问题，本次讲解是基于数据库实现的日志数据汇总，而在实际的项目中这种做法是不可取的。因为随着业务量的增长，日志文件中的数据内容可能一分钟就会有几个 TB 的大小，数据库明显是无法承受的。图 8-36 所示为当今日志采集中的一种常见的架构。

图 8-36 当今常见的数据采集分析架构

随着技术应用的不同以及业务的需求不同，数据采集与分析的架构实现也可能会有不同的解决方案，但是核心的原则就是要有一个可以承受超高并发访问量的消息组件、一个日志信息的可靠存储介质，以及一个性能较高的数据分析组件。

8.6.1　数据导出为 XML 文件

数据导出为 XML 文件

视频名称　0822_【掌握】数据导出为 XML 文件

视频简介　项目中的数据一般都会保存在 SQL 数据库之中，这样开发者就可以通过 SQL 数据库并结合 DOM4J 工具实现数据库中的数据导出。本视频通过具体的代码讲解 XML 文件的生成以及下载操作。

现在假设当前有一个“message”数据采集系统，但是考虑到安全性以及服务的稳定性，所以在该系统中是不允许用户直接进行日志数据库访问的。由于所有的日志都是有记录期限的，所以使用者可以直接获取指定日期区间的日志数据信息，并且将这些信息内容通过 XML 文件进行保存，如图 8-37 所示。

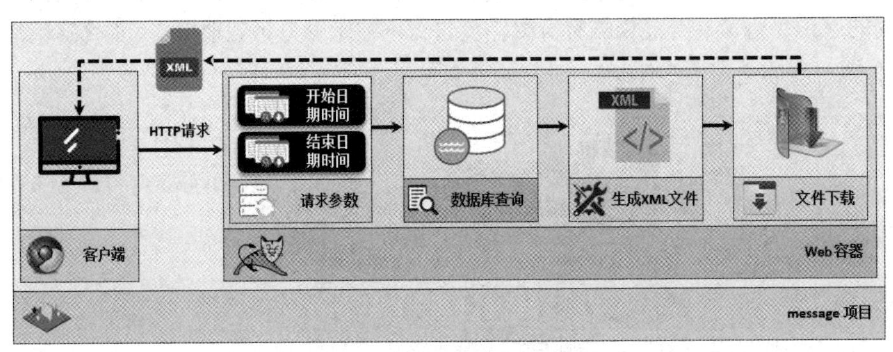

图 8-37　生成 XML 文件并下载

由于本程序不涉及数据的生成问题，所以为了方便起见，可以直接将测试数据写在数据库执行脚本之后，这样只需要依据日期范围进行数据查询即可。随后所获取到的结果集将通过 DOM4J 在内存中生成 XML 文件以实现下载，本程序所需要的程序文件以及代码功能说明如下。

（1）【数据库脚本】创建一个 yootkmessage 数据库，并进行 record 数据表的创建，在创建时选择“Archive”数据引擎。

```
DROP DATABASE IF EXISTS yootkmessage ;
CREATE DATABASE yootkmessage CHARACTER SET UTF8 ;
USE yootkmessage ;
-- status = 0：设备连接正常、status = 1：设备警告、status = 2：设备出现问题
CREATE TABLE record(
  id        BIGINT    AUTO_INCREMENT ,
  device    VARCHAR(50) ,
  intime    DATETIME ,
  status    INT,
  CONSTRAINT id PRIMARY KEY(id)
) engine=Archive;
INSERT INTO record(device, intime, status) VALUES ('android', '2020-12-12 19:15:16', 0);
INSERT INTO record(device, intime, status) VALUES ('android', '2020-12-12 19:15:17', 0);
INSERT INTO record(device, intime, status) VALUES ('android', '2020-12-12 19:15:18', 1);
INSERT INTO record(device, intime, status) VALUES ('ios', '2020-12-12 19:15:18', 0);
INSERT INTO record(device, intime, status) VALUES ('ios', '2020-12-13 19:12:18', 0);
INSERT INTO record(device, intime, status) VALUES ('ios', '2020-12-14 19:16:18', 0);
INSERT INTO record(device, intime, status) VALUES ('pc', '2020-12-21 20:16:18', 0);
INSERT INTO record(device, intime, status) VALUES ('pc', '2020-12-22 21:16:18', 0);
INSERT INTO record(device, intime, status) VALUES ('pc', '2020-12-22 22:16:18', 0);
COMMIT;
```

（2）【工具类】由于用户所发送的请求参数为日期时间，为了便于操作就需要创建一个日期格式化的工具类。考虑到多线程支持问题，本次将通过 LocalDateTime 类实现。

```
package com.yootk.common.util;
import java.time.Instant;
import java.time.LocalDateTime;
import java.time.ZoneId;
import java.time.format.DateTimeFormatter;
import java.util.Date;
public class DateConvert {                                              // 日期转换类
    private static final DateTimeFormatter FORMATTER =
            DateTimeFormatter.ofPattern("yyyy-MM-dd HH:mm:ss");
    private DateConvert() {}                                            // 构造方法私有化
    public static Date stringToDate(String str) {                      // 字符串格式化为日期
        LocalDateTime dateTime = LocalDateTime.parse(str, FORMATTER);   // 获取对象实例
        ZoneId zoneId = ZoneId.systemDefault();                         // 得到系统当前时区
        Instant instant = dateTime.atZone(zoneId).toInstant();          // 获取日期实例
        Date date = Date.from(instant);                                 // 格式转换
        return date;                                                    // 返回转换后结果
    }
}
```

（3）【XML 操作类】为便于实现数据导出操作，可以创建一个 ExportHandler 工具类。该类会将 JDBC 查询到的数据结果通过 DOM4J 在内存中形成 XML 结构数据。

```
package com.yootk.servlet.handler;
import com.yootk.dbc.DatabaseConnection;
import org.dom4j.Document;
import org.dom4j.DocumentHelper;
import org.dom4j.Element;
import org.dom4j.io.XMLWriter;
import java.io.ByteArrayOutputStream;
import java.sql.PreparedStatement;
import java.sql.ResultSet;
import java.util.Date;
public class ExportHandler {
    private Date beginDate;                                                 // 开始日期时间
    private Date endDate;                                                   // 结束日期时间
    public ExportHandler(Date beginDate, Date endDate) {                   // 初始化参数
        this.beginDate = beginDate;                                         // 属性保存
        this.endDate = endDate;                                             // 属性保存
    }
    public String getData() {                                               // 获取XML数据
        String str = null;                                                  // 保存最终处理结果
        ByteArrayOutputStream outputStream = new ByteArrayOutputStream();   // 内存流
        try {
            String sql = "SELECT device, intime, status FROM record" +
                    " WHERE intime BETWEEN ? AND ?";                        // 查询SQL
            PreparedStatement pstmt = DatabaseConnection.getConnection()
                    .prepareStatement(sql);                                 // 数据库操作
            pstmt.setDate(1, new java.sql.Date(this.beginDate.getTime())); // 参数设置
            pstmt.setDate(2, new java.sql.Date(this.endDate.getTime()));   // 参数设置
            ResultSet rs = pstmt.executeQuery();                           // 数据查询
            Document document = DocumentHelper.createDocument();           // 创建空文档
            Element infosElement = document.addElement("infos");           // 定义根元素
            while (rs.next()) {
                Element bookElement = infosElement.addElement("info");     // 创建子元素
                bookElement.addElement("device").setText(rs.getString(1)); // 设置子元素
                bookElement.addElement("intime").setText(String
                    .valueOf(rs.getTimestamp(2).getTime()));               // 设置子元素
                bookElement.addElement("status").setText(String
                    .valueOf(rs.getInt(3)));                                // 设置子元素
            }
            XMLWriter writer = new XMLWriter(outputStream);                 // XML文件输出
```

```
            writer.write(document);                                    // 输出文档内容
            writer.close();                                            // 关闭输出流
            str = outputStream.toString();                             // 获取内存数据
        } catch (Exception e) {                                        // 异常简化处理
            e.printStackTrace();                                       // 输出异常信息
        } finally {
            DatabaseConnection.close();                                // 关闭数据库
        }
        return str;
    }
}
```

（4）【Servlet 类】由于本次的请求是在 Servlet 中进行响应的，所以需要设置好 MIME 类型以及下载文件名称。

```
package com.yootk.servlet;
import com.yootk.common.util.DateConvert;
import com.yootk.servlet.handler.ExportHandler;
import jakarta.servlet.ServletException;
import jakarta.servlet.annotation.WebServlet;
import jakarta.servlet.http.HttpServlet;
import jakarta.servlet.http.HttpServletRequest;
import jakarta.servlet.http.HttpServletResponse;
import java.io.IOException;
import java.util.Date;
@WebServlet("/export.action")
public class ExportServlet extends HttpServlet {
    @Override
    protected void doPost(HttpServletRequest req, HttpServletResponse resp)
            throws ServletException, IOException {
        req.setCharacterEncoding("UTF-8");                        // 请求编码
        resp.setCharacterEncoding("UTF-8");                       // 响应编码
        resp.setContentType("text/xml;charset=UTF-8");            // XML显示风格
        Date beginDate = DateConvert.stringToDate(
                req.getParameter("begin"));                       // 开始日期时间
        Date endDate = DateConvert.stringToDate(
                req.getParameter("end"));                         // 结束日期时间
        resp.getOutputStream().print(new ExportHandler(beginDate, endDate).getData());
        // 定义文件名称，文件格式为："yootk.开始查询日期时间.结束查询日期时间.xml"
        String fileName = "yootk." + req.getParameter("begin") +
                "." + req.getParameter("end") + ".xml";
        // 通过响应头信息的方式设置当前下载文件的保存名称
        resp.setHeader("Content-Disposition","attachment; filename=" + fileName);
    }
}
```

（5）【JSP 页面】为便于用户操作，需要定义一个表单页面，该页面可以由用户选择日志的下载日期时间范围。

```
<form action="export.action" class="form-horizontal" id="myform" method="post">
    <fieldset>
        <div class="control-group form-group" id="beginDiv">
            <label class="col-md-2 control-label" for="begin">数据导出开始日期时间：</label>
            <div class="col-md-8">
                <div class="controls input-append date form_datetime"
                        data-date-format="yyyy-mm-dd hh:ii:s" data-link-field="begin">
                    <input size="16" type="text" id="begin" name="begin"
                        readonly class="form-control input-sm">
                    <span class="add-on"><i class="icon-remove"></i></span>
                    <span class="add-on"><i class="icon-th"></i></span>
                </div>
            </div>
        </div>
```

```
        <div class="control-group form-group" id="endDiv">
            <label class="col-md-2 control-label" for="end">数据导出结束日期时间：</label>
            <div class="col-md-8">
                <div class="controls input-append date form_datetime"
                        data-date-format="yyyy-mm-dd hh:ii:s" data-link-field="end">
                    <input size="16" type="text" id="end" name="end"
                        readonly class="form-control input-sm">
                    <span class="add-on"><i class="icon-remove"></i></span>
                    <span class="add-on"><i class="icon-th"></i></span>
                </div>
            </div>
        </div>
        <div class="form-group">
            <div class="col-md-offset-2 col-md-5">
                <button type="submit" class="btn btn-primary">
                    <span class="glyphicon glyphicon-save"/> 导出</button>
                <button type="reset" class="btn btn-warning">
                    <span class="glyphicon glyphicon-retweet"/> 重置</button>
            </div>
        </div>
    </fieldset>
</form>
```

本程序所创建的页面结构使用了两个日期时间组件，这样在表单提交后就可以通过 begin 和 end 两个参数名称进行数据的接收，而在接收后将利用 ExportHandler 工具类实现数据库查询，并将查询结果转为 XML 结构返回。程序中定义类的关联结构如图 8-38 所示，程序的执行结果如图 8-39 所示。

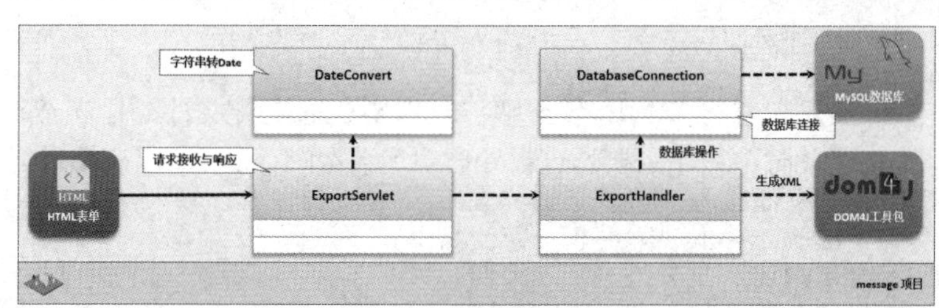

图 8-38　类的关联结构

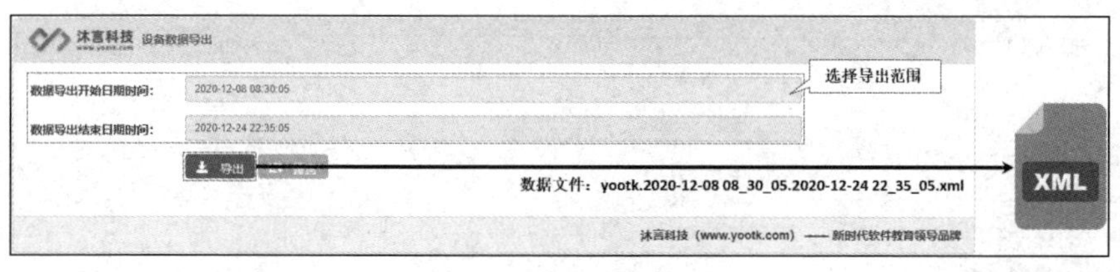

图 8-39　程序的执行结果

8.6.2　上传 XML 数据文件

上传 XML 数据文件

视频名称　0823_【掌握】上传 XML 数据文件

视频简介　项目中获取到的数据信息需要与原始的数据信息汇总，可以直接借助于上传文件的模式来完成。本视频讲解 XML 文件的上传接收以及数据库批处理操作的应用。

用户通过 message 系统下载完成的数据信息内容需要被合并到当前 data 系统之中，这样就需要在用户上传文件后对该文件中的数据进行 XML 解析处理，随后将对应的数据内容保存在数据库之中。由于所保存的数据量较大，因此此时应该采用批处理的方式进行数据的批量存储，程序执行结构如图 8-40 所示。

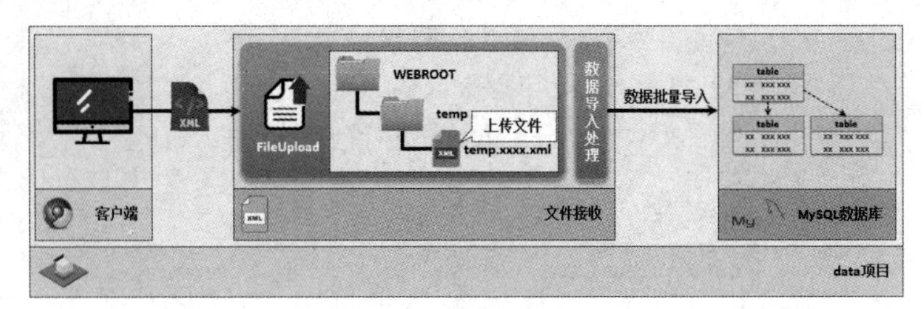

图 8-40　数据批量导入

在 Java Web 开发中，上传文件的接收可以使用 FileUpload 组件来完成，结合之前所开发的 ParameterUtil 工具类就可以实现上传文件的接收，所有的上传文件临时保存在"/temp"目录之中。这样就可以直接利用 DOM4J 进行 XML 数据的解析，最终将解析的结果保存在相应的数据表之中，本程序的具体实现代码如下。

（1）【数据库脚本】创建 yootkdata 数据库，在该数据库中提供一张 logs 数据表。

```
DROP DATABASE IF EXISTS yootkdata ;
CREATE DATABASE yootkdata CHARACTER SET UTF8 ;
USE yootkdata ;
-- status = 0：设备连接正常；status = 1：设备警告；status = 2：设备出现问题
CREATE TABLE logs(
  id        BIGINT   AUTO_INCREMENT ,
  device    VARCHAR(50) ,
  intime    DATETIME ,
  status    INT,
  CONSTRAINT id PRIMARY KEY(id)
) engine=Archive;
```

（2）【XML 解析类】在进行 XML 数据解析时需要获取上传文件的输入流对象，随后使用 DOM4J 进行处理。由于此时项目中需要通过批处理实现数据的存储，所以应该进行手动事务处理。

```
package com.yootk.servlet.handler;
import com.yootk.dbc.DatabaseConnection;
import org.dom4j.Document;
import org.dom4j.Element;
import org.dom4j.io.SAXReader;
import java.io.File;
import java.io.FileInputStream;
import java.sql.PreparedStatement;
import java.util.List;
public class ImportHandler {
    private String filePath;                                                // 文件路径
    public ImportHandler(String filePath) {
        this.filePath = filePath;                                           // 属性保存
    }
    public void saveData() throws Exception {                              // 数据存储
        PreparedStatement pstmt = null;                                     // 数据库操作
        try {
            DatabaseConnection.getConnection().setAutoCommit(false);        // 取消自动提交
            String sql = "INSERT INTO logs(device, intime, status) VALUES (?,?,?)";
            pstmt = DatabaseConnection.getConnection().prepareStatement(sql);
            SAXReader saxReader = new SAXReader();                          // 默认的SAX解析器
            Document document = saxReader.read(new
                    FileInputStream(new File(this.filePath)));              // 读取文件
            Element rootElement = document.getRootElement();                // 读取根元素
            List<Element> infoList = rootElement.elements("info");         // 获取元素集合
            for (Element element : infoList) { // 元素迭代
                pstmt.setString(1, element.elementText("device"));         // 设置SQL参数
                pstmt.setTimestamp(2, new java.sql.Timestamp(Long.parseLong(
                    element.elementText("intime"))));                       // 设置SQL参数
```

```
            pstmt.setInt(3, Integer.parseInt(
               element.elementText("status")));                  // 设置SQL参数
            pstmt.addBatch();                                    // 追加批处理
         }
         pstmt.executeBatch();                                   // 执行批处理
         DatabaseConnection.getConnection().commit();            // 事务提交
      } catch (Exception e) {
         DatabaseConnection.getConnection().rollback();          // 事务回滚
         throw e;
      } finally {
         DatabaseConnection.close();                             // 数据库关闭
      }
   }
}
```

（3）【Servlet 类】定义 ImportServlet 实现请求文件的接收，同时调用 ImportHandler 实现 XML 数据解析与数据库存储。

```
package com.yootk.servlet;
import com.yootk.common.util.ParameterUtil;
import com.yootk.servlet.handler.ImportHandler;
import jakarta.servlet.ServletException;
import jakarta.servlet.annotation.WebServlet;
import jakarta.servlet.http.HttpServlet;
import jakarta.servlet.http.HttpServletRequest;
import jakarta.servlet.http.HttpServletResponse;
import java.io.IOException;
import java.util.List;
@WebServlet("/import.action")
public class ImportServlet extends HttpServlet {
    @Override
    protected void doPost(HttpServletRequest req, HttpServletResponse resp)
               throws ServletException, IOException {
        req.setCharacterEncoding("UTF-8");                    // 接收编码
        resp.setCharacterEncoding("UTF-8");                   // 响应编码
        resp.setContentType("text/html;charset=UTF-8");       // 响应MIME
        ParameterUtil pu = new ParameterUtil(req);            // 上传工具类
        try {
            List<String> fileNames = pu.getTempFileNames();  // 获取上传文件名称
            new ImportHandler(req.getServletContext().getRealPath("/temp/") +
                   fileNames.get(0)).saveData();             // 处理上传文件
            resp.getWriter().println("数据导入成功！");       // 直接输出
            pu.clean();                                       // 清空上传临时文件
        } catch (Exception e) {
            e.printStackTrace();
            resp.getWriter().println("数据导入失败！");       // 直接输出
        }
    }
}
```

（4）【JSP 页面】定义前端显示页面，可以由用户自行选择上传的 XML 文件。

```
<form action="import.action" class="form-horizontal" id="myform"
        method="post" enctype="multipart/form-data">
  <fieldset>
    <div class="form-group" id="fileDiv">
      <label class="col-md-2 control-label" for="file">数据文件：</label>
      <div class="col-md-5">
        <input type="file" name="file" id="file"
                  class="form-control input-sm" placeholder="请选择要上传的数据文件">
      </div>
      <div class="col-md-4" id="fileMsg">*</div>
    </div>
```

```
    <div class="form-group">
      <div class="col-md-offset-2 col-md-5">
        <button type="submit" class="btn btn-primary">
                  <span class="glyphicon glyphicon-open"/> 上传</button>
        <button type="reset" class="btn btn-warning">
                  <span class="glyphicon glyphicon-retweet"/> 重置</button>
      </div>
    </div>
  </fieldset>
</form>
```

在本程序中定义了一个文件上传表单，在进行上传时可以选择通过 message 系统导出数据文件，即可实现数据信息的合并操作。本程序的运行效果如图 8-41 所示。

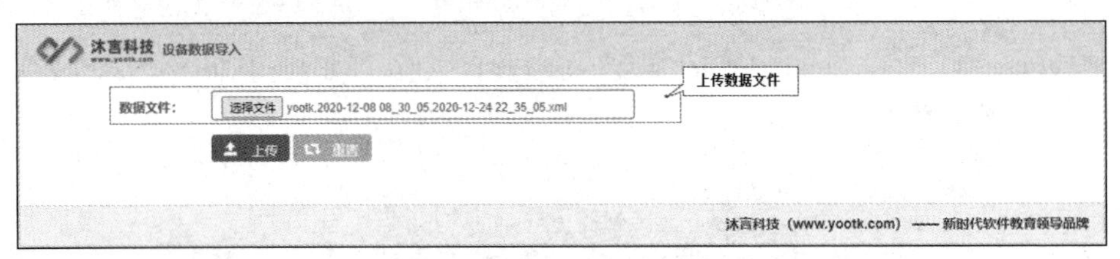

图 8-41 数据文件上传

8.7 本章概览

1．XML 提供了一种结构化的数据描述结构，通过其可以实现数据的传输以及配置文件定义的需求。

2．HTML 与 XML 都属于标记性语言，其中 XML 是以结构描述为主，可以自定义各种元素；而 HTML 是以数据显示为主，元素可用范围有限。虽然 XML 可以结合 XSL 实现页面展示，但是实际开发中不建议采用此模式。

3．DOM 是 W3C 定义的 XML 数据操作的标准，在使用 DOM 处理时需要在内存中形成一棵完整的 DOM 树，可以基于 DOM 树实现 XML 数据的解析与修改操作，但是不适合操作数据量较大的 XML 文件。

4．SAX 提供了一种顺序式的 XML 解析模式，需要由开发者自定义 SAX 解析器，适合于读取文件量较大的 XML 数据。

5．DOM4J 融合了 DOM 与 SAX 解析的优势，实现了更加简化的 XML 数据操作的方法支持。

6．DOM 是一种数据的操作标准，在实际的开发中，Java、Python、JavaScript 都可以实现 DOM 的开发操作。HTML 文件本身就具有 DOM 树的结构，所以可以通过 JavaScript 实现 HTML 元素的动态配置。

第 9 章 Ajax 异步数据交互

本章学习目标

1. 掌握 Ajax 的主要作用以及 XMLHttpRequest 类的使用；
2. 理解 HTML5 中提供的 Ajax 处理结构；
3. 掌握 Ajax 异步数据返回与响应状态处理；
4. 掌握 Ajax 异步数据验证处理实现机制；
5. 掌握 Ajax 与 XML 数据的结合处理，并可以基于 DOM 操作实现批量数据加载。

Ajax 是一种基于页面的局部刷新技术，利用 Ajax 技术可以有效地提升 Web 程序的开发性能。在本章中将为读者讲解 Ajax 的产生背景、主要技术实现手段，并且通过 3 个实际的项目案例分析 Ajax 的应用。

9.1 Ajax 异步通信

Ajax 简介

视频名称 0901_【掌握】Ajax 简介

视频简介 Ajax 是目前 Web 项目开发中的重要技术，几乎无处不在。本视频为读者分析 Ajax 的起源以及目前的主要应用模式。

Ajax（Asynchronous JavaScript and XML，异步 JavaScript 和 XML 技术）并不是一项新的技术，它产生的主要目的是用于页面的局部刷新，利用这样的技术可以有效地提升页面的响应速度。

> **提示：Ajax 的早期使用者。**
>
> Ajax 技术的最早使用者是 Google（谷歌），例如，Google Maps 就大量地应用了 Ajax 技术。随后的 Yahoo（雅虎）、Amazon（亚马逊）也陆续开始应用此技术，而到了现在几乎所有的互联网项目中都有 Ajax 技术应用。其不仅是前端开发人员必备的技能，也是后端架构人员的必备技能。

在传统的 Web 项目开发中，只要用户发出了请求，就会根据用户的请求进行相应的数据库查询，最终形成完整的显示页面。如果说现在有一个页面的查询需要同时涉及 5 张数据表的处理，如图 9-1 所示，那么生成页面所需的时间也会相应地增加。

当一个页面显示完成之后，要进行页面的操作，那么就有可能需要进行指定部分的数据更新。传统的做法采用的是重新加载整个页面的形式，而如果使用的是 Ajax 则只会进行部分内容的更新，如图 9-2 所示。部分更新的处理机制可以明显地实现整个 Web 程序性能的提升。

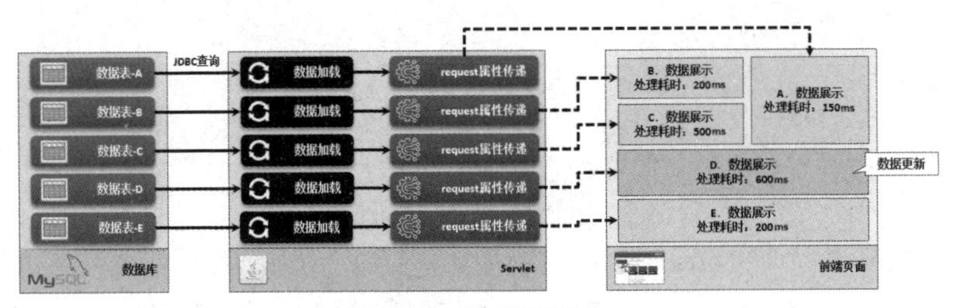

图 9-1　Web 页面展示

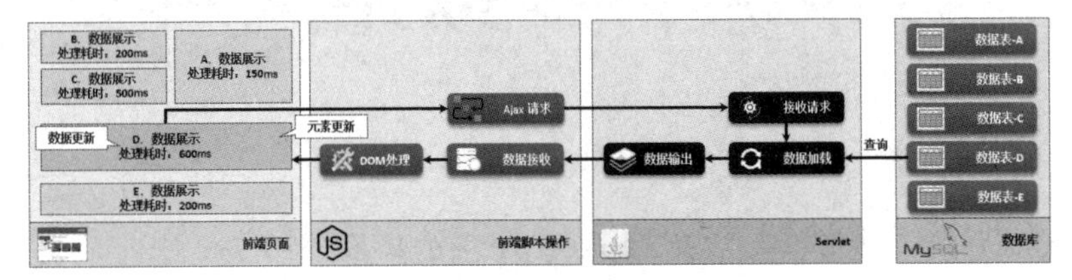

图 9-2　Ajax 局部更新

提示：Ajax 技术的延伸。

Ajax 技术在国内最早的应用开始于 2006 年，在前端开发技术的发展还没有完全稳定下来以前，都是需要结合动态 Web 生成显示内容后，再利用 Ajax 实现更新。而在现在的开发中，开发者赋予了 Ajax 更多的技术应用环境，利用跨域访问的处理机制，可以实现方便的前后端分离架构。

9.1.1 XMLHttpRequest

XMLHttpRequest

视频名称　0902_【掌握】XMLHttpRequest

视频简介　Ajax 的内部实现机制依靠的是 XMLHttpRequest 对象。本视频为读者讲解此对象的实例化处理操作，同时分析该类对象中的相关属性的作用。

Ajax 本身是一门综合性的技术，其主要应用包含 HTML、JavaScript、XML、DOM、XMLHttpRequest 等页面技术，但是其中最重要的就是 XMLHttpRequest 对象。

在 Ajax 中主要是通过 XMLHttpRequest 对象处理发送异步请求和响应的。此对象最早是在 IE 5 中以 ActiveX 组件的形式出现的，一直到 2005 年之后才被广泛地使用。在 XMLHttpRequest 类之中有许多的操作属性与处理函数，利用这些结构就可以实现 Ajax 请求与响应数据的接收处理，如表 9-1 所示。

表 9-1　XMLHttpRequest 对象操作

序号	名称	类型	描述
1	onreadystatechange	属性	指定当 readyState 状态改变时调用，一般用于指定具体的回调函数
2	readyState	属性	返回当前请求的状态，只读
3	responseBody	属性	将响应信息正文以 unsigned byte 数组形式返回，只读
4	responseStream	属性	以 Ado Stream 对象的形式返回响应信息，只读
5	responseText	属性	接收以普通文本返回的数据，只读
6	responseXML	属性	接收以 XML 文档形式响应的数据，只读
7	status	属性	返回当前请求的 HTTP 状态码，只读
8	statusText	属性	返回当前请求的响应行状态，只读
9	abort()	函数	取消当前所发出的请求

续表

序号	名称	类型	描述
10	getAllResponseHeaders()	函数	取得所有的 HTTP 头信息
11	getResponseHeader()	函数	取得一个指定的 HTTP 头信息
12	open()	函数	创建一个 HTTP 请求，并指定请求模式，如 GET 请求或 POST 请求
13	send()	函数	将创建的请求发送到服务器端，并接收响应信息
14	setRequestHeader()	函数	设置一个指定请求的 HTTP 头信息

在 XMLHttpRequest 类中最重要的一个属性就是 readyState，该属性描述了不同的 Ajax 的数据处理状态，开发者要根据不同的状态进行不同的处理操作，5 种具体的取值定义如下。

- 0：请求没有发出（在调用 open()函数之前）。
- 1：请求已经建立但还没有发出（在调用 send()函数之前）。
- 2：请求已经发出正在处理之中（这里通常可以从响应得到内容头部）。
- 3：请求已经处理，正在接收服务器端的信息，响应中通常有部分数据可用，但是服务器端还没有完成响应。
- 4：响应已完成，可以访问服务器端响应并使用它。

提示：XMLHttpRequest 对象创建。

现在的开发中，直接使用 new XMLHttpRequest()方式实例化即可。但是在 Ajax 早期使用时，由于 IE 的设计问题，在进行对象实例化之前就要判断浏览器类型，实例化方式如下。

范例：创建 XMLHttpRequest 对象

```
<script type="text/javascript">
    var xmlHttp;                                    // Ajax核心对象名称
    function createXMLHttp() {                      // 创建XMLHttpRequest核心对象
        if (window.XMLHttpRequest) {                // 判断当前使用的浏览器类型
            xmlHttp = new XMLHttpRequest(); // 直接实例化
        } else {                                    // 使用的是IE内核的浏览器
            xmlHttp = new ActiveXObject("Microsoft.XMLHTTP");
        }
    }
</script>
```

传统的创建形式如果发现采用的是 IE，则必须通过 ActiveX 组件的方式进行处理。而随着技术的发展，IE 已经退出了历史的发展舞台，那么对于 XMLHttpRequest 对象的创建也得到了简化。

9.1.2 Ajax 基础开发

Ajax 基础开发

视频名称 0903_【掌握】Ajax 基础开发

视频简介 基于 XMLHttpRequest 对象的处理机制，可以实现异步数据的加载。本视频为读者讲解 Ajax 代码的基本使用结构，并利用 DOM 结构实现异步数据的加载处理。

Ajax 异步数据处理过程中，依然需要开发者向服务器端发出请求。而服务器端的程序在处理完请求后，可以将所需要的数据进行输出。这样该数据就可以通过 XMLHttpRequest 对象提供的属性进行接收，再利用 DOM 处理方式将该数据转为相应的 HTML 代码，然后将其添加到页面中即可实现显示。为了便于读者理解本次操作，将通过一个 ECHO 程序模型实现一个完整的 Ajax 调用。首先来观察一下服务器端的处理代码。

范例：定义 EchoServlet 程序类

```
package com.yootk.servlet;
@WebServlet("/echo.action")                                     // 映射路径
public class EchoServlet extends HttpServlet {
    @Override
    protected void doGet(HttpServletRequest req, HttpServletResponse resp)
    throws ServletException, IOException {                      // GET请求处理
        req.setCharacterEncoding("UTF-8");                      // 请求编码
        resp.setCharacterEncoding("UTF-8");                     // 响应编码
        resp.setContentType("text/html;charset=UTF-8");  // 响应MIME
        String param = req.getParameter("message");             // 获取请求参数
        resp.getWriter().println("【ECHO】" + param);           // 响应输出
    }
    @Override
    protected void doPost(HttpServletRequest req, HttpServletResponse resp)
    throws ServletException, IOException {                      // POST请求处理
        this.doGet(req, resp);                                  // 调用doGet()方法
    }
}
```

在本程序中需要接收一个 message 请求参数，在数据前会追加一个“ECHO”的前缀，随后进行数据输出。

范例：定义 Ajax 页面（仅摘选核心代码）

```
<script type="text/javascript">
    window.onload = function() {
        document.getElementById("sendBut").addEventListener("click", function(){
            msg = document.getElementById("msg").value;                // 获取用户发送数据
            if (msg) {                                                  // msg数据存在
                xmlHttpRequest = new XMLHttpRequest() ;                 // 实例化异步请求对象
                xmlHttpRequest.open("post","echo.action") ;             // 请求处理地址
                xmlHttpRequest.setRequestHeader("Content-Type",
                    "application/x-www-form-urlencoded");               // 请求MIME类型
                xmlHttpRequest.onreadystatechange = function() {        // Ajax回调
                    if (xmlHttpRequest.readyState == 4 && xmlHttpRequest.status == 200) {
                        echoMsg = xmlHttpRequest.responseText;          // 响应数据
                        pElement = document.createElement("p");         // 创建XML元素
                        pElement.appendChild(document.createTextNode(echoMsg));
                        document.getElementById("echoDiv").appendChild(pElement);
                        document.getElementById("msg").value = "";     // 清空数据
                    }
                }
                xmlHttpRequest.send("message="+msg) ;                  // 请求发送
            }
        } ,false);
    }
</script>
<div class="panel panel-info">
    <div class="panel-heading">
        <strong><span class="glyphicon glyphicon-comment"/> 数据回显</strong>
    </div>
    <div class="panel-body" id="echoDiv"></div>             <%-- Ajax数据回显区域 --%>
    <div class="panel-footer" id="statusDiv"></div>
</div>
<form class="form-horizontal" id="myform" method="post">
    <fieldset>
        <div class="form-group" id="msgDiv">
            <label class="col-md-3 control-label">请输入信息：</label>
            <div class="col-md-7">
                <input type="text" name="msg" id="msg" class="form-control input-sm"
```

```
                    placeholder="请输入要发送的信息...">        <%-- 文本组件 --%>
            </div>
            <div class="col-md-2">
                <button type="button" class="btn btn-primary" id="sendBut">发送</button>
            </div>
        </div>
    </fieldset>
</form>
```

在本程序中为了便于用户进行数据的输入，设置了一个 msg 文本组件。这样每当用户单击“发送”按钮后就会将请求通过 Ajax 发送到指定的请求路径进行处理，而当请求处理完毕后，就可以利用 onreadystatechange 设置的回调函数进行前台页面的显示处理。程序的运行结果如图 9-3 所示。

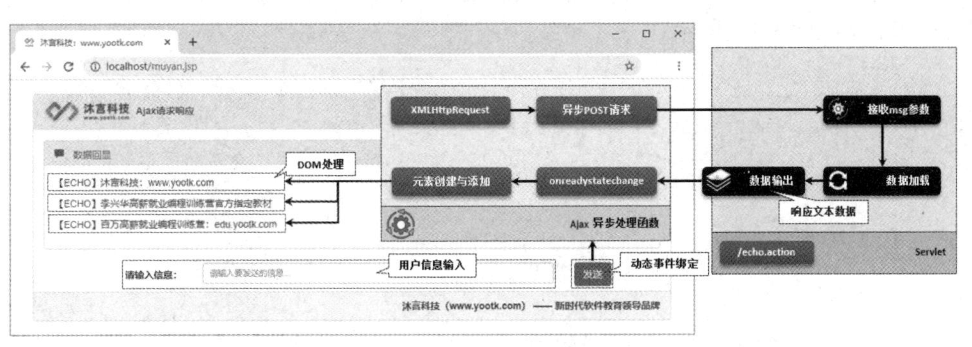

图 9-3 Ajax 异步处理

9.1.3 HTML5 对 Ajax 的新支持

Ajax 新支持

视频名称 0904_【理解】Ajax 新支持

视频简介 在 HTML5 中有大量新的前端支持语法，本视频通过具体的实例讲解 HTML5 中对 Ajax 语法处理结构的改进。

在传统的 Ajax 执行过程中，需要通过 onreadystatechange 设置异步响应的回调处理操作，同时要在回调函数中利用 readyState 实现不同状态的判断。而在 HTML5 中为了进一步规范化这些操作状态的控制，直接利用各个回调函数进行处理，使得代码的可读性更高。

范例：HTML5 中的 Ajax 应用（仅摘取核心代码）

```
<script type="text/javascript">
    window.onload = function() {
        document.getElementById("sendBut").addEventListener("click", function(){
            msg = document.getElementById("msg").value;          // 获取用户发送数据
            if (msg) {                                           // msg存在数据信息
                xmlHttpRequest = new XMLHttpRequest() ;          // 实例化异步的请求对象
                if (xmlHttpRequest.withCredentials) {            // 判断当前的浏览器是否支持Ajax
                    alert("对不起，您的浏览器不支持Ajax的处理操作！") ;
                } else {                                         // 当前浏览器支持Ajax
                    xmlHttpRequest.open("post","echo.action");   // 请求处理地址
                    xmlHttpRequest.setRequestHeader("Content-Type",
                          "application/x-www-form-urlencoded"); // 请求MIME类型
                    xmlHttpRequest.onprogress = function (ev) {  // 请求处理进度
                        document.querySelector("#statusDiv").innerHTML +=
                          "<p>正在进行数据处理操作，处理进度：" +
                                 (ev.loaded / ev.total) * 100 + "%</p>" ;
                    }
                    xmlHttpRequest.onload = function (ev) {      // 接收响应
                        echoMsg = xmlHttpRequest.responseText;   // 响应数据
```

```
                    pElement = document.createElement("p");      // 创建XML元素
                    pElement.appendChild(document.createTextNode(echoMsg));     // 元素内容
                    document.getElementById("echoDiv").appendChild(pElement);   // 追加元素
                    document.getElementById("msg").value = "";    // 清空数据
                }
                xmlHttpRequest.send("message="+msg);              // 请求发送
            }
        }
    } ,false);
}
</script>
```

本程序直接通过 HTML5 所提供的 Ajax 开发结构进行了异步请求的发送，可以发现针对提交状态以及响应的处理都可以分别定义回调处理函数，相比较传统的 Ajax 执行，代码结构更加清晰。本程序的执行结果如图 9-4 所示。

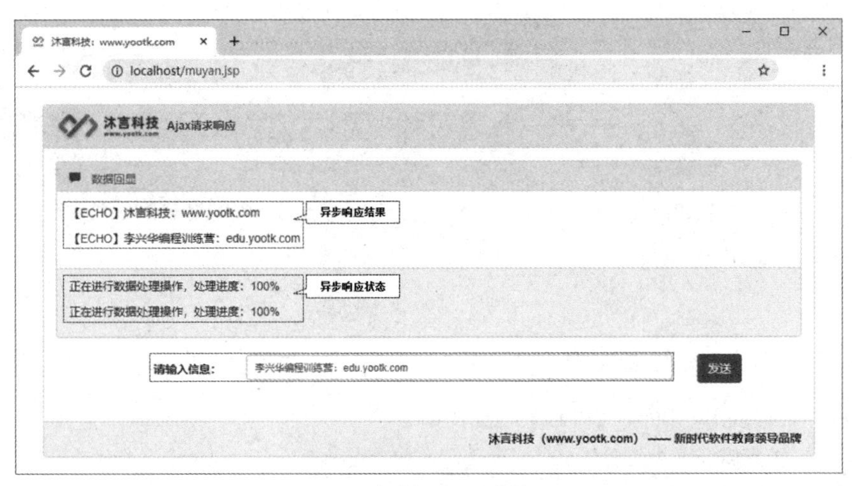

图 9-4　新版 Ajax 异步调用

9.2　异步数据验证

异步数据验证

视频名称　0905_【掌握】异步数据验证

视频简介　Ajax 技术开发中一切都是以异步处理机制为主的，在进行用户信息注册时，就可以通过这种异步机制实现用户名的判断。本视频通过具体的实例代码讲解如何利用 Ajax 实现异步用户名存在的检查。

项目开发中，Ajax 是一个有效的数据处理技术补充。例如，在进行用户注册时，为了防止注册用户 ID 相同，就可以直接通过 Ajax 进行数据库的用户名检查。如果当前输入的用户 ID 不存在，则表示可以注册，否则将不允许注册，程序的实现结构如图 9-5 所示。

图 9-5　Ajax 数据验证

 **提示：关于验证程序代码。**

本次的数据验证操作使用本书第 3 章用户登录项目实战的数据库脚本。考虑到篇幅问题不再重复列出脚本代码，同时在本次讲解时只考虑用户名是否重复的验证，暂时不列出表单的完整验证代码，相关的程序实现将在本节配套视频中进行详细讲解。

在实际项目中的用户 ID 检测，往往是在组件失去焦点（“blur”事件）后触发，而后会根据 Ajax 异步验证的结果显示验证标记。需要注意的是，此时的响应数据无法直接响应布尔类型，需要依据字符串来进行判断。如果返回“true”字符串，则表示该用户 ID 可以使用；如果返回“false”字符串，则表示该用户 ID 无法使用。具体代码实现如下。

范例：用户名检测 Servlet

```
package com.yootk.servlet;
@WebServlet("/check.action")                                        // 映射路径
public class CheckServlet extends HttpServlet {
    @Override
    protected void doGet(HttpServletRequest req, HttpServletResponse resp)
    throws ServletException, IOException {                           // 处理GET请求
        req.setCharacterEncoding("UTF-8");                          // 请求编码
        resp.setCharacterEncoding("UTF-8");                         // 响应编码
        resp.setContentType("text/html;charset=UTF-8");             // 响应MIME
        boolean flag = false;                                       // 检测标记
        String mid = req.getParameter("mid");                       // 接收用户ID
        String sql = "SELECT COUNT(*) FROM member WHERE mid=?";     // 查询用户量
        try {
            PreparedStatement pstmt = DatabaseConnection
                .getConnection().prepareStatement(sql);             // 数据库对象
            pstmt.setString(1, mid);                                // SQL参数
            ResultSet rs = pstmt.executeQuery();                    // 数据查询
            if (rs.next()) {                                        // 有数据返回
                long count = rs.getLong(1);                         // 获取数据量
                if (count == 0) {                                   // 用户ID不存在
                    flag = true;                                    // 修改登录标记
                }
            }
        } catch (Exception e) {
            e.printStackTrace();                                    // 输出异常信息
        } finally {
            DatabaseConnection.close();                             // 关闭数据库
        }
        resp.getWriter().print(flag);                               // 输出结果
    }
    @Override
    protected void doPost(HttpServletRequest req, HttpServletResponse resp)
    throws ServletException, IOException {                           // 处理POST请求
        this.doGet(req, resp);                                      // 调用doGet()方法
    }
}
```

在本程序中接收了客户端发送的 mid 参数内容，随后基于该数据进行数据库查询处理，如果该 mid 存在则输出 false（不可使用），否则输出 true（可以使用）。

范例：用户注册检测

```
<script type="text/javascript">
    window.onload = function() {
        document.getElementById("mid").addEventListener("blur", function() {
            if (this.value) {                                               // mid不为空
                xmlHttpRequest = new XMLHttpRequest() ;                     // 实例化异步的请求对象
                if (xmlHttpRequest.withCredentials) {                       // 判断当前的浏览器是否支持Ajax
```

```
                alert("对不起，您的浏览器不支持Ajax的处理操作！") ;
            } else {                                          // 当前浏览器支持Ajax
                xmlHttpRequest.open("post","check.action");       // 请求处理地址
                xmlHttpRequest.setRequestHeader("Content-Type",
                    "application/x-www-form-urlencoded");         // 请求MIME类型
                xmlHttpRequest.onload = function (ev) {           // 接收响应
                    flag = xmlHttpRequest.responseText.trim();   // 响应数据
                    if (flag == "true") {                         // 允许使用，设置成功标记
                        document.getElementById("midSpan").innerHTML =
                            "<img src='images/right.png' style='width: 30px;'>"
                    } else {                                      // 不允许使用，设置失败标记
                        document.getElementById("midSpan").innerHTML =
                            "<img src='images/wrong.png' style='width: 30px;'>"
                    }
                }
                xmlHttpRequest.send("mid=" + this.value);         // 请求发送
            }
        }
    }, false) ;
  }
</script>
<div class="form-group" id="midDiv">
    <label class="col-md-2 control-label">用户名：</label>
    <div class="col-md-7">
        <input type="text" id="mid" name="mid" class="form-control"
                placeholder="请输入注册ID...">
    </div>
    <div class="col-md-3"><span id="midSpan"></span></div>
</div>
```

本程序在页面加载时为 mid 的文本输入组件绑定了一个失去焦点处理事件。这样在用户输入完注册 mid 之后会直接通过 Ajax 进行请求的发送，而服务器端接收到此信息后会进行数据库中的已注册用户的数据检查，并将检查的结果返回给前端，这样前端就可以根据结果进行标记显示。程序的运行效果如图 9-6 所示。

图 9-6　用户注册验证

9.3　验证码检测

验证码检测

视频名称　0906_【掌握】验证码检测

视频简介　为了保证系统不被机器人程序破坏，可以在一些重要的表单中进行验证码检测。本视频通过实例讲解如何在表单提交时利用 Ajax 实现验证码校验。

验证码是程序入口中最为重要的安全检测机制，在用户登录或注册时都可以通过验证码防止可能出现的恶意程序。在用户输入验证码之后也可以直接基于 Ajax 实现异步验证处理，这样在用户输入错误后可以方便地实现验证码校验结果。程序的实现流程如图 9-7 所示。

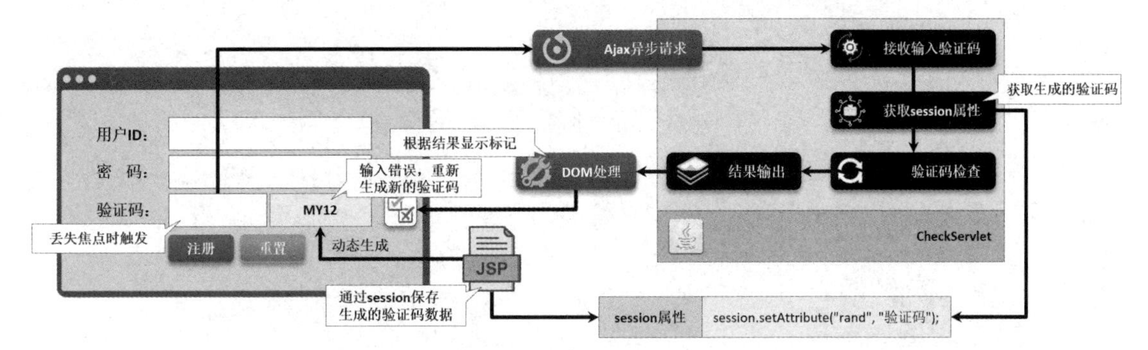

图 9-7　验证码异步校验

在用户定义页面时，可以在验证码的文本组件中绑定一个失去焦点事件。这样当用户输入完成后就可以直接发送 Ajax 异步请求，随后在服务器端程序将通过 image.jsp 页面中保存的 session 属性与用户输入的验证码进行比较（不区分大小写）。如果相同则返回“true”字符串，如果不同则返回“false”字符串同时生成新的验证码。具体程序实现代码如下。

范例：验证码检测 Servlet

```
package com.yootk.servlet;
@WebServlet("/verify.action")                                      // 映射路径
public class VerifyServlet extends HttpServlet {
    @Override
    protected void doGet(HttpServletRequest req, HttpServletResponse resp)
    throws ServletException, IOException {                          // 处理GET请求
        req.setCharacterEncoding("UTF-8");                          // 请求编码
        resp.setCharacterEncoding("UTF-8");                         // 响应编码
        resp.setContentType("text/html;charset=UTF-8");             // 响应MIME
        String code = req.getParameter("code");                     // 输入验证码
        String rand = (String) req.getSession().getAttribute("rand");   // 获取验证码
        resp.getWriter().print(rand.equalsIgnoreCase(code));            // 输出结果
    }
    @Override
    protected void doPost(HttpServletRequest req, HttpServletResponse resp)
    throws ServletException, IOException {                          // 处理POST请求
        this.doGet(req, resp);                                      // 调用doGet()方法
    }
}
```

本程序将接收 Ajax 发送来的 code 参数数据，而后通过 session 获取 rand 属性的内容。由于验证码在比较时不考虑大小写问题，所以直接利用了 equalsIgnoreCase()实现比对。

范例：验证码检测页面

```
<script type="text/javascript">
    window.onload = function() {
        document.getElementById("code").addEventListener("blur", function() {
            if (this.value) {                                           // code不为空
                xmlHttpRequest = new XMLHttpRequest() ;                 // 异步请求对象
                if (xmlHttpRequest.withCredentials) {                   // 浏览器是否支持
                    alert("对不起，您的浏览器不支持Ajax的处理操作！") ;
                } else {                                                // 浏览器支持Ajax
                    xmlHttpRequest.open("post","verify.action");        // 请求处理地址
                    xmlHttpRequest.setRequestHeader("Content-Type",
                        "application/x-www-form-urlencoded");           // 请求MIME类型
```

```
                xmlHttpRequest.onload = function (ev) {          // 接收响应
                    flag = xmlHttpRequest.responseText.trim();   // 响应数据
                    if (flag == "true") {                        // 验证成功
                        document.getElementById("codeSpan").innerHTML =
                            "<img src='images/right.png' style='width: 30px;'>"
                    } else {                                     // 验证失败
                        document.getElementById("codeSpan").innerHTML =
                            "<img src='images/wrong.png' style='width: 30px;'>"
                        // 如果此时没有生成随机数，则浏览器会认为是同一张图片，而不重新加载
                        document.getElementById("codeImg").src =
                            "image.jsp?rd=" + Math.random() ;    // 修改图片
                    }
                }
                xmlHttpRequest.send("code=" + this.value);       // 请求发送
            }
        }
    }, false);
}
</script>
<div class="form-group" id="codeDiv">
    <label class="col-md-2 control-label">验证码：</label>
    <div class="col-md-5">
        <input type="text" id="code" name="code" class="form-control"
        placeholder="验证码" maxlength="4" size="4">
    </div>
    <div class="col-md-2"><img src="image.jsp" id="codeImg"></div>
    <div class="col-md-3"><span id="codeSpan"></span></div>
</div>
```

本程序为 code 输入组件绑定了失去焦点事件，在 Ajax 请求处理完成后会根据处理的结果进行相应标记的检测，在输入错误后会自动进行验证码的更新。本程序的执行结果如图 9-8 所示。

图 9-8　验证码异步校验

9.4　XML 异步数据加载

XML 异步数据加载

视频名称　0907_【掌握】XML 异步数据加载

视频简介　Ajax 最初采用的是与 XML 相结合的形式来实现数据传输。本视频将介绍利用 DOM4J 实现 XML 数据的输出，同时通过 JavaScript 实现前端数据的展现。

Ajax 技术设计之初的目的就是解决数据传输问题，而数据传输的类型，除了之前使用的文本数据格式之外，最重要的就是 XML 数据结构。利用 XML 数据结构可以实现一组数据的响应操作，如图 9-9 所示。

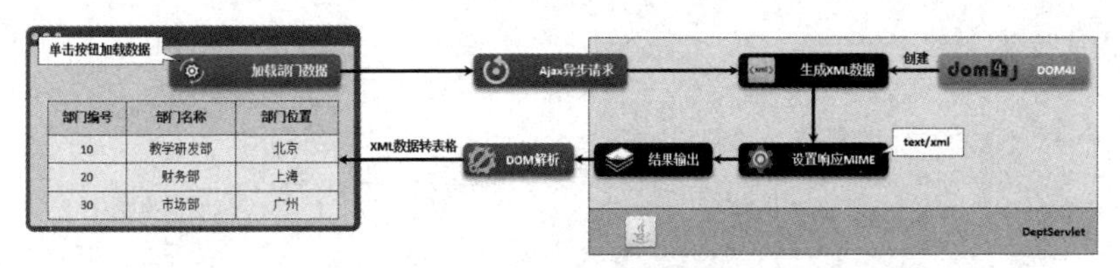

图 9-9 Ajax 加载 XML 数据

在实际的开发中可以直接利用数据库来实现数据的加载处理，但是本次为了简化操作流程，将通过 DOM4J 生成一组固定的数据信息。下面来观察具体的代码实现。

范例：生成 XML 数据

```
package com.yootk.servlet;
import jakarta.servlet.ServletException;
import jakarta.servlet.annotation.WebServlet;
import jakarta.servlet.http.HttpServlet;
import jakarta.servlet.http.HttpServletRequest;
import jakarta.servlet.http.HttpServletResponse;
import org.dom4j.Document;
import org.dom4j.DocumentHelper;
import org.dom4j.Element;
import org.dom4j.io.XMLWriter;
import java.io.ByteArrayOutputStream;
import java.io.IOException;
@WebServlet("/dept.action") // 映射路径
public class DeptServlet extends HttpServlet {
    @Override
    protected void doGet(HttpServletRequest req, HttpServletResponse resp)
    throws ServletException, IOException {                          // 处理GET请求
        req.setCharacterEncoding("UTF-8");                          // 请求编码
        resp.setCharacterEncoding("UTF-8");                         // 响应编码
        resp.setContentType("text/xml;charset=UTF-8");              // 响应MIME
        long deptnos[] = new long[] {10, 20, 30};                   // 部门编号
        String dnames[] = new String[]{"教学研发部", "财务部", "市场部"};  // 部门名称
        String locs[] = new String[]{"北京", "上海", "广州"};          // 部门位置
        Document document = DocumentHelper.createDocument();        // 创建一个空的文档
        Element deptsElement = document.addElement("depts");        // 定义根元素
        for (int x = 0 ; x < deptnos.length ; x ++) {               // 添加子元素
            Element deptElement = deptsElement.addElement("dept");  // 创建子元素
            deptElement.addElement("deptno")
                    .setText(String.valueOf(deptnos[x]));           // 创建并设置元素内容
            deptElement.addElement("dname").setText(dnames[x]);     // 创建并设置元素内容
            deptElement.addElement("loc").setText(locs[x]);         // 创建并设置元素内容
        }
        XMLWriter writer = new XMLWriter(resp.getOutputStream());   // XML文件输出
        writer.write(document);                                     // 输出文档内容
        writer.close();                                             // 关闭输出操作
    }
    @Override
    protected void doPost(HttpServletRequest req, HttpServletResponse resp)
    throws ServletException, IOException {                          // 处理POST请求
        this.doGet(req, resp);                                      // 调用doGet()方法
    }
}
```

本程序通过 DOM4J 工具生成了一个 XML 程序结构。由于当前的数据需要被客户端直接进行处理，所以必须在其响应类型处明确地声明 text/xml，这样返回给客户端的就是一个 DOM 对象。而如果采用的是 text/html，那么返回的仅仅是一个普通文本。

范例：异步加载部门信息

```
<script type="text/javascript">
    window.onload = function () {
        document.getElementById("loadBut").addEventListener("click", function () {
            xmlHttpRequest = new XMLHttpRequest();                      // 实例化异步请求对象
            if (xmlHttpRequest.withCredentials) {                       // 浏览器是否支持Ajax
                alert("对不起，您的浏览器不支持Ajax的处理操作！");
            } else {                                                    // 浏览器支持Ajax
                xmlHttpRequest.open("post", "dept.action");             // 请求处理地址
                xmlHttpRequest.onload = function (ev) {                 // 接收响应
                    deptDOM = xmlHttpRequest.responseXML;               // 接收XML对象
                    deptList = deptDOM.getElementsByTagName("dept");            // 获取部门集合
                    for (x = 0; x < deptList.length; x++) {
                        deptno = deptList[x].getElementsByTagName("deptno")
                            .item(0).firstChild.nodeValue;
                        dname = deptList[x].getElementsByTagName("dname")
                            .item(0).firstChild.nodeValue;
                        loc = deptList[x].getElementsByTagName("loc")
                             .item(0).firstChild.nodeValue;
                        trElement = document.createElement("tr");               // 创建<tr>元素
                        trElement.setAttribute("id", "dept-" + deptno);         // 定义元素属性
                        deptnoTdElement = document.createElement("td");         // 创建<td>元素
                        dnameTdElement = document.createElement("td");          // 创建<td>元素
                        locTdElement = document.createElement("td");            // 创建<td>元素
                        deptnoTdElement.appendChild(document.createTextNode(deptno));
                        dnameTdElement.appendChild(document.createTextNode(dname));
                        locTdElement.appendChild(document.createTextNode(loc));
                        trElement.appendChild(deptnoTdElement);                 // 添加表格列
                        trElement.appendChild(dnameTdElement);                  // 添加表格列
                        trElement.appendChild(locTdElement);                    // 添加表格列
                        document.getElementById("deptBody").appendChild(trElement);
                    }
                }
                xmlHttpRequest.send(null);                                      // 请求发送
            }
        }, false);
    }
</script>
<div class="panel-heading">
    <strong>
        <button class="btn btn-primary" id="loadBut">
    <span class="glyphicon glyphicon-folder-open"/> 加载部门数据</button>
    </strong>
</div>
<div class="panel-body">
    <table class="table table-striped table-bordered table-hover">
        <thead>
            <tr id="dept-title"><td>部门编号</td><td>部门名称</td><td>部门位置</td></tr>
        </thead>
        <tbody id="deptBody"></tbody>
    </table>
</div>
```

本程序定义了一个 ID 为 loadBut 的按钮组件，并在此组件上绑定了鼠标单击事件。这样当用户单击此按钮时就会自动发出一个 Ajax 请求到/dept.action 请求路径中，而在 DeptServlet 内部则使用 DOM4J 创建了一个 XML 数据内容。由于返回的 MIME 类型为 text/xml，所以可以直接通过 XMLHttpRequest 对象中提供的 responseXML 返回一个 DOM 对象，随后利用 DOM 解析的方式获取数据并将数据填充到对应的表格之中。本程序的运行结果如图 9-10 所示。

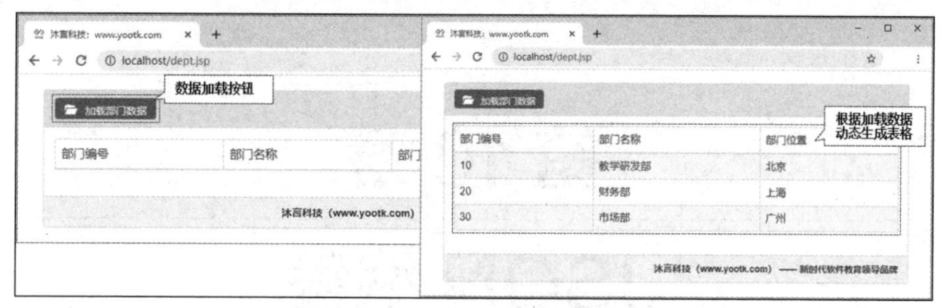

图 9-10　异步加载 XML 数据

9.5　本 章 概 览

1．Ajax 提供了数据的局部刷新功能，可以有效地提高页面显示的处理性能。

2．Ajax 实现了一个数据异步加载的处理操作结构，利用 Ajax 可以直接在 HTML 页面发出访问请求，也可以直接根据服务器端的响应结果动态地进行 XML 元素的操作，实现页面动态更新。

3．Ajax 技术实现主要是依靠 XMLHttpRequest 类对象完成的，该对象可以直接发出异步请求，也可以设置异步回调操作函数进行响应处理。

4．传统的 XMLHttpRequest 需要开发者手动对不同的状态码进行处理，而在 HTML5 中可以直接利用不同状态的属性设置回调函数进行处理。

5．Ajax 除了可以接收文本数据之外，也可以直接接收 DOM 对象，但是要求服务器端响应数据的 MIME 类型必须设置为 text/xml。

第10章 JSON编程

本章学习目标

1. 掌握JSON结构与XML结构的区别，并可以理解JSON的优势；
2. 掌握FastJSON工具组件的使用，并可以使用FastJSON实现JSON数据的生成与解析操作；
3. 掌握JavaScript中eval()函数的使用；
4. 掌握Ajax+JSON开发模式，并可以实现级联菜单功能。

JSON是一种轻量级的数据传输格式，在实际的项目开发中可以替代XML结构实现数据的传输处理，在本章中将为读者讲解JSON结构的创建与解析处理。

10.1 JSON创建与解析

JSON简介

视频名称 1001_【理解】JSON简介

视频简介 JSON是继XML之后推出的一种轻量级的数据传输结构，在项目开发中可以解决XML设计所存在的性能问题。本视频通过代码对比的形式为读者讲解XML与JSON结构的区别。

在早期的数据交换处理中，由于开发者使用的平台不同，所以常见的做法是利用XML进行数据导出与导入设计。但是在实际的开发中，这样的做法会有如下几个缺点。

- **缺点一**：XML设计之初兼顾了页面显示的需求，所以文件的结构过于烦琐，从而影响传输性能。
- **缺点二**：XML数据生成与解析的过程过于烦琐，需要开发者进行大量节点关系的配置处理。
- **缺点三**：在使用Ajax进行数据交换时需要通过脚本语言进行烦琐的DOM解析操作。

为了解决传统XML在数据存储中的问题，在2001年出现了JSON（JavaScript Object Notation，JavaScript对象符号）数据格式。该数据结构由Douglas Crockford设计并推广，在2006年发展成为主流数据格式，沿用至今已经成为各个软件项目中必备的开发技术之一。

提示：Douglas Crockford简介。

Douglas Crockford（道格拉斯·克罗克福德，如图10-1所示）是ECMA JavaScript 2.0标准委员会委员，被“JavaScript之父”Brendan Eich（布兰登·艾奇，如图10-2所示）称为JavaScript大宗师。Douglass Crockford是Web开发领域中最知名的技术权威之一，曾任雅虎资深JavaScript架构师，在2012年5月14日加盟PayPal公司并担任高级JavaScript架构师。

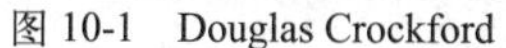

图 10-1 Douglas Crockford

图 10-2 Brendan Eich

PayPal（PayPal Holdings,Inc.，在国内品牌为“贝宝”），是美国 eBay 公司的全资子公司，1998 年 12 月由 Peter Thiel（彼得 · 蒂尔）及 Max Levchin（马克斯 · 莱文）建立，总部位于美国加利福尼亚州圣荷塞市，PayPal 是一个在国际贸易支付计算中被广泛使用的工具。

JSON 与 XML 一样都属于一种独立于编程语言的结构描述，相比较 XML 而言，JSON 采用了更加简洁的语法标记。为了便于读者区分，下面分别使用 XML 和 JSON 进行同一数据结构的描述。

范例：XML 与 JSON 对比

XML 结构	JSON 结构

<?xml version="1.0" encoding="UTF-8" standalone="yes"?>
<company>
    <name>沐言科技</name>
    <homepage>www.yootk.com</homepage>
    <depts>
        <dept>教学研发部</dept>
        <dept>财务部</dept>
        <dept>市场部</dept>
    </depts>
</company>
	{
	    "name":"沐言科技",
	    "homepage":"www.yootk.com",
	    "depts":[
	        "教学研发部",
	        "财务部",
	        "市场部"
	    ]
	}

通过此时给定的两种数据结构的对比可以清楚地发现，同样的数据信息，在使用 XML 进行数据描述时由于受到 XML 语法限制，所以在编写文件内容时每次都需要额外编写前导声明、根元素与完结元素，这样就加重了数据传输的负担。而通过 JSON 描述的数据不仅清晰而且简洁，数据量的体积也相对较小，这样就可以达到轻量级数据传输的目的，从而提高程序的响应性能。JSON 在项目中的应用结构如图 10-3 所示。可以发现，无论是异构平台的数据对接还是 Ajax 请求的响应，都可以基于 JSON 文本数据实现处理。

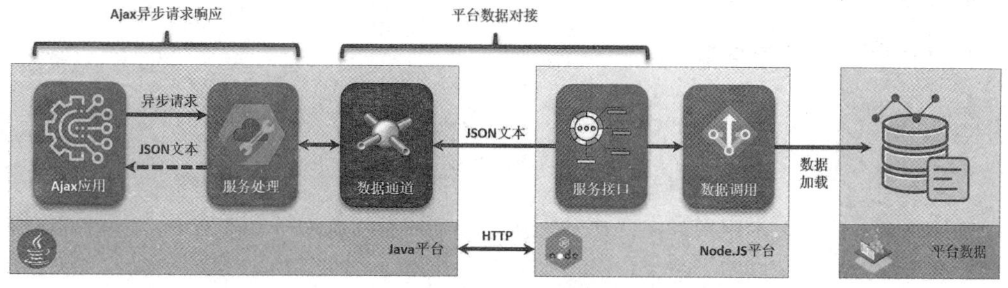

图 10-3 JSON 技术应用

提问：以后的开发是不是要废除 XML?

经过了一系列的对比可以发现，JSON 数据的组成结构比 XML 简单，同时传输的性能也高于 XML，是不是在开发中就不再使用 XML，而统一改用 JSON?

回答：XML 用于配置，JSON 用于传输。

在项目开发中可以使用 JSON 代替 XML 实现数据的传输功能，但是一些程序或软件配置的操作中依然会大量使用 XML 文件。实际上任何开发技术都很难彻底地代替另外一门技术，新技术的出现往往总是在弥补已有技术的缺陷。

10.1.1　JSON 组成结构

JSON 组成结构

视频名称　1002_【掌握】JSON 组成结构

视频简介　JSON 是以普通文本数据的形式实现数据传输的。为了可以清晰地标记出每个组成文本的作用，JSON 也有其完整的语法结构。本视频通过具体的代码实例讲解，为读者分析 JSON 组成结构。

JSON 的数据组成结构相对简单，主要就是由普通数据以及数组组成，其中在一个数组中还可以继续嵌套另外一个数组，同时可以方便地保存各种数据类型（数字、字符串、布尔值、日期等），结构如图 10-4 所示。

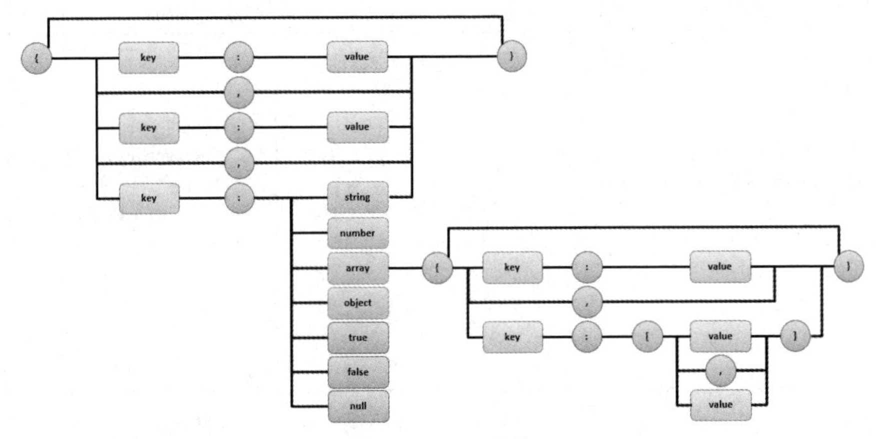

图 10-4　JSON 结构

通过图 10-4 可以清楚地发现，JSON 中的数据要求必须放在“{}”或“[]”之间，其中“{}”主要保存数据对，而“[]”保存的是数组。每一对完整的数据都是由“key:value”的结构所组成的，多个不同的数据对直接使用“,”分开。在进行数据添加时可以添加基础的数据项，也可以使用“[]”定义数组，同时在数组中也可以定义数据对结构。为了便于读者理解 JSON 的组成结构，下面通过几个具体的 JSON 文本定义进行讲解。

范例：定义基础 JSON 结构

```
{
    "name":"沐言科技",
    "location":"中国-北京",
    "homepage":"www.yootk.com"
}
```

本程序在 JSON 字符串中定义了 3 组数据对，每个完整的数据对之间使用“,”进行分隔。由于现在定义的数据内容全部为字符串，所以要使用引号声明。

提示：key 定义中可以不使用引号。

对于以上的程序代码，读者可以发现，在每一个定义的 key 上都有一个引号的定义。实际上这个引号在 JSON 中并没有被强制性地要求定义，所以下面的代码也是正确的 JSON 数据结构。

```
{name:"沐言科技", location:"中国-北京", homepage:"www.yootk.com"}
```

考虑到现在的开发习惯，本书还是建议读者在进行 key 定义时使用双引号进行声明。

范例：定义 JSON 数组

```
{
    "name":"沐言科技",
    "depts":["教学研发部","财务部","市场部"],
    "homepage":"www.yootk.com"
}
```

本程序在定义 JSON 数据时定义了一个 depts 数组。由于该数组中所保存的数据内容都是普通字符串，所以可以直接利用“,”分隔，同时使用“[]”声明。

范例：定义复杂 JSON 结构

```
{
    "name":"沐言科技",
    "depts":[
        {"deptno":10, "dname":"教学研发部", "loc":"北京"},
        {"deptno":20, "dname":"财务部", "loc":"上海"},
        {"deptno":30, "dname":"市场部", "loc":"广州"}],
    "homepage":"www.yootk.com"
}
```

本程序在一个 JSON 的结构中嵌套了一个 JSON 的数组信息，而数组中的每一个内容又是一套完整的 JSON 结构。实际上在整个 JSON 的定义中，如果用户有需要则可以进行各种嵌套结构定义，定义的结构也是较为灵活的。

10.1.2 JSONObject

JSONObject

视频名称 1003_【掌握】JSONObject

视频简介 为便于 Java 程序实现 JSON 数据的创建，可以使用 FastJSON 组件。本视频为读者讲解 FastJSON 中的类继承结构，并且通过实例讲解 JSON 数据的生成与解析。

项目开发中如果想定义 JSON 结构的字符串，可以直接采用字符串拼接的方式，或者是使用一些 Java 的开源工具类来完成。在国内使用较多的工具是阿里巴巴推出的 FastJSON 组件，而国外使用较多的是 Jackson 组件。本次开发将通过 FastJSON 实现 JSON 数据的生成与解析处理。

在 FastJSON 中如果想进行数据对的设置，可以通过 JSONObject 类来完成。该类是 JSON 抽象类的子类，如图 10-5 所示。而在进行数据解析时也可以通过 JSON 抽象类中提供的 parseObject() 方法将数据转为 JSONObject 实例。JSONObject 类的常用方法如表 10-1 所示。

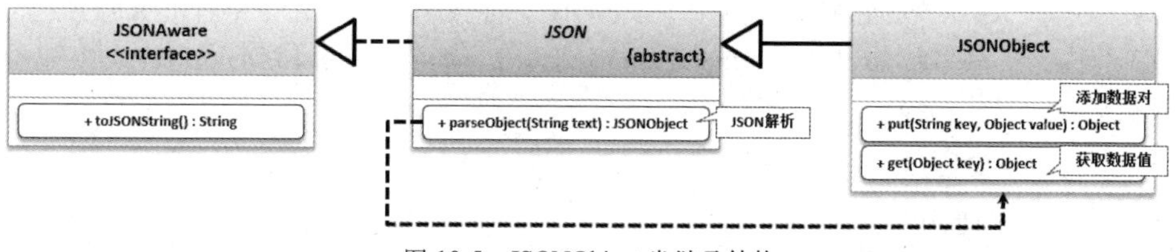

图 10-5 JSONObject 类继承结构

表 10-1 JSONObject 类的常用方法

序号	方法	类型	描述
1	public JSONObject()	构造	实例化 JSONObject 类对象
2	public int size()	普通	返回保存数据的个数
3	public boolean containsValue(Object value)	普通	判断指定的 key 是否存在
4	public <T> T getObject(String key, Class<T> clazz)	普通	将数据解析为指定类型的对象
5	public Boolean getBoolean(String key)	普通	根据 key 查询对应的布尔数据
6	public Integer getInteger(String key)	普通	根据 key 查询对应的整型数据
7	public Long getLong(String key)	普通	根据 key 查询对应的长整型数据
8	public Double getDouble(String key)	普通	根据 key 查询对应的浮点型数据
9	public BigDecimal getBigDecimal(String key)	普通	根据 key 查询对应的 BigDecimal 数据
10	public BigInteger getBigInteger(String key)	普通	根据 key 查询对应的 BigInteger 数据
11	public String getString(String key)	普通	根据 key 查询对应的字符串数据
12	public Date getDate(String key)	普通	根据 key 查询对应的 Date 数据
13	public JSONArray getJSONArray(String key)	普通	根据 key 查询对应的数组数据
14	public java.sql.Date getSqlDate(String key)	普通	根据 key 获取 SQL 日期数据
15	public Timestamp getTimestamp(String key)	普通	根据 key 获取 SQL 时间戳
16	public Object put(String key, Object value)	普通	设置数据对
17	public void putAll(Map<? extends String, ?> m)	普通	添加一组数据
18	public Object remove(Object key)	普通	删除指定 key 的数据
19	public Set<String> keySet()	普通	获取全部的 key
20	public Set<Entry<String, Object>> entrySet()	普通	获取全部数据信息

范例：生成 JSON 数据

```
package com.yootk.test;
import com.alibaba.fastjson.JSONArray;
import com.alibaba.fastjson.JSONObject;
public class YootkJSONDemo {
    public static void main(String[] args) {
        JSONObject companyObject = new JSONObject();              // 创建JSON对象
        companyObject.put("name", "沐言科技");                      // 添加数据
        companyObject.put("homepage", "www.yootk.com");           // 添加数据
        System.out.println(companyObject.toJSONString());         // 生成JSON数据
    }
}
```

程序执行结果：

```
{"name":"沐言科技","depts":["教学研发部","财务部","市场部"],"homepage":"www.yootk.com"}
```

本程序实例化了一个 JSONObject 类，这样就可以将所需要的数据对利用 JSONObject 类提供的 put()方法进行设置。在使用 put()方法时，数据类型为 Object，所以可以保存任意类型的数据信息，最终在生成 JSON 数据时，通过 toJSONString()方法将内存中的内容转为字符串输出。

除了可以进行 JSON 数据的生成之外，在 JSON 父抽象类中有一个 parseObject()方法，可以将一个 JSON 结构的字符串转为 JSONObject 对象实例，随后就可以使用 JSONObject 类中提供的 get()方法根据 key 获取对应数据。

范例：JSON 数据解析

```
package com.yootk.test;
import com.alibaba.fastjson.JSON;
import com.alibaba.fastjson.JSONObject;
```

```
import java.util.Map;
public class YootkJSONDemo {
    public static void main(String[] args) {
        String jsonData = "{\"name\":\"沐言科技\",\"homepage\":\"www.yootk.com\"}";
        JSONObject jsonObject = JSON.parseObject(jsonData);          // 字符串解析
        for (Map.Entry<String, Object> entry : jsonObject.entrySet()) { // 迭代输出
            System.out.println("KEY = " + entry.getKey() + "、VALUE = " + entry.getValue());
        }
    }
}
```

程序执行结果：

```
KEY = name、VALUE = 沐言科技
KEY = homepage、VALUE = www.yootk.com
```

本程序实现了 JSON 字符串数据解析。为便于输出，本程序使用 entrySet()方法获取了解析到的全部数据对，随后利用迭代的形式获取了每一个 Map.Entry 接口实例，再通过 getKey()和 getValue()方法分别获取了相应的数据内容。

10.1.3 JSONArray

JSONArray

视频名称 1004_【掌握】JSONArray

视频简介 在 JSON 文本中可以通过数组的形式存储数据列表，而在 FastJSON 组件中通过 JSONArray 工具类实现数组的描述。本视频讲解如何通过 JSONArray 类实现 JSON 文本数据的生成与解析操作。

除了普通的键值对之外，在 JSON 中还包含数组数据信息。数组中的每一个元素可以是基本数据，也可以是另外一组键值对。FastJSON 组件针对数组的操作提供了 JSONArray 类，该类的继承结构如图 10-6 所示。

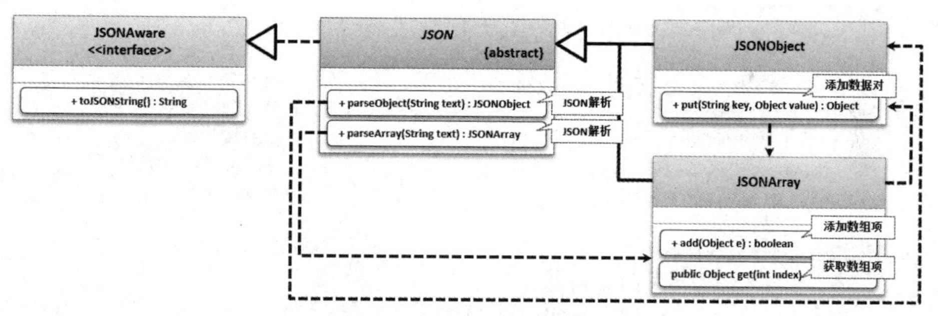

图 10-6 JSONArray 类的继承结构

通过图 10-6 给出的结构可以清楚地发现，JSONObject 与 JSONArray 彼此之间可以互相包含，即一个 JSONObject 中的键值对可以包含 JSONArray，而一个 JSONArray 也可以包含若干组 JSONObject 或普通数据。JSONArray 类的常用方法如表 10-2 所示。

表 10-2 JSONArray 类的常用方法

序号	方法	类型	描述
1	public JSONArray()	构造	实例化 JSONArray 类对象
2	public int size()	普通	获取 JSONArray 数组大小
3	public Iterator<Object> iterator()	普通	数据转换为 Iterator 迭代输出
4	public Object[] toArray()	普通	获取全部保存数据
5	public void clear()	普通	数据清空

续表

序号	方法	类型	描述
6	public Object set(int index, Object element)	普通	修改指定索引数据项
7	public void add(int index, Object element)	普通	在指定索引位置上追加数据
8	public int indexOf(Object o)	普通	获取指定数据的索引值
9	public Object get(int index)	普通	获取指定索引数据
10	public JSONObject getJSONObject(int index)	普通	获取指定索引内容并以 JSONObject 类型返回
11	public JSONArray getJSONArray(int index)	普通	获取指定索引内容并以 JSONArray 类型返回
12	public <T> T getObject(int index, Class<T> clazz)	普通	将指定索引数据转为指定对象后返回
13	public Xxx getXxx(int index)	普通	根据索引获取各类数据，例如：getInt()

在 JSON 结构中可以直接将整个 JSON 数据定义为一个数组，这样只需要在 JSONArray 实例中保存若干个 JSONObject 对象即可。当然也可以在一个 JSONObject 结构中嵌套 JSONArray，这些结构都可以由开发者根据业务需要进行组合。下面通过一段具体的代码讲解 JSONArray 的使用方法。

范例：生成 JSON 数组

```
package com.yootk.test;
import com.alibaba.fastjson.JSONArray;
import com.alibaba.fastjson.JSONObject;
public class YootkJSONDemo {
    public static void main(String[] args) {
        JSONArray jsonArray = new JSONArray();                    // 实例化JSON数组
        long deptnos[] = new long[] {10, 20, 30};                 // 部门编号
        String dnames[] = new String[]{"教学研发部", "财务部",
                "市场部"};                                        // 部门名称
        String locs[] = new String[]{"北京", "上海", "广州"};     // 部门位置
        for (int x = 0; x < deptnos.length; x++) {                // 循环添加数据
            JSONObject object = new JSONObject();                 // 实例化JSONObject
            object.put("deptno", deptnos[x]);                     // 添加数据
            object.put("dname", dnames[x]);                       // 添加数据
            object.put("loc", locs[x]);                           // 添加数据
            jsonArray.add(object);                                // 数组添加数据
        }
        System.out.println(jsonArray.toJSONString());             // 生成JSON文本
    }
}
```

程序执行结果：

```
[{"loc":"北京","dname":"教学研发部","deptno":10},{"loc":"上海","dname":"财务部","deptno":20},
{"loc":"广州","dname":"市场部","deptno":30}]
```

在本程序中首先实例化了一个 JSONArray 类对象，随后利用循环的方式在 JSONArray 中添加了若干个 JSONObject 对象信息，每一个 JSONObject 都可以保存若干数据项。

范例：解析 JSON 数组数据

```
package com.yootk.test;
import com.alibaba.fastjson.JSON;
import com.alibaba.fastjson.JSONArray;
import com.alibaba.fastjson.JSONObject;
public class YootkJSONDemo {
    public static void main(String[] args) {
        String jsonData = "[{\"loc\":\"北京\",\"dname\":\"教学研发部\",\"deptno\":10}," +
                "{\"loc\":\"上海\",\"dname\":\"财务部\",\"deptno\":20}," +
                "{\"loc\":\"广州\",\"dname\":\"市场部\",\"deptno\":30}]";
        JSONArray jsonArray = JSON.parseArray(jsonData);          // 解析得到JSON数组
```

```
        for (int x = 0; x < jsonArray.size(); x++) {           // 数组循环
            JSONObject object = jsonArray.getJSONObject(x);  // 获取JSONObject对象
            System.out.println("【部门信息】部门编号：" + object.getLong("deptno") +
                    "、部门名称：" + object.getString("dname") +
                    "、部门位置：" + object.getString("loc"));    // 根据key查询数据
        }
    }
}
```

程序执行结果：

```
【部门信息】部门编号：10、部门名称：教学研发部、部门位置：北京
【部门信息】部门编号：20、部门名称：财务部、部门位置：上海
【部门信息】部门编号：30、部门名称：市场部、部门位置：广州
```

本程序将给定的 JSON 文本数据通过 JSON.parseArray()方法转为 JSONArray 对象实例，最后再通过每一个获取到的 JSONObject 实例根据 key 获取对应的数据内容。

10.1.4 对象与 JSON 转换

对象与JSON转换

视频名称 1005_【掌握】对象与 JSON 转换

视频简介 Java 项目开发中都是以对象的形式实现数据存储的，在 FastJSON 组件中为了便于用户的数据处理操作，也可以利用对象进行封装。本视频讲解 FastJSON 中对于对象生成数据与解析转换的处理操作。

实际项目开发过程中，往往会利用简单 Java 类来实现所需数据的封装。而为了便于简单 Java 类对象信息转为 JSON 数据内容，开发者可以直接通过 FastJSON 组件实现处理，操作结构如图 10-7 所示。

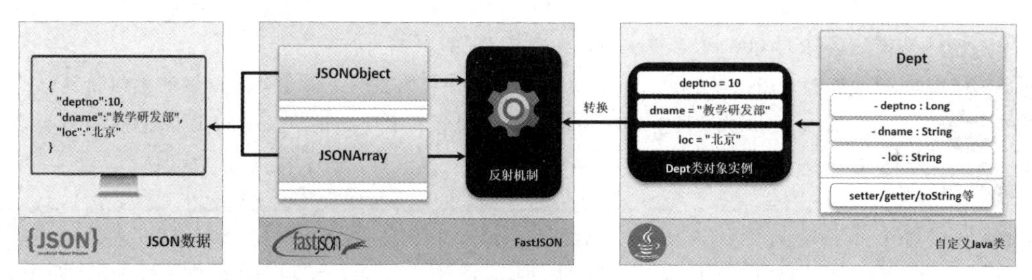

图 10-7 Java 类对象转为 JSON 数据

范例：Java 类对象转为 JSON 数据

```
package com.yootk.test;
import com.alibaba.fastjson.JSONObject;
import com.yootk.vo.Dept;
public class YootkJSONDemo {
    public static void main(String[] args) {
        JSONObject jsonObject = new JSONObject();              // 实例化JSONObject类对象
        Dept dept = new Dept();                                // 实例化Dept类对象
        dept.setDeptno(10L);                                   // 属性设置
        dept.setDname("教学研发部");                            // 属性设置
        dept.setLoc("北京");                                    // 属性设置
        jsonObject.put("dept", dept);                          // 保存对象
        System.out.println(jsonObject.toJSONString());         // 获取JSON数据
    }
}
```

程序执行结果：

```
{"dept":{"deptno":10,"dname":"教学研发部","loc":"北京"}}
```

本程序获取了 Dept 类的实例化对象并设置对应的属性内容，随后将其直接保存在 JSONObject 类的对象之中。当调用 JSONObject 类对象中的 toJSONString()方法后，就可以基于反射机制将对

象中的属性取出拼接成完整的 JSON 文本。

除了可以将对象转为 JSON 数据之外，也可以在进行 JSON 数据加载时利用反射机制将文本内容自动转换为指定类型的实例化对象，以便于程序处理。

范例：将 JSON 文本转为类对象

```
package com.yootk.test;
import com.alibaba.fastjson.JSON;
import com.alibaba.fastjson.JSONObject;
import com.yootk.vo.Dept;
public class YootkJSONDemo {
    public static void main(String[] args) {
        String jsonData = "{\"dept\":{\"deptno\":10,\"dname\":\"教学研发部\"," +
                "\"loc\":\"北京\"}}";                          // JSON文本
        JSONObject jsonObject = JSON.parseObject(jsonData);      // 获取JSONObject实例
        // 获取指定key对应的对象内容，由于该数据结构与Dept类结构一致，所以可以直接获取指定类型的对象
        Dept dept = jsonObject.getObject("dept", Dept.class);    // 获取对象实例
        System.out.println(dept);                                // 对象输出，调用toString()
    }
}
```

程序执行结果：

```
【部门信息】部门编号：10、部门名称：教学研发部、部门位置：北京
```

本程序中所给出的 JSON 文本数据内容与 Dept 类属性结构对应。这样在通过 JSONObject 类获取部门数据时，就可以通过 getObject()方法同时配置相应的 Class 类型，实现指定类实例化对象的获取处理。

10.1.5 List 集合与 JSON 转换

List 集合与 JSON 转换

视频名称 1006_【掌握】List 集合与 JSON 转换

视频简介 List 集合是 Java 项目开发中的常见类型，由于其可以描述数组信息，所以在 FastJSON 工具中提供了简化的转换处理操作。本视频讲解如何利用 FastJSON 组件将 List 集合转为 JSON 数组。

在数据传输的过程中，往往会进行一组数据的统一管理，这样在开发中就可以通过数组的形式来完成。而在 FastJSON 组件中，开发者可以直接使用 List 集合实现数据保存，同时利用 JSON 类中所提供的 toJSONString()方法实现任意类对象实例转为 JSON 文本的处理，操作流程如图 10-8 所示。

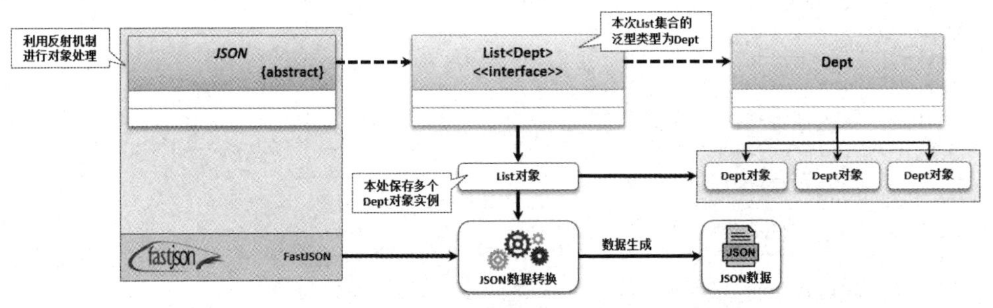

图 10-8 List 转为 JSON 数据

范例：List 集合转为 JSON 数组

```
package com.yootk.test;
import com.alibaba.fastjson.JSON;
import com.yootk.vo.Dept;
import java.util.ArrayList;
import java.util.List;
```

```
public class YootkJSONDemo {
    public static void main(String[] args) {
        long deptnos[] = new long[] {10, 20, 30};                           // 部门编号
        String dnames[] = new String[]{"教学研发部", "财务部", "市场部"};   // 部门名称
        String locs[] = new String[]{"北京", "上海", "广州"};               // 部门位置
        List<Dept> deptList = new ArrayList<>();                            // 实例化List集合
        for (int x = 0; x < deptnos.length; x++) {
            Dept dept = new Dept();                                         // 实例化Dept类对象
            dept.setDeptno(deptnos[x]);                                     // 属性设置
            dept.setDname(dnames[x]);                                       // 属性设置
            dept.setLoc(locs[x]);                                           // 属性设置
            deptList.add(dept);                                             // 添加集合数据
        }
        String jsonData = JSON.toJSONString(deptList);                      // 对象转为JSON字符串
        System.out.println(jsonData);                                       // 输出JSON文本
    }
}
```

程序执行结果：

```
[{"deptno":10,"dname":"教学研发部","loc":"北京"},{"deptno":20,"dname":"财务部","loc":"上海"},{"deptno":30,"dname":"市场部","loc":"广州"}]
```

本程序在生成 JSON 数据时并没有使用 JSONObject 或 JSONArray 类，而是将需要生成 JSON 数据的对象全部保存在了 List 集合之中，而后直接通过 JSON.toJSONString()方法将指定的类对象转为 JSON 数据。

范例：读取 JSON 集合

```
package com.yootk.test;
import com.alibaba.fastjson.JSON;
import com.yootk.vo.Dept;
import java.util.List;
public class YootkJSONDemo {
    public static void main(String[] args) {
        String jsonData = "[{\"deptno\":10,\"dname\":\"教学研发部\",\"loc\":\"北京\"}," +
                "{\"deptno\":20,\"dname\":\"财务部\",\"loc\":\"上海\"}," +
                "{\"deptno\":30,\"dname\":\"市场部\",\"loc\":\"广州\"}]";
        List<Dept> deptList = JSON.parseArray(jsonData, Dept.class); // 数据转为集合
        for (Dept dept : deptList) {                        // 集合迭代
            System.out.println(dept);                       // 数据输出
        }
    }
}
```

程序执行结果：

```
【部门信息】部门编号：10、部门名称：教学研发部、部门位置：北京
【部门信息】部门编号：20、部门名称：财务部、部门位置：上海
【部门信息】部门编号：30、部门名称：市场部、部门位置：广州
```

本程序实现了将 JSON 数据转为 List 集合的处理操作。在进行转换时，由于 List 需要设置包含的集合对象的类型，所以在使用 JSON.parseArray()方法时一定要设置 Dept 的 Class 实例。

10.1.6 Map 集合与 JSON 转换

Map 集合与 JSON 转换

视频名称 1007_【掌握】Map 集合与 JSON 转换

视频简介 Map 在 Java 程序中是最为常用的数据类型之一，所以在 FastJSON 组件中也可以直接将 Map 集合转为 JSON 数据。本视频分析 Map 与 JSONObject 类型之间的关联，并且通过实例讲解转换处理以及数据格式化显示操作。

在使用 FastJSON 实现数据转换处理时，需要利用 JSONObject 实现数据键值对的配置，再通过 JSONObject 直接生成所需要的 JSON 文本数据，如图 10-9 所示。然而在实际的项目开发中，开

发者一般都会使用 Map 集合保存键值对。为了便于开发者应用，在 FastJSON 组件中提供了一个数据转换引擎，可以直接将 Map 集合转为 JSON 文本，如图 10-10 所示。这样就可以减少对 JSONObject 类型的依赖，使得程序的编写更加灵活。

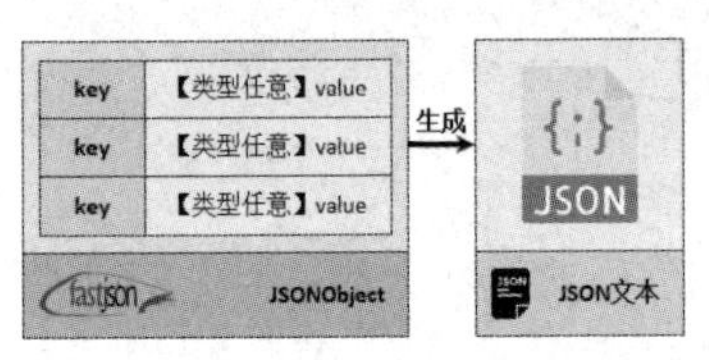

图 10-9　JSONObject 操作

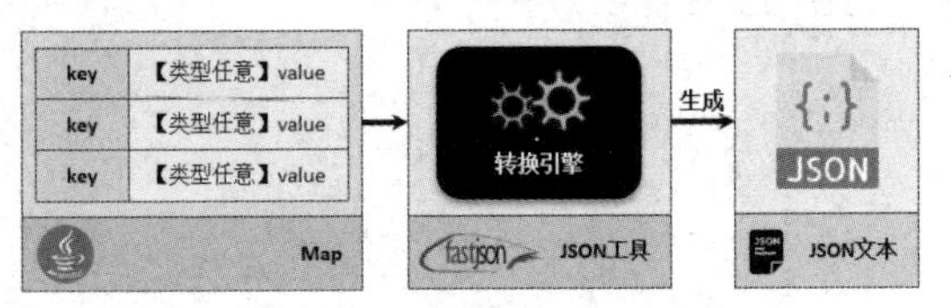

图 10-10　Map 集合转为 JSON 文本

提示：JSONObject 内部封装了 Map 集合。

如果读者观察 JSONObject 内部可以发现，实际上其本身就封装了一个 Map 集合对象，同时 JSONObject 也属于 Map 接口的子类。

范例：JSONObject 类部分源代码

```
public class JSONObject extends JSON implements Map<String, Object>, Cloneable,
Serializable, InvocationHandler {
    private static final long serialVersionUID = 1L;
    private static final int DEFAULT_INITIAL_CAPACITY = 16;
    private final Map<String, Object> map;
    public JSONObject() {
        this(16, false);
    }
    public JSONObject(Map<String, Object> map) {
        if (map == null) {
            throw new IllegalArgumentException("map is null.");
        } else {
            this.map = map;
        }
    }
}
```

此时可以发现 JSONObject 实现核心依靠的是 Map 集合，这样当通过 JSONObject 设置并获取数据时，本质上就相当于对 Map 集合的操作。

范例：Map 集合转为 JSON 文本

```
package com.yootk.test;
import com.alibaba.fastjson.JSON;
import com.alibaba.fastjson.serializer.SerializerFeature;
import com.yootk.vo.Dept;
import java.util.Date;
import java.util.HashMap;
import java.util.Map;
public class YootkJSONDemo {
    public static void main(String[] args) {
        Map<String, Object> map = new HashMap<>();        // 保存Map集合
        map.put("empno", 9988L);                           // 保存数据对
        map.put("ename", "李兴华");                         // 保存数据对
        map.put("today", new Date());                      // 保存数据对
        Dept dept = new Dept();                            // 实例化Dept类对象
        dept.setDeptno(10L);                               // 属性设置
        dept.setDname("教学研发部");                        // 属性设置
        dept.setLoc("北京");                                // 属性设置
        map.put("dept", dept);                             // 保存数据对
        String jsonData = JSON.toJSONString(map);          // Map集合转为JSON文本
```

```
        System.out.println(jsonData);
    }
}
```

程序执行结果：

{"ename":"李兴华","today":1607823184178,"empno":9988,"dept":{"deptno":10,"dname":"教学研发部","loc":"北京"}}

在本程序中利用 Map 集合实现了各种类型数据的存储，最终可以直接利用 JSON.toJSONString() 方法将 Map 集合直接转为 JSON 文本。由于在 Map 中有日期型数据，所以在转换前需要设置好 "*WriteDateUseDateFormat*" 格式化处理器。

提示：格式化输出。

在默认情况下所生成的 JSON 数据采用的是紧凑形式实现的，同时对于日期、时间也都通过数字进行描述。如果有需要，开发者也可以在转换时设置若干格式化处理器。

```
String jsonData = JSON.toJSONString(map,
        SerializerFeature.WriteDateUseDateFormat,
        SerializerFeature.PrettyFormat);
```

这样所生成的 JSON 数据中会采用"年-月-日 时:分:秒"的形式处理，同时生成的 JSON 数据也会更加适合于阅读，但是由于存在大量的空白或符号数据，会带来不必要的传输带宽损耗。

10.2 使用 JavaScript 操作 JSON

使用 JavaScript 操作 JSON

视频名称 1008_【掌握】使用 JavaScript 操作 JSON

视频简介 JavaScript 提供了更加丰富的 JSON 结构定义与解析处理。本视频为读者讲解在 JavaScript 中定义 JSON 对象的操作，并利用 JSON 实现函数结构的管理操作。

JSON 是一种通用的数据传输结构，所以可以在任意的编程语言中使用 JSON 数据格式。开发者如果有需要也可以直接在 JavaScript 中定义 JSON 结构并进行相关操作。

范例：获取 JSON 数据

```
<html><head><title>沐言科技：www.yootk.com</title><meta charset="UTF-8">
    <script type="text/javascript">
        Date.prototype.format = function(fmt) {                     // 将时间戳数字转为日期时间
            var o = {
                "M+" : this.getMonth() + 1,                         // 月
                "d+" : this.getDate(),                              // 日
                "h+" : this.getHours(),                             // 时
                "m+" : this.getMinutes(),                           // 分
                "s+" : this.getSeconds(),                           // 秒
                "q+" : Math.floor((this.getMonth() + 3) / 3),       // 季度
                "S" : this.getMilliseconds()                        // 毫秒
            };
            if (/(y+)/.test(fmt))                                   // 格式判断
                fmt = fmt.replace(RegExp.$1, (this.getFullYear() + "")
                    .substr(4 - RegExp.$1.length));
            for (var k in o)
                if (new RegExp("(" + k + ")").test(fmt))
                    fmt = fmt.replace(RegExp.$1, (RegExp.$1.length == 1) ? (o[k])
                        : (("00" + o[k]).substr(("" + o[k]).length)));
            return fmt;
        }
        jsonObject = {
            "ename": "李兴华",
```

```
            "today": 1607823184178,
            "empno": 9988,
            "dept": {"deptno": 10, "dname": "教学研发部", "loc": "北京"}
        };                                                   // 定义JSON结构
        console.log("【雇员信息】编号：" + jsonObject.empno +
                "、姓名：" + jsonObject.ename +
                "、打卡日期：" + new Date(jsonObject.today).format("yyyy-MM-dd hh:mm:ss"));
        console.log("【部门信息】编号：" + jsonObject.dept.deptno +
                "、名称：" + jsonObject.dept.dname +
                "、位置：" + jsonObject.dept.loc)
    </script>
</head><body></body></html>
```

程序执行结果：

```
【雇员信息】编号：9988、姓名：李兴华、打卡日期：2021-08-13 09:33:04
【部门信息】编号：10、名称：教学研发部、位置：北京
```

在本程序中定义了一个 JSON 数据对象结构，当定义完成后就可以直接依据“json 对象.key”的形式获取指定的数据内容。由于在日期处理中使用了数字的形式表示，所以针对 Date 类的操作进行了一个扩充，以实现格式化转换。

除了可以在 JavaScript 中通过 JSON 结构描述数据之外，也可以定义更加复杂的操作，例如：将所需要的函数定义在 JSON 结构中。下面通过具体代码来观察。

范例：定义复杂 JSON 结构

```
<html><head><title>沐言科技：www.yootk.com</title><meta charset="UTF-8">
    <script type="text/javascript">
        jsonObject = {
            add: function(x, y) {                           // 程序函数
                return x + y;
            },
            "info": {
                title: "沐言科技",
                url: "www.yootk.com",
                get: function() {                           // 程序函数
                    return this.title + "：" + this.url;
                }
            }
        }; // 定义JSON结构
        console.log("【加法计算】" + jsonObject.add(10 ,20))   // 函数调用
        console.log("【信息获取】" + jsonObject.info.get())    // 函数调用
    </script>
</head><body></body></html>
```

程序执行结果：

```
【加法计算】30
【信息获取】沐言科技：www.yootk.com
```

在本程序中将 add()函数直接定义在了 jsonObject 中，而后又利用结构的嵌套在 key 为 info 的结构中定义了 get()函数，而在最终调用时就可以依据嵌套的顺序进行。

10.2.1　eval()函数

eval()函数

视频名称　1009_【掌握】eval()函数

视频简介　项目开发中利用文本可以实现 JSON 的传输，而为了便于处理 JSON，在 JavaScript 中提供了 eval()函数。本视频讲解利用 eval()函数实现文本与 JSON 对象的转换。

通过 JSON 可以代替 XML 实现更加轻量级的数据传输处理，但是 JSON 是以普通文本的形式实现数据传递操作的，所以在 JavaScript 中提供了一个重要的 eval()函数。利用该函数可以直接将

字符串转为 JSON 对象，如图 10-11 所示，这样就可以实现 JSON 数据的解析操作。

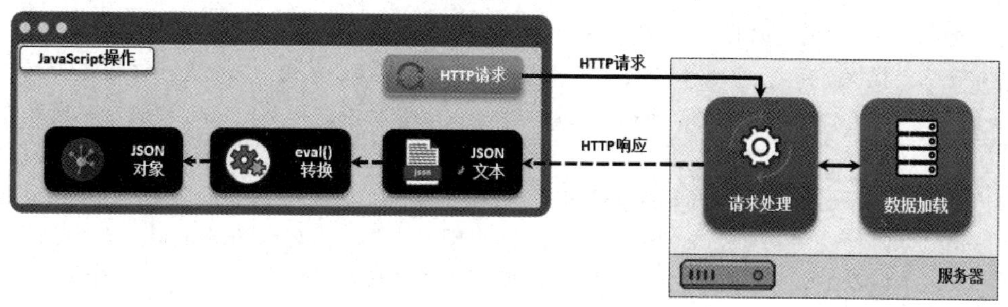

图 10-11　JSON 数据处理

范例：使用 eval()转换 JSON 文本

```
<html><head><title>沐言科技：www.yootk.com</title><meta charset="UTF-8">
    <script type="text/javascript">
        //  Date类扩展结构定义相同，不再重复列出，略
        jsonText = "{\"ename\":\"李兴华\",\"today\":1607823184178,\"empno\":9988," +
            "\"dept\":{\"deptno\":10,\"dname\":\"教学研发部\",\"loc\":\"北京\"}}";
        jsonObject = eval("(" + jsonText + ")");                    // 文本转为JSON对象
        console.log("【雇员信息】编号：" + jsonObject.empno +
            "、姓名：" + jsonObject.ename +
            "、打卡日期：" + new Date(jsonObject.today).format("yyyy-MM-dd hh:mm:ss"));
        console.log("【部门信息】编号：" + jsonObject.dept.deptno +
            "、名称：" + jsonObject.dept.dname +
            "、位置：" + jsonObject.dept.loc)                        // 输出JSON数据
    </script>
</head><body></body></html>
```

程序执行结果：

```
【雇员信息】编号：9988、姓名：李兴华、打卡日期：2021-08-13 09:33:04
【部门信息】编号：10、名称：教学研发部、位置：北京
```

本程序通过字符串定义了一个 JSON 文本数据，但是如果想以对象的形式实现 JSON 的操作，就需要通过 eval()函数进行转换，这样就可以采用“json 对象.key”的形式获取对应的数据内容。

范例：转换 JSON 数组

```
<html><head><title>沐言科技：www.yootk.com</title><meta charset="UTF-8">
    <script type="text/javascript">
        jsonText = "[{\"loc\":\"北京\",\"dname\":\"教学研发部\",\"deptno\":10}," +
            "{\"loc\":\"上海\",\"dname\":\"财务部\",\"deptno\":20}," +
            "{\"loc\":\"广州\",\"dname\":\"市场部\",\"deptno\":30}]"; // JSON文本
        jsonObject = eval("(" + jsonText + ")");                    // 文本转为JSON对象
        for (x = 0; x < jsonObject.length; x ++) {                  // 迭代输出JSON数组
            console.log("【部门信息】编号：" + jsonObject[x].deptno +
                "、名称：" + jsonObject[x].dname + "、位置：" + jsonObject[x].loc);
        }
    </script>
</head><body></body></html>
```

程序执行结果：

```
【部门信息】编号：10、名称：教学研发部、位置：北京
【部门信息】编号：20、名称：财务部、位置：上海
【部门信息】编号：30、名称：市场部、位置：广州
```

本程序通过字符串定义了一个 JSON 文本，随后利用 eval()函数将文本转为 JSON 数组，这样就可以利用 for 循环的形式获取数组中指定索引的内容，并输出对应的属性内容。

10.2.2 JSON 工具包

视频名称 1010_【掌握】JSON 工具包

视频简介 为了更加安全地实现文本与 JSON 数据的转换，可以直接使用 JSON 官方提供的 JSON 工具包。本视频为读者分析 eval()函数的漏洞问题，以及 json3.js 的使用。

eval()函数是 JavaScript 所提供的标准 JSON 文本转为 JSON 对象的处理函数，但是在使用 eval()函数时由于缺少各种校验机制，就有可能会使程序出现安全漏洞。在实际的项目开发中，利用 JSON 官网提供的 json3.js 组件，可以将 JSON 对象转换成 JSON 字符串，也可以将 JSON 字符串转换成 JSON 对象。

提示：eval()函数漏洞。

eval()函数是 JavaScript 提供的原生转换函数，但是在进行转换时可以直接执行本地程序代码。

范例：eval()函数漏洞分析

```
<script type="text/javascript">
    num = 99 ; // 定义一个JavaScript变量
    window.onload = function() {
        data = "{\"count\":num * num}" ;            // JSON字符串
        jsonObject = eval("(" + data + ")") ;       // 转换
        console.log(jsonObject.count) ;             // 结果输出
    }
</script>
```

程序执行结果：

```
9801
```

此时通过 eval()函数实现了文本转为 JSON 对象的处理操作，而本次转换的字符串引用并实现了变量 num 的计算操作。这样的处理本身是不安全的，所以不建议直接使用 eval()函数处理，而建议使用 JSON 官方提供的工具包。该工具包除了可以实现 eval()函数的功能，也可以实现数据组成结构的验证。

范例：JSON 对象转为 JSON 字符串

```
<html><head><title>沐言科技：www.yootk.com</title><meta charset="UTF-8">
    <script type="text/javascript" src="js/json3.js"></script>
    <script type="text/javascript">
        jsonObject = {
            ename: "李兴华",
            today: 1607823184178,
            empno: 9988,
            dept: {deptno: 10, dname: "教学研发部", loc: "北京"}
        };
        jsonText = JSON.stringify(jsonObject);        // JSON对象转为JSON字符串
        console.log(jsonText)
    </script>
</head><body></body></html>
```

程序执行结果：

```
{"ename":"李兴华","today":1607823184178,"empno":9988,"dept":{"deptno":10,"dname":"教学研发部","loc":"北京"}}
```

本程序中首先定义了一个完整的 JSON 对象，随后利用 JSON.stringify()处理函数将 JSON 对象直接序列化为了一个完整的 JSON 字符串。

范例：JSON 文本转为 JSON 对象

```
<html><head><title>沐言科技：www.yootk.com</title><meta charset="UTF-8">
    <script type="text/javascript" src="js/json3.js"></script>
```

```
    <script type="text/javascript">
        jsonText = "[{\"loc\":\"北京\",\"dname\":\"教学研发部\",\"deptno\":10}," +
            "{\"loc\":\"上海\",\"dname\":\"财务部\",\"deptno\":20}," +
            "{\"loc\":\"广州\",\"dname\":\"市场部\",\"deptno\":30}]"; // JSON文本
        jsonObject = JSON.parse(jsonText);                          // 文本转为JSON对象
        for (x = 0; x < jsonObject.length; x ++) {                  // 迭代输出JSON数组
            console.log("【部门信息】编号: " + jsonObject[x].deptno + "、名称: " +
        jsonObject[x].dname + "、位置: " + jsonObject[x].loc);
        }
    </script>
</head><body></body></html>
```

程序执行结果：

```
【部门信息】编号: 10、名称: 教学研发部、位置: 北京
【部门信息】编号: 20、名称: 财务部、位置: 上海
【部门信息】编号: 30、名称: 市场部、位置: 广州
```

本程序直接通过 JSON.parse()函数将一个 JSON 文本转为了 JSON 对象，并实现了数据迭代操作。可以发现除了一个基本的转换函数发生了改变，其他结构并没有任何改变。

10.3 级联菜单项目实战

级联菜单简介

视频名称 1011_【掌握】级联菜单简介

视频简介 随着 Ajax 技术的不断普及以及 DOM 处理操作的不断完善，在实际项目中可以基于 JavaScript 事件实现数据的加载控制，而常见的形式就是级联菜单。本视频为读者分析级联菜单的实现结构，并且重点分析“1 + *N*”次查询问题。

级联菜单是一种在实际项目开发中较为常见的表单处理形式。例如，在进行商城订单生成时，往往需要用户选择订单配送的省份以及城市信息。这时往往会首先进行省份列表的生成，而后利用 Ajax 根据每次选择的省份数据查询所有的城市数据，并利用 DOM 处理机制实现下拉列表数据的填充，如图 10-12 所示。

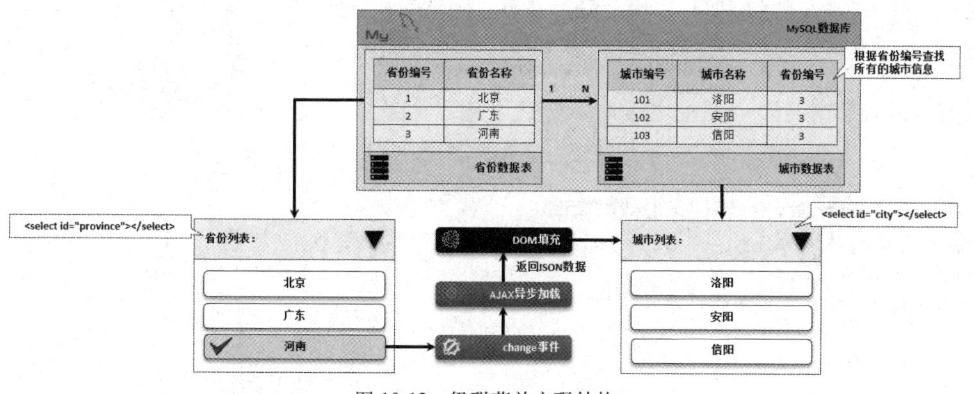

图 10-12 级联菜单实现结构

提示：Ajax 技术的出现解决了数据的“1 + *N*”次查询问题。

在早期的 Web 开发中，由于没有 Ajax 技术的使用，在实现这种级联菜单前往往需要通过数据库查询出全部的省份和每个省份对应的城市信息，这样就产生了“1 + *N*”次查询问题。其中“1”表示的是查询 1 次省份表，而“*N*”表示有多少条省份信息就查询对应次数的城市数据。这样一来在每次生成表单前程序的执行性能就会非常差，最关键的问题在于，此时的操作会出现许多无用的数据项。在现在的开发中都会基于 Ajax + JSON/XML 的结构实现（首选 JSON）。

范例：数据库创建脚本

```
DROP DATABASE IF EXISTS yootk ;
CREATE DATABASE yootk CHARACTER SET UTF8 ;
USE yootk ;
CREATE TABLE province (
   pid          BIGINT AUTO_INCREMENT ,
   title       VARCHAR(100)      NOT NULL ,
   CONSTRAINT pk_pid PRIMARY KEY(pid)
) ;
CREATE TABLE city (
   cid       BIGINT AUTO_INCREMENT,
   pid       BIGINT NOT NULL,
   title  VARCHAR(100) DEFAULT NULL ,
   CONSTRAINT pk_cid PRIMARY KEY(cid) ,
   CONSTRAINT fk_pid FOREIGN KEY (pid) REFERENCES province (pid) ON DELETE CASCADE
) ;
```

本次的程序为了简化设计，将省份信息和城市信息分别保存在了不同的数据表中，而在进行数据显示前首先会查询省份数据，而后利用 Ajax 请求查询一个省份对应的所有城市数据。

10.3.1　省份信息列表

省份信息列表

视频名称　1012_【掌握】省份信息列表

视频简介　级联菜单中首先一定要获取的就是一级菜单项，所以本视频主要讲解如何获取所有的省份数据信息。为了加深读者对 FastJSON 组件的操作，本次会将所有的查询结果以 JSON 文本的形式实现，并且在前端利用 DOM 处理实现一级菜单项。

在进行级联菜单开发时，首先需要列出所有的一级菜单项（省份），可以通过一个 FormServlet 实现数据的查询，随后将查询结果以 JSON 文本数据的形式传递到 JSP 页面，操作结构如图 10-13 所示。

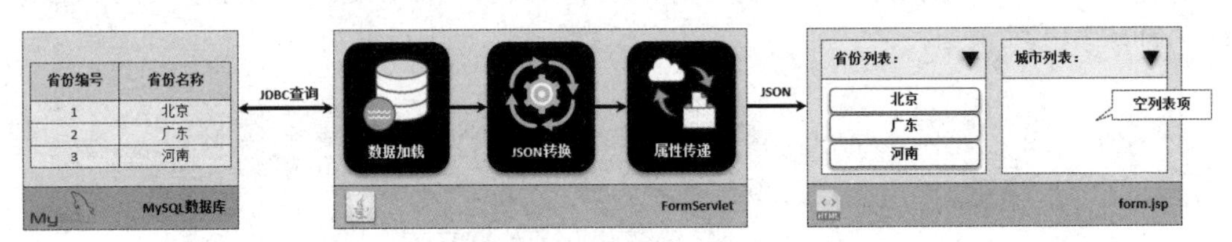

图 10-13　省份列表操作流程

范例：开发 FormServlet 实现省份数据查询

```
package com.yootk.servlet;
@WebServlet("/form.action")                                  // 映射路径
public class FormServlet extends HttpServlet {              // Servlet类
    @Override
    protected void doGet(HttpServletRequest req, HttpServletResponse resp)
    throws ServletException, IOException {                  // 处理GET请求
        req.setCharacterEncoding("UTF-8");                          // 请求编码
        resp.setCharacterEncoding("UTF-8");                         // 响应编码
        resp.setContentType("text/html;charset=UTF-8");             // 响应MIME
        String sql = "SELECT pid,title FROM province";              // 查询省份数据
        JSONArray array = new JSONArray();                          // 保存JSON数组
        try {
            PreparedStatement pstmt = DatabaseConnection
                    .getConnection().prepareStatement(sql);          // 数据操作对象
            ResultSet rs = pstmt.executeQuery();                    // 数据查询
            while (rs.next()) {                                     // 有数据返回
                JSONObject province = new JSONObject();             // 保存键值对
```

```
                province.put("pid", rs.getLong(1));                     // 保存数据
                province.put("title", rs.getString(2));                 // 保存数据
                array.add(province);                                    // 添加数组项
            }
        } catch (Exception e) {
            e.printStackTrace();                                        // 输出异常信息
        } finally {
            DatabaseConnection.close();                                 // 关闭数据库
        }
        req.setAttribute("provinces", array.toJSONString());            // 保存request属性
        req.getRequestDispatcher("/form.jsp").forward(req, resp);      // 页面跳转
    }
    @Override
    protected void doPost(HttpServletRequest req, HttpServletResponse resp)
    throws ServletException, IOException {                              // 处理POST请求
        this.doGet(req, resp);                                          // 调用doGet()方法
    }
}
```

本程序通过 Servlet 实现了数据查询，随后在每次迭代时将查询到的数据内容保存在JSONObject类中，并将其追加到JSONArray数组结构中，最终将一个JSON数组数据传递到form.jsp进行显示。

范例：生成下拉列表框（页面名称：form.jsp，只列出核心代码）

```
<script type="text/javascript">
    window.onload = function() {
        provinceHandle();                                       // 处理省份数据
    }
    function provinceHandle() {
        jsonData = JSON.stringify(${provinces})                 // 格式化接收属性
        provinceObject = JSON.parse(jsonData);                  // 转为JSON对象
        for (x = 0; x < provinceObject.length; x ++) {         // JSON迭代
            optionElement = document.createElement("option");   // 创建元素
            optionElement.setAttribute("value", provinceObject[x].pid);
            optionElement.appendChild(document.createTextNode(provinceObject[x].title));
            document.getElementById("province").appendChild(optionElement);
        }
    }
</script>
<form action="" method="post" class="form-horizontal">
    <div class="form-group">
        <div class="col-md-1">省份：</div>
        <div class="col-md-5">
            <select name="province" id="province" class="form-control">
                <option value="">======== 请选择快递配送省份 ========</option>
            </select>
        </div>
        <div class="col-md-1">城市：</div>
        <div class="col-md-5">
            <select name="city" id="city" class="form-control">
                <option value="">======== 请选择快递配送城市 ========</option>
            </select>
        </div>
    </div>
</form>
```

本程序将FormServlet传递过来的JSON文本数据，利用JSON.parse()函数转为JSON对象，随后将每一组内容填充到province下拉列表框组件中。程序的运行结果如图10-14所示。

图 10-14　省份数据列表

10.3.2　加载城市列表

加载城市列表

视频名称　1013_【掌握】加载城市列表

视频简介　省份信息可以直接利用 change 事件处理实现城市信息加载。本视频介绍通过 Servlet 结合 FastJSON 生成城市列表，并利用 Ajax 实现数据响应以及 DOM 数据处理。

省份列表作为一级列表，只要发生了选项的变更，就需要加载对应的城市数据信息。此时可以直接在省份列表中绑定 change 选项修改事件，每当产生此事件时就立即发出一个 Ajax 请求到 CityServlet 之中，并传递要加载城市信息的省份编号。在 CityServlet 中将通过数据库查询对应省份的城市数据，并且使用 JSON 数据结构返回。程序的执行流程如图 10-15 所示。

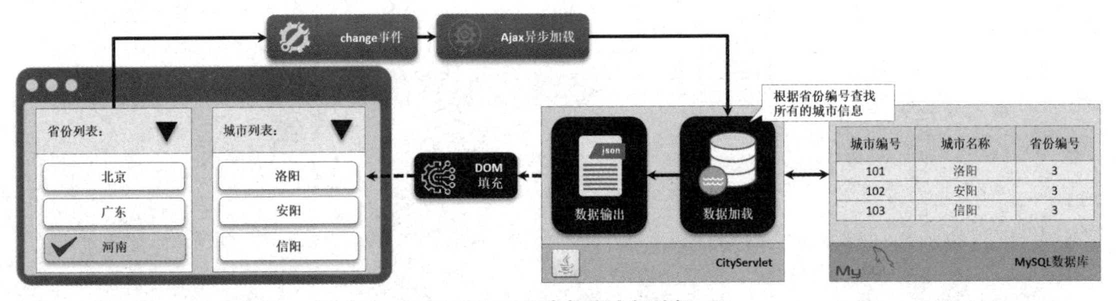

图 10-15　异步加载城市列表

范例：定义 CityServlet 加载城市数据

```
package com.yootk.servlet;
@WebServlet("/city.action")                                          // 映射路径
public class CityServlet extends HttpServlet {                      // Servlet类
    @Override
    protected void doGet(HttpServletRequest req, HttpServletResponse resp)
    throws ServletException, IOException {                          // 处理GET请求
        req.setCharacterEncoding("UTF-8");                          // 请求编码
        resp.setCharacterEncoding("UTF-8");                         // 响应编码
        resp.setContentType("text/html;charset=UTF-8");             // 响应MIME
        long pid = Long.parseLong(req.getParameter("pid"));         // 省份ID
        String sql = "SELECT cid,title FROM city WHERE pid=?";      // 查询省份数据
        JSONArray array = new JSONArray();                          // 保存JSON数组
        try {
            PreparedStatement pstmt = DatabaseConnection
                    .getConnection().prepareStatement(sql);         // 数据库操作对象
            pstmt.setLong(1, pid);                                  // 查询参数
            ResultSet rs = pstmt.executeQuery();                    // 数据查询
            while (rs.next()) {                                     // 有数据返回
                JSONObject city = new JSONObject();                 // 保存键值对
                city.put("cid", rs.getLong(1));                     // 保存数据
                city.put("title", rs.getString(2));                 // 保存数据
                array.add(city);                                    // 添加数组项
            }
        } catch (Exception e) {
            e.printStackTrace();                                    // 输出异常信息
        } finally {
```

```
            DatabaseConnection.close();                            // 关闭数据库
        }
        resp.getWriter().println(array.toJSONString());            // 字符串输出
    }
    @Override
    protected void doPost(HttpServletRequest req, HttpServletResponse resp)
    throws ServletException, IOException {                         // 处理POST请求
        this.doGet(req, resp);                                     // 调用doGet()方法
    }
}
```

本程序根据用户发送的省份编号实现了对应城市数据信息的加载，并且将城市的信息以 JSON 的数据结构返回。

范例：发送 Ajax 请求

```
window.onload = function() {
    provinceHandle(); // 处理省份数据
    document.getElementById("province").addEventListener("change", function() {
        xmlHttpRequest = new XMLHttpRequest();                     // 实例化异步请求对象
        if (!xmlHttpRequest.withCredentials) {                     // 支持Ajax处理
            xmlHttpRequest.open("post","city.action");             // 请求处理地址
            xmlHttpRequest.setRequestHeader("Content-Type",
                    "application/x-www-form-urlencoded");          // 请求MIME类型
            xmlHttpRequest.onload = function (ev) {                // 接收响应
                cityObject = JSON.parse(xmlHttpRequest.responseText.trim());
                document.getElementById("city").length = 1;       // 清空数据
                for (x = 0; x < cityObject.length; x ++) {        // 数据迭代
                    optionElement = document.createElement("option");
                    optionElement.setAttribute("value", cityObject[x].pid);
                    optionElement.appendChild(
                            document.createTextNode(cityObject[x].title))
                    document.getElementById("city").appendChild(optionElement);
                }
            }
            xmlHttpRequest.send("pid=" + this.value);              // 请求发送
        }
    }, false);
}
```

本程序为 province 下拉列表框绑定了一个 change 事件，随后该事件会利用 Ajax 向 CityServlet 发送请求，当获取相应 JSON 数据后就可以基于 DOM 方式实现城市下拉列表的填充。本程序的执行结果如图 10-16 所示。

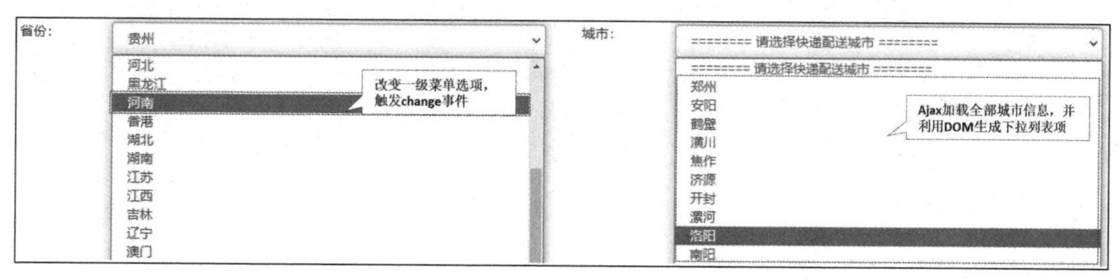

图 10-16 加载城市列表

> **提问：是否全部操作都可以采用 Ajax 机制？**
>
> 个人感觉如果整个的前台页面直接使用 Ajax 进行数据处理操作，可以避免使用烦琐的 JSP 代码，这样做是否可行？

回答：微服务时代可以采用此类方式。

如果现在开发者采用的是单服务器的运行模式，那么有些页面的显示笔者还是建议利用属性传递的方式来进行处理。而如果将整个的项目拆分为一系列的微服务，同时采用前后端分离的项目设计机制，就可以基于 Ajax 的方式实现异步跨域处理。而关于这些技术内容，在本系列丛书中都会为读者讲解，但是学习这些技术的前提是要有良好的基础功底做支撑。

10.4　本章概览

1．JSON 是一种轻量级的数据传输格式，相比较 XML 代码而言，其数据更小，传输性能更高。

2．JSON 数据中有两个核心的结构：键值对、数组，并且这两个结构可以彼此之间进行嵌套使用。

3．利用 FastJSON 组件可以方便地实现 JSON 文本数据的生成与解析处理。

4．JavaScript 中提供了 eval()作为原生的 JSON 解析处理函数，该函数可以将 JSON 文本转换为 JSON 对象。

5．为了保证 JSON 数据转换的安全性，可以直接通过 JSON 官方提供的 json3.js 工具进行 JSON 对象的生成。该工具封装了 eval()函数，并且提供了更加安全的数据转换判断。

第 11 章

Java 业务设计分析

本章学习目标

1. 理解软件设计分层的含义并可以理解业务层与数据层的划分依据；
2. 掌握动态代理设计模式在事务处理模型中的意义；
3. 掌握工厂设计模式的应用与项目解耦合设计应用；
4. 掌握 MVC 设计模式的原理，并可以利用 Java 原生代码基于 MVC 设计模式进行代码开发。

一个良好的软件项目不仅要有最新的技术支持，同时还需要有良好的设计架构与代码编写层次，这样编写出来的项目代码才可以提高程序的可重用性并提供良好的设计维护。在本章中将通过具体的实例讲解分层架构的设计思想，并基于业务层和数据层的结构建立控制层与显示层，实现一个完整的 MVC 设计应用。

11.1 项目分层设计

项目分层设计

视频名称 1101_【理解】项目分层设计

视频简介 一个设计良好的软件项目必然是便于维护的，所以需要进行项目的分层设计。本视频为读者介绍常规的项目分层模型以及每一层的主要作用。

一个完整的项目设计中不仅要实现项目的核心需求，同时也需要具备良好的设计分层，每一层都拥有各自所需要完成的核心功能，并且彼此之间没有任何的强耦合关联。常见的分层结构如图 11-1 所示，整个的项目结构划分为了 3 个不同的层次。

- 业务中心层：项目的核心所在，封装了用户所有可能存在的请求处理操作，例如用户注册、用户登录就属于两个不同的操作业务，而这些业务所涉及的数据库操作部分全部要封装在业务中心层里。
- 业务客户端层：提供用户请求的处理与服务器端页面响应操作，是 Java Web 开发所需要完成的核心功能。
- 持久化存储层：提供数据持久化存储，包括 SQL 结构化存储或者 NoSQL 存储等。

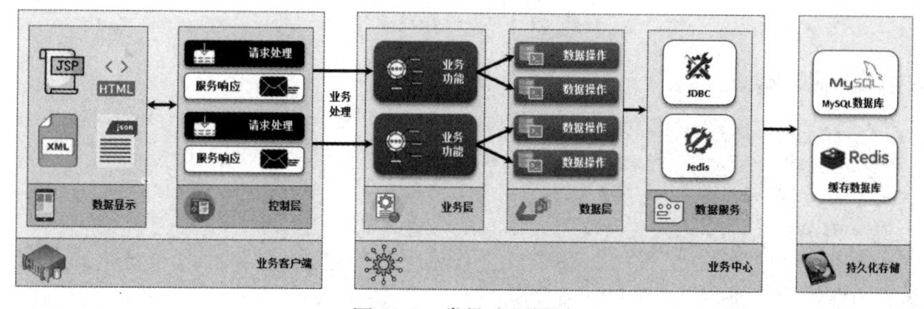

图 11-1 常见分层设计

提示：本章的重点在于业务设计。

图 11-1 给出的只是一个分层设计的基础模型，本章考虑到知识层次的递进学习问题，只讲解业务中心的核心设计模型。同时本章将围绕着 SQL 数据库展开，而关于 Redis 数据库的使用，读者可以通过本系列丛书中的其他书获取。

现在项目的开发多以 SQL 数据库作为终端存储介质，所有的相关业务的处理数据大都保存在 SQL 数据库之中。而对于数据库的开发操作大都是基于 SQL 语句完成的，所以就需要在数据层中将所有可能使用的 SQL 操作封装为具体的处理方法。业务层在进行处理时实际上是不关心具体的 SQL 如何执行的，关注的仅仅是数据层中的方法能否完成指定的功能。开发者直接依据业务层就可以完成若干张数据表的数据操作，执行结构如图 11-2 所示。

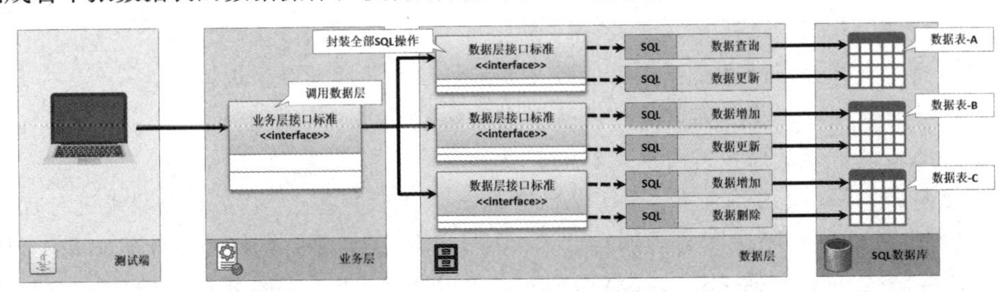

图 11-2　业务结构模型

11.2　分层设计实例

分层设计实例

视频名称　1102_【理解】分层设计实例

视频简介　业务层和数据层是软件项目的核心所在。为了帮助读者更好地理解这两个层的创建以及关联结构，本视频通过具体的需求分析业务逻辑与数据操作之间的关联。

一个完整的项目，需要根据用户的需求来进行业务的设计，而后根据业务需要设计出相应的数据表结构。这样在程序开发中就可以根据业务需要再进行数据层和业务层的结构拆分，如图 11-3 所示。

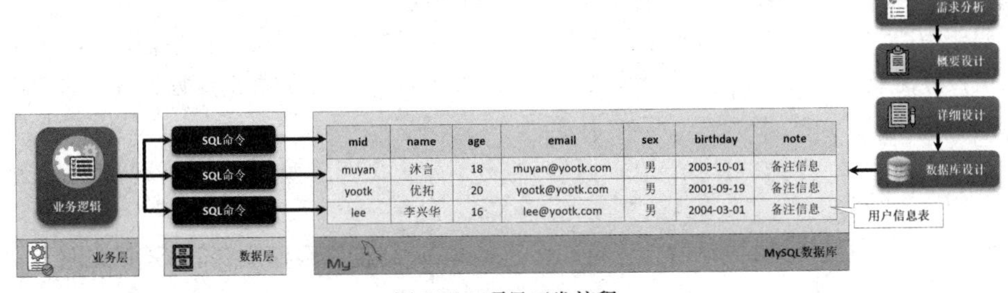

图 11-3　项目开发流程

范例：数据库创建脚本

```
DROP DATABASE IF EXISTS yootk ;
CREATE DATABASE yootk CHARACTER SET UTF8 ;
USE yootk ;
CREATE TABLE member(
   mid          VARCHAR(50) ,
   name         VARCHAR(50) ,
   age          INT ,
```

```
    email         VARCHAR(50) ,
    sex           VARCHAR(10) ,
    birthday      DATE ,
    note          TEXT ,
    CONSTRAINT pk_mid PRIMARY KEY(mid)
) ENGINE=InnoDB DEFAULT CHARSET=utf8;
```

在进行具体的业务层与数据层设计之前，首先一定要有完整的设计需求。现在假设有一张用户信息表（member），而在项目之中客户端对用户数据表提出的业务设计需要，如表 11-1 所示。

表 11-1 业务设计分析

序号	业务功能	业务处理逻辑	SQL 命令
1	增加新用户	① 查询注册用户的 mid 是否存在	SELECT
		② 用户注册 E-mail 地址不能重复	SELECT
		③ 性别取值范围（男或女）、年龄范围（18～80）	—
		④ 数据增加操作	INSERT
2	修改用户信息	① 修改后的性别与年龄范围判断	—
		② 数据更新操作	UPDATE
3	删除用户信息	根据 ID 进行数据删除，可以同时传递多个删除 ID	DELETE
4	查询指定用户信息	根据 ID 查询用户完整信息	SELECT
5	全部用户列表	获取全部用户的详细信息	SELECT
6	数据分页与用户量统计	① 数据表分页查询（动态判断是否需要模糊查询）	SELECT
		② 数据记录个数统计	SELECT

根据表 11-1 所示的业务逻辑关系可以发现，不同的业务操作可能会涉及多种不同的 SQL 数据处理，同时也可能涉及多张数据表的数据项。所以为了保证每一个业务都能满足设计的需求，开发人员往往需要对编写完成的业务逻辑代码进行大量的测试。

11.3 程序类与数据表映射

程序类与数据表映射

视频名称 1103_【掌握】程序类与数据表映射

视频简介 在项目分层结构中，每一层都是独立的，而为了便于数据的传递，就需要创建与数据表结构对应的简单 Java 类。本视频为读者分析简单 Java 类创建的意义，同时讲解简单 Java 类的创建原则与具体映射转换操作的实现。

在分层设计中，每一层彼此之间都是独立的，每一层对外暴露的只有操作接口，但是不同层之间依然需要进行数据的传输。所以此时的做法是根据数据表的结构来设计一个 VO（Value Object）类，而后不同层之间依靠 VO 类来进行数据的传递处理，处理结构如图 11-4 所示。

通过图 11-4 可以发现，简单 Java 类可以与数据表之间产生合理的映射关系，同时 Java 中提供的数据类型可以直接与 SQL 数据库中的数据类型对应，这样针对项目中的简单 Java 类的开发就要遵循如下原则。

- 一个项目的数据库中会有多张实体表，所以也会映射为多个简单 Java 类，所有的简单 Java 类可以统一保存在 VO 包中。如果父包名称为“com.yootk”，则 VO 类的保存包名称为“com.yootk.vo”。

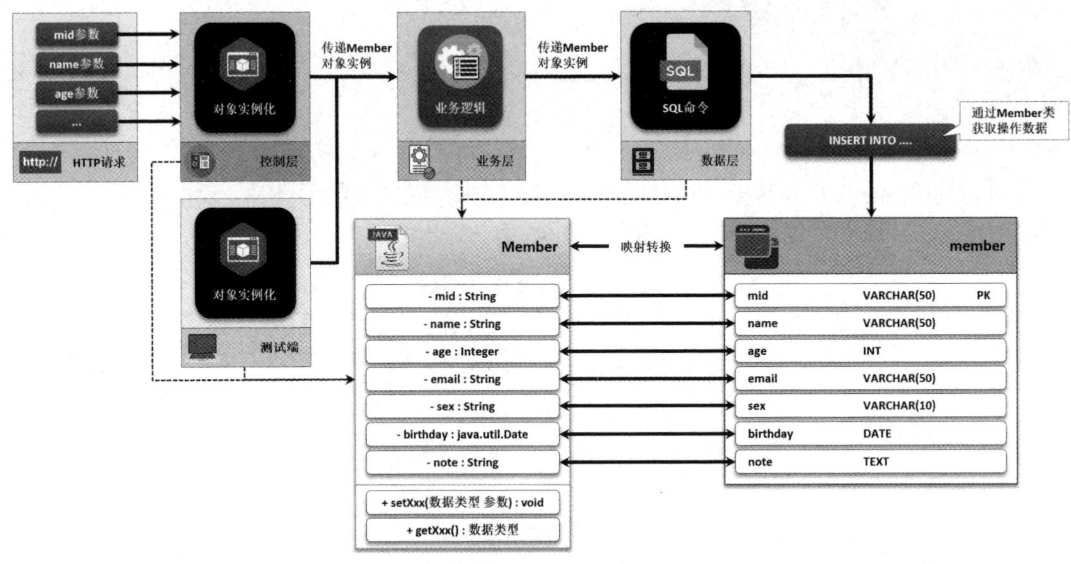

图 11-4　VO 类映射转换

- 每一张实体表一定要有一个与之对应的简单 Java 类。关系表根据情况来动态判断，如果有实体字段，则需要创建对应的 Java 类；如果全部由关联字段所组成，则可以根据需要进行创建。
- 考虑到序列化传输的需求，简单类一定要实现 java.io.Serializable 父接口。
- 类中的所有属性一定要进行封装，封装之后的属性一定要定义 setter、getter 方法。
- 类中可以根据需要定义若干个构造方法，但是一定要保留一个无参构造方法。
- 类中的属性不允许使用基本数据类型，属性类型统一为包装类，这样可以方便地描述“null”数据。
- 如果没有使用一些特殊的结构的话，不需要考虑 Comparable、toString()、hashCode()、equals()。

提示：反射机制与简单 Java 类。

在本系列丛书中的 Java 基础知识部分已经为读者分析了反射与简单 Java 类之间的关联操作，实际上此处定义的 VO 类结构，也是对后续学习 MyBatis、JPA 等持久层开发技术的重要过渡。

范例：定义 Member 表映射类

```
package com.yootk.vo;                                   // 统一保存在VO包中
import java.io.Serializable;
import java.util.Date;
public class Member implements Serializable {           // Member类结构与member表对应
    private String mid ;
    private String name ;
    private Integer age ;
    private String email ;
    private String sex ;
    private Date birthday ;
    private String note ;
    // 无参构造，setter、getter代码略
}
```

本程序依据简单 Java 类的设计原则，实现了 Member 类的定义，这样在业务层与数据层操作

中就可以直接通过该类实例封装传递的数据信息，同时每一个 Member 类的对象实例都代表一条 member 表中的数据信息。

11.4 数据层设计与开发

数据层简介

视频名称 1104_【掌握】数据层简介

视频简介 数据层是实现数据库开发操作的唯一环节，在数据层设计中需要完整地实现数据库操作的 SQL 命令。本视频为读者分析数据层的作用以及程序功能实现类结构。

DAO（Data Access Object，数据访问对象）是整个项目开发中唯一与 JDBC 操作有关的程序类。在数据层定义时需要充分地考虑到对外的接口功能暴露，但是在数据层实现过程中不需要考虑具体的业务逻辑关系，更不需要考虑数据库的事务处理操作，使用 JDBC 标准中提供的 Connection、PreparedStatement、ResultSet 等接口实现数据库的 CRUD 功能即可。同时为了便于管理，应该将每一个 SQL 操作都封装在一个具体的执行方法之中，这样每当调用方法时就可以实现数据库处理操作，而这就属于一种 ORMapping 的设计思想。

提示：关于 ORMapping 技术的说明。

ORMapping（Object Relational Mapping）简称 ORM 或 O/RM、O/R Mapping，是一种基于面向对象设计思想实现的数据库操作，开发者通过对象即可实现 SQL 命令的执行，如图 11-5 所示。

图 11-5　ORM 设计模型

比较常见的 ORMapping 组件就是 JDBC，如果对 JDBC 进行轻量级包装则可以使用 Spring JDBC，半自动化的包装使用 MyBatis/IBatis，而重度包装可以使用 JPA/Spring Data JPA。在现在的项目开发中，这些组件都是比较常见的，读者只需要巩固好基础，认真学好核心设计思想，就可以轻松学会这些组件的应用。

在实际项目中每一张数据库的实体表都对应一套完善的数据层设计，在数据层操作中最为核心的是 Connection 接口。考虑到代码的重用性，可以定义一个 AbstractDAO 抽象父类，并且将数据库连接管理部分交由此类负责，这样所有的 DAO 实现子类就都可以方便地获取 Connection 接口实例，代码定义如下。

范例：定义公共 DAO 抽象类

```
package com.yootk.common.dao.abs;
import com.yootk.dbc.DatabaseConnection;
import java.sql.Connection;
import java.sql.PreparedStatement;
public abstract class AbstractDAO {                          // DAO继承父类
    protected PreparedStatement pstmt;                       // 数据库操作对象
    protected Connection conn;                               // 数据库连接对象
    public AbstractDAO() {                                   // 无参构造获取数据库连接
        this.conn = DatabaseConnection.getConnection() ;     // 获取数据库连接
    }
}
```

按照 Java 继承关系中子类的使用要求，所有的子类对象在进行对象实例化之前都一定会默认调用父类的无参构造方法，这样只要继承了此类，都可以直接获得一个 Connection 接口实例。数据层的基本实现结构如图 11-6 所示。

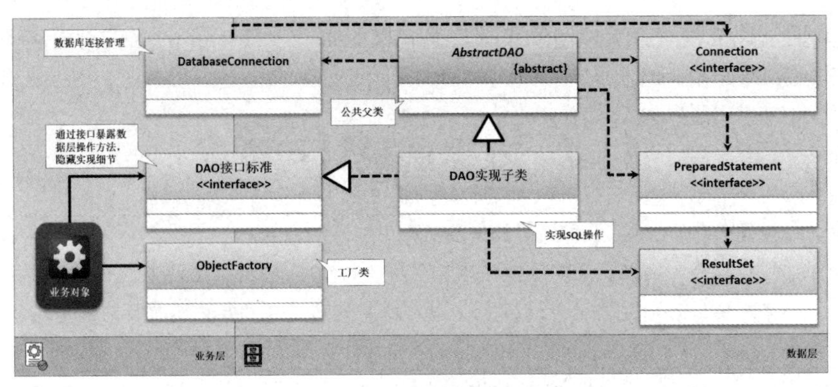

图 11-6　数据层的基本实现结构

11.4.1　数据层接口标准

数据层接口标准

视频名称　1105_【掌握】数据层接口标准

视频简介　数据层标准是重要的方法视图。本视频为读者讲解数据层接口定义的要求，同时分析数据层代码重复性的问题与解决方案。

数据层的功能需要暴露给业务层，所以就需要首先创建数据层接口标准。而在进行接口定义时，为了可以清晰地通过名称区分类和接口，一般建议在接口前追加一个字母 I（interface 首字母大写）。这样当需要为 member 实体表创建 DAO 接口时，接口的名称可以定义为“IMemberDAO”。由于数据库中会有大量的实体表，所以为了便于代码的管理，可以将所有的 DAO 接口统一保存在 dao 子包中（完整包名称为“com.yootk.dao”）。

在完整的项目设计中，针对数据表可能有大量的 SQL 操作，这样就有可能在每一个 DAO 接口中定义大量的数据操作方法，所以在编写 DAO 方法时可以按照如下约定形式进行定义。

- **数据更新操作**：建议使用 doXxx()形式进行命名，例如：doCreate()、doEdit()、doRemove()。
- **数据查询操作**：建议使用 findXxx()、findByXxx()形式命名，例如：findById()、findAll()、findSplit()。
- **数据统计操作**：建议使用 getXxx()形式命名，例如：getAllCount()。

在进行数据层标准定义时，除了满足自身项目的需求之外，实际上依然需要考虑代码的重用设计问题，例如几乎所有的实体表都有可能存在某些功能相同的方法，根据 ID 查询、查询全部数据、数据增加等。如果将这些操作重复定义在每一个 DAO 接口中，那么一定会造成代码的大量重复。为了解决此类问题，可以在项目中定义一个公共的 IBaseDAO 接口，而每一个子接口只需要定义每张数据表所需要的新功能即可。公共接口设计如图 11-7 所示。

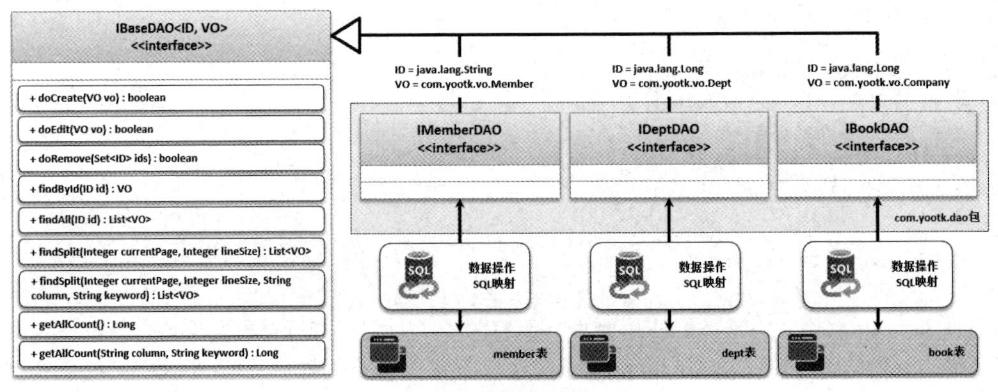

图 11-7　公共接口设计

通过图 11-7 可以发现，在定义 IBaseDAO 接口时，针对要操作的数据表 ID 主键类型以及 VO 类型使用了泛型机制，这样在定义子接口时就可以通过接口继承的形式进行动态的配置。而在 IBaseDAO 接口中定义的方法如表 11-2 所示。

表 11-2　IBaseDAO 接口方法

序号	方法	类型	描述
1	public boolean doCreate(VO vo) throws SQLException	普通	实现数据增加操作
2	public boolean doEdit(VO vo) throws SQLException	普通	根据 ID 修改全部字段内容
3	public boolean doRemove(Set<ID> ids) throws SQLException	普通	删除指定 ID 集合的数据
4	public VO findById(ID id) throws SQLException	普通	根据 ID 获取某一行数据信息
5	public List<VO> findAll() throws SQLException	普通	查询数据表全部数据信息
6	public List<VO> findSplit(Integer currentPage, Integer lineSize) throws SQLException	普通	数据分页查询
7	public List<VO> findSplit(Integer currentPage, Integer lineSize, String column, String keyword) throws SQLException	普通	数据分页查询，并设置模糊查询列以及模糊查询关键字
8	public Long getAllCount() throws SQLException	普通	获取表中的全部数据个数
9	public Long getAllCount(String column, String keyWord) throws SQLException	普通	获取模糊查询返回的数据个数

范例：定义 IBaseDAO 接口

```
package com.yootk.common.dao.base;
import java.sql.SQLException;
import java.util.List;
import java.util.Set;
/**
 * 进行DAO接口的公共定义
 * @author 沐言科技——李兴华
 * @param <ID> 要设置的主键类型
 * @param <VO> 要操作的VO类型
 */
public interface IBaseDAO<ID, VO> {
    /**
     * 实现数据信息的增加操作，该方法主要执行的是INSERT语句
     * @param vo 保存要增加数据的信息类，该类的属性确定已经合法
     * @return 数据保存成功返回true，否则返回false
     * @throws SQLException 数据库执行异常
     */
    public boolean doCreate(VO vo) throws SQLException;
    /**
     * 实现数据的修改操作，本操作将根据ID进行数据的整体更新
     * @param vo 保存要更新的完整数据
     * @return 更新成功返回true，否则返回false
     * @throws SQLException 数据库执行异常
     */
    public boolean doEdit(VO vo) throws SQLException;
    /**
     * 执行数据的删除操作，可以删除给定范围内的数据信息
     * @param ids 要删除数据编号，该编号不允许重复
     * @return 删除成功返回true，否则返回false
     * @throws SQLException 数据库执行异常
     */
    public boolean doRemove(Set<ID> ids) throws SQLException;
    /**
     * 根据数据表的ID主键进行指定数据信息的获取
```

```
     * @param id 要查询的数据ID
     * @return 如果数据存在，则数据以VO的形式返回；如果数据不存在，则返回null
     * @throws SQLException 数据库执行异常
     */
    public VO findById(ID id) throws SQLException;
    /**
     * 查询数据表中的全部数据记录，所有的记录将以集合的形式返回
     * @return 如果表中存在记录，则数据以List的集合返回，里面会有多个VO类的对象实例；如果没有数据，则集合长度
为0（size()==0）
     * @throws SQLException 数据库执行异常
     */
    public List<VO> findAll() throws SQLException;
    /**
     * 执行数据的全部分页信息的查询
     * @param currentPage 当前所在页
     * @param lineSize    每页显示的数据行数
     * @return 如果表中存在记录，则数据以List的集合返回，里面会有多个VO类的对象实例；如果没有数据，则集合长度
为0（size()==0）
     * @throws SQLException 数据库执行异常
     */
    public List<VO> findSplit(Integer currentPage, Integer lineSize) throws SQLException;
    /**
     * 执行数据的全部分页信息的查询
     * @param currentPage 当前所在页
     * @param lineSize    每页显示的数据行数
     * @param column      要执行模糊查询的数据列
     * @param keyword     要执行模糊查询的关键字
     * @return 如果表中存在记录，则数据以List的集合返回，里面会有多个VO类的对象实例；如果没有数据，则集合长度
为0（size()==0）
     * @throws SQLException 数据库执行异常
     */
    public List<VO> findSplit(Integer currentPage, Integer lineSize, String column, String
keyword) throws SQLException;
    /**
     * 进行数据表的数据量统计
     * @return SQL语句中COUNT()函数的返回结果
     * @throws SQLException 数据库执行异常
     */
    public Long getAllCount() throws SQLException;
    /**
     * 进行数据表的数据量的模糊统计
     * @param column   要执行模糊查询的数据列
     * @param keyword 要执行模糊查询的关键字
     * @return SQL语句中COUNT()函数的返回结果
     * @throws SQLException 数据库执行异常
     */
    public Long getAllCount(String column, String keyword) throws SQLException;
}
```

在 IBaseDAO 接口中进行数据增加、修改时都需要将对应的数据信息包装为 VO 类实例进行传递，而在进行数据查询时，也都通过 VO 类包装返回数据，这样做的目的是对业务层隐藏 java.sql 包的调用。由于数据层只与 JDBC 操作有关，所以方法中都抛出 SQLException。

范例：定义 IMemberDAO 接口

```
package com.yootk.dao;
import com.yootk.common.dao.base.IBaseDAO;
import com.yootk.vo.Member;
import java.sql.SQLException;
public interface IMemberDAO extends IBaseDAO<String, Member> { // 为member表定义IMemberDAO接口
    /**
```

```
     * 根据E-mail查询指定用户的完整信息
     * @param email 要查询的E-mail信息
     * @return 如果存在对应数据则以VO对象的形式返回，如果不存在则返回null
     * @throws SQLException 数据库查询异常
     */
    public Member findByEmail(String email) throws SQLException;
}
```

此时为member表定义了IMemberDAO接口。由于主键类型为String，所以在设置IBaseDAO接口中的ID标记时传入了String，并传入了相应的VO类，同时在IMemberDAO接口中扩充了一个findByEmail()方法，该方法仅供member表的数据操作。

11.4.2 数据层实现类

数据层实现类

视频名称 1106_【掌握】数据层实现类

视频简介 数据层实现类是JDBC操作封装的关键程序类，在数据层实现类中需要使用JDBC技术对数据层接口进行完整的实现。本视频通过具体的实例讲解数据层的实现代码。

数据层标准接口中定义的一系列的抽象方法，最终将由接口子类来实现。由于在AbstractDAO抽象父类中已经通过DatabaseConnection工具类获取了Connection接口实例，这样子类就可以直接利用该实例创建PreparedStatement实现数据库SQL操作，实现结构如图11-8所示。

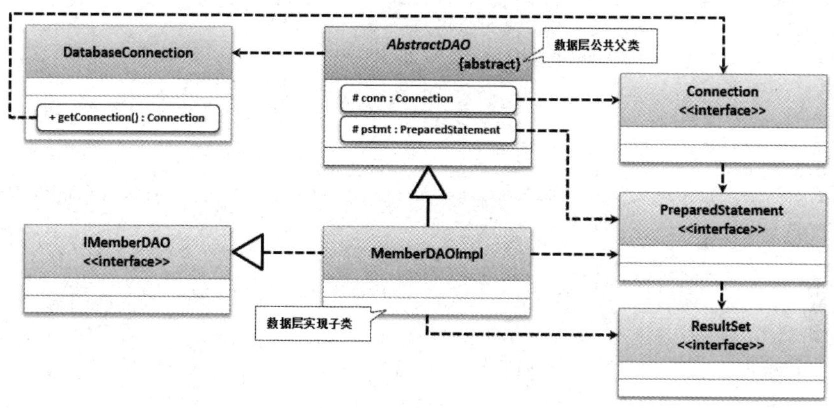

图11-8 数据层实现类

范例：数据层实现类

```
package com.yootk.dao.impl;
import com.yootk.common.dao.abs.AbstractDAO;
import com.yootk.dao.IMemberDAO;
import com.yootk.vo.Member;
import java.sql.ResultSet;
import java.sql.SQLException;
import java.util.ArrayList;
import java.util.Iterator;
import java.util.List;
import java.util.Set;
public class MemberDAOImpl extends AbstractDAO implements IMemberDAO { // 数据层实现类
    @Override
    public boolean doCreate(Member vo) throws SQLException {              // 数据增加
        String sql = "INSERT INTO member(mid,name,age,email,sex,birthday,note)" +
                " VALUES (?,?,?,?,?,?,?)";
        super.pstmt = super.conn.prepareStatement(sql);                   // 数据库操作对象
        super.pstmt.setString(1, vo.getMid());                            // 设置占位参数
        super.pstmt.setString(2, vo.getName());                           // 设置占位参数
```

```
        super.pstmt.setInt(3, vo.getAge());                               // 设置占位参数
        super.pstmt.setString(4, vo.getEmail());                          // 设置占位参数
        super.pstmt.setString(5, vo.getSex());                            // 设置占位参数
        super.pstmt.setDate(6, new java.sql.Date(
                vo.getBirthday().getTime()));                             // 设置占位参数
        super.pstmt.setString(7, vo.getNote());                           // 设置占位参数
        return super.pstmt.executeUpdate() > 0;                           // 数据更新
    }
    @Override
    public boolean doEdit(Member vo) throws SQLException {                // 数据修改
        String sql = "UPDATE member SET name=?,age=?,email=?,sex=?,birthday=?,note=? " +
                " WHERE mid=?";
        super.pstmt = super.conn.prepareStatement(sql);                   // 数据库操作对象
        super.pstmt.setString(1, vo.getName());                           // 设置占位参数
        super.pstmt.setInt(2, vo.getAge());                               // 设置占位参数
        super.pstmt.setString(3, vo.getEmail());                          // 设置占位参数
        super.pstmt.setString(4, vo.getSex());                            // 设置占位参数
        super.pstmt.setDate(5, new java.sql.Date(
                vo.getBirthday().getTime()));                             // 设置占位参数
        super.pstmt.setString(6, vo.getNote());                           // 设置占位参数
        super.pstmt.setString(7, vo.getMid());                            // 设置占位参数
        return super.pstmt.executeUpdate() > 0;                           // 数据更新
    }
    @Override
    public boolean doRemove(Set<String> ids) throws SQLException {        // 数据删除
        StringBuffer sql = new StringBuffer(30);
        sql.append("DELETE FROM member").append(" WHERE mid ").append(" IN (");
        ids.forEach((id) -> {
            sql.append("?,");
        });
        sql.delete(sql.length() - 1, sql.length()).append(")");          // 拼接SQL
        super.pstmt = super.conn.prepareStatement(sql.toString());        // 数据库操作对象
        Iterator<String> iter = ids.iterator();
        int foot = 1;
        while (iter.hasNext()) {                                          // 数据迭代
            super.pstmt.setString(foot++, iter.next());                   // 设置占位参数
        }
        return super.pstmt.executeUpdate() == ids.size();                 // 数据更新
    }
    @Override
    public Member findById(String id) throws SQLException {               // ID查询
        Member vo = null;                                                 // 声明VO类对象
        String sql = "SELECT mid,name,age,email,sex,birthday,note " +
                " FROM member WHERE mid=?";
        super.pstmt = super.conn.prepareStatement(sql);                   // 数据库操作对象
        super.pstmt.setString(1, id);                                     // 设置占位参数
        ResultSet rs = super.pstmt.executeQuery();                        // 数据查询
        if (rs.next()) {                                                  // 有结果返回
            vo = new Member();                                            // 实例化VO类对象
            vo.setMid(rs.getString(1));                                   // 属性设置
            vo.setName(rs.getString(2));                                  // 属性设置
            vo.setAge(rs.getInt(3));                                      // 属性设置
            vo.setEmail(rs.getString(4));                                 // 属性设置
            vo.setSex(rs.getString(5));                                   // 属性设置
            vo.setBirthday(rs.getDate(6));                                // 属性设置
            vo.setNote(rs.getString(7));                                  // 属性设置
        }
        return vo;                                                        // 返回数据
    }
    @Override
```

```
public Member findByEmail(String email) throws SQLException {   // 根据E-mail查询
    Member vo = null;                                            // 声明VO类对象
    String sql = "SELECT mid,name,age,email,sex,birthday,note " +
            " FROM member WHERE email=?";
    super.pstmt = super.conn.prepareStatement(sql);              // 数据库操作对象
    super.pstmt.setString(1, email);                             // 设置占位参数
    ResultSet rs = super.pstmt.executeQuery();                   // 数据查询
    if (rs.next()) {                                             // 查询结果存在
        vo = new Member();                                       // 实例化VO类对象
        vo.setMid(rs.getString(1));                              // 属性设置
        vo.setName(rs.getString(2));                             // 属性设置
        vo.setAge(rs.getInt(3));                                 // 属性设置
        vo.setEmail(rs.getString(4));                            // 属性设置
        vo.setSex(rs.getString(5));                              // 属性设置
        vo.setBirthday(rs.getDate(6));                           // 属性设置
        vo.setNote(rs.getString(7));                             // 属性设置
    }
    return vo;                                                   // 返回数据
}
@Override
public List<Member> findAll() throws SQLException {              // 查询全部数据
    List<Member> all = new ArrayList<>();                        // List集合
    String sql = "SELECT mid,name,age,email,sex,birthday,note FROM member";
    super.pstmt = super.conn.prepareStatement(sql);              // 数据库操作对象
    ResultSet rs = super.pstmt.executeQuery();                   // 数据查询
    while (rs.next()) {                                          // 结果集迭代
        Member vo = new Member();                                // 实例化VO类对象
        vo.setMid(rs.getString(1));                              // 属性设置
        vo.setName(rs.getString(2));                             // 属性设置
        vo.setAge(rs.getInt(3));                                 // 属性设置
        vo.setEmail(rs.getString(4));                            // 属性设置
        vo.setSex(rs.getString(5));                              // 属性设置
        vo.setBirthday(rs.getDate(6));                           // 属性设置
        vo.setNote(rs.getString(7));                             // 属性设置
        all.add(vo);                                             // 集合添加
    }
    return all;                                                  // 返回数据
}
@Override
public List<Member> findSplit(Integer currentPage, Integer lineSize)
        throws SQLException {                                    // 分页查询
    List<Member> all = new ArrayList<>();
    String sql = " SELECT mid,name,age,email,sex,birthday,note FROM member LIMIT ?,?";
    super.pstmt = super.conn.prepareStatement(sql);              // 数据库操作对象
    super.pstmt.setInt(1, (currentPage - 1) * lineSize);         // 设置占位参数
    super.pstmt.setInt(2, lineSize);                             // 设置占位参数
    ResultSet rs = super.pstmt.executeQuery();                   // 数据查询
    while (rs.next()) {                                          // 结果集迭代
        Member vo = new Member();                                // 实例化VO类对象
        vo.setMid(rs.getString(1));                              // 属性设置
        vo.setName(rs.getString(2));                             // 属性设置
        vo.setAge(rs.getInt(3));                                 // 属性设置
        vo.setEmail(rs.getString(4));                            // 属性设置
        vo.setSex(rs.getString(5));                              // 属性设置
        vo.setBirthday(rs.getDate(6));                           // 属性设置
        vo.setNote(rs.getString(7));                             // 属性设置
        all.add(vo);                                             // 集合添加
    }
    return all;                                                  // 返回数据
}
```

```
    @Override
    public List<Member> findSplit(Integer currentPage, Integer lineSize,
            String column, String keyword) throws SQLException { // 分页模糊查询
        List<Member> all = new ArrayList<>();                           // 定义结果集
        String sql = " SELECT mid,name,age,email,sex,birthday,note FROM member " +
                " WHERE  " + column + " LIKE ? LIMIT ?,? ";
        super.pstmt = super.conn.prepareStatement(sql);                 // 数据库操作对象
        super.pstmt.setString(1, "%" + keyword + "%");                  // 设置占位参数
        super.pstmt.setInt(2, (currentPage - 1) * lineSize);            // 设置占位参数
        super.pstmt.setInt(3, lineSize);                                // 设置占位参数
        ResultSet rs = super.pstmt.executeQuery();                      // 数据查询
        while (rs.next()) {                                             // 结果集迭代
            Member vo = new Member();                                   // 实例化VO类对象
            vo.setMid(rs.getString(1));                                 // 属性设置
            vo.setName(rs.getString(2));                                // 属性设置
            vo.setAge(rs.getInt(3));                                    // 属性设置
            vo.setEmail(rs.getString(4));                               // 属性设置
            vo.setSex(rs.getString(5));                                 // 属性设置
            vo.setBirthday(rs.getDate(6));                              // 属性设置
            vo.setNote(rs.getString(7));                                // 属性设置
            all.add(vo);                                                // 集合添加
        }
        return all;                                                     // 返回数据
    }
    @Override
    public Long getAllCount() throws SQLException {                     // 数据量统计
        String sql = "SELECT COUNT(*) FROM member";
        super.pstmt = super.conn.prepareStatement(sql);                 // 数据库操作对象
        ResultSet rs = super.pstmt.executeQuery();                      // 数据查询
        if (rs.next()) {                                                // 有查询结果
            return rs.getLong(1);                                       // 返回数据
        }
        return 0L;
    }
    @Override
    public Long getAllCount(String column, String keyword) throws SQLException {
        String sql = "SELECT COUNT(*) FROM member WHERE " + column + " LIKE ?";
        super.pstmt = super.conn.prepareStatement(sql);                 // 数据库操作对象
        super.pstmt.setString(1, "%" + keyword + "%");                  // 设置占位参数
        ResultSet rs = super.pstmt.executeQuery();                      // 数据查询
        if (rs.next()) {                                                // 有查询结果
            return rs.getLong(1);                                       // 返回数据
        }
        return 0L;
    }
}
```

本程序通过 AbstractDAO 父类获取了一个数据库连接对象，而后在该类中通过 Connection 以及要执行的 SQL 实例化 PreparedStatement 接口对象，随后依据 IMemberDAO 接口要求覆写了相应的操作方法。

提问：程序中有大量重复代码，能否优化？

当前定义的数据层实现类中有大量重复的代码，例如每一次实例化 PreparedStatement 后的参数设置，或者将数据库返回结果设置到 VO 类对象实例的属性之中，能否进行优化？

回答：基于反射机制优化。

本次所给出的数据层实现采用了原生的 JDBC 处理模式完成操作，而如果全部采用这样的方式进行开发，则代码势必会有大量的重复。所以开发中如果想解决以上问题，可以采用正则匹配的方式获取要处理的 SQL 字段，再利用反射机制的方式进行 PreparedStatement 占位符参数的配置。此类的处理操作在本系列丛书中的《Java 程序设计开发实战（视频讲解版）》中已经为读者分析过了，如果读者有兴趣也可以自行实现。

因为本次的重点不在于组件的设计，而是在于分层设计思想的阐述，所以并没有进行这方面的设计。而随着后续技术的不断学习，读者也可以通过 MyBatis 或 JPA 这样的开发框架来简化数据层开发。

11.4.3 数据层工厂类

数据层工厂类

视频名称 1107_【掌握】数据层工厂类

视频简介 为了避免项目中出现的代码耦合问题，在获取接口对象实例操作时一般会使用工厂设计模式。本视频介绍基于反射机制与资源文件配置形式实现工厂设计模式。

如果业务层要调用数据层的接口功能，则一定要首先获取一个数据层的接口实例。而按照 Java 设计原则，不同层之间不应该暴露接口子类，只允许暴露接口视图，所以需要为数据层创建一个工厂处理类，该类可以返回数据层接口对象实例，如图 11-9 所示。

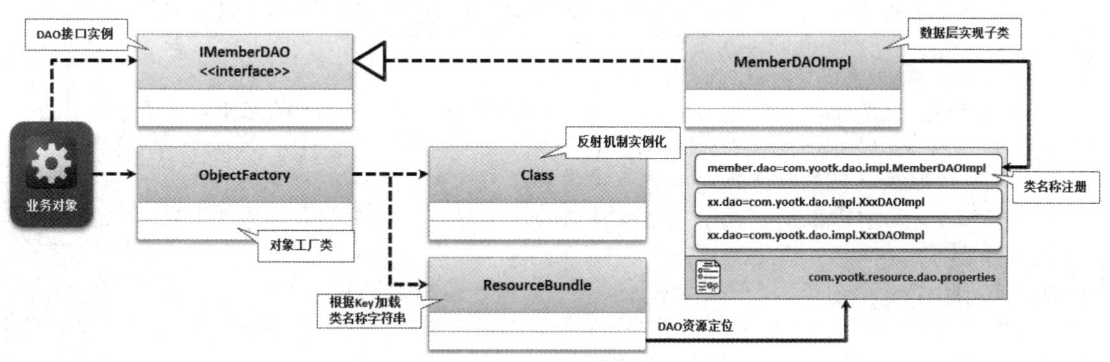

图 11-9　获取数据层接口实例

考虑到项目中会有众多的数据层接口，每当业务层对象获取数据层接口实例时，最佳的做法就是直接通过反射机制进行实例化操作，所以提供了 ObjectFactory 工厂类。同时为了便于项目中所有 DAO 实现类的统一管理，可以通过 com.yootk.resource.dao.properties 资源文件进行定义，此处的文件定义如下。

范例：创建 DAO 资源管理文件（文件名称：com.yootk.resource.dao.properties）

```
member.dao=com.yootk.dao.impl.MemberDAOImpl
```

该文件中定义了 DAO 实现子类的完整名称，这样就可以在 ObjectFactory 类中利用 ResourceBundle 类进行资源定位以及指定 key 对应的数据信息加载。由于数据内容为完整的类名称，而后就可以利用反射进行对象实例化处理。

范例：ObjectFactory 对象工厂类

```
package com.yootk.common.util;
import java.util.ResourceBundle;
public class ObjectFactory {
    private static final ResourceBundle DAO_RESOURCE = ResourceBundle
                        .getBundle("com.yootk.resource.dao");     // DAO资源绑定
```

```
    /**
     * 该方法的主要功能是进行DAO接口实例的资源加载
     * @param key    要加载的DAO的标记
     * @param clazz 进行一个类型的声明，方便检查错误
     * @param <T>    泛型标记
     * @return 返回一个DAO接口实例，如果key不存在，则返回的内容为null
     */
    public static <T> T getDAOInstance(String key, Class<T>... clazz) {
        String className = null;                                   // 保存类名称
        try {
            className = DAO_RESOURCE.getString(key);               // 资源加载
        } catch (Exception e) {
        }
        if (className == null || "".equals(className)) {          // 判断加载结果
            return null;
        }
        try { // 反射对象实例化，默认调用无参构造方法
            return (T) Class.forName(className).getDeclaredConstructor().newInstance();
        } catch (Exception e) {                                    // 出现异常
            return null;                                           // 返回空对象
        }
    }
}
```

ObjectFactory 并不会有任何接口进行直接绑定，而仅仅是进行对象的反射加载。同时为了防止可能出现加载错误的情况，在 getDAOInstance()方法中除了传递要加载的数据“key”，还传递了一个 Class 类型，这样就可以将反射实例化获取的 Object 强制转为指定的接口实例。

提示：工厂类简化设计。

在当前给定的 ObjectFactory.getDAOInstance()方法进行调用时，一般都会采用如下的方式完成：

```
IMemberDAO memberDAO = ObjectFactory.getDAOInstance("member.dao", IMemberDAO.class)
```

这样在获取接口对象时就可以避免在调用处进行子类对象实例强制转型操作，同时最后传递的 IMemberDAO.class 起到了一个标识的作用。当然，如果读者有需要，也可以简化方法定义：

```
public static <T> T getDAOInstance(String key)
```

这样一来在获取 DAO 接口对象实例时实际上只需要输入“key”的名称，同样也可以获取实例化对象，但是在获取时就缺少了具体类型的标识，会使得代码看起来不清晰。所以为了满足不同开发者的需求，本程序使用了一个 Class 可变参数的形式接收 Class 类型实例，这样可以在调用时动态决定是否要传入目标类型的 Class 类实例。

11.5　业务层设计与开发

业务层简介

视频名称　1108_【掌握】业务层简介

视频简介　业务层是项目的核心单元，也是一个独立的逻辑单元。本视频为读者分析业务层和数据层的基本联系，同时讲解业务层的实现结构。

业务层（Service）或者称为 BO“Business Object”，定义了一个项目中所需要的所有的功能集合，是一个完全独立的应用模块。业务层并不关心具体的数据层是如何工作的（可能是文件数据、数据库数据，或者是其他网络数据），其所关心的只是能否有足够的数据可以实现业务逻辑处理，如图 11-10 所示。

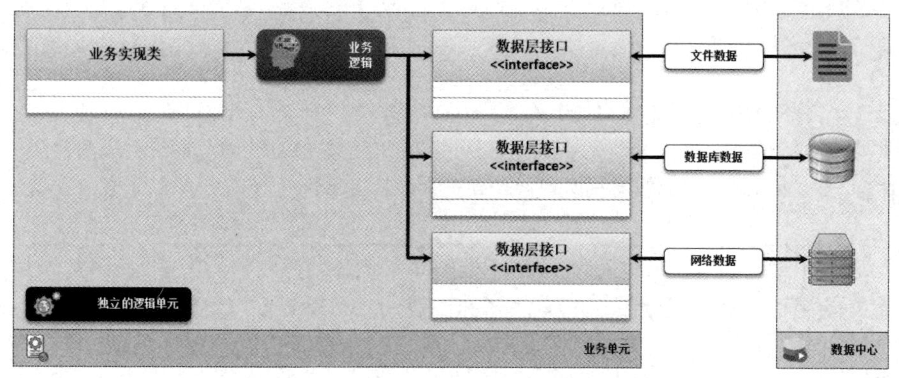

图 11-10 业务逻辑

在进行业务层设计时，要根据业务的需求设计出相应的业务接口方法。由于本次的操作是基于数据库完成的，所以在业务层的具体实现类中就要通过数据层暴露的 DAO 接口实现数据操作。这样在业务接口的实现子类中需要通过 ObjectFactory 类获取 DAO 接口实例。业务层实现结构如图 11-11 所示。

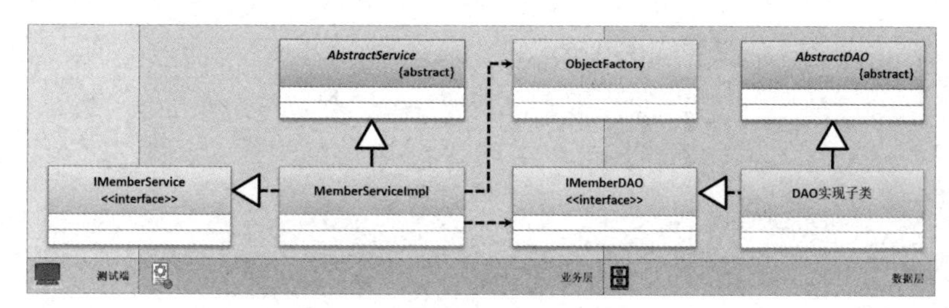

图 11-11 业务层实现结构

通过图 11-11 可以发现，在每一个业务实现子类中都会继承 AbstractService，这样可以直接将一些公共的操作方法定义在该抽象类中，该类的具体定义如下。

范例：定义业务抽象类

```
package com.yootk.common.service.abs;
public abstract class AbstractService {                    // Service继承父类
    public boolean checkAge(int age) {                     // 年龄检查
        return age >= 18 && age <= 80;                     // 年龄范围验证
    }
    public boolean checkSex(String sex) {                  // 性别检查
        if (sex == null || "".equals(sex)) {               // 性别为空
            return false;                                  // 返回验证结果
        }
        return sex.equalsIgnoreCase("男") || sex.equalsIgnoreCase("女");
    }
    public boolean checkEmpty(String... params) {          // 检查数据是否为空
        for (String param : params) {                      // 迭代获取内容
            if (param == null || "".equals(param)) {       // 数据检查
                return false;                              // 返回验证结果
            }
        }
        return true;                                       // 返回验证结果
    }
}
```

在本次实现的业务要求中，除了要进行数据库的数据检查之外，实际上也需要对年龄、性别进行检查。为了便于调用，可以直接将这些方法定义在 AbstractService 类中，如果后续有新的需要，也可以继续扩充此类方法。

11.5.1　业务层接口标准

业务层接口标准

视频名称　1109_【掌握】业务层接口标准

视频简介　业务接口是后端实现和前端调用的核心组成。本视频讲解业务接口中的方法命名要求，并通过具体的代码解释每个业务方法的作用。

业务层设计中最为重要的一项就是接口标准的定义。在进行业务层方法定义时，一般都建议使用一些有意义的名称，例如更新操作的方法名称一般为 addXxx()、editXxx()、removeXxx()，而数据查询操作的方法名称一般为 listXxx()、getXxx()等，这样便于后续的程序控制。为了便于项目中所有业务接口的管理，一般将其定义在 service 子包之中。

范例：定义业务层接口

```
package com.yootk.service;
import com.yootk.vo.Member;
import java.util.List;
import java.util.Map;
public interface IMemberService {                    // 用户业务接口
    /**
     * 实现数据的增加处理操作，在进行数据增加的时候需要采用如下的验证操作
     * 1. 检测输入数据是否正确，例如：年龄范围或者性别范围
     * 2. 调用IMemberDAO.findById()方法判断当前要增加的ID是否存在
     * 3. 调用IMemberDAO.findByEmail()方法判断要增加的E-mail是否重复
     * 4. 如果一切都没有问题则表示该数据可以保存，调用IMemberDAO.doCreate()
     * @param vo 保存要增加的数据
     * @return 信息增加成功返回true，否则返回false
     * @throws Exception 业务层产生的异常交由调用处进行异常处理
     */
    public boolean add(Member vo) throws Exception;
    /**
     * 进行数据的更新操作，该操作调用的是IMemberDAO.doEdit()方法进行全部数据的更新，根据ID更新
     * @param vo 要更新的数据，一定要包含用户ID
     * @return 更新成功返回true，否则返回false
     * @throws Exception 业务层产生的异常交由调用处进行异常处理
     */
    public boolean edit(Member vo) throws Exception;
    /**
     * 实现指定数据的ID删除，重复的数据不重复处理，调用IMemberDAO.doRemove()方法
     * @param ids 要删除的ID集合
     * @return 删除成功返回true，否则返回false
     * @throws Exception 业务层产生的异常交由调用处进行异常处理
     */
    public boolean removeById(String... ids) throws Exception;
    /**
     * 根据ID编号查询一个用户的详细信息，调用IMemberDAO.findById()
     * @param id 要查询用户ID
     * @return 如果数据存在则直接以VO的形式返回，如果不存在则返回null
     * @throws Exception 业务层产生的异常交由调用处进行异常处理
     */
    public Member get(String id) throws Exception;
    /**
     * 查询用户表中的全部数据，调用IMemberDAO.findAll()
     * @return 所有数据以List集合的形式返回，如果没有数据集合长度为0（size()==0）
     * @throws Exception 业务层产生的异常交由调用处进行异常处理
     */
    public List<Member> list() throws Exception;
    /**
     * 进行数据的分页显示，如果设置了查询字段，则进行数据的模糊查询操作，该操作分为两类
```

```
     * 1. 如果现在设置的column与keyword内容均为空，那么将进行全体数据的分页显示以及统计
     * 2. 如果现在设置的column与keyword内容均不为空，那么将进行数据的分页显示以及统计
     * @param currentPage 当前所在页
     * @param lineSize    每页显示的数据行
     * @param column      模糊查询列
     * @param keyword     查询关键字
     * @return 返回有两类数据结果
     * 1. key = allMembers、value = List集合，数据的查询结果
     * 2. key = allRecorders、value = Long统计结果
     * @throws Exception 业务层产生的异常交由调用处进行异常处理
     */
    public Map<String, Object> split(Integer currentPage, Integer lineSize,
              String column, String keyword) throws Exception;
}
```

11.5.2 业务层实现类

业务层实现类

视频名称 1110_【掌握】业务层实现类

视频简介 业务实现类中的重点部分在于数据的有效性检测以及数据层调用。本视频通过具体的代码讲解 IMemberService 接口子类的定义。

在业务接口的实现子类中，最重要的就是要验证传输数据的有效性，同时根据业务的需要获取相应的 DAO 接口对象。考虑到本次用户业务中只需要一个 IMemberDAO 数据层接口即可实现要求，所以在每次进行业务处理时都可以通过 ObjectFactory 工厂类中的 getDAOInstance()方法获取指定名称的 IMemberDAO 接口对象，而后完成相应操作。

范例：业务层实现类

```
package com.yootk.service.impl;
import com.yootk.common.service.abs.AbstractService;
import com.yootk.common.util.ObjectFactory;
import com.yootk.dao.IMemberDAO;
import com.yootk.service.IMemberService;
import com.yootk.vo.Member;
import java.util.*;
public class MemberServiceImpl extends AbstractService
        implements IMemberService {                               // 业务子类
    private IMemberDAO memberDAO = ObjectFactory
          .getDAOInstance("member.dao", IMemberDAO.class);     // 获取DAO接口实例
    @Override
    public boolean add(Member vo) throws Exception {            // 数据增加
        if (!super.checkAge(vo.getAge())) {                   // 判断年龄是否有效
            return false;                                     // 返回业务处理结果
        }
        if (!super.checkSex(vo.getSex())) {                   // 判断用户性别
            return false;                                     // 返回业务处理结果
        }
        if (this.memberDAO.findById(vo.getMid()) == null) {  // 当前数据可以查找到
            if (this.memberDAO.findByEmail(vo.getEmail()) == null) { // E-mail不重复
                return this.memberDAO.doCreate(vo);           // 数据保存
            }
        }
        return false;                                         // 返回业务处理结果
    }
    @Override
    public boolean edit(Member vo) throws Exception {          // 数据更新
        if (!super.checkAge(vo.getAge())) {                   // 判断年龄是否有效
            return false;                                     // 返回业务处理结果
```

```
        }
        if (!super.checkSex(vo.getSex())) {                    // 判断用户性别
            return false;                                      // 返回业务处理结果
        }
        return this.memberDAO.doEdit(vo);                      // 调用DAO接口方法
    }
    @Override
    public boolean removeById(String... ids) throws Exception {
        if (ids.length == 0) {                                 // 没有传入任何ID
            return false;                                      // 返回业务处理结果
        }
        Set<String> set = new HashSet<>();                     // 实例化Set集合
        set.addAll(Arrays.asList(ids));                        // 保存删除数据，并去掉重复内容
        return this.memberDAO.doRemove(set);                   // 调用DAO接口方法
    }
    @Override
    public Member get(String id) throws Exception {
        return this.memberDAO.findById(id);                    // 调用DAO接口方法
    }
    @Override
    public List<Member> list() throws Exception {
        return this.memberDAO.findAll();                       // 调用DAO接口方法
    }
    @Override
    public Map<String, Object> split(Integer currentPage, Integer lineSize,
          String column, String keyword) throws Exception {
        Map<String, Object> map = new HashMap<>();             // 保存数据操作结果
        if (super.checkEmpty(column, keyword)) {               // 有数据为空
            map.put("allMembers", this.memberDAO.findSplit(
                            currentPage, lineSize));           // 调用DAO接口方法
            map.put("allRecorders", this.memberDAO.getAllCount()); // 调用DAO接口方法
        } else {
            map.put("allMembers", this.memberDAO.findSplit(
                    currentPage, lineSize, column, keyword));      // 调用DAO接口方法
            map.put("allRecorders", this.memberDAO
                    .getAllCount(column, keyword));                // 调用DAO接口方法
        }
        return map;                                                // 返回查询结果
    }
}
```

在 MemberServiceImpl 业务实现子类中，首先继承了 AbstractService 公共父类，这样就可以通过该类中提供的方法实现相应的数据验证处理。而后在类中获取了一个 IMemberDAO 接口实例，并利用 DAO 接口提供的方法实现数据的更新与查询操作。

11.5.3　切面事务控制

切面事务控制

视频名称　1111_【掌握】切面事务控制

视频简介　合理的事务设计不应该与核心业务有强关联性。可以借助于代理设计模式，以切面的方式控制事务设计。本视频为读者讲解切面设计的核心思想，并且通过动态代理设计模式实现事务以及数据库连接的释放操作。

在本次的设计中，全部的数据存储终端都是数据库。由于每一个业务处理都有可能执行多次数据库操作，所以就需要将数据库的连接与关闭处理机制全部交由业务层进行处理，即在单主机的运行机制下，每一个业务方法的调用都只允许获取一次数据库连接，如图 11-12 所示。

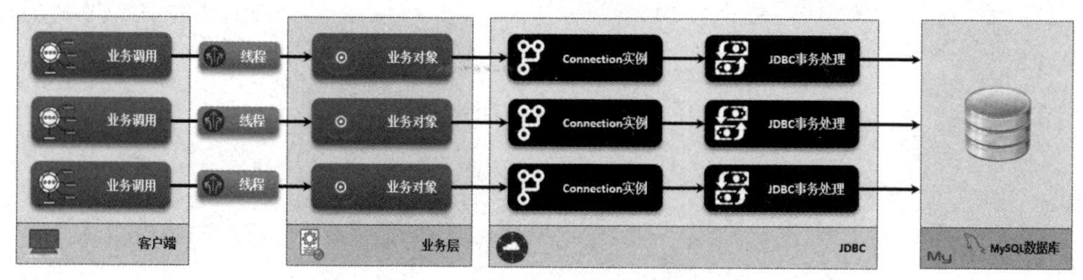

图 11-12　业务对象与数据库连接

由于每一个业务逻辑都有可能涉及多张数据表的处理操作，那么当存在数据更新业务处理的时候，为了保证数据操作的完整性，就必须进行有效的事务处理。然而事务处理本身并不属于核心业务的功能，而仅仅属于一个业务的处理切面，如图 11-13 所示。这样一来最佳的实现方式是通过动态代理设计模式来实现处理。

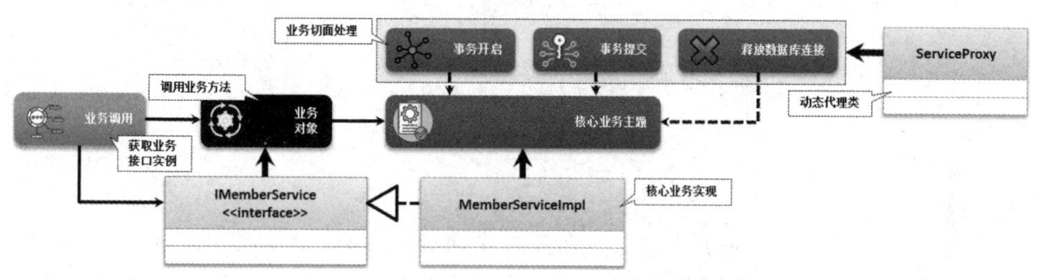

图 11-13　业务切面处理

范例：定义业务切面代理类

```
package com.yootk.common.service.proxy;
import com.yootk.dbc.DatabaseConnection;
import java.lang.reflect.InvocationHandler;
import java.lang.reflect.Method;
import java.lang.reflect.Proxy;
import java.util.Iterator;
import java.util.List;
public class ServiceProxy implements InvocationHandler {           // 动态代理类
    // 在集合里面定义所有需要开启事务的方法名称头部（全部为更新业务操作）
    private static final List<String> TRANSACTION_METHOD_HEAD = List.of("add",
                "create", "edit", "update", "delete", "remove");
    private Object target;                                        // 真实业务对象
    public Object bind(Object target) {                           // 绑定代理对象
        this.target = target;                                     // 保存真实对象
        return Proxy.newProxyInstance(target.getClass().getClassLoader(),
                target.getClass().getInterfaces(), this);         // 返回代理对象
    }
    @Override
    public Object invoke(Object proxy, Method method, Object[] args)
            throws Throwable {                                    // 方法调用时执行
        Object result = null;                                     // 保存执行结果
        boolean transactionFlag = this.openTransaction(method.getName());  // 事务开启判断
        if (transactionFlag) {                                    // 事务是否开启
            DatabaseConnection.getConnection().setAutoCommit(false);       // 取消自动提交
        }
        try {
            result = method.invoke(this.target, args);            // 调用真实业务方法
            if (transactionFlag) {                                // 判断是否需要进行事务的开启
                DatabaseConnection.getConnection().commit();      // 事务提交
            }
        } catch (Exception e) {
```

```
            if (transactionFlag) {                               // 判断是否需要进行事务的开启
                DatabaseConnection.getConnection().rollback();   // 事务回滚
            }
            throw e;                                             // 异常抛出
        } finally {
            DatabaseConnection.close();                          // 数据库关闭
        }
        return result;                                           // 返回真实业务执行结果
    }
    /**
     * 判断当前执行的方法之中是否需要进行事务的开启
     * @param methodName 方法名称
     * @return 如果需要开启事务则返回true，否则返回false
     */
    private boolean openTransaction(String methodName) {
        Iterator<String> iter = TRANSACTION_METHOD_HEAD.iterator(); // 获取Iterator实例
        while (iter.hasNext()) {                                    // 数据迭代
            if (methodName.startsWith(iter.next())) {               // 方法名称开头判断
                return true;                                        // 需要开启事务
            }
        }
        return false;                                               // 不需要开启事务
    }
}
```

本程序实现了一个动态代理类的定义。在动态代理类中需要对当前调用的业务方法进行判断，如果发现方法名称以特定的名称开头，则会认为要进行事务控制。同时不管最终结果如何，每一次业务处理完毕后都必须关闭数据库连接。

11.5.4　业务层工厂类

业务层工厂类

视频名称　1112_【掌握】业务层工厂类

视频简介　在分层机制中每一层只允许暴露接口定义，所以对业务层依然需要共同工厂类获取业务接口实例。本视频介绍如何完善 ObjectFactory 工厂类，并利用反射实现动态代理包装后的业务接口对象实例的返回。

在进行业务调用时，外部可以获得的仅仅是一个业务接口的对象实例，而具体的子类实现应该是被隐藏的。同时在整个程序中还需要充分考虑到代理对象的引入，所以最佳的做法是在 ObjectFactory 工厂类中扩充一个可以获取业务接口实例的方法。而为了配置方便，也可以将所有的业务信息定义在 com.yootk.resource.service.properties 资源文件中，利用 ResourceBundle 进行加载，程序的实现结构如图 11-14 所示。

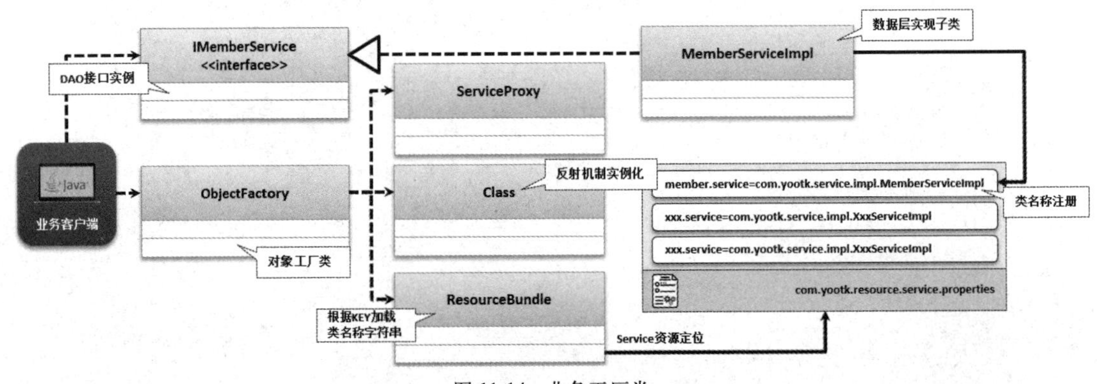

图 11-14　业务工厂类

范例：创建 Service 资源管理文件（文件名称：com.yootk.resource.service.properties）

```
member.service=com.yootk.service.impl.MemberServiceImpl
```

范例：增加业务实例化工厂方法

```
package com.yootk.common.util;
import com.yootk.common.service.proxy.ServiceProxy;
import java.util.ResourceBundle;
public class ObjectFactory {
    // DAO资源绑定以及对象实例化方法，略
    private static final ResourceBundle SERVICE_RESOURCE = ResourceBundle
            .getBundle("com.yootk.resource.service");           // Service资源绑定
    /**
     * 通过资源文件加载所需要的Service接口对象实例
     * @param key 资源文件中配置的key名称
     * @param clazz 接收目标的业务接口类型
     * @param <T> 泛型标记
     * @return Service接口实例，如果不存在则返回null
     */
    public static <T> T getServiceInstance(String key, Class<T>... clazz) {
        String className = null;                                 // 保存类名称
        try {
            className = SERVICE_RESOURCE.getString(key);         // 通过资源查找类名称
        } catch (Exception e) {}
        if (className == null || "".equals(className)) {         // 查询结果判断
            return null;                                         // 返回null
        }
        try {// 利用反射实例化，包装一个ServiceProxy动态代理类对象实例
            return (T) new ServiceProxy().bind(
                    Class.forName(className).getDeclaredConstructor().newInstance());
        } catch (Exception e) {                                  // 出现异常
            return null;                                         // 返回null
        }
    }
}
```

本程序在已有的 ObjectFactory 类的结构上进行了扩充，增加了 getServiceInstance()方法。同时在该方法中会将每一个业务层接口对象实例包装在 ServiceProxy 代理类中返回，这样就实现了业务核心功能与切面处理的整合。而对于外部调用的客户来讲，根本就不需要知道获取的是哪一个子类，只要有业务接口对象即可进行业务调用。

11.5.5 业务测试

业务测试

视频名称 1113_【掌握】业务测试

视频简介 完整的项目开发中除了要实现核心功能外，还需要进行完善的业务测试。本视频将介绍基于 JUnit 5 测试组件，对已完成的业务操作进行用例测试的定义。

为了保证业务代码的执行正确，每当业务代码开发完成后实际上都需要进行完整的用例测试，以判断业务功能能否正常实现。如果测试通过则可以进行上线部署，否则需要将代码错误反馈给开发人员进行修复，操作流程如图 11-15 所示。本次将利用 JUnit 5 实现测试代码的编写操作。

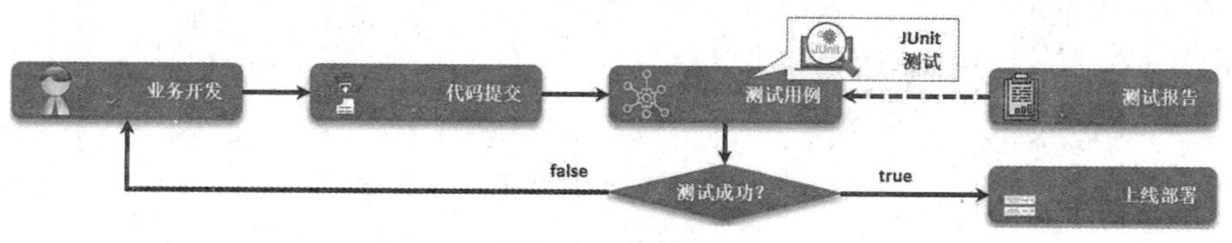

图 11-15　代码测试

范例：编写业务测试代码

```
package com.yootk.test;
import com.yootk.common.util.ObjectFactory;
import com.yootk.service.IMemberService;
import com.yootk.vo.Member;
import org.junit.jupiter.api.Assertions;
import java.util.Date;
import java.util.List;
import java.util.Map;
class MemberServiceTest {                                              // 业务测试类
    private IMemberService memberService = ObjectFactory.getServiceInstance(
          "member.service", IMemberService.class);                     // 获取业务接口对象
    @org.junit.jupiter.api.Test
    public void add() throws Exception {                               // 测试数据增加方法
        Member member = new Member();                                  // 实例化VO类
        member.setMid("yootk");                                        // 属性设置
        member.setName("沐言科技");                                     // 属性设置
        member.setAge(19);                                             // 属性设置
        member.setSex("男");                                            // 属性设置
        member.setBirthday(new Date());                                // 属性设置
        member.setEmail("muyan@yootk.com");                            // 属性设置
        member.setNote("新时代软件教育领导品牌");                         // 属性设置
        Assertions.assertTrue(this.memberService.add(member));    // 调用数据增加业务
    }
    @org.junit.jupiter.api.Test
    public void edit() throws Exception {                              // 测试数据修改方法
        Member member = new Member();                                  // 实例化VO类
        member.setMid("yootk");                                        // 属性设置
        member.setName("沐言优拓");                                     // 属性设置
        member.setAge(20);                                             // 属性设置
        member.setSex("女");                                            // 属性设置
        member.setBirthday(new Date());                                // 属性设置
        member.setEmail("yootk@yootk.com");                            // 属性设置
        member.setNote("李兴华高薪就业编程训练营");                       // 属性设置
        Assertions.assertTrue(this.memberService.edit(member)); // 调用数据修改业务
    }
    @org.junit.jupiter.api.Test
    public void removeById() throws Exception {                        // 测试数据删除方法
        Assertions.assertTrue(this.memberService
                .removeById("muyan", "yootk"));                        // 根据ID删除数据
    }
    @org.junit.jupiter.api.Test
    public void get() throws Exception {                               // 测试数据查询方法
        Member member = this.memberService.get("yootk");               // 根据ID获取数据
        System.out.println(member);                                    // 输出VO实例
        Assertions.assertNotNull(member);
    }
    @org.junit.jupiter.api.Test
    public void list() throws Exception {                              // 测试数据列表方法
        List<Member> all = this.memberService.list();                  // 数据列表显示
        System.out.println(all);
        Assertions.assertTrue(all.size() > 0);                         // 结果判断
    }
    @org.junit.jupiter.api.Test
    public void split() throws Exception {                             // 测试数据分页方法
        Map<String,Object> map = this.memberService.split(
                1, 1, "name","沐言") ;                                  // 数据分页查询
        System.out.println(map);
        Assertions.assertTrue(map.get("allMembers") != null &&
```

```
                map.get("allRecorders") != null);
    }
}
```

本程序实现了 IMemberService 业务接口的测试，针对不同的业务功能定义了不同的测试方法。在进行业务测试时通过 ObjectFactory.getServiceInstance()方法获取指定的业务对象，而后根据业务方法的要求传入相应的数据内容即可在数据库中观察到业务的执行结果。

11.6 Web 开发模式

每一个功能完善的程序项目必然要进行大量的代码维护，在每一个新的项目版本中都有可能增加新的功能，或者对已有的功能进行完善。而为了保证项目的可维护性，需要在项目开发起步阶段就有一个明确的系统开发模式。Java Web 开发有两种开发模式：模式一、模式二。本节将为读者全面分析这两种开发模式的特点。

11.6.1 Web 开发模式一

Web 开发模式一

视频名称 1114_【理解】Web 开发模式一

视频简介 项目的开发需要进行有效的分层设计，这样才可以更好地实现代码的重用处理。本视频总结 JSP 代码开发中存在的问题，同时给出模式一的开发组成结构。

Java 语言最大的特点是可以基于其完善的面向对象设计编写出大量的可重用程序代码，这些代码只要配置了正确的 CLASSPATH 就可以在任意的项目中引用，如图 11-16 所示。

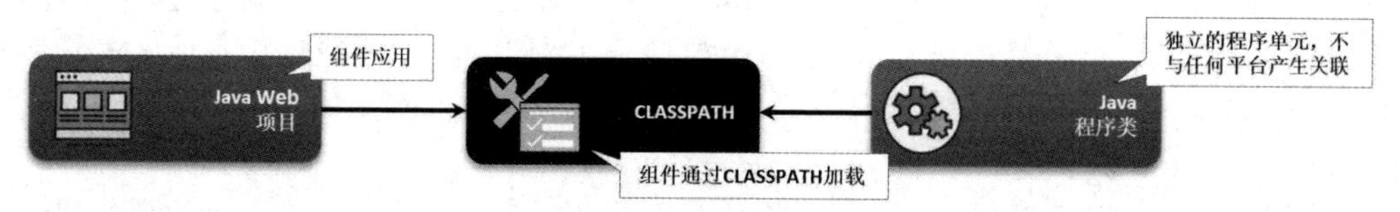

图 11-16　Java 组件代码

在实际的项目开发中，这些可以被使用的 Java 程序组件，可能会以“*.jar”文件打包的形式出现，也有可能会在项目中以程序类的形式出现。而这些都被统一称为模型层（Model），在进行用户请求处理时，可以利用模型层所提供的代码支持完成特定的业务处理功能，这样就可以将大部分的操作逻辑封装在模型层中。作为显示层的 JSP 组件只要简单地进行组件的调用即可，如图 11-17 所示，而这样的结构就被称为模式一（JSP + JavaBean）。

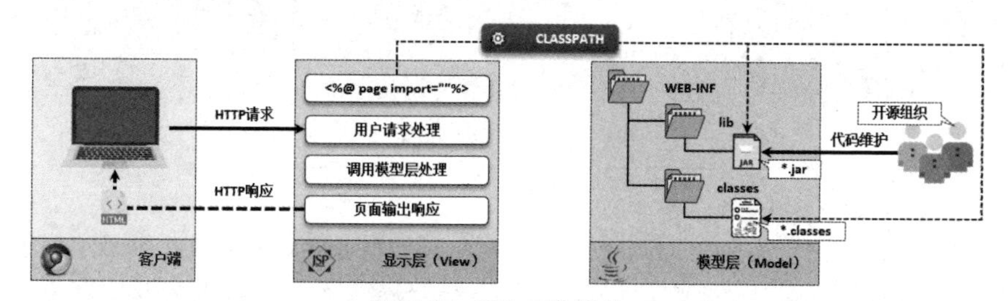

图 11-17　Web 开发模式一

采用模式一进行项目功能开发的特点是代码直观，但是却需要在 JSP 页面中完成大量的业务逻辑处理，会使得许多重要的代码直接暴露在 JSP 页面，这样将会导致严重的安全问题。同时这种 Java 程序和 HTML 代码混合的模式会导致代码的维护困难，也不利于项目的分工合作。

11.6.2　Web 开发模式二

Web 开发模式二

视频名称　1115_【掌握】Web 开发模式二

视频简介　本视频通过分析开发模式一的问题为读者详细地解释 Servlet 程序存在的意义，同时给出完整的显示层、控制层、模型层的存在意义，并由此对 Web 开发模式二——MVC 开发模式进行总结。

在 Java Web 开发中，JSP 和 Servlet 组件都可以进行用户请求的接收与处理，比较两个组件的特点可以发现，JSP 适合于进行数据的显示，而 Servlet 适合于进行 Java 代码的编写。所以最佳的 Web 开发结果就是通过 Servlet 处理用户请求与业务处理，同时将所有需要显示的数据内容以 request 属性的形式通过服务器端跳转到 JSP 页面，在 JSP 页面中可以基于各种前端技术实现 HTML 输出响应，即 Web 开发模式二，如图 11-18 所示。

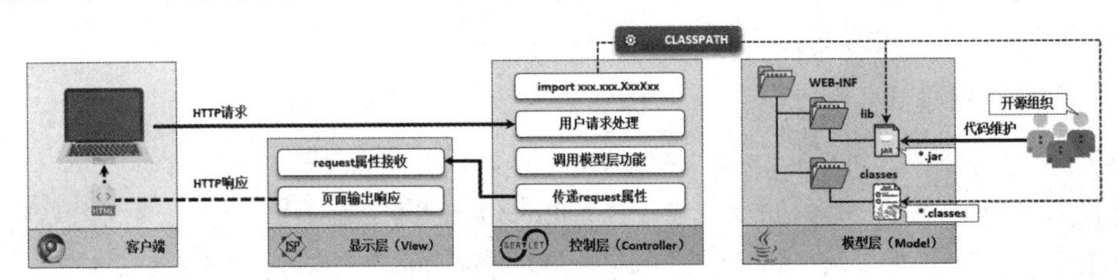

图 11-18　Web 开发模式二

图 11-18 给出了 Web 开发模式二的处理流程，相比较模式一而言，其可以实现良好的显示与程序处理的分离，所有的请求直接交给控制层（Controller）进行处理，控制层根据需要调用相应的模型层（Model）中的 Java 程序代码进行相关业务处理，最终再将数据响应处理交由显示层（View）中进行处理。这样就形成了 Java 设计项目开发中使用最广泛的 MVC 设计模式，每一层都可以有专门的开发人员进行维护，可以有效地实现项目的分工管理，同时项目的代码也更加便于维护。

需要注意的是，用户的每一次请求都有一个要实现的处理业务，所以在控制层处理请求时往往需要结合业务层中给定的业务方法进行操作。控制层就相当于实现了一个业务处理的分发机制以及页面数据显示的转发机制，是整个项目中连接显示层与业务层的重要组件，如图 11-19 所示。

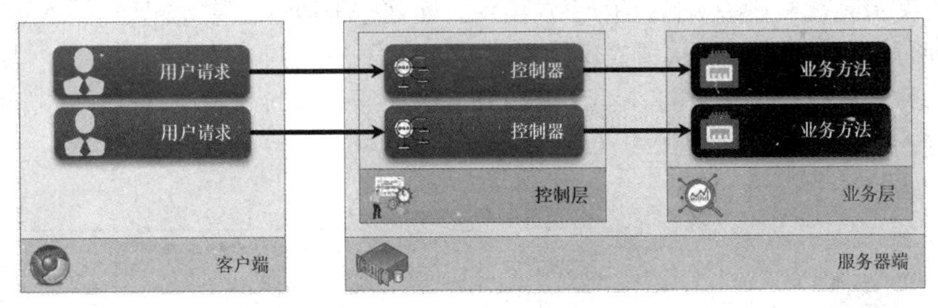

图 11-19　控制层与业务层

提示：MVC 设计模式细谈。

在实际开发中，用户页面的处理逻辑变更频率实际上要远远高于项目中的业务逻辑，这样在使用 MVC 进行程序开发时，就有可能增加代码调试的难度。所以在现在的开发中为了避免此类问题的出现，才有了当前流行的前后端分离设计。然而这种前后端分离仅仅是将显示层单独提取出来，对于控制层和模型层的处理逻辑是不会有任何改变的。

另外需要提醒读者的是，深刻理解 MVC 设计模式，有助于更好地理解软件的分层设计思想，同时这也是在所有 Java 项目开发中必然会使用的设计模式。

11.6.3 MVC 开发案例

MVC 开发案例

视频名称 1116_【掌握】MVC 开发案例

视频简介 MVC 是整个 Java 程序设计与开发的核心设计结构。为了帮助读者更加深刻地理解 MVC 设计模式，本视频将基于分层结构介绍如何实现一个完善的数据列表显示案例。

为了便于读者理解 MVC 的代码实现，下面将以一个数据信息的列表显示功能为例说明 MVC 的实现。在本次处理中，客户端向控制层发送一个 message 数据列表的显示请求，而后控制层找到模型层中的业务接口，并通过数据层实现数据加载，随后将此信息交由 JSP 页面进行显示。而在显示时为了方便将通过“EL + JSTL”完成，如图 11-20 所示。由于本程序涉及的操作步骤较多，将采用如下步骤为读者进行说明。

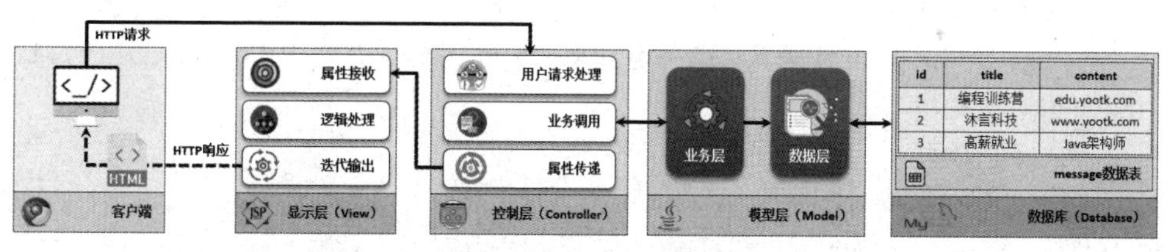

图 11-20 MVC 设计实现

提示：本程序继续使用业务设计分析中的工具代码。

由于本程序要实现的是一个标准的 MVC 设计模式，这样在实现过程中就必然牵扯到业务层与数据层。考虑到篇幅问题，重复的代码不再列出。如果读者对于本章前面讲解的内容还未掌握，笔者建议先巩固好相关开发知识再进行学习。

1. 【数据库脚本】

本次将实现一个消息信息的列表显示，所以需要在数据库中执行如下创建脚本。

```
DROP DATABASE IF EXISTS yootk ;
CREATE DATABASE yootk CHARACTER SET UTF8 ;
USE yootk ;
CREATE TABLE message (
   id      BIGINT     AUTO_INCREMENT ,
   title       VARCHAR(50) ,
   content      TEXT,
   CONSTRAINT pk_id PRIMARY KEY(id)
) ENGINE=InnoDB DEFAULT CHARSET=utf8;
INSERT INTO message (title, content) VALUES ('编程训练营', 'edu.yootk.com');
INSERT INTO message (title, content) VALUES ('编程训练营-B', 'edu.yootk.com');
INSERT INTO message (title, content) VALUES ('编程训练营-C', 'edu.yootk.com');
INSERT INTO message (title, content) VALUES ('编程训练营-D', 'edu.yootk.com');
INSERT INTO message (title, content) VALUES ('编程训练营-E', 'edu.yootk.com');
INSERT INTO message (title, content) VALUES ('编程训练营-F', 'edu.yootk.com');
INSERT INTO message (title, content) VALUES ('沐言科技（壹）', 'www.yootk.com');
INSERT INTO message (title, content) VALUES ('沐言科技（贰）', 'www.yootk.com');
INSERT INTO message (title, content) VALUES ('沐言科技（叁）', 'www.yootk.com');
INSERT INTO message (title, content) VALUES ('沐言科技（肆）', 'www.yootk.com');
INSERT INTO message (title, content) VALUES ('沐言科技（伍）', 'www.yootk.com');
INSERT INTO message (title, content) VALUES ('沐言科技（陆）', 'www.yootk.com');
COMMIT;
```

2. 【VO 类】

为了便于不同层之间的数据传递，本次将根据 message 数据表的结构创建一个 Message 程序类。

```
package com.yootk.vo;
```

```java
import java.io.Serializable;
public class Message implements Serializable {                // message表映射类
    private Long id;                                          // 消息ID
    private String title;                                     // 消息标题
    private String content;                                   // 消息内容
    // setter、getter、无参构造，代码略
}
```

3.【数据层接口】

建立 IMessageDAO 接口，该接口继承 IBaseDAO 父亲接口。由于在 IBaseDAO 接口中已经提供了 findAll()列出全部数据的方法，所以在子接口中不需要扩充任何方法定义。

```java
package com.yootk.dao;
import com.yootk.common.dao.base.IBaseDAO;
import com.yootk.vo.Message;
public interface IMessageDAO extends IBaseDAO<Long, Message> {}  // message数据操作接口
```

4.【数据层实现类】

定义 MessageDAOImpl 实现子类，该子类继承 AbstractDAO 并实现 IMessageDAO 接口，本次只进行 findAll()方法的覆写。

```java
package com.yootk.dao.impl;
public class MessageDAOImpl extends AbstractDAO implements IMessageDAO {
    @Override
    public List<Message> findAll() throws SQLException {
        List<Message> allMessages = new ArrayList<>();          // 保存全部数据VO
        String sql = "SELECT id, title, content FROM message";  // 查询SQL
        super.pstmt = super.conn.prepareStatement(sql);         // 数据库操作对象
        ResultSet rs = super.pstmt.executeQuery();
        while (rs.next()) {
            Message message = new Message();                    // 实例化VO对象
            message.setId(rs.getLong(1));                       // 设置对象属性
            message.setTitle(rs.getString(2));                  // 设置对象属性
            message.setContent(rs.getString(3));                // 设置对象属性
            allMessages.add(message);                           // 添加集合数据
        }
        return allMessages;                                     // 返回数据集合
    }// 其他方法暂未实现，代码略
}
```

5.【数据层注册】

业务层如果想获取 DAO 接口实例，需要修改 com.yootk.resource.dao.properties 资源文件，并且在文件中追加一个 MessageDAOImpl 完整类名称的配置项。

```
message.dao=com.yootk.dao.impl.MessageDAOImpl
```

6.【业务层接口】

定义 IMessageService 业务接口，在该接口中主要实现 message 数据加载。

```java
package com.yootk.service;
import com.yootk.vo.Message;
import java.util.List;
public interface IMessageService {
    public List<Message> list() throws Exception;              // 加载全部message
}
```

7.【业务层实现类】

创建 MessageServiceImpl 子类，该类继承 AbstractService 抽象类并实现 IMessageService 接口，在该类中可以通过 ObjectFactory 获取 IMessageDAO 接口实例，实现最终的数据加载操作。

```java
package com.yootk.service.impl;
public class MessageServiceImpl extends AbstractService implements IMessageService {
    private IMessageDAO messageDAO = ObjectFactory.getDAOInstance("message.dao",
                IMessageDAO.class);                               // 获取DAO接口实例
    @Override
```

```
    public List<Message> list() throws Exception {
        return this.messageDAO.findAll();                                  // 数据查询
    }
}
```

8.【业务层注册】

修改 com.yootk.resource.service.properties 资源文件，注册新的业务接口对象。

```
message.service=com.yootk.service.impl.MessageServiceImpl
```

9.【控制层】

创建 MessageServlet 程序类，在该类中将调用 IMessageService 接口提供的方法实现数据加载，同时将此数据内容交给 message.jsp 页面进行显示。

```
package com.yootk.servlet;
@WebServlet("/message.action")                                          // 映射路径
public class MessageServlet extends HttpServlet {
    @Override
    protected void doGet(HttpServletRequest req, HttpServletResponse resp)
          throws ServletException, IOException {                       // 处理GET请求
        IMessageService messageService = ObjectFactory.getServiceInstance(
                "message.service", IMessageService.class);             // 获取接口实例
        try {
            req.setAttribute("messageList", messageService.list());    // 传递request属性
        } catch (Exception e) {}
        req.getRequestDispatcher("/message.jsp").forward(req, resp);   // 服务器端跳转
    }
    @Override
    protected void doPost(HttpServletRequest req, HttpServletResponse resp)
          throws ServletException, IOException {                       // 处理POST请求
        this.doGet(req, resp);                                          // 调用doGet()方法
    }
}
```

10.【显示层】

定义 message.jsp 页面，接收 messageList 属性内容，并通过 JSTL 实现迭代输出。

```
<div class="container">
    <div class="panel panel-success">
        <div class="panel-heading">
            <strong><img src="images/logo.png" style="height: 30px;"> 信息列表</strong>
        </div>
        <div class="panel-body">
            <table border="1" class="table table-hover table-striped table-hover">
                <thead id="messageHead">
                    <tr><td>ID</td><td>标题</td><td>内容</td></tr></thead>
                <tbody id="messageBody">
                <c:forEach items="${messageList}" var="msg">
                    <tr><td>${msg.id}</td><td>${msg.title}</td>
                              <td>${msg.content}</td></tr>
                </c:forEach>
                </tbody></table>
        </div>
        <div class="panel-footer">
            <div style="text-align:right;">
                <strong>沐言科技（www.yootk.com）——新时代软件教育领导品牌</strong>
            </div>
        </div></div></div>
```

在 JSP 页面显示中并没有涉及任何用户请求操作的处理以及业务功能，仅仅是将 Servlet 所传递过来的数据集合通过 JSTL 进行迭代操作。本程序的执行结果如图 11-21 所示。

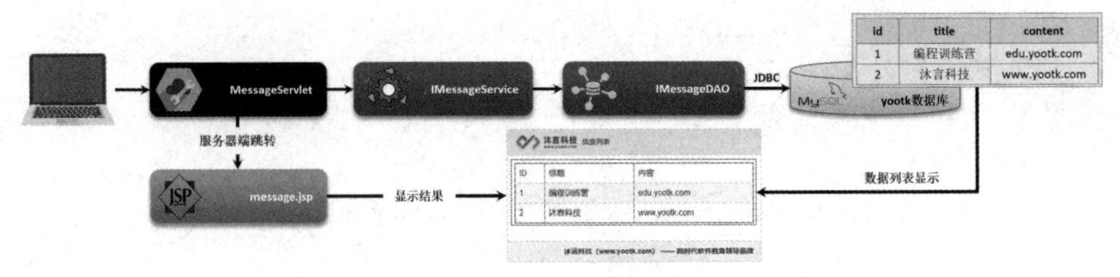

图 11-21　MVC 数据加载

11.7　本 章 概 览

1．业务设计是所有项目中的核心结构，也是每一位 Java 开发人员必备的技能，在进行业务设计前一定要充分地理解软件项目的开发需求。

2．业务中心分为业务层和数据层两个核心组成部分，每一个业务中心都是一个独立的逻辑单元，在单机版项目中一般只会有一个业务中心，而在大型项目中往往会将业务中心拆分为若干个微服务进行维护。

3．为了便于不同层之间的数据传递，一般可以通过 VO 类实例进行处理，该类的设计结构与实体表结构对应。

4．数据层的主要功能是进行 JDBC 的处理操作，每一个业务层可以获取的仅仅是业务层的接口实例，而具体的实现方法业务层不需要关心。

5．业务层中的每一个业务操作方法都会牵扯到多个数据层的调用，所以在进行业务层设计时，业务层的实现子类实现数据层调用即可，而数据库的关闭以及事务处理操作可以放在业务层代理类中完成，并通过业务方法名称实现切面控制。

6．为了便于数据层接口和业务层接口实例的获取，可以直接通过工厂类获取接口实例，同时利用反射机制以及资源文件实现操作类型的动态配置。

7．业务代码开发完成后一定要进行业务测试，常见的业务测试组件为 JUnit 5，在本系列丛书中全部使用 JUnit 5 进行代码的测试讲解。

8．Java Web 开发模式分为两种：模式一（JSP + JavaBean）、模式二（MVC）。

9．MVC 设计模式由 3 个部分组成，其中 M 表示的是模型层，是一个个独立的 JavaBean 应用组件；V 表示显示层，只负责数据的显示；而 C 表示控制层，可以实现用户请求的接收与处理。

附录 A

HTTP 常见状态码

序号	状态码	英文名称	描述
1	100	Continue	继续。客户端应继续其请求
2	101	Switching Protocols	切换协议。服务器端根据客户端的请求切换协议。只能切换到更高级的协议，例如，切换到 HTTP 的新版本协议
3	200	OK	请求成功。一般用于 GET 与 POST 请求
4	201	Created	已创建。成功请求并创建了新的资源
5	202	Accepted	已接受。已经接受请求，但未处理完成
6	203	Non-Authoritative Information	非授权信息。请求成功，但返回的 meta 信息不在原始的服务器端，而是在一个副本上
7	204	No Content	无内容。服务器端成功处理，但未返回内容。在未更新网页的情况下，可确保浏览器继续显示当前文档
8	205	Reset Content	重置内容。服务器端处理成功，用户终端（例如：浏览器）应重置文档视图。可通过此状态码清除浏览器的表单域
9	206	Partial Content	部分内容。服务器端成功处理了部分 GET 请求
10	300	Multiple Choices	多种选择。请求的资源可包括多个位置，相应可返回一个资源特征与地址的列表用于用户终端（例如：浏览器）选择
11	301	Moved Permanently	永久移动。请求的资源已被永久移到新的 URI 上，返回信息会包括新的 URI，浏览器会自动定向到新 URI。今后任何新的请求都应使用新的 URI 代替
12	302	Found	临时移动。与 301 类似，但资源只是临时被移动，客户端应继续使用原有 URI
13	303	See Other	查看其他地址。与 301 类似，使用 GET 和 POST 请求查看
14	304	Not Modified	未修改。所请求的资源未修改，服务器端返回此状态码时，不会返回任何资源。客户端通常会缓存访问过的资源，通过提供一个头信息指出客户端希望只返回在指定日期之后修改的资源
15	305	Use Proxy	使用代理。所请求的资源必须通过代理访问
16	306	Unused	已经被废弃的 HTTP 状态码
17	307	Temporary Redirect	临时重定向。与 302 类似，使用 GET 请求重定向
18	400	Bad Request	客户端请求的语法错误，服务器端无法理解
19	401	Unauthorized	请求要求用户的身份认证
20	402	Payment Required	保留，将来使用
21	403	Forbidden	服务器端理解请求客户端的请求，但是拒绝执行此请求
22	404	Not Found	服务器端无法根据客户端的请求找到资源（网页）。通过此代码，网站设计人员可设置“您所请求的资源无法找到”的个性页面
23	405	Method Not Allowed	客户端请求中的方法被禁止
24	406	Not Acceptable	服务器端无法根据客户端请求的内容特性完成请求

续表

序号	状态码	英文名称	描述
25	407	Proxy Authentication Required	请求要求代理的身份认证，与 401 类似，但请求者应当使用代理进行授权
26	408	Request Time-out	服务器端等待客户端发送的请求时间过长，超时
27	409	Conflict	服务器端完成客户端的 PUT 请求时可能返回此代码，表示服务器端处理请求时发生了冲突
28	410	Gone	客户端请求的资源已经不存在。410 不同于 404，如果资源以前有但现在被永久删除了，可使用 410 状态码，网站设计人员可通过 301 状态码指定资源的新位置
29	411	Length Required	服务器端无法处理客户端发送的不带 Content-Length 的请求信息
30	412	Precondition Failed	客户端请求信息的先决条件错误
31	413	Request Entity Too Large	由于请求的实体过大，服务器端无法处理，因此拒绝请求。为防止客户端的连续请求，服务器端可能会关闭连接。如果只是服务器端暂时无法处理，则会包含一个 Retry-After 的响应信息
32	414	Request-URI Too Large	请求的 URI 过长（URI 通常为网址），服务器端无法处理
33	415	Unsupported Media Type	服务器端无法处理请求附带的媒体格式
34	416	Requested range not satisfiable	客户端请求的范围无效
35	417	Expectation Failed	服务器端无法满足 Expect 的请求头信息
36	500	Internal Server Error	服务器端内部错误，无法完成请求
37	501	Not Implemented	服务器端不支持请求的功能，无法完成请求
38	502	Bad Gateway	充当网关或代理的服务器，从远端服务器接收到了一个无效的请求
39	503	Service Unavailable	由于超载或系统维护，服务器端暂时无法处理客户端的请求。延时的长度可包含在服务器端的 Retry-After 头信息中
40	504	Gateway Time-out	充当网关或代理的服务器，未及时从远端服务器获取请求
41	505	HTTP Version not supported	服务器端不支持请求

附录 B

HTTP 常见请求头信息

序号	头信息	描述	示例
1	Accept	指定客户端能够接受的内容类型	Accept: text/plain, text/html
2	Accept-Charset	浏览器可以接受的字符编码集	Accept-Charset: iso-8859-5
3	Accept-Encoding	指定浏览器可以支持的 Web 服务器返回内容压缩编码类型	Accept-Encoding: compress, gzip
4	Accept-Language	浏览器可接受的语言	Accept-Language: en,zh
5	Accept-Ranges	可以请求网页实体的一个或者多个子范围字段	Accept-Ranges: bytes
6	Authorization	HTTP 授权的授权证书	Authorization: Basic QWxhZGRpbjpvcGVuIHNlc2FtZQ==
7	Cache-Control	指定请求和响应遵循的缓存机制	Cache-Control: no-cache
8	Connection	表示是否需要持久连接（HTTP 1.1 默认进行持久连接）	Connection: close
9	Cookie	HTTP 请求发送时，会把保存在该请求域名下的所有 Cookie 值一起发送给 Web 服务器	Cookie: $Version=1; Skin=new;
10	Content-Length	请求的内容长度	Content-Length: 348
11	Content-Type	请求的与实体对应的 MIME 信息	Content-Type: application/x-www-form-urlencoded
12	Date	请求发送的日期和时间	Date: Tue, 15 Nov 1987 08:12:31 GMT
13	Expect	请求的特定的服务器端行为	Expect: 100-continue
14	From	发出请求的用户的 E-mail	From: java@mldn.cn
15	Host	指定请求的服务器的域名和端口号	Host: www.mldn.cn
16	If-Match	只有请求内容与实体相匹配才有效	If-Match: “737060cd8c284d8af7ad3082f209582d”
17	If-Modified-Since	如果请求的部分在指定时间之后被修改则请求成功，未被修改则返回 304 状态码	If-Modified-Since: Sat, 29 Oct 1987 19:43:31 GMT
18	If-None-Match	如果内容未改变返回 304 状态码，参数为服务器端先前发送的 Etag，与服务器端响应的 Etag 比较，判断是否改变	If-None-Match: “737060cd8c284d8af7ad3082f209582d”
19	If-Range	如果实体未改变，服务器端发送客户端丢失的部分，否则发送整个实体。参数也为 Etag	If-Range: “737060cd8c284d8af7ad3082f209582d”
20	If-Unmodified-Since	只在实体在指定时间之后未被修改才请求成功	If-Unmodified-Since: Sat, 29 Oct 1987 19:43:31 GMT
21	Max-Forwards	限制信息通过代理和网关传送的时间	Max-Forwards: 10
22	Pragma	用来包含实现特定的指令	Pragma: no-cache

续表

序号	头信息	描述	示例
23	Proxy-Authorization	连接到代理的授权证书	Proxy-Authorization: Basic QWxhZGRpbjpvcGVuIHNlc2FtZQ==
24	Range	只请求实体的一部分，指定范围	Range: bytes=500-999
25	Referer	先前网页的地址，当前请求网页紧随其后，即来路	Referer: http://www.mldn.cn /archives/71.html
26	TE	指定用户使用的传输编码类型	TE: trailers,deflate;q=0.5
27	Upgrade	向服务器端指定某种传输协议以便服务器端进行转换（如果支持）	Upgrade: HTTP/2.0, SHTTP/1.3, IRC/6.9, RTA/x11
28	User-Agent	User-Agent 的内容包含发出请求的用户信息	User-Agent: Mozilla/5.0 (Linux; X11)
29	Via	通知中间网关或代理服务器地址，通信协议	Via: 1.0 fred, 1.1 nowhere.com (Apache/1.1)
30	Warning	关于消息实体的警告信息	Warn: 199 Miscellaneous warning

附录 C
HTTP 常见响应头信息

序号	头信息	描述	示例
1	Accept-Ranges	表明服务器端是否支持指定范围请求及哪种类型的分段请求	Accept-Ranges: bytes
2	Age	从原始服务器到代理缓存形成的估算时间（以秒为单位，非负）	Age: 12
3	Allow	对某网络资源的有效的请求行为，不允许则返回 405 状态码	Allow: GET, HEAD
4	Cache-Control	告诉所有的缓存机制是否可以缓存及缓存哪种类型	Cache-Control: no-cache
5	Content-Encoding	Web 服务器支持的返回内容压缩编码类型	Content-Encoding: gzip
6	Content-Language	响应体的语言	Content-Language: en,zh
7	Content-Length	响应体的长度	Content-Length: 348
8	Content-Location	请求资源可替代的备用的另一地址	Content-Location: /index.htm
9	Content-MD5	返回资源的 MD5 校验值	Content-MD5: Q2hlY2sgSW50ZWdyaXR5IQ==
10	Content-Range	在整个返回体中本部分的字节位置	Content-Range: bytes 21010-47021/47022
11	Content-Type	返回内容的 MIME 类型	Content-Type: text/html; charset=utf-8
12	Date	原始服务器消息发出的时间	Date: Tue, 15 Nov 1987 08:12:31 GMT
13	ETag	请求变量的实体标签的当前值	ETag: “737060cd8c284d8af7ad3082f209582d”
14	Expires	响应过期的日期和时间	Expires: Thu, 01 Dec 1987 16:00:00 GMT
15	Last-Modified	请求资源的最后修改时间	Last-Modified: Tue, 15 Nov 1987 12:45:26 GMT
16	Location	用来重定向接收方到非请求 URL 的位置来完成请求或标识新的资源	Location: http://www.mldn.cn/archives/94.html
17	Pragma	包括实现特定的指令，它可应用到响应链上的任何接收方	Pragma: no-cache
18	Proxy-Authenticate	指出认证方案和可应用到代理的该 URL 上的参数	Proxy-Authenticate: Basic
19	refresh	应用于重定向或一个新的资源被创造，在 5s 之后重定向（由美国网景公司提出，被大部分浏览器支持）	Refresh: 5; url= http://www.mldn.cn/archives/94.html
20	Retry-After	如果实体暂时不可取，通知客户端在指定时间之后再次尝试	Retry-After: 120
21	Server	Web 服务器软件名称	Server: Apache/1.3.27 (Unix) (Red-Hat/Linux)
22	Set-Cookie	设置 HTTP Cookie	Set-Cookie: UserID=JohnDoe; Max-Age=3600; Version=1
23	Trailer	指出头域在分块传输编码的尾部存在	Trailer: Max-Forwards

续表

序号	头信息	描述	示例
24	Transfer-Encoding	文件传输编码	Transfer-Encoding:chunked
25	Vary	告诉下游代理是使用缓存响应还是从原始服务器请求	Vary: *
26	Via	告知代理客户端响应是通过哪里发送的	Via: 1.0 fred, 1.1 mldn.cn (Apache/1.1)
27	Warning	警告实体可能存在的问题	Warning: 199 Miscellaneous warning
28	WWW-Authenticate	表明客户端请求实体应该使用的授权方案	WWW-Authenticate: Basic